ÉLÉMENTS

DE BOTANIQUE

ÉLÉMENTS

DE

BOTANIQUE

I

BOTANIQUE GÉNÉRALE

PAR

PH. VAN TIEGHEM

MEMBRE DE L'INSTITUT
PROFESSEUR AU MUSÉUM D'HISTOIRE NATURELLE

DEUXIÈME ÉDITION

REVUE ET AUGMENTÉE

AVEC 251 GRAVURES DANS LE TEXTE

PARIS

LIBRAIRIE F. SAVY

77, BOULEVARD SAINT-GERMAIN, 77

—

1891

TABLE MÉTHODIQUE

DES MATIÈRES

PREMIÈRE PARTIE

BOTANIQUE GÉNÉRALE

CHAPITRE PREMIER
LE CORPS DE LA PLANTE

CHAPITRE DEUXIÈME

LA RACINE

CHAPITRE TROISIÈME

LA TIGE

CHAPITRE QUATRIÈME

LA FEUILLE

CHAPITRE SIXIÈME

DÉVELOPPEMENT DES PHANÉROGAMES

CHAPITRE SEPTIÈME

FORMATION DE L'ŒUF ET DÉVELOPPEMENT DES CRYPTOGAMES VASCULAIRES

CHAPITRE HUITIÈME

FORMATION DE L'ŒUF ET DÉVELOPPEMENT DES MUSCINÉES

CHAPITRE NEUVIÈME

FORMATION DE L'ŒUF ET DÉVELOPPEMENT DES THALLOPHYTES

CHAPITRE DIXIÈME

DÉVELOPPEMENT DE LA RACE

ÉLÉMENTS

DE

BOTANIQUE

L'étude des êtres vivants, la *Biologie*, se divise en deux branches, suivant qu'elle a pour objet spécial les animaux ou les plantes. La Biologie des animaux est la *Zoologie ;* la Biologie des plantes est la *Botanique.*

Botanique générale. Botanique spéciale. — L'étude des plantes peut et doit être faite à deux points de vue différents, qui se complètent.

Ou bien, sans faire acception d'aucun groupe de végétaux en particulier, prenant indifféremment les exemples et les preuves partout où il est nécessaire, on se propose de connaître la plante en général, sa forme et sa structure, son origine, son développement et sa fin, les phénomènes dont elle est le siège et ceux qui s'accomplissent entre elle et le milieu extérieur, ses ressemblances et ses différences par rapport aux végétaux dont elle procède et par rapport à ceux qui dérivent d'elle, enfin les modifications qu'elle subit par suite des changements du milieu extérieur. On cherche, en un mot, à comprendre la vie végétale, telle qu'on la voit se manifester sur la Terre à l'époque actuelle et, autant que possible, telle qu'elle s'y est déroulée depuis que l'état de notre planète lui a permis de s'y développer. C'est la *Botanique générale.*

Ou bien, considérant l'ensemble des plantes qui peuplent ou

qui ont peuplé la Terre, on les compare entre elles sous tous les rapports accessibles à l'observation et à l'expérience, on cherche par où elles se ressemblent et par où elles diffèrent, ce qui conduit à les classer en une série de groupes de plus en plus étendus. On étudie ensuite les caractères spéciaux de tous ces groupes, leurs affinités, le rôle qu'ils jouent dans la nature et en particulier leur utilité pour l'homme, la manière dont ils sont répartis aujourd'hui à la surface du globe terrestre et dont ils s'y sont trouvés distribués aux diverses époques anciennes. C'est la *Botanique spéciale*.

Ces *Éléments* se divisent donc en deux parties :

PREMIÈRE PARTIE : **BOTANIQUE GÉNÉRALE.**

DEUXIÈME PARTIE : **BOTANIQUE SPÉCIALE.**

PREMIÈRE PARTIE

BOTANIQUE GÉNÉRALE

Morphologie et Physiologie. — La Botanique générale doit envisager la plante tour à tour sous deux aspects différents.

Considérant d'abord le végétal en lui-même, à l'état passif, on doit se proposer d'en connaître la forme, au sens le plus général de ce mot : la forme intérieure aussi bien que la forme extérieure. Comme toutes deux sont changeantes avec l'âge, il ne suffira pas de les étudier à l'un des états qu'elles traversent, par exemple au plus parfait et au plus stable de tous, celui qu'on est convenu d'appeler l'état adulte. Il faudra les suivre l'une et l'autre dans leurs accroissements successifs depuis le point de départ, c'est-à-dire le germe, jusqu'à cet état adulte, et dans leur dépérissement progressif depuis cet état adulte jusqu'à la mort. Puis, ce germe, il faudra chercher d'où il vient et comment il se constitue, ce qui conduit à rattacher la plante qu'il produit à une autre plante dont il procède. Enfin, considérant non plus la plante isolée, mais la série des plantes qui dérivent ainsi l'une de l'autre, on devra déterminer, par la comparaison des divers termes de la série au même âge, dans quelle proportion la forme peut se modifier à chaque génération et par le fait même de cette génération, en d'autres termes, comment *la forme de la plante varie avec l'âge* de la série à laquelle elle appartient. Tout cela, c'est la science de la forme ou la *Morphologie*, qui est, pour ainsi dire, la Botanique statique.

Cela fait, il faut considérer la plante dans ses rapports avec le monde extérieur, à l'état actif, se demander comment à ses divers âges, et aux divers âges de la série à laquelle elle appartient, elle agit sur le milieu ambiant, quelle action à son tour celui-ci exerce sur elle, enfin ce qui se passe à l'intérieur même de son corps entre les divers éléments qui le constituent. Cette étude des forces en jeu dans la forme et des phénomènes qu'elles y provoquent, c'est la *Physiologie*, qui est, pour ainsi dire, la Botanique dynamique.

Morphologie et Physiologie sont également indispensables pour l'intelligence de la vie de la plante ; elles s'éclairent et s'expliquent mutuellement. Aussi, tout en distinguant avec soin ces deux côtés des choses, devrons-nous toujours, dans notre exposition, les maintenir aussi rapprochés que possible. La Morphologie sera notre guide, mais à chaque étape un peu importante franchie dans cette voie, nous ferons appel à la Physiologie, qui vivifiera nos connaissances morphologiques, nous en montrera non seulement l'intérêt, mais la nécessité, et justifiera ainsi la peine que nous aurons prise pour les acquérir.

Appliquons tout de suite cette méthode en traçant dans le premier Chapitre de cette première Partie les caractères généraux du corps de la plante.

CHAPITRE PREMIER

LE CORPS DE LA PLANTE

Considéré dans sa totalité, le corps de la plante offre à l'étude un ensemble de caractères morphologiques, qui feront l'objet de la première section de ce chapitre, et une série de propriétés physiologiques, qui seront le sujet de la seconde section.

SECTION I

MORPHOLOGIE DU CORPS

Pour faire l'étude morphologique du corps, il faut le considérer successivement dans sa forme extérieure à l'état adulte, dans s forme intérieure, ou structure, au même état, dans la série des phases qu'il traverse depuis le germe jusqu'à l'état adulte et depuis l'état adulte jusqu'à la mort, .c'est-à-dire dans son origine et son développement propre, enfin dans le développement général de la série des générations à laquelle il appartient. Cette étude comprend donc quatre paragraphes.

<h2 style="text-align:center">§ 1</h2>

<h3 style="text-align:center">Forme extérieure du corps.</h3>

Forme simple. Forme ramifiée : membres. — La forme du corps adulte est très diverse. Réduite à sa plus grande simplicité lorsqu'il est sphérique, elle se complique déjà quand il s'allonge en ellipsoïde, en cylindre ou en cône, quand il s'aplatit en disque circulaire, et surtout quand il s'allonge et s'aplatit à la fois en ruban. Mais dans tous ces cas, le contour n'ayant pas d'angles rentrants, la forme demeure *simple*.

Une complication nouvelle intervient quand le contour prend des angles rentrants plus ou moins profonds, qui divisent et découpent le corps en un certain nombre de parties ou segments, qu'on appelle des *membres*. Ces segments peuvent se découper à leur tour en membres de second ordre, ceux-ci en membres de troisième ordre, et ainsi de suite. La forme est alors *ramifiée*.

Forme homogène. Forme différenciée. — Si le corps est simple ou si, étant ramifié, tous ses membres sont et demeurent de tout point semblables, il présente les mêmes caractères morphologiques dans toute son étendue, il est *homogène*. Mais le plus souvent, à mesure qu'il se ramifie, ses divers membres prennent les uns par rapport aux autres des différences, d'abord légères, puis de plus en plus accusées ; en un mot, il s'établit entre eux, comme on dit, une *différenciation* de plus en plus profonde. Par là, la forme va se compliquant de plus en plus. La complication atteint son plus haut degré quand le corps, composé du plus grand nombre de membres, présente en même temps entre ses membres les différences les plus nombreuses et les plus profondes, quand il est à la fois le plus ramifié et le plus *différencié*.

Différenciation primaire. Différenciations secondaires. — Les plantes dont la forme est ainsi très ramifiée et très diffé-

renciée possèdent trois sortes principales de membres, qui vont
se répétant ordinairement en grand nombre aux divers points de
la surface du corps et auxquels on a donné des noms différents.
Ce sont les *racines*, les *tiges* et les *feuilles*, résultat d'une différenciation *primaire*.

Les membres de même nom ainsi séparés peuvent à leur tour,
sans perdre jamais leurs caractères fondamentaux, présenter
entre eux des différences de moindre importance, qui en varient
l'aspect de mille manières et que l'on traduit, toutes les fois qu'il
est utile, par des dénominations spéciales. Les feuilles sont tout
particulièrement sujettes à cette différenciation *secondaire*, et les
tiges y sont plus exposées que les racines.

D'un autre côté, un même membre peut se diviser par des angles
rentrants en un certain nombre de parties. Ces segments peuvent
être et demeurer tous semblables, mais souvent il s'établit entre
eux des différences plus ou moins profondes que l'on exprime,
quand il est nécessaire, par des noms différents. C'est encore là
une différenciation *secondaire*.

Ainsi, une fois que la différenciation primaire a séparé le corps
de la plante en ses trois sortes de membres, il peut s'y produire une différenciation secondaire qui agit de deux manières
distinctes : entre membres de même nom, entre parties d'un
même membre. La plante la plus différenciée sera donc celle qui
présentera réunis. chacun à son plus haut degré, ces trois ordres
de différenciations.

Application. Les quatre grands groupes des plantes. —
Servons-nous tout de suite de cette notion pour diviser l'ensemble
des plantes en quatre groupes principaux, que nous aurons à citer à
tout instant. Il suffit pour cela d'invoquer les trois degrés de la
différenciation primaire et d'ajouter au dernier la plus importante
des différenciations secondaires des feuilles.

Il y a, en effet, un très grand nombre de plantes chez lesquelles
la différenciation primaire est complète, le corps y étant partagé
en racines, tiges et feuilles, chez lesquelles aussi la différenciation secondaire, tant entre membres de même nom qu'entre
parties d'un même membre, atteint le plus haut degré de variété
et de profondeur.

Dans les autres végétaux, la différenciation primaire est, au
contraire, incomplète, le corps ne s'y divisant, au plus, qu'en deux
sortes de membres, les tiges et les feuilles ; on n'y trouve jamais

de racines. Sur les deux membres qui existent, la différenciation secondaire est d'ailleurs peu variée et peu profonde. La distinction fondamentale entre tiges et feuilles va même s'effaçant peu à peu, par d'insensibles transitions, vers le milieu de ce groupe ; de sorte qu'on y trouve un grand nombre de plantes dont le corps est homogène, ou du moins ne présente entre ses diverses régions que des différences secondaires, du même ordre que celles qu'on rencontre dans le premier groupe entre les membres de même nom ou entre les parties d'un même membre.

L'ensemble des végétaux se trouve donc, de la sorte, partagé tout d'abord en deux grandes divisions : les plantes à racines et les plantes sans racines.

Parmi les plantes à racines, il en est beaucoup qui, au moins une fois dans leur vie, offrent en divers points de leur corps, entre les feuilles qui s'y trouvent rapprochées, une série de différenciations secondaires de plus en plus profondes, réglées par une loi commune et tendant à un but commun qui est, d'abord, la production des œufs et, en définitive, la formation d'un fruit renfermant des graines capables de reproduire la plante. Un ensemble de feuilles, différenciées de cette façon et dans ce but, est ce qu'on appelle une *fleur*. Les autres plantes à racines ne présentent jamais entre leurs feuilles ce genre de différenciations secondaires : elles n'ont ni fleurs, ni fruits, ni graines ; elles se reproduisent autrement.

Parmi les plantes sans racines, il en faut également distinguer de deux sortes. Les unes possèdent, au moins en grande majorité, des feuilles nettement distinctes de la tige ; les autres, à part quelques exceptions, ne présentent pas cette séparation, et le corps, sauf des différenciations secondaires, y est constitué de la même manière dans toutes ses régions.

On obtient ainsi, par deux coupes successives, une division des plantes en quatre grands groupes, fondée sur l'inégale différenciation de la forme extérieure du corps :

<table>
<tr><td rowspan="4">Plantes</td><td rowspan="2">à racines</td><td>à fleurs.</td></tr>
<tr><td>sans fleurs.</td></tr>
<tr><td rowspan="2">sans racines</td><td>à feuilles.</td></tr>
<tr><td>sans feuilles.</td></tr>
</table>

Dénomination de ces quatre grands groupes. — Il est nécessaire maintenant de dénommer chacun de ces quatre grands groupes. A cet effet, remarquons d'abord que la racine ayant pour fonction principale d'absorber dans le sol des liquides destinés à nourrir la plante, son existence implique l'existence, à l'intérieur du végétal, de tubes capables de conduire les liquides absorbés dans toutes les régions du corps, tubes qu'on appelle des *vaisseaux*. Toute plante à racine est donc une plante à vaisseaux, une plante vasculaire ; toute plante sans racines est aussi une plante sans vaisseaux, une plante non vasculaire. Observons encore que la présence des fleurs, qui tranchent le plus souvent par de vives couleurs sur le corps de la plante, rend la reproduction par œufs très visible, très apparente, tandis qu'en l'absence de fleurs la reproduction par œufs est plus cachée, plus difficile à apercevoir. C'est cette différence qu'expriment le nom de *Phanérogames* donné aux végétaux à fleurs, et celui de *Cryptogames* assigné collectivement à tous ceux qui n'ont pas de fleurs. De ces deux considérations jointes ensemble dérive immédiatement le nom du second groupe : *Cryptogames à racines* ou, comme on dit plus fréquemment : *Cryptogames vasculaires*.

La dénomination du troisième groupe se tire du nom des Mousses (en latin *Musci*), qui en sont les représentants les plus importants : *Muscinées*. Le quatrième groupe, enfin, où le corps est simplement constitué par une expansion de forme variée appelée *thalle*, a reçu le nom de *Thallophytes*.

On a donc le tableau suivant :

Plantes	à racines ou vasculaires	à fleurs.	*Phanérogames* (Chrysanthème, Morelle, Persil, Rosier, Renoncule, Lis, Blé, Pin).
		sans fleurs.	*Cryptogames vasculaires* (Lycopode, Prêle, Fougères).
	sans racines ou non vasculaires	ordinairement à feuilles.	*Muscinées* (Mousses, Hépatiques).
		ordinairement sans feuilles.	*Thallophytes* (Algues, Champignons).

Par la manière même dont on les a obtenus, il est clair que ces quatre groupes ne sont pas équidistants, mais bien rapprochés deux par deux. En d'autres termes, les Cryptogames vasculaires ressemblent beaucoup plus aux Phanérogames qu'aux Muscinées, et les Muscinées beaucoup plus aux Thallophytes qu'aux Cryptogames vasculaires. En réalité, la distinction fondamentale, il ne faut pas l'oublier, est entre plantes à racines ou vasculaires et plantes sans racines ou non vasculaires ; l'autre est relativement secondaire.

Divisions principales des Phanérogames. — Les Phanérogames, qui forment le groupe le plus important, se divisent à leur tour, et, comme nous aurons souvent par la suite à citer ces divisions, il est nécessaire de les caractériser ici brièvement.

Toutes les Phanérogames, avons-nous dit, produisent des graines dans leurs fleurs. Le plus grand nombre ont leurs graines enveloppées dans chaque fleur par une cavité close ; on les dit *Angiospermes*. Les autres n'ont pas leurs graines enveloppées dans chaque fleur par une cavité close ; on les dit *Gymnospermes* (Pin, Cyprès, If).

Chez certaines Angiospermes, la jeune plante, renfermée dans la graine, porte au premier nœud de sa tige deux feuilles opposées, nommées *cotylédons* ; ce sont les *Dicotylédones* (Chrysanthème, Morelle, Persil, Rosier, Renoncule) ; chez les autres, la jeune plante ne porte au premier nœud de sa tige qu'une seule feuille, un seul cotylédon ; ce sont les *Monocotylédones* (Lis, Asperge, Blé).

Les Gymnospermes ne se prêtent pas à une division semblable. Chez elles, la jeune plante porte au premier nœud de sa tige tantôt une seule feuille, tantôt deux, tantôt un plus grand nombre. Le nombre des cotylédons n'y étant pas constant, ce principe de division n'y est pas applicable.

En résumé, le groupe des Phanérogames se trouve partagé de la sorte, par deux coupes successives, en trois divisions : les Gymnospermes, les Monocotylédones et les Dicotylédones. Mais on voit, par la manière même dont on les a tracées, que ces trois divisions ne sont pas équivalentes ; les Gymnospermes diffèrent beaucoup plus des Monocotylédones et des Dicotylédones que celles-ci ne diffèrent entre elles.

Critérium externe de perfection. — Si maintenant, anticipant sur ce qui sera dit un peu plus loin, nous admettons, d'abord qu'une plante est d'autant plus parfaite que son travail total externe est mieux accompli, et ensuite, que ce travail total externe est d'autant mieux accompli qu'il est plus divisé et que les diverses parties en sont plus spécialisées, il en résulte aussitôt qu'une plante est d'autant plus parfaite que sa forme extérieure est plus différenciée. Nous voilà donc munis d'un critérium morphologique à l'aide duquel nous déciderons aisément, dans chaque cas particulier, si une plante donnée est plus ou moins parfaite

qu'une autre plante également donnée. C'est ainsi que les quatre
grands groupes que nous venons de distinguer dans les plantes
s'échelonnent comme il suit dans la voie ascendante du perfectionnement : Thallophytes, Muscinées, Cryptogames vasculaires,
Phanérogames. De même, parmi les trois divisions principales du
groupe des Phanérogames, les Gymnospermes sont les moins
parfaites et les Dicotylédones les plus perfectionnées.

Ce critérium de perfection est trop extérieur cependant pour
qu'on puisse compter qu'il suffira seul, et dans tous les cas, sans
jamais se trouver en défaut. Mais nous saurons bientôt lui en
adjoindre un autre, tiré de la profondeur même du corps, d'une
valeur plus haute par conséquent et d'une application plus sûre.

§ 2

Forme intérieure ou structure du corps.

Pénétrons maintenant au dedans du corps de la plante, pour en
étudier la forme intérieure ou, comme on dit, la *structure*.

Structure continue. — Le cas le plus simple est celui où,
dans toute l'étendue du corps adulte, la substance qui le constitue
est indivise et continue avec elle-même, de telle façon qu'un fil
rigide enfoncé dans la masse peut y être poussé d'une extrémité à
l'autre sans rencontrer de résistance. Il en est ainsi, par exemple,
chez bon nombre d'Algues, non seulement parmi celles qui ont
une forme simple (Valonie, fig. 1, *A*, etc.) ou bien une forme
ramifiée mais homogène (Udotée, fig. 1, *B*, Vauchérie, etc.), mais
même parmi celles dont la forme ramifiée a subi une différenciation très profonde (Caulerpe, fig. 1, *C*, etc.); cette continuité interne a valu à toutes ces Algues le nom de *Siphonées*. Il en est de
même encore chez bon nombre de Champignons, précisément
chez ceux que la différenciation des organes reproducteurs place
au premier rang du groupe et qui, possédant seuls des œufs, sont
nommés *Oomycètes* (Mucor, Saprolègne, Péronospore, Monoblépha-
ride, etc.). La structure de toutes ces plantes est *continue*.

**Éléments constitutifs du corps dans la structure con-
tinue.** — Voyons quels sont, dans ce cas, les éléments constitutifs
du corps.

Considérons d'abord une partie jeune quelconque, encore en voie de croissance (fig. 2, *A*). Nous y distinguerons aussitôt quatre choses : 1° à l'extérieur, une couche mince, homogène et continue de substance solide, incolore, ordinairement transparente, qui est

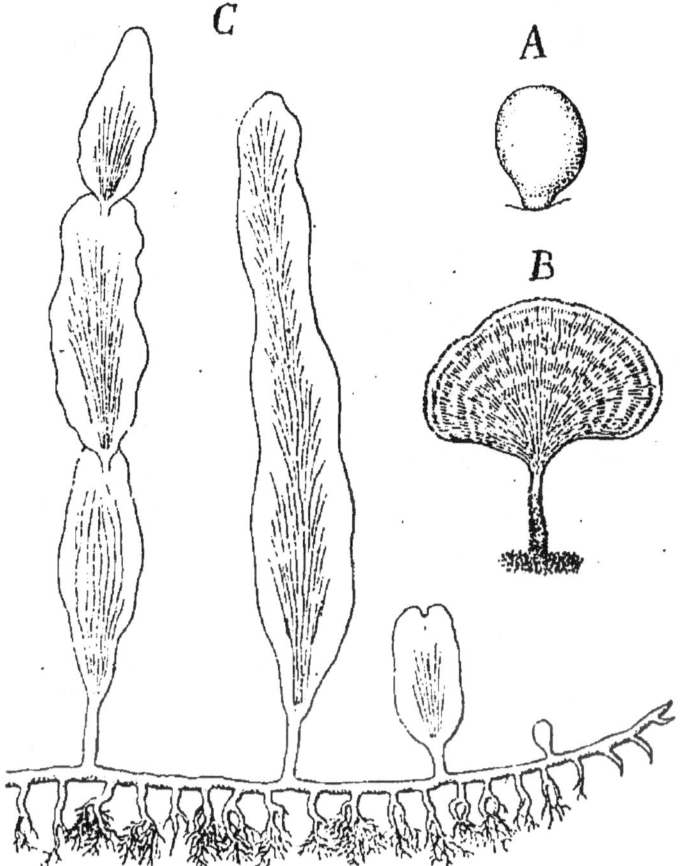

Fig. 1. — Trois Siphonées, Algues à structure continue.

A, Valonie utriculaire, forme simple. — *B*, Udotée flabellée, forme ramifiée peu différenciée ; les ramifications se serrent en éventail. — *C*, Caulerpe prolifère, forme ramifiée très différenciée.

protectrice : c'est la *membrane* ; 2° à l'intérieur, intimement appliquée contre la membrane et continue avec elle-même dans toute l'épaisseur de la partie considérée, une matière molle, semi-liquide, non élastique, ordinairement incolore et granuleuse : c'est le *protoplasme* ; 3° au sein même du protoplasme et équidistants entre eux, un plus ou moins grand nombre de corpuscules sphériques ou ovoïdes, séparés du protoplasme ambiant par un contour très net : ce sont les *noyaux* ; 4° enfin, dans la masse du protoplasme, parmi les noyaux, des grains plus petits, de forme déterminée, ordinairement sphériques ou ovoïdes, doués d'une activité propre et diverse suivant les cas : ce sont les *leucites*.

Membrane, protoplasme, noyaux et leucites ont une composition chimique analogue, étant tous essentiellement formés par divers principes azotés semblables à l'albumine, associés dans des proportions variées. Aussi offrent-ils en commun les réactions générales des composés albuminoïdes : coagulation et durcissement

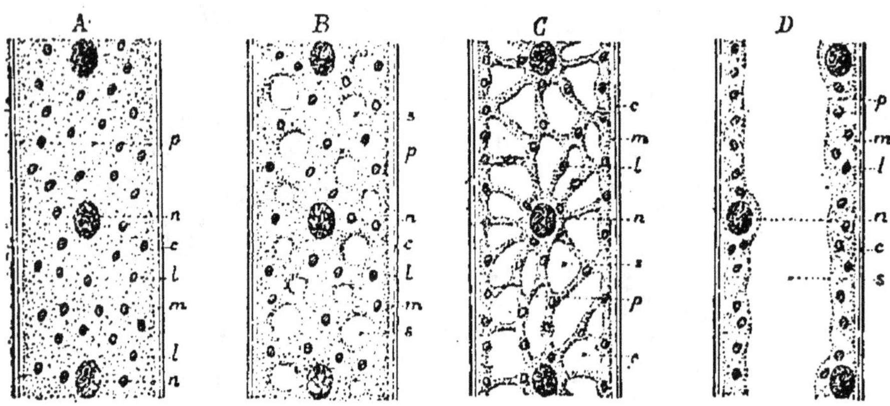

Fig. 2. — Section longitudinale d'une portion du corps d'une plante à structure continue. — *A*, premier âge : *m*, membrane ; *c*, sa couche cellulosique ; *p*, protoplasme ; *n*, noyaux ; *l*, leucites. — *B*, après la croissance des hydroleucites creusés de vacuoles *s*. — *C*, phase des bandelettes ; fusion progressive des hydroleucites. — *D*, après la disparition des bandelettes ; tous les hydroleucites sont fusionnés en un seul.

par la chaleur, l'alcool absolu, les acides picrique, chromique, etc., coloration en jaune par l'iode, en rose par l'acide sulfurique en présence du sucre, en rouge par le nitrate acide de mercure, etc. C'est donc surtout par leurs qualités physiques, notamment par leur solidité et leur réfringence diverses, qu'ils se distinguent nettement sur leurs lignes de contact. Pourtant, les noyaux, les leucites et la membrane ont aussi des caractères propres, par où ils diffèrent du protoplasme.

Les noyaux sont composés en majeure partie d'une matière albuminoïde phosphorée, la *nucléine*, qui a la propriété de fixer avec une grande énergie diverses matières colorantes. Celles-ci, par conséquent, colorent fortement les noyaux au sein du proto-

plasme incolore : en rouge (fuchsine, carmin), en vert (vert de
méthyle), en violet (violet de Paris, hématoxyline), en bleu (bleu
d'aniline), en noir (nigrosine) ; les noyaux se colorent aussi en noir
par l'acide osmique. La nucléine forme dans le noyau un certain
nombre de bâtonnets courbés en U ; en se posant bout à bout, ces
bâtonnets prennent l'aspect d'un filament enroulé et pelotonné
sur lui-même (fig. 2, *n*) ; les interstices sont occupés et le peloton
tout entier est revêtu par une matière albuminoïde qui diffère peu
du protoplasme.

Les leucites ont la faculté de former dans leur masse diverses
substances spéciales, qui permettent de caractériser autant de
catégories de ces corpuscules. Bornons-nous à signaler ici les trois
plus importantes de ces catégories.

Les uns demeurent incolores et produisent de petits grains d'une
substance ternaire de formule $(C^{12}H^{10}O^{10})^5$, très réfringente,
bleuissant par l'iode, qu'on nomme l'*amidon* : ce sont les *amyloleucites*. Chaque grain d'amidon est formé de couches alternativement plus dures et plus molles, plus brillantes et plus ternes, plus
sèches et plus aqueuses, disposées autour d'un globule central ou
excentrique qui est la partie la plus molle, la plus terne et la plus
aqueuse du grain. D'abord très petit, il s'accroît progressivement,
de dedans en dehors, par addition de nouvelle matière à sa périphérie ; sa forme est le plus souvent sphérique ou ovoïde. Si
plusieurs grains prennent naissance dans le même leucite, ils se
soudent en grandissant et constituent ce qu'on appelle des grains
d'amidon *composés*.

D'autres leucites produisent, sous l'influence de la lumière, un
principe colorant vert, la *chlorophylle*, qui les imprègne uniformément dans toute leur épaisseur : ce sont les *chloroleucites*; dans
le langage vulgaire, on les appelle communément des *grains de
chlorophylle*. Insoluble dans l'eau, soluble dans l'alcool, se combinant avec les bases à la manière d'un acide, la chlorophylle a
une composition quaternaire exprimée par la formule $C^{36}H^{30}AzO^4$.
On rencontre des chloroleucites dans toutes les Algues à structure
continue, tandis que tous les Champignons en sont dépourvus.
Comme les amyloleucites, ils produisent souvent des grains d'amidon dans leur masse, mais ils peuvent aussi n'en pas former.

Les leucites de la troisième sorte ne sont pas pleins comme les
précédents, mais creusés au centre d'une cavité contenant de
l'eau et diverses matières dissoutes, cavité souvent désignée sous

le nom de *vacuole* : ce sont les *hydroleucites*. Petits dans la région jeune du corps, ils grossissent en absorbant de l'eau à mesure que cette région va croissant (fig. 2, *B*, *s*). Bientôt ils se touchent et se confondent de proche en proche en hydroleucites plus grands. A ce moment, le protoplasme forme une couche externe continue qui tapisse la membrane et des bandelettes rameuses traversant toute l'épaisseur du corps en y dessinant un réseau dont les mailles sont occupées par les hydroleucites (fig. 2, *C*). Les noyaux et les leucites pleins se trouvent alors répartis tout aussi bien dans l'épaisseur des bandelettes qu'au sein de la couche pariétale ; chaque noyau est un centre autour duquel les bandelettes rayonnent en tous sens. Plus tard, la croissance des hydroleucites continuant, les bandelettes s'amincissent, se rompent, leurs portions se rétractent dans la couche périphérique, et finalement tous les hydroleucites sont fusionnés en un seul. Désormais, le protoplasme ne forme plus qu'une couche pariétale, dans l'épaisseur de laquelle sont nichés les noyaux et les leucites pleins : toute la région centrale du corps est occupée par le grand hydroleucite (fig. 2, *D*).

Les hydroleucites sont la source où le protoplasme, avec ses noyaux et ses leucites pleins, puise l'eau et les substances solubles dont il a besoin pour s'accroître et pour entretenir son activité ; ils sont aussi le réservoir où le protoplasme déverse les matières solubles qui sont les produits de son activité. Aussi le liquide des vacuoles, dont l'ensemble est nommé souvent le *suc* du corps, tient-il en dissolution un grand nombre de substances des plus diverses : sels minéraux et organiques, acides et bases organiques libres, principes colorants, corps neutres azotés comme des diastases, des peptones, des amides, corps neutres ternaires comme les dextrines, les sucres, les glucosides, etc. ; sa réaction est ordinairement acide. En outre, les hydroleucites jouent un rôle mécanique important. En absorbant de l'eau et se dilatant, ils exercent en effet, de dedans en dehors, sur le protoplasme une pression croissante, qui peut atteindre dans certains cas plusieurs atmosphères. Cette pression distend le protoplasme et la membrane, jusqu'à ce que la résistance élastique de celle-ci lui fasse équilibre. La tension ainsi établie entre la membrane et les hydroleucites, d'où résulte une certaine raideur, est ce qu'on nomme la *turgescence* du corps ; tout ce qui augmente le volume des **hydroleucites accroît la turgescence, tout ce qui le diminue** l'affaiblit. On verra plus tard que la turgescence joue un rôle important dans la croissance.

Enfin la membrane, par un mécanisme analogue à celui par lequel les amyloleucites produisent les grains d'amidon, transforme de bonne heure sa couche externe en une substance ternaire de formule $(C^{12}H^{10}O^{10})^6$, isomère par conséquent de l'amidon, mais plus condensée et ne bleuissant pas directement par l'iode : c'est la *cellulose*, matière très résistante, insoluble dans tous les réactifs, à l'exception du liquide cupro-ammoniacal, se colorant en bleu par l'iode après l'action de l'acide sulfurique ou du chlorure de zinc, qui la ramènent à l'état d'amidon. La membrane propre du corps se trouve ainsi enveloppée d'une couche continue et plus ou moins épaisse de cellulose, qui lui assure à la fois une protection et un soutien (fig. 2, c). Cette couche cellulosique de la membrane existe tout aussi bien chez les Algues que chez les Champignons à structure continue. Comme elle est plus épaisse et plus résistante, elle est aussi plus visible que la couche albuminoïde qui la double à l'intérieur et qui peut, au premier abord, passer inaperçue. C'est elle qui, par sa résistance élastique à la pression des hydroleucites, provoque la turgescence du corps.

Mouvements du protoplasme. — A partir du moment où les hydroleucites ont grandi et où le suc y est abondant, le protoplasme se montre animé de mouvements divers, accusant ainsi au dehors le jeu des forces qui agissent en lui. Tant qu'il y a des bandelettes réticulées tendues d'une face à l'autre de la couche pariétale (fig. 2, *C*), on voit ces bandelettes changer incessamment de forme et de position; ici, elles s'amincissent, se brisent, rétractent leurs deux moitiés et disparaissent; ou bien deux ou plusieurs bandelettes se rapprochent et s'unissent en une seule. Là, au contraire, il pousse un bras nouveau qui se ramifie et se soude avec les autres; ou bien c'est un bras ancien qui émet un prolongement pour s'unir à ses voisins. En même temps, les granules protoplasmiques, souvent aussi les noyaux et les leucites pleins, se meuvent en courant le long des bandelettes et le long de la couche pariétale; ordinairement dans une bandelette il y a deux courants de granules de sens inverse sur les deux bords, avec une ligne de repos au milieu. Plus tard, quand les hydroleucites se sont fusionnés en un large hydroleucite central (fig. 2, *D*), les mouvements de courants continuent dans la couche pariétale. Il y a d'ordinaire dans cette couche plusieurs courants de granules parallèles à la plus grande longueur de la partie considérée et dirigés soit tous ceux d'une moitié dans un sens, tous ceux de l'autre moitié en sens contraire, soit alternativement dans un sens et dans l'autre. Grâce à ces mouvements, les diverses particules du protoplasme se transportent sans cesse d'un bout du corps à l'autre, avec une vitesse qui peut atteindre et dépasser 1 millimètre à la minute.

Le protoplasme est l'élément fondamental du corps. — Les leucites peuvent manquer. Le corps ne se compose donc que de trois éléments essentiels : la membrane, le protoplasme et les noyaux.

La membrane albuminoïde n'est, au fond, que la couche périphérique du protoplasme, exempte de granules et modifiée dans ses propriétés physiques, devenue notamment plus dure et plus résistante. S'il vient à en être dépouillé, le protoplasme en régénère une autre aussitôt. Que dans une Vauchérie ou un Mucor, par exemple, l'on perce ou l'on déchire la membrane du corps en un point et que, par l'ouverture, on fasse sortir dans l'eau une portion du protoplasme (fig. 5), on la verra d'abord se contracter en boule, et bientôt après former à sa périphérie une membrane nouvelle, qui la sépare du milieu ambiant et la protège ; la membrane dérive donc du protoplasme. Quant à la couche de cellulose, résultant comme on sait de la transformation ultérieure de la zone externe de la membrane albuminoïde, elle n'est qu'un dérivé de second ordre du protoplasme.

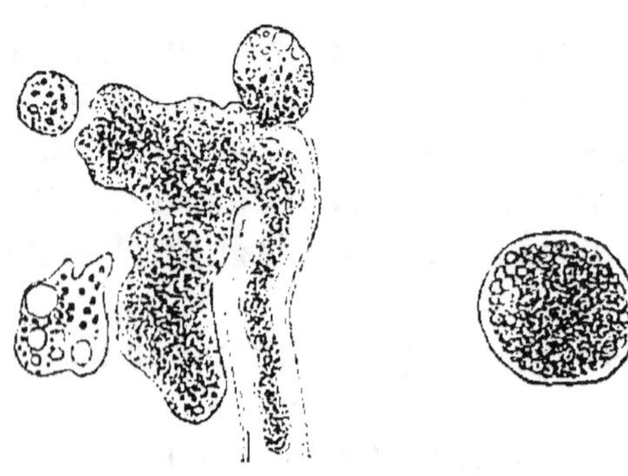

Fig. 5. — A gauche, protoplasme s'échappant, avec ses noyaux et ses leucites, d'un tube percé de Vauchérie terrestre ; il se sépare en petites masses arrondies. A droite, une de ces masses a condensé vers le centre ses noyaux et ses leucites, et s'est formé une membrane nouvelle.

Les noyaux diffèrent davantage du protoplasme et ont vis-à-vis de lui une indépendance beaucoup plus grande ; ils n'en dérivent pas. A mesure que le protoplasme augmente de volume, toujours revêtu par la membrane qui s'accroît à mesure, les noyaux grossissent aussi et, en même temps, s'espacent davantage. Quand ils ont acquis une certaine dimension, ils se divisent en deux moitiés égales, et les nouveaux noyaux s'écartent l'un de l'autre, jusqu'à redevenir équidistants; ils grandissent ensuite, pour subir plus tard une nouvelle bipartition, et ainsi de suite. *Tout noyau procède donc d'un noyau antérieur par voie de dédoublement.* Au moment où un noyau, ayant acquis sa dimension maximum, se prépare à se diviser, son contour s'efface et la portion de sa masse qui n'est pas de la nucléine se confond avec le protoplasme. Le peloton de nucléine se déroule et isole ses bâtonnets; puis chacun de ceux-ci se divise suivant la longueur en deux moitiés qui s'écartent. De part et d'autre, toutes les moitiés correspondantes se rapprochent et constituent deux nouveaux pelotons qui se *revêtent et comblent leurs interstices avec du protoplasme ordi-naire* et enfin s'isolent par un contour tranché d'avec le proto-plasme général, pour constituer les deux noyaux nouveaux. On voit que chaque noyau nouveau possède exactement la moitié de la nucléine du noyau ancien, disposée dans le même nombre de bâtonnets moitié moins gros. On voit aussi que, pendant chacune de ses divisions, le noyau perd, en partie du moins, son autonomie vis-à-vis du protoplasme, dans lequel ses bâtonnets de nucléine *se retrempent, pour ainsi dire, chaque fois.*

C'est donc, après tout, le protoplasme qui est l'élément consti-tutif fondamental du corps de la plante.

Structure cloisonnée : cellules. — Déjà chez la plupart des Thallophytes autres que les Siphonées, parmi les Algues, et les Oomycètes, parmi les Champignons, puis chez tous les végétaux des trois autres groupes, dans la très grande majorité des plantes par conséquent, la structure que nous venons d'esquisser subit une *modification importante.*

Elle n'est plus continue; un fil rigide, enfoncé à travers la membrane en un point du corps et poussé en divers sens, se heurte bientôt à une forte résistance, et s'il en triomphe à l'aide d'une pression suffisante, après un court trajet dans une partie molle, il rencontre une résistance nouvelle, et ainsi de suite. Rien n'est changé pourtant au fond des choses. Le corps est toujours formé d'une membrane et d'un protoplasme avec des noyaux équidistants, des leucites pleins et des hydroleucites. Il y a seulement quelque chose de plus. De bonne heure, il s'est formé au sein du protoplasme, perpendiculairement à la ligne des centres

de deux noyaux consécutifs et au milieu de cette ligne, autant de
minces cloisons de même nature que la membrane du corps,
c'est-à-dire d'abord tout entières albuminoïdes, bientôt transformées, dans leur plan médian, en une lame de cellulose doublée
de chaque côté d'un feuillet albuminoïde (fig. 4, *m'*, *c'*). Toutes
ces cloisons s'ajustent entre elles et les plus externes se raccordent avec la membrane générale, de manière à diviser le corps
en autant de petits compartiments polyédriques qu'il renferme
de noyaux ; chacun de ces petits compartiments est ce qu'on

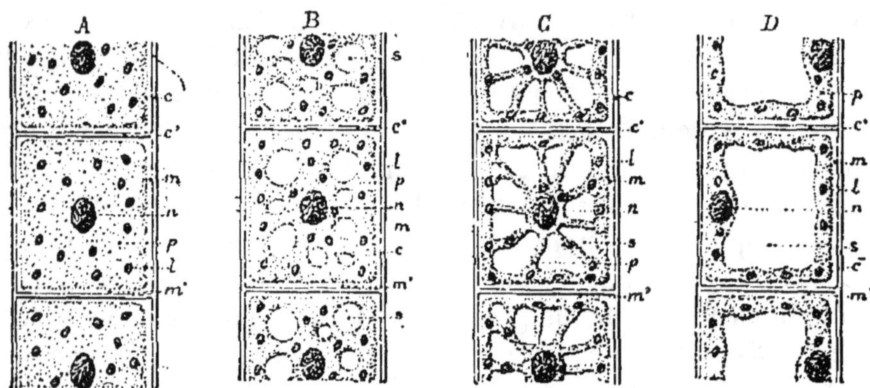

Fig. 4. — Section longitudinale du corps d'une plante à structure cloisonnée
en cellules dans une seule direction. — *A*, premier âge : *m*, membrane ; *c*, sa
couche cellulosique ; *m'*, les deux feuillets albuminoïdes de la cloison ; *c'*, sa
lame cellulosique mitoyenne ; *p*, protoplasme plein ; *n*, noyaux ; *l*, leucites.
— *B*, après le grossissement des hydroleucites avec leurs vacuoles pleines
de suc *s*. — *C*, phase des bandelettes. — *D*, après la disparition des bandelettes et la fusion de tous les hydroleucites de la cellule en un seul.
Comparez cette figure à la figure 2.

appelle une _cellule_, et la structure du corps est dite dans ce cas
cellulaire.

Chaque cellule se compose donc d'une membrane, d'un protoplasme, d'un noyau et des divers leucites, pleins ou creusés de
vacuoles, qui se trouvaient renfermés dans la portion du protoplasme général comprise entre deux cloisons consécutives. En un
mot, chaque cellule possède en petit la même structure que le
corps tout entier.

Si les noyaux se dédoublent toujours dans la même direction,
de manière à être tous disposés en une seule série linéaire, toutes
les cloisons sont parallèles et le corps est formé d'une file de cellules superposées (fig. 4) (Conferve, Spirogyre, etc.). Si les noyaux

se divisent dans deux directions rectangulaires, il y a aussi deux directions de cloisonnement et le corps est formé d'un plan de cellules (Monostrome, etc.). Enfin, si les noyaux se dédoublent dans les trois directions, le cloisonnement s'opère aussi dans les trois sens et le corps est composé d'un massif de cellules (fig. 5) (*toutes les plantes vasculaires*). Dans les deux premiers cas, chaque cellule emprunte une portion plus ou moins grande de sa membrane à la membrane du corps, le reste aux cloisons séparatrices des cellules voisines; il en est de même dans le troisième cas pour les cellules périphériques (fig. 5, *ép*), tandis que dans les cellules profondes la membrane est uniquement formée par l'ensemble de ces cloisons mitoyennes.

Une fois la couche externe de la membrane générale et les lames moyennes de toutes les cloisons transformées en cellulose, le corps se trouve donc traversé dans toute son étendue par un réseau rigide, solidement raccordé avec la cuirasse périphérique, et qui

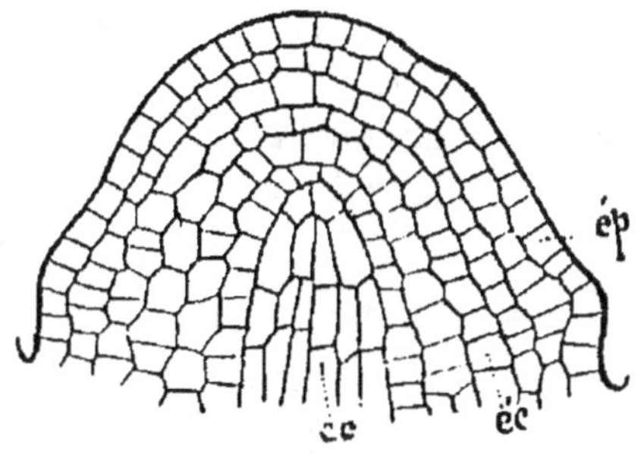

Fig. 5. — Section longitudinale du sommet de la tige de la Pesse commune, montrant la structure cloisonnée dans les trois directions; *ép*, cellules périphériques.

emprisonne dans ses mailles toutes les parties molles. Toutes les lames de ce réseau étant mitoyennes, les cellules n'ont pas, du moins au début, de membrane propre de cellulose. Elles possèdent, au contraire, chacune une membrane albuminoïde spéciale, directement appliquée sur son protoplasme et séparée des membranes albuminoïdes voisines par toute l'épaisseur des lames mitoyennes cellulosiques. Ces dernières, d'abord minces, s'épaississent ensuite plus ou moins de chaque côté, vers l'intérieur des deux cellules voisines, aux dépens du feuillet albuminoïde correspondant.

Plus tard, elle peuvent être continues et d'égale épaisseur dans toute leur étendue; les protoplasmes voisins ne communiquent alors que par voie d'osmose et cette osmose s'opère uniformément dans toute la largeur de la cloison de cellulose. Mais le plus souvent il n'en est pas ainsi. En de certaines places, la cloison albuminoïde demeure mince et ne produit aussi qu'une lame mince de cellulose, tandis que dans les régions intermédiaires elle s'épaissit de chaque côté vers l'intérieur et produit aussi une couche cellulosique de plus en plus épaisse; les places minces qui, par leur mode même de formation, se correspondent toujours exactement d'une cellule à l'autre, dessinent alors une sculpture en creux sur le fond épaissi de la membrane; quand elles sont circulaires ou ovales, on les nomme des _ponctuations_. C'est par elles que s'opèrent alors presque exclusivement les échanges osmotiques entre les protoplasmes voisins. Dans chaque place mince, il existe ordinairement une série de petits points formant les mailles d'un très fin réseau, dans lesquels la membrane albuminoïde n'a pas du tout formé de cellulose, qui se colorent en jaune par conséquent par le chlorure de zinc iodé. En ces points réservés, les protoplasmes voisins ne sont séparés que par la membrane azotée mitoyenne qui bouche chaque maille du réseau cellulosique; ils communiquent plus librement entre eux que partout ailleurs, sans être pour cela en continuité directe (fig. 6).

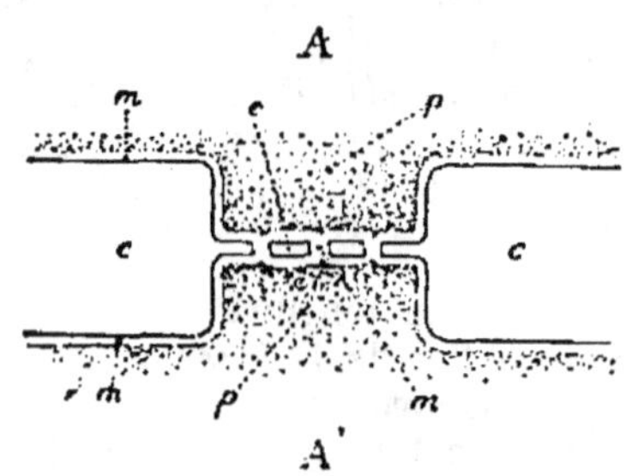

Fig. 6. — Section de la cloison séparatrice des cellules _A_ et _A'_, passant par une ponctuation : _p_, protoplasmes voisins ; _m_, membrane ; _c_, lame cellulosique mitoyenne (gross. très fort).

A mesure qu'une cellule grandit, ses hydroleucites, d'abord petits et isolés, grossissent et confluent (fig. 4, _B_); puis le protoplasme forme entre eux un réseau de bandelettes (fig. 4, _C_); enfin, il se réduit ordinairement à une couche pariétale englobant le noyau et les leucites pleins, et enveloppant un grand hydroleucite central (fig. 4, _D_). D'une cellule à l'autre, les hydroleucites ainsi fusionnés sont donc toujours séparés, si l'on fait abstraction des points réservés des places minces, par deux couches pariétales de protoplasme, deux membranes albuminoïdes et une lame mitoyenne de cellulose. Les hydroleucites, avec le liquide qu'ils renferment et qui est souvent nommé _suc cellulaire_, jouent dans la cellule le même rôle que dans le corps tout entier quand la structure est continue. Ils provoquent notamment, en distendant la membrane de cellulose, qui résiste, un état de raideur qu'on appelle la _turgescence_ de la cellule; la pression de turgescence peut y atteindre dans certains cas sept (Haricot) et jusqu'à treize atmosphères (Hélianthe).

Quand les hydroleucites y ont acquis une certaine dimension, le protoplasme se montre animé dans chaque cellule de mouvements divers, localisés dans la cellule et sans lien nécessaire avec ceux des cellules voisines (fig. 7). Ces mouvements sont les mêmes que ceux qui affectent le protoplasme général dans la structure continue, et nous n'y reviendrons pas. Ajoutons seulement qu'ici, une fois toutes les bandelettes disparues, c'est-à-dire une fois tous les hydroleucites fusionnés en un seul, il arrive souvent qu'il n'y ait dans la couche pariétale qu'un seul courant fermé, doué dans chaque cellule d'une direction constante déterminée par la place de cette cellule dans le corps. Dans la tige des Charagnes, par exemple, le courant est parallèle au grand axe de la cellule, montant toujours du côté correspondant à la première feuille du nœud suivant, descendant du côté opposé et laissant entre ses deux bords une bande mince en repos; sa vitesse, à la température de 15 degrés, est de $1^{mm},63$ à la minute. Ce courant unique entraîne souvent le noyau et les chloroleucites (Vallisnérie, Élodée, etc.), quelquefois le noyau seulement, les chloroleucites demeurant immobiles dans la zone externe de la couche pariétale (Charagne).

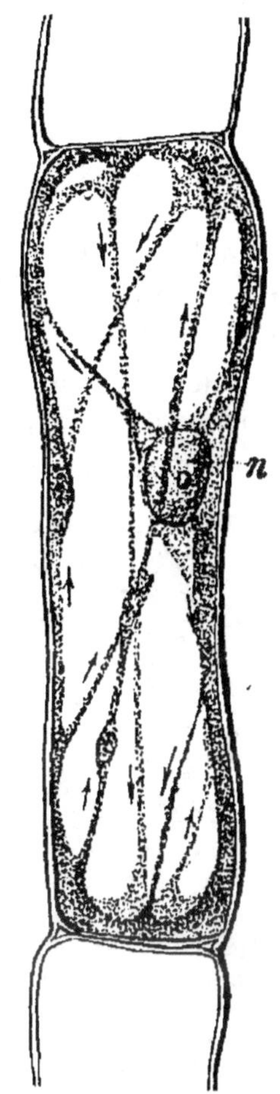

Fig. 7. — Cellule d'un poil de Chélidoine.

n, noyau. Les flèches indiquent le sens du mouvement du protoplasme dans les bandelettes et dans la couche pariétale.

Que la structure soit cellulaire ou continue, on voit donc que le protoplasme est une substance essentiellement mobile. La prétendue immobilité de la plante n'est qu'une apparence, due à ce que la couche cellulosique de la membrane du corps et des cloisons qui le divisent, par sa rigidité, interdit en général au protoplasme toute déformation du contour externe et tout déplacement d'ensemble. Quelquefois pourtant il arrive que cette couche cellulosique soit assez mince et assez flexible pour se déformer légèrement sous l'influence des mouvements internes; le corps tout entier se déplace alors plus ou moins rapidement dans le milieu ambiant, comme on le voit chez beaucoup d'Algues (Desmidiées, Diatomacées, Nostocacées, Bactériacées, etc.).

En somme, on peut se représenter la structure cellulaire comme dérivant de la structure continue par un simple développement de la membrane générale dans la profondeur du corps, entre tous les noyaux, avec raccordement de tous les prolongements ; ce développement et ce raccordement ont pour but de soutenir l'ensemble et de protéger les parties, tout en permettant, par les places minces des cloisons et surtout par les points où la cellulose y fait défaut, les échanges entre les protoplasmes voisins. Cette manière de voir se trouve confirmée d'ailleurs par de nombreuses formes de transition. Tout en gardant leur structure continue, les Caulerpes, par exemple (fig. 1, *C*), prolongent leur membrane avec sa couche cellulosique dans la profondeur du protoplasme sous forme de bandelettes solides, ramifiées et soudées çà et là bout à bout en réseau, qui se raccordent avec la face opposée et constituent de la sorte un système de contreforts et d'arcs-boutants (fig. 8). Chez d'autres plantes, qui prennent la structure cellulaire, comme les Spirogyres, le cloisonnement, au lieu de s'opérer comme d'ordinaire simultanément dans toute l'épaisseur du corps, part de la membrane externe sous forme d'un bourrelet annulaire, qui s'avance peu à peu en forme de diaphragme dans la profondeur du protoplasme et finit par se fermer au centre en complétant la cloison.

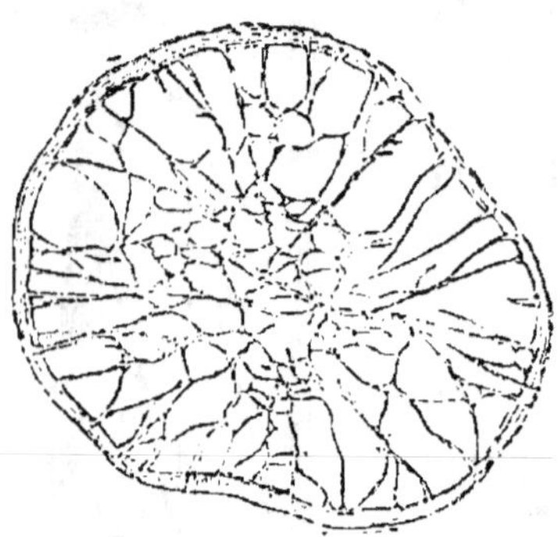

Fig. 8. — Section transversale du corps à structure continue du Caulerpe prolifère, montrant le lacis des cordons cellulosiques.

La structure cellulaire n'est donc qu'une simple modification de la structure continue, modification extrêmement répandue, il est vrai, mais dont la fréquence ne doit pas nous faire illusion. Elle ne change rien, on l'a vu, au fond des choses ; une plante cellulaire n'est point, par cela seul, plus compliquée qu'une plante continue ; et dans une plante cellulaire, chaque cellule, avec sa double membrane, son protoplasme, son noyau, ses leucites pleins et ses hydroleucites, n'est pas plus simple que le corps tout entier.

États intermédiaires entre la structure continue et la structure cellulaire : articles, symplastes. — Nous avons supposé jusqu'ici que des cloisons se formaient partout entre deux noyaux consécutifs, de manière que chaque compartiment ne renfermât qu'un seul noyau ; c'est à un pareil compartiment que nous avons donné le nom de cellule. Le cloisonnement s'opère alors à son maximum : c'est le cas de beaucoup le plus fréquent. Entre la structure cellulaire ainsi définie et la structure continue il existe pourtant des intermédiaires, dont l'étude est très instructive.

Il arrive, en effet, que le corps ne se cloisonne que de loin en loin, sans aucune relation avec la disposition des noyaux, de manière que chaque portion de protoplasme comprise entre deux cloisons consécutives renferme un plus ou moins grand nombre de noyaux, des centaines et jusqu'à des millions. On en voit des exemples chez bon nombre d'Algues filamenteuses, notamment les Cladophores. Les compartiments ainsi découpés dans le corps n'ont évidemment pas la même valeur que dans le cas précédent et ne peuvent pas porter le même nom. En les appelant aussi des cellules, on ferait la faute de désigner par le même nom des choses différentes. Nous les nommerons des *articles*, et nous dirons que dans ce cas la structure est *articulaire*. La structure articulaire comporte bien des degrés, suivant le nombre et le rapprochement des cloisons, en d'autres termes suivant le nombre des noyaux renfermés dans chaque article. Il en résulte autant de transitions entre la structure continue, sans cloisons, et la structure cellulaire, où le cloisonnement atteint son maximum.

L'existence d'intermédiaires entre les deux structures extrêmes se manifeste encore par la présence locale d'articles, aussi bien dans des plantes à structure continue que dans des végétaux à structure cellulaire. Ainsi, dans la thalle des Mucors, il est fréquent de voir certains rameaux latéraux, plus grêles et plus rameux que les autres, se séparer régulièrement des branches principales par des cloisons basilaires, qui en font autant d'articles isolés dans une structure d'ailleurs continue. D'un autre côté, le corps d'un Figuier ou d'un Mûrier, d'ailleurs cellulaire, renferme dans sa masse un certain nombre d'articles en forme de filaments rameux, qui s'étendent sans discontinuité de l'extrémité des racines les plus profondes au sommet des feuilles les plus hautes, en serpentant entre les cellules, et qui renferment des millions de noyaux.

Enfin, ces états intermédiaires se présentent à nous d'une autre manière encore. Dans une structure complètement cellulaire, il arrive que çà et là les cloisons cellulosiques et albuminoïdes se résorbent et que les protoplasmes des cellules voisines se fusionnent en un seul, tandis que les noyaux restent à leurs places respectives; en ces points, la structure cellulaire primitive fait retour à une structure continue. On appelle *symplaste* un ensemble de cellules ainsi fusionnées : le Pavot, la Campanule, la Chicorée en offrent de beaux exemples (fig. 12). Dans un très grand nombre de Champignons aussi, les filaments cloisonnés et ramifiés qui composent le corps, partout où ils viennent à se rencontrer, résorbent les membranes aux points de contact, unissent les protoplasmes et, de chacun de ces

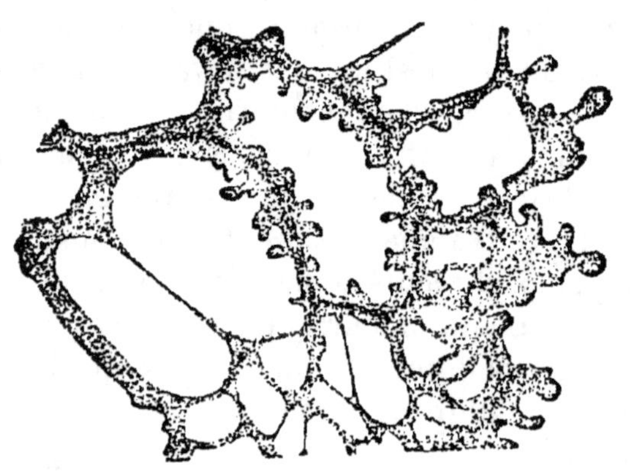

Fig. 9. — Portion du symplaste réticulé et mobile vers la droite du Physare leucope; les noyaux ne sont pas figurés.

abouchements, résulte aussi un symplaste local. Dans les Myxomycètes de la famille des Endomyxées, toutes les cellules du corps, dont la membrane est ici dépourvue de couche cellulosique, se fusionnent de la sorte à un moment donné, de sorte que pendant un certain temps le corps tout entier n'est qu'un vaste symplaste réticulé et mobile (fig. 9).

Structure cellulaire associée. Structure cellulaire dissociée. — Dans ce qui précède, on a supposé qu'après le cloisonnement du corps, les diverses cellules demeurent unies entre elles, leurs membranes albuminoïdes propres étant comme cimentées par les lames cellulosiques mitoyennes : le corps est alors tout d'une pièce, comme lorsqu'il n'est pas cloisonné. A vrai dire, il suffit, pour que ce résultat soit atteint, que les cellules périphériques demeurent solidement unies. On voit souvent, en effet, les cellules profondes se séparer çà et là les unes des autres par un dédoublement local des lames cellulosiques mitoyennes en deux feuillets, qui s'écartent plus ou moins; il en résulte des *espaces intercellulaires* plus ou moins grands, qui se remplissent ordinairement de gaz, quelquefois de liquides spéciaux, et le long desquels les cellules ont une membrane cellulosique propre. Si ces espaces sont très petits, ou du moins plus petits que les cellules qui les bordent, ce sont des *méats* (voir fig. 10, *B*); s'ils sont plus grands que les cellules de bordure, de manière qu'il paraît manquer en ce point une ou plusieurs cellules, ce sont des *lacunes* (voir fig. 10, *F*); s'ils deviennent énormes, ce sont des *chambres*; quand ces lacunes ou ces chambres s'étendent dans toute la longueur du corps, ce sont des *canaux*. Certaines cellules de la périphérie peuvent aussi se séparer localement de la même manière, en produisant des *pores*, qui font communiquer l'ensemble des espaces intercellulaires avec le milieu extérieur. Tant que cette dissociation des cellules demeure localisée en certains points de la profondeur du végétal ou de sa périphérie, de manière que le corps n'en forme pas moins un tout lié, la structure est dite *associée*. C'est le cas de beaucoup le plus fréquent.

Il arrive pourtant assez souvent qu'après chaque cloisonnement la lamelle moyenne de la cloison cellulosique mitoyenne se transforme en une substance soluble et se dissolve en séparant la cloison cellulosique en deux feuillets et isolant complètement les deux cellules, avant qu'un nouveau cloisonnement ne se produise en elles. Le corps se trouve alors *dissocié*, émietté, pour ainsi dire, dans le milieu extérieur et, pour l'observer dans son ensemble, il faut par la pensée en rassembler toutes les cellules éparses, les rapprocher au contact et les disposer comme elles l'eussent été si la dissociation n'avait pas eu lieu. Il en est souvent ainsi, parmi les Algues, chez les Desmidiées, les Palmellées, les Bactériacées et les Diatomacées, etc., parmi les Champignons, chez les Levures, etc. Dans les Myxomycètes, la cloison, sans produire de lame cellulosique, se dédouble aussitôt en deux feuillets et les cellules s'isolent sans être revêtues d'une couche de cellulose. Aussi, grâce aux mouvements du protoplasme, déforment-elles sans cesse leur contour et se déplacent-elles en rampant. Ce sont ces cellules éparses et mobiles qui, chez les Endomyxées, se fusionnent plus tard de proche en proche pour former le symplaste réticulé et également mobile dont il a été question plus haut (fig. 9). Les plantes dont le corps va s'émiettant ainsi, à mesure qu'il croît, sont souvent dites à tort *unicellulaires*, parce qu'on regarde chacune des cellules isolées comme en étant le corps tout entier.

Ailleurs, la dissociation n'a lieu que çà et là suivant certaines cloisons, qui se dédoublent pendant que les autres demeurent entières. Le corps se sépare alors en fragments pluricellulaires, qu'il n'est pas davantage permis de considérer comme étant chacun une plante tout entière.

Structure dissociée libre. Structure dissociée agrégée. — Enfin la dissociation peut avoir lieu d'une autre manière encore. La lamelle moyenne de la cloison cellulosique, au lieu de se dissoudre immédiatement comme il a été dit plus haut, peut se transformer en une couche plus ou moins épaisse de gelée ou de mucilage. Les cellules se séparent alors dans cette gelée interstitielle ; mais si cette gelée a une consistance assez ferme, elle maintient en une masse compacte toutes les cellules dissociées en donnant au corps un contour défini. Il en est ainsi, par exemple, chez bon nombre d'Algues gélatineuses, notamment dans le Leuconostoc, Bactériacée qui se nourrit de sucre de Canne et que sa consistance a fait nommer *gomme de sucrerie*. Pour distinguer cette dissociation avec agglomération persistante, de la dissociation avec séparation complète, on peut dire que la structure dissociée est *agrégée* dans ce cas, *libre* dans l'autre.

Dans les plantes qui dissocient ainsi leurs cellules, le phénomène paraît dépendre des conditions de milieu. Dans certaines conditions, la dissociation ne se produit pas ; dans d'autres, elle a lieu à l'intérieur d'une masse gélatineuse avec agrégation des cellules ; dans d'autres encore, elle se produit avec mise en liberté complète des cellules. Ces modifications, qui changent pourtant si profondément l'aspect de la plante, sont donc tout à fait accessoires (¹) ; il fallait cependant les mentionner ici.

Différenciation dans la structure continue. — Quand la structure est continue, nous avons vu que le corps adulte est différencié en plusieurs parties : la membrane, le protoplasme, les

1. Aussi le mot *microbes*, par lequel il est de mode aujourd'hui de désigner les plantes qui se présentent d'ordinaire à l'état dissocié libre, n'a-t-il aucune valeur scientifique. Il s'applique, en effet, non pas à une certaine catégorie de plantes nettement définie, mais seulement à un certain état sous lequel se présentent, dans les circonstances ordinaires, certains végétaux d'ailleurs les plus différents, végétaux qui, dans d'autres conditions de milieu, gardent, au contraire, leurs cellules unies, atteignent alors de grandes dimensions, en un mot sont des *macrobes*.

noyaux, les leucites pleins et les hydroleucites. A son tour, la membrane se différencie en une couche externe cellulosique et une couche interne albuminoïde; le protoplasme peut renfermer des granules de composition diverse, des corps gras, des matières colorantes. etc.; les leucites pleins peuvent produire des substances différentes, de l'amidon, de la chlorophylle, etc.; les hydroleucites peuvent former et tenir en dissolution des matières très diverses, notamment des principes colorants, etc.

Toutes ces différenciations internes, qu'on peut appeler primaires, peuvent aussi n'être pas les mêmes dans les diverses régions du corps, surtout si la forme extérieure est très différenciée, comme on le voit par exemple dans les Caulerpes (fig. 1, *C*). Il en résulte une différence dans la différenciation primaire, en un mot une différenciation secondaire. Mais on comprend aussi que, dans ce cas, toutes les parties du corps se trouvant en continuité parfaite, et le protoplasme en mouvement incessant d'une région à l'autre, cette différenciation secondaire ne puisse pas dépasser un assez faible degré.

Différenciation dans la structure cellulaire. — Il en est tout autrement lorsque la structure est cloisonnée, surtout quand, le cloisonnement s'opérant au maximum, elle est cellulaire. Tout d'abord il y a, ici aussi, une différenciation primaire du corps en une membrane, elle-même séparée en une couche cellulosique et une couche albuminoïde, un protoplasme avec des granules de diverses sortes, des noyaux, des leucites pleins et des hydroleucites. Seulement, cette différenciation s'arrête quelquefois à un degré moindre. La membrane peut ne pas produire de couche cellulosique externe et se différencier même assez peu par rapport au protoplasme, dont elle conserve la mollesse et la fluidité (Myxomycètes); ou bien, la membrane étant nettement différenciée, c'est le noyau qui ne l'est pas et dont la substance constitutive, la nucléine, demeure confondue dans le protoplasme, qui ne contient alors non plus ni leucites pleins, ni hydroleucites (Cyanophycées, notamment Bactériacées, etc.).

Toutes les fois que la structure cellulaire est dissociée, soit libre, soit avec agrégation dans la gélatine, et parfois aussi quand elle demeure associée (Spirogyre, Ulve, etc.), cette différenciation primaire, qui peut être très profonde, comme on le voit notamment chez les Desmidiées, se retrouve avec les mêmes caractères dans toutes les cellules du corps, qui sont identiques; il n'y a pas de différenciation secondaire. Mais, le plus souvent, la structure cellulaire associée présente, dans le mode de différenciation primaire de ses cellules, des différences plus ou moins marquées, en un

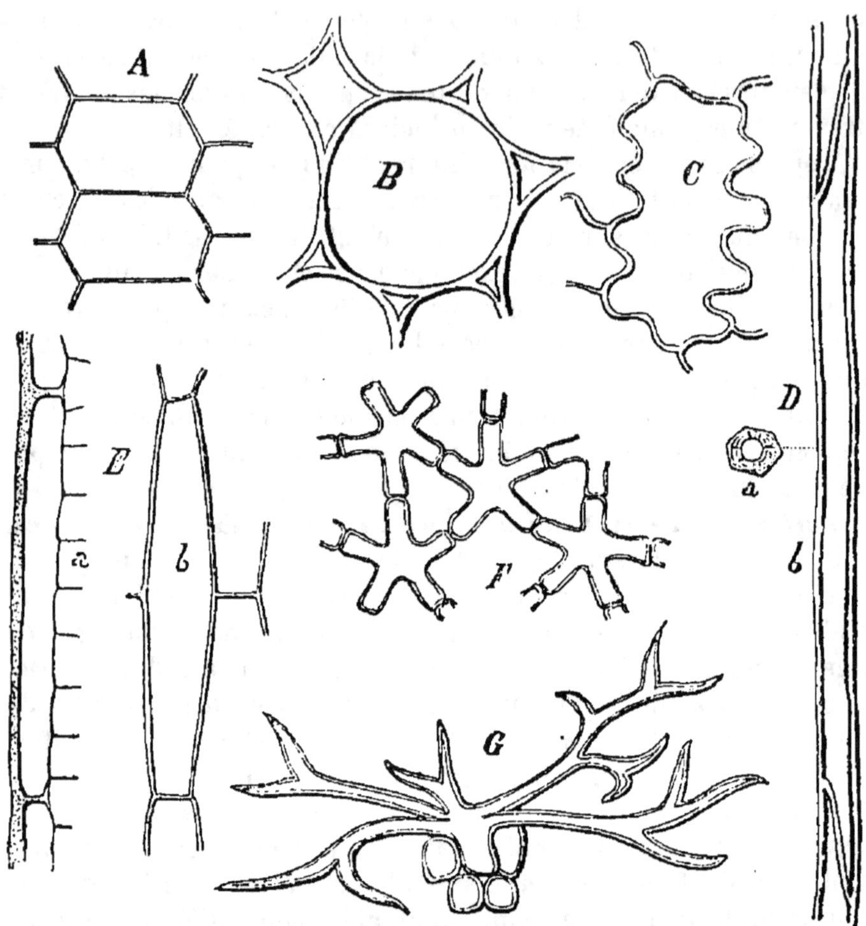

Fig. 10. — Diverses formes de cellules : *A*, polyédrique ; *B*, sphérique avec méats aérifères ; *C*, aplatie et sinueuse ; *D*, allongée et pointue aux deux bouts (fibre) avec membrane épaissie et ponctuée (*a*) ; *E*, aplatie en table, à membrane épaissie en dehors (*a*, en section ; *b*, de face) ; *F*, étoilée, à cinq branches, avec lacunes aérifères ; *G*, rameuse. On n'a figuré que la couche cellulosique de la membrane.

mot, une différenciation secondaire plus ou moins profonde. C'est tantôt la membrane, tantôt le protoplasme, tantôt le noyau, tantôt l'une ou l'autre sorte de leucites pleins, tantôt enfin l'ensemble des hydroleucites, qui se développe d'une manière prépondérante et dans une direction déterminée, de sorte que les cellules, douées grâce aux cloisons qui les séparent d'une certaine indépendance, deviennent de plus en plus dissemblables, aussi bien dans leur forme que dans leur structure. La différenciation secondaire du corps s'exprime ici par une différenciation entre cellules. Outre sa fonction mécanique, le rôle principal du cloisonnement paraît être précisément de donner aux diverses portions du corps une certaine indépendance relative et de favoriser ainsi leur différenciation secondaire.

C'est chez les Cryptogames vasculaires, et surtout chez les Phanérogames, que cette spécialisation des cellules atteint, en variété et en profondeur, son plus haut degré. Là, en effet, le corps adulte renferme le plus souvent des millions de cellules associées et, suivant le point qu'on y considère, ces cellules offrent un grand nombre de formes et de structures différentes, un grand nombre de spécialisations (fig. 10). Chacune de ces différenciations frappe à la fois un groupe de cellules ; l'ensemble des cellules différenciées ainsi de la même manière, c'est-à-dire douées de la même forme et des mêmes propriétés, qu'elles soient d'ailleurs isolées au milieu de cellules différentes ou intimement associées en massifs arrondis, en files ou cordons longitudinaux, en assises ou couches concentriques, constitue ce qu'on appelle un _tissu_. Il s'agit maintenant de caractériser brièvement les principaux tissus.

Caractères des principaux tissus. — Méristème. — Il en est un qui doit être signalé le premier, parce qu'il est l'origine de tous les autres. Il se compose de cellules polyédriques et intimement unies entre elles sans laisser de méats, riches en protoplasme finement granuleux, entourées de membranes minces et lisses, toutes en voie de croissance, de division nucléaire et de cloisonnement. C'est ce dernier caractère qui a fait donner à ce tissu homogène et indifférent le nom de _méristème_ (voir fig. 5). Quand il a cessé de se cloisonner, le méristème différencie progressivement ses cellules et engendre ainsi les divers tissus définitifs du corps : c'est le tissu générateur.

Tantôt, en se différenciant de la sorte, les cellules du méristème se conservent vivantes, avec un protoplasme actif et un noyau, capables de reprendre, dans de certaines conditions, leur faculté de division nucléaire et de cloisonnement en repassant à l'état de méristème ; tantôt, au contraire, au cours de leur différenciation, les cellules perdent leur protoplasme, leur noyau et en même temps la faculté de se cloisonner désormais, en un mot elles meurent. Il y a donc à distinguer deux catégories de tissus définitifs : les tissus de cellules vivantes, appelés à jouer dans le corps un rôle actif ou chimique, et les tissus de cellules mortes, qui n'ont qu'un rôle passif ou mécanique.

Tissus définitifs vivants. — D'une façon générale, les tissus définitifs de cellules vivantes portent le nom de *parenchyme*, mais il y a bien des sortes de parenchyme. Tantôt les membranes cellulosiques demeurent minces et sans transformation, c'est sur le protoplasme et les leucites que porte la différenciation ; le parenchyme est alors de consistance charnue et molle. Tantôt, au contraire, c'est la membrane cellulosique qui se développe beaucoup, qui se transforme, et c'est sur elle que s'établit la spécialisation ; le parenchyme prend alors une consistance sèche et résistante.

Dans le premier cas, si ce sont les chloroleucites qui dominent dans le protoplasme, le parenchyme est dit *vert* ou *chlorophyllien*. Si ce sont des matériaux de réserve qui s'y accumulent, il prend différents noms suivant la nature de ces matériaux : il est *amylacé*, si ce sont des grains d'amidon, formés dans les amyloleucites (voir fig. 16, *e*) ; *oléagineux*, si c'est de l'huile grasse, produite directement dans le protoplasme ; *sucré*, si c'est du sucre de Canne tenu en dissolution dans le suc cellulaire, c'est-à-dire dans les hydroleucites ; *inulifère*, si c'est de l'inuline également en dissolution dans le suc ; *aqueux*, toutes les fois que le suc cellulaire est très développé sans qu'on sache ou veuille préciser la nature des substances qu'il tient en dissolution (voir fig. 16, *m*, *a*, *h*). Dans ces divers parenchymes à réserves, les hydroleucites renferment toujours à un certain moment une substance azotée neutre, destinée à agir sur les matériaux de réserve pour les transformer par voie d'hydratation et de dédoublement, les rendre solubles s'ils ne l'étaient pas et leur permettre d'entrer dans la constitution du protoplasme, d'être, comme on dit, *assimilés* au protoplasme. Ces substances azotées neutres ont reçu le nom général de *diastases* ; la diastase spéciale qui hydrate et dédouble à plusieurs reprises l'amidon pour le transformer finalement et totalement en glucose est l'*amylase* ; celle qui hydrate et dédouble l'inuline pour la transformer finalement en lévulose est l'*inulase* ; celle qui hydrate et dédouble le sucre de Canne en glucose et lévulose, qui l'*invertit*, comme on dit souvent, est l'*invertine*; celle qui hydrate et dédouble les corps gras en glycérine et acide gras correspondant, qui les *saponifie*, suivant l'expression consacrée, est la *saponase*; celle qui hydrate et dédouble les matières albuminoïdes, en formant des peptones, est la *pepsine* dans un milieu acide, la *trypsine* dans un milieu neutre ou alcalin, etc.

Si ce sont, au contraire, des produits désormais sans emploi, des produits de *sécrétion*, comme on dit, qui s'accumulent dans les cellules, le parenchyme est dit en général *sécréteur* et prend

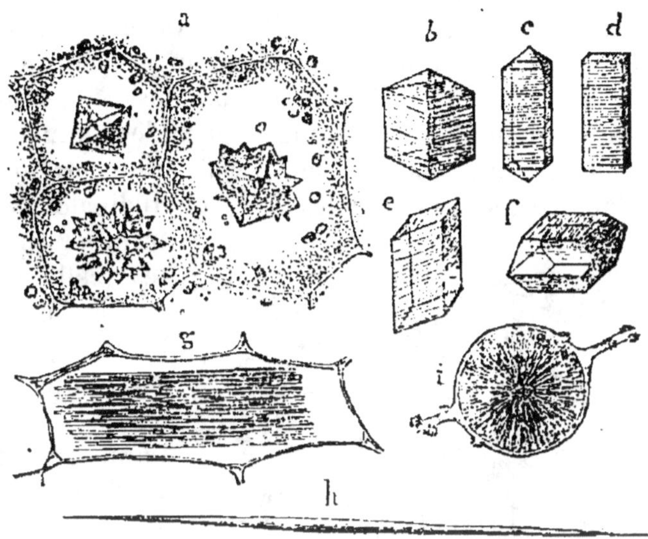

Fig. 11. — Principales formes des cristaux d'oxalate de chaux des cellules.

a à *d*, avec six éq. d'eau; *e* à *i*, avec deux éq. d'eau; *a*, *g*, *i* sont en place, les autres sont extraits de la cellule; *g*, paquet de raphides; *h*, raphide isolée, plus fortement grossie.

différents noms suivant la nature particulière des produits de sécrétion. Il est *oxalifère*, si c'est de l'acide oxalique, combiné à la chaux sous forme de cristaux d'oxalate de chaux. Extrèmement répandus dans les plantes, ces cristaux, qui se forment toujours dans des hydroleucites, appartiennent au système du prisme droit à base carrée, si le sel prend six équivalents d'eau; ce sont alors des octaèdres, simples ou maclés en boule, des prismes ou des combinaisons du prisme et de l'octaèdre (fig. 11. *a*, *b*, *c*, *d*). Ils se rattachent au système du prisme rhomboïdal oblique, si le sel ne prend que deux équivalents d'eau, ce qui arrive toutes les fois que le suc cellulaire est épaissi par de la gomme; ce sont alors de gros prismes isolés, ou de fines aiguilles associées en grand nombre parallèlement côte à côte en forme de paquets. et nommées des *raphides* (fig. 11, *e* à *i*). Le parenchyme sécréteur est *laticifère*, s'il renferme des produits insolubles, des carbures d'hydrogène solides, par exemple, comme le caoutchouc $C^{10}H^8$, tenus en suspension sous forme de fins globules dans le suc cellulaire, lequel prend alors l'aspect du lait et porte le nom de *latex*. Il est *oléifère*, si c'est de l'huile essentielle; *résinifère*, si c'est de la résine; *gommifère*, si c'est de la gomme; etc. D'un autre côté, la forme et l'ajustement des cellules sécrétrices varient beaucoup. Elles sont souvent isolées, tantôt arrondies ou polyédriques (cellules oxalifères des Aroïdées, oléifères des Lauracées, gommifères des Malvacées, etc.), tantôt très allongées (cellules tannifères du Sureau, résinifères du Chardon, etc.). Mais très souvent aussi elles sont juxtaposées, soit en simples files longitudinales avec cloisons transverses persistantes (cellules gommifères et oxalifères des Liliacées, etc.) ou résorbées (cellules laticifères de la Chélidoine, tannifères du Bananier, etc.), soit en réseaux à cloisons permanentes (cellules tannifères du Rosier, etc.) ou résorbées de manière à former un symplaste réticulé (fig. 12)

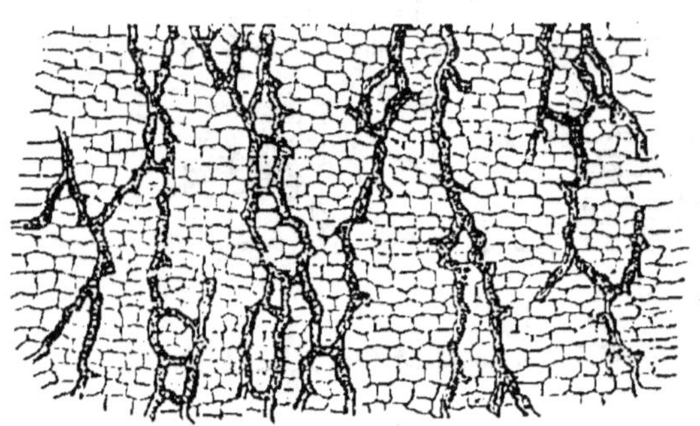

Fig. 12. — Cellules laticifères fusionnées en un symplaste réticulé dans la Scorsonère (section longitudinale tangentielle de la racine).

(cellules laticifères des Composées Liguliflores, des Campanulacées, du Pavot, etc.), soit enfin en une assise continue (cellules oléifères de la Valériane, de l'Acore, etc.). Quand une pareille assise sécrétrice tapisse un espace intercellulaire tubuleux dans lequel elle déverse ses produits, l'ensemble ainsi constitué forme ce qu'on appelle un *canal sécréteur* (fig. 13), canal qui peut être oléifère (Ombellifères, etc.), résinifère (Conifères, etc.), gommifère (Cycadées) ou latificère (certaines Clusiacées, etc.); si l'espace intercellulaire est sphérique ou ovoïde, l'ensemble est une *poche sécrétrice* (Rutacées, Myrtacées, etc.). Enfin, dans les Euphorbiacécs, les Urticacées, les Apocynées et les Asclépiadées, le tissu sécréteur, qui est laticifère, n'est plus constitué par des cellules, mais par un petit nombre d'articles indéfiniment allongés et rameux, courant sans discontinuité d'un bout du corps à l'autre et contenant chacun des millions de noyaux; il faut se garder de les confondre avec les symplastes signalés plus haut. Par les exemples cités, on voit clairement que la forme et la disposition des cellules sécrétrices sont indépendantes de la nature des substances sécrétées par elles.

Quand le parenchyme épaissit et transforme ses membranes, la chose peut avoir lieu de plusieurs manières. Tantôt la membrane en s'épaississant de-

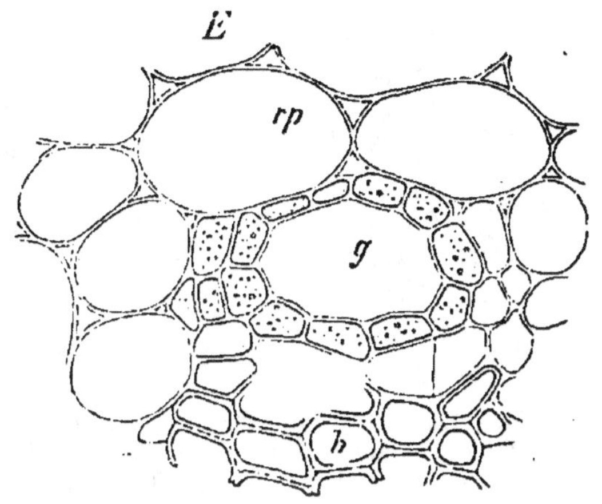

Fig. 15. — Canal sécréteur oléifère de la tige du Lierre, en coupe transversale : *g*, canal; *rp* et *h*, tissus adjacents.

meure à l'état de cellulose pure, prend un état particulier et des propriétés physiques spéciales qui concilient une grande flexibilité avec une grande solidité; il en résulte que le tissu ainsi constitué, qui a reçu le nom de *collenchyme*, soutient très efficacement le corps sans pourtant gêner en rien sa croissance.

Tantôt la membrane en s'épaississant s'imprègne d'une substance ternaire, nommée *lignine*, renfermant plus de carbone et plus d'hydrogène que la cellulose, comme l'indique la formule approchée $C^{19}H^{12}O^{10}$; ainsi *lignifiée*, la membrane est insoluble dans le liquide cupro-ammoniacal, se colore en jaune par l'iode et le chlorure de zinc iodé, en rose par la fuchsine, en jaune par le sulfate d'aniline, en rouge par la phloroglucine additionnée d'acide chlorhydrique. En même temps elle acquiert beaucoup de dureté, devient cassante et souvent se colore en jaune ou en brun. Mais il suffit de la traiter par l'acide nitrique bouillant pour lui faire perdre la lignine qui l'incruste et lui faire reprendre tous les caractères de la cellulose : solubilité dans le liquide cupro-ammoniacal, coloration en bleu par le chlorure de zinc iodé, etc. Quand la membrane lignifiée s'épaissit beaucoup, ses ponctuations prennent l'aspect de canalicules, isolés ou confluant plusieurs ensemble vers l'intérieur, de manière à paraître rameux (fig. 14). A

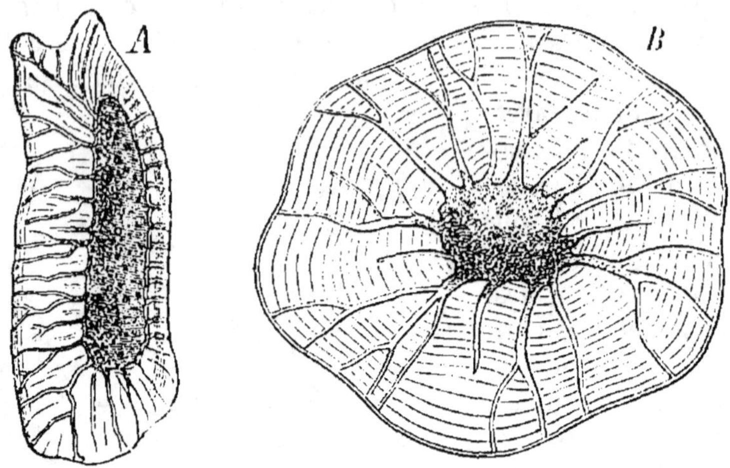

Fig. 14. — *A*, cellule de parenchyme scléreux, avec canalicules isolés à droite, confluents à gauche (du rhizome de la Ptéride aquiline). — *B*, cellule de sclérenchyme, avec canalicules confluents (du péricarpe du Coudrier aveline).

semble vers l'intérieur, de manière à paraître rameux (fig. 14). A cause de sa dureté, qui lui permet de soutenir le corps quand il a achevé sa croissance, ce tissu a reçu le nom de parenchyme *scléreux* (fig. 14, *A*).

Ailleurs, la membrane cellulosique, sans s'épaissir beaucoup d'ordinaire, transforme sa couche externe en une substance ternaire nommée *cutine* ou *subérine*, beaucoup plus pauvre en oxygène que la cellulose, puisque sa composition s'exprime

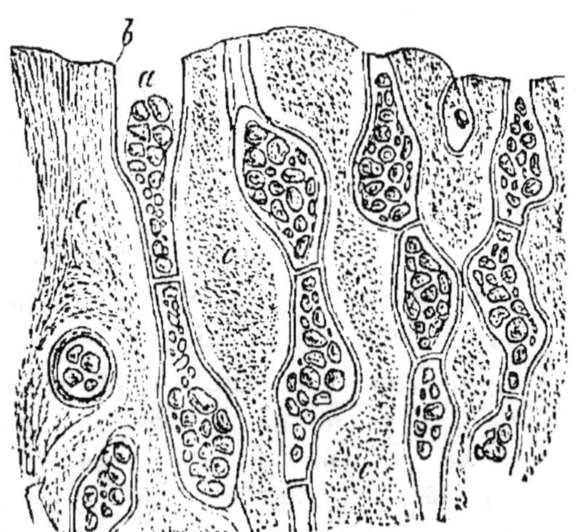

Fig. 15. — Parenchyme gélatineux de l'albumen du Caroubier ; *a*, protoplasmes avec grains d'amidon ; *b*, couches cellulosiques des membranes ; *c*, lames moyennes gélifiées.

par la formule $C^{12}H^{10}O^2$. Ainsi *cutinisée* ou *subérisée*, la membrane se colore en jaune par l'iode et le chlorure de zinc iodé, en rose par la fuchsine; elle est insoluble dans le liquide cupro-ammoniacal et dans l'acide sulfurique concentré; l'acide nitrique bouillant l'attaque en produisant de l'acide subérique; elle se dissout aussi dans la potasse concentrée et bouillante. En même temps, elle devient fortement élastique, imperméable aux liquides et aux gaz, et prend toutes les propriétés bien connues du liège. Cette variété de parenchyme, qui se développe principalement à la périphérie du corps et qui a pour rôle de protéger les parties internes vis-à-vis du milieu extérieur, a reçu le nom de parenchyme *cutineux* ou *subéreux*.

Enfin, il arrive aussi que la membrane en s'épaississant transforme sa couche externe en une substance isomère de la cellulose, de consistance cornée à l'état sec, mais qui, sous l'influence de l'eau, se gonfle et forme une sorte de gelée ou de mucilage. Ainsi *gélifiée*, la membrane ne se colore ni par l'iode, ni par le chlorure de zinc iodé; elle est insoluble dans le liquide cupro-ammoniacal, dans les acides et dans la potasse. Ce parenchyme, où les cellules semblent plongées dans une gelée amorphe (fig. 15), est dit *gélatineux* à l'état humide, *corné* à l'état sec.

Tissus définitifs morts. — Les tissus de cellules mortes jouent tantôt le rôle de soutien, tantôt celui de transport. Dans le premier cas, les cellules épaississent et lignifient fortement leur membrane; en même temps, le protoplasme, les leucites et le noyau disparaissent, ne laissant à leur place qu'un liquide clair, souvent remplacé en partie par de l'air. Quand la membrane lignifiée s'épaissit beaucoup, elle prend ordinairement des couches concentriques et ses ponctuations deviennent des canalicules qui confluent vers l'intérieur en paraissant rameux (fig. 14, *B*). Ce tissu, dont les cellules sont tantôt courtes (fig. 14, *B*), tantôt très allongées, pointues aux deux bouts et formant ce qu'on appelle des *fibres* (fig. 10, *D*), a reçu le nom de *sclérenchyme* (fig. 16, *f* et *n*). Son rôle est purement mécanique; mieux encore que le parenchyme scléreux, il soutient le corps quand sa croissance a pris fin; on trouve d'ailleurs bien des intermédiaires entre le parenchyme scléreux et le sclérenchyme.

Les tissus conducteurs sont de deux sortes. Tantôt les cellules, superposées en séries longitudinales, épaississent et lignifient localement leurs membranes, de manière à produire sur la face latérale des ornements saillants vers l'intérieur, en un mot une sculpture en relief, dont la forme varie : spire continue, anneaux ou bandes parallèles, réseau dont les mailles, quand elles se rétrécissent beaucoup, prennent, comme on l'a vu plus haut, le nom de ponctuations, etc.; les cloisons transverses persistent et sont également sculptées (fig. 16, *d*), ou bien se résorbent à l'exception d'un bourrelet (fig. 16, *g*). En même temps, le protoplasme, les

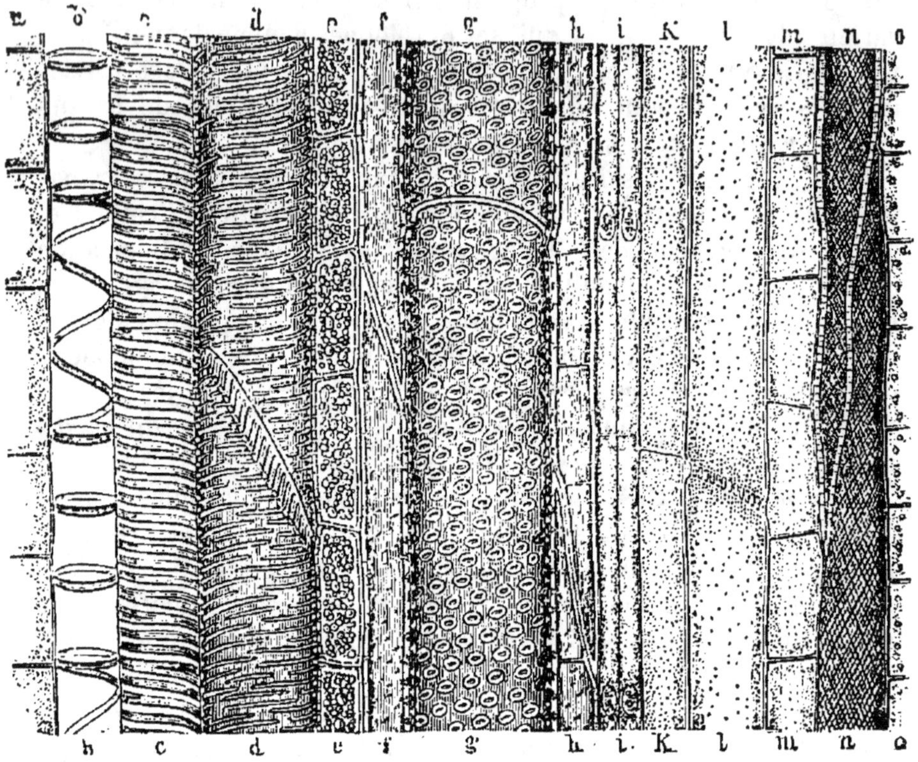

Fig. 16. — Portion de la section longitudinale d'une tige de Dicotylédone, montrant divers tissus : *o*, parenchyme chlorophyllien externe; *m* et *n*, parenchyme de réserve à cellules courtes; *k*, parenchyme de réserve à cellules longues; *e*, parenchyme amylacé; *h*, parenchyme scléreux; *i*, méristème secondaire en voie de cloisonnement; *f* et *n*, sclérenchyme (fibres); *b*, vaisseau annelé; *c*, vaisseau spiralé; *d*, vaisseau rayé; *g*, vaisseau ponctué; *l*, tube criblé dont les cloisons transverses ne portent qu'un seul large crible.

leucites et le noyau disparaissent, ne laissant à leur place qu'un liquide clair parfois entrecoupé de bulles d'air. Une file longitudinale de cellules différenciées de cette façon est ce qu'on appelle un *vaisseau*, et l'ensemble des vaisseaux constitue le tissu *vasculaire* (fig. 16, *b*, *c*, *d*, *g*). Ce tissu existe chez toutes les plantes à racines, qu'il sert à caractériser comme plantes *vasculaires* (voir p. 8);

son rôle est de transporter des racines aux feuilles l'eau et les matières dissoutes que la racine a absorbées dans le sol.

Tantôt les cellules, superposées aussi en séries longitudinales, ne lignifient pas leur membrane, qui reste à l'état de cellulose pure; les cloisons transverses, qui persistent toujours, portent une ou plusieurs places arrondies, sur lesquelles la membrane, d'abord mince, s'est épaissie en réseau, puis s'est percée d'un trou dans chaque maille du réseau; chacune de ces places arrondies forme donc un crible, par les pores duquel les contenus des cellules superposées communiquent librement; en même temps, le protoplasme, les leucites, la membrane albuminoïde et le noyau ont disparu, laissant à leur place un liquide granuleux de consistance gélatineuse et de réaction alcaline. Chaque file de cellules ainsi différenciée est ce qu'on appelle un *tube criblé*, et l'ensemble des tubes criblés constitue le tissu *criblé* (fig. 16, *l*). On le trouve, comme le tissu vasculaire, chez toutes les plantes à racines; il sert à transporter des feuilles aux racines le liquide nourricier que les feuilles fabriquent en transformant par leur activité propre le liquide clair qui leur parvient par la voie des vaisseaux.

La distinction des principaux tissus peut donc être résumée comme il suit :

Tissus
— vivants
  - Méristème.
  - Parenchyme chlorophyllien.
  - Parenchymes de réserve : amylacé, sucré, oléagineux, etc.
  - Parenchymes sécréteurs : oxalifère, laticifère, oléifère, etc.
  - Parenchymes mécaniques : collenchyme, parenchyme scléreux, subéreux et gélatineux.
— morts
  - de soutien : sclérenchyme.
  - conducteurs : vaisseaux, tubes criblés.

Tissus secondaires. — Le méristème qui résulte du premier cloisonnement du corps et tous les tissus définitifs qui dérivent de la différenciation de ce méristème sont nommés *primaires*. Dans les Thallophytes, les Muscinées et la plupart des Cryptogames vasculaires, il ne s'en fait pas d'autres, et la structure du corps en reste à cet état primaire. Dans la tige et la racine de la plupart des Phanérogames, au contraire, surtout chez les Gymnospermes et les Dicotylédones, on voit apparaître, tôt ou tard, au milieu des tissus primaires, des tissus *secondaires* qui s'y surajoutent ou s'y substituent. A cet effet, une série de cellules, disposées le plus souvent en une assise circulaire, différenciées en l'une des formes du parenchyme, mais demeurées bien vivantes, se modifient, perdent leurs caractères propres, repassent à l'état de cellules mères, divisent leur noyau, se cloisonnent et forment un méristème *secondaire* (fig. 9, *i*), dont la différenciation ultérieure engendre les divers tissus secondaires. Le cloisonnement et la différenciation peuvent ne s'opérer que d'un seul côté, vers l'intérieur ou vers l'extérieur; le méristème secondaire est alors simple, unilatéral, enveloppant les tissus secondaires qu'il engendre ou enveloppé par eux. Mais le plus souvent, le cloisonnement et la différenciation se produisent des deux côtés à la fois, en dehors et en dedans; le méristème secondaire est double, bilatéral, et demeure compris entre les deux massifs de tissus secondaires qui dérivent de lui.

Dans tous les cas, tous les tissus secondaires sont semblables aux tissus primaires et viennent se ranger dans les mêmes catégories; on observe donc des parenchymes secondaires de toutes les sortes caractérisées plus haut : chlorophyllien, amylacé, sécréteur, scléreux, subéreux, etc., du sclérenchyme secondaire, du tissu criblé secondaire, du tissu vasculaire secondaire, etc.

A leur tour, les tissus secondaires demeurés vivants, c'est-à-dire les diverses formes du parenchyme secondaire, peuvent plus tard repasser à l'état de méristème, qui est *tertiaire*, et par la différenciation de ce méristème donner naissance à des tissus *tertiaires*, qui viennent encore se ranger tous dans les mêmes catégories que les tissus secondaires et primaires.

Appareils. — Qu'ils soient primaires, secondaires ou tertiaires, tous les tissus qui dans le corps concourent en définitive au même but physiologique, à la même fonction, constituent ce qu'on appelle un *appareil*, l'appareil de cette fonction. Ainsi tous les parenchymes chlorophylliens composent, comme on le verra plus tard, l'appareil de l'assimilation du carbone. Les parenchymes amylacé, oléagineux, sucré, etc., composent tous ensemble l'appareil de réserve. Les parenchymes oxalifère, laticifère, oléifère, etc., avec les diverses dispositions que les cellules peuvent y affecter, comme on l'a vu plus haut, constituent l'appareil sécréteur. Ces trois appareils ont un rôle chimique. Le sclérenchyme, le parenchyme scléreux et le collenchyme forment l'appareil de soutien. Le parenchyme cutineux ou subéreux, avec les portions périphériques du collenchyme, du parenchyme scléreux et du sclérenchyme,

constitue l'appareil protecteur. Le tissu vasculaire et le tissu
criblé forment ensemble l'appareil conducteur. Ces trois derniers
appareils ont un rôle mécanique. Enfin il y faut ajouter l'appareil
aérifère, constitué par l'ensemble des méats, lacunes, chambres et
canaux aérifères qui traversent le corps, et dont le rôle est à la
fois mécanique et chimique.

Critérium interne de perfection. — En se différenciant
comme il vient d'être dit, pour former les tissus et les appareils,
les diverses cellules du corps s'adaptent à autant de fonctions
différentes, en d'autres termes, la différenciation progressive de
la structure correspond à la division progressive du travail interne. Pour le dedans comme pour le dehors, on admettra sans
peine, en anticipant un peu sur ce qui sera dit plus loin, que la
division progressive du travail mesure le perfectionnement progressif de la plante. La différenciation de sa structure nous livre
donc un moyen de juger de sa perfection interne. Ce critérium
de perfection interne s'applique d'ailleurs de diverses manières. Si
les deux plantes que l'on compare ont une structure continue ou
une structure cellulaire avec cellules toutes semblables, la plus
parfaite est celle dans laquelle la structure du corps ou la structure d'une cellule quelconque du corps est le plus compliquée et le
plus différenciée. Si les deux végétaux ont une structure cellulaire
avec cellules au même degré de différenciation primaire, mais
inégalement différenciées entre elles, le plus parfait est celui qui
offre entre ces cellules les différences les plus nombreuses et les
plus profondes. Enfin si les deux plantes, cellulaires toutes deux,
diffèrent à la fois par la différenciation primaire et par la différenciation secondaire, c'est à celle qui présente ces deux différenciations au degré le plus élevé qu'appartient la perfection la
plus haute.

S'il arrive que l'une des deux plantes données offre une différenciation primaire très profonde avec une différenciation secondaire nulle ou très légère, tandis que l'autre présente, au contraire, une faible différenciation primaire avec une très forte
différenciation secondaire, comment jugera-t-on de leur perfection
relative? Leur état n'étant pas comparable, on pourra se trouver
embarrassé. Toute hésitation cessera cependant si, dans le second
cas, les différences entre les cellules constitutives sont si nombreuses et si grandes qu'elles ne puissent être obtenues en pareil
nombre et avec une pareille intensité entre les diverses parties

toujours assez limitées d'un corps continu ou d'une seule et même cellule. Quand les deux modes primaire et secondaire de la différenciation interne et de la division du travail interne se trouvent en discordance, le doute n'est donc permis qu'entre certaines limites.

Indépendance et valeur relative des deux critériums. — La différenciation de la forme extérieure et la division du travail externe nous ont donné déjà un critérium de perfection externe (p. 9). La différenciation de la structure et la division du travail interne viennent d'y ajouter un critérium de perfection interne. Ces deux critériums sont indépendants et, pour estimer la perfection relative de deux plantes données, il faudra toujours puiser en même temps à ces deux sources de caractères, s'adresser à la fois au dehors et au dedans. On ne pourra juger par le dehors que toutes choses égales au dedans, et par le dedans que toutes choses égales au dehors.

En général, ces deux critériums s'accordent. La différenciation interne marche ordinairement de pair avec la différenciation externe, la division du travail intérieur avec la division du travail extérieur. Mais cette correspondance n'est pas nécessaire, et il peut fort bien y avoir contradiction. S'il arrive, par exemple, qu'une plante dont la forme est très différenciée et très compliquée offre une structure continue ou une structure cellulaire à cellules toutes semblables, pendant qu'une autre plante dont la forme est homogène et très simple, sphérique par exemple, possède une structure cellulaire à cellules très différenciées, comment jugera-t-on de la perfection relative de ces deux végétaux? Il faudra, ce semble, attacher alors plus d'importance à l'intérieur qu'à l'extérieur et déclarer, malgré l'apparence, le second **plus perfectionné que le premier.**

§ 3

Origine et développement du corps.

Étudions maintenant le corps de la plante, non plus à l'état adulte, comme nous l'avons fait jusqu'ici, mais aux diverses phases qu'il traverse depuis le germe jusqu'à l'état adulte et depuis l'état adulte jusqu'à la mort, en un mot, dans son origine et son développement. Considérons d'abord la forme, puis la structure.

Origine et reproduction de la forme. Hérédité. — Quels que soient sa forme et le groupe auquel cette forme le rattache, le corps de la plante dérive toujours d'un corps antérieurement constitué, dont il n'est qu'une partie détachée. A son tour, il sépare de sa masse, à un moment donné, certaines parties qui sont les points de départ, les germes, d'autant de corps nouveaux, et ainsi de suite. En un mot, il se reproduit comme il est né, par dissociation. Il y a donc continuité corporelle entre les générations successives : en d'autres termes, la plante ne naît pas, elle ne fait que se continuer. Cette continuité exige, et par conséquent explique le maintien des caractères acquis, ce qu'on appelle l'*hérédité*.

Si le corps est ramifié, la partie qui s'en détache pour former un corps nouveau peut comprendre déjà tout un système de membres insérés les uns sur les autres, système tantôt homogène, tantôt plus ou moins profondément différencié. Mais elle peut aussi ne comprendre qu'un membre isolé, ou seulement un fragment quelconque d'un membre. Ce fragment peut même être très petit. Il suffit souvent d'une parcelle ayant moins de un millième de millimètre pour servir d'origine à un corps de très grande dimension et y assurer la transmission héréditaire de tous les caractères du corps dont il provient.

Origine et reproduction de la structure. — Quand la structure est continue, au moment où la plante se dispose à mettre en liberté certaines parties de sa masse pour servir d'origines à autant de plantes nouvelles, nécessairement il s'opère au point considéré un cloisonnement avec dissociation. Ce cloisonnement sépare du protoplasme général la portion de protoplasme qui doit abandonner le corps, et souvent aussi fractionne ensuite cette portion en parties plus petites de même forme et de même valeur. La structure continue fait place, à cet endroit et pour un instant, à une structure cloisonnée dissociée; chaque portion détachée est quelquefois un article (Vauchérie, etc.), le plus souvent une cellule (fig. 17, *A*).

Lorsque la structure est cellulaire associée, la portion qui se détache peut comprendre un plus ou moins grand nombre de cellules associées, encore toutes semblables ou déjà différenciées; mais le plus souvent, elle ne comprend qu'une seule cellule ou se compose de cellules toutes pareilles qui se dissocient aussitôt après leur formation, de manière à se séparer les unes des autres en même temps qu'elles quittent le corps primitif. Dans les deux derniers cas, le plante nouvelle a pour point de départ une cellule détachée de la plante ancienne. Toujours est-il que la structure cellulaire associée fait place, à cet endroit et pour un instant, à une structure cellulaire dissociée (fig. 17, *B*). Quand la structure cellulaire est déjà dissociée, on comprend que le phénomène de croissance de la plante ancienne et le phénomène de production des plantes nouvelles sont absolument confondus.

Puisque la structure continue passe à une structure articulaire ou cellulaire dissociée, et la structure cellulaire associée à une structure cellulaire dissociée, on voit que, dans tous les cas, le germe est un article ou une cellule détachée d'un végétal antérieur. Dans le premier cas, pour devenir la plante nouvelle, l'article ou la cellule grandit simplement sans se cloisonner; dans le second cas, elle se cloisonne à mesure qu'elle s'accroît.

En résumé, toute structure continue finit par se cloisonner à un certain moment (fig. 17, *A*, *a*); toute structure cloisonnée commence par être continue

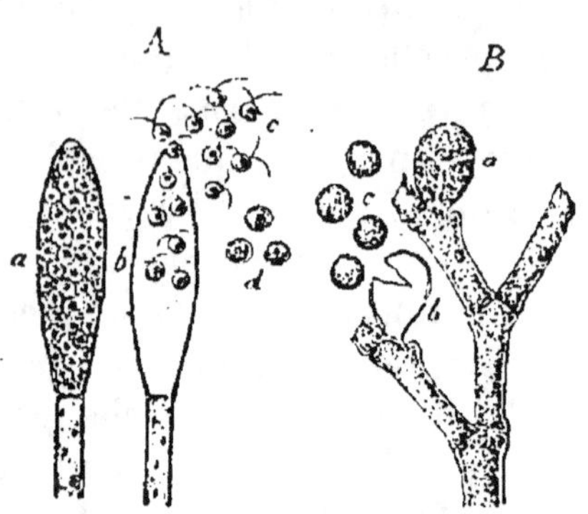

Fig. 17. — Formation et émission des spores. — *A*, dans un Saprolègne, Champignon à structure continue : *a*, cloisonnement local autour de chaque noyau; *b*, dissociation et sortie des cellules, qui sont des zoospores à deux cils, *c*; *d*, zoospores revêtues de cellulose et immobiles. — *B*, dans un Callithamne, Algue à structure cloisonnée : *a*, cloisonnement local; *b*, dissociation et sortie des cellules, qui sont des spores munies de cellulose et immobiles, *c*.

(fig. 17, *B*, *c*). Il en résulte que toute plante, dans le cours de son développement, passe tour à tour par la structure continue et par la structure cloisonnée. La différence n'est que dans la durée des deux états : c'est tantôt la structure cloisonnée qui dure peu, tantôt la structure continue.

Considérée par rapport à la plante ancienne qu'elle perpétue, la cellule détachée en est la cellule reproductrice; considérée par rapport au végétal nouveau qu'elle va produire, elle en est la cellule primordiale; on lui donne habituellement le nom de *spore*. De l'une à l'autre elle transmet, comme il a été dit plus haut, à travers les générations successives, les caractères et les propriétés acquises ; elle est le mécanisme de l'hérédité.

Origine et reproduction monomère. — Toutes les fois que le végétal nouveau provient, comme il vient d'être dit, d'un simple fragment détaché d'un corps antérieur, fragment qui peut comprendre tout un système différencié de membres, mais qui peut aussi se réduire à une seule cellule, à une spore, son origine est simple, ou *monomère*, et son hérédité complète. Souvent la membrane de la spore, au moment de sa mise en liberté, est déjà recouverte d'une couche cellulosique : la spore est alors immobile (fig. 17, *B*). Ailleurs, notamment chez un grand nombre d'Algues, elle est encore tout entière albuminoïde et porte des cils vibratiles ; la spore se meut alors pendant un certain temps dans le liquide ambiant et reçoit alors le nom de *zoospore* (fig. 17, *A, c*) ; plus tard la membrane perd ses cils, produit sa couche cellulosique et la spore redevient immobile (*d*).

Origine et reproduction dimère : œuf, sexualité. — Mais dans la plupart des végétaux, à côté de ce premier mode d'origine, qui n'est à vrai dire qu'une continuation directe, il en existe un autre, qui établit une barrière entre la plante ancienne et la plante nouvelle. C'est encore, au début, une dissociation de cellules spéciales, de cellules reproductrices, dont la membrane ne produit pas de couche cellulosique et qui peuvent être mobiles (fig. 18, *a*) ; mais ces cellules, tant qu'on les maintient isolées, demeurent stériles, ne se revêtent pas d'une couche cellulosique et ne tardent pas à se détruire ; elles ne sont donc pas des spores ; on les nomme des *gamètes*. Il faut, en effet, qu'elles s'associent deux par deux, qu'elles se pénètrent, qu'elles se combinent protoplasme à protoplasme et noyau à noyau (fig. 18, *b, c*). Le produit de cette combinaison est une cellule nouvelle, dont la membrane ne tarde pas à se couvrir d'une couche de cellulose, qui est capable de développement ultérieur et qu'on appelle un *œuf* (*d*). L'œuf, dont l'origine est *dimère*,

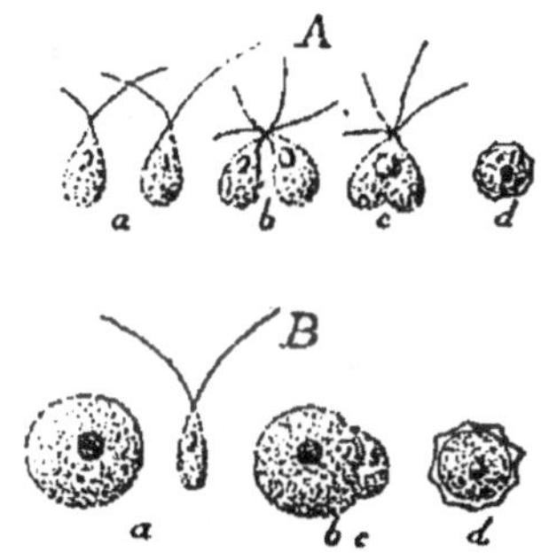

Fig. 18. — Formation des œufs. *A*, par isogamie, dans le Botryde : *a*, les deux gamètes, ciliés et mobiles ; *b*, rapprochement ; *c*, fusion des gamètes ; *d*, œuf enveloppé de cellulose. — *B*, par hétérogamie, dans la Sphéroplée : mêmes lettres.

diffère donc profondément de la spore, dont l'origine est monomère. Qu'il y ait réellement dans l'œuf combinaison et non simple mélange des gamètes, c'est ce que démontre suffisamment la contraction progressive qui s'opère toujours pendant la fusion, d'où résulte que le volume de l'œuf est toujours moindre que la somme des volumes de ses composants.

L'association dimère qui donne naissance à l'œuf peut être homogène, en apparence au moins, si les deux gamètes sont semblables et si, pour s'unir, ils font chacun la moitié du chemin ; c'est ce qui a lieu, par exemple, chez les Mucorinées parmi les Champignons, chez les Conjuguées parmi les Algues. La formation de l'œuf est dite alors *isogame* (fig. 18, *A*). Mais le plus souvent l'association dimère est hétérogène, les deux gamètes étant de formes et de propriétés différentes. L'un, plus gros, parce qu'à côté de son protoplasme fondamental et de son noyau il accumule en lui tous les matériaux de réserve nécessaires aux premiers développements de l'œuf, demeure en place ; l'autre, plus petit, parce qu'il est réduit à son protoplasme fondamental et à son noyau, fait tout le chemin pour s'unir au premier. La formation de l'œuf est alors *hétérogame* (fig. 18, *B*). Dans ce dernier cas, on dit souvent *femelle* le gamète qui demeure en place, *mâle* celui qui fait tout le chemin ; l'union hétérogame est une union *sexuelle*, l'hétérogamie une *sexualité*. Mais ce qu'il faut bien comprendre, c'est que la formation de l'œuf n'exige nullement la différence sexuelle externe des gamètes, la sexualité, puisqu'elle peut tout aussi bien être isogame. Ce qu'il faut bien savoir aussi, c'est que même lorsque l'hétérogamie est la plus accusée, les deux noyaux qui se combinent ont toujours la même dimension et comptent le même nombre de bâtonnets de nucléine.

Distinction entre la plante et l'individu. — Pour exprimer cette différence fondamentale d'origine, suivant qu'elle réside dans une simple dissociation monomère, ou dans une dissociation double suivie d'une réassociation dimère, nous appellerons par la suite une *plante* tout ce qui provient d'un œuf, en appliquant le nom d'*individu* à tout corps végétal indivis, tel qu'il se présente à nous à un moment donné. D'un individu à l'autre, le lien est une pure continuité avec dissociation ; la dissociation étant un phénomène tout à fait variable et secondaire, la ressemblance entre les divers individus d'une plante demeure absolument la même qu'entre les diverses parties d'un seul et même individu ; en un mot,

l'hérédité des individus est complète et il est permis de prendre
l'un pour l'autre. D'une plante à l'autre, au contraire, il y a encore
continuité, sans doute, puisque les protoplasmes, les leucites et
les noyaux des deux gamètes passent tout entiers dans l'œuf; mais
cette continuité est frappée d'un accident remarquable. Du fait de
l'association, de la combinaison dans l'œuf, peuvent et doivent naître, en effet, bien des propriétés nouvelles, peuvent et doivent
disparaître aussi par neutralisation bien des propriétés anciennes;
en sorte que, d'une plante à l'autre, l'hérédité est incomplète.
La somme de ces gains et de ces pertes est précisément ce qui
constitue le caractère propre, la personnalité de la plante considérée, ce qui la distingue à la fois de celle dont elle provient et
de celles qu'à son tour elle produira par le même procédé, ce qui
fait d'elle, en un mot, dans la série des générations, une unité spéciale, qu'on n'a jamais le droit d'identifier avec les autres unités
semblables.

Croissance. — C'est en formant et en ajoutant sans cesse des
parties nouvelles à son corps, c'est-à-dire à sa membrane, à son
protoplasme, à ses noyaux, à ses leucites, à ses hydroleucites, en
un mot en *croissant*, que la plante transforme peu à peu l'œuf
dont elle dérive en un individu adulte. Cette croissance a lieu sous
l'influence de la pression de turgescence, provoquée elle-même
par les hydroleucites; on s'est assuré, en effet, que tout ce qui
diminue ou supprime la turgescence, diminue dans la même
mesure ou supprime la croissance.

Quand la structure est continue, le protoplasme et la membrane
du corps croissent en interposant continuellement des particules
nouvelles entre les anciennes, et demeurent continus. Il n'en est
pas ainsi, on l'a vu (p. 17), pour les noyaux, qui, dès qu'ils ont
acquis une certaine dimension maximum, se divisent en deux
nouveaux noyaux; la croissance s'y accompagne d'une multiplication progressive. Les leucites pleins et les hydroleucites se comportent de même; chacun de ces corps grandit et, parvenu à une
certaine taille, se fend en deux moitiés qui se séparent. Comme
tout noyau, tout leucite ou hydroleucite dérive donc d'un leucite
ou hydroleucite préexistant.

Quand la structure est cellulaire, les divers éléments de la cellule croissent comme il vient d'être dit. Seulement, aussitôt après
la bipartition du noyau, le protoplasme constitue, perpendiculairement à la ligne des centres des deux nouveaux noyaux, une

cloison qui se raccorde avec la membrane primitive, et qui sépare
la cellule mère en deux cellules filles. La croissance du corps y
est accompagnée de la multiplication progressive de ses cellules.

Parvenu à l'état adulte, tantôt le corps produit directement des
œufs nouveaux et la plante ne se compose que d'un seul individu.
Tantôt, au contraire, il ne forme que des corps reproducteurs
monomères, par exemple des spores, et c'est par le même phénomène de croissance que ces spores se développent peu à peu en
autant d'individus adultes. La plante comprend alors toute une
succession d'individus issus progressivement les uns des autres,
et dont la série est close par l'arrivée d'individus produisant des
œufs. La croissance de la plante est continue dans le premier cas,
discontinue dans le second.

Dans tous les cas, l'augmentation de volume acquise pendant
un temps donné, sans tenir compte des parties qui peuvent avoir
disparu pendant le même temps, est l'*accroissement* du corps, son
accroissement *absolu* pendant ce temps; rapporté à l'unité de
temps, il mesure la *vitesse de croissance* du corps. En retranchant
de l'accroissement absolu le volume des parties qui ont disparu
pendant le même temps, on obtient l'accroissement *relatif*. Égal ou
presque égal au début à l'accroissement absolu, l'accroissement
relatif décroît à mesure qu'on se rapproche de l'état adulte, et il
peut devenir nul à ce moment, parce que, dans un temps donné,
le gain est précisément égal à la perte.

Dépérissement. Mort. — Plus tard, le gain devenant inférieur à la perte, l'accroissement relatif est négatif; le corps vivant
de la plante diminue de volume, tout en continuant de croître; il
dépérit. Enfin, si, par une cause quelconque, la croissance vient à
cesser, lorsque toutes les parties anciennement formées se seront
épuisées à tour de rôle, le corps aura cessé d'exister. La cause
prochaine de la mort est donc la cessation de la croissance.

§ 4

Développement de la race.

Nous avons considéré jusqu'ici la plante dans l'individu unique
ou dans la succession des individus qui la composent, depuis l'œuf

d'où elle provient jusqu'aux œufs qu'elle produit. Il faut la rattacher maintenant aux plantes dont elle procède et à celles qu'elle
engendre.

Définition de la race. — La suite indéfinie des générations
passées d'où procède dans le présent une plante donnée et des
générations à venir qui dérivent d'elle, la chaîne dont elle est un
des anneaux, est ce qu'on appelle en général la *race* de cette plante.
A chaque passage d'une génération à la suivante, si l'œuf résulte
d'une union directe des gamètes de la même plante, en un mot si
sa formation est *autonome*, la descendance est *directe* et la race est
et se maintient *pure*. Mais il peut arriver qu'il y ait dans la formation de l'œuf intervention d'une plante étrangère, qui fournit l'un
ou l'autre des gamètes constitutifs, que la formation de l'œuf soit,
comme on dit, *croisée*; la descendance est alors *indirecte* et la race
mélangée. Suivant la nature diverse de la plante étrangère et la
fréquence de ses interventions, le mélange comporte bien des
degrés, comme il sera dit plus tard.

Variations. — Si dans la chaîne tous les anneaux se succé-
daient indéfiniment et rigoureusement identiques à eux-mêmes,
la race n'aurait pas de développement propre, partant pas d'histoire, et il suffirait, une fois pour toutes, de constater cette per-
manente identité. Mais il n'en est pas ainsi.

Comme on l'a dit plus haut, la combinaison dont l'œuf est le
produit est une source toujours vive de caractères nouveaux, qui,
latents dans l'œuf, apparaissent peu à peu pendant la croissance
et parviennent dans l'état adulte à leur pleine et entière expression. Toute plante adulte diffère donc, par quelque côté, à la fois
de la plante qui la précède, de celle qui la suit, et des autres
plantes de la même génération qu'elle.

Il y a lieu, par conséquent, d'étudier ces différences, ou, comme
on dit, ces *variations*, de chercher comment elles sont influencées
par le mode même de formation de l'œuf, suivant qu'il est autonome ou croisé à divers degrés, par le temps, c'est-à-dire par l'âge
de la race ou par le numéro d'ordre de la génération considérée,
et par le lieu, c'est-à-dire par l'ensemble des conditions de milieu
auxquelles cette génération est soumise. En un mot, il y a lieu
d'étudier le développement de la race. Il suffit ici d'avoir posé la
question.

SECTION II

PHYSIOLOGIE DU CORPS

Pour faire l'étude physiologique du corps, il faut le considérer d'abord dans son mode d'action sur le milieu extérieur, dans ses fonctions externes, puis dans les phénomènes qui s'accomplissent dans sa structure. dans ses fonctions internes.

§ 5

Fonctions externes du corps.

Influence de la pesanteur, de la lumière et de la température sur la croissance du corps. — La pesanteur modifie d'ordinaire la croissance du corps de manière à en placer l'axe dans sa propre direction, c'est-à-dire suivant la verticale du lieu, et à le rétablir dans cette direction aussitôt qu'une cause quelconque est venue l'en écarter. Une fois cette direction obtenue et fixée, les ramifications du corps, s'il en a, échappent à l'action directrice de la pesanteur d'autant plus qu'elles ont un rang plus élevé par rapport au tronc primitif. On appelle *géotropisme* cette action dirigeante de la pesanteur. Suivant la région du corps, la pesanteur tantôt retarde la croissance sur la face inférieure, qui devient concave, tantôt accélère la croissance sur cette face, qui devient convexe. Dans le premier cas, la région considérée se dirige verticalement vers le bas, dans le même sens que la force, on dit que son géotropisme est *positif*; dans le second, elle se dirige verticalement vers le haut, en sens contraire de la force, on dit que son géotropisme est *négatif*.

La lumière aussi modifie ordinairement la croissance du corps, de manière à en placer l'axe dans la direction des rayons incidents. Plus générale que celle de la pesanteur. puisqu'elle s'étend également à toutes les ramifications du corps, plus constante aussi, puisque dans toutes les régions elle est retardatrice et courbe, par conséquent, le corps vers la source lumineuse, cette action dirigeante de la lumière a reçu le nom de *phototropisme*. Elle varie avec l'intensité lumineuse. Nulle au-dessous d'une certaine intensité faible, elle croit ensuite avec l'intensité pour acquérir son maximum à une certaine intensité moyenne, à partir de laquelle elle décroît à mesure que l'intensité augmente, jusqu'à devenir nulle pour une certaine intensité forte. Suivant les plantes, les deux limites inférieure et supérieure, ainsi que l'optimum, prennent d'ailleurs des valeurs notablement différentes. C'est toujours à l'optimum d'intensité lumineuse qu'il faut exposer la plante pour étudier son phototropisme dans toute son énergie.

Enfin la température exerce sur la croissance du corps une influence décisive, qui varie suivant son degré. Nulle au-dessous d'une certaine limite, la croissance va s'accélérant à mesure que la température s'élève, jusqu'à un certain degré où elle atteint son maximum ; elle se ralentit ensuite quand la température continue de croître, jusqu'à une certaine limite où elle cesse complètement. Les deux limites et l'optimum varient d'ailleurs beaucoup suivant les plantes : il est nécessaire de les connaître dans chaque cas particulier, afin de placer le végétal dans les conditions de température les plus favorables à sa croissance. Si l'échauffement est inéquilatéral, le corps s'infléchit, devenant convexe du côté où la température est la plus voisine de l'optimum, concave du côté opposé ; on appelle *thermotropisme* cette propriété de se courber sous l'influence des différences de température.

Géotropisme, phototropisme et thermotropisme combinent leurs effets, et c'est suivant la résultante de ces trois forces que le corps prend dans l'espace sa direction définitive.

Respiration. — Ainsi dirigé par la pesanteur, la lumière et la température, le corps agit en tous ses points et continuellement sur les gaz du milieu extérieur, sur les gaz libres de l'atmosphère s'il est aérien, sur les gaz dissous dans l'eau s'il est aquatique. Cette action consiste en une absorption d'oxygène et en un dégagement simultané d'acide carbonique, absorption et dégagement qui s'opèrent à travers la membrane du corps conformément aux lois physiques d'osmose et de diffusion. L'oxygène absorbé est constamment consommé par le protoplasme, aux éléments duquel il se combine en les oxydant ; l'acide carbonique est constamment produit dans le protoplasme, sans doute comme l'un des termes du dédoublement des matières albuminoïdes et ternaires qui le composent. C'est la continuité de cette consommation interne d'oxygène et de cette production interne d'acide carbonique qui amène la continuité de l'absorption externe de l'oxygène et du dégagement externe de l'acide carbonique.

Entre la combinaison de l'oxygène à certains éléments du protoplasme et la mise en liberté de l'acide carbonique par certains autres éléments du protoplasme, s'étage toute une longue suite encore inconnue de réactions intermédiaires, et l'on commettrait une erreur grave en admettant que l'oxygène se fixe directement sur une partie du carbone du protoplasme pour se dégager immédiatement sous forme d'acide carbonique. Cependant, entre le commencement et la fin de cette série de réactions qu'il faut toujours avoir présente à l'esprit pour tâcher d'en démêler les termes successifs, il existe une certaine relation fixe. Le rapport du volume de l'acide carbonique émis au volume de l'oxygène absorbé dans le même temps, rapport que l'on peut écrire $\frac{CO_2}{O}$, varie dans une même plante avec l'âge et le membre considéré; il varie aussi d'une plante à l'autre au même âge et dans le même membre; mais, pour une même plante au même âge et dans le même membre, il est constant, indépendant des conditions extérieures, notamment de la température, de la lumière, de la pression, etc. Il est souvent égal ou presque égal à l'unité, c'est-à-dire que l'oxygène dégagé à la fin de la réaction dans l'acide carbonique représente exactement l'oxygène libre absorbé au commencement par le protoplasme. Souvent aussi il est plus petit que l'unité et peut s'abaisser jusqu'à 0,5, ce qui veut dire qu'une partie de l'oxygène absorbé est définitivement assimilée au protoplasme.

Dans tous les cas, la fixité de ce rapport, en établissant un lien entre l'absorption de l'oxygène et le dégagement de l'acide carbonique, autorise à regarder ces deux phénomènes comme les deux parties d'une seule et même fonction, qu'il est permis de désigner d'un seul mot sous le nom de *respiration*. Le corps respire, et l'intensité de sa respiration varie, comme on le verra plus tard, non seulement avec la nature de la plante, son âge, la qualité du membre considéré, mais encore avec les conditions extérieures : température, lumière, pression, etc.

La respiration est la plus générale des fonctions externes du corps. C'est aussi la plus nécessaire. En effet, si le corps est placé en vase clos, aussitôt qu'il a absorbé la totalité de l'oxygène contenu dans l'atmosphère limitée qui l'entoure, les mouvements de son protoplasme s'arrêtent et sa croissance prend fin. Ensuite il dépérit et meurt plus ou moins rapidement, suivant sa nature propre; il est, comme on dit, *asphyxié*. La série des réactions dont son protoplasme est le siège et dont l'acide carbonique est un des produits finaux ne s'en poursuit pas moins, et par conséquent de l'acide carbonique continue à se dégager sans interruption; mais il faut distinguer avec soin cette production d'acide carbonique contemporaine de l'asphyxie de celle qui a lieu pendant la respiration. Les réactions intermédiaires, en effet, du moins certaines d'entre elles, changent tout à coup de nature dès que l'oxygène vient à manquer; par exemple, toutes les fois que le suc cellulaire contient du glucose, ce qui est très fréquent, il s'y forme aussitôt de l'alcool, qui ne se produit pas dans les circonstances ordinaires. L'acide carbonique dégagé pendant l'asphyxie n'a donc pas, du moins dans sa totalité, la même origine que pendant la respiration normale; il ne paraît pas s'y former non plus, toutes choses égales d'ailleurs, dans les mêmes proportions.

Transpiration — A moins d'être entièrement submergé, le corps de la plante émet incessamment de la vapeur d'eau dans le milieu extérieur; ce dégagement a lieu par toutes les parties qui ne sont pas plongées directement dans l'eau et dont la membrane externe est demeurée perméable à la vapeur d'eau.

On donne à ce phénomène le nom de *transpiration*. Son intensité varie, comme on le verra plus tard, avec les conditions externes : température, lumière, etc., et avec la nature de la plante, son âge, la qualité de ses membres, etc. La transpiration qui s'exerce dans la région aérienne du corps provoque, en dehors de toute autre cause, l'entrée de l'eau dans la région plongée.

Absorption. — Par tous les points de son corps qui sont perméables à l'eau, s'il est entièrement submergé, par les points perméables de la région plongée dans l'eau, s'il est en partie aérien, la plante absorbe, en effet, l'eau et les substances qu'elle tient en dissolution. C'est la fonction d'*absorption*.

L'absorption de l'eau et des substances dissoutes se fait d'abord à travers la membrane externe en vertu des lois physiques d'osmose et de diffusion, jusqu'à ce que le corps ait atteint l'état de saturation à la fois pour l'eau et pour chacune des substances dissoutes prise séparément ; il y a alors équilibre osmotique et l'absorption cesse pour le moment. Ensuite, de deux choses l'une. Ou bien la plante ne consomme ni eau, ni aucune des substances dissoutes ; alors l'équilibre persiste et l'absorption demeure nulle. Ou bien la plante, parce qu'elle s'accroît, ou parce qu'elle perd de l'eau par transpiration dans les régions aériennes de son corps, ou par ces deux causes en même temps, consomme à la fois de l'eau et des substances dissoutes ; alors l'équilibre est rompu, et en conséquence, les phénomènes d'osmose et de diffusion poursuivant leur cours, le corps continue à absorber de l'eau et des substances dissoutes dans le milieu extérieur, dans la proportion même où cette eau et ces substances dissoutes sont consommées par lui. Désormais, la quantité d'eau absorbée dans un temps donné par la surface immergée mesure exactement la somme de l'eau consommée à l'intérieur du corps par la croissance et de l'eau transpirée par la surface libre ; de même, la quantité de chacune des substances dissoutes absorbée dans un temps donné mesure exactement la quantité de cette substance qui est consommée dans le même temps.

En résumé, et c'est ce qu'il faut bien comprendre, la plante n'absorbe pas tel quel le liquide extérieur ; elle tire du liquide extérieur individuellement toutes les substances qu'elle consomme, par cela même qu'elle les consomme, et dans la proportion même où elle les consomme. Le mécanisme général de l'absorption étant bien compris, nous verrons plus tard comment cette fonction varie avec les conditions extérieures, avec la nature de la plante et, dans une plante donnée, avec l'âge et la qualité de ses membres. Ajoutons seulement que c'est l'absorption qui introduit dans la plante tous les éléments chimiques nécessaires à l'édification de son corps, à l'exception de l'oxygène s'il est privé de chlorophylle, à l'exception de l'oxygène et du carbone s'il possède de la chlorophylle.

Assimilation du carbone. — Les plantes pourvues de chlorophylle prennent, en effet, le carbone nécessaire à l'édification de leur corps à l'acide carbonique du milieu extérieur, au moyen d'une fonction spéciale qui a son siège dans les chloroleucites : c'est l'*assimilation du carbone*, fonction à la fois externe et interne.

Elle consiste, en effet, dans la décomposition de l'acide carbonique à l'intérieur des chloroleucites à l'aide des rayons lumineux absorbés par la chlorophylle et qui sont consacrés à ce travail chimique : c'est un phénomène interne. Mais cette décomposition exige l'intervention incessante de la lumière, où la chlorophylle puise continuellement de nouvelles radiations, et elle provoque aussitôt, en vertu des lois d'osmose et de diffusion, d'une part une absorption d'acide carbonique, d'autre part une émission d'oxygène dans le milieu extérieur : trois phénomènes externes. Le carbone de l'acide carbonique demeure fixé dans le protoplasme : il est *assimilé*.

Chlorovaporisation. — A l'aide d'une autre partie des radiations absorbées par la chlorophylle, la plante verte vaporise une portion de l'eau qu'elle renferme et émet au dehors la vapeur d'eau ainsi produite : c'est la *chlorovaporisation*.

La chlorovaporisation est beaucoup plus intense que la transpiration, à laquelle elle ajoute ses effets ; mais comme elle est liée à la lumière et à la chlorophylle, elle ne s'opère que pendant le jour dans les plantes vertes et ne s'exerce à aucun moment dans les plantes dépourvues de chlorophylle. En un mot, c'est, comme l'assimilation du carbone, une fonction photochlorophyllienne.

Nous ne faisons ici que signaler ces deux importantes fonctions photochlorophylliennes ; nous les étudierons plus tard avec tous les développements qu'elles comportent.

Exsudation et digestion. — En certains points de son corps, la plante émet quelquefois, à travers sa membrane demeurée molle et perméable, une petite quantité de liquide, qui est ordinairement de l'eau tenant diverses matières en dissolution. Cette émission de liquide constitue l'*exsudation*.

Qu'une substance solide de nature convenable arrive en un de ces points au contact de la surface, le liquide exsudé agit sur elle, l'attaque, la dissout, après quoi elle est absorbée par le corps comme si elle lui avait été présentée tout d'abord à l'état de solution. Cette transformation d'une matière insoluble en une matière soluble à l'aide d'un liquide actif exsudé par le corps lui-même, suivie aussitôt de l'absorption de la substance ainsi transformée, a reçu le nom de *digestion*. En certains points de son corps, la plante a donc la faculté de digérer des substances solides situées en dehors d'elle ; nous en verrons plus tard de nombreux exemples.

Dégagement de chaleur. — La série des réactions respiratoires, notamment l'absorption d'oxygène et le dégagement d'acide carbonique qui en sont le commencement et la fin, mettent en liberté de la chaleur. Pour chaque quantité d'acide carbonique produit renfermant 1 gramme de carbone, c'est environ 8000 calories qui se trouvent ainsi dégagées. Au contraire, l'absorption, avec les phénomènes osmotiques et diffusifs qui l'accompagnent.

la digestion, mais surtout la transpiration, l'assimilation du carbone et la chlorovaporisation, consomment de la chaleur.

Suivant donc que les causes de consommation, qui sont variables, se trouveront inférieures, égales ou supérieures aux causes de production, le corps de la plante dégagera ou puisera de la chaleur dans le milieu extérieur. Dans les régions où il n'assimile pas de carbone et où il ne chlorovaporise pas, faute de chlorophylle, et où il transpire peu, les causes de consommation de chaleur sont notablement intérieures aux causes de production, et il dégage de la chaleur dans le milieu extérieur. Des graines qui germent, par exemple, élèvent la température du thermomètre qu'elles entourent de 10° à 12° pour le Blé, de 17° pour le Trèfle, de 20° pour le Chou.

Nature et forme assimilable des éléments chimiques externes qui constituent le corps. — Par l'ensemble des fonctions externes qu'on vient de signaler, la plante prend en définitive au milieu extérieur tous les éléments chimiques nécessaires à la constitution de son corps. Quels sont ces éléments et sous quelle forme doivent-ils être présentés à la plante pour qu'elle puisse se les incorporer ou, comme on dit, se les *assimiler*?

Parmi les nombreux corps simples que la chimie connaît aujourd'hui, treize seulement paraissent entrer nécessairement dans la constitution du corps de la plante. Ce sont le carbone, l'oxygène, l'hydrogène, l'azote, le phosphore, le soufre, le potassium, le magnésium, le calcium, le silicium, le fer, le zinc et le manganèse. La plante doit donc trouver ces treize éléments réunis dans le milieu extérieur ; mais il faut encore qu'ils s'y trouvent sous une forme assimilable.

Aux plantes dépourvues de chlorophylle le carbone peut être présenté sous plusieurs formes : le glucose et l'acide tartrique sont généralement préférables, mais la mannite, le tannin, la glycérine, les acides malique et citrique, l'alcool, l'acide acétique et même l'acide oxalique sont des composés où la plante peut aussi, du moins dans certains cas, puiser son carbone. L'acide carbonique et l'oxyde de carbone, au contraire, ne peuvent donner de carbone à une plante sans chlorophylle. Les plantes vertes prennent, comme on sait, leur carbone à l'acide carbonique de l'air, qu'elles décomposent par l'action combinée de la chlorophylle et des rayons solaires ; mais elles ne décomposent pas l'oxyde de carbone.

L'oxygène est assimilé sous forme gazeuse libre dans la respiration ; il est assimilé, en outre, à l'état de combinaison soit avec l'hydrogène dans l'eau, soit à la fois avec l'hydrogène et le carbone dans les hydrates de carbone, soit avec les métaux et les métalloïdes dans les oxydes et acides minéraux. L'hydrogène n'est pas assimilé à l'état de gaz libre; il l'est sous forme d'eau et d'ammoniaque ; il l'est encore sous forme de glucose ou d'autres composés ternaires ou quaternaires. L'azote n'est assimilé ni à l'état de gaz libre, ni en combinaison avec le carbone sous forme de cyanogène ou avec l'oxygène sous forme d'acide nitreux; il l'est, au contraire, éminemment sous forme d'acide nitrique et d'ammoniaque; il peut l'être aussi sous forme de composés complexes, comme l'asparagine ou l'urée. Le phosphore est assimilé sous forme d'acide phosphorique quel que soit le sel, le soufre sous forme d'acide sulfurique quel que soit le sel, le silicium sous forme d'acide silicique dans un silicate soluble. Le potassium et le magnésium sont assimilés sous forme d'oxydes, quel que soit le sel, et aussi sous forme de chlorures. Le fer, le zinc et le manganèse, enfin, sont assimilés également sous formes d'oxydes.

Ainsi, en dissolvant dans l'eau, en présence de l'oxygène libre, les substances suivantes : glucose, nitrate de potasse, phosphate de magnésie, nitrate de chaux, sulfates de fer, de zinc et de manganèse, silicate de potasse, on obtient le milieu complet où une plante privée de chlorophylle pourra se développer. Si la plante est verte, on supprimera le glucose, mais il faudra que l'atmosphère ambiante contienne de l'acide carbonique et que la lumière ait accès.

Symbiose. Parasitisme. — Pourtant, il y a des plantes incapables de puiser ainsi directement leurs éléments constitutifs dans le milieu extérieur; celles-là doivent s'associer à d'autres, qui les nourrissent. Cette association peut affecter deux formes principales, être bilatérale, à bénéfice réciproque, ou unilatérale, au bénéfice exclusif de l'un des deux conjoints.

L'exemple le plus remarquable d'une association à bénéfice réciproque nous est offert par les Champignons du groupe des Lichens. Trouvant dans leur voisinage, sur les écorces ou sur le sol, diverses Algues inférieures : Protocoque, Palmelle, Nostoc, etc., ces Champignons entrent en contact intime avec elles, les enlacent de leurs filaments, et finalement les incorporent (fig. 19). L'association ainsi formée est profitable aux deux plantes, quoique inégalement. L'Algue vit bien isolée, mais devient plus vigoureuse unie au Champignon, qui lui offre à la fois l'abri, la fraîcheur, l'aliment azoté et minéral. Le Champignon ne se développe le plus souvent que très peu quand il est isolé; il a besoin, tout au moins pour fructifier, de l'Algue, à laquelle il emprunte ses aliments carbonés. En s'entr'aidant ainsi, en réglant leur croissance l'un sur l'autre, ils forment à eux deux le corps des Lichens, plantes innombrables qui jouent, comme on le verra plus tard, un rôle très important dans la végétation du globe. Ce phénomène par lequel, à l'aide de deux unités morphologiques, se constitue une seule unité physiologique, est ce qu'on appelle en général la *symbiose*.

Il serait facile de citer d'autres exemples de cette communauté de vie. Bornons-nous à dire que tous les arbres de nos forêts qui appartiennent à la famille des Cupulifères (Chêne, Hêtre, Châtaignier, etc.) abritent et nourrissent dans la couche périphérique de leurs jeunes racines un Champignon

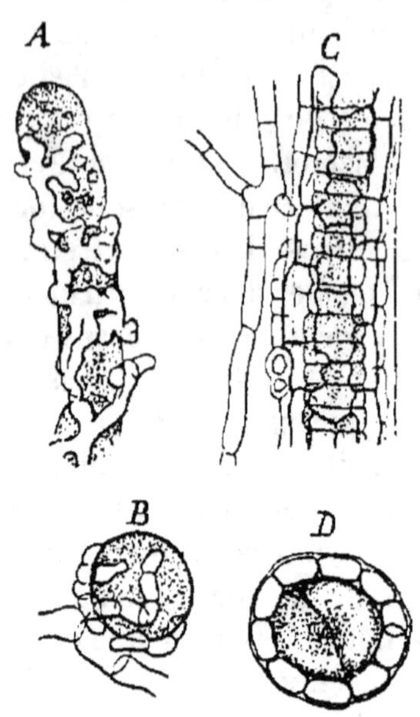

Fig. 19. — Symbiose d'une Algue (en pointillé) et d'un Champignon (en clair), pour former un Lichen. — *A* est pris dans le Byssocaule neigeux; *B*, dans la Cladonie fourchue; *C* et *D*, dans le Dictyonème rose. *D* est la section transversale de *C*.

qui, en retour, absorbe pour eux l'eau et les matières solubles du sol environnant.

La symbiose peut s'établir aussi entre une plante et un animal. C'est ainsi, par exemple, que certaines Algues vertes, comme des Palmellées, vivent à l'intérieur de certains Infusoires, comme le Stentor polymorphe, la Paramécie bursaire, etc., circonstance qui avait fait croire que ces Infusoires possèdent de la chlorophylle.

Ailleurs, le bénéfice est tout d'un côté; l'association se compose d'un nourrisson et d'une nourrice qui souffre plus ou moins du rôle qu'elle joue. On dit alors qu'il y a *parasitisme*, que la première plante est *parasite* sur la seconde. On rencontre tous les degrés d'âpreté dans ce parasitisme. Les parasites verts, le Gui qui vit sur la tige d'un Pommier, le Mélampyre qui implante ses racines sur celles des Graminées voisines, etc., ne demandent à la plante nourricière qu'une partie de leur aliment, et le dommage qu'ils lui causent n'est pas très grand. Il en est tout autrement des parasites dépourvus de chlorophylle, comme la Cuscute sur la tige du Chanvre, l'Orobanche sur la racine de la Luzerne, le Cystope dans les feuilles du Chou, le Péronospore dans tout le corps de la Morelle tubéreuse, vulgairement Pomme de terre; ceux-là prennent à leur nourrice tout leur aliment et finalement l'épuisent et la tuent.

Division du travail externe. — Direction sous l'influence de la pesanteur, de la lumière et de la température, respiration, transpiration, absorption, assimilation du carbone, chlorovaporisation, exsudation, digestion : telles sont donc les principales fonctions extérieures de la plante, dont l'ensemble constitue son *travail externe.*

Simple ou ramifié, toutes les fois que le corps du végétal est homogène, il agit en tous les points de sa surface de la même manière sur le milieu extérieur; il exécute en tous ses points le même travail externe et partout il l'exécute tout entier. Le travail externe est *confondu* en chaque point. Pourtant, si le corps s'allonge en cylindre, une légère différence s'accuse déjà entre le mode d'action transversal et le mode d'action longitudinal, et s'il s'aplatit en même temps en ruban, il y a trois directions suivant lesquelles le travail externe n'est pas tout à fait le même.

Quand le corps est différencié, plus les trois ordres de différenciations externes distinguées plus haut (p. 5) sont variées et profondes, mieux aussi chaque membre ou partie de membre s'applique à une tâche déterminée et différente, et c'est la somme de ces tâches spéciales qui représente désormais le travail externe total du corps. Le travail externe est de plus en plus *divisé.* C'est chez les plantes où la forme extérieure est le plus différenciée, que la division du travail externe est poussée au plus haut degré. Dans les plantes vasculaires, par exemple, la racine est l'organe spécial de l'absorption, la feuille l'organe spécial de l'assimilation du carbone et de la chlorovaporisation. Cette corrélation étroite entre la division du travail et la différenciation de la forme a été déjà invoquée plus haut (p. 9) et nous a permis de trouver dans la différenciation de la forme un critérium externe de perfection.

§ 6

Fonctions internes du corps.

A vrai dire, toutes les fonctions signalées au paragraphe précédent, puisqu'elles ont leur siège ou leur origine dans le protoplasme ou les leucites, sont déjà internes par un de leurs côtés. Celles dont il nous reste à parler n'en diffèrent que parce qu'elles sont dépourvues d'effet externe et localisées exclusivement à l'intérieur du corps. Elles sont de deux sortes : les unes, chimiques, ont leur siège dans les tissus vivants ou parenchymes ; les autres, mécaniques, résident dans les tissus morts.

Assimilation, réserve et désassimilation. — On a vu (p. 54) quels sont les éléments chimiques nécessaires à l'édification du corps de la plante. On sait que ces éléments peuvent s'introduire dans le corps, c'est-à-dire dans chacune des cellules vivantes qui le composent s'il est cloisonné et différencié, sous forme de sels minéraux, et là, se combiner progressivement à l'intérieur du protoplasme pour former des composés de plus en plus complexes, puis enfin des matières albuminoïdes. Mais ils peuvent aussi être absorbés directement sous forme de combinaisons organiques plus ou moins compliquées, ce qui abrège d'autant le travail synthétique du protoplasme. C'est à ce travail synthétique, par lequel les éléments chimiques des composés minéraux du milieu extérieur deviennent finalement parties intégrantes du protoplasme, des leucites, du noyau et de la membrane, qu'il convient de donner en général le nom d'*assimilation*.

Les matériaux ainsi incorporés au protoplasme alimentent la croissance. Plus tard, ils subissent une série de décompositions chimiques, qui les simplifient de plus en plus et leur font, pour ainsi dire, redescendre un à un tous les degrés que l'assimilation leur avait fait monter. Ce travail de décomposition chimique, qu'on appelle la *désassimilation*, doit être soigneusement distingué du travail de synthèse chimique qui constitue l'assimilation. Parvenus aux divers degrés de l'échelle descendante, certains produits de désassimilation peuvent d'ailleurs, sur place, c'est-à-dire sans sortir de la cellule où ils se sont formés, être repris par le travail assimilateur, être *réassimilés* ; leur apparition n'est alors que transitoire.

Les composés minéraux que la cellule puise dans le milieu extérieur et qui constituent les matériaux premiers de l'assimilation sont, à peu d'exceptions près, fortement oxygénés. Les divers produits de l'assimilation, au contraire, sont pauvres en oxygène et quelques-uns même en sont totalement dépourvus. Il en résulte que l'assimilation est un phénomène général de désoxydation et de consommation de chaleur. La désassimilation, qui, à l'aide de produits pauvres en oxygène, donne naissance à des composés d'ordinaire fortement oxygénés, parmi lesquels l'acide carbonique ne manque jamais, est au contraire un phénomène général d'oxydation et de dégagement de chaleur. Il y aura donc, dans une cellule donnée, absorption de chaleur et élimination d'oxygène toutes les fois que dans cette cellule l'assimilation prévaudra sur la désassimilation; il y aura émission de chaleur et absorption d'oxygène, toutes les fois que le contraire aura lieu.

Assimilation, croissance et désassimilation se suivent quelquefois de très près: consommés et décomposés peu de temps après leur formation, les produits assimilés ne font alors qu'une apparition de courte durée. Souvent, au contraire, ils s'accumulent dans le protoplasme ou dans les leucites et s'y mettent en *réserve* sous une forme déterminée, pour n'être que plus tard utilisés par la croissance, puis désassimilés. Entre l'assimilation, qui produit ces matériaux de réserve, et la croissance, qui les consomme, il peut s'écouler un temps très long, comme on le voit pour les tubercules, les graines, etc.: la phase de réserve est alors évidente et frappe tout le monde. Ailleurs, l'intervalle est court et la réserve se trouve dépensée dans la journée même où elle s'est produite; mais alors il se fait quelquefois, entre les heures de production et les heures de dépense, une alternance remarquable, qui met en relief la phase de réserve. Ainsi, pendant le jour, une Spirogyre assimile et amasse sa réserve, mais ne croît pas et ne se cloisonne pas; pendant la nuit, au contraire, elle croît et se cloisonne en dépensant sa réserve, mais n'assimile pas. Ailleurs encore, l'assimilation et la croissance s'opèrent simultanément; il semble alors qu'il n'y ait pas de phase de réserve. Pourtant, même dans ce cas, on peut se convaincre que la croissance actuelle a lieu aux dépens de matériaux de réserve produits par une assimilation antérieure, tandis que l'assimilation actuelle ne fait que reconstituer la réserve à mesure qu'elle s'épuise.

La croissance est donc toujours indirecte, toujours précédée d'une mise en réserve, pendant un temps plus ou moins long, des matériaux qu'elle utilise.

Digestion interne. — Les matériaux de réserve s'immobilisent et s'emmagasinent dans le protoplasme ou les leucites à diverses phases du travail assimilateur, mais toujours à un état tel que, pour être utilisés plus tard, ils doivent subir une transformation. Sous leur forme actuelle, ils ne sont pas assimilables : il faut qu'ils le redeviennent. Qu'ils soient insolubles comme l'amidon, les corps gras, etc., ou dissous dans le suc comme l'inuline, les saccharoses, les glucosides, etc., leur transformation consiste en un dédoublement avec fixation d'eau. Ce résultat est atteint au moyen des diastases dont il a été question page 50, agents d'hydratation et de dédoublement.

Quand les substances de réserve sont insolubles, les diastases correspondantes les rendent solubles en les dédoublant ; d'après la définition rappelée plus haut (p. 55), le phénomène est alors une digestion : c'est une *digestion interne*. Telle est l'action de l'amylase sur l'amidon, de la saponase sur les corps gras, de la pepsine et de la trypsine sur les matières albuminoïdes, etc. Quand elles sont dissoutes dans le suc, les diastases correspondantes ne les hydratent et ne les dédoublent pas moins ; sauf le changement d'état physique, chose après tout secondaire, le phénomène est le même et doit aussi recevoir le même nom. En réalité, le sucre de Canne est digéré par l'invertine, l'inuline par l'inulase, l'amygdaline par l'émulsine, etc., ni plus ni moins que l'amidon par l'amylase.

Toute utilisation de substance de réserve, c'est-à-dire, comme on vient de le voir, toute croissance, est donc précédée d'une digestion interne. Par suite, la digestion est une fonction interne sans cesse en jeu dans la plante.

Substances plastiques et produits éliminés. Sécrétion. — Tous les composés chimiques qui prennent naissance dans la série ascendante des phénomènes d'assimilation ne sont pas toujours et nécessairement employés à l'édification et à la croissance du protoplasme, des leucites, des noyaux et de la membrane. Par contre, tous les produits qui se trouvent formés dans le cours descendant des phénomènes de désassimilation ne sont pas toujours et nécessairement devenus inutiles à l'organisme. Quelques-uns des premiers peuvent demeurer indéfiniment sans emploi ; plusieurs des seconds peuvent être repris, comme il a été dit plus haut, par le courant synthétique et réassimilés. A l'ensemble des composés susceptibles de prendre part à l'édification et à la croissance des diverses parties du corps, qu'elle qu'en soit l'origine, on donne habituellement le nom de *substances plastiques*. Quelle qu'en soit l'origine aussi, tous les composés formés dans le corps et qui ne prennent désormais aucune part directe à la croissance sont des *produits éliminés*, et la formation même de ces produits éliminés constitue la fonction de *sécrétion*. Quand cette fonction est localisée dans des cellules spéciales, qui à leur tour peuvent se différencier soit dans leur forme, soit dans leur contenu, et constituer plusieurs tissus distincts, l'ensemble de ces tissus compose, comme il a été dit plus haut (page 38), l'appareil sécréteur de la plante.

Mais il faut remarquer que la même substance chimique peut être, suivant les plantes et suivant le lieu où elle se produit, une substance plastique ou un produit sécrété. Ainsi les corps gras de la graine du Pavot et du Ricin sont des matériaux de réserve, partant des substances plastiques, tandis que les corps gras du fruit de l'Olivier sont des produits éliminés ; le saccharose de la tige de la Canne et de la racine de la Bette est une substance plastique, celui du fruit du Bananier est un produit éliminé, etc.

Aux fonctions internes précédentes, qui sont de nature chimique, s'en ajoutent plusieurs autres, de nature mécanique.

Protection. — En cutinisant ou subérisant ses membranes cellulosiques, le parenchyme subéreux, primaire ou secondaire, protège les parties qu'il recouvre ; aussi se forme-t-il surtout à la périphérie des membres, qu'il revêt d'une cuirasse imperméable. Il est aidé dans son rôle par les portions périphériques du collenchyme, du parenchyme scléreux et du sclérenchyme.

L'ensemble de ces tissus périphériques, consacrés à la protection des parties internes, constitue l'appareil tégumentaire ou protecteur de la plante.

Soutien. — Quand les parenchymes épaississent leurs parois, soit en les gardant à l'état de cellulose pure, comme le collenchyme, soit en les lignifiant comme le parenchyme scléreux, ils contribuent déjà à soutenir le corps ; mais c'est principalement par ce tissu mort à parois épaissies et lignifiées qu'on nomme le sclérenchyme, que la fonction de soutien est remplie. L'ensemble des tissus, vivants ou morts, primaires ou secondaires, qui dans une plante donnée contribuent à soutenir le corps, constitue l'appareil de soutien.

Transport. — Dans les plantes vertes les plus différenciées, la fonction de transport est double. Le liquide du sol, une fois introduit dans le corps au lieu où s'opère l'absorption et devenu ce qu'on appelle la *sève*, est transporté jusqu'au lieu où s'opèrent à la fois l'assimilation du carbone et la chlorovaporisation. Ce transport ascendant a lieu par les vaisseaux, primaires et secondaires.

Ensuite la sève, transformée à la fois par la chlorovaporisation, qui lui fait perdre beaucoup d'eau, et par l'assimilation du carbone bientôt suivie des autres phases synthétiques de l'assimilation, qui l'a enrichie de principes nouveaux, devenue, en un mot, ce qu'on appelle la *sève élaborée*, est transportée dans toutes les régions du corps qui en ont besoin pour alimenter leur croissance. Ce transport de la sève élaborée s'opère par les tubes criblés, primaires et secondaires.

L'appareil de transport se compose donc des vaisseaux et des tubes criblés.

Division du travail interne. — Telles sont les principales fonctions internes, chimiques et mécaniques, dont l'ensemble constitue le *travail interne* de la plante.

En un point donné du corps, que la structure soit continue ou cloisonnée, le travail interne est en relation directe avec la différenciation primaire interne en ce point. Chaque partie distincte : la membrane avec ses deux couches, le protoplasme, les noyaux, les leucites pleins, les hydroleucites, y accomplit un travail partiel différent. Il y a donc une division primaire progressive du travail interne, comme il y a une différenciation primaire progressive de la structure.

Si la structure est continue, le travail interne s'accomplit, avec le degré de division primaire qui lui est propre, de la même manière dans tous les points du corps, ou du moins, s'il change d'une région à l'autre, la modification qu'il éprouve est très faible, en rapport avec la faible différence qu'on y remarque dans la différenciation primaire. En un mot, le travail total interne du corps ne subit pas de division secondaire, ou n'en subit qu'une très faible.

Si la structure est cellulaire, mais sans différenciation secondaire, il en est de même : chaque cellule accomplit le même travail, plus ou moins divisé entre ses parties constitutives, et le travail total du corps s'obtient simplement en multipliant le travail d'une quelconque de ses cellules par leur nombre. Mais les choses se passent autrement quand les cellules sont différenciées les unes par rapport aux autres.

Chaque cellule différente accomplit alors une tâche spéciale, en rapport avec sa forme et sa structure propres ; il s'établit, en un mot, dans le travail total interne du corps, une division secondaire, en rapport avec la différenciation secondaire de sa structure, et, pour obtenir ce travail total, il faut faire la résultante de tous les travaux cellulaires. Chacun de ceux-ci, à son tour, étant la résultante des travaux élémentaires des parties qui composent les cellules, on voit que le travail total interne du corps s'obtient par une sommation à deux degrés.

En résumé, pour la structure comme pour la forme extérieure, différenciation progressive signifie division progressive du travail. Nous avons déjà signalé plus haut cette corrélation (p. 39), et c'est ce qui nous a permis de tirer de la différenciation de la structure un critérium interne de perfection.

Plan de l'Ouvrage. — Dans ce premier chapitre, nous avons donné un aperçu général du corps de la plante, considéré dans sa forme et sa structure, dans ses fonctions externes et internes, dans sa reproduction, dans son développement propre et dans le développement de sa race. Ces notions préliminaires bien comprises, nous pouvons esquisser la suite des chapitres qui composent la première partie de ces *Éléments*.

Nous prendrons d'abord la plante à l'état adulte. Les végétaux les plus perfectionnés ont alors, comme on sait, leur corps partagé en trois membres : la racine, la tige et la feuille, que nous étudierons séparément dans autant de chapitres distincts, d'abord au point de vue morphologique, puis au point de vue physiologique, ce qui subdivise chacun de ces chapitres en deux sections.

Nous étudierons ensuite la reproduction dimère de la plante, c'est-à-dire la formation des œufs, et son développement depuis l'œuf jusqu'à l'état adulte, avec reproduction monomère quand il y a lieu, et depuis l'état adulte jusqu'à la mort. Comme cette reproduction et ce développement s'opèrent d'une façon différente dans les quatre grands groupes végétaux, nous aurons à considérer séparément dans cinq chapitres distincts : la reproduction dimère des Phanérogames, c'est-à-dire la fleur, le développement des Phanérogames, la reproduction dimère et le développement des Cryptogames vasculaires, des Muscinées et des Thallophytes.

Le dixième chapitre enfin tracera les traits généraux du développement de la race.

CHAPITRE DEUXIÈME

LA RACINE

La racine n'existe, on l'a vu, que chez les plantes vasculaires, c'est-à-dire chez les Cryptogames vasculaires et les Phanérogames. L'étude que nous allons en faire n'intéresse donc que deux des quatre grands groupes des végétaux, mais ce sont les plus perfectionnés. Nous devons la considérer d'abord au point de vue morphologique, dans sa forme extérieure et dans sa structure, puis au point de vue physiologique, dans ses fonctions externes et internes.

SECTION I

MORPHOLOGIE DE LA RACINE

L'étude morphologique de la racine exige que l'on considére ce membre d'abord dans sa forme extérieure et tout ce qui s'y rattache, puis dans sa structure et tout ce qui s'y rapporte.

§ 1

Forme extérieure de la racine.

La racine jeune a ordinairement la forme d'un cylindre étroit, attaché par sa base à une tige ou à une feuille et terminé en cône au sommet; cette forme est symétrique par rapport à l'axe. Le plus souvent c'est dans le sol qu'elle se développe, quelquefois dans l'eau, comme chez les Lemnes qui flottent à la surface de nos étangs, ou dans l'air, comme chez ces Orchidées et Aroïdées qui vivent posées sur le tronc des arbres dans les forêts tropicales et que pour ce motif on qualifie d'*épidendres*. Dans tous les cas, elle se dirige verticalement vers le centre de la Terre, la pointe en bas, sous l'influence de la pesanteur, comme nous le verrons plus tard.

Coiffe de la racine. — Examinée de près, cette pointe offre un caractère particulier. Si l'on en suit le contour à partir du sommet, on voit qu'à une faible distance il cesse brusquement tout autour, et qu'il faut descendre pour ainsi dire d'un degré si l'on veut longer la surface désormais continue du cylindre. C'est comme si la racine avait été dénudée dans toute son étendue, excepté à son extrémité, où la couche enlevée partout ailleurs persiste sous la forme d'un bonnet ou d'un doigt de gant, qu'on appelle la *coiffe* (fig. 20).

On verra plus loin que c'est bien ainsi que les choses se passent et que la surface générale de la racine jeune est une surface dénudée.

La coiffe a sa plus grande épaisseur au sommet même, où elle fait corps avec la région interne du membre ; elle va s'amincissant à mesure qu'on s'éloigne du sommet, en même temps qu'elle se décolle et s'écarte plus ou moins de la masse sous-jacente ; enfin elle cesse brusquement à une distance du sommet qui n'est souvent que de quelques millimètres, mais qui peut atteindre aussi un à deux centimètres, comme dans les grosses racines des Vaquois (fig. 20, *B*).

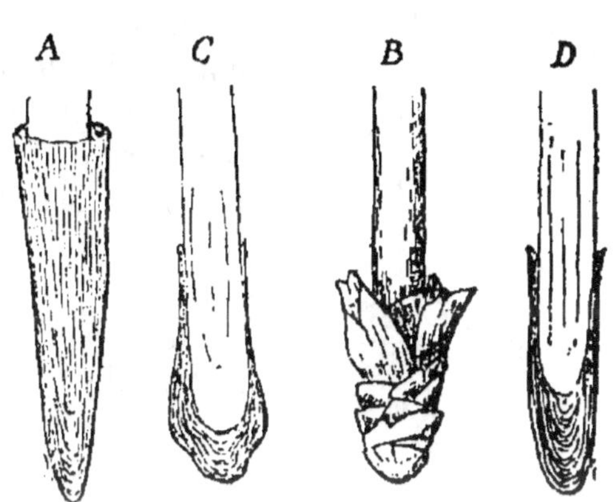

Fig. 20. — Extrémités de racines montrant la coiffe : *A* et *B*, vues de l'extérieur ; *C* et *D*, en section longitudinale. *A*, dans la Pontédérie ; *B*, dans le Vaquois ; *C*, dans le Calle ; *D*, dans le Scindapse.

La coiffe est toujours plus ferme et plus résistante que les parties internes qu'elle recouvre, et même que la surface de la région dénudée qui s'en échappe. Son rôle est évident. Elle protège la pointe molle et délicate de la racine contre la pression et les frottements qu'exercent sur elle les parties solides et anguleuses du sol où d'ordinaire elle se développe. Aussi sa surface s'use-t-elle rapidement en jouant ce rôle protecteur. Cette usure a lieu de différentes manières. Tantôt les cellules périphériques se dissocient complètement, en transformant en mucilage la lame moyenne de leurs cloisons cellulosiques, et se détachent une à une au milieu d'une matière visqueuse (Blé, Orge, Trèfle, Guimauve, etc.); tantôt c'est l'assise des cellules périphériques, demeurées adhérentes entre elles latéralement, qui se détache tout d'une pièce sous forme d'une calotte, gluante (Pavot, Chou, Pourpier), ou sèche (Glycérie, Vaquois, etc.). A mesure qu'elle se désagrège ou s'exfolie ainsi au dehors, la coiffe se régénère au dedans, de manière à conserver toujours sa même épaisseur et à protéger toujours aussi efficacement les parties sous-jacentes.

Dans les racines aquatiques (Lemne, Hydrocharide, Azolle, etc.), c'est contre la sortie des principes solubles et aussi contre les animalcules vivant dans l'eau, que la coiffe protège la pointe délicate de la racine. Ne souffrant alors aucune usure, elle ne se désagrège ni ne s'exfolie, et n'a pas à se réparer. Elle est très longue, écartée latéralement de la pointe, à laquelle elle ne tient qu'au sommet (fig. 20 et 21, A). Dans les racines aériennes (Orchidées, Aroïdées, etc.), c'est contre la dessiccation, qui ferait perdre à la pointe molle l'eau dont elle est imprégnée et qui lui est nécessaire, que la coiffe exerce son rôle protecteur.

Quel que soit donc le milieu où elle se développe, tant qu'elle s'allonge, la racine a besoin de protection à son sommet, et ce besoin est partout satisfait par la coiffe. Mais si sa croissance est limitée, dès qu'elle a pris fin, l'extrémité se raffermit et la coiffe peut disparaître sans inconvénient. C'est ainsi que les racines aquatiques des Hydrocharides et

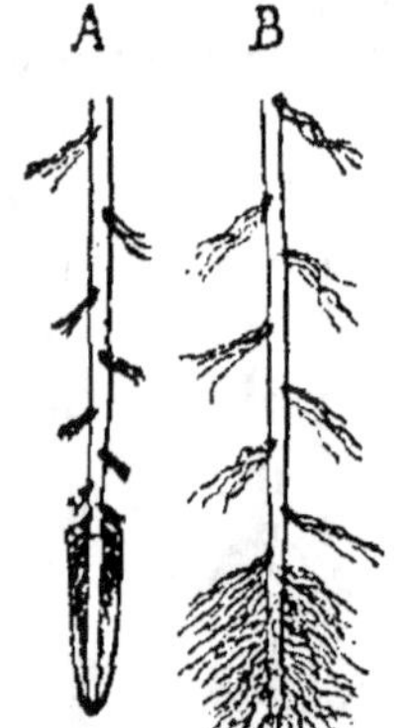

Fig. 21. — Racine d'Azolle : *A*, en voie d'allongement ; la coiffe est très développée et les poils disposés en pinceaux distiques. *B*, l'allongement est terminé et la coiffe tombe, mettant à nu l'extrémité couverte de poils.

des Azolles ont une coiffe très développée tant qu'elles croissent (fig. 21, *A*); la croissance terminée, l'extrémité durcit et la coiffe devenue inutile tombe, soit d'un seul coup (Azolle, fig. 21, *B*), soit en se partageant en quatre ou cinq calottes emboîtées qui tombent l'une après l'autre jusqu'à la dernière (Hydrocharide). La coiffe disparaît aussi dans les racines renflées des Orchides et de la Ficaire, quand elles ont cessé de s'allonger et que leur extrémité s'est raffermie.

Poils de la racine. — Examinons maintenant l'état de la surface dénudée dans une racine déjà un peu longue (fig. 22, *C*). A partir du bord de la coiffe, en remontant vers la base, on rencontre d'abord une région où la surface est parfaitement lisse ; puis vient une partie plus ou moins étendue, où chaque cellule superficielle s'est prolongée perpendiculairement à la surface en un long tube ordinairement incolore, où la surface est par conséquent toute hérissée d'une sorte de velours de poils serrés côte à côte et sensiblement égaux ; enfin une nouvelle région dépourvue de poils, mais où la surface est moins lisse que dans la première et parfois brunâtre, s'étend sans discontinuité jusqu'à la base de la racine.

Fixons un instant notre attention sur la partie moyenne, sur cette région des poils, dont l'importance physiologique est considérable, comme nous le verrons un peu plus tard. Du côté de la pointe, elle se termine par des tubes de plus en plus courts ; il est facile de s'assurer que ce sont là des poils jeunes, qui bientôt s'al-

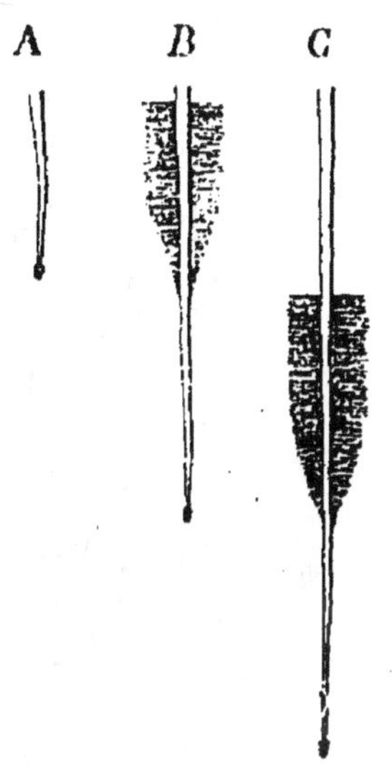

Fig. 22. — Jeune racine de Moutarde, à trois états successifs : *A*, encore dépourvue de poils ; *B*, munie de poils, mais n'en ayant pas encore perdu ; *C*, dégarnie de poils dans la région basilaire.

longent et prennent la taille des premiers, pendant qu'il s'en forme de nouveaux au-dessous d'eux. La partie lisse voisine de l'extrémité est donc destinée à avoir des poils, mais n'en a pas encore. De l'autre côté, la région des poils se termine brusquement par des tubes qui ont toute leur longueur, et il est aisé de voir que ces poils tombent peu à peu. La partie lisse du côté de la base a donc été, à un certain moment, tout entière couverte de poils, mais elle les a perdus. Les poils n'ont qu'une existence éphémère, ils sont caducs. Gagnant sans cesse de nouveaux éléments vers le sommet, pendant qu'elle en perd tout autant vers la base, la région des poils semble se transporter le long de la ra-

cine à mesure que celle-ci s'allonge, de manière à se maintenir
toujours à égale distance de la pointe en s'éloignant de plus en
plus de l'extrémité opposée.

Les poils radicaux sont presque toujours simples et non cloisonnés. Quand la racine se développe dans l'air humide ou dans
l'eau, ils sont cylindri-
ques, droits, d'une régu-
larité et d'une égalité
parfaites (fig. 22). Il
n'en est pas de même
dans le sol, où leur
croissance est à tout
instant gênée et modi-
fiée par la pression et
les frottements des par-
ticules solides (fig. 23).
Ils s'appliquent alors
étroitement sur ces par-
ticules, se moulent à
leur surface, les enve-
loppent de leurs replis
et prennent en consé-
quence des formes très
irrégulières, tortueuses,
dilatées en certains
points, étranglées en
d'autres. Ils portent aussi comme de petits cils
extrêmement minces,
insérés çà et là sur leur
membrane et qui sont
de fins prolongements
de la couche cellulosique,

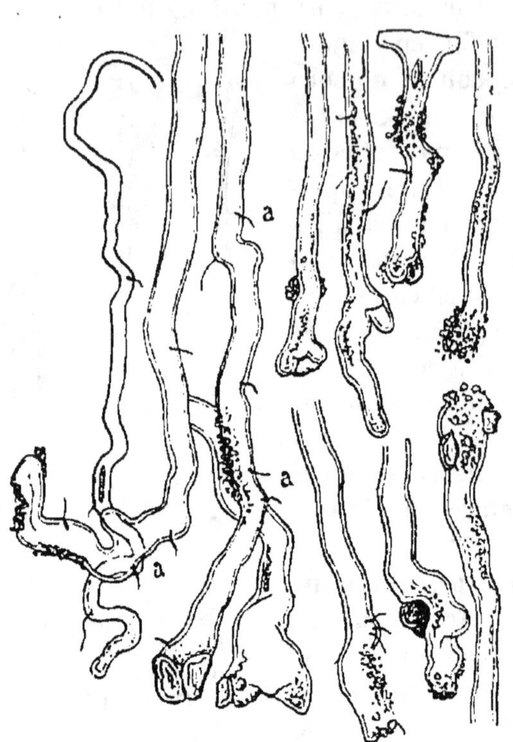

Fig. 23. — Forme contournée et irrégulière des
poils radicaux dans le sol. A droite : en haut,
dans la Sélaginelle ; en bas, dans le Trèfle ; —
à gauche, dans l'Avoine. Les granules sombres
sont des particules de terre soudées à la membrane ; a, a, fins prolongements de la couche
cellulosique.

facilitant encore l'adhérence avec les corps étrangers (fig. 23, a).

La formation des poils dépend beaucoup des circonstances
extérieures, comme on le verra plus tard. Aussi peuvent-ils manquer dans certaines conditions de milieu. Les racines de Jacinthe,
d'Ail, de Safran, par exemple, en sont dépourvues quand elles se
développent dans l'eau ; il ne s'en fait pas non plus sur les racines
aériennes des Orchidées épidendres. Ces racines aériennes dépour-

vues de poils ont une surface lisse, luisante, blanc d'argent ; cela tient à ce que les cellules périphériques meurent bientôt, se remplissent d'air et forment une couche opaque et nacrée, qu'on appelle souvent le *voile* et sur laquelle on reviendra plus loin.

Croissance de la racine. — Douée de ces caractères extérieurs, la jeune racine croît, elle s'allonge dans la direction verticale ; voyons où s'opère et se localise sa croissance.

Sur une jeune racine de Haricot ou de Fève, croissant dans l'air humide à une température favorable, et qui mesure, par exemple, 5 centimètres de longueur, traçons à l'encre de Chine cinq traits distants de 1 centimètre, et marquons-les de 1 à 5 à partir du sommet. Subdivisons, en outre, le premier intervalle en millimètres par des petits traits au vernis rouge, marqués de 1 à 10 à partir de la pointe. Abandonnons ensuite la racine à elle même, en mesurant de jour en jour les cinq grands et les dix petits traits.

Seul le grand intervalle qui sépare la pointe du premier trait noir s'agrandit, les quatre autres conservent indéfiniment leur longueur primitive de 1 centimètre. D'où cette première conséquence : la racine ne s'allonge que dans une région assez courte comptée à partir du sommet, région qui, dans les racines terrestres, ne dépasse pas un centimètre de longueur. C'est ce qui explique pourquoi une racine tronquée à la pointe ne s'accroît plus, observation que les pépiniéristes savent mettre à profit, comme on le verra plus loin.

Dans cette région de croissance, si l'on mesure au bout de vingt-quatre heures les divers petits intervalles qui avaient 1 millimètre au début, on voit que l'allongement est loin d'y avoir été uniforme. Voici, par exemple, les allongements mesurés sur une racine de Fève, à une température de 20°,5 :

NUMÉROS D'ORDRE des disques transversaux à partir du sommet.	ALLONGEMENT en 24 heures.
10.	0,1 millim.
9.	0,2 —
8.	0,5 —
7.	0,5 —
6.	1,3 —
5.	1,6 —
4.	3,5 —
3.	8,2 —
2.	5,8 —
1.	1,5 —

Les disques transversaux 8 et 9 s'allongent très peu et le dixième presque pas; les disques 1, 6, 5 s'accroissent notablement, les intervalles 2 et 4 s'allongent davantage, mais c'est le disque 3, situé à deux millimètres seulement du sommet qui a la croissance la plus forte. La courbe (fig. 24) représente la marche de cet allongement, qui demeure la même dans les plantes les plus diverses. A partir de la pointe, elle s'élève rapidement pour atteindre bientôt le maximum, puis s'abaisse plus lentement au delà.

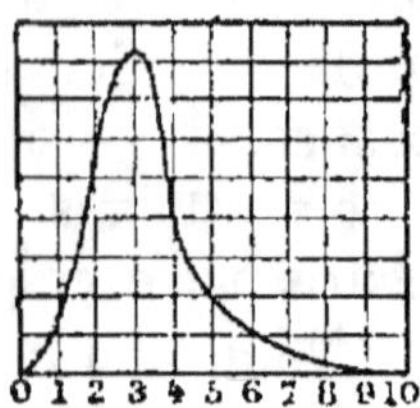

Fig. 24.

Pourvu que les conditions extérieures soient et demeurent favorables, l'allongement de la racine est souvent indéfini et le membre parvient alors à une longueur considérable. Ainsi la Bette et le Blé peuvent enfoncer en quelques mois leurs racines jusqu'à plus de 1 mètre de profondeur dans la terre, la Vigne et le Câprier jusqu'à 13 mètres. Ainsi encore les grands arbres des forêts tropicales font descendre de leurs plus hautes branches des racines qui s'allongent assez pour atteindre le sol et y pénétrer. A mesure que la racine s'allonge, la région des poils, gagnant vers le sommet et perdant vers la base, se transporte de manière à se maintenir toujours à égale distance de la pointe et à s'enfoncer toujours plus profondément dans le sol. Toute la partie terminale jeune se conserve donc identique à elle-même, mais elle est portée au bout d'une partie âgée et nue de plus en plus longue.

Souvent aussi la croissance est de peu de durée et la racine demeure courte, comme on le voit par exemple dans certaines plantes aquatiques (Lemne, Hydrocharide, Azolle). Dès que l'allongement a pris fin, la région des poils continuant à s'étendre atteint bientôt la pointe et, si la coiffe est caduque (Azolle, Hydrocharide), le sommet lui-même se couvre d'une touffe de poils (fig. 24). Puis, les poils continuant à tomber à partir de la base, la racine se dégarnit peu à peu et enfin devient totalement nue. Elle n'a plus alors que peu de temps à vivre; bientôt elle se détruit, ou bien se détache à la base et tombe (Azolle).

L'allongement de la racine n'a pas la même intensité suivant toutes les lignes longitudinales qu'on peut tracer à sa surface. A un moment donné, il y a une ligne de plus fort allongement, qui se déplace progressivement dans le même sens tout autour de l'axe. Il en résulte que la région de croissance se courbe successivement dans toutes les directions et que le sommet décrit un cercle ou une ellipse ; il y a, comme on dit, *circumnutation*. L'amplitude de cette circumnutation est assez faible ; dans le Haricot, par exemple, elle ne dépasse pas 2 millimètres. Tout en décrivant ainsi sa petite courbe circulaire ou elliptique, la pointe s'allonge, et c'est en réalité sur une hélice descendante que le sommet se déplace. Ce mouvement de vis favorise évidemment beaucoup la pénétration de la racine dans le sol.

Concrescence des racines. — Quand plusieurs racines naissent côte à côte en des points rapprochés sur la même tige ou la même feuille, il n'est pas rare qu'elles croissent en commun en ne formant qu'une seule masse ; elles sont, comme on dit, *concrescentes*. Des racines terrestres ou aériennes ainsi unies en faisceaux, *fasciées* comme on dit aussi, dans toute leur longueur, au nombre de 2, 3, 4 ou davantage, se rencontrent çà et là dans la Fève, par exemple, ou dans certaines Aroïdées épidendres ; leur forme aplatie ou anguleuse et les sillons qui les parcourent en accusent la vraie nature. Les tubercules simples ou digités des Orchides, Ophrydes, etc., sont de même formés par la concrescence d'un plus ou moins grand nombre de racines à croissance limitée (voir plus loin fig. 25).

Ramification de la racine. — Quand la racine a acquis une certaine longueur, souvent elle se ramifie.

C'est vers la base de la racine, c'est-à-dire vers son point d'attache sur une tige ou sur une feuille, que se montrent les premiers indices de ramification ; ils progressent ensuite et se succèdent régulièrement de la base au sommet. C'est d'abord une petite protubérance hémisphérique de la surface ; puis la protubérance crève et il s'en échappe un petit cordon blanc qui s'allonge en se dirigeant perpendiculairement à la racine, c'est-à-dire horizontalement. Il porte une coiffe au sommet, sa surface se couvre de poils depuis la base jusqu'à une certaine distance de la pointe ; plus tard, les poils tombent à la base, et la région des poils commence son mouvement de translation. En un mot, il se comporte à tous égards comme la racine. C'est une racine de second ordre, née à l'intérieur de la première, entourée souvent à sa base d'une petite manchette ou d'une petite boutonnière provenant de la protubérance qu'elle a percée, dirigée presque horizontalement, avec une faible obliquité vers le bas, et persistant dans cette direction parce que la pesanteur a peu d'action sur elle. Toutes ces racines secondaires sont semblables, de plus en plus jeunes seulement et de plus en plus courtes de la base au sommet; les plus jeunes sont longuement dépassées par le prolongement encore simple de la racine principale. L'ensemble forme un cône dont la racine primaire occupe l'axe, dont elle est, comme on dit, le *pivot*.

Quant le pivot croit longtemps, il porte sur ses flancs un grand nombre de racines de second ordre. Si en même temps celles-ci continuent de croître également, chacune selon son âge, le cône, s'élargissant à mesure qu'il s'allonge, conserve une ouverture moyenne et constante ; c'est là le cas normal : l'ensemble forme alors ce qu'on appelle un système *pivotant* ordinaire. Si, au contraire, les racines secondaires demeurent courtes, avec leurs pointes et leurs poils à peu de distance des flancs du pivot très développé, le cône est très aigu et forme un système pivotant exagéré, comme dans la Bette vulgaire ou la Dauce carotte. Quant le pivot cesse bientôt de croître, il ne porte qu'un petit nombre de racines secondaires. Si celles-ci s'allongent beaucoup, projetant au loin tout autour du pivot rudimentaire leurs sommets et leurs poils, le cône est très obtus et forme un système de cordons rayonnants qui rampent horizontalement à peu de distance de la surface du sol, ce qu'on appelle un système *fasciculé*. La forme générale du système formé par la racine primaire et les racines secondaires varie donc suivant le développement relatif des parties qui le composent; peu importantes au point de vue théorique, ces variations ont, au contraire, une grande valeur au point de vue des applications, comme on le verra plus tard.

A leur tour, les racines secondaires se ramifient souvent. Les choses se passent sur elles absolument comme sur la racine primaire, et il n'y a pas lieu d'y revenir. Par là, chacune d'elles devient un pivot, mais un pivot secondaire, presque horizontal, autour duquel se développent dans toutes les directions un plus ou moins grand nombre de racines tertiaires. Chacune de celles-ci peut produire et porter une génération de racines de quatrième ordre, et ainsi de suite. Le système conique total va de la sorte se compliquant, se remplissant de plus en plus, tout en conservant sa forme générale.

C'est un pareil système de racines de divers ordres, nées et implantées les unes sur les autres, attaché par la base de son pivot vertical sur une tige ou sur une feuille, qu'on appelle communément une *racine*. Dans cette acception vulgaire, on dit donc une racine pivotante normale, une racine pivotante exagérée, une racine fasciculée, pour les diverses formes qui sont imprimées à ce système par le développement inégal des racines de premier et de second ordre. On a aussi l'habitude de désigner sous le nom commun de *radicelles* toutes les racines de divers ordres, autres que le pivot.

Il est facile de s'assurer que, dans un pareil système, les racines d'un ordre quelconque naissent toujours sur la racine d'ordre précédent exactement les unes au-dessous des autres, et y sont insérées par conséquent en un certain nombre de rangées longitudinales, ordinairement équidistantes. Le nombre de ces rangées est au moins de deux chez les Cryptogames vasculaires (Fougères, etc.). Il est au moins de trois, espacées à 120 degrés, chez les Phanérogames. Sur le pivot, il peut dépasser vingt, trente et au delà ; cela dépend du diamètre de la racine primaire, lequel à son tour est en relation avec l'âge de la plante. On ne peut donc rien dire de général à cet égard. Le long d'une même racine, ce nombre peut d'ailleurs changer ; il diminue par cessation d'une ou plusieurs rangées, si la racine, d'abord assez grosse, va s'effilant tout à coup ; il augmente au cas contraire. Sur les racines secondaires, tertiaires, etc., ce nombre va, comme le diamètre lui-même, en décroissant plus ou moins rapidement. Chez les Cryptogames vasculaires, une fois réduit à trois, il descend à deux et se conserve ensuite indéfiniment à ce minimum. Chez les Phanérogames, une fois réduit à trois, il remonte à quatre et se conserve ensuite indéfiniment à ce chiffre ; seulement ces quatre rangées sont souvent rapprochées deux par deux.

Si donc le pivot d'une Cryptogame vasculaire ne porte déjà que deux rangées de radicelles, si le pivot d'une Phanérogame n'en porte déjà que quatre, rapprochées deux par deux, la disposition demeure la même, respectivement binaire ou quaternaire, dans toute l'étendue du système ramifié. Pourtant il ne faudrait pas croire pour cela que la ramification de la racine binaire des Cryptogames vasculaires, des Fougères, par exemple, s'opère dans un seul et même plan. Au contraire, à chaque degré, le plan des axes des deux séries de racines croise à angle droit celui du degré précédent, et c'est seulement après trois ramifications successives qu'on se retrouve dans un plan parallèle au premier.

Dans chaque série longitudinale, la distance de deux radicelles consécutives est ordinairement indéterminée ; elles naissent plus rapprochées, quelquefois jusqu'au contact, ou plus écartées, quelquefois à de grandes distances, suivant les circonstances extérieures et notamment suivant l'humidité du sol.

Racines dichotomes. — Dans les Cryptogames vasculaires qui forment la classe des Lycopodinées, la racine ne produit pas de radicelles sur ses flancs, mais se ramifie en se bifurquant au sommet, en formant ce qu'on appelle une *dichotomie*. Quand la racine d'un Lycopode, d'un Isoète ou d'une Séla_inelle a acquis une certaine longueur, sa pointe se divise en deux moitiés égales, qui prennent aussitôt chacune une coiffe spéciale sous la coiffe commune. Les deux bras s'allongent ensuite en exfoliant la coiffe commune, divergent à peu près à angle droit, se divisent de nouveau plus tard en deux moitiés égales, et ainsi de suite un grand nombre de fois. A chaque nouvelle bifurcation, le plan des axes des deux branches est perpendiculaire à celui de la bifurcation précédente. La croissance dure aussi plus longtemps et s'étend plus loin à partir des sommets dans ces racines dichotomes que dans les racines ordinaires. Les intervalles des bifurcations s'y allongent, en effet, pendant un certain temps.

Chez quelques Gymnospermes, comme les Cycades et les Pins, on voit, sous une influence encore inconnue, certaines radicelles du système normal se ramifier de la sorte en dichotomie dans des plans alternativement rectangulaires, en formant de petites masses coralloïdes. Ce même mode de ramification s'observe souvent dans les radicelles tuberculisées des Légumineuses, dont il sera question plus loin.

Origine de la racine. Racine terminale ; racines latérales. — Dans les conditions normales, les racines tirent leur origine de la tige.

Chez toutes les plantes vasculaires, l'œuf traverse sur la plante mère et à ses dépens les premières phases du développement qui doit l'amener à devenir une nouvelle plante. Dès cette première période, une racine apparaît sous l'extrémité inférieure de la tige, occupant toute la largeur de cette extrémité et se dirigeant dans le prolongement même de la tige : c'est la racine *terminale*. Plus tard, les flancs de la tige, jouissant de la même propriété que son extrémité inférieure, produisent à leur tour, progressivement de la base au sommet, des racines toutes pareilles à la première, dirigées comme elle verticalement vers le centre de la Terre, n'en différant que par leur âge plus jeune, leur situation latérale et leur diamètre d'autant plus grand qu'elles naissent sur une région où la tige est plus vigoureuse : ce sont toutes des racines *latérales*.

Mais il y en a de trois sortes. Les premières naissent sur la tige en des points déterminés à l'avance, en général en relation étroite et fixe avec les feuilles, une par exemple diamétralement opposée à chaque feuille (Monstère, etc.), ou deux, une à droite et une à gauche de chaque feuille (Valériane, Ortie, Renoncule, etc.), ou plusieurs en cercle soit au-dessus (Calle, etc.), soit au-dessous de chaque feuille (Nénuphar, etc.) : ce sont les racines latérales *régulières*. Les secondes se forment çà et là le long de la tige à des places indéterminées ; celles-ci méritent seules le nom de racines *adventives*, que l'on donne souvent à tort à l'ensemble des racines latérales. Enfin les troisièmes naissent de très bonne heure sur les bourgeons de la tige, une sous chaque bourgeon (Ficaire, etc.), deux à droite et à gauche du bourgeon (Sélaginelle, etc.), ou plusieurs à chaque bourgeon, libres (Prèle, Cresson, Cardamine, etc.) ou concrescentes en tubercule (Orchide, Ophryde, etc) : ce sont les racines *gemmaires*.

Chez certains végétaux, comme dans la plupart des arbres de nos forêts, la racine terminale existe seule et dure autant que la plante : il ne s'y fait pas de racines latérales. Chez beaucoup d'autres, la racine terminale est bientôt suivie de nombreuses racines latérales, qui tout d'abord concourent avec elle à nourrir le végétal. Puis, la racine terminale disparaît et cette destruction gagne de proche en proche et de bas en haut les racines latérales, pendant qu'il s'en forme incessamment de nouvelles dans la région supérieure de la tige. Les racines, comme sur chacune d'elles les poils, sont alors éphémères et caduques, et leurs fonctions passent sans cesse de l'une à l'autre. Il en est ainsi dans les Cryptogames vasculaires, dans les Monocotylédones et chez un grand nombre de Dicotylédones. C'e t le cas général quand la tige rampe dans la terre (Muguet, Chiendent, etc.), dans l'eau (Glycérie, etc.) ou à la surface du sol (Fraisier, Lierre, etc.). Mais une tige dressée peut aussi produire sur ses flancs, et jusqu'à une grande hauteur, de nombreuses racines latérales. Naissent-elles de la tige même, comme dans les Palmiers et les Fougères arborescentes, elles descendent en foule serrées côte à côte le long de sa surface, qu'elles couvrent d'un revêtement impénétrable pouvant atteindre plusieurs décimètres d'épaisseur. Partent-elles des branches, elles pendent dans l'air isolément, comme des cordes, avant d'arriver à la terre; elles s'y enfoncent plus tard, s'y ramifient et forment autant de colonnes où les branches s'appuient solidement en même temps qu'elles en tirent leur nourriture et qui sont pour elles le point de départ d'une nouvelle croissance : tel est par exemple, au Bengale, le Figuier religieux.

Le diamètre des racines latérales est très variable dans la même plante, suivant son âge et suivant la grosseur de la tige aux points où elles s'y développent. Par suite, le nombre des séries longitudinales où sur chacune d'elles se disposent les racines du second ordre est aussi très inconstant. Le diamètre de la racine terminale, au contraire, par le fait même de l'âge et du lieu où elle se forme, demeure toujours sensiblement le même dans un végétal donné. Aussi le nombre des rangées de racines secondaires y est-il fixe, non seulement dans la même plante, mais encore dans de grandes familles. Il est le plus souvent de quatre; les quatre rangées sont tantôt équidistantes (Malvacées, Euphorbiacées, Convolvulacées, Cucurbitacées, beaucoup de Composées, de Légumineuses, etc.), tantôt rapprochées deux par deux (Urticacées, Chénopodiacées, Caryophyllées, Crucifères, Papavéracées, Ombellifères, Solanacées, Scrofulariacées, Borraginées, Labiées, etc.). On trouve trois séries de racines secondaires dans le Pois, la Gesse, la Vesce, etc., 5 séries dans la Fève, 6 dans le Chêne, le Noyer, le Marronnier, etc., 8 dans le Hêtre, 10, 12 et 14 dans le Châtaignier, rarement davantage chez les Dicotylédones. Les Monocotylédones en ont souvent un nombre plus grand, mais aussi beaucoup plus variable.

Régulières ou adventives, les racines latérales naissent de la tige comme naîtront d'elles plus tard les racines secondaires, c'est-à-dire à une profondeur plus ou moins grande au-dessous de la surface. Pour s'échapper, elles ont à percer, par conséquent, une couche de cellules plus ou moins épaisse, qui forme parfois comme une manchette ou une boutonnière autour de leur base : en un mot, elles sont *endogènes*. Il n'en est pas de même pour les racines latérales gemmaires, par exemple pour celles des Crucifères (Cardamine, Cresson, etc.); ces racines, que la tige produit à l'aisselle de ses feuilles au-dessus et sur la base du bourgeon, se constituent à la surface même et n'ont rien à percer pour se développer : elles sont *exogènes*.

Cette double manière d'être se retrouve aussi dans la racine terminale, mais les conditions de fréquence sont renversées ; ce qui était la règle devient l'exception et *vice versa*. En effet, la racine terminale se forme le plus souvent à la surface même de la base de la tige et n'a rien à percer pour se développer : elle est exogène, comme les racines gemmaires. Pourtant, dans les Graminées, les Commélinées, le Balisier, la Capucine, le Nyctage et quelques autres plantes, elle prend naissance à une certaine distance au-dessous de la surface de base et se trouve d'abord enveloppée dans une sorte de poche, qu'elle doit percer pour s'échapper au dehors et qui forme gaine autour de son insertion : elle est endogène.

Production artificielle de racines adventives. Applications : marcottes, boutures. — En *buttant* la tige de la Garance, en *roulant* celle du Blé, on fait développer sur sa région inférieure, ainsi amenée au contact de la terre humide, des racines adventives qui, sans cette pratique, ne s'y formeraient pas. On augmente par là, dans la première plante le rendement en matière colorante, qui est contenue dans les racines, dans la seconde le rendement en graines en lui permettant de puiser dans le sol une nourriture plus abondante.

Si l'on recourbe vers le bas les branches flexibles de l'Œillet ou de la Vigne et qu'on en couche la région moyenne dans le sol en l'y enfonçant et en l'y fixant avec une épingle de bois, si l'on entoure d'une petite motte de terre humide retenue par un cornet de plomb ou par un pot fendu une branche élevée du Nérion oléandre, vulgairement Laurier-rose, on fait développer en ces points de nombreuses racines adventives, par où les branches se nourrissent directement. Aussi peut-on ensuite couper la branche au-dessous de la région enracinée. La portion ainsi séparée se suffit à elle-même et forme un individu complet, qui reproduit, comme il a été dit à la page 44, tous les caractères de la plante dont il est issu : c'est ce qu'on nomme une *marcotte*. Une pareille séparation de branches après enracinement, un pareil *marcottage*, s'observe souvent dans la nature : le Fraisier en est un exemple bien connu.

Que l'on coupe une branche feuillée de Saule ou de Vigne et qu'on en plonge la région inférieure dans l'eau ou dans la terre humide, on verra bientôt apparaître des racines adventives, qui s'échappent à la fois de la surface latérale de l'organe et des bords de la plaie. La branche devient ainsi un individu complet, ce qu'on appelle une *bouture*. Cette séparation de branches qui s'en-racinent après coup, ce *bouturage*, s'observe aussi fréquemment dans la nature. Quand il multiplie les plantes par marcottes ou par boutures, l'homme ne fait donc qu'imiter les procédés naturels.

Une feuille de Citronnier ou de Ficoïde, un jeune fruit d'Oponce ou de Jussiée, détachés de la tige et enterrés à la base, forment aussi des racines adventives tout autour de la plaie. Enfin il suffit d'enterrer un petit fragment de tige (Saule, etc.), de racine (Paulonier, Aralie, etc.) ou de feuille (Gloxinie, Bégonie, Pépéromie, etc., cotylédons de Haricot, de Courge, etc.), pour voir des racines adventives se développer sur les plaies et sur les entailles, qu'on a ainsi intérêt à multiplier.

Différenciation secondaire de la racine. — Beaucoup de plantes n'ont que des racines comme celles qu'on vient d'étudier, des racines ordinaires et toutes semblables. Chez d'autres, pendant que certaines racines suivent leur développement normal, d'autres, au début toutes pareilles, s'accroissent autrement, de manière à acquérir une forme et à remplir aussi une fonction différente : en un mot, il s'opère alors entre les racines de la plante une différenciation secondaire. Pour exprimer, dans chaque cas particulier, la différence de forme et de fonction que ces racines autrement développées présentent par rapport aux racines proprement dites, on se sert d'un nom tiré de cette forme ou de cette fonction, qu'on joint au mot *racine* pour le qualifier comme tel. Citons quelques exemples de cette différenciation.

Racines-tubercules. — Dans l'Asphodèle et l'Hémérocalle, certaines des racines adventives groupées à la base de la tige se renflent beaucoup, cessent de s'allonger et deviennent autant de *tubercules*. Dans la Ficaire, chaque petit bourgeon né à l'aisselle des feuilles forme à sa base une grosse racine latérale, qui cesse bientôt de s'allonger en perdant sa coiffe et constitue une masse ovoïde, qui est encore un tubercule. Dans les Orchides, Ophrydes et les genres voisins formant la tribu des Ophrydées, les choses se passent comme dans la Ficaire, à deux différences près. D'abord, il n'y a chaque année qu'un seul bourgeon, situé à la base de la tige, qui produise un tubercule ; ensuite, ce bourgeon forme sur ses flancs, en des points rapprochés, un assez grand nombre d'origines de racines latérales. Faute de place, toutes ces racines contiguës croissent en commun et ne constituent toutes ensemble qu'un seul tubercule, tantôt arrondi au sommet de façon que rien n'en trahisse au dehors la complication intérieure (Orchide mâle, O. militaire, etc., Ophryde, Loroglosse, etc.), tantôt au contraire divisé au sommet, di-gité, les racines constitutives se séparant peu à peu en divergeant (fig. 25) (Orchide maculé, O. lati-folié, etc., Gymnadénie, etc). Le tubercule de l'Asphodèle et de l'Hémérocalle est donc formé par une simple racine, celui de la Ficaire par une simple racine avec le petit bourgeon qui l'a produite, celui des Orchides par des racines multiples et concrescentes avec le petit bourgeon qui est leur com-mune origine.

Certaines Conifères, comme les Podocarpes, portent sur leurs

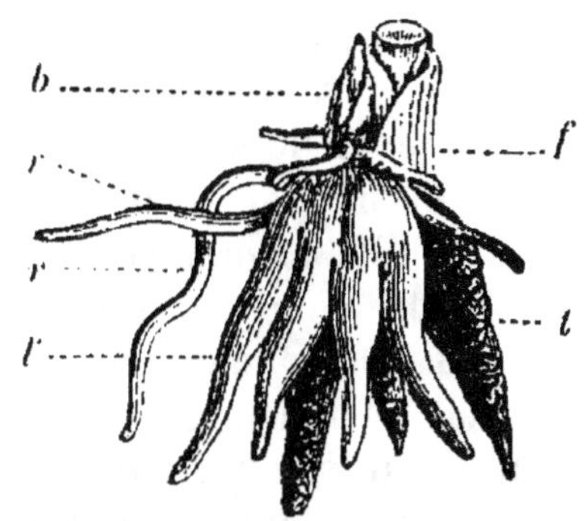

Fig. 25. — Racines-tubercules de la Gymnadénie. *t*, tubercule an-cien, dont le bourgeon a produit la tige feuillée *f*; *t'*, tubercule nouveau, issu du bourgeon *b*; *r*, *r*, racines ordinaires.

racines et leurs radicelles, en quatre rangées rapprochées deux par deux, un grand nombre de petits tubercules arrondis, qui sont autant de radicelles arrêtées dans leur croissance et renflées. Toutes les Légumineuses produisent çà et là, sur leurs racines et leurs radicelles, de petits tubercules entiers, lobés ou digités ; ce sont encore autant de radicelles, de bonne heure envahies par une Bactériacée parasite, le Bacille radicicole, et qui, sous cette influence, ont cessé de croître en se renflant et souvent en se dichotomisant, comme il a été dit plus haut (p. 74). Dans ces exemples, le tubercule est donc une simple radicelle modifiée.

Dans tous les cas, les racines-tubercules servent de réserve nutritive pour le développement ultérieur de la plante.

Racines-crampons, flotteurs, vrilles, épines. — Fixé au sol par des racines ordinaires, le Lierre forme, comme on sait, le long de sa tige et de ses branches, d'innombrables racines adven-tives serrées en groupes compacts, qui demeurent courtes et ne servent qu'à fixer solidement la plante aux murs, aux écorces et aux rochers où elle grimpe : on les nomme des *crampons*. Leur différence par rapport au type se réduit à un arrêt de développe-ment ; aussi suffit-il d'appliquer la tige sur le sol, comme on fait lorsqu'on cultive le Lierre en bordure, pour voir les crampons poursuivre leur croissance et parvenir à l'état de racines ordinaires.

Pour aider la tige des Jussiées à se soutenir à la surface de l'eau où elle nage, certaines des racines latérales, se développant autrement que les autres, demeurent courtes, ne se ramifient pas, et se renflent en autant de corps ovoïdes, par suite de la production interne de grandes chambres pleines d'air. Ces racines deviennent ainsi de véritables *flotteurs*.

La Vanille enroule en spirale certaines de ses racines adventives autour des supports voisins, pourvu qu'ils soient assez minces, s'y accroche solidement et s'élève ainsi en grimpant à une grande hauteur. D'une façon générale, on nomme *vrilles* les organes de soutien qui s'enroulent de la sorte en spirale autour des corps voisins. Cette différenciation des racines en vrilles se rencontre aussi chez certains Lycopodes, Philodendres, Dissochètes, etc.

Enfin dans les Derrides, les branches âgées produisent de nombreuses racines adventives qui cessent bientôt de croître en s'amincissant et se terminent en pointes dures, formant ainsi autant d'*épines*, qui s'enchevêtrent et donnent de la fixité à l'ensemble.

En résumé, tandis que les tubercules jouent un rôle nutritif, les crampons, les vrilles, les épines et les flotteurs ont une fonction purement mécanique.

Racines à suçoirs des plantes parasites. — Les plantes parasites qui attaquent le végétal nourricier par leurs racines, produisent sur ces racines, aux divers points de contact, des organes particuliers qui pénètrent plus ou moins profondément dans le corps de l'hôte pour y puiser la nourriture ; ces organes sont désignés sous le nom de *suçoirs*.

Les Scrofulariacées de la tribu des Rhinanthées (Rhinanthe, Mélampyre, Euphraise, Pédiculaire, etc.), ainsi que les Orobanchées (Orobanche, etc.) et les Santalacées (Santal, Osyride, Thèse, etc.), sont parasites sur les plantes les plus diverses. Tout d'abord leur racine terminale et ses radicelles de divers ordres se développent dans le sol sans offrir rien de particulier ; la plante n'est pas encore parasite. Plus tard, certaines de ces radicelles arrivent à toucher les radicelles des plantes voisines et, aux points de contact, produisent à leur surface de petites excroissances coniques qui s'enfoncent dans la racine de la plante hospitalière et y allongent leurs cellules superficielles en poils absorbants. Les suçoirs ainsi formés ne sont pas des radicelles, comme on l'a cru longtemps ; ils sont, en effet, exogènes, dépourvus de coiffe et disposés sans ordre sur la racine. Ce sont de simples proéminences massives, de la nature de celles que nous rencontrerons plus tard sur la tige et sur la feuille, et que nous nommerons alors des *émergences* (p. 164) ; nous pouvons dès à présent leur donner ce nom.

Le Gui se comporte d'une façon un peu différente. Sa graine germe sur l'arbre où les oiseaux l'ont déposée. La racine terminale s'enfonce dans la branche ; parvenue à la surface du bois, elle cesse de croître, mais produit des racines secondaires qui rayonnent en tous sens et se ramifient parallèlement à la surface de la branche nourricière. Enfin celles-ci produisent, sur leur face interne, des protubérances exogènes de forme conique, dépourvues de coiffe, qui pénètrent dans la masse ligneuse : ce sont les suçoirs, qui ont encore ici la même nature que dans les exemples précédents. Il y a seulement cette différence, que le Gui développe directement dans la plante nourricière tout son système de racines, chargées de suçoirs, tandis que les Rhinanthées, Orobanchées, Santalacées, etc., développent ce système dans le sol et n'enfoncent que les suçoirs dans le corps de leur hôte.

Plantes vasculaires dépourvues de racines. — Certaines plantes vasculaires ne forment pas de racine terminale (Orchidées, etc.), tandis que beaucoup d'autres ne produisent pas de racines latérales. Si les deux incapacités se trouvent réunies, la plante sera totalement dépourvue de racines : c'est un cas très rare. On l'observe parmi les Phanérogames chez deux Orchidées humicoles : la Corallorhize et l'Épipoge, ainsi que chez certaines plantes submergées, comme le Cornifle et l'Utriculaire ; on le rencontre aussi, parmi les Cryptogames vasculaires, chez les Psilotes et beaucoup de Trichomanes, qui sont humicoles, ainsi que chez les Salvinies, qui nagent sur l'eau.

§ 2

Structure de la racine.

Considérons d'abord la racine jeune, à une distance de l'extrémité en voie de croissance assez grande pour que toutes les cellules qui la composent aient achevé leur différenciation. A ce

5

niveau, où elle est déjà dépouillée de sa coiffe, elle se compose d'un manchon épais et mou, l'*écorce*, enveloppant un cylindre intérieur plus grêle et plus résistant, le *cylindre central*.

Écorce de la racine. — L'écorce est constituée par un parenchyme à parois minces, qui se compose d'une succession d'assises et de couches concentriques diversement conformées. Analysons ce parenchyme de dehors en dedans (fig. 26).

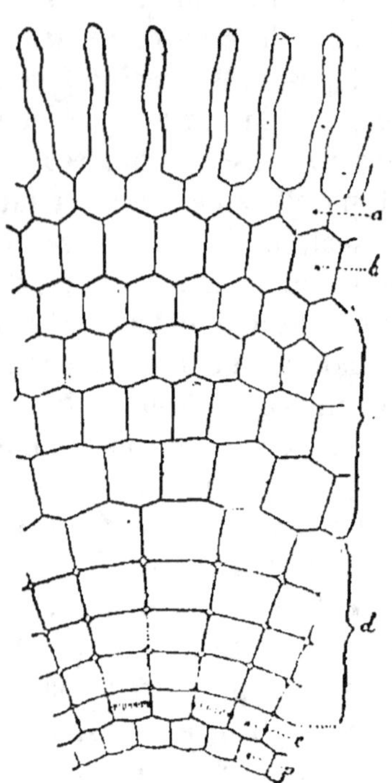

Fig. 26. — Portion d'une section transversale de l'écorce de la racine : *a*, assise pilifère; *b*, assise subéreuse; *c*, zone corticale externe; *d*, zone corticale interne; *e*, endoderme; *p*, péricycle.

L'assise externe est formée de cellules à membrane mince dont la plupart se prolongent au dehors en longs doigts de gant, de manière à constituer les poils étudiés plus haut (p. 67); c'est l'*assise pilifère* (*a*). Elle est ordinairement de courte durée; en remplissant leur rôle, comme on le dira plus loin, les poils s'usent bientôt, se flétrissent, et le plus souvent se détachent.

La seconde assise est composée de cellules polyédriques plus grandes que les précédentes, plus allongées suivant le rayon que suivant la circonférence, intimement unies par leurs larges faces radiales. A mesure que l'assise pilifère se flétrit, elles subérisent leurs membranes, de manière à protéger le corps de la racine après que l'absorption y a pris fin. C'est l'*assise subéreuse* (*b*).

Au-dessous s'étend une couche plus ou moins épaisse de cellules polyédriques disposées en assises concentriques, mais non en séries radiales, intimement unies entre elles sans laisser de méats, dont la dimension va croissant de dehors en dedans et dont le développement est centrifuge. C'est la zone externe de l'écorce proprement dite (*c*).

Elle est suivie d'une couche plus ou moins épaisse de cellules arrondies ou quadrangulaires sur la section transversale, disposées régulièrement à la fois en assises concentriques et en séries radiales, décroissant de grandeur par conséquent de dehors en dedans et laissant entre leurs angles arrondis des méats quadrangulaires qui vont diminuant de la même manière; leur développement est centripète. C'est la zone interne de l'écorce proprement dite (*d*).

Enfin l'assise la plus interne et aussi la plus jeune de cette couche, exactement superposée aux précédentes, est formée de cellules à membranes subérisées, fortement unies entre elles et comme engrenées par un cadre de petits plissements régulièrement échelonnés le long de leurs faces latérales et transverses : c'est l'*endoderme* (*e*), qui entoure comme d'une ceinture le cylindre central (*p*). Assez souvent les faces latérales des cellules portent seules des plissements et le cadre est complété sur les faces transverses par une bande d'épaississement. Ces plissements se voient de face, comme autant de petites raies sombres, sur les coupes longitudinales radiales ; ils s'aperçoivent de champ, comme autant de petites dents alternativement saillantes et rentrantes, sur les coupes longitudinales tangentielles. Enfin, dans la section transversale, ils paraissent comme autant de petits points noirs ou de petites raies sombres sur chaque cloison radiale ; ces marques noires, dont la largeur mesure celle des plissements, permettent de distinguer immédiatement l'endoderme du reste du parenchyme (fig. 26, *e*, et fig. 27).

Cylindre central de la racine. — Le cylindre central (fig. 27) commence par une assise de cellules à parois minces, sans plissements ni subérisation, alternant avec celles de l'endoderme auxquelles elles sont intimement unies : c'est le *péricycle* (*m. r*). Cette alternance, succédant tout à coup à la superposition radiale des cellules dans la zone interne de l'écorce, s'ajoute aux caractères particuliers de l'endoderme pour rendre très nette la ligne de séparation de l'écorce et du cylindre central.

Contre le péricycle, en des points équidistants, s'appuient dans la section transversale deux sortes de bandes ou de taches, régulièrement alternes : les unes (*v*) fortement projetées vers le centre en forme de lames rayonnantes, amincies en arête vers l'extérieur, progressivement élargies vers l'intérieur, triangulaires par conséquent ou cunéiformes ; les autres (*l*) peu développées vers le centre, dilatées au contraire dans le sens de la circonférence, ovales par conséquent. Entre ces taches et dans tout l'espace qu'elles laissent libre au centre du cylindre, s'étend un paren-

chyme à parois minces (*c*) dont les cellules prismatiques sont plus
étroites en dehors où elles sont plus intimement unies, plus larges
en dedans où elles laissent souvent entre elles des méats. On
nomme *moelle* la région centrale libre de ce parenchyme, et *rayons
médullaires* les lames rayonnantes qui passent entre les taches
pour réunir la moelle au péricycle, lames qui ne comptent ordi-

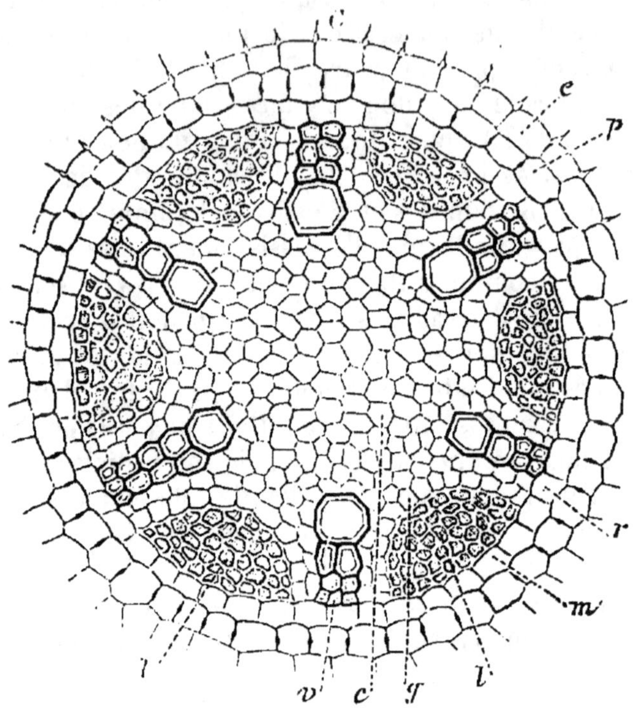

.Fig. 27. — Section transversale du cylindre central de la racine.

e, zone corticale interne; *p*, endoderme; *m, r*, péricycle; *c*, conjonctif;
v, faisceaux ligneux; *l*, faisceaux libériens.

nairement qu'une, deux ou trois épaisseurs de cellules. Péricycle,
rayons médullaires et moelle ne sont, en somme, que les trois
parties d'un seul et même massif qu'on peut appeler le *conjonctif*
du cylindre central, parce qu'il sert surtout à réunir entre elles
les parties constitutives essentielles de ce cylindre, c'est-à-dire les
deux sortes de taches alternes, qu'il convient maintenant d'étudier
de plus près.

Les unes et les autres sont des sections de paquets de tubes
accolés; ces paquets de tubes, qu'on appelle des *faisceaux*, s'éten-

dent parallèlement en ligne droite dans toute la longueur de la racine.

Les faisceaux à section triangulaire (*v*) sont composés de tubes ne contenant qu'un liquide clair, sans protoplasme, ni leucites, ni noyaux, ni membrane albuminoïde, morts par conséquent ; leur membrane cellulosique, rigide et lignifiée, est toujours sculptée de diverses manières : en un mot, ce sont des *vaisseaux* (p. 36, fig. 16, *b*, *c*, *d*, *g*). Leur calibre, très étroit en dehors, contre le péricycle, s'élargit de plus en plus vers le centre, et leur différenciation est centripète, c'est-à-dire que le vaisseau le plus étroit et le plus externe se forme le premier, le plus large et le plus interne le dernier. La forme de la sculpture dépend aussi du calibre : les vaisseaux les plus étroits sont annelés et spiralés, les moyens réticulés, les plus larges rayés et ponctués.

Chaque vaisseau est formé, comme on sait, par une file de cellules cylindriques ou prismatiques, d'autant plus longues que le calibre est plus étroit. Sur les faces latérales des cellules, qui forment toutes ensemble la paroi du vaisseau, la membrane, quoique très mince dans les endroits réservés pendant l'épaississement, est persistante; il n'en est pas toujours de même sur les faces transversales, par où les cellules vasculaires s'ajustent entre elles, et sous ce rapport on est conduit à distinguer deux sortes de vaisseaux. Dans les uns, la membrane persiste sur les faces terminales comme sur les faces latérales, de façon que les cellules vasculaires demeurent closes (fig. 16, *d*) : le vaisseau est *discontinu* ou *fermé*. Dans les autres, la membrane se résorbe ou se perfore de bonne heure sur les faces terminales, de manière à mettre en communication directe toutes les cellules du vaisseau, qui devient un tube continu : le vaisseau est *continu* ou *ouvert* (fig. 16, *g*). Ouverts ou fermés, les vaisseaux portent d'ailleurs les mêmes sculptures et jouent, avec plus ou moins de perfection, le même rôle, comme il sera dit plus loin; cette distinction n'est donc que secondaire. Dans les Cryptogames vasculaires et les Gymnospermes, les vaisseaux sont tous fermés; il en est de même chez beaucoup de Monocotylédones et de Dicotylédones. Mais souvent aussi, dans ces deux derniers groupes, le faisceau se compose de vaisseaux de deux sortes : les plus étroits et les premiers nés sont fermés, les plus larges et les derniers formés sont ouverts.

Les vaisseaux étant les éléments essentiels de ce qu'on appelle le *bois* dans la tige, les faisceaux à section triangulaire sont nommés *faisceaux ligneux*, et leur ensemble constitue le bois de la racine.

Les faisceaux à section ovale (*l*) sont composés de tubes sans protoplasme, ni leucites, ni noyaux, ni membrane albuminoïde, morts par conséquent, contenant à la périphérie une substance albuminoïde épaisse, de consistance gélatineuse, parsemée de gouttelettes grasses et de fins granules qui sont habituellement de l'amidon, et renfermant au centre un liquide clair alcalin ; leur membrane, molle et formée de cellulose pure, porte toujours de ces places minces épaissies en réseau et perforées dans chaque maille qu'on appelle des *cribles* : ce sont donc des *tubes criblés* (p. 36, fig. 16, *l*). Leur calibre augmente progressivement de dehors en dedans, mais moins rapidement que celui des vaisseaux dans les faisceaux ligneux, et leur développement est également centripète.

Chaque tube criblé est formé, comme on sait, par une file longitudinale de cellules cylindriques ou prismatiques, d'autant plus courtes que le calibre est plus large. Toujours permanentes, les cloisons transverses sont tantôt horizontales avec un seul large crible (Courge, etc.), tantôt plus ou moins fortement obliques avec plusieurs cribles superposés, séparés par des bandes de membrane ordinaire (Vigne, etc.). Les faces latérales, où les tubes se touchent, sont également munies de cribles. A l'endroit où va se former un crible, la membrane mitoyenne offre d'abord une large place uniformément mince, à la surface de laquelle se dessine bientôt, de chaque côté, un fin réseau d'épaississement dont les mailles se correspondent exactement d'une cellule à l'autre. Bientôt la mince membrane cellulosique se gélifie, puis se résorbe au centre de chaque maille du réseau ; comme en même temps protoplasme, leucites, membrane albuminoïde et noyau disparaissent dans chaque cellule, chaque place mince devient ainsi un véritable crible, à travers les pores duquel les contenus gélatineux des deux cellules voisines communiquent librement et se continuent directement par autant de filaments muqueux très étroits. Puis, la gélification s'étend à la périphérie des bandelettes du réseau cellulosique, qui se gonflent en s'épaississant et en rétrécissant les pores ; on donne le nom de *cal* à la couche gélifiée des bandelettes. En traitant le crible successivement par le chloro-iodure de zinc et par l'acide rosolique ammoniacal, on colore en jaune les filets albuminoïdes, en bleu la partie centrale des bandelettes formée de cellulose, en rose la partie périphérique des bandelettes, c'est-à-dire le cal. La potasse dissout le cal et met à nu le réseau de cellulose ; le liquide cupro-ammoniacal, au contraire, dissout le réseau de cellulose et permet d'isoler l'épaississement calleux. A l'automne, le cal se gonfle souvent jusqu'à oblitérer complètement les pores et à former, en se rejoignant, une plaque calleuse (Vigne, Érable, etc.); au printemps suivant, le revêtement calleux des bandelettes se contracte et les pores se rouvrent.

Les tubes criblés étant les éléments essentiels de ce qu'on appelle le *liber* dans la tige, les faisceaux à section ovale sont nommés *faisceaux libériens*, et leur ensemble constitue le liber de la racine.

Symétrie de structure de la racine. — En résumé, la racine renferme trois sortes de tissus : une série de tissus vivants, de parenchymes, subdivisée en deux régions distinctes, qui sont l'écorce et le conjonctif du cylindre central, et deux tissus morts localisés dans le cylindre central, le tissu vasculaire qui forme les faisceaux ligneux, et le tissu criblé qui compose les faisceaux libériens. Ces trois catégories de tissus sont disposées de manière que la structure totale soit parfaitement symétrique par rapport à l'axe du membre.

Qu'elle soit terminale ou latérale, régulière, adventive ou gemmaire, primaire, secondaire ou d'ordre quelconque, qu'elle appartienne à une Cryptogame vasculaire, à une Gymnosperme, à une Monocotylédone ou à une Dicotylédone, la racine possède toujours la structure que l'on vient d'esquisser, et qui est par conséquent sa structure générale et typique. Mais on y observe aussi, suivant sa nature et suivant les plantes, un certain nombre de modifications de détail dont il faut connaître les plus importantes. Ces modifications intéressent les unes l'écorce, les autres le cylindre central. Reprenons donc une à une, à ce point de vue, les diverses parties qui composent ces deux régions.

Principales modifications de l'écorce de la racine. — On sait (p. 68) que l'allongement en poils des cellules de l'assise pilifère varie beaucoup avec les conditions de milieu. Dans les conditions habituelles de leur végétation, quelques plantes se montrent même dépourvues de poils radicaux, que la racine soit d'ailleurs aquatique (Élodée, Lemne, Pistie, etc.), terrestre (Ophioglosse, etc.), ou aérienne (Épidendre, Vande, etc.). Chez d'autres, les cellules sont de deux sortes ; les unes plus courtes, isolées, géminées ou groupées côte à côte en un certain nombre, se développent en poils ; les autres plus longues demeurent glabres (Lycopode, Azolle, etc.). Il en résulte que les poils radicaux y sont plus espacés, épars, rapprochés par paires ou disposés en pinceaux (fig. 21).

Dans certains cas, notamment dans les racines aériennes (nombreuses Orchidées, diverses Aroïdées, etc.), l'assise pilifère est persistante et forme un *voile* (voir p. 69). Incolores ou colorées en brun plus ou moins foncé, mais toujours fortement subérisées, ses membranes tantôt demeurent minces et sans sculpture (Anthurion, Hoyer, etc.), tantôt s'épaississent localement en forme de spires ou de réseau (Vanille, etc.). Il arrive souvent alors que l'assise pilifère ne demeure pas simple, mais cloisonne de bonne heure ses cellules de manière à former une couche plus ou moins épaisse où l'on peut compter jusqu'à 18 rangées cellulaires (certains Cyrthopodes), dont la plus externe se prolonge en poils dans des conditions favorables. Isodiamétriques ou allongées dans le sens de la racine et intimement unies entre elles sans laisser de méats, toutes les cellules de cette couche pilifère sont semblables, pleines d'air ou d'eau, mortes par conséquent, fortement subérisées, ordinairement incolores, quelquefois brunes. Rarement lisse (divers Crins, etc.), leur membrane est le plus souvent épaissie en spirale (nombreuses Orchidées épidendres, etc.), quelquefois

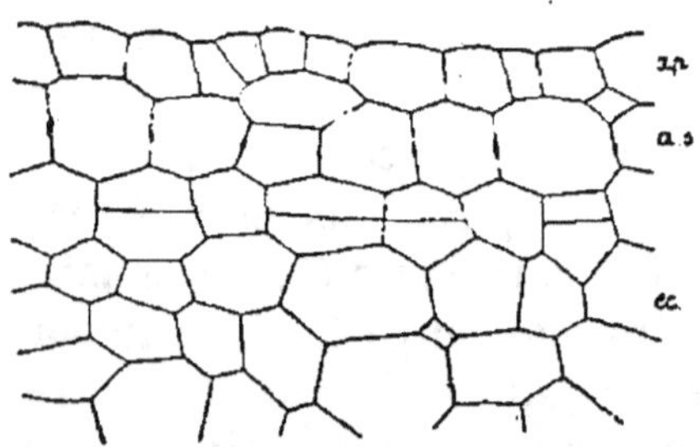

Fig. 28. — Portion d'une section transversale de l'écorce du Calophylle, montrant les plissements de l'assise subéreuse *as; ap*, assise pilifère ; *cc*, zone corticale externe.

en réseau (Vande, etc.) ; entre les tours de spire, elle se montre parfois percée de trous qui font communiquer les cavités cellulaires entre elles et avec le milieu extérieur.

En même temps qu'elle les subérise, l'assise subéreuse épaissit quelquefois beaucoup ses membranes, d'abord sur les faces externe et latérales, plus tard aussi sur la face interne (Vanille et beaucoup d'autres Monocotylédones). Ailleurs elle prend, sur les faces latérales et transverses, des plissements échelonnés plus ou moins larges, semblables à ceux de l'endoderme (fig. 28) (Asclépiade, Calophylle, Orchidées, Restiacées, etc.). Chez les Géraniées (Géraine, Erode, l'élargone, etc.), diverses Sapindacées (Savonnier, Kœlreutérie, etc.) et Simarubées (Ailante, Brucée, etc.), la membrane s'épaissit, au milieu des faces latérales et transverses, en une bande qui entoure chaque cellule d'un cadre rectangulaire. Ensemble, tous ces cadres lignifiés, qui se correspondent d'une cellule à l'autre, forment un réseau de soutien. Dans les séries longitudinales qui composent cette assise, on voit assez souvent de longues cellules prismatiques alterner régulièrement avec des cellules courtes et arrondies; quand les premières épaississent et durcissent leur membrane, les secondes la conservent mince et molle (racines aériennes d'Orchidées et d'Aroïdées). Celles-ci sont évidemment des places perméables, réservées dans la cuirasse subéreuse pour l'échange des gaz et des liquides entre le corps vivant de la racine et le milieu extérieur. Quelquefois, surtout dans les grosses racines, les cellules de l'assise subéreuse se cloisonnent de bonne heure parallèlement à la surface, de manière à former une couche subéreuse plus ou moins épaisse (Asperge, Dragonnier, Phénice, etc.). Enfin elles sont parfois toutes sécrétrices, remplies par exemple d'huile essentielle (Valériane, Acore, etc.).

La zone corticale externe à développement centrifuge (c, fig. 26) fait défaut dans les racines très grêles (Orge, Élodée, Lemne, etc.); les séries radiales de la zone interne viennent alors jusqu'au contact de l'assise subéreuse et toute l'écorce proprement dite a un développement centripète. Ailleurs, au contraire, cette zone externe acquiert une très grande épaisseur aux dépens de la zone interne et forme à elle seule la presque totalité de l'écorce proprement dite (Monstère, Cycade, Marattie, etc.); lorsque ce développement est excessif, la racine se renfle en tubercule (Ficaire, etc.). Quand la racine est aérienne ou aquatique, cette zone est souvent pourvue de chlorophylle. Ses assises externes épaississent et lignifient quelquefois leurs membranes, de manière à former une couche dure sous l'assise subéreuse (diverses Graminées et Cypéracées, Phénice, Lycopode, etc.). Ses membranes sont ordinairement incolores, mais chez bon nombre de Fougères elles se colorent progressivement en brun rougeâtre de dehors en dedans.

La zone corticale interne à développement centripète (d, fig. 26) se réduit, dans les racines les plus grêles, à deux assises superposées dont la plus intérieure est l'endoderme (Lemne, etc.); il en est quelquefois de même dans les racines épaisses, quand la zone externe y prend, comme on vient de le dire, un développement prédominant. Ailleurs, au contraire, elle se développe beaucoup plus que la zone externe (Pontédérie, Scirpe, etc.). Dans les plantes aquatiques ou marécageuses, où elle est très épaisse, les méats de sa région externe grandissent beaucoup et s'unissent pour former de larges canaux aérifères, étendus sans discontinuité dans toute la longueur de la racine, séparés latéralement par un seul plan de cellules et qui se prolongent quelquefois vers l'intérieur jusque contre l'endoderme ; ces canaux sont parfois entrecoupés de diaphragmes (Ériocaule, Hydrocharide, etc.). C'est quand le développement de ces lacunes est excessif que la racine se renfle en flotteur (Jussiée), comme il a été dit à la page 80. Dans les Graminées et les Cypéracées, les grandes lacunes de cette zone ont une autre origine ; elles proviennent de la mort locale des cellules externes, dont les membranes flétries se rabattent en formant dans la lacune une série de lamelles verticales, tendues radialement chez les Cypéracées, tangentiellement chez les Graminées. Ailleurs au contraire, notamment chez un grand nombre de Fougères, la zone interne de l'écorce est tout aussi dépourvue de méats que la zone externe. Certaines cellules de cette zone épaississent quelquefois et lignifient leurs membranes en formant soit des paquets scléreux épars (Vaquois, Phénice), soit un anneau scléreux continu plus ou moins épais, à quelque distance de l'endoderme (Monstère, Tornélie, etc.), ou contre l'endoderme même (Laiche, Agave, beaucoup de Fougères, etc.). Chez beaucoup de Conifères (Cyprès, Thuier, If, etc.), de Rosacées (Prunier, Rosier, Poirier, etc.), de Caprifoliacées (Viorne, Chèvrefeuille, etc.), l'épaississement et la lignification se localisent sur l'avant-dernière assise corticale, en contact avec l'endoderme, et s'y opère sur les faces latérales et transverses en doublant chaque cellule d'un cadre rectangulaire ; tous ensemble, ces cadres se juxtaposent en un réseau, qui donne à l'assise tout entière une grande solidité. Chez

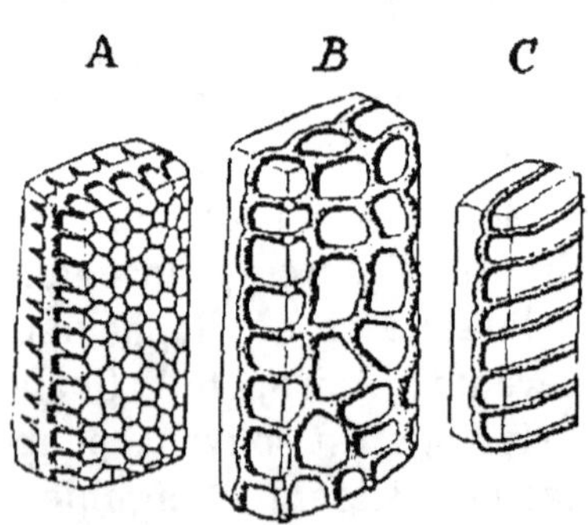

Fig. 29. — Une des cellules sus-endodermiques de la racine, vue obliquement par la face interne : A, dans la Moutarde ; B, dans la Giroflée ; C, dans le Passerage.

beaucoup de Crucifères (Moutarde, Chou, Giroflée, etc.), il se fait aussi un réseau sus-endodermique, mais, de plus, chaque maille de ce réseau est remplie par un réticule plus ou moins fin, qui s'étend seulement sur la face interne des cellules (fig. 29, *A* et *B*) et qui est parfois remplacé par une série de demi-anneaux parallèles (fig. 29, *C*).

Les deux zones de l'écorce proprement dite renferment souvent des cellules sécrétrices, le plus souvent isolées, parfois groupées en files longitudinales (cellules tannifères des Marattiacées), en assise continue contre un anneau scléreux (cellules oxalifères des Monstérées, etc.), ou en canaux sécréteurs (Clusiacées, etc.); ces derniers sont quelquefois entourés d'une gaine de sclérenchyme (Philodendre). Quand l'écorce est lacuneuse, les cellules oxalifères isolées et les cristaux qu'elles renferment font souvent saillie dans les lacunes (Colocase, Pontédérie, etc.).

Les plissements subérisés de l'endoderme sont plus ou moins larges et plus ou moins marqués. S'ils sont assez larges pour occuper toute la largeur des faces latérales, ils sont peu visibles (Marattie, Lycopode, etc.). Comme, d'autre part, l'assise subéreuse peut être plissée, on voit qu'il faut se garder de faire entrer les plissements dans la définition de l'endoderme. Simple partout ailleurs, l'endoderme se divise chez les Prêles, par un cloisonnement tangentiel, en deux assises superposées, dont l'externe seule porte les plissements. Il n'est pas rare que les cellules endodermiques épaississent et lignifient fortement leurs membranes, quelquefois également tout autour (Épidendre, Dendrobe, Auricule, etc.), le plus souvent beaucoup plus sur les faces interne et latérales, en forme de fer à cheval sur la section transversale (Iride, Lis, Smilace, Fragon, Vanille, etc.). Quand l'endoderme est sclérifié de la sorte, il conserve çà et là, régulièrement disposées en face des faisceaux ligneux, des places plus ou moins larges où les cellules gardent leurs parois minces, places perméables par conséquent, qui assurent le libre échange des liquides entre le cylindre central et l'écorce, et qui sont analogues aux places perméables signalées plus haut dans l'assise subéreuse. Dans les Composées Tubuliflores et Radiées, les cellules de l'endoderme superposées à chaque faisceau libérien sont sécrétrices et produisent de l'huile essentielle; en même temps elles se dédoublent par une cloison tangentielle située en dehors des plissements, arrondissent leurs angles et laissent entre elles des méats quadrangulaires où l'huile se déverse. Vis-à-vis des faisceaux ligneux, l'endoderme conserve ses caractères normaux.

Principales modifications du cylindre central de la racine.—Le péricycle ne manque complètement que chez les Prêles; il y est remplacé par l'assise interne de l'endoderme dédoublé, contre laquelle les faisceaux libériens et ligneux s'appliquent directement. Chez beaucoup de Graminées (Orge, Seigle, Avoine, Paturin, Fétuque, etc.) et de Cypéracées (Laiche, Scirpe, etc.), chez les Joncées (Jonc, Luzule, etc.), ainsi que chez les Ériocaulées, Centrolépidées, Xyridées et Mayacées, toutes familles de Monocotylédones unies par d'assez étroites affinités, il est interrompu en

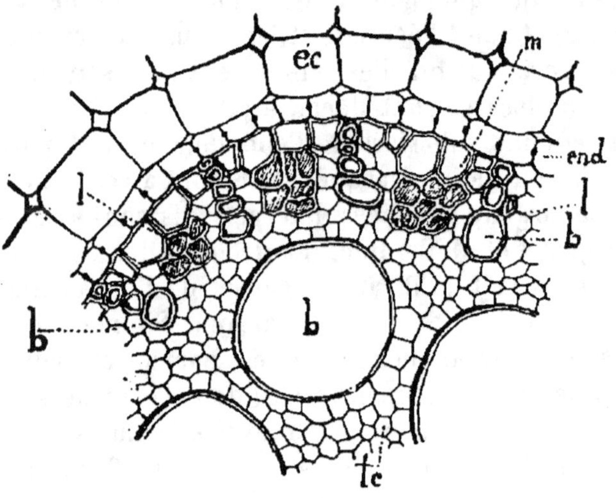

Fig. 50. — Portion d'une section transversale de la racine du Maïs. *ec*, avant-dernière assise corticale ; *end*, endoderme ; *m*, péricycle interrompu en dehors des faisceaux ligneux *b* ; *l*, faisceaux libériens ; *tc*, conjonctif.

face des faisceaux ligneux, dont les arêtes touchent l'endoderme (fig. 50). Chez le Potamot, la Naïade et le Zostère, il est continu en face des faisceaux ligneux, et interrompu vis-à-vis des faisceaux libériens. Ailleurs, au contraire, il se cloisonne tangentiellement et produit une couche plus ou moins épaisse, soit dans tout son pourtour (Noyer, Smilace, Pin, Cycade, Capillaire, etc.), soit seulement vis-à-vis des faisceaux ligneux (Haricot, Pois, etc.), soit seulement vis-à-vis des faisceaux libériens (Vande, etc.). Il conserve ordinairement ses membranes minces, même quand l'endoderme devient scléreux (Lis, Iride, Massette, etc.); quelquefois pourtant il se sclérifie comme l'endoderme, mais plus tard (Vanille,

Vande, Smilace, etc.). Chez les Ombellifères, les Araliées et les Pittosporées, où il est simple, il offre une particularité remarquable. En face des faisceaux ligneux et vis-à-vis du milieu des faisceaux libériens, ses cellules sont sécrétrices et produisent de l'huile essentielle ; en même temps, elles se cloisonnent, arrondissent leurs angles et laissent entre elles d'étroits méats où l'huile se déverse. Il en résulte un arc de petits canaux oléifères en dehors de chaque faisceau ligneux, et un canal unique au dos de chaque faisceau libérien. Dans le Mélèze et l'Épicéa, où il est composé, le péricycle renferme un canal sécréteur contre chaque faisceau ligneux ; dans les Araucariées, où il est aussi composé, il contient un arc de canaux sécréteurs en dehors de chaque faisceau libérien.

Le nombre des faisceaux libériens ou ligneux varie beaucoup suivant les plantes et dans la même plante suivant la grosseur de la racine et le diamètre du cylindre central. Il s'abaisse à deux dans les racines les plus grêles (fig. 31) et s'élève au delà de cent dans les plus épaisses

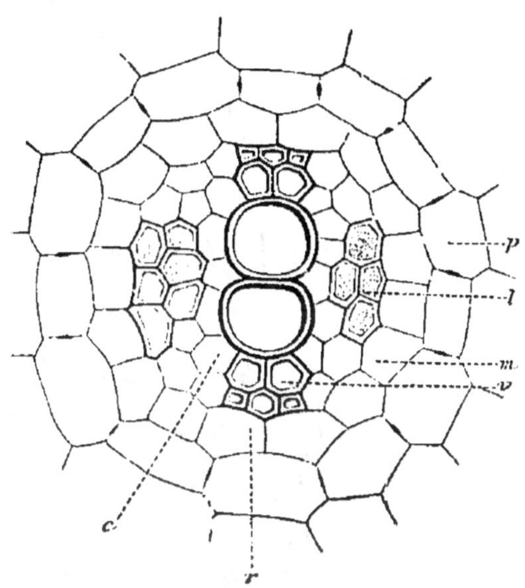

Fig. 31. — Section transversale du cylindre central d'une racine binaire (racine terminale de l'Ail) : *p*, endoderme ; *m*, *r*, péricycle ; *c*, conjonctif ; *v*, faisceaux ligneux confluents en une bande diamétrale ; *l*, faisceaux libériens.

(Palmiers, Pandanées, etc.). C'est seulement dans la racine terminale, et surtout chez les Dicotylédones et les Gymnospermes, qu'il offre de la fixité : il y est le plus souvent de deux (Crucifères, Papavéracées, Caryophyllées, Chénopodiacées, Ombellifères, Solanacées, Labiées, diverses Légumineuses : Lupin, Cytise, etc.; diverses Composées : Chicorée, Chardon, etc.; diverses Conifères : Cyprès, If, etc.), quelquefois de trois (Pois, Gesse, Lentille, etc.), souvent de quatre (Malvacées, Euphorbiacées, Cucurbitacées; diverses Légumineuses : Haricot, etc.; diverses Composées : Hé-

lianthe, etc.), rarement de cinq (Fève), six (Chêne, etc.), huit
(Hêtre, etc.). Cette fixité n'est d'ailleurs pas toujours absolue : la
Capucine, le Nyctage et le Tagète, par exemple, ont tantôt deux
et tantôt quatre faisceaux libériens et ligneux dans leur racine
terminale ; le Marronnier en a tantôt six et tantôt huit ; le Châtaignier en a de dix à quatorze ; dans le Pin, le Sapin, l'Epicéa, le
nombre varie de trois à sept. Il est plus variable encore chez les
Monocotylédones, où il est souvent très élevé.

Quel qu'en soit le nombre, il y a normalement autant de faisceaux
ligneux que de faisceaux libériens. Pourtant, quelques Cryptogames
vasculaires offrent sous ce rapport une curieuse anomalie. La racine y est binaire; mais tantôt l'un des deux faisceaux libériens ne
se développe pas, fait complètement défaut ; la lame diamétrale
formée par la confluence centrale des deux faisceaux ligneux se
courbe alors en arc de manière à remplir la place inoccupée et vient
s'appliquer latéralement contre le péricycle, embrassant l'unique faisceau libérien dans sa concavité. La racine n'est alors symétrique
que par rapport à un plan. Il en est ainsi dans certains Ophioglosses
(fig. 52) (O. vulgaire, O. de Portugal, O. bul-
beux, etc.) et certains Lycopodes (L. inondé,
L. sélage), les autres espèces de ces deux
genres ayant leurs racines normalement conformées. Tantôt au contraire, la rac ne n'a dans
son cylindre central

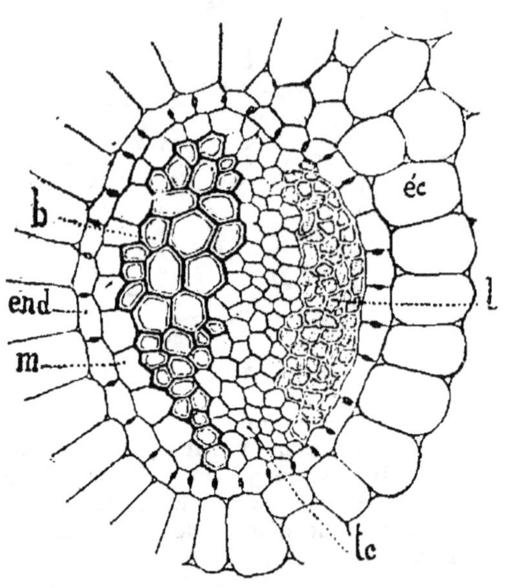

Fig. 52. — Section transversale de la racine de
l'Ophioglosse vulgaire. *éc*, avant-dernière assise de l'écorce; *end*, endoderme; *m*, péricycle; *l*, unique faisceau libérien; *b*, bande
vasculaire diamétrale refoulée latéralement
contre le péricycle; *tc*, conjonctif.

qu'un seul faisceau ligneux avec deux faisceaux libériens unis
en forme d'arc (Sélaginelle, Isoète); c'est encore une structure
bilatérale. Ces racines anomales   produisent pas de radicelles;

elles restent simples (Ophioglosse), ou se ramifient en dichotomie (Lycopode, Sélaginelle, Isoète).

La dimension des faisceaux, notamment leur développement suivant le rayon, varie à la fois suivant les plantes et, dans une même plante, suivant le diamètre de la racine.

Le faisceau ligneux peut se réduire à un seul vaisseau étroit appliqué contre le péricycle (Hydrocharide, beaucoup de Cypéracées, etc.) ; on voit alors assez souvent l'axe du cylindre central occupé par un large vaisseau, accolé aux vaisseaux externes (Potamot) ou séparé d'eux par un ou deux rangs de cellules conjonctives (Hydroclée, Élodée). Ailleurs il comprend deux ou trois vaisseaux superposés suivant le rayon (Paturin, Brome, Orge, Pontédérie, etc.), avec ou sans vaisseau axile. Ordinairement, il contient un plus grand nombre de vaisseaux, disposés soit en une seule série radiale comme les tuyaux d'un jeu d'orgue (Ombellifères, etc.), soit en plusieurs séries accolées en une lame à section cunéiforme, parfois dilatée en éventail (Cycadées). Quelquefois les vaisseaux les plus étroits s'étalent contre le péricycle en une rangée tangentielle, de sorte que le faisceau offre sur la section transversale la forme d'un T (Asperge, etc.). Quand les faisceaux ligneux acquièrent ainsi un développement notable suivant le rayon, il arrive souvent qu'ils se touchent deux à deux par leurs larges vaisseaux internes, en formant sur la section des sortes de V qui comprennent entre leurs branches les faisceaux libériens alternes. Tant qu'il ne se projette pas trop loin vers le centre, le faisceau reste continu, mais si le nombre des vaisseaux y dépasse une certaine limite, il se montre disjoint ; les larges vaisseaux internes se trouvent alors séparés de la lame rayonnante externe et les uns des autres par un ou plusieurs rangs de cellules conjonctives (fig. 50, *b*) (grosses racines de Vaquois, Dragonnier, Tornélie, etc.). Les faisceaux ligneux du cylindre ne peuvent, d'ailleurs, pas tous être disjoints, et ceux qui le sont ne peuvent l'être tous au même degré ; aussi observe-t-on alors une alternance régulière de faisceaux moins développés, qui sont continus, et de faisceaux plus développés, qui sont disjoints à divers degrés. Enfin, dans certaines plantes aquatiques, les vaisseaux résorbent leur membrane de cellulose plus ou moins vite après son épaississement et sont remplacés par autant de lacunes pleines d'eau (Fluteau, Hydroclée, Élodée, etc.) ; chez d'autres, ils ne l'épaississent même pas (Naïade, Vallisnérie, Lemne, etc.).

Le faisceau libérien offre une série de modifications parallèles à celles du faisceau ligneux et donne lieu à des remarques analogues. Réduit parfois à un seul tube criblé (Élodée, Trocart, Potamot, etc.), ou à deux ou trois tubes criblés (Blé, Pontédérie, etc.), il en renferme ordinairement un assez grand nombre. Le paquet ainsi formé s'étale suivant la circonférence, si les faisceaux sont peu nombreux et espacés, surtout s'il n'y en a que deux (fig. 31); il s'allonge suivant le rayon, s'ils sont nombreux et rapprochés, mais toutefois en s'avançant toujours moins loin vers le centre que les faisceaux ligneux (fig. 27). Dans ce dernier cas, les tubes criblés internes sont d'ordinaire beaucoup plus larges que les externes. Si le nombre des tubes augmente au delà d'une certaine limite, le faisceau libérien se montre disjoint, les larges tubes criblés internes étant séparés du paquet extérieur et les uns des autres par des cellules conjonctives (Vaquois, Tornélie, etc.); la même racine offre alors des faisceaux libériens de plusieurs dimensions, les uns petits et continus, les autres plus ou moins grands et à divers degrés disjoints, qui alternent assez régulièrement à la périphérie du cylindre central. Remarquons enfin que, dans les plantes aquatiques, la résorption qui frappe de bonne heure la membrane des vaisseaux n'atteint en aucune façon les tubes criblés, qui conservent indéfiniment leur intégrité.

Ligneux ou libériens, les faisceaux renferment quelquefois du tissu sécréteur. On trouve un canal résinifère, par exemple, dans le bord externe du faisceau ligneux, creusé en gouttière, chez le Pin; il y en a un dans le bord interne du faisceau libérien, chez les Anacardiacées et certaines Clusiacées (Xanthochyme, etc.). Ailleurs, le faisceau libérien contient un réseau laticifère sur son bord interne (Composées Liguliflores), ou une file de cellules laticifères sur chaque flanc (Colocase, etc.).

Le volume de la moelle varie beaucoup avec le diamètre du cylindre central. Dans les racines grêles, il arrive fréquemment que les faisceaux ligneux, prenant toute la longueur du rayon, viennent se toucher au centre en formant soit une bande diamétrale (fig. 31 et 32), soit une étoile à trois, quatre, cinq rayons, etc.; la moelle est alors supprimée et le conjonctif se réduit au péricycle, aux rayons médullaires et à un ou deux rangs de cellules unissant ceux-ci deux à deux en dedans de chaque faisceau libérien (fig. 31, c). Dans les racines les plus grêles, les rayons médullaires disparaissent à leur tour, le cylindre central se réduisant, sous le péricycle à deux vaisseaux et à deux tubes criblés alternes, directement en contact. Dans les grosses racines, au contraire, la moelle est très large; quand son développement est excessif, la racine devient tuberculeuse (Asphodèle, Hémérocalle, etc.). La moelle peut conserver dans toute son étendue ses membranes minces (Valériane, Asphodèle, etc,); mais fréquemment elle les épaissit et les lignifie fortement. Tantôt cette sclérose est complète (Agave, Lierre, etc.); tantôt elle laisse subsister au centre une région plus ou moins large, formée de grandes cellules à parois minces (Asperge, diverses Orchidées, etc.), ou bien elle ne s'opère que çà et là, par paquets, par exemple, dans les grosses racines à faisceaux disjoints, autour des groupes ligneux et libériens épars (Vaquois, etc.). La moelle contient rarement du tissu sécréteur; pourtant, on y observe quelquefois un canal résinifère axile (Sapin, Cèdre, etc.) ou un cercle de pareils canaux périphériques (Diptérocarpe, etc.).

Origine de la structure de la racine. — A mesure qu'on se rapproche de l'extrémité en voie de croissance de la racine, on voit les divers tissus définitifs dont on vient de tracer les caractères perdre peu à peu les différences qui les séparent et se confondre enfin dans un tissu homogène et indifférent, dépourvu de méats, dont les cellules, riches en protoplasme finement granuleux, entourées de membranes minces et sans sculpture, sont toutes en voie de cloisonnement, en un mot, dans un méristème (p. 29). Vers la base, le méristème, cessant de se cloisonner, engendre, par une différenciation progressive de ses cellules, les divers tissus définitifs de l'écorce et du cylindre central; vers le sommet, il produit de même le tissu définitif de la coiffe. Il forme donc des tissus définitifs tout autour de lui et se trouve complètement enveloppé par eux.

Si maintenant on remonte à l'origine du méristème, on voit qu'il procède, par voie de cloisonnement, tantôt d'une cellule unique, qui est sa *cellule mère* et par conséquent la cellule mère de la racine tout entière, tantôt d'un groupe de cellules mères.

Chez toutes les Cryptogames vasculaires, à l'exception des Lycopodes et des Isoètes, en particulier chez les Fougères (fig. 33), le méristème de la racine prend son origine dans une cellule mère unique en forme de pyramide à trois faces, dont la base convexe et équilatérale est tournée vers le sommet du membre (*v*). Cette cellule se cloisonne tour à tour parallèlement à ses quatre faces;

dans l'intervalle entre deux cloisonnements successifs, elle croît
de manière à avoir repris sa grandeur primitive avant la formation de la prochaine cloison. Après trois cloisons successives parallèles aux faces planes, qui détachent trois segments en forme
de tables triangulaires, il s'en fait une quatrième, parallèle à la
face convexe, qui découpe un segment en forme de calotte. A
mesure que les segments ainsi découpés vont s'empilant en quatre

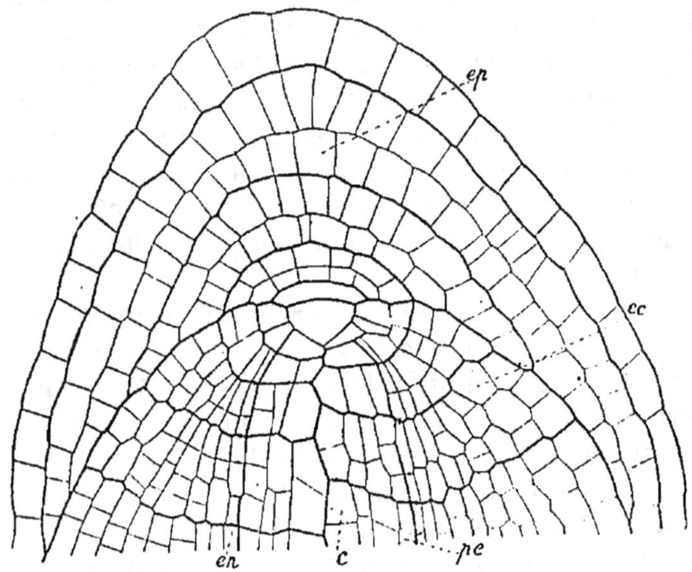

Fig. 53. — Section longitudinale axile de l'extrémité de la racine d'une Doradille; *ep*, épiderme, dont les assises sont dédoublées au milieu; *ec*, écorce,
dont la zone externe n'a que deux assises; *en*, endoderme; *pe*, péricycle;
c, cylindre central.

séries, ils grandissent et à leur tour se cloisonnent pour produire
le méristème.

Chaque segment courbe se partage par des cloisons d'abord
radiales, puis tangentielles; ensuite ses cellules médianes prennent une cloison transversale; après quoi, toutes les cellules ainsi
formées passent à l'état définitif en constituant une calotte de
parenchyme double au milieu, simple au bord. Toutes ces calottes
de parenchyme, emboîtées l'une dans l'autre, composent l'*épiderme*
de la racine. Elles s'exfolient en dehors à mesure qu'il s'en forme
de nouvelles en dedans. L'épiderme n'existe donc qu'autour du
sommet et ne laisse rien de lui sur les flancs en dehors de l'écorce,

qui est de bonne heure mise à nu. Il est tout entier caduc et constitue tout entier la coiffe.

Les trois segments plans, d'abord dirigés obliquement sur l'axe, ne tardent pas en grandissant à se placer transversalement, puis ils se dédoublent chacun d'abord par une cloison radiale, puis par une cloison tangentielle; après quoi, les cellules internes prennent une nouvelle cloison tangentielle. En se cloisonnant ensuite dans les trois directions, les douze cellules externes ainsi séparées en deux rangs produisent le méristème de l'écorce, avec ses deux zones, inégalement épaisses suivant les genres; les six internes engendrent le méristème du cylindre central. Les deux régions du corps de la racine sont donc déjà distinctes à l'intérieur du méristème à une petite distance de la cellule mère. La première cloison tangentielle des cellules moyennes sépare vers l'intérieur l'endoderme, qui est ainsi individualisé de très bonne heure. La première cloison tangentielle des cellules internes sépare vers l'extérieur le péricycle.

Chez les Phanérogames, ainsi que chez les Lycopodes et les Isoètes, la racine procède du cloisonnement d'un groupe de cellules mères. Celui-ci se compose de trois sortes de cellules superposées, spécialisées de manière à engendrer chacune une portion déterminée de la racine, dont elles sont les *initiales* : les supérieures, c'est-à-dire celles qui sont tournées vers la base du membre, produisent le cylindre central, les moyennes l'écorce et les inférieures l'épiderme (fig. 34 et 35). En d'autres termes, le cylindre central, l'écorce et

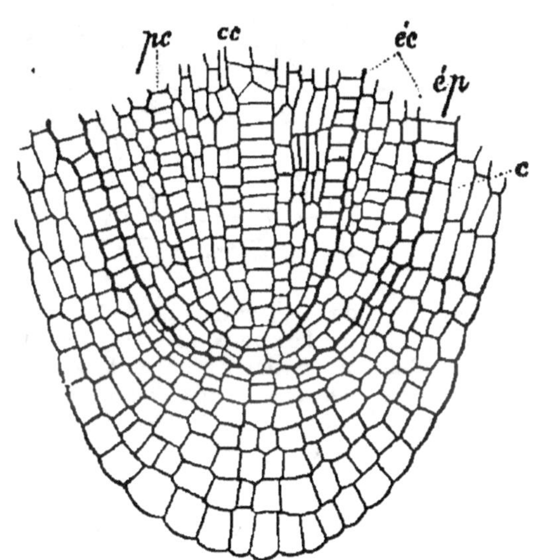

Fig. 34. — Section longitudinale axile de l'extrémité de la racine terminale développée du Sarrasin. L'initiale inférieure donne l'épiderme composé, dont l'assise interne demeure adhérente et forme l'assise pilifère *ep*, en forme d'escalier, tandis que tout le reste tombe et forme la coiffe *c*. L'initiale moyenne produit l'écorce *ec*; la supérieure donne le cylindre central *cc*, avec le péricycle *pc*.

l'épiderme se continuent, à travers le groupe des cellules mères, par des initiales propres et chacune des trois régions constitutives du membre jouit au sommet d'une croissance indépendante. Il n'y a souvent qu'une initiale pour chaque région et le groupe des cellules mères se réduit alors à trois cellules superposées (fig. 34). Mais fréquemment aussi il y en a deux côte à côte dans la section longitudinale axile, c'est-à-dire quatre en réalité, équivalentes et se cloisonnant ensemble comme une cellule unique; le groupe des cellules mères se compose alors de trois tétrades superposées (fig. 55).

L'initiale (ou les initiales) du cylindre central se cloisonne parallèlement à sa base et à ses côtés et produit ainsi indéfiniment

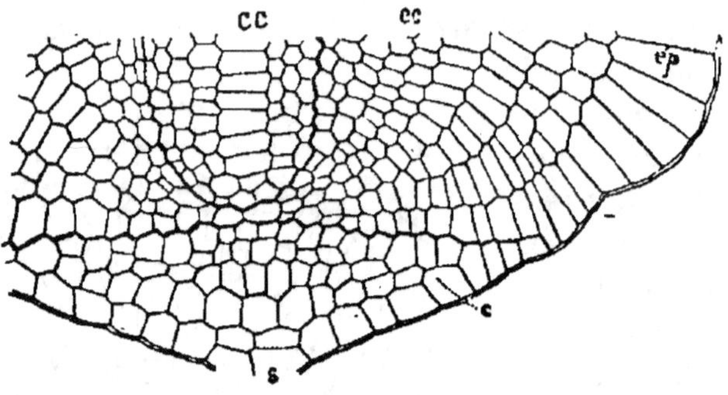

Fig. 55. — Section longitudinale axile de l'extrémité de la racine embryonnaire de la Pontédérie. Les deux initiales inférieures donnent l'épiderme composé, qui tombe tout entier et devient la coiffe *c*. Les moyennes produisent l'écorce *ec*, dont l'assise externe devient l'assise pilifère. Les supérieures engendrent le cylindre central *cc*. L'épiderme de la tige *ep* se continue par l'épiderme de la racine; *s*, suspenseur.

des segments qui vont s'empilant. Ces segments se divisent à leur tour dans les trois directions et l'une des premières cloisons tangentielles des segments latéraux sépare le péricycle plus ou moins près du sommet.

L'initiale (ou les initiales) de l'écorce ne se cloisonne que parallèlement à ses faces latérales, pour donner des segments qui s'empilent en autant de séries qu'il y a de côtés; elle ne prend jamais de cloison parallèle à ses bases. Ses segments se cloisonnent ensuite dans les trois directions; les cloisons tangentielles, notamment, s'y succèdent ordinairement en direction centripète et c'est la dernière de toutes qui sépare l'endoderme. Celui-ci est donc, contrairement à ce qu'on a vu chez les Cryptogames vasculaires, individualisé très tard. Les diverses assises corticales ainsi formées de dehors en dedans ne se subdivisent pas, à l'exception d'une seule. Chez les Dicotylédones, moins les Nymphéacées, et chez les Gymnospermes, c'est l'assise la plus externe de l'écorce qui subit une série de cloisonnements tangentiels ordinairement centrifuges et qui produit ainsi la zone corticale externe, dont l'assise la plus extérieure devient l'assise subéreuse, tandis que tout le reste, développé en direction centripète, forme la zone corticale interne. Chez les Monocotylédones et les Nymphéacées, l'assise corticale externe demeure indivise et devient l'assise pilifère; c'est la seconde assise qui subit le cloisonnement tangentiel centrifuge et produit la zone corticale externe, dont l'assise la plus extérieure devient l'assise subéreuse (fig. 35). Chez quelques Monocotylédones seulement, l'assise corticale externe se divise aussi et produit, comme on sait (p. 88), une couche pilifère ou *voile*. Dans les deux cas, cette subdivision ultérieure de l'une des assises corticales peut fort bien ne pas avoir lieu et alors l'écorce tout entière a un développement centripète.

L'initiale (ou les initiales) de l'épiderme se cloisonne à la fois parallèlement à sa face externe et à ses faces latérales, produisant ainsi et en même temps, en dehors et sur les flancs, des séries de segments qui s'empilent de haut en bas pour former l'épiderme, lequel est par conséquent toujours composé et de plus en plus épais vers le sommet. Les assises dont il se compose, tantôt restent simples, tantôt se dédoublent une ou plusieurs fois dans leur partie médiane par des cloisons tangentielles. Elles s'exfolient en dehors, à mesure qu'il s'en fait de nouvelles en dedans.

Chez les Dicotylédones, à part les Nymphéacées, chez les Gymnospermes, chez les Lycopodes et les Isoètes, l'assise la plus interne de l'épiderme composé demeure, après l'exfoliation des autres, indéfiniment adhérente à l'écorce de la racine. Son coutour externe est entaillé en forme d'escalier, contre chaque gradin duquel s'appuyait une des assises exfoliées (fig. 34). En d'autres termes, la coiffe, c'est-à-dire l'ensemble des parties caduques, y est formée par l'épiderme, moins son assise interne (*ep*). Cette assise interne. mise à nu, devient plus tard l'assise pilifère, qui est ici, par conséquent, de nature épidermique. Chez les Monocotylédones et les Nymphéacées, au contraire, l'épiderme s'exfolie tout entier, il devient tout entier la coiffe et c'est l'assise externe de l'écorce, dont le contour est lisse, qui, une fois mise à nu, devient l'assise pilifère (fig. 55). Celle-ci est donc de nature corticale. Sous ce rapport, ces plantes se comportent comme les Cryptogames vasculaires.

Épiderme et coiffe de la racine. — Quand on a étudié, comme on l'a fait plus haut (p. 82 et suiv.), la structure de la racine après sa différenciation complète, c'est-à-dire à un âge ou à un niveau où la coiffe est déjà détachée, l'épiderme échappe forcément, soit parce qu'en réalité il a totalement disparu à ce niveau, comme chez les Monocotylédones, les Nymphéacées et la plupart des Cryptogames vasculaires, soit parce que sa seule assise adhérente paraît appartenir à l'écorce sous-jacente, comme chez les Dicotylédones et les Gymnospermes. Des trois régions constitutives du membre, l'observation à cet âge n'en montre ainsi que deux : l'écorce et le cylindre central. Pour retrouver la troisième, c'est-à-dire l'épiderme, il est nécessaire de recourir, comme on vient de le faire, à l'étude du sommet en voie de croissance.

Ainsi constitué (fig. 53, 54 et 55), l'épiderme recouvre à un moment donné, l'extrémité de la racine d'un bonnet plus ou moins allongé suivant les plantes, plus ou moins épais au sommet, progressivement aminci vers le bord où il se réduit à une assise, libre et bientôt interrompue chez les Cryptogames vasculaires (fig. 53) et les Monocotylédones (fig. 55), adhérente à l'écorce et se continuant indéfiniment à sa surface chez les Dicotylédones et les Gymnospermes (fig. 54). Quelquefois les cellules y conservent leur disposition régulière, à la fois en séries longitudinales et en assises concentriques progressivement confluentes du sommet à la base (fig. 54). Ailleurs elles ne conservent que leur superposition en séries longitudinales, les séries parallèles situées dans la région centrale constituant une sorte de colonne axile souvent très épaisse, ou bien elles sont seulement disposées en séries concentriques (fig. 54). Ailleurs enfin elles sont polyédriques et irrégulièrement ajustées en tous sens (fig. 55). Dans tous les cas elles sont unies intimement de tous côtés, sans laisser de méats, et leur membrane est mince, sans sculpture. Jeunes, c'est-à-dire vers l'intérieur, elles renferment un protoplasme avec un noyau et souvent des grains d'amidon mis en réserve pour alimenter plus tard le travail de croissance et de cloisonnement du méristème. Âgées, c'est-à-dire vers l'extérieur, elles meurent progressivement et se vident, ou bien ne contiennent que des globules d'huile ou des cristaux d'oxalate de chaux en mâcles sphériques ou en raphides. En même temps, elles se détachent d'ordinaire et cela de deux manières différentes, comme il a été dit page 66 : tantôt isolément par gélification des lamelles moyennes des cloisons mitoyennes, tantôt par feuillets avec subérisation des membranes. Chez les Monocotylédones, la gélification progresse jusqu'aux membranes externes de l'assise périphérique de l'écorce, en détachant les cellules les plus internes de la coiffe comme les autres (fig. 35) ; chez les Dicotylédones, elle s'arrête à la ligne de gradins qui sépare l'avant-dernière assise de la coiffe de la dernière, de façon que celle-ci ne se détache pas (fig. 34).

Origine et insertion des radicelles. — Connaissant la structure de la racine et comment cette structure s'édifie peu à peu à partir du sommet, il reste à chercher où et comment ce sommet lui-même prend naissance. S'il s'agit d'une racine primaire, c'est, comme on l'a vu p. 74, à l'intérieur de la tige, et la question ne pourra être étudiée que plus tard ; mais s'il s'agit d'une racine secondaire, tertiaire, etc., en un mot d'une radicelle quelconque, c'est à l'intérieur d'une racine mère, et nous avons maintenant à résoudre ce problème.

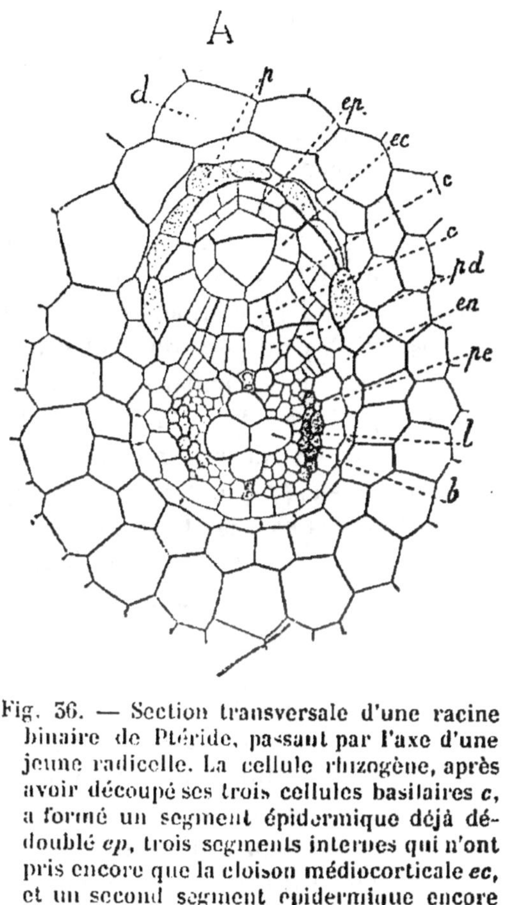

Chez les Cryptogames vasculaires, notamment

Fig. 36. — Section transversale d'une racine binaire de Ptéride, passant par l'axe d'une jeune radicelle. La cellule rhizogène, après avoir découpé ses trois cellules basilaires *c*, a formé un segment épidermique déjà dédoublé *ep*, trois segments internes qui n'ont pris encore que la cloison médiocorticale *ec*, et un second segment épidermique encore simple. *d*, écorce de la racine ; *en*, endoderme ; *p*, poche digestive transitoire ; *pe*, péricycle, formant sous la radicelle un pédicule *pd* ; *l*, faisceaux libériens ; *b*, faisceaux ligneux.

chez les Fougères (fig. 36), la radicelle prend naissance tout entière dans une seule cellule appartenant à l'endoderme de la racine mère.

Cette cellule, qu'on peut appeler *rhizogène*, est située ordinairement en face d'un faisceau ligneux, quel que soit le nombre des faisceaux ligneux constitutifs; en sorte que les radicelles sont disposées sur autant de rangées longitudinales qu'il y a de faisceaux ligneux, le plus souvent en deux rangées, parce que la structure est le plus souvent binaire. La cellule rhizogène découpe d'abord, par trois cloisons obliques qui convergent au centre de sa face interne, trois cellules basilaires enveloppant une cellule tétraédrique, qui est la cellule mère de la radicelle. Cette cellule prend d'abord une cloison convexe en dehors, qui détache le premier segment épidermique, puis trois cloisons parallèles à ses faces planes, qui séparent trois segments triangulaires internes, puis une nouvelle cloison externe, et ainsi de suite. Les segments épidermiques et les segments triangulaires se cloisonnent ensuite comme au sommet de la racine mère, ainsi qu'il a été dit plus haut (p. 98). Il se constitue de la sorte un cône de méristème, qui s'avance dans l'écorce et qui s'y comporte comme il sera dit tout à l'heure.

Les cellules du péricycle sous-jacentes à la cellule rhizogène ne contribuent à la formation de la radicelle qu'en produisant les raccords nécessaires à l'insertion de ses vaisseaux et de ses tubes criblés sur les vaisseaux et les tubes criblés de la racine mère; chez les Prêles, où le péricycle manque, l'insertion est immédiate. Dans tous les cas, les faisceaux ligneux de la radicelle s'attachent directement au faisceau ligneux correspondant de la racine, tandis que ses faisceaux libériens dévient à droite et à gauche pour aller prendre insertion sur les deux faisceaux libériens voisins. Si la structure de la radicelle est binaire, comme il arrive presque toujours dans ces plantes, ses deux faisceaux ligneux sont situés dans un plan perpendiculaire au faisceau ligneux d'insertion. C'est ce que montre la figure 37, qui représente une section longitudinale tangentielle à travers l'écorce d'une racine de Fougère rencontrant une radicelle binaire.

Fig. 37.

Chez les Phanérogames, l'origine des radicelles est plus profonde : c'est en effet le péricycle qui les produit. Considérons d'abord le cas de beaucoup le plus fréquent, où le péricycle est formé d'une simple assise de cellules (fig. 38). Un certain nombre de ces cellules, disposées côte à côte en une petite plage circulaire, entrent en jeu toutes à la fois et constituent la *plage rhizogène*.

Sur la section transversale de la racine mère passant par son centre, elle apparaît comme un arc, l'*arc rhizogène*; sur la section longitudinale passant par son centre, elle se montre comme une file, la *file rhizogène*. Supposons maintenant que le nombre des cellules de l'arc ou de la file rhizogène soit impair, c'est-à-dire que le centre de la plage soit occupé par une cellule unique, ce qui est le cas le plus fréquent (fig. 58, A). Cette cellule s'allonge tout

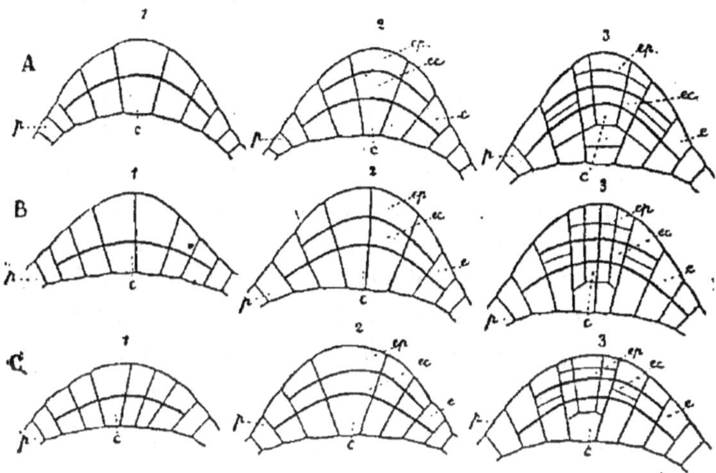

Fig. 58. — Formation de la radicelle dans une racine de Phanérogame, à péricycle unisérié *p*. — A, l'arc rhizogène comprend cinq cellules. 1, ces cellules se sont accrues, et ont pris toutes une cloison tangentielle, séparant en dedans le cylindre central *c*. 2, une seconde cloison tangentielle s'est formée en dehors de la première dans les trois cellules médianes, séparant l'épiderme *ep* de l'écorce *ec*, tandis que les cellules latérales indivises constituent l'épistèle *e*. 3, les initiales des trois régions commencent à produire leurs segments et ceux-ci à se cloisonner. — B, l'arc rhizogène comprend six cellules, dont les deux médianes s'accroissent également, et chaque région a une paire d'initiales; mêmes états. — E, l'arc rhizogène a encore six cellules, mais l'une des médianes refoule l'autre et devient centrale; mêmes états.

d'abord radialement et en même temps s'élargit progressivement vers l'extérieur en forme d'éventail. Les autres font de même, mais de moins en moins à mesure qu'elles sont plus éloignées du centre, et celles de la périphérie s'accroissent très peu. Il se forme ainsi un petit coussinet lenticulaire, fortement convexe en dehors, plan ou faiblement convexe en dedans. Ensuite, la cellule centrale se divise par une cloison tangentielle sensiblement médiane et les autres font de même de proche en proche jusqu'à la périphérie; toutes ces cloisons se correspondent de manière à diviser la len-

lille tout entière, comme par une cloison unique fortement convexe en dehors, en deux assises (fig. 58, *A*, 1). L'assise interne
constitue le cylindre central de la radicelle et sa cellule médiane
en est l'initiale. Dans l'assise externe, la cellule centrale ne tarde
pas à se diviser à son tour par une cloison tangentielle et ses voisines font de même de proche en proche; mais le cloisonnement
s'arrête avant d'avoir atteint le bord de la lentille et il subsiste
à la périphérie un ou plusieurs rangs de cellules indivises
(fig. 58, *A*, 2). Des deux nouvelles assises ainsi formées, l'interne
constitue l'écorce de la radicelle et sa cellule médiane en est
l'initiale; l'externe constitue l'épiderme de la radicelle et sa cellule
centrale en est l'initiale. Quant à la bordure des cellules indivises,
elle forme autour de la base du cylindre central une zone neutre,
qui n'appartient ni à l'épiderme ni à l'écorce, qui est la base
commune de l'écorce et de l'épiderme; nous désignerons cette
zone neutre sous le nom d'*épistèle*. C'est donc la cellule centrale
de la plage rhizogène qui seule, par deux cloisonnements tangentiels successifs, produit les initiales des trois régions de la radicelle,
initiales qui sont désormais et demeurent indéfiniment distinctes
et superposées; c'est elle qui est véritablement la cellule mère de
la radicelle. Les autres n'ont à jouer qu'un rôle accessoire; elles
produisent toute la partie inférieure, par laquelle s'opère l'insertion de la radicelle sur la racine mère.

Si le nombre des cellules de l'arc ou de la file rhizogène est
pair, c'est-à-dire si le centre de la plage rhizogène est occupé par
quatre cellules, les choses se passent au fond de la même manière;
mais de deux choses l'une. Ou bien les quatre cellules centrales
s'accroissent et se cloisonnent toutes ensemble et également,
comme la cellule centrale unique du cas précédent, pour donner
quatre initiales au cylindre central, autant à l'écorce et autant à
l'épiderme; dans la coupe longitudinale axile du mamelon, chacune des trois régions possède alors une paire d'initiales équivalentes (fig. 58, *B*). Ou bien l'une des cellules médianes s'accroit radialement et en largeur plus fortement que les autres, qu'elle rejette
latéralement, et c'est elle seule qui produit, comme dans le cas
précédent, une initiale pour chacune des trois régions (fig. 58, *C*).
Ce second mode est le plus fréquent.

Si le péricycle est formé de plusieurs assises de cellules, c'est
presque toujours l'assise externe seule qui, agrandissant radialement et cloisonnant ses cellules comme il vient d'être dit, produit

les trois régions de la radicelle avec leurs initiales; les autres
assises contribuent seulement à former la base d'insertion du cylindre central.

Une fois les trois régions de la radicelle séparées,
comme il vient d'être dit, elles s'accroissent par le
cloisonnement de leurs initiales, qui s'opère comme
on l'a vu plus haut au sommet de la racine mère
(p. 100). Plus tard, les faisceaux libériens et ligneux
de la radicelle se raccordent avec ceux de la racine
mère. Si la structure en est binaire, les deux faisceaux

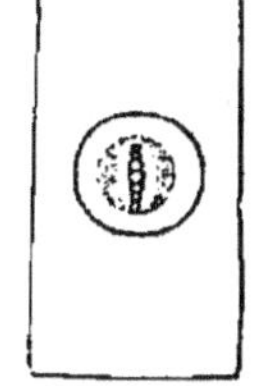

Fig. 39.

ligneux sont situés en haut et en bas, les deux faisceaux libériens
à droite et à gauche; en d'autres termes, le plan des deux faisceaux
ligneux passe par l'axe de la racine mère
(fig. 39), tandis qu'il lui était perpendiculaire chez les Cryptogames vasculaires.

En résumé, chez les Phanérogames, la
radicelle naît dans le péricycle et un
double cloisonnement tangentiel de la
cellule mère y sépare aussitôt les initiales des trois régions. Chez les Cryptogames vasculaires, la radicelle naît dans
l'endoderme et sa cellule mère demeure
entière.

**Disposition des radicelles chez
les Phanérogames.** — Fonctionnant
comme il vient d'être dit, la plage rhizogène péricyclique occupe chez les
Phanérogames une position déterminée
par rapport aux faisceaux ligneux et libériens du cylindre central de la racine
mère, et cette position entraine celles
des radicelles. Il y a, sous ce rapport,
deux cas à distinguer (fig. 40).

Si le cylindre central renferme plus
de deux faisceaux ligneux et de deux
faisceaux libériens, la plage pose son
centre en face d'un faisceau ligneux
et par conséquent les radicelles sont

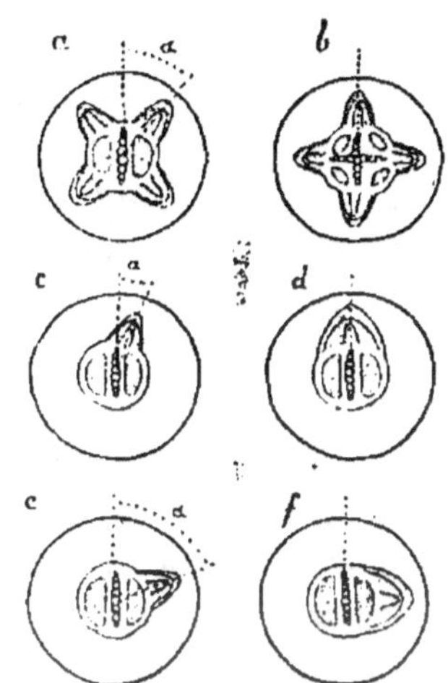

Fig. 40. — Disposition des radicelles dans la racine mère
chez les Phanérogames.
b, disposition isostique dans
la structure quaternaire;
a, disposition diplostique
dans la structure binaire,
avec déviation $a = 45°$; c, la
même avec $a < 45°$; e, la
même avec $a > 45°$. d, radicelle double en face d'un
faisceau ligneux; f, radicelle double en face d'un
faisceau libérien.

disposées sur la racine en autant de séries longitudinales qu'il
y a de faisceaux; leur disposition est *isostique* (fig. 40, b).

Si le **cylindre** central n'a que deux faisceaux ligneux et deux faisceaux libériens, la plage rhizogène pose son centre quelque part entre un faisceau ligneux et un faisceau libérien, tantôt au milieu de l'intervalle entre le vaisseau médian externe du faisceau ligneux et le tube criblé médian externe du faisceau libérien (fig. 40, *a*), tantôt plus près du vaisseau médian externe (fig. 40, *c*), tantôt plus près du tube criblé médian externe (fig. 40, *c*). Les radicelles sont alors disposées en deux fois autant de rangées longitudinales qu'il y a de faisceaux, c'est-à-dire en quatre rangées: leur disposition est *diplostique*. Les quatre séries sont équidistantes dans le premier des trois cas signalés plus haut, rapprochées deux par deux du côté des faisceaux ligneux dans le second, du côté des faisceaux libériens dans le troisième.

De ces deux règles de position, la seconde est tout à fait générale; la première souffre deux exceptions, mais si l'on montre que c'est parce que la chose y est impossible, on conviendra que ces exceptions sont de celles qui fortifient la règle.

L'une de ces exceptions est offerte, chez les Dicotylédones, par les Ombellifères, les Araliées et les Pittosporées. Dans ces trois familles, en effet, le péricycle unisérié est, comme on l'a vu (p. 93), creusé de canaux sécréteurs en face des faisceaux ligneux, de sorte que la plage rhizogène pose son centre dans l'intervalle entre un faisceau ligneux et un faisceau libérien. Il en résulte que la disposition des radicelles y est diplostique, tout aussi bien si le nombre des faisceaux ligneux et libériens est supérieur à deux que s'il est égal à deux.

La seconde exception est offerte, chez les Monocotylédones, par ces nombreuses Graminées, Cypéracées, Ériocaulées, Centrolépidées, Joncées, Xyridées et Mayacées, où le péricycle manque ou est très amoindri en face des faisceaux ligneux, comme il a été dit (p. 92). Les radicelles n'y peuvent naître à leur place normale. Elles s'y développent là où le péricycle existe et où ses cellules possèdent leur plus grande dimension, c'est-à-dire en dehors des faisceaux libériens (fig. 30). Le nombre de leurs rangées n'en est pas changé, la disposition est encore isostique ; sous ce rapport, cette seconde exception est moins forte que la première.

Croissance interne et sortie des radicelles. — Nées dans l'endoderme en disposition essentiellement isostique chez les Cryptogames vasculaires, dans le péricycle en disposition tantôt isostique, tantôt diplostique, chez les Phanérogames, les radicelles ont, pour sortir de la racine mère, à traverser l'écorce tout entière dans le second cas, l'écorce moins l'endoderme dans le premier. Cette traversée se fait toujours par digestion. En effet, la jeune radicelle attaque et dissout de proche en proche, à l'aide d'un liquide diastasique, toutes les cellules corticales qu'elle vient à toucher, d'abord leur contenu : protoplasme, noyau, amidon, etc., puis leur membrane cellulosique ; elle en absorde à mesure toute la substance liquide ou liquéfiée et croît en même temps, de manière à remplir l'espace devenu libre. C'est donc par le fait même de sa nutrition et de sa crois-sance interne que la radicelle se fraie un chemin vers l'extérieur.

Au point de vue du lieu de production du liquide diastasique, ce phénomène de digestion se manifeste, suivant les plan-tes, de deux manières différentes. Quel-quefois (fig. 41), c'est l'épiderme même de la radicelle qui sécrète par son as-sise externe le liquide chargé de dias-tases et qui, par conséquent, attaque directement et sans aucun intermédiaire toute l'écorce située en dehors de lui, la digère et en absorbe la substance liqué-fiée. La radicelle est alors nue ; sa diges-tion est directe et totale. S'il s'agit d'une Cryptogame vasculaire, l'assise sus-en-dodermique est attaquée tout d'abord, puis successivement toutes les autres assises corticales (fig. 56) (Marsiliacées, la plupart des Polypodiacées, etc.). S'il s'agit d'une Phanérogame, l'endoderme, avec ses plissements subérisés, est dis-sous tout d'abord, puis progressivement toute l'écorce (fig. 41) (Crucifères, Portulacées, Crassulacées, beau-coup de Caryophyllées, de Chénopodiacées, de Cactées, Pandanées, If, Séquoier, Podocarpe, etc).

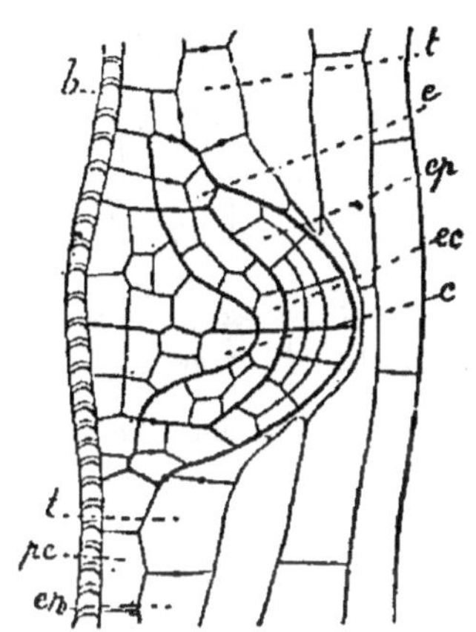

Fig. 41. — Section longitudi-nale d'une [racine d'Ama-rante, passant par l'axe d'une jeune radicelle. La file rhizogène comprend quatre cellules, dont les deux médianes également développées séparent l'é-corce *ec* et l'épiderme *ep*, les deux latérales formant l'épistèle *e*. La radicelle digère d'abord l'endoder-me de la racine *en*, puis les autres assises corticales.

Le plus souvent (fig. 42), la radicelle, à mesure qu'elle grandit, pousse devant elle une couche plus ou moins épaisse de l'écorce qui l'entoure, couche qui demeure vivante, pleine de protoplasme et qui s'étend progressivement en cloisonnant ses cellules de manière à recouvrir le cône radicellaire, à la surface duquel elle demeure intimement unie, mais dont elle diffère par son aspect, son contenu et ses propriétés. C'est alors cette couche surajoutée qui sécrète le liquide diastique, digère toute l'écorce extérieure à elle, en absorbe les produits solubles et les transmet à la radicelle sous-jacente, ne gardant pour elle que ce qui est nécessaire à sa propre croissance. Aussi mérite-t-elle un nom spécial; nous l'appellerons la *poche diastasique*, la *poche digestive* ou simplement la *poche*. Dans ce cas, la radicelle est enveloppée; sa digestion est indirecte, puisqu'elle ne s'exerce que par l'intermédiaire de la poche, et partielle, puisqu'elle ne porte que sur la portion de l'écorce extérieure à la poche. Chez les Cryptogames vasculaires, la poche est formée par l'assise sus-endodermique, qui demeure simple (fig. 56) (Aneimie, Lygode, etc), ou qui se dédouble une ou plusieurs fois par des cloisons tangentielles (Prèle, etc.); il s'y adjoint parfois une ou plusieurs assises corticales et la poche est plus épaisse (Hyménophylle, Cyathée, Marattie, etc). Chez les Phanérogames, la poche est formée par l'endoderme, qui demeure le plus souvent simple, mais parfois aussi se dédouble une ou plusieurs fois au sommet par des cloisons tangentielles

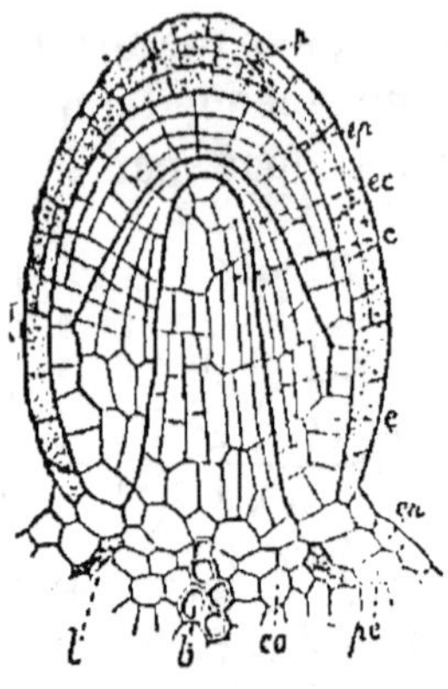

Fig. 42.— Section transversale d'une racine à cinq faisceaux de Morelle, passant par l'axe d'une radicelle. La poche digestive *p*, simple à la base, est quadruple au sommet. *c*, cylindre central; *ec*, écorce; *ep*, épiderme; *e*, épistèle, *en*, endoderme de la racine mère, *pe*, péricycle; *l*, liber; *b*, bois; *co*, conjonctif.

(fig. 42) (Morelle, Euphorbe, Géraine, Hélianthe, Pontédérie, Graminées, etc.); il s'y ajoute quelquefois une ou plusieurs assises corticales et la poche est plus épaisse (Haricot, Courge, Sterculie, Richardie, Hydrocharide, etc.).

Au moment de la sortie, la poche est détachée à la base et la radicelle en emporte avec elle le bonnet supérieur, qui s'exfolie plus tard pour mettre à nu la surface propre, c'est-à-dire l'épiderme de la radicelle. Toutes les fois qu'il y a une poche, la radicelle, au moment où elle paraît et se développe au dehors, a donc son extrémité recouverte par une couche de tissu caduc, qui est la coiffe, dans laquelle on distingue deux parties d'origine très différente, savoir : le bonnet plus ou moins épais de la poche digestive et l'ensemble des assises caduques produites par l'épiderme composé. Cette coiffe à la sortie n'est donc comparable ni à la coiffe de la racine développée en voie de croissance dans le milieu extérieur, ni à la coiffe à la sortie d'une radicelle dépourvue de poche, ces deux dernières étant tout entières épidermiques; elle ne leur devient comparable qu'après l'exfoliation du bonnet de la poche. Il y a là une erreur à éviter.

Structure secondaire de la racine. — Chez un grand nombre de plantes, la racine conserve indéfiniment la structure que nous venons d'étudier; une subérisation de plus en plus forte à la périphérie, une sclérose de plus en plus intense à l'intérieur : c'est tout le changement qu'y amènent les progrès de l'âge. Il en est ainsi dans la plupart des Cryptogames vasculaires, dans beaucoup de Monocotylédones et quelques Dicotylédones (Nénuphar, Myriophylle, Ficaire, Renoncule, etc.). Mais ailleurs, surtout chez la plupart des Dicotylédones et chez les Gymnospermes, la structure de la racine se complique bientôt, parce que certaines cellules, différenciées d'abord en parenchyme et disposées en une assise circulaire, recommencent à se cloisonner et produisent un anneau de méristème secondaire, dont la différenciation ultérieure engendre divers tissus secondaires (p. 37).

En s'adjoignant aux tissus primaires, ceux-ci provoquent en définitive l'épaississement de la racine et en même temps lui impriment une structure nouvelle, qui est sa *structure secondaire*. Bornons-nous pour le moment à en signaler l'existence. Le problème se représentera bientôt dans les mêmes termes pour la tige et c'est alors que nous l'étudierons. Quand nous aurons démêlé la structure secondaire de la tige, nous connaîtrons du même coup celle de la racine et il suffira de quelques mots pour marquer les caractères spéciaux à ce membre.

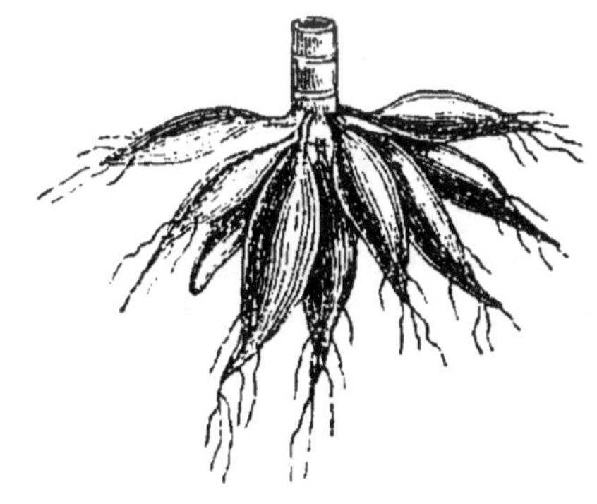

Fig. 43. — Racines-tubercules de la Dahlie variable.

Disons seulement qu'à la suite d'une formation exubérante de tissus secondaires, certaines racines, filiformes à l'état primaire, deviennent plus tard tuberculeuses (fig. 43);

ce renflement peut avoir lieu tout aussi bien sur la racine terminale (Chou navet, Radis cultivé, Panais cultivé, Dauce carotte,
Bette vulgaire, etc.), que sur des racines adventives (Dahlie variable, fig. 43, etc.). Il faut bien se garder de confondre cette tuberculisation secondaire avec la tuberculisation primaire dont il a
été question plus haut (p. 78, fig. 25).

SECTION II

PHYSIOLOGIE DE LA RACINE

Pour faire l'étude physiologique de la racine, il faut considérer
ce membre d'abord dans ses relations avec le milieu extérieur,
dans ses fonctions externes, puis dans les phénomènes qui
s'accomplissent en lui, dans ses fonctions internes. De là, comme
pour l'étude morphologique, deux paragraphes distincts.

§ 3

Fonctions externes de la racine.

La racine fixe la plante au sol; elle agit ensuite sur les gaz
que renferme la terre, sur les liquides qu'elle contient et sur les
solides qui la composent. Examinons tour à tour ces quatre
points.

Fixation de la plante. Géotropisme positif de la racine.
— La racine fixe la plante au sol; ce résultat est produit par une
force extérieure, qui agit sur l'extrémité en voie de croissance pour
lui imprimer sa propre direction. Cette force dirigeante est la
pesanteur.

Plaçons une racine primaire horizontalement sur un sol meuble;
nous la verrons bientôt se courber vers le bas et à angle droit dans
sa région de croissance, de manière à enfoncer sa pointe verticalement dans la terre, où elle s'allonge ensuite indéfiniment dans
la même direction; c'est vers le premier tiers de la région de croissance, là où (voir p. 69) l'allongement est le plus rapide, que la cour
bure atteint son maximum, comme on le voit pour la Fève (fig. 44).
La flexion est due à la pesanteur. Fixons, en effet, la racine au bord

d'un disque ou d'une roue tournant dans un plan vertical ; la pesanteur agit alors successivement et également sur tous les côtés de la racine et son action fléchissante s'annule pour un tour ; en d'autres termes, la racine se trouve soustraite à l'influence fléchissante de la pesanteur. En même temps, donnons au disque une vitesse de rotation assez faible pour que la force centrifuge développée soit insensible, résultat qui est atteint par exemple avec une roue de 10 centimètres de diamètre qui met 20 minutes à faire un tour. Dans ces conditions, la racine croît indéfiniment en ligne droite dans la position d'ailleurs quelconque où on l'a fixée au disque.

Dans les circonstances ordinaires, la flexion provient de ce que, sous l'influence de la pesanteur, la face supérieure de la racine placée horizontalement s'allonge plus et la face inférieure moins que ne s'allonge dans le même temps et au même point la racine placée verticalement. On le démontre par des mesures directes. Ainsi pour la Fève, si l'allongement de la racine verticale est de 24 millimètres, celui de la racine horizontale est dans le même temps : sur le côté supérieur de 28 millimètres, sur le côté inférieur de 15 millimètres ; pour le Marronnier, si l'allongement de la racine verticale est de 20 millimètres, celui de la racine horizontale est : sur la face supérieure de 28 millimètres, sur la

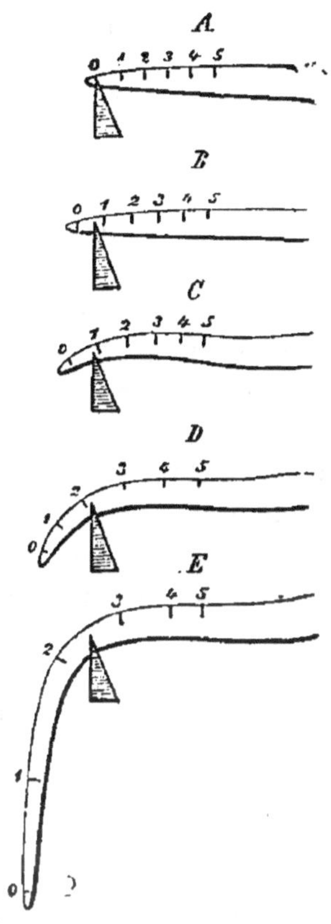

Fig. 44. — Diverses phases de la courbure géotropique d'une racine de Fève, placée horizontalement dans un sol très meuble. En *A*, la région de croissance est divisée en cinq tranches de 2 millimètres ; un index de papier permet d'apprécier l'allongement ; *B*, après une heure ; *C*, après 2 heures ; *D*, après 7 heures ; *E*, après 23 heures.

face inférieure de 9 millimètres. On remarquera que la croissance de la face supérieure est moins accélérée que celle de l'autre n'est ralentie ; la croissance totale n'est donc pas seulement répartie

différemment autour de l'axe, quand il est horizontal ; l'allongement suivant l'axe est lui-même notablement retardé. La flexion
ainsi produite par la pesanteur est dite, comme on sait (p. 48),
géotropique et, puisque la racine se dirige dans le sens même de
la force, son *géotropisme* est *positif*.

On peut de diverses manières se rendre compte de l'énergie du
géotropisme positif de la racine. Plaçons une racine horizontalement sur un sol très dur ou sur une lame de verre, en la fixant par
sa base. En se courbant vers le bas à son extrémité, elle appuie sa
pointe sur le verre et c'est en soulevant avec effort toute sa portion ancienne qu'elle parvient à placer verticalement son extrémité. Si l'on met sur la racine un poids assez lourd pour empêcher
ce soulèvement, et obliger la pointe à continuer de s'accroître horizontalement, on aura une idée de la puissance de flexion. Rem-
plaçons la lame de verre par un bain de mercure ; la pointe de la
racine s'enfonce dans le mercure jusqu'à 2 ou 3 centimètres de
profondeur, en surmontant la résistance que celui-ci lui oppose
en raison de sa très grande densité. Ces deux expériences montrent que la force de flexion est considérable ; essayons de la mesurer.
Sur une poulie très mobile, posons un fil de cocon ayant à chaque
bout un morceau de cire molle d'environ un gramme. L'un de ces
morceaux, creusé en cuiller, reçoit une goutte d'eau et l'on y pose
la pointe d'une racine primaire fixée horizontalement ; à l'autre
morceau on fixe un cavalier d'étain préalablement pesé. On place
le tout sous une cloche dans une atmosphère humide. La racine
courbe bientôt sa pointe, presse la cuiller de cire et la fait descendre en soulevant le poids de l'autre côté. Une racine terminale
de Fève, par exemple, peut, sans se déformer, soulever ainsi un
poids d'un gramme. Ce n'est là qu'une mesure approchée, mais
elle suffit à donner une idée du travail minimum accompli par la
pesanteur sur la racine.

Dans tout ce qui précède, il n'a été question que des racines
primaires : terminale, latérales régulières ou latérales adventives ;
toujours le géotropisme y est *absolu*, c'est-à-dire que l'égalité de
croissance et la direction rectiligne qui en résulte ne s'obtiennent
chez elles que suivant la verticale. Tout écart de la verticale, soit
accidentel, soit provoqué par la circumnutation, y est donc aussitôt
compensé. Il n'en est pas de même des racines secondaires. Nous
savons, en effet, qu'elles s'allongent dans le sol, tout autour du
pivot, en suivant une direction légèrement inclinée vers le bas (p. 71).

Mais ces racines ne sont-elles à aucun degré géotropiques? Retournons le pot de terre où le développement des racines s'est opéré. Après un certain temps, nous verrons toutes les racines secondaires courbées dans la région de croissance et dirigées obliquement vers le bas, en faisant avec la verticale un certain angle. Un nouveau retournement produit une seconde flexion et dirige de nouveau les pointes obliquement vers le bas sous le même angle. Les racines de second ordre sont donc géotropiques, mais seulement jusqu'à un certain angle limite, à partir duquel leur géotropisme s'annule; elles jouissent d'un géotropisme *limité*. L'angle limite est assez variable le long d'un même pivot : de 80° par exemple pour les racines secondaires les plus hautes, il s'abaisse à 65° dans les plus basses; ou encore, de 60° pour les premières, il descend à 40° chez les dernières. Il y a pourtant un cas où le géotropisme limité de la racine secondaire se transforme dans le géotropisme absolu de la racine primaire. C'est quand on coupe l'extrémité de celle-ci. Toute la nourriture qui était destinée à la région enlevée se rend alors dans la racine secondaire la plus proche; en même temps, celle-ci acquiert le géotropisme absolu, se courbe et vient se placer verticalement dans le prolongement du pivot. Elle *usurpe*, comme on dit, la direction du pivot, qu'elle répare et remplace en quelque sorte.

Les racines de troisième ordre et les suivantes ne sont géotropiques à aucun degré; elles se dirigent indifféremment dans tous les sens, sans se courber jamais, quelque position que l'on donne au vase de culture.

Les diverses propriétés qu'on vient d'étudier : le géotropisme absolu des racines primaires joint à leur circumnutation, le géotropisme limité des racines secondaires, l'absence de géotropisme de toutes les radicelles à partir du troisième ordre, sont les causes déterminantes de la pénétration et de l'expansion du système radical dans les profondeurs du sol, et par suite de la fixation de la plante.

Dans les divers cas particuliers, l'énergie de la fixation dépend encore du nombre des rangées où se disposent sur le pivot les racines secondaires; on a vu que ce nombre n'est jamais inférieur à deux chez les Cryptogames vasculaires, à trois chez les Phanégames (p. 73); plus il est grand, plus la fixation est solide. Elle dépend surtout du développement relatif des racines secondaires et du pivot. Une plante à racine pivotante normale, comme la Luzerne cultivée, ou exagérée, comme la Bette vulgaire, le Panais cultivé, la Dauce carotte, etc., est évidemment mieux fixée, toutes choses égales d'ailleurs, qu'une plante à racine fasciculée, comme le Blé cultivé ou la Courge pépon; un Chêne est plus solide qu'un Peuplier.

Enfin la fixation de la plante est encore facilitée par la remarquable propriété que possède la racine de se raccourcir à partir du point où sa croissance a pris fin. Ce raccourcissement, qui se poursuit longtemps dans la région âgée, peut atteindre 10 et jusqu'à 25 pour 100 de la longueur primitive. Il est dû à la contraction progressive de l'écorce interne. L'écorce externe et le cylindre central demeurent passifs dans ce phénomène; la première se marque de plis transversaux visibles au dehors, tandis que les faisceaux du second se replient et deviennent flexueux. La partie jeune de la racine étant solidement fixée au sol par ses poils, le raccourcissement de la partie âgée a pour effet d'enterrer de plus en plus la partie inférieure de la tige, et par suite de lui faire développer des racines latérales. Les radicelles de divers ordres qui naissent de la racine terminale étant douées de la même propriété, ainsi que les racines latérales issues de la tige, on voit que le corps de la plante est tiré de tous les côtés vers le bas, comme un mât par des cordages de plus en plus fortement tendus. Il en résulte une fixation de plus en plus solide dans la direction verticale.

En même temps que la racine fixe la plante au sol, elle fixe le sol à lui-même et d'autant plus qu'elle s'y ramifie plus abondamment. Pour fixer le sable mouvant des dunes et en arrêter la marche envahissante, il a suffi d'y planter des végétaux capables d'y vivre et d'y développer rapidement des racines fasciculées, tels que la Laîche des sables, l'Élyme des sables, les Genêts, le Pin maritime, etc.

Influence de la lumière et de la température sur la croissance de la racine. — La lumière retarde la croissance de la racine (p. 48). Ainsi, dans la Moutarde, si l'allongement est 100 à la lumière, il devient dans le même temps 164 à l'obscurité.

Si l'on mesure à diverses températures l'accroissement de la racine après des intervalles de temps égaux, on voit qu'à partir d'une certaine limite inférieure, au-dessous de laquelle elle est nulle, la vitesse de croissance augmente avec la température jusqu'à un certain maximum; puis elle diminue et enfin s'annule à une certaine limite supérieure (p. 49). Avec les températures comme abscisses et les accroissements de la racine comme ordon-

nées, on a construit les courbes (fig. 45), qui représentent pour quelques plantes communes la marche de la croissance de la racine en fonction de la température entre 14⁰ et 37⁰. Pour le Lupin, le Pois, le Lin, la Moutarde et le Passerage, l'optimum est d'environ 27⁰; il s'élève à 33⁰,5 dans le Maïs et atteint 37⁰ dans la Courge.

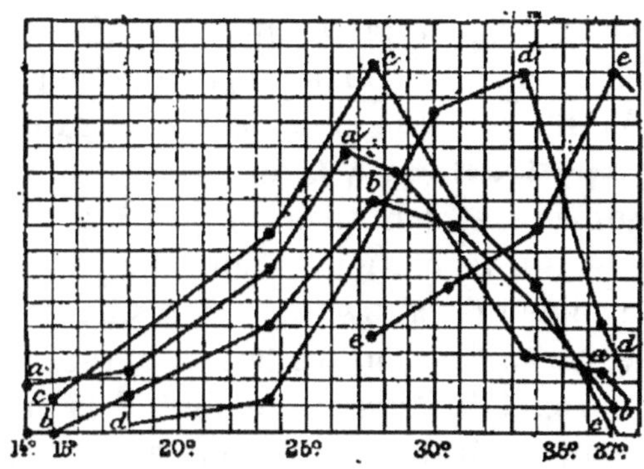

Fig. 45. — Courbes de croissance de la racine en fonction de la température, entre 14° et 37° : *a*, dans le Lupin et le Pois; *b*, dans le Lin et la Moutarde ; *c*, dans le Passerage; *d*, dans le Maïs ; *e*, dans la Courge.

Action de la racine sur les gaz du sol. Respiration. — Entre ses particules, le sol renferme une atmosphère confinée, composée d'oxygène, d'azote et d'acide carbonique; en outre, le liquide qui le baigne tient en dissolution de l'oxygène, de l'azote et de l'acide carbonique. Sur ces gaz, libres ou dissous, la racine agit et réagit : elle en absorbe et elle en dégage.

Incessamment et par tous ses points, la racine absorbe de l'oxygène dans le sol et y dégage de l'acide carbonique, en un mot respire (p. 49). Pour mettre ce double fait en évidence, il suffit de disposer la racine d'une plante dans un récipient plein d'air et d'analyser le gaz après un certain temps. Le volume de l'acide carbonique émis dans un temps donné est toujours moindre que celui de l'oxygène absorbé dans le même temps; en un mot, le rapport $\dfrac{CO^2}{O}$ de ces deux volumes est toujours plus petit que l'unité. Pour une plante donnée, et pour des racines de même âge de cette plante, ce rapport est constant, indépendant à la fois de la température, de la lumière et de la pression ; il varie, au contraire, avec la nature de la plante et avec l'âge de ses racines.

La respiration est plus active dans les parties jeunes, c'est-à-dire dans la région de croissance et dans la zone des poils, que dans la portion de plus en plus âgée qui s'étend entre la zone des poils et la base. Comme la croissance elle-même, elle est retardée par la lumière. Déjà sensible entre $0°$ et $5°$, elle augmente continuellement avec la température, presque proportionnellement à celle-ci, jusqu'à une certaine limite, située au delà de $40°$, où elle cesse tout à coup. Sa marche en fonction de la température est donc très différente de celle de la croissance.

Applications à la culture. — Il résulte de ce qui précède que, pour être et demeurer propre à la croissance des racines et par suite à la végétation, il faut que le sol soit et demeure aéré. Ainsi s'explique l'avantage des terres légères et meubles, bien plus perméables à l'air, sur les terres lourdes et compactes, où l'air pénètre difficilement. Ainsi se comprend la nécessité des labours, qui retournent, divisent, ameublissent la terre et lui permettent de reprendre tout l'oxygène qu'elle a perdu par la végétation antérieure, en même temps qu'elle se débarrasse de l'acide carbonique qui s'y est accumulé. C'est aussi l'un des effets les plus utiles du drainage de produire dans le sol un courant d'air, qui entraîne l'acide carbonique formé et y ramène incessamment de l'oxygène. Il faut encore tenir compte de cette nécessité lorsqu'on plante des arbres, l'expérience ayant montré que, toutes choses égales d'ailleurs, un arbre végète avec d'autant moins de vigueur qu'il est planté plus profondément. Quand la racine d'un arbre, après avoir traversé en prospérant une couche meuble et perméable à l'air, arrive à pénétrer dans une couche argileuse et impénétrable aux gaz, elle ne tarde pas à périr et l'arbre avec elle. Il en est de même si le sol subit à un moment donné une submersion prolongée ; l'air n'arrive plus aux racines, qui sont asphyxiées, et l'arbre meurt. Dans ces conditions, le glucose contenu dans la racine se décompose en alcool, qui reste dans les cellules, et en acide carbonique, qui se dégage (p. 51). C'est pour conserver sur une certaine surface cette perméabilité du sol, si nécessaire aux racines, que sur les trottoirs des grandes villes on pose des grilles à plat tout autour des arbres.

Action de la racine sur les liquides du sol. Absorption. — La racine absorbe l'eau et les matières dissoutes qui viennent à sa portée dans le sol. C'est là un fait d'expérience journalière ; tout le monde sait bien qu'une plante fanée reprend son aspect normal quand on l'arrose.

Où est tout d'abord sur la racine le siège de l'absorption ? Prenons quatre plantes à racines déjà longues, mais non encore ramifiées, et disposons ces racines dans autant de vases cylindriques. Versons de l'eau dans le premier, de manière que la pointe plonge seule, dans le second jusqu'au niveau des premiers poils, dans le troisième jusqu'à la limite supérieure de la région des poils, dans le quatrième enfin de manière que la racine soit tout entière immergée. Garantissons, dans les trois premiers cas, la portion émergée de la racine contre l'accès de la vapeur d'eau, en versant une mince couche d'huile à la surface du liquide. Après un certain temps, observons les quantités d'eau absorbée et l'état des plantes. Dans le premier vase, l'absorption est nulle et la p'ante se flétrit. Dans le second, l'absorption est presque nulle et la plante se flétrit aussi. Dans le troisième, l'absorption est considérable et la plante végète avec vigueur. Dans le quatrième enfin, l'absorption n'est pas plus active que dans le précédent et la plante est aussi dans le même état.

D'autre part, si l'on recourbe la racine de manière à faire plonger dans l'eau à la fois la portion supérieure et la portion inférieure aux poils, en laissant hors du liquide la région des poils, l'absorption est sensiblement nulle et la plante se flétrit. Si c'est, au contraire, la région des poils qui plonge, pendant que tout le reste est dehors, l'absorption est considérable et la plante végète vigoureusement.

On conclut de ces expériences que l'absorption n'a lieu ni par la pointe extrême, ni par la région de croissance, ni par la région âgée où les poils sont tombés, qu'elle est tout entière localisée sur la région des poils. Et ce résultat se comprend bien. Protégée par la coiffe, la pointe extrême ne peut pas absorber. Immédiatement au-dessus de la coiffe, dans la région trop jeune pour avoir déjà des poils, les cellules en voie de croissance longitudinale et de cloisonnement, à l'état de méristème, n'absorbent que la quantité d'eau qu'elles consomment directement pour s'allonger. Enfin quand les poils sont tombés, l'assise subéreuse a subérisé ses membranes en devenant imperméable. Les poils radicaux sont donc les organes de l'absorption.

Voyons maintenant comment l'absorption s'opère le long de ces poils. L'eau du sol et chacune des substances qu'elle tient en dissolution pénètrent d'abord à travers la membrane continue des poils, conformément aux lois physiques d'osmose et de diffusion, jusqu'à ce qu'il y ait équilibre entre le contenu des poils et le milieu extérieur. Puis, de deux choses l'une. Ou bien la plante ne consomme ni l'eau qu'elle vient d'absorber, ni aucune des substances solubles contenues dans cette eau; alors l'équilibre n'est pas rompu et aucune absorption nouvelle ne se produit. Ou bien, ce qui est le cas ordinaire dans une plante en voie de croissance, le végétal consomme l'eau absorbée et certaines au moins des matières dissoutes qu'elle renferme; alors l'équilibre est à tout instant rompu, et les phénomènes d'osmose et de diffusion poursuivant leur cours, les poils continuent à absorber dans le sol l'eau et celles des matières dissoutes sur lesquelles porte la consommation. A partir du moment où l'équilibre osmotique est atteint, c'est donc la consommation de l'eau et des substances dissoutes dans le corps de la plante pendant un temps donné qui provoque et qui règle l'absorption de l'eau et des matières dissoutes par les poils radicaux pendant le même temps.

L'eau étant, dans les conditions ordinaires de la végétation, beaucoup plus abondamment consommée, est aussi beaucoup plus fortement absorbée que toutes les substances dissoutes prises ensemble. Aussi la dissolution se concentre-t-elle au dehors. Pendant que la Renouée persicaire, par exemple, absorbe la moitié du volume de l'eau qui est offerte à ses racines, elle ne prend de chacune des substances dissoutes dans cette eau que la proportion suivante pour 100 :

Chlorure de potassium	14,7	Acétate de chaux	8
Sulfate de soude	14,4	Gomme	9
Chlorure de sodium	13	Sucre	29
Chlorhydrate d'ammoniaque	12	Extrait de terreau	5
Nitrate de chaux	4		

Ces nombres attestent aussi que les diverses matières dissoutes sont très inégalement absorbées. Chacune d'elles, en effet, pénètre à un moment donné indépendamment dans la racine, dans la proportion même où elle est consommée à ce moment dans le corps de la plante. Son absorption varie, par conséquent, dans le même végétal suivant son âge et à égalité d'âge suivant la nature particulière du végétal. Il en résulte qu'une substance qui existe dans le sol en quantité assez faible pour échapper à l'analyse peut s'accumuler en grande quantité dans le corps de la plante, si elle y est à tout instant combinée et solidifiée. Inversement, une substance qui existe en grande quantité dans le liquide du sol peut se trouver dans le végétal en proportion assez minime pour échapper à l'analyse, si elle n'y est en aucune façon consommée. Toutes les substances dissoutes ne sont d'ailleurs pas absorbables. Les albuminoïdes se montrent incapables de traverser la membrane des poils et de pénétrer dans la racine : telles sont notamment l'albumine, la caséine, la plupart des matières colorantes d'origine animale (cochenille, etc.) ou végétale (suc des baies de Phytolaque, etc.).

Le protoplasme et surtout les hydroleucites que contient chaque jeune poil étant doués d'un pouvoir osmotique considérable, le liquide du sol y pénètre jusqu'à ce qu'il ait atteint à l'intérieur une assez forte pression. Comme cette pression est sans cesse diminuée sur la face interne de la cellule périphérique par le passage du liquide dans les couches profondes, de nouveau liquide et sans cesse aspiré du sol dans le poil. Sous l'influence du courant d'eau qui traverse ainsi la cellule, le protoplasme et ses leucites se dissolvent peu à peu, s'usent et disparaissent. En même temps, le pouvoir osmotique du contenu cellulaire diminue progressivement et enfin s'annule. Désormais toute nouvelle absorption est impossible en ce point, puisque les conditions nécessaires à l'osmose ont disparu. C'est alors que le poil, devenu inutile, se flétrit et tombe. La fonction use l'organe et le poil absorbant est nécessairement éphémère.

Applications à la culture. — A mesure que la racine se ramifie et s'allonge dans la terre, les lieux d'absorption se multiplient rapidement à sa surface et s'y déplacent en s'éloignant de la base. A chaque instant de nouveaux points du sol se trouvent ainsi atteints par elle et amenés dans sa sphère d'action, en même temps qu'elle abandonne les anciens points épuisés. La disposition de la partie du sol qu'un végétal exploite directement dépend donc de la forme de son système de racines, et, par conséquent, cette forme doit être prise en sérieuse considération dans la pratique agricole. Lorsque la plante n'a qu'une racine terminale ou quand, munie en outre de racines adventives nées à la base de sa tige dressée, elle les enfonce aussitôt dans le sol, il faudra distinguer avec soin si la racine se ramifie en un système pivotant ou en un système fasciculé.

Si la racine est pivotante, la plante épuise la terre jusqu'à une grande profondeur, mais seulement jusqu'à une petite distance de chaque côté, surtout si le pivot est exagéré, comme dans la Dauce carotte ou la Bette vulgaire. C'est donc très près de la base de la tige qu'il faudra accumuler en grande quantité les éléments réparateurs : eau d'arrosage, fumure, etc. Si la racine est fasciculée, le végétal n'épuise le sol que dans sa couche superficielle, mais son action s'étend souvent à une très grande distance tout autour de la tige. C'est alors dans un cercle de grande étendue qu'il faut répandre l'eau d'arrosage et les engrais, surtout au voisinage de la circonférence, où se trouvent les éléments absorbants.

Veut-on cultiver côte à côte deux plantes dans le même champ : il faudra choisir l'une à racine fasciculée, comme l'Avoine, l'autre à racine pivotante, comme la Luzerne; la première épuisera la surface, la seconde la profondeur, et chacune ayant son étage, elles ne se nuiront pas. Veut-on déterminer l'ordre de succession des cultures dans un champ, ce qu'on appelle l'*assolement* de ce champ? après une plante à racine fasciculée, qui a épuisé le sol à la surface, il conviendra de choisir un végétal à racine pivotante, qui ira se nourrir dans les couches profondes; on fera alterner, par exemple, la Betterave avec le Blé.

Veut-on savoir si un terrain est propice à la culture d'un végétal donné? il faudra étudier la qualité du sol à une certaine profondeur, si la plante a une racine pivotante, au voisinage même de la surface, si elle a une racine fasciculée, donner des labours profonds dans le premier cas, superficiels dans le second. Veut-on planter d'arbres le bord d'un chemin? il faudra choisir de préférence des arbres à racine pivotante, des Ormes par exemple, qui ne nuisent pas aux cultures du champ voisin, comme font des arbres à racine fasciculée, des Peupliers par exemple, dont les racines s'y étendent au bout d'un certain temps.

Comme la transplantation est plus facile et la reprise plus assurée si la racine est fasciculée que si elle est pivotante, on transforme dans les pépinières les racines de la seconde sorte en racines de la première, en tronquant le pivot à une certaine distance au-dessous de la surface. Les racines secondaires attachées au tronçon, ainsi que leurs diverses ramifications, acquièrent alors un développement beaucoup plus considérable, et le système prend tous les caractères d'une racine fasciculée.

Enfin, comme chaque radicelle porte une zone de poils absorbants, plus les radicelles sont nombreuses et serrées, plus l'absorption est énergique. Aussi cherche-t-on à favoriser le plus possible la multiplication des radicelles, et le moyen le plus sûr est de tronquer de temps en temps les extrémités des racines. Il se produit alors tout autour de la plaie un grand nombre de racines adventives, en même temps que les radicelles voisines déjà formées acquièrent plus de vigueur et se ramifient plus abondamment. C'est ce que font les jardiniers quand ils *serfouissent* ou quand ils *rafraîchissent* les racines des plantes.

Action de la racine sur les solides. Digestion. — L'acide carbonique émis par la respiration des racines reste dans le sol à l'état gazeux, se dissout dans l'eau, ou se combine avec les carbonates alcalins et terreux pour former des bicarbonates; les derniers passent ainsi de l'état insoluble à l'état soluble. On sait aussi que les phosphates sont plus solubles dans une eau chargée d'acide carbonique que dans l'eau pure. Par l'effet seul de sa respiration, la racine agit donc déjà sur certaines parties constitutives du sol, pour les rendre solubles et absorbables. Mais son action est loin de se borner à ce résultat indirect.

En se développant dans le sol, les poils radicaux ont leur croissance à chaque instant gênée par la pression et les frottements des particules solides; ils s'appliquent en conséquence étroitement sur elles, se moulent, se soudent à leur surface et les enveloppent de leurs replis (voir p. 68, fig. 23). Aussi, quand on retire avec précaution une racine développée dans du sable fin et qu'on la secoue doucement, voit-on une gaine de grains de sable persister autour d'elle dans la région des poils, pendant que sur les extrémités jeunes et sur les parties âgées le sable n'adhère pas (fig. 46). Si l'on agite plus fortement, ou si l'on essuie la surface, les grains se détachent, mais en entraînant avec eux les poils brisés. Que se passe-t-il dans ce contact intime des poils avec les particules solides?

Une racine qui se développe dans l'air humide sur du papier bleu de tournesol rougit le papier sur son passage et chaque poil y marque sa trace colorée. La couche cellulosique de la membrane des poils est donc imbibée par un liquide acide. Au contact, ce liquide agit énergiquement sur les particules solides de la terre. Que l'on fasse croître, en effet, des racines de Haricot ou de Maïs sur une plaque bien polie de marbre, de dolomie, de magnésite, d'ostéolithe, etc.; après quelques jours, on voit que, sur tout leur parcours, les racines et radicelles ont gravé dans la pierre leur empreinte et celle de leurs poils. Les carbonates de chaux et de magnésie, le phosphate de chaux, etc., sont donc

attaqués et dissous au contact des poils par le liquide acide qui
en imprègne la membrane ; après quoi, ils sont absorbés comme
les matières solubles ordinaires. C'est de la même manière que
les racines des plantes qui vivent dans les feuilles mortes et dans

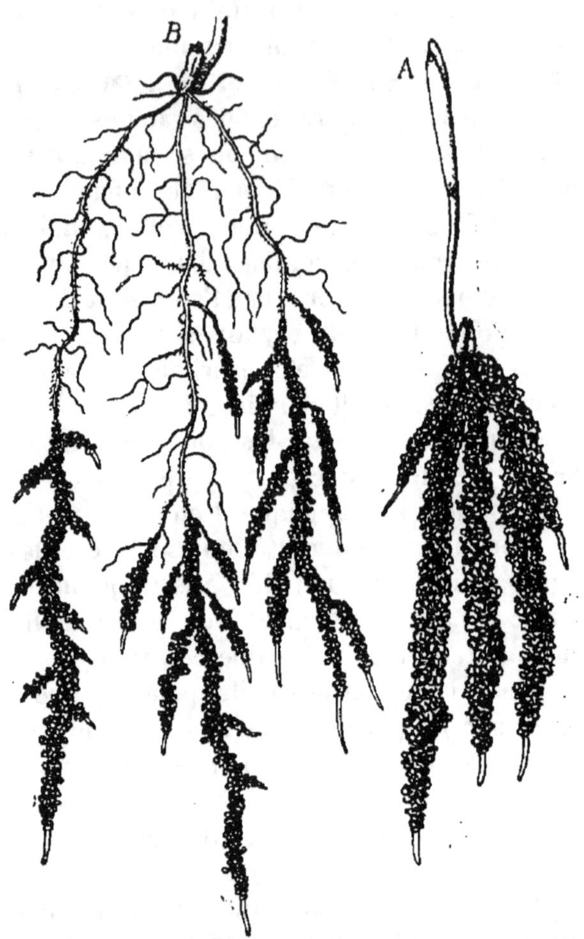

Fig. 46. — Deux plantules de Blé, déterrées et secouées. Dans la plus jeune, A
les racines sont entièrement enveloppées d'une gaine terreuse adhérente aux
poils, excepté dans la région de croissance. Dans l'autre, B, plus âgée d'un
mois, les parties anciennes, où les poils sont morts, ne retiennent plus la
terre ; les parties jeunes, où les poils sont vivants, sont seules enveloppées
de granules.

l'humus, comme la Néottie nid-d'oiseau, par exemple, attaquent
les substances ligneuses, les rendent solubles et ensuite les absorbent. En un mot, la racine digère les particules solides du
sol (p. 53), sa fonction digestive ne s'exerçant d'ailleurs que dans

la région des poils et au contact direct de leur membrane imprégnée de sucs acides.

Résumé des fonctions externes de la racine. — En résumé, la racine fixe la plante au sol et exerce sur le sol une triple action : sur les gaz, en respirant ; sur l'eau et les matières dissoutes, en les absorbant ; sur les solides, en les digérant. Ces trois phénomènes se manifestent à la fois sur chaque racine ou radicelle dans la région des poils ; bien plus, ils peuvent s'accomplir tous ensemble le long d'un même poil. Il suffit pour cela que cette radicelle ou ce poil trouve sur son parcours à la fois des particules solides et des interstices occupés les uns par du gaz, les autres par du liquide.

Des quatre fonctions externes que la racine remplit ainsi quand elle possède sa forme ordinaire, il en est trois qui lui sont spéciales, qui ne se retrouvent pas normalement dans les autres membres de la plante : ce sont la fixation, l'absorption et la digestion. La racine est donc essentiellement l'organe fixateur, absorbant et digestif de la plante. La respiration, au contraire, n'appartient à la racine que comme partie constitutive du corps ; nous verrons en effet que les autres membres la possèdent au même titre qu'elle : c'est une fonction générale.

C'est encore le triple rôle fixateur, absorbant et digestif, que la racine remplit quand elle produit des suçoirs, soit tout entière comme dans le Gui, soit seulement sur quelques-unes de ses radicelles comme dans le Mélampyre et le Rhinanthe, dans le Thèse, dans l'Orobanche, etc.

Les différenciations secondaires de la racine, en tant qu'elles correspondent à des fonctions externes, c'est-à-dire en mettant à part les tubercules, qui sont des réservoirs nutritifs, ont un rôle purement mécanique et servent à soutenir la plante, comme le Lierre avec ses crampons, la Vanille avec ses vrilles, la Jussiée avec ses flotteurs, le Derride avec ses épines, etc. (voir p. 79) : ce sont des fonctions accessoires.

§ 4

Fonctions internes de la racine.

Conduire le liquide qu'elle a absorbé dans le sol, depuis la région où des poils il a pénétré dans son corps, jusqu'à la tige où

elle est insérée, ramener de la tige jusqu'à son extrémité en voie
de croissance les substances plastiques élaborées, comme on le
verra plus tard, par les feuilles : telles sont les deux fonctions
internes principales de la racine. Il s'y ajoute diverses fonctions
accessoires, mécaniques comme le soutien et la protection, ou
chimiques comme la sécrétion et, surtout lorsqu'elle se différencie
en tubercule, la constitution d'une réserve nutritive pour les développements ultérieurs de la plante. Considérons tour à tour ces
trois points.

**Transport vers la tige du liquide absorbé dans le sol
par la racine.** — Une fois introduit dans les cellules de l'assise
pilifère, le liquide du sol traverse horizontalement, conformémsnt
aux lois de l'osmose et de la diffusion, d'abord l'assise subéreuse
encore perméable à ce niveau, puis l'écorce externe, puis l'écorce
interne avec l'endoderme non encore subérisé à cette hauteur,
enfin le péricyce, et arrive au contact des faisceaux. Il pénètre
dans les faisceaux ligneux dont les vaisseaux, bouchés vers l'extrémité par le méristème où ils se terminent, le conduisent du
sommet de la racine vers sa base, jusqu'à son insertion sur la
tige. Les faisceaux ligneux sont les voies, et les voies exclusives,
du courant ascendant. Pour le prouver, on coupe à une certaine
distance de sa pointe une racine assez grosse. A partir de la section, on enlève l'écorce, on évide le cylindre central et l'on entaille le manchon qui reste à l'endroit de chaque faisceau libérien
de manière à isoler les faisceaux ligneux. Cela fait, si l'on plonge
dans l'eau la région réduite à ces filets, la tige feuillée attenante à
la racine se conserve fraiche. Elle se fane au contraire si, dans la
base émergée d'une racine entière plongée dans l'eau, on pratique
à travers l'écorce, avec une aiguille coupante, la section de tous
les faisceaux ligneux ; l'écorce, le conjonctif et les faisceaux libériens demeurés intacts ne servent donc pas au transport. On peut
encore couper vers son extrémité une racine attenant à une tige
feuillée et plonger la section dans une dissolution colorée, dans
la fuchsine, par exemple. Après quelques heures, si l'on pratique
des coupes transversales à diverses hauteurs dans cette racine, on
voit que le liquide coloré remplit les vaisseaux dont il colore fortement les membranes lignifiées. Il y est tout d'abord exclusivement localisé ; l'écorce, le conjonctif et les faisceaux libériens demeurent incolores.

Chemin faisant, les cellules voisines des faisceaux ligneux soutirent des vaisseaux par osmose l'eau et les matières dissoutes dont elles ont besoin. Sur le grand courant vertical s'insèrent donc un grand nombre de petits courants horizontaux dérivés, qui se dirigent aussi bien vers l'extérieur dans l'écorce, à travers le péricycle et l'endoderme, que vers l'intérieur jusqu'au centre de la moelle. C'est la raison d'être de la sculpture des vaisseaux, d'assurer par les places minces le passage latéral des liquides, en même temps que leur soutien et le maintien de leur calibre malgré la turgescence des cellules voisines sont obtenus par les places épaissies et lignifiées. C'est aussi en vue de permettre le passage latéral des liquides des vaisseaux dans l'écorce que l'endoderme, quand il est fortement épaissi et lignifié, garde des places minces en face des faisceaux ligneux, comme il a été dit page 91.

Sous quelle impulsion le liquide, une fois introduit dans les vaisseaux et devenu ce qu'on appelle la *sève*, les parcourt-il dans toute leur longueur jusqu'à la tige? Il faut se rappeler que les phénomènes osmotiques dont l'assise pilifère d'abord, et ensuite les autres assises de l'écorce sont le siège pendant l'absorption, joints à la forte turgescence des cellules qui en résulte, développent une pression qui foule le liquide dans les vaisseaux. Impossible vers la pointe, où les vaisseaux viennent se fermer dans le méristème, le mouvement du liquide, sous l'influence de cette poussée, ne peut se produire que vers la base du membre.

Il est facile de mettre en évidence l'existence de cette poussée de bas en haut à partir de la région des poils, et d'en mesurer la force. Après le coucher du soleil, on tranche au ras du sol la tige de la plante; on déterre le pivot de la racine sur une étendue de quelques centimètres et l'on y ajuste un tube de verre avec un manchon de caoutchouc. Bientôt la sève sort par la section, monte dans le tube où elle continue de s'élever pendant six à huit jours, atteignant finalement plusieurs fois le volume de la racine. Si, avant de fixer le tube, on observe la section du pivot à la loupe, après l'avoir essuyée avec du papier buvard, on s'assure que le liquide ne perle que sur les faisceaux ligneux, où il s'échappe surtout par l'ouverture des vaisseaux les plus larges : ce qui vient confirmer encore le résultat établi plus haut. Si maintenant on ajuste à la racine un manomètre approprié, on voit que, même dans des végétaux de petite taille, le liquide continue de s'échapper sous une pression de plusieurs centimètres de

mercure. Ainsi la pression s'élève : dans le Haricot, à 159 millimètres ; dans l'Ortie, à 354 millimètres ; dans la Digitale, à 461
millimètres. Dans les plantes ligneuses, cette pression est plus
considérable ; dans la Vigne, par exemple, elle atteint et dépasse
une atmosphère. Encore ne mesure-t-on pas ainsi la poussée
initiale, née du jeu des phénomènes osmotiques dans la région
des poils, mais seulement la pression que le liquide peut vaincre
encore quand il est arrivé à la base de la tige ; il est évident
qu'en parcourant la racine dans toute sa longueur, il a déjà surmonté d'innombrables obstacles, dont la grandeur totale est inconnue.

**Transport vers le sommet de la racine des substances
plastiques venues de la tige.** — Les substances plastiques
produites par le travail d'assimilation dont les feuilles sont,
comme nous le verrons plus tard, les organes essentiels, sont
amenées de la tige dans la racine et cheminent ensuite dans toute
la longueur de ce membre et de ses ramifications, jusqu'à la
pointe extrême. Ce transport descendant s'opère par les tubes
criblés, qui composent les faisceaux libériens. On a vu, en effet,
que ces tubes sont remplis de substances albuminoïdes, de consistance épaisse et granuleuse, renfermant souvent des grains
d'amidon. Ces matières, dépassant la région des poils, parviennent jusque dans le méristème et jusqu'aux cellules mères de ce
méristème, dont elles alimentent la croissance et le cloisonnement. L'impulsion qui les déplace lentement dans les tubes criblés n'est autre que l'appel déterminé par la lente consommation
au lieu d'emploi. Il n'y a pas ici de poussée, comme pour le
liquide clair des vaisseaux.

Résumé des fonctions de transport. — En résumé, le
transport des liquides et des substances nécessaires à la nutrition,
qui est la fonction interne principale de la racine, s'y opère par
deux séries de courants parfaitement rectilignes, de sens inverse
et régulièrement internes. Les uns, ascendants, dirigés du sommet
à la base, ont leur siège dans les faisceaux ligneux, où se déplace
rapidement un liquide clair chargé surtout de matières minérales.
Les autres, descendants, dirigés de la base au sommet, passent
dans les faisceaux libériens, où glisse lentement une substance
pâteuse. Les premiers partent de la région des poils, les seconds
dépassent ce niveau et parviennent jusque dans les profondeurs
du méristème.

Fonctions internes accessoires. — La racine se protège à l'aide de son assise subéreuse, surtout lorsqu'elle est cloisonnée et forme une couche subéreuse plus ou moins massive, quelquefois aussi à l'aide de son assise pilifère subérisée et persistante, surtout lorsqu'elle se cloisonne et forme un voile plus ou moins épais. L'endoderme, de son côté, surtout lorsqu'il sclérifie ses membranes, protège directement le cylindre central. La racine se soutient à l'aide des divers tissus lignifiés qui peuvent se rencontrer, comme on l'a vu plus haut, tout aussi bien dans l'écorce que dans le cylindre central; l'endoderme notamment, quand il est fortement scléreux, soutient en même temps qu'il protège. Protection et soutien sont deux fonctions internes mécaniques.

La sécrétion s'opère dans la racine à l'aide de divers tissus dont l'ensemble compose l'appareil sécréteur de ce membre et qui peuvent se rencontrer, comme on l'a vu plus haut, dans toutes ses régions, depuis l'assise subéreuse jusqu'au centre de la moelle. Enfin la mise en réserve a lieu dans toutes les portions du parenchyme cortical ou conjonctif non affectées aux trois fonctions précédentes. Quand la racine se tuberculise dès le début, en exagérant le développement soit de son écorce comme dans la Ficaire ou les Orchides, soit de sa moelle comme dans l'Asphodèle ou l'Hémérocalle, elle devient un dépôt spécial de substances nutritives mises en réserve par les développements ultérieurs de la plante, ce qu'on peut appeler un *réservoir nutritif* primaire. La nature des substances ainsi accumulées dans les cellules du parenchyme et la forme qu'elles y prennent sont très diverses. Dans la Ficaire, l'écorce a ses cellules bourrées de grains d'amidon. Dans l'Asphodèle, la moelle a ses cellules pleines d'un suc clair tenant en dissolution du sucre de Canne. Dans les Orchides, le parenchyme qui résulte de la confluence des écorces des racines constitutives contient de l'amidon dans certaines de ses cellules, de la gomme dans les autres.

Quand la racine s'épaissit par la formation de tissus secondaires (p. 111), surtout quand cette formation est assez exubérante pour provoquer la tuberculisation du membre (fig. 43), le parenchyme secondaire se charge de substances de réserve, sucre de Canne (Bette vulgaire, Radis cultivé, Dauce carotte, etc.), amidon (Batate comestible, etc.), inuline (Dahlie variable, etc.), et il se constitue de la sorte un réservoir nutritif secondaire.

Qu'ils soient renfermés dans un parenchyme primaire ou dans

un parenchyme secondaire, les matériaux de réserve sont plus tard transformés et digérés sur place, le sucre de Canne par l'invertine, l'amidon par l amylase, etc.; devenus ainsi assimilables, ils sont utilisés pour les développements ultérieurs. Accumuler des réserves et les digérer est donc une fonction interne accessoire de la racine.

CHAPITRE TROISIÈME

LA TIGE

La tige existe, on l'a vu, chez les Phanérogames, les Cryptogames vasculaires et les Muscinées; c'est à la base de ce troisième groupe qu'elle apparaît et l'on y peut suivre pas à pas, chez les Hépatiqu s, la différenciation progressive du corps, depuis le thalle le plus simple jusqu'à la tige feuillée la mieux caractérisée. Cette même différenciation commence à se manifester aussi çà et là au sommet du groupe des Thallophytes, notamment, parmi les Algues, chez les Characées et certaines Floridées. Nous allons étudier ce membre, comme nous l'avons fait pour la racine, d'abord au point de vue morphologique, puis au point de vue physiologique.

SECTION I

MORPHOLOGIE DE LA TIGE

L'étude morphologique de la tige exige que l'on considère ce membre d'abord dans sa forme extérieure et tout ce qui s'y rattache, puis dans sa structure et tout ce qui en dérive.

§ 1

Forme extérieure de la tige.

Conformation générale de la tige. — La tige jeune a ordinairement la forme d'un cylindre grêle, dressé verticalement sous l'influence de la pesanteur, comme on le verra plus tard, terminé au sommet en un cône obtus et attaché par sa base à la base de la racine terminale, qui la fixe au sol. Cette forme est symétrique par rapport à son axe, lequel est dans le prolongement de l'axe de symétrie de la racine terminale. La ligne circulaire de jonction de la tige avec la racine terminale, située d'ordinaire au niveau de la surface du sol, est le *collet*.

Sur les flancs de la tige sont insérés de distance en distance ces membres aplatis qu'on appelle des feuilles. Le disque transversal où s'attache une feuille, souvent un peu renflé, est un *nœud*, et l'intervalle qui sépare deux feuilles consécutives est un *entre-nœud*. La tige se compose donc d'une série alternative de nœuds et d'entre-nœuds. Il faut remarquer seulement que l'entre-nœud inférieur s'étend de la base de la tige, du collet, à la première feuille, et l'entre-nœud supérieur, de la dernière feuille au sommet.

A mesure qu'on s'approche du sommet, les entre-nœuds deviennent de plus en plus courts, et les feuilles, toujours étalées, se rapprochent de plus en plus. Au voisinage même du sommet, les feuilles, plus petites et serrées les unes contre les autres, ne sont plus étalées, mais relevées et recourbées autour du sommet de la tige, qu'elles enveloppent en se recouvrant les unes les autres. Cet ensemble conique formé par l'extrémité courte de la tige et par les petites feuilles serrées et recourbées qui l'enveloppent est un *bourgeon*, c'est le bourgeon *terminal*. Il faut l'ouvrir, en

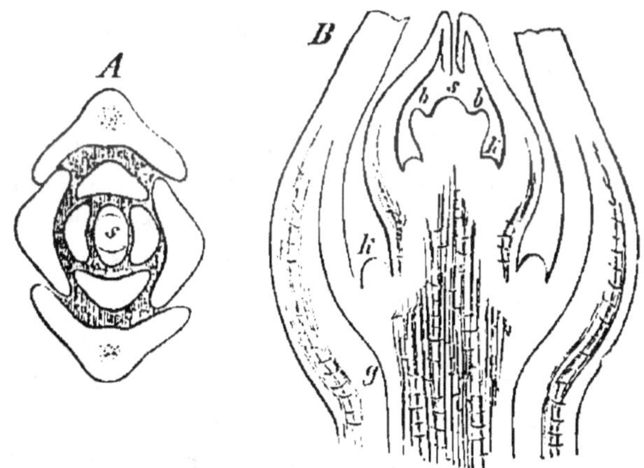

Fig. 47. — Bourgeon terminal de la Coriaire. *A*, en coupe transversale ; *B*, en coupe longitudinale axile : *s*, sommet de la tige ; *b*, feuilles ; *k*, leurs bourgeons axillaires.

écarter les feuilles une à une, depuis les plus grandes et les plus basses qui sont en dehors, jusqu'aux plus petites et les plus hautes qui sont en dedans, pour mettre à nu le sommet même de la tige.

On arrive encore à ce résultat en pratiquant dans le bourgeon terminal une section longitudinale axile, ou une section transversale au-dessus des dernières feuilles (fig. 47).

A mesure que la tige grandit, les feuilles externes du bourgeon s'accroissent, se séparent des autres en s'incurvant vers le bas et se disposent enfin horizontalement ; elles *s'épanouissent*, comme on dit. Mais, en même temps, il s'en forme de nouvelles à l'intérieur et plus près du sommet, de sorte que le bourgeon conserve sa composition première. Au centre du bourgeon, le sommet de la tige se montre, suivant les plantes, arrondi en hémisphère, allongé en cône ou aplati en forme de plateau ; mais dans tous les cas son contour est la continuation directe de la surface latérale ; il n'y a donc ici rien qui ressemble à la coiffe de la racine. Non pas que la tige n'ait, tout autant que la racine, besoin de protéger sa pointe, notamment contre la pluie, le vent, le soleil, les insectes, etc.; mais cette protection, les feuilles recourbées du bourgeon, qui la recouvrent comme d'un toit, la lui assurent déjà de la manière la plus efficace : une coiffe lui serait inutile. Contrairement à ce qui a lieu pour la racine, la surface de la jeune tige est donc dans toute son étendue une surface primitive. Cette surface est d'ailleurs tantôt parfaitement lisse et la tige est *glabre*, tantôt hérissée de poils de forme, de structure et de rôle différents, comme il sera dit plus loin, et la tige est *velue*.

Ordinairement cylindrique, la tige prend quelquefois des protubérances aplaties et acérées qu'on nomme des *aiguillons*, comme dans les Rosiers et les Ronces ; ou bien elle forme des arêtes longitudinales qui lui donnent une forme prismatique, triangulaire comme dans les Laiches, quadrangulaire comme dans les Labiées et la Scrofulaire, ou à côtes multiples comme dans les Cierges. Si ces arêtes se prononcent davantage, elles deviennent des *ailes* et la tige est *ailée*, comme dans les Gesses ; s'il n'y a que deux ailes opposées, elle est aplatie en ruban, comme dans les Epiphylles.

Si sa consistance est et demeure molle et charnue, la tige est *herbacée* et la plante une *herbe*; quand elle devient bientôt dure et sèche, la tige est *ligneuse* et la plante est, suivant son mode de ramification, un *arbuste* ou un *arbre*.

Croissance de la tige. — Conformée comme il vient d'être dit, la tige croit dans la direction verticale. Il s'opère d'abord un allongement à l'intérieur du bourgeon. Le cône terminal de la tige s'accroît peu à peu, lentement, et à mesure il forme sur ses flancs de petites feuilles nouvelles au-dessus des anciennes. En d'autres termes, il se fait continuellement, dans le bourgeon et de bas en haut, de nouveaux nœuds et de nouveaux entre-nœuds. En même temps, les feuilles externes s'épanouissent et les entre-nœuds qui les séparent sortent peu à peu du bourgeon. Cette entrée incessante de nouveaux nœuds et entre-nœuds au sommet du bourgeon et cette sortie simultanée d'autant de nœuds et d'entre-nœuds à sa base, constitue la *croissance terminale* de la tige, croissance formatrice et nécessaire.

Une fois sortis du bourgeon par le mouvement de glissement qu'on vient de décrire, les entre-nœuds se comportent de deux manières différentes. Quelquefois ils ne s'allongent pas, les feuilles épanouies demeurent aussi serrées sur les flancs de la tige qu'elles l'étaient dans le bourgeon et en masquent la surface, qu'on ne voit nulle part à nu (Fougères arborescentes, beaucoup de Palmiers, Aloès, Cycadées, Thuier, Cyprès, Plantain, Pissenlit, etc.); la tige n'a pas alors d'autre allongement que sa croissance terminale. Mais, le plus souvent, les entre-nœuds s'allongent après leur sortie du bourgeon, parfois jusqu'à atteindre plusieurs milliers de fois leur dimension première; les feuilles s'écartent de plus en plus, et entre elles la tige se trouve largement mise à nu. Cet allongement entre les feuilles constitue la *croissance intercalaire* de la tige. La même tige peut d'ailleurs tour à tour, aux diverses époques de son développement, allonger ou non ses entre-nœuds, ajouter ou non à sa croissance terminale une croissance intercalaire. Les premiers entre-nœuds, par exemple, restent très courts et les feuilles sont rapprochées en rosette; les suivants s'allongent beaucoup, et du centre de la rosette part une tige élancée; les derniers demeurent courts de nouveau et il se fait une rosette terminale, qui est ordinairement une fleur ou un groupe de fleurs (Agave, Plantain, Pissenlit, etc.).

Quand elle a lieu, la croissance intercalaire suit toujours la même marche. Dans un entre-nœud donné, elle est lente au début, puis de plus en plus rapide, jusqu'à un certain maximum; elle se ralentit ensuite de nouveau, jusqu'à s'annuler tout à fait. De sorte que si, sur les jours pris comme abscisses, on élève des ordonnées proportionnelles aux allongements quotidiens, on obtient une courbe dont la figure 48 donne un exemple pour la Fritillaire impériale. La croissance d'un entre-nœud de la tige de Fritillaire dure vingt jours, comme on voit, et c'est le sixième jour qu'elle atteint son maximum. Ailleurs, dans le Houblon, par exemple, elle est plus rapide et plus vite épuisée.

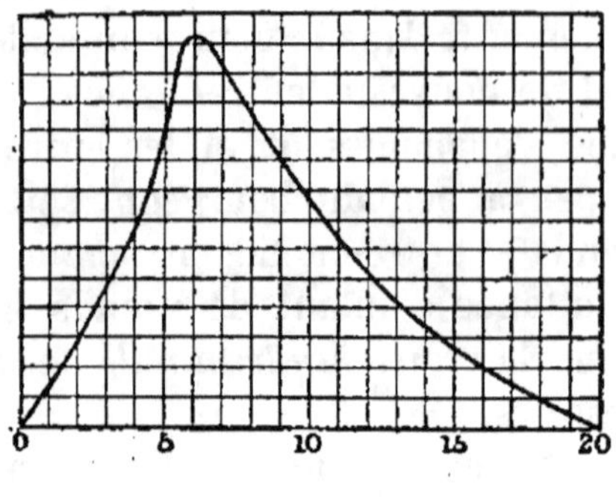

Fig. 48.

Pendant que l'entre-nœud considéré passe par ces diverses phases, d'autres sortent successivement du bourgeon au-dessus de lui, qui le repoussent de plus en plus loin du sommet. Au moment où sa croissance prend fin, la distance qui sépare sa limite supérieure de la base du bourgeon terminal mesure la longueur de tige actuellement en voie de croissance intercalaire. Suivant les plantes, cette longueur est assez variable et ne renferme pas toujours le même nombre d'entre-nœuds. Ainsi par exemple, dans l'Asperge elle mesure 20 centimètres avec un grand nombre d'entre-nœuds, dans la Renouée 15 centimètres avec 5 entre-nœuds, dans la Valériane 25 centimètres et dans la Cardère 40 centimètres avec 4 entre-nœuds, dans la Céphalaire 35 centimètres avec 3 entre-nœuds. Dans la région florifère, la région de croissance peut même se réduire à un seul entre-nœud et être cependant très longue, mesurer par exemple 50 centimètres dans l'Ail oignon et 40 centimètres dans l'Ail poireau.

Quand la région de croissance intercalaire comprend plusieurs entre-nœuds, chacun d'eux se trouve, à un moment donné, dans une phase différente de sa croissance propre et, si l'on en considère à ce moment toute la série du sommet à la base, on doit trouver, en passant de l'un à l'autre le long de la tige, la même succession de phases que l'on a constatée en passant d'un jour à l'autre dans l'un quelconque d'entre eux, ce que l'observation directe vérifie pleinement. En mesurant une première fois chacun des entre-nœuds de la région de croissance, puis de nouveau le jour suivant, on voit, en effet, que l'allongement, faible sur ceux d'en haut, augmente rapidement et atteint son maximum quelque part sur un entre-nœud moyen, puis diminue progressivement et s'annule sur le dernier d'en bas. La courbe des allongements simultanés des divers entre-nœuds, construite sur la tige elle-même, a donc la même forme que celle des allongements successifs d'un même entre-nœud, construite sur la ligne des temps (fig. 48). Cette forme varie d'ailleurs suivant les plantes, car la vitesse de croissance a son maximum tour à tour dans le second, le troisième, le quatrième ou le cinquième entre-nœud à partir du bourgeon.

Capacité de croissance de la tige. — Si l'on appelle *capacité de croissance* d'un entre-nœud la faculté qu'il a d'acquérir en définitive une certaine longueur, on verra que cette capacité varie le long de la même tige suivant une certaine loi. Dans une tige qui a achevé sa croissance, mesurons tous les entre-nœuds, de la base au sommet. Les premiers sont courts, parfois nuls, les suivants de plus en plus longs et il en est un quelque part dans la région moyenne qui est le plus long de tous ; après quoi, ils deviennent de moins en moins longs et les derniers sont de nouveau très courts et parfois nuls. En élevant sur la tige, perpendiculairement au milieu de chaque entre-nœud, une ordonnée proportionnelle à la longueur définitive de cet entre-nœud, on obtient la courbe des capacités de croissance de la tige. Le numéro d'ordre du plus long entre-nœud, c'est-à-dire l'âge où la tige acquiert sa plus grande capacité de croissance, varie suivant les plantes, et avec lui la forme particulière de la courbe, qui conserve partout son caractère général.

La largeur définitive des entre-nœuds varie le long de la tige comme leur longueur et suivant la même loi. Les premiers entre-nœuds sont grêles, les suivants de plus en plus larges, jusqu'à un certain diamètre, qui se conserve ensuite plus ou moins longtemps ; après quoi, les entre-nœuds deviennent de plus en plus grêles. Dans son ensemble, la tige prend ainsi la forme d'un fuseau ; cette forme est souvent très frappante (Fougères arborescentes, Palmiers, Pandanées, Aroïdées, Maïs, etc.). Quelquefois elle s'exagère, le renflement se localise, la tige se dilate tout à coup fortement pour reprendre un peu plus haut et brusquement son diamètre primitif ; la région renflée est alors un *tubercule* (Morelle tubéreuse, Safran, Cyclame, certains Palmiers, etc.). Chez plusieurs Cactées, la tige tout entière n'est ainsi qu'un tubercule arrondi (Mamillaire, Échinocacte, etc.) ou aplati (Oponce).

Circumnutation de la tige. Tiges volubiles. — Si la croissance intercalaire de la tige avait la même vitesse sur toutes les lignes longitudinales qu'on peut tracer à sa surface, l'allongement aurait lieu en ligne droite. Il n'en est pas ainsi. A un moment donné, la vitesse de croissance est plus grande suivant l'une de ces lignes que suivant toutes les autres et par conséquent la tige se courbe en devenant convexe de ce côté. La ligne de plus fort allongement se déplaçant progressivement et régulièrement autour de l'axe, il en résulte que la tige imprime à son sommet un mouvement circulaire ou elliptique le long d'une hélice ascendante. En un mot, elle est douée d'une circumnutation, beaucoup plus ample et plus rapide que celle de la racine, puisque la région de croissance y est beaucoup plus longue.

Le sens du mouvement révolutif est constant dans une plante donnée, mais varie d'un végétal à l'autre; il s'opère le plus souvent de gauche à droite en montant, quand on a la tige devant soi (Haricot, Liseron, Ipomée, etc.), parfois de droite à gauche (Houblon, Chèvrefeuille, etc.). Le nombre des tours, cercles ou ellipses, décrits en un temps donné par le sommet de la tige varie beaucoup suivant les plantes. Ainsi en 12 heures, la tige du Chou et de la Courge fait 4 tours, pendant que celle de la Morelle et de l'Oponce n'en fait qu'un seul. La tige de l'Ibéride et de l'Azalée ne décrit en 24 heures qu'une seule large ellipse; celle de la Deutzie trace 4 ou 5 ellipses étroites en 11 heures et demie; celle du Trèfle fait 3 tours en 7 heures. Parfois les ellipses sont extrêmement étroites; la tige, après s'être courbée dans un sens, se redresse alors et se penche en sens contraire, exécutant ainsi une série de flexions alternatives, une série d'oscillations dans le même plan (tige florifère de l'Ail poireau).

Le plus souvent les courbures de circumnutation sont éphémères, comme la cause qui les produit; en cessant de croître, les entre-nœuds reprennent la direction verticale. Il y a pourtant des plantes dont la tige, quand elle vient toucher un support dressé dont la largeur ne dépasse pas l'ampleur de ses révolutions, s'enroule en hélice autour de ce support et conserve ensuite indéfiniment cette courbure, se bornant, à la fin de la croissance, à resserrer et à écarter les tours de l'hélice, qui sont au début lâches et rapprochés. Une pareille tige est dite *volubile*. Comme celui de la circumnutation qui le produit, le sens de l'enroulement est en général constant dans la même espèce. La plupart des tiges volubiles s'enroulent à droite, comme le Liseron, la Calystégie, l'Ipomée, le Haricot, l'Aristoloche, le Jasmin, l'Asclépiade, le Ménisperme, etc.; un petit nombre seulement s'enroulent à gauche, comme le Houblon, le Chèvrefeuille, le Tamier, la Renouée grimpante, etc. Les diverses espèces d'un même genre enroulent ordinairement leur tige dans le même sens; cependant la Dioscorée batate est volubile à gauche, tandis que les Dioscorées villeuse, cultivée, discolore, etc., sont volubiles à droite. Enfin dans la Morelle douce-amère, le sens de l'enroulement, constant dans toute l'étendue de la tige, varie d'une plante à l'autre de la même espèce. Dans les tiges volubiles, le mouvement révolutif s'accomplit avec une grande uniformité; dans les conditions favorables, la Calystégie des haies, par exemple, met 1 heure 42 pour faire un tour, le Haricot vulgaire 1 heure 57.

Torsion de la tige. — Quand la tige est douée d'une forte croissance intercalaire, il arrive souvent que cette croissance dure plus longtemps dans la couche externe des entre-nœuds que dans leur région centrale. Il en résulte que les lignes superficielles deviennent plus longues que l'axe et, en conséquence, s'enroulent autour de lui en forme d'hélices plus ou moins raides, absolument comme si, fixant la tige par une extrémité, on la tordait par l'autre bout; en un mot, il s'opère une *torsion* de la tige. Le sens de la torsion est ordinairement constant pour une espèce donnée et il est le même que celui de la circumnutatiou. La tige du Liseron et du Haricot, par exemple, qui tourne vers la droite, est tordue vers la droite; celle du Houblon et du Chèvrefeuille, qui tourne vers la gauche, se tord aussi vers la gauche.

Ramification de la tige. — A mesure qu'elle s'allonge, la tige se ramifie. C'est en rapport avec les feuilles et généralement au-dessus du milieu de chaque feuille, que le phénomène se produit. Là, le corps de la tige forme une protubérance arrondie, dont la surface est et demeure continue avec la sienne. Cette protubérance s'allonge par son sommet et en même temps forme sur ses flancs, de bas en haut, de petites excroissances qui s'appliquent contre elle en se recouvrant les unes les autres et qui sont autant de jeunes feuilles. Le tout devient, en un mot, un bourgeon, constitué comme le bourgeon terminal de la tige : c'est un bourgeon latéral. Si l'on appelle *aisselle* de la feuille l'angle qu'elle fait avec la partie supérieure de la tige et où naît le bourgeon latéral, on appellera celui-ci *bourgeon axillaire*. La formation de ce bourgeon axillaire a lieu quand la feuille est encore très jeune, au sein même du bourgeon terminal (fig. 47, *k*). Entre le bourgeon latéral le plus jeune et le sommet de la tige, on rencontre cependant un certain nombre de feuilles dépourvues de protubérance axillaire. Le plus jeune bourgeon naît donc plus tard que la plus jeune feuille.

Pour chaque bourgeon axillaire, les choses se passent ensuite comme pour le bourgeon terminal. Il s'y forme sans cesse de nouveaux nœuds et de nouveaux entre-nœuds; les premiers épanouissent progressivement leurs feuilles; les seconds, une fois sortis du bourgeon, subissent leur croissance intercalaire en passant par toutes les phases indiquées plus haut. Il en résulte bientôt une tige nouvelle, une tige de second ordre, portant sur ses flancs des feuilles épanouies, terminée par le bourgeon qui lui a donné naissance et qui continue à l'accroître, et attachée par sa base sur la tige primaire.

Il se fait ainsi peu à peu sur la tige, à l'aisselle de ses feuilles et de la base au sommet, toute une génération de tiges secondaires, d'autant plus jeunes et plus courtes qu'on se rapproche de l'extrémité de la tige primaire, laquelle dépasse plus ou moins longuement ses dernières ramifications. Il en résulte un ensemble en forme de cône. Si la tige primaire continue de croître indéfiniment en formant de nouvelles tiges secondaires au-dessus des anciennes et en maintenant toujours sur elles sa prééminence originelle, si en même temps les tiges secondaires poursuivent leur croissance en gardant leur proportion relative, le cône, à mesure qu'il grandit, conserve son ouverture moyenne (Sapin, Épicéa, la plupart des arbres jeunes, etc.). Si la tige primaire continue de croître pendant que les tiges secondaires cessent bientôt de s'allonger, le cône devient très aigu (Thuier, l'euplier pyramidal, etc.). Si, au contraire, la tige principale se développe peu, tandis que les tiges secondaires attachées vers sa base grandissent beaucoup, le cône devient de plus en plus obtus, ce qui est le caractère général des arbustes et des buissons. On voit que le développement relatif de la tige primaire et des tiges secondaires influe sur la forme générale du système aérien, sur ce qu'on nomme le *port* de la plante. Toutes ces différences d'aspect ont été déjà rencontrées dans la racine (p. 72), où elles sont dues à la même cause.

A leur tour, les tiges secondaires produisent, à l'aisselle de leurs feuilles et de bas en haut, des bourgeons axillaires qui s'allongent en tiges tertiaires. Ces dernières forment de même des tiges de quatrième ordre, et ainsi de suite indéfiniment. On désigne habituellement sous le nom commun de *branches* toutes ces tiges de générations successives, implantées obliquement les unes sur les autres et toutes ensemble sur la tige primaire verticale, en réservant pour celle-ci seule le nom de tige ou de *tronc;* les branches du dernier ordre reçoivent alors le nom de *rameaux.*

Il n'est pas rare que le bourgeon terminal avorte quand la tige a acquis une certaine longueur. C'est alors la branche formée à l'aisselle de la dernière feuille qui vient se placer dans la direction de la tige pour la continuer. À son tour, cette branche, comme toutes ses congénères, perd bientôt son bourgeon terminal et c'est la branche de second ordre la plus proche qui en prend la direction, et ainsi de suite. Le tronc, en apparence simple, qui se trouve constitué par cette superposition de segments de génération successive, s'appelle un *sympode* et l'on dit que la ramification est *sympodique* (Tilleul, Orme, Charme, Coudrier, Saule, Bouleau, Prunier, Robinier, Gainier, etc.). Si la même atrophie du bourgeon terminal se produit avec des feuilles opposées deux par deux, les deux branches supérieures, en se développant également, forment une fourche ou, comme on dit, une *fausse dichotomie* (Gui, Lilas, etc.).

Il ne se fait pas toujours un bourgeon à chaque feuille (beaucoup de Mousses, de Conifères, etc.) et tous les bourgeons latéraux ne se développent pas toujours en branches (beaucoup de Palmiers, de Liliacées, de Graminées, etc.). Aussi la ramification de la tige est-elle souvent beaucoup moins compliquée qu'elle ne pourrait l'être. Il y a pourtant un moyen de forcer les bourgeons inactifs à s'allonger en branches : c'est de couper la région supérieure de la tige. Non seulement les bourgeons inférieurs se développent alors, mais la branche la plus proche de la section, se plaçant dans le prolongement de la tige, la continue et en répare en quelque sorte l'extrémité supprimée, comme cela se produit dans la formation naturelle des sympodes.

Inversement, il naît assez souvent plus d'un bourgeon à l'aisselle de chaque feuille, de sorte que la ramification est plus touffue que d'ordinaire. Tantôt ces bourgeons multiples sont disposés côte à côte en une série parallèle à l'attache de la feuille : ils sont alors *collatéraux* (Prunier, beaucoup de Graminées, certaines Liliacées, etc.). Tantôt ils sont placés l'un au-dessus de l'autre en une série verticale, au-dessus du milieu de l'attache foliaire : ils sont *superposés* (Aristoloche, Noyer, Charme, Robinier, Chèvrefeuille, etc.). Le Noyer possède cinq à huit bourgeons superposés à l'aisselle de ses cotylédons; le Chicot du Canada en a jusqu'à onze.

Les bourgeons latéraux ne sont pas toujours disposés exactement à l'aisselle des feuilles. Ils sont quelquefois situés au-dessus des feuilles, mais de côté, alternativement à droite et à gauche, si les feuilles sont isolées (Monstérées, Marsiliacées, Salviniacées, etc.), ou en alternance avec les feuilles, si elles sont verticillées (Prèle). Ailleurs ils naissent au-dessous des feuilles (Mousses, certaines Hépatiques, etc.). Enfin ils se développent parfois sur la tige sans aucun rapport avec les feuilles, quoique avec une parfaite régularité; c'est ce qu'on observe notamment chez les Lycopodinées. Dans les Sélaginelles, par exemple, il se forme de temps en temps sous le sommet de la tige et sans relation avec les feuilles, un bourgeon situé alternativement à droite et à gauche, mais toujours dans le même plan; ce bourgeon se développe en une branche quelquefois aussi vigoureuse que la portion supérieure de la tige, qu'elle rejette latéralement, de manière à simuler une dichotomie. Dans les Psilotes, les fausses dichotomies se répètent dans des plans alternativement rectangulaires.

Diversité d'origine de la tige. Bourgeons adventifs. — Ordinairement la tige tire son origine des premiers développements de l'œuf. Dès que l'œuf, en se cloisonnant, est devenu un massif de cellules, la tige se différencie dans ce massif et ne tarde pas à former autour de son sommet libre une ou plusieurs feuilles, c'est-à-dire son bourgeon terminal. L'autre extrémité est bientôt occupée par la racine. Plus tard, cette tige, qu'on peut appeler *normale*, pour la distinguer de celles qui ont une autre origine, s'allonge et se ramifie comme il vient d'être dit.

Certaines plantes, d'ailleurs pourvues de tiges, n'ont jamais de pareille tige normale, soit parce que l'œuf n'en produit pas, comme dans les Mousses et aussi dans les Orchidées, soit parce que la tige issue de l'œuf s'atrophie aussitôt avec son bourgeon terminal, comme dans quelques Phanérogames (Streptocarpe, etc.); il faut bien alors que la tige prenne son origine ailleurs. Mais, même chez les plantes qui ont une tige normale, il arrive qu'il se produit, dans certaines circonstances, des tiges de cette seconde sorte, qui s'ajoutent à la première. Dans les conditions naturelles, ces tiges peuvent naître sur un corps non différencié, filamenteux

(Mousses) ou lamelliforme (Orchidées), sur une jeune feuille (diverses Doradilles et Cératopérides, Bryophylle, Cardamine, etc.), ou sur une jeune racine (Cresson, Chou, Anémone, Géraine, Euphorbe, Liseron, Linaire, Cirse, Laiteron, Peuplier, Poirier, Ronce, etc.); dans ce dernier cas, on les nomme habituellement *drageons*. Elles y commencent toujours par la formation d'autant de bourgeons, qui s'allongent ensuite et se ramifient à la manière ordinaire. Comme ces bourgeons viennent sur ces diverses parties en des points quelconques et sans régularité, on les dit *adventifs*. On les distingue par là des bourgeons normaux, qui se forment sur la tige en des places fixes en rapport avec les feuilles, qui produisent la ramification de la tige et par conséquent l'architecture de la plante. Toute tige issue d'un pareil bourgeon est dite de même *adventive*.

Sur un corps non différencié ou sur une feuille, les bourgeons adventifs sont exogènes, comme le sont toujours les bourgeons normaux; dans la Bégonie, ils naissent même chacun d'une seule cellule périphérique de la feuille. Sur la racine et sur l'entre-nœud inférieur de la tige normale, ils sont, au contraire, endogènes, excepté chez les Linaires, où ils sont exogènes. Ces bourgeons radicaux endogènes se disposent sur la racine mère dans les mêmes rangées longitudinales que les radicelles, auxquelles ils sont diversement entremêlés (fig. 49). Comme les radicelles, mais un peu plus tard, ils naissent dans le péricycle de la racine; comme elles, ils attaquent

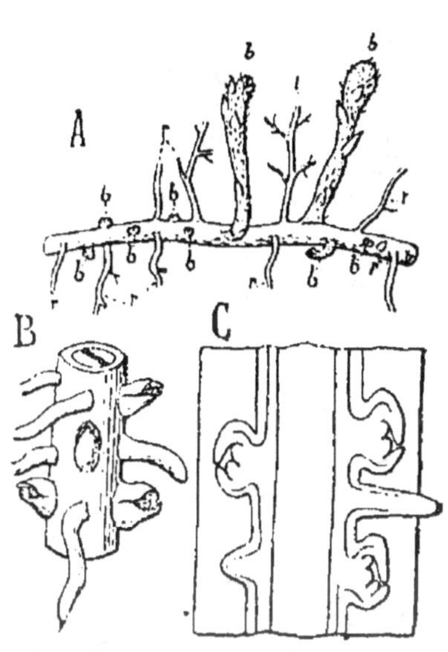

Fig. 49. — Formation de bourgeons sur la racine. A, dans la Ronce; les bourgeons *b*, à divers degrés de développement, sont disposés en quatre séries équidistantes, entremêlés aux radicelles *r*. B, dans l'Alliaire; les bourgeons et les radicelles sont en quatre rangées rapprochées deux par deux. C, coupe longitudinale axile de la racine d'Alliaire, montrant les bourgeons et les radicelles encore inclus et nés à la même profondeur.

et digèrent progressivement l'écorce de la racine pour paraître au dehors, et la digestion semble ici toujours directe, sans poche (fig. 50). Comme les radicelles aussi, ils sont situés en face des faisceaux ligneux, en disposition isostique, si la racine mère en a plus de deux (Liseron, Géraine, Euphorbe, etc.) (fig. 50, *A*), de part et d'autre des faisceaux ligneux, en disposition diplostique, si la racine mère est binaire (fig. 50, *B*) (Crucifères, Anémone, etc.).

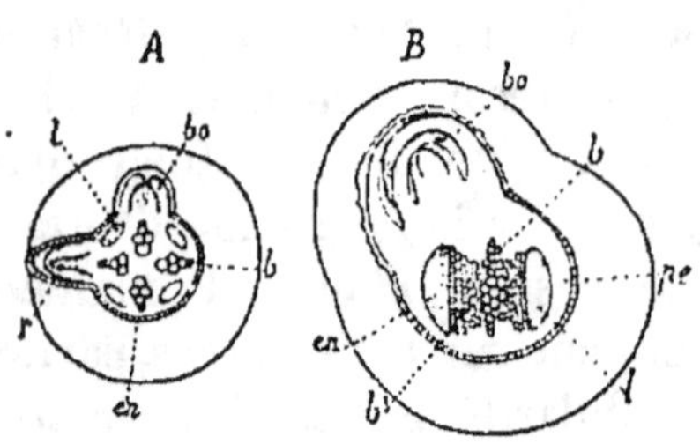

Fig. 50. — Section transversale d'une racine passant par l'axe d'un bourgeon. *A*, racine terminale quaternaire de Liseron ; le bourgeon *bo*, comme la radicelle *r*, naît dans le péricycle en face d'un faisceau ligneux *b*, mais sans poche. *B*, racine terminale binaire d'Anémone ; le bourgeon *bo* naît dans le péricycle *pe* latéralement par rapport au faisceau ligneux *b* et sans poche.

Production artificielle de tiges adventives. Applications. — Il est facile de provoquer artificiellement sur une feuille, sur une racine ou sur une tige, cette formation de bourgeons adventifs, bientôt développés en autant de tiges. Il suffit d'enterrer des feuilles ou de petits fragments de feuille de Bégonie, Gloxinie, Maclure, Pépéromie, Achimène, Marattie, etc., pour voir s'y développer, d'abord à la face inférieure des racines adventives, comme il a été dit p. 77, plus tard à la face supérieure des tiges adventives, et chaque fragment de feuille devenir ainsi l'origine d'une plante nouvelle. Le même résultat s'obtient souvent en enterrant des fragments de racine (Paulonier, Aralie, etc.). Enfin si l'on vient à blesser ou à couper une tige ligneuse, il se forme bientôt sur la plaie un bourrelet qui se couvre de bourgeons adventifs, comme on le voit notamment sur les Saules cultivés en têtards. Dans la nature, une piqûre d'insecte, ou l'érosion produite par le développement d'un Champignon parasite, suffit pour provoquer sur le Bouleau, le Charme, le Robinier, le Pin et le Sapin, la production d'un grand nombre de rameaux adventifs, nés côte à côte en des points très voisins et formant un petit buisson serré, qu'on appelle *balai de sorcière*, ou *buisson de tonnerre*. Sur le Saule, des touffes adventives analogues, mais plus petites, portent le nom de *roses de Saule*.

C'est par cette double formation, de bourgeons adventifs sur les racines déterrées et de racines adventives sur les branches enterrées, que s'explique l'expérience bien connue du retournement d'un arbre. Les Saules en particulier s'y prêtent aisément. Cette production plus ou moins facile de racines et de bourgeons adventifs, c'est à-dire de tiges adventives enracinées, sur des parties très diverses encore attachées au corps de la plante et qu'on peut en détacher sans lui nuire, ou qu'on en a séparées à l'avance, la culture l'utilise très fréquemment pour multiplier les végétaux utiles. Un morceau de feuille suffit ainsi à refaire une Bégonie nouvelle, un morceau de racine un Paulonier, un morceau de tige un Saule nouveau. C'est la facile formation sur les plaies de nombreux bourgeons adventifs, bientôt développés en branches, que l'on met à profit quand on *recèpe* les arbres, c'est-à-dire quand on en sectionne la tige soit au ras du sol pour en faire un *taillis*, soit à une certaine hauteur pour en faire des *têtards*, ou quand on les *émonde*, c'est-à-dire quand on en coupe toutes les branches latérales. Ces deux pratiques, le *recépage* et l'*émondage*, ont pour objet d'obtenir de l'arbre en peu d'années un grand nombre de branches toutes de même âge et de même force.

Définition de la tige par rapport à la racine. — L'étude de sa conformation générale, jointe à celle de sa croissance et de sa ramification, nous permet maintenant de définir la tige par rapport à la racine.

La racine a une coiffe, c'est-à-dire qu'à partir d'une petite distance du sommet sa surface a subi une dénudation précoce par l'arrachement de la couche périphérique, qui ne subsiste qu'autour de la pointe. Il en résulte pour elle l'impossibilité d'avoir des feuilles et des ramifications exogènes; ses ramifications sont endogènes. La tige n'a pas de coiffe, c'est-à-dire que sa surface est continue et primitive. Elle produit des feuilles et ses ramifications sont exogènes. Dans la pratique, la présence des feuilles et des bourgeons axillaires, toujours facile à constater, caractérise la tige, leur absence la racine.

Quand la tige est douée de croissance intercalaire, une nouvelle différence vient s'ajouter aux précédentes, tirée de la longueur de la région de croissance, qui dans la racine ne dépasse ordinairement pas 1 centimètre (p. 69).

Différenciation secondaire de la tige. — Il arrive parfois que toutes les parties du système ramifié qui forme la tige sont et demeurent de tout point semblables, ou du moins ne présentent entre elles que des différences d'âge et de position. C'est alors dans toutes ses parties une tige proprement dite, une tige ordinaire. Mais le plus souvent on voit s'établir çà et là, sur certaines branches ou sur les diverses portions de la même branche, des différences de grandeur, de forme et de constitution, qui font remarquer immédiatement ces parties parmi les branches ordinaires. Cette différenciation est due tantôt au passage d'un milieu dans un autre, tantôt dans le même milieu à une adaptation à des fonctions spéciales.

Rhizomes. — Si la tige étend ses ramifications dans deux milieux différents, dans la terre et dans l'air, par exemple, il y a dans ce fait seul une source abondante de caractères différentiels. Les branches souterraines, par leur aspect, leur forme, leur dimension, leur durée et leur structure, diffèrent notablement des branches aériennes de la même tige. C'est cet ensemble de caractères propres qu'on traduit par un nom spécial en les appelant des *rhizomes*. Ces différences atteignent leur maximum quand, en l'absence de racines, c'est le rhizome qui doit absorber les liquides du sol pour lui et pour la tige aérienne (Psilote, Trichomane, Corallorhize, Épipoge); il se couvre alors de poils absorbants, analogues aux poils radicaux, et les feuilles y avortent en ne laissant que de faibles traces de leur présence. De même, les branches submergées ont des caractères propres et une structure spéciale, qu'on ne retrouve pas dans les branches aériennes de la même tige (Utriculaire, Hottonie, etc.).

Les rhizomes s'allongent d'ordinaire horizontalement dans la terre, en se ramifiant et se couvrant de racines adventives. Chaque année, ils envoient verticalement dans l'air des tiges feuillées et florifères, qui meurent à l'automne. Tantôt ces tiges sont des branches axillaires du rhizome, qui s'allonge indéfiniment sans sortir de terre (Chiendent, Butome, Primevère, Adoxe, etc.). Tantôt, et bien plus souvent, c'est l'extrémité même du rhizome qui tout à coup se relève verticalement et vient étaler à l'air ses feuilles et ses fleurs. Cette portion verticale périt à la fin de l'année et le rhizome se trouve tronqué. Mais le bourgeon axillaire le plus proche de la cicatrice se développe alors en une branche horizontale, qui prolonge la tige et, au printemps suivant, redresse à son tour son extrémité dans l'air; et ainsi de suite. En un mot, il se forme un sympode souterrain, non pas, comme on l'a vu dans le Tilleul par exemple (p. 139), parce que le bourgeon terminal avorte, mais parce que toute la partie supérieure de la tige se détruit chaque année. Si les cicatrices sont bien apparentes, on pourra compter l'âge d'un pareil rhizome : la chose est des plus faciles dans le Polygonate, qui doit à la netteté de ses empreintes le nom vulgaire de Sceau-de-Salomon.

Si maintenant on considère l'ensemble des branches qui s'étendent dans le même milieu, ensemble qui peut embrasser la tige tout entière si ce milieu est l'air, on y remarque des différences qui se produisent dans diverses directions et qui correspondent à une adaptation à tout autant de fonctions spéciales. Bornons-nous à signaler les principales, en insistant surtout sur celles que présente le système aérien.

Rameaux courts. — C'est déjà une différenciation quand, dans quantité d'herbes (Lysimaque nummulaire, Gléchome hédéracé, Véronique officinale, etc.), la tige a des branches qui rampent à la surface du sol, en y enfonçant de nombreuses racines adventives, et d'autres branches dressées dans l'air; quand, dans beaucoup d'arbres (Hêtre, Bouleau, Mélèze, etc.), certains rameaux, tout en continuant de croître chaque année, n'allongent pas leurs entre-nœuds et ne se ramifient pas, pendant que la branche ordinaire qui les porte allonge beaucoup les siens et se ramifie abondamment. Cette dernière disposition, en permettant aux arbres d'avoir longtemps leurs longues branches garnies de feuilles, influe beaucoup sur leur aspect général, sur leur port.

La différence est plus grande si, comme dans certaines plantes à tige rampante (Fraisier, Égopode, etc.), les branches à longs entre-nœuds qui courent à la surface du sol ne forment que des feuilles rudimentaires, laissant les rameaux courts et dressés porter seuls les feuilles normales; dans le langage vulgaire, on appelle les premiers *coulants* ou *stolons*. Elle est encore plus marquée dans le Taxode distique, vulgairement Cyprès-chauve, où les rameaux courts tombent à chaque automne avec les feuilles qu'ils portent, et dans les Pins, où les rameaux courts cessent promptement de croître, tombent après plusieurs années et portent seuls des feuilles parfaites, tandis que les branches longues ont une croissance indéfinie et ne produisent que des feuilles rudimentaires. Enfin, elle atteint son plus haut degré dans les Fragons, où les branches longues ne portent aussi que des feuilles avortées, mais où les rameaux courts ne produisent qu'une seule feuille, qui est parfaite, et avortent aussitôt au-dessus d'elle.

Rameaux foliacés. — Dans les Asperges, toutes les feuilles portées par les longues branches sont encore imparfaites, comme dans les Pins et les Fragons, mais les rameaux courts n'en portent pas du tout; ils ne forment, en effet, que leur premier entre-nœud et cessent aussitôt de s'allonger, en prenant la forme d'aiguilles. A l'aisselle de chaque feuille rudimentaire il naît un bouquet de ces rameaux sans feuilles; riches en chlorophylle, ils jouent le rôle des feuilles ordinaires absentes; aussi les appelle-t-on souvent *rameaux foliacés*. C'est un phénomène de substitution.

Rameaux-vrilles, épines, crochets. — Quand la tige, trop frêle pour se soutenir seule, s'attache à des corps étrangers, quand elle est *grimpante*, comme on dit, c'est souvent à l'aide de certains rameaux autrement conformés que les autres qu'elle se fixe aux supports. Tantôt ces rameaux demeurent droits et se terminent en pointe : ce sont des *épines*, simples comme dans le Prunier épineux, vulgairement Prunellier, et l'Aubépine aiguë, ou rameuses comme dans les Féviers; tantôt ils se courbent en arc et forment des *crochets* (Ancistroclade, Uncaire); tantôt ils s'enroulent en spirale autour des supports, pourvu que ceux-ci ne soient pas trop minces, en devenant des *vrilles*, comme dans la Passiflore et la Vigne. Dans ce dernier cas, la vrille est constituée, soit par un rameau axillaire réduit à son premier entre-nœud très allongé, dépourvu de feuilles par conséquent et non ramifié (Passiflore, Serjanie, Cardiosperme, Paullinie, Modèce, Brunnichie, etc.), soit par un rameau portant des feuilles et ramifié à leur aisselle (Vigne, Cisse, Ampélopse, etc.).

Les rameaux différenciés en vrilles sont doués de circumnutation, comme les branches ordinaires, mais pourtant leur enroulement est dû à une tout autre cause que celui des tiges volubiles. Quand la vrille encore droite est amenée, par sa propre circumnutation et par celle de la branche qui la porte, en contact avec un support, sous l'influence de la pression exercée au point de contact, sa croissance est ralentie en ce point; elle y devient concave et par conséquent s'applique autour du support. Par là, de nouveaux points sont incessamment soumis à la pression et, l'effet se propageant, l'extrémité libre de la vrille s'enroule tout entière et solidement autour du support, en y formant un nombre de tours d'autant plus grand que le premier point de contact se trouve plus éloigné du sommet. Dès lors, la tige grimpante est solidement attachée. Mais ce n'est pas tout. Dans la région de la vrille située entre sa base et le premier point du contact, l'influence de la pression se propage de haut en bas et par conséquent cette portion libre s'enroule en tire-bouchon, moitié dans un sens, moitié en sens opposé. Ce second effet s'accomplit douze à vingt-quatre heures après la fixation ; il a pour résultat de tirer en haut la tige grimpante, de la soulever et de la tendre sur son support. Il complète ainsi utilement le premier.

Certaines vrilles, notamment celles de l'Ampélopse hédéracé, vulgairement Vigne-vierge, ont une propriété singulière. Une fois que, grâce à leur circumnutation, les extrémités courbées de la vrille rameuse sont venues se poser et se presser contre le support, elles se gonflent, deviennent d'un rouge brillant et produisent chacune un disque aplati qui se soude intimement avec le support, en pénétrant dans tous ses creux et se moulant sur toutes ses saillies. Ce sont des vrilles *adhésives*. Une fois la fixation opérée, la vrille se contracte, comme d'ordinaire, en spirale, ce qui attire contre le mur ou le rocher la portion de tige où elle est insérée.

Rameaux tubercules. — Sur les parties souterraines ou submergées de la tige, aussi bien que sur ses parties aériennes, on voit souvent certaines branches se renfler en *tubercules*. Le renflement tantôt se limite à un entre-nœud (Cyclame, Dioscorée, Bégonies tubéreuses, Prêles, etc.), tantôt envahit plusieurs entre-nœuds successifs soit au sommet de la tige (Morelle tubéreuse, Épiaire tubérifère, Oxalide crénelée, Sagittaire, Souchet comestible, etc.), soit à sa base (Maxillaire et autres Orchidées épidendres, Safran, Glaïeul, Colchique, etc.), tantôt s'étend à toute la longueur d'une branche (Échinocacte, Gouet, Nymphée, etc.), ou d'un bourgeon axillaire (Saxifrage grenue, Dioscorée bulbifère, etc.).

Ces tubercules sont des réservoirs nutritifs. Ils se détachent ordinairement du corps de la plante et, plus tard, en formant des racines adventives et en allongeant leurs bourgeons normaux, ils régénèrent autant d'individus nouveaux. Ils conservent donc et multiplient le végétal.

Durée de la tige. — Chez un grand nombre de plantes, la tige meurt tout entière à la fin de sa première année d'existence ; ces plantes sont *annuelles*, comme le Blé et les autres céréales, le Pavot, le Ricin, l'Hélianthe annuel, vulgairement Grand-Soleil, l'Atrope belladone, etc. Chez d'autres, la tige vit deux ans ; elle ne fleurit alors que la seconde année, puis meurt complètement : ce sont les plantes *bisannuelles*, comme la Dauce carotte et la Bette vulgaire. Chez d'autres encore, la tige végète un certain nombre d'années, au bout desquelles elle fleurit et meurt aussitôt après avoir mûri ses graines : tels sont l'Agave et le Bambou. Toutes ensemble ces plantes peuvent être dites *monocarpiques*, ne fructifiant qu'une seule fois.

Toutes celles qui, au contraire, ne périssent pas après leur première fructification, sont *vivaces* ou *polycarpiques*. La durée de la tige y est indéfinie ; elle se détruit, il est vrai, continuellement, mais aussi elle se répare sans cesse. Toutefois on y observe une différence.

Si, comme dans les arbres ou dans les plantes grimpantes, la tige vivace est ou se soutient dressée, les jeunes branches et les jeunes racines vont sans cesse s'éloignant ; leur communication, indispensable à la vie, devient de plus en plus difficile. Au delà d'une certaine limite, leur croissance languit donc et peu à peu s'éteint. Aussi la vie des arbres, souvent très longue, a-t-elle un terme fatal.

Il n'en est pas de même pour les plantes rampantes ou à rhizome. Ici la tige meurt sans cesse en arrière, avec les racines latérales qu'elle porte, pendant qu'elle s'allonge sans cesse et produit de nouvelles racines en avant. Elle progresse de la sorte à la surface ou à l'intérieur du sol, en s'éloignant de plus en plus de son point de départ. En même temps, elle se ramifie et ses branches rampantes ou souterraines de divers ordres se comportent comme elle. A mesure qu'elle se détruit en arrière, les branches qu'elle portait se trouvent mises en liberté ; la destruction progresse ensuite sur chaque branche dont elle isole les rameaux, et ainsi de suite. La tige primitive va donc se fragmentant, se dissociant peu à peu. A un moment donné, elle n'est représentée que par ses multiples sommets, épars à la surface ou dans la profondeur du sol. Chaque fragment, véritable marcotte naturelle, se suffit à lui-même et forme un individu complet. La plante se multiplie par conséquent, en ne faisant après tout que croître et se ramifier. Dans ce mode de végétation, les rapports entre les branches et les racines demeurent indéfiniment ce qu'ils étaient au début. D'autre part, le sol ne saurait être épuisé par la plante, puisqu'elle s'y déplace sans cesse. Il n'y a ici, semble-t-il, aucune raison de croire que la vie de la tige puisse avoir un terme quelconque.

Dimension de la tige. — Haute à peine de quelques millimètres dans certaines Mousses, comme les Phasques, la tige acquiert plus de 110 mètres de hauteur dans les Eucalyptes d'Australie et le Séquoier géant de Californie, plus de 300 mètres de longueur dans certaines plantes grimpantes des forêts tropicales, le Calame rotang, par exemple. Son diamètre varie depuis moins d'un millimètre dans certaines Mousses et dans la Cuscute, jusqu'à 10 et 12 mètres dans l'Adansonier digité ou Baobab de la Sénégambie et dans le Taxode distique ou Cyprès-chauve du Mexique.

§ 2

Structure de la tige.

Considérons d'abord la tige jeune d'une plante vasculaire, à une distance du bourgeon terminal assez grande pour que toutes les cellules qui la composent aient achevé leur différenciation ; nous verrons ensuite comment la structure se simplifie chez les Muscinées. A ce niveau et vers le milieu d'un entre-nœud quelconque, la tige se montre composée de trois régions : une assise périphérique de cellules spéciales qu'on nomme l'*épiderme*, un manchon mince et mou qui est l'*écorce*, un cylindre intérieur plus large et plus résistant qui est le *cylindre central*.

Épiderme de la tige. — L'épiderme est formé par une seule assise de cellules fortement unies entre elles latéralement et faiblement adhérentes à l'écorce, de façon qu'on en détache facilement de larges lambeaux. Ces cellules sont prismatiques, beaucoup plus longues que larges, parfois aplaties parallèlement à la surface. Elles renferment un protoplasme sans chromoleucites, étendu en une couche pariétale englobant le noyau, et un suc cellulaire incolore ; elles sont donc hyalines et laissent voir par transparence la couleur verte de l'écorce. Leur membrane cellulosique est plus épaisse en dehors que sur les faces latérales et internes ; ces dernières sont munies de ponctuations dont la première est dépourvue ; par contre, celle-ci, souvent lisse, porte quelquefois diverses proéminences dessinant une sculpture en relief : verrues isolées, bandelettes ou crêtes courant longitudinalement d'une cellule à l'autre, etc.

Sur la face externe, la couche la plus extérieure de la membrane cellulosique est de bonne heure transformée complètement en cutine (p. 54). Il se forme de la sorte, courant sans discontinuité d'une cellule à l'autre sur toute la surface de l'épiderme, une pellicule hyaline résistante, élastique, imperméable, douée en un mot de toute les propriétés du liège, qu'on nomme la *cuticule*. Une macération dans la potasse, dans les acides ou simplement dans l'eau où pullule le Bacille amylobacter, Bactériacée qui a la propriété de dissoudre la cellulose, permet d'isoler la cuticule sur de grandes étendues. Quand la membrane est mince, la cuticule recouvre directement la couche interne restée à l'état de cellulose pure. Quand elle est épaisse, sa couche moyenne est imprégnée de cutine, dont elle offre les réactions et dont on la débarrasse par l'acide nitrique ou la potasse ; elle bleuit ensuite de nouveau par le chlorure de zinc iodé. La membrane est alors subdivisée en trois couches : une couche cutinisée, une couche cutinifère et une couche cellulosique (fig. 51).

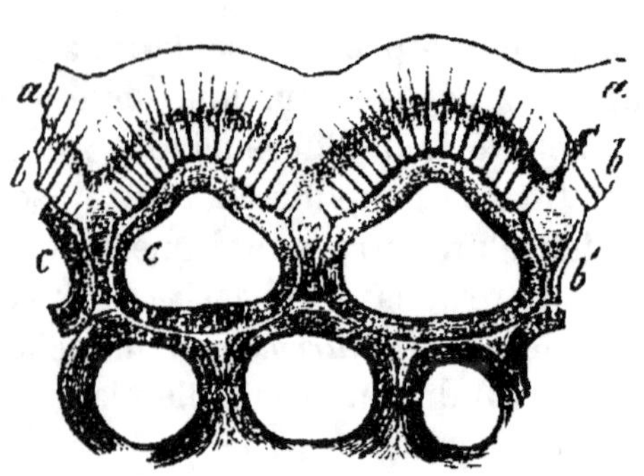

Fig. 51. — Section transversale de l'épiderme de la tige du Houx : *a*, cuticule ; *b*, couche cutinifère ; toutes deux sont striées ; *c*, couche cellulosique.

En somme, l'épiderme est essentiellement constitué par une forme spéciale du parenchyme subéreux, qu'on peut nommer parenchyme cutineux.

Dans les tiges aériennes, la membrane des cellules épidermiques est imprégnée de cire dans la cuticule et dans la couche cutinifère. Quand cette imprégnation est abondante, une partie de la cire exsude de la cuticule et vient former à la surface un revêtement qui empêche la tige d'être mouillée par l'eau et lui donne en même temps la couleur glauque bien connue dans le Chou, le Ricin, l'Avoine et tant d'autres plantes. Ce revêtement se compose de petits granules isolés ou en contact (Tulipe, Ail, Capucine, etc.), de bâtonnets courts (Eucalypte, Ricin, Seigle, etc.), de baguettes arquées, dressées perpendiculairement à la surface (Balisier, Graminées, etc.), ou d'une couche continue plus ou moins épaisse (fig. 52) (Cierge, Euphorbes cactiformes, etc.).

La membrane des cellules épidermiques est, en outre, fortement incrustée de matières minérales, notamment de silice, d'oxalate et de carbonate de chaux. Aussi laisse-t-elle un squelette après l'incinération. C'est surtout dans la cuticule et la couche cutinifère que s'accumule la silice, à l'état d'imprégnation homogène (Prêle,

Calame rotang, Graminées, etc.). L'oxalate de chaux se montre sous forme de granules ou de cristaux très nets, surtout dans la couche cutinifère (Cyprès, If, Dragonnier, etc.) ; l'épiderme en reçoit souvent une coloration blanc mat (Joubarbe, Ficoïde, etc.). Le carbonate de chaux incruste fréquemment la membrane sous forme de fins granules, mais c'est dans certaines cellules spéciales qu'il atteint, comme on verra plus loin, son plus grand développement.

Avec ses membranes cellulosiques épaissies en dehors, durcies par la minéralisation, rendues immouillables par la cérification et imperméables par la cutinisation, l'épiderme joue évidemment le rôle d'une cuirasse protectrice. Mais cette cuirasse n'est pas pareille en tous ses points : elle a ses renforcements, qui sont les *poils*, et ses défauts, qui sont les *stomates*.

Fig. 52. — Section transversale de l'épiderme de la Klopstockie cérifère : *c*, revêtement cireux, çà et là détaché de la cuticule.

Poils épidermiques. — Çà et là, en effet, une cellule épidermique se développe perpendiculairement à la surface et forme ce qu'on appelle un *poil*, dont le pied demeure encastré dans les cellules voisines et parfois même s'allonge vers le bas de manière à plonger profondément dans l'écorce. La forme des poils épidermiques est infiniment variée et la même tige peut en porter de plusieurs sortes.

On les rattache à quatre types. Si la cellule, en s'allongeant perpendiculairement à la surface, ne se cloisonne pas, le poil est et demeure *unicellulaire* (fig. 55 et 54); si elle se cloisonne transversalement, le poil se trouve finalement composé d'une file de cellules superposées, il est *unisérié*; si elle se cloisonne dans les deux directions du plan en formant une lame ordinairement appliquée contre l'épiderme, le poil est *écailleux*; si le cloisonnement s'opère dans les trois sens en formant une masse solide, le poil est *massif*. Dans chacun de ces types, il peut d'ailleurs demeurer simple (fig. 55) ou se ramifier diversement (fig. 54) : de là huit modifications principales, entre lesquelles on trouve d'ailleurs tous les intermédiaires.

Les poils sont parfois éphémères; velus dans le bourgeon, les entre-nœuds se dénudent plus tard, parce que la croissance écarte les poils et parce que ceux-ci s'atrophient. Quand ils persistent, ils se comportent de deux manières. Les uns demeurent vivants, transparents, affectés d'ordinaire à la sécrétion : tels sont, par exemple, les poils dits *urticants* des Orties (fig. 53, *e*, *f*, *g*), des Loasées, etc., qui sont unicellulaires simples et dont la pointe rigide et cassante se brise au contact de la peau en laissant dans la blessure une gouttelette de suc acide et irritant ; tels sont encore les poils des Labiées, unisériés (Pogostème patchouli, etc.) ou écailleux (Thym, etc.), dont les cellules terminales produisent une huile essentielle qui filtre à travers la couche de cellulose en décollant, soulevant et enfin rompant la cuticule. Les autres meurent, se dessèchent, se remplissent d'air (fig. 54), devien-

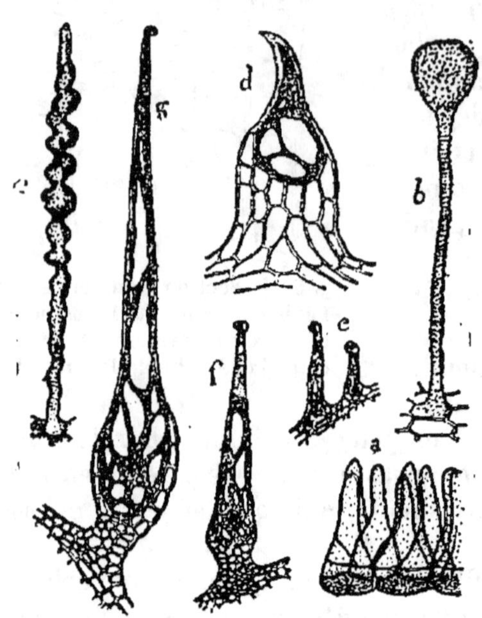

Fig. 53. — Diverses formes de poils unicellulaires simples : *a*, papilles de la corolle d'une Primevère ; *b*, poil en tête de la corolle d'un Muflier ; *c*, poil variqueux de la corolle d'une Violette ; *d*, poil en crochet de la tige d'une Garance ; *e*, *f*, *g*, divers états du développement d'un poil urticant d'une Ortie, montrant le protoplasme, le noyau et le suc cellulaire.

nent opaques et couvrent la tige soit d'un duvet laineux (Épiaire, Sauge, Molène, Gnaphale, etc.) ou soyeux (Armoise, etc.), soit d'une couche de fines écailles argentées ou brunâtres (Éléagnées, Oléacées, beaucoup de Broméliacées, etc.), doublant ainsi la cuirasse protectrice formée par l'épiderme. Toujours recouverte sans discontinuité par la cuticule, la membrane du poil s'épaissit souvent, dans ce second cas, en dehors sous forme de verrues ou de crêtes, en dedans jusqu'à faire disparaître parfois la cavité ; en même temps elle se lignifie fortement ; le poil devient alors rigide et piquant (Borraginées, Cucurbitacées, Malpighiacées, etc.). Ces poils rigides et scléreux sont parfois couchés sur l'épiderme en forme de navette fixée par le milieu (Malpighiacées, Houblon, fig. 54, 1, etc.), ou recourbés en crochet

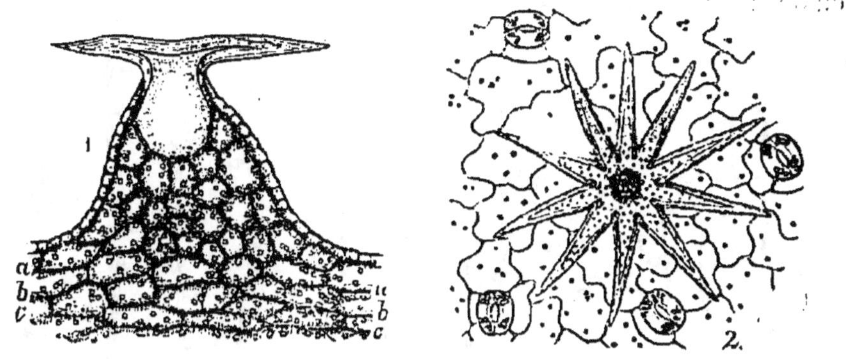

Fig. 54. — Poils unicellulaires, rameux. 1, poil en navette sur une émergence de la tige du Houblon. 2, poil étoilé de la Deutzie.

vers le bas : ils aident alors la tige à grimper (Gaillet gratteron, Houblon, etc.).

Stomates. — Çà et là une jeune cellule épidermique plus courte que les autres, sensiblement carrée, se divise en deux par une cloison longitudinale ; la lame cellulosique mitoyenne se dédouble dans sa région moyenne en deux lamelles, qui s'écartent de manière à laisser entre elles une ouverture en forme de boutonnière ; en même temps les deux cellules arrondissent leur contour et deviennent réniformes : le tout forme enfin une petite bouche, dont les cellules réniformes sont les deux lèvres et qu'on appelle un *stomate* (fig. 55). Sous le stomate, les cellules de l'écorce laissent entre elles un espace plus ou moins grand, qui est la *chambre sous-stomatique* (*f*) ; tous les méats voisins de l'écorce communiquent avec cette chambre qui, à son tour, s'ouvre librement au dehors par le pore stomatique. Les stomates sont donc des ouvertures ménagées dans la cuirasse épidermique pour faire communiquer l'atmosphère interne de la tige avec l'air extérieur.

Ce n'est pas seulement par leur forme, mais aussi par leur structure que les cellules stomatiques diffèrent des cellules épidermiques ordinaires. Leur protoplasme plus abondant produit des chloroleucites et des grains d'amidon (*d*) ; aussi les stomates tranchent-ils en vert sur l'épiderme incolore. Leur membrane, sur laquelle la cuticule s'étend à travers la fente jusque dans la chambre sous-stomatique, demeure plus mince et plus molle; toutefois, le long de la face concave, elle s'épaissit localement vers l'extérieur et produit sur chaque cellule deux arêtes, l'une en dehors, l'autre en dedans; aux extrémités de la fente, les deux arêtes externes se

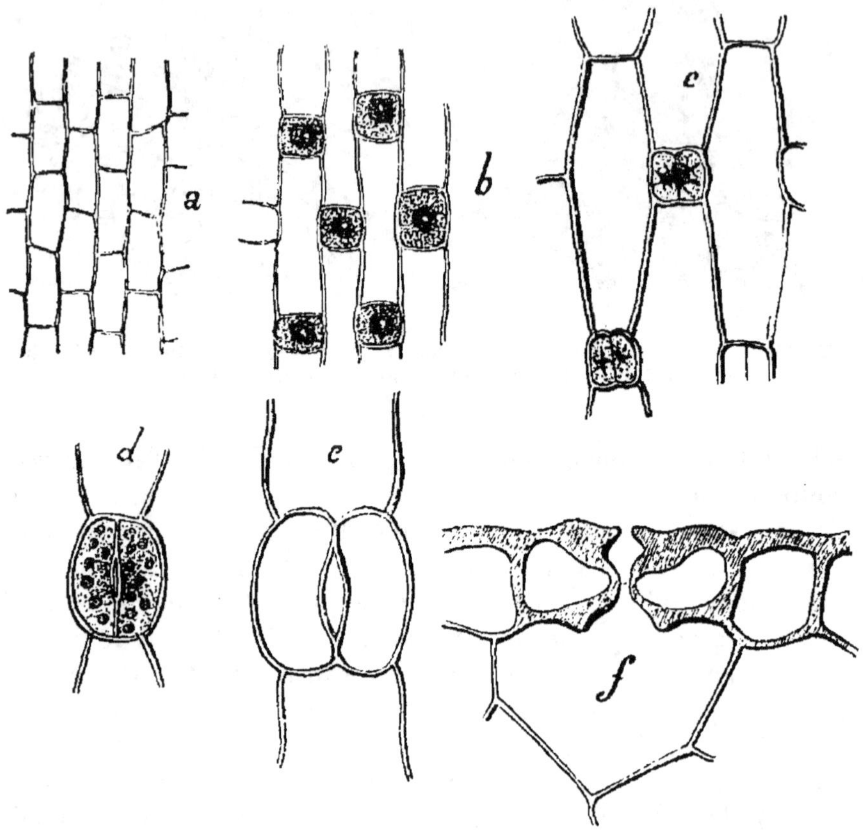

Fig. 55. — Stomates de la Jacinthe : *a-d*, états successifs de la formation ; *e*, stomate achevé vu de face ; *f*, le même en section transversale.

rapprochent et courent parallèlement côte à côte, sans s'unir; les deux internes font de même. Sur la coupe transversale, ces quatre arêtes ont l'aspect de petites dents ou de petites cornes (fig. 55, *f*). Entre chaque arête et la fente, la cellule stomatique offre une rainure plus ou moins profonde; l'espace compris entre les arêtes externes et la fente forme, à l'entrée du stomate, une sorte d'antichambre; entre la fente et les arêtes internes, à la sortie du stomate, se trouve de même une arrière-chambre. Grâce à cette structure, les stomates peuvent facilement s'ouvrir ou se fermer suivant les besoins de la plante.

En effet, quand les cellules stomatiques sont flasques, peu ou point turgescentes, elles se touchent par leur face interne : le stomate est fermé. A mesure que la turgescence augmente, la membrane se trouve distendue par la pression interne et le volume s'accroît. Maintenue par ses deux arêtes d'épaississement, la face interne résiste à l'extension, tandis que la face externe, qui est mince, y obéit et s'allonge. Il en résulte, dans chacune des cellules stomatiques, une courbure de plus en plus forte, et, entre elles, une fente de plus en plus large. Chaque cellule stomatique se comporte comme un morceau de tube de caoutchouc plus épais d'un côté que de l'autre, dans lequel on vient à fouler de l'eau ; ce tube se courbe et devient concave du côté le plus épais. Quelle est maintenant la cause extérieure qui agit sur la turgescence des cellules stomatiques, pour ouvrir et fermer ainsi les stomates ? Cette cause est la lumière. Au soleil, en effet, les stomates sont largement ouverts ; à l'obscurité, ils sont fermés. Il suffit même, pour fermer les stomates, de diminuer brusquement par un écran l'intensité lumineuse. Une tige exposée au soleil ferme ses stomates après une demi-heure de séjour à la lumière diffuse.

Ainsi constitués, les stomates sont disposés sur la tige en séries longitudinales et orientés de manière à diriger leurs fentes parallèlement à l'axe ; quelquefois cependant la fente est transversale (Gui, Casuarine, Salicorne, etc.). Ils sont souvent nombreux et rapprochés ; on voit alors des bandes longitudinales riches en stomates alterner régulièrement avec des bandes sans stomates ; les premières sont ordinairement en creux et forment des sillons, les secondes sont en relief et forment des côtes (Ombellifères, Graminées, Prêle, Casuarine, etc.). Ailleurs, au contraire, ils sont rares, séparés à plusieurs millimètres de distance, comme dans beaucoup de tiges ligneuses (Érable, Sureau, etc.).

L'épaisseur des cellules stomatiques est quelquefois égale à celle des cellules épidermiques ordinaires (Lis, Jacinthe, fig. 55, Hellébore, etc.), mais elle est ordinairement beaucoup plus petite ; la situation des stomates en profondeur est alors très variable et se rattache à trois types. 1° Les cellules stomatiques affleurent à la surface externe de l'épiderme ou même sont soulevées au-dessus de cette surface, sur laquelle les stomates paraissent comme posés ; la chambre sous-stomatique se prolonge alors dans l'épaisseur de l'épiderme ou même la traverse complètement (diverses Primulacées, Labiées, etc.). 2° Les cellules stomatiques affleurent à la surface interne de l'épiderme ou même sont enfoncées au-dessous de cette surface (fig. 56) ; le stomate est situé au fond d'un puits creusé entre les cellules épidermiques voisines, qui surplombent de manière à en rétrécir beaucoup l'ouverture externe ; pour entrer dans la tige, l'air doit franchir quatre pertuis successifs ; ce cas est très fréquent. 3° Les cellules stomatiques sont situées sensiblement dans le plan moyen de l'épiderme ; le stomate offre à la fois au-dessus de lui un petit puits et au-dessous de lui un prolongement de la chambre sous-stomatique dans l'épiderme.

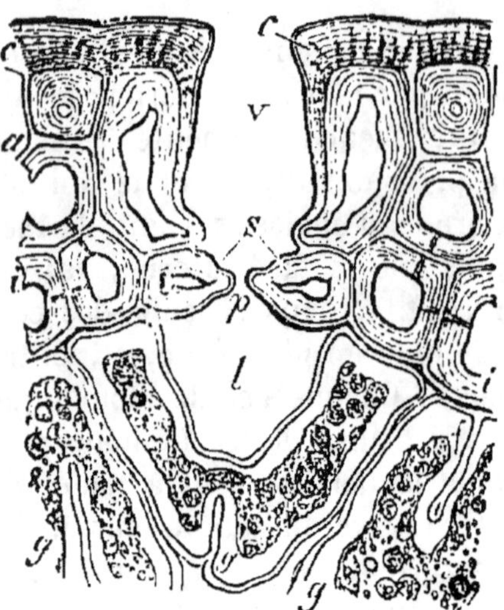

Fig. 56. — Section transversale d'un stomate de Pin. *s*, cellules stomatiques situées au-dessous du plan de l'épiderme ; *p*, pore ; *v* puits ; *l*, chambre sous-stomatique ; *a*, cellules épidermiques épaissies ; *c*, cuticule ; *i*, fibres sous-épidermiques ; *g*, parenchyme vert.

Écorce de la tige. — L'écorce de la tige est un parenchyme formé de larges cellules à parois minces, de forme polyédrique, irrégulièrement disposées, laissant entre elles de petits méats, contenant ordinairement des chloroleucites pourvus de grains d'amidon (fig. 57, *pc*). Ce tissu présente les mêmes caractères dans toute son épaisseur ; on n'y observe pas d'ordinaire cette zone interne formée de cellules disposées à la fois en séries rayonnantes et en cercles concentriques qui est si fréquente dans la racine.

L'assise la plus interne n'en offre pas moins les caractères assignés à l'endoderme dans la racine : forme particulière des cellules, plissements échelonnés sur les faces latérales, subérisation précoce, etc. En outre, les cellules endodermiques contiennent souvent une grande quantité de grains d'amidon, alors même que le reste de l'écorce n'en renferme pas.

Cylindre central de la tige. — Le cylindre central commence par une assise de cellules alternes avec celles de l'endoderme, dont la membrane mince et sans plissements n'est pas subérisée : c'est le *péricycle* (fig. 57). Contre le péricycle, sont adossés en cercle un certain nombre de faisceaux équidistants, tous pareils, à section ovale élargie en dehors et rétrécie en dedans (*lv*). Ils sont séparés latéralement l'un de l'autre par un parenchyme à parois minces qui remplit aussi toute la région interne du cylindre et dont le péricycle n'est en somme que la rangée la plus extérieure. La région centrale de ce parenchyme, limitée en dehors par la circonférence inscrite aux bords internes des faisceaux, où les cellules sont plus larges et laissent entre elles de plus grands méats, est la *moelle* (*pm*); les prolongements rayonnants qui séparent latéralement les faisceaux sont les *rayons médullaires*, que le péricycle unit ensemble en dehors des faisceaux.

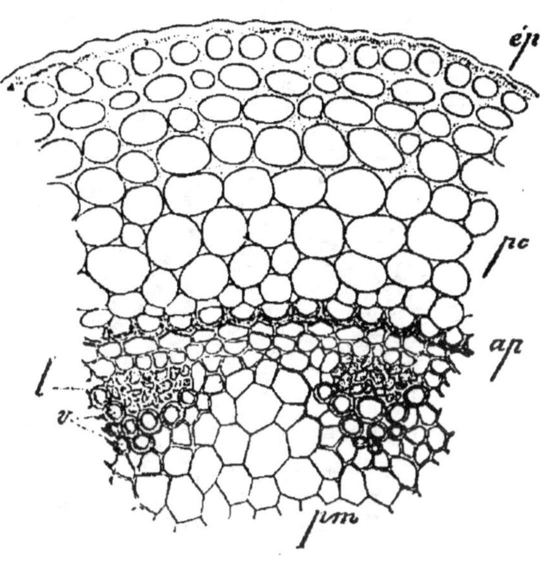

Fig. 57. — Portion de la section transversale du rhizome du Maïanthème. *ep*, épiderme; *pc*, écorce dont la zone externe est collenchymateuse sans méats; *ap*, endoderme à cellules épaissies en fer à cheval. Sous l'endoderme, un péricycle à deux assises; *lv*, faisceaux libéroligneux; *pm*, moelle.

Moelle, rayons médullaires et péricycle, ne sont que les diverses parties d'un seul et même massif, dont le rôle principal est de réunir les faisceaux entre eux et à l'écorce, qui est par conséquent le *conjonctif* du cylindre central.

Chaque faisceau se compose de deux parties très différentes, mais intimement unies. La moitié externe, plus large et moins épaisse suivant le rayon, composée essentiellement de tubes criblés, est un faisceau libérien (*l*); la moitié interne, plus étroite et plus étendue suivant le rayon, composée essentiellement de vaisseaux, est un faisceau ligneux (*c*). Pour exprimer cette double nature, on dit que le faisceau est *libéroligneux*. La figure 58 représente la coupe longitudinale d'un pareil faisceau.

Le liber du faisceau est formé de tubes criblés diversement mélangés à des cellules de parenchyme (*m* à *k*). Les tubes externes, adossés au péricycle *n*, sont plus étroits ; ceux qui suivent sont

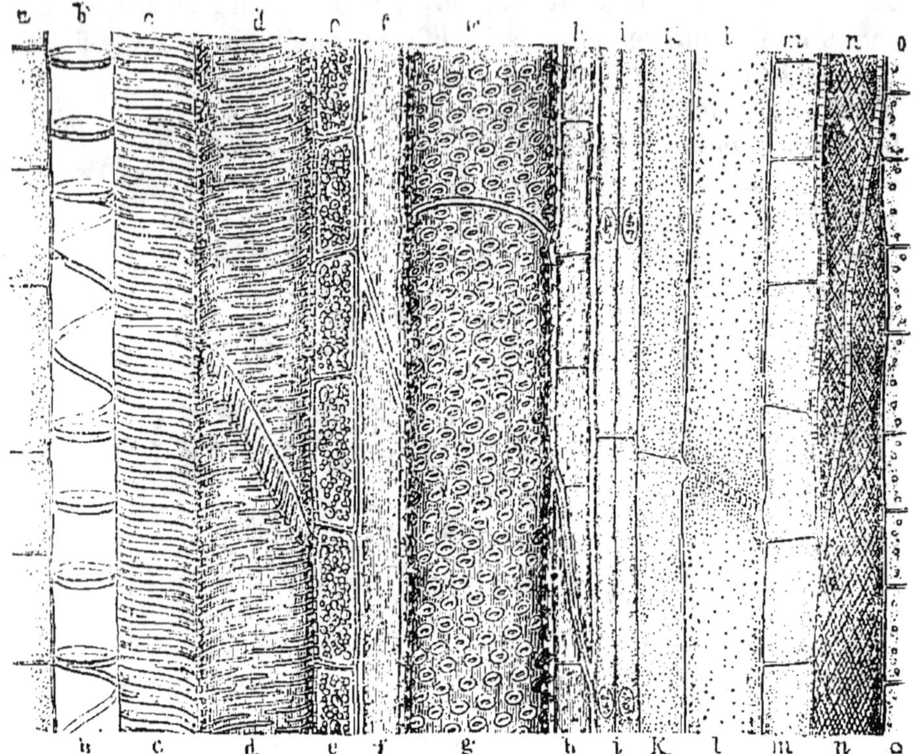

Fig. 58. — Section longitudinale radiale d'un faisceau libéroligneux d'une tige de Dicotylédone. *o*, endoderme ; *n*, péricycle formé de fibres ; *mi*, liber ; *ib*, bois ; *a*, moelle. Le liber comprend : *m*, parenchyme court ; *l*, tube criblé ; *k*, parenchyme long. Le bois comprend : *h*, fibres ligneuses ; *g*, vaisseau ponctué aréolé ouvert ; *f*, fibres ligneuses ; *e*, parenchyme ligneux ; *d*, vaisseau rayé fermé ; *c*, vaisseau spiralé ; *b*, vaisseau annelé et spiralé.

plus larges, bordés de petites cellules et séparés çà et là par des cellules plus grandes. Enfin le liber se termine en dedans par une rangée de ces dernières cellules (*i*). Le développement de ces divers éléments libériens est centripète.

Le bois du faisceau (*b* à *h*) commence au bord interne, contre la moelle *a*, par des vaisseaux fort étroits, toujours fermés, annelés ou spiralés (*b*), entourés et entremêlés de cellules de parenchyme. Puis viennent des vaisseaux de plus en plus larges, à mesure qu'on progresse vers l'extérieur (*c*, *d*, *g*), le plus souvent rayés, scalariformes, réticulés et ponctués; les plus larges sont souvent ouverts (*g*). Ils sont d'habitude entourés par une bordure de cellules plates (*f*, *h*), et diversement entremêlés de parenchyme (*e*). Le développement de ces divers éléments ligneux est centrifuge.

Course des faisceaux libéroligneux. — A la périphérie du cylindre central, sous le péricycle, les faisceaux libéroligneux courent tantôt parallèlement, tantôt plus ou moins obliquement à l'axe ; aux nœuds, ils s'unissent d'ordinaire tous ensemble par de petites branches horizontales. Abstraction faite de ces anastomoses tranverses, quand on suit les faisceaux de bas en haut sur une assez grande longueur, on voit à chaque nœud certains d'entre eux émettre une branche latérale, puis après passer dans une feuille ; plus haut, la branche latérale produit de même une branche latérale, puis entre à son tour dans une feuille, et ainsi de suite. Il en résulte la formation d'autant de sympodes, sur les flancs desquels les terminaisons des branches successives paraissent comme autant de rameaux latéraux.

Quelquefois l'extrémité du faisceau s'incurve en dehors, traverse l'écorce horizontalement et entre dans la feuille au nœud même où elle a produit sa branche latérale. Le plus souvent, au contraire, elle poursuit sa course ascendante, demeure tout d'abord dans le cylindre à côté de la branche qu'elle a produite, et c'est seulement après un parcours d'un ou de plusieurs entre-nœuds qu'elle s'incurve en dehors pour entrer dans une feuille ; le nombre des entre-nœuds ainsi traversés varie d'une plante à l'autre et dans une même tige suivant la région considérée, mais demeure constant dans une même région. Dans le premier cas, la tige ne renferme dans son cylindre central qu'une seule sorte de faisceaux, tous sympodiques, qui lui appartiennent en propre, qui sont *caulinaires*. Dans le second, elle contient dans son cylindre central, interposés aux précédents, un certain nombre de faisceaux directement destinés aux feuilles et qui s'y rendent plus ou moins tard sans se ramifier désormais dans le cylindre central, qui sont déjà *foliaires*. Les faisceaux caulinaires, qui, en se ramifiant en sympode, semblent réparer les foliaires à mesure qu'ils sortent du cylindre, sont dits aussi *réparateurs*; vers le sommet, soit que la tige continue ou qu'elle ait épuisé sa croissance terminale, ils envoient toutes leurs extrémités dans les dernières feuilles.

Si, à partir d'une de ces dernières feuilles, on suit en descendant la marche d'un faisceau libéroligneux, on le voit traverser l'écorce, entrer dans le cylindre central, longer sa périphérie sous le péricycle et venir, après un certain nombre d'entre-nœuds, s'unir latéralement à un faisceau provenant d'une feuille plus âgée.

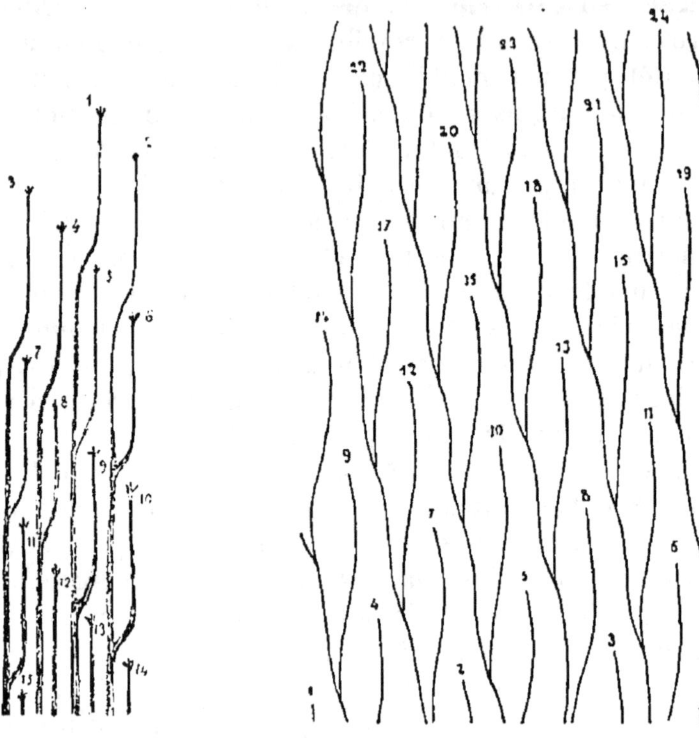

Fig. 59. — Course des faisceaux dans la tige du Samole.

Fig. 60. — Course des faisceaux dans la tige de l'Ibéride.

Si ce dernier a déjà, avant cette union, traversé dans le cylindre un ou plusieurs entre-nœuds, on y distingue désormais deux parties : l'une, située au-dessous du point d'attache, constitue un article du sympode caulinaire; l'autre, située au-dessus de ce point, n'est autre chose que le faisceau foliaire. Si au contraire la réunion a lieu au point même où le faisceau de la feuille plus âgée pénètre dans le cylindre central, ce dernier constitue dans toute sa longueur un article du sympode caulinaire; il n'y a pas de faisceau foliaire.

Suivant que l'on décrit la course des faisceaux libéroligneux de bas en haut ou de haut en bas, on est donc amené à se servir d'un langage différent, à parler par exemple de ramification progressive dans le premier cas, de réunion progressive dans le second. Il est nécessaire que l'élève se familiarise tour à tour avec ces deux modes d'exposition.

Chaque feuille reçoit quelquefois de la tige un seul faisceau ; souvent elle en prend plusieurs, trois, cinq ou davantage. Ce nombre varie d'une plante à l'autre et dans une même tige suivant la région considérée ; mais il se maintient assez constant dans une même région. Quand les faisceaux foliaires séjournent dans le cylindre central, l'ensemble de ceux qui sont destinés à la même feuille constitue à l'intérieur du cylindre ce qu'on peut appeler la *trace* de cette feuille ; il y a donc des traces foliaires simples, unifasciculées, et des traces foliaires complexes, plurifasciculées. Quand, au contraire, les faisceaux foliaires s'échappent immédiatenment du cylindre central, les feuilles n'ont naturellement pas de traces dans la tige.

Pour faire comprendre à la fois la course longitudinale des faisceaux et sa relation avec l'arrangement des feuilles, on la représente sur la surface du cylindre central développé, comme on le voit dans les figures 59, 60 et 61. Dans la figure 59, où les feuilles, numérotées de haut en bas à partir du sommet de la tige, sont isolées suivant $\frac{1}{4}$, les sympodes, au nombre de quatre, sont verticaux et les faisceaux foliaires parcourent librement quatre entre-nœuds ; il en résulte que la section transversale contient huit faisceaux, quatre caulinaires et quatre foliaires alternes (Samole. etc.). Dans la figure 60, où les feuilles sont isolées suivant $\frac{5}{13}$ et numérotées de bas en haut, les sympodes, au nombre de cinq, montent obliquement vers la gauche en une hélice ondulée et les faisceaux foliaires parcourent librement huit entre-nœuds ; la section transversale contient donc 13 faisceaux : 5 caulinaires et 8 foliaires (Ibéride, Arabette, Jasmin, Sarothamne, etc.). Dans la figure 61,

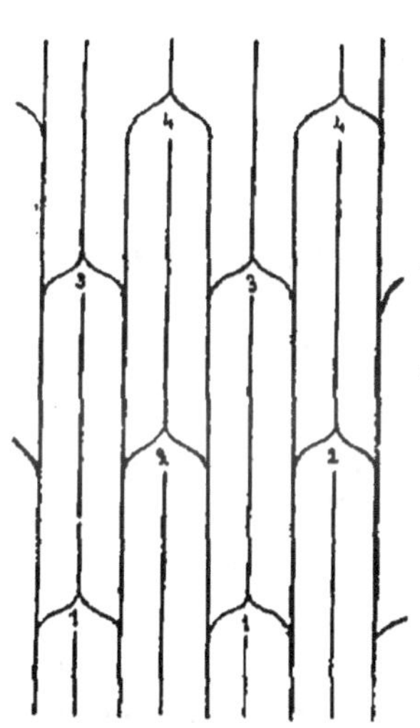

Fig. 61. Course des faisceaux dans la tige du Céraiste.

où les feuilles sont opposées et numérotées de bas en haut, les sympodes sont verticaux, au nombre de quatre, et les faisceaux foliaires, issus par deux branches géminées des deux sympodes voisins, courent librement dans quatre entre-nœuds; il y a donc 8 faisceaux dans la section : 4 caulinaires et 4 foliaires alternes (Caryophyllées, Frêne, Pervenche, Véronique, Fusain, etc.).

Symétrie de structure de la tige. — En résumé, la tige ne renferme que trois sortes de tissus différents : une série de tissus vivants, de parenchymes, et deux tissus morts : le tissu criblé et le tissu vasculaire. Le tissu criblé est localisé dans le liber, et le tissu vasculaire dans le bois des faisceaux libéroligneux; tout le reste est occupé par du parenchyme, qui forme l'épiderme, l'écorce et le conjonctif du cylindre central; de plus, il entre aussi du parenchyme dans la composition du liber et du bois des faisceaux libéroligneux.

Le nombre des faisceaux libéroligneux n'étant pas inférieur à deux, on voit que ces trois sortes de tissus sont disposés dans la tige de manière que la structure totale de ce membre soit symétrique par rapport à son axe. Quand les feuilles sont verticillées, cette symétrie de structure se retrouve à toute hauteur, aussi bien au voisinage des nœuds, et aux nœuds mêmes, qu'au milieu des entre-nœuds. Il n'en est pas de même quand les feuilles sont isolées, parce que, à chaque nœud, la tige s'appauvrit du côté de la feuille et met ensuite quelque temps à réparer sa perte. Mais la symétrie se retrouve toujours si l'on s'affranchit de la perturbation apportée par les feuilles en considérant la tige dans une région où elle possède soit des entre-nœuds très longs, soit des feuilles assez petites pour que leur influence perturbatrice puisse être négligée.

Distinction de la tige et de la racine. — On voit qu'entre la structure de la racine et celle de la tige, il y a de grandes ressemblances; on retrouve, en effet, dans la seconde les divers tissus de la première, avec la même symétrie. Mais il y a des différences aussi, parmi lesquelles deux surtout sont importantes : l'une superficielle, l'autre profonde. La tige a un épiderme; la racine n'en a pas. La tige a ses faisceaux libériens et ligneux intimement superposés suivant le rayon en faisceaux doubles, libéroligneux, et le bois y est centrifuge. La racine a ses faisceaux simples, libériens et ligneux, séparés et alternes côte à côte, et le bois y est centripète.

Qu'elle soit primaire, secondaire ou d'ordre quelconque, normale ou adventive, ordinaire ou diversement différenciée, qu'elle appartienne à une Cryptogame vasculaire, à une Gymnosperme, à une Monocotylédone ou à une Dicotylédone, la tige possède toujours la structure que l'on vient d'esquisser et qui est par conséquent sa structure générale et typique. Mais on y observe aussi, suivant sa nature et suivant les plantes, un certain nombre de modifications de détail dont il faut connaitre les plus importantes. Ces modifications intéressent les unes l'épiderme, d'autres l'écorce, d'autres encore le cylindre central. Reprenons donc une à une à ce point de vue les diverses parties qui composent ces trois régions.

Principales modifications de l'épiderme de la tige. — Les cellules épidermiques se cloisonnent quelquefois de très bonne heure parallèlement à la surface, de manière à former un épiderme composé de plusieurs rangs de cellules superposées (Bégonie. Pépéromie, etc.). Il n'est pas rare, surtout chez les Dicotylédones, que le protoplasme des cellules épidermiques contienne des chloroleucites et des grains d'amidon ; dans les plantes submergées, la chlorophylle et l'amidon se développent même d'ordinaire avec plus d'abondance dans l'épiderme que dans l'écorce (Cornifle, Élodée, Potamot, etc.), quelquefois même exclusivement (Zostère, Cymodocée, etc). Autour des stomates, qui sont rares sur les rhizomes et manquent sur les tiges submergées, on voit quelquefois les cellules épidermiques voisines, au nombre de deux ou davantage, se différencier et prendre une forme analogue à celle des cellules stomatiques; ce sont les *cellules annexes* du stomate. Vu de face, celui-ci paraît alors formé de deux paires de cellules stomatiques emboîtées (Graminées, Cypéracées, etc.), ou entouré d'un cadre de cellules spéciales (Tradescantie, etc.). Une différenciation analogue s'opère souvent autour des poils et donne naissance aux *cellules annexes* du poil, disposées ordinairement en rosette autour du pied.

Chez les Urticacées (Figuier, Mûrier, Ortie, Houblon, Chanvre, Micocoulier, etc.) et les Acanthacées, certaines cellules épidermiques, bases d'autant de poils atrophiés, plus grandes que les autres et plongeant profondément dans l'écorce, sont le siège d'un phénomène singulier. Sur sa face externe la membrane cellulosique s'épaissit énormément en un point et projette vers l'intérieur de la cellule une protubérance, dilatée au sommet en forme de poire ou étalée transversalement en forme de T ; dans l'épaisseur de ce renflement terminal, hérissé de verrues coniques et dont le pied est silicifié, se déposent ensuite et s'accumulent d'innombrables petits granules cristallins de carbonate de chaux (fig. 62). L'ensemble ainsi constitué, dont la forme varie d'un genre à l'autre, porte le nom de *cystolithe*.

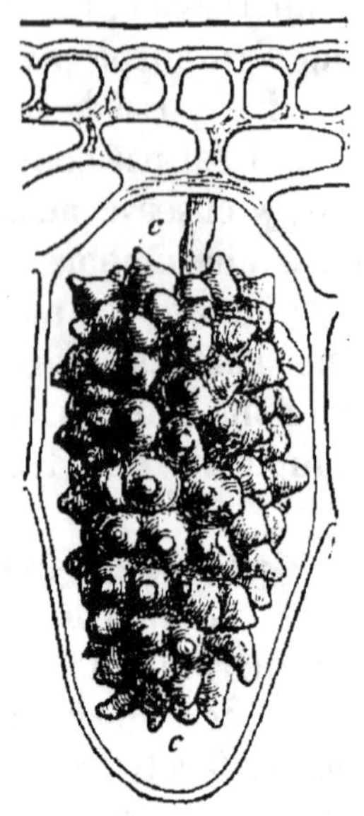

Fig. 62. — Un cystolithe *cc* dans une grande cellule épidermique du Figuier élastique.

Les cellules à cystolithes sont déjà des cellules sécrétrices ; l'épiderme en renferme souvent de bien des sortes, soit dans ses poils, comme il a été dit plus haut (p. 152, fig. 53, *b*, *g*), soit en certaines places de sa surface plane. Dans ce dernier cas, ses cellules expulsent parfois au dehors, en soulevant la cuticule, un suc gommeux ou résineux (bourgeons de l'Aulne, du Peuplier, du Rumice, etc.; jeunes pousses visqueuses du Bouleau blanc, de diverses Silénées, etc.); la région sécrétante est parfois localisée sur des émergences (Rosier, Robinier visqueux, etc.).

Principales modifications de l'écorce de la tige. — L'écorce peut se réduire à deux ou trois rangs de cellules entre l'épiderme et l'endoderme (Capucine, etc.). Elle peut s'épaissir, au contraire, énormément, soit seulement sur certaines places isolées en formant des mamelons ou des pointes revêtues par l'épiderme et qu'on nomme en général des *émergences* (aiguillons du Rosier, de la Ronce, etc.), soit sur certaines lignes longitudinales en produisant autant d'ailes latérales (Épiphylle, Gesse, etc.), soit sur tout le pourtour en rendant la tige tuberculeuse (diverses Cactées, Euphorbes cactiformes, etc.). Les émergences sont parfois assez étroites pour simuler un poil massif; il n'est pas rare qu'elles portent alors un poil à leur sommet (Ortie, Houblon, fig. 54, 1, etc.).

Dans les plantes aquatiques ou marécageuses, les méats de l'écorce grandissent beaucoup et se fusionnent en formant de larges canaux aérifères (fig. 63). Toujours interrompus aux nœuds par un disque de parenchyme, ces canaux aérifères sont tantôt continus dans toute la longueur d'un entre-nœud (Cornifle, Myriophylle, Pesse, etc.), tantôt, fréquemment entrecoupés par des assises transversales de cellules séparées par des méats, en un mot par des *diaphragmes* percés à jour (Potamot, Massette, Butome, etc.). Ailleurs, c'est par destruction locale des cellules qu'il se fait dans l'écorce des chambres aérifères (Prêles, beaucoup de Graminées et de Cypéracées, etc.). Dans tous les cas, cette écorce lacuneuse allège la tige.

Chez un grand nombre de plantes aériennes, l'écorce acquiert, au contraire, une plus grande solidité. A cet effet, certaines de ses cellules, associées en une couche continue ou en faisceaux épars, ou

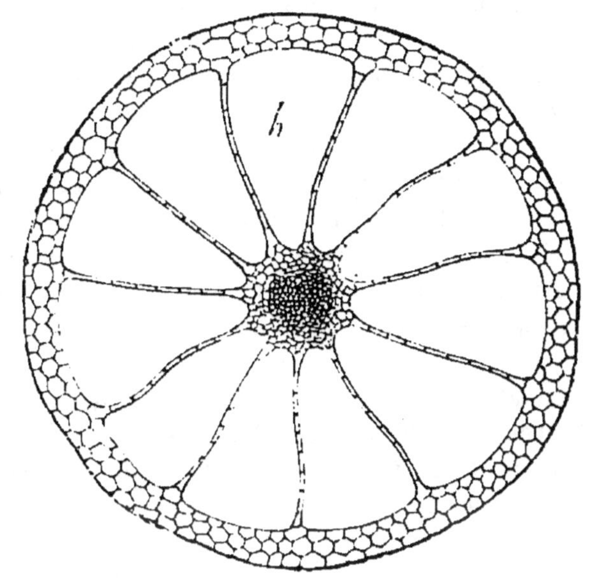

Fig. 65. — Section transversale d'une tige d'Élatine. *h*, canaux aérifères corticaux.

même complètement isolées, se différencient en épaississant fortement leurs membranes et produisent soit du collenchyme (fig. 57), soit du parenchyme scléreux, soit du sclérenchyme. Sous l'une ou l'autre de ces trois formes, le tissu de soutien peut être localisé dans la région externe, sous l'épiderme, où il se dispose soit en une couche continue (fig. 57) (Palmiers, etc.), soit en faisceaux parallèles séparés par des bandes de parenchyme vert auxquelles correspondent les stomates (Ombellifères, Graminées, etc.). Ailleurs il se différencie dans la profondeur de l'écorce, en faisceaux plus ou moins épais (Palmiers, etc.), ou en fibres isolées (beaucoup de Gymnospermes, etc.). Dans ce dernier cas, il prend quelquefois la forme soit de cellules spiralées, étendues longitudinalement (Népenthe) ou transversalement (Salicorne), soit de poils internes, spiralés (Crin), scléreux en navette (Monstérées, Rhizophore manglier) ou étoilés (Nymphéacées, Marcgraviées, Limnanthème), développés dans les méats et les lacunes.

L'écorce peut renfermer aussi des faisceaux libéroligneux, qui y cheminent dans la longueur, souvent accolés en dehors du liber à un faisceau du sclérenchyme étalé en arc sur la coupe transversale, ou même enveloppés totalement dans une gaine de sclérenchyme (Viciées, Calycanthées, Diptérocarpées, Casuarine, Aspidistre, diverses Aroïdées, etc.). Cela vient de ce que les faisceaux libéroligneux du cylindre central, au lieu de traverser horizontalement l'écorce au nœud pour entrer dans la feuille, comme c'est le cas ordinaire étudié p. 159, s'y relèvent verticalement et y séjournent l'espace d'un ou de plusieurs entre-nœuds avant de se rendre définitivement aux feuilles (fig. 64).

L'écorce renferme fréquemment des cellules sécrétrices de diverses sortes, souvent isolées (cellules oxalifères, etc.), parfois superposées en file (Liliacées, Convolvulacées, Chélidoine, etc.) ou groupées soit en poches sécrétrices (Myrtacées, Rutacées, etc.), soit en canaux sécréteurs (Conifères, Cycadées, Alismacées, Ombellifères et Araliées, etc.). Dans les Composées Tubuliflores et Radiées, les canaux sécréteurs oléifères sont disposés dans la zone interne de l'écorce, contre l'endoderme dont ils dérivent. Enfin c'est encore dans l'écorce que les articles laticifères indéfiniment rameux des Euphorbiacées, Urticacées, Apocynées et Asclépiadées (p. 33) étendent leurs troncs principaux.

L'endoderme se dédouble parfois en divisant ses cellules par une cloison tangentielle située en dedans des plissements, de sorte que l'assise plissée se trouve être désormais l'avant-dernière de l'écorce totale (Salvinie, Azolle, stolons des Néphrolépides, etc.). Chez les Sélaginelles, il allonge fortement ses cellules dans le sens du rayon et en même temps les sépare l'une de l'autre latéralement, laissant entre elles des lacunes aérifères ; puis il les divise par une ou plusieurs cloisons tangentielles, situées en dehors des plissements, de sorte que l'assise plissée et dissociée demeure la dernière de l'écorce totale. Il épaissit quelquefois et durcit beaucoup ses membranes, ordinairement plus sur la face interne que sur les faces latérales (fig. 57, *ap*) (rhizome des Cypéracées, du Maianthème, tige du Potamot, etc.). Le plus souvent il les conserve minces. Lorsque la tige subit, après la différenciation de l'endoderme, une forte croissance intercalaire, les plissements des faces latérales des cellules endodermiques se trouvent à la fois écartés l'un de l'autre et effacés, ou du moins rendus peu saillants. Il est alors plus difficile de les mettre en évidence, surtout sur les sections transversales ; ils peuvent aussi, d'ailleurs, manquer tout à fait. La subérisation des membranes et surtout la présence abondante et parfois exclusive de l'amidon permettent encore de distinguer facilement l'endoderme. Quand ces deux caractères font défaut à leur tour, il reste la forme différente des cellules; mais la distinction peut devenir alors plus difficile.

Principales modifications du cylindre central de la tige. — Les modifications de structure du cylindre central sont naturellement plus nombreuses que celles de l'épiderme et de l'écorce. Elle portent, les unes sur le conjonctif : péricycle, rayons médullaires et moelle, les autres sur les faisceaux libéroligneux.

1° **Modifications du péricycle, des rayons médullaires et de la moelle.** — Le péricycle manque très rarement; les tubes criblés externes s'appuient alors directement contre l'endoderme (Salvinie, Azolle, etc.). Souvent, au contraire, il multiplie ses cellules, de manière à interposer entre l'endoderme et le liber des faisceaux libéroligneux une couche plus ou moins épaisse, qui se comporte ensuite de diverses manières. Elle peut demeurer tout entière parenchymateuse et semble alors n'être que la continuation de l'écorce (fig. 57); il y a là une erreur grave à éviter. Elle peut se différencier en deux zones, l'externe scléreuse adossée à l'endoderme, l'interne parenchymateuse contre les faisceaux (Cucurbitacées, Caryophyllées, Aristoloche, Chèvrefeuille, Berbéride, etc.). Souvent, elle se convertit tout entière en un anneau de sclérenchyme, contre lequel les faisceaux sont adossés, dans lequel ils enfoncent même plus ou moins leur liber (beaucoup de Monocotylédones, etc.). Ailleurs, elle se partage en petits faisceaux scléreux séparés par des bandes de parenchyme et sans rapport avec les faisceaux libéroligneux. Fréquemment enfin, sa différenciation en sclérenchyme se limite exactement au dos de chaque faisceau libéroligneux (fig. 58, n), tandis que, vis-à-vis des rayons médullaires, elle demeure à l'état de parenchyme (beaucoup de Dicotylédones ligneuses). Dans les deux derniers cas, quand les fibres péricycliques, disposées en faisceaux, sont peu ou point lignifiées, quoique très fortement épaissies, elles joignent à beaucoup de solidité une grande souplesse et fournissent à l'homme de précieux textiles (Lin, Chanvre, Ortie, Corrète, etc.). C'est ce sclérenchyme péricyclique que l'on désigne quelquefois improprement sous le nom de *fibres corticales* ou de *fibres libériennes*; elles confinent bien, en dehors à l'écorce, en dedans au liber, mais elles n'appartiennent ni à l'écorce, ni au liber.

Le péricycle peut renfermer aussi des cellules sécrétrices de diverses sortes, notamment des réseaux laticifères fusionnés (Composés Liguliflores), et des canaux sécréteurs (Ombellifères, Araliées, Pittosporées, Millepertuis, etc.)

La largeur des rayons médullaires et le diamètre de la moelle varient beaucoup suivant les plantes et dans une même plante suivant le milieu où végète la tige considérée. Dans certaines tiges tuberculeuses (Morelle tubéreuse, Dioscorée batate, etc.), la moelle est énorme et c'est elle qui fait la masse du tubercule. Au contraire, dans les tiges aquatiques et dans certains rhizomes, le cylindre central est fort étroit, les faisceaux libéroligneux très rapprochés et la moelle très réduite; l'écorce prenant en même temps une grande épaisseur, la proportion relative des deux régions de la tige ressemble à ce qu'elle est dans la racine (fig. 63). Souvent les rayons médullaires disparaissent alors tout à fait et les faisceaux libéroligneux confluent latéralement en un tube libéroligneux continu, entourant une moelle plus ou moins large (Pesse, Macre, etc.). La moelle elle-même disparaît fréquemment et le cylindre central est formé, sous le péricycle, par une colonne libéroligneuse pleine ayant le bois au centre et le liber à la périphérie (fig. 63) (Myriophylle, Élatine, Cornifle, Utriculaire, Corallorhize, Adoxe, Salvinie, Azolle, etc.).

Quand elle est normalement développée, la moelle se creuse parfois, notamment dans les plantes des lieux humides, de grandes lacunes ou de chambres aérifères qui allègent la tige. Ces lacunes naissent par dissociation (Pontédérie, Nymphéacées, etc.), ou par destruction des cellules (tiges creuses d'Ombellifères, Labiées, Composées, Graminées, Cypéracées, Prêle, etc.); comme celles de l'écorce, elles sont tantôt continues dans tout l'entre-nœud, tantôt entrecoupées de diaphragmes.

Ailleurs, au contraire, la moelle et les rayons acquièrent plus de solidité par une différenciation locale de leurs cellules en sclérenchyme, analogue à celle qui se rencontre dans le péricycle. Ce sclérenchyme forme tantôt des faisceaux épars dans la moelle (divers Palmiers, etc.), tantôt une couche continue à la périphérie de la moelle, reliant entre elles les pointes internes des faisceaux libéroligneux (diverses Pipéracées, etc.), tantôt une série d'arcs en face de ces pointes internes (Berbéride, Massette, Renoncule, Balisier, etc.). Ces arcs internes peuvent s'étendre le long des rayons médullaires sur les flancs des faisceaux et rejoindre les arcs scléreux péricycliques, en enveloppant chaque faisceau libéro-ligneux d'une gaine complète (beaucoup de Graminées, de Cypéracées, etc.). Ailleurs enfin, la sclérose envahit toute la largeur des rayons, noyant pour ainsi dire les faisceaux libéroligneux dans une épaisse couche fibreuse (beaucoup de Monocotylédones). On voit que le péricycle, la moelle et les rayons médullaires peuvent contribuer, séparément ou simultanément, au soutien du cylindre central.

Vers sa périphérie, la moelle contient quelquefois de petits faisceaux formés de tubes criblés et de cellules de parenchyme, en un mot des fascicules libériens, disposés sans aucune régularité par rapport aux faisceaux libéroligneux normaux. Ce liber périmédullaire se rencontre chez un certain nombre de familles de Dicotylédones : Solanacées, Convolvulacées, Apocynées, Asclépiadées, Gentianées, Œnothéracées, Lythracées, Myrtacées, Combrétacées, certaines Composées (Salsifis, Laitue, etc.), diverses Campanulacées (Campanule, etc.), etc.

Enfin la moelle et les rayons médullaires renferment souvent des cellules sécrétrices, soit isolées, soit diversement groupées, constituant notamment des canaux sécréteurs (beaucoup de Composées, la plupart des Ombellifères, Diptérocarpées, Ginkgo, etc.).

2° Modifications des faisceaux libéroligneux. — Le nombre des faisceaux libéroligneux varie beaucoup, non seulement d'une plante à l'autre, mais dans une même plante suivant la région de la tige que l'on considère. Il va généralement en croissant avec l'âge de la plante jusqu'à un certain maximum et plus tard diminue progressivement. Il en résulte, comme il a été dit p. 155, que si l'on considère la tige dans sa totalité, on la trouve fusiforme, renflée au milieu, amincie aux extrémités. Le cylindre central peut n'avoir que deux faisceaux à l'extrémité inférieure, au-dessus de l'insertion de la racine terminale, c'est-à-dire dans la région qui correspond à la première jeunesse de la plante; il peut n'en contenir que quelques-uns et même se réduire à deux à l'extrémité supérieure, dans le pédicelle floral, c'est-à-dire dans la région qui correspond à la vieillesse; tandis qu'il en renferme un grand nombre, jusqu'à des centaines et des milliers, dans la région moyenne, qui répond à l'âge mûr. Le nombre des faisceaux de la tige est d'ailleurs toujours en rapport avec celui que les feuilles de la région considérée exigent pour leur formation, et avec la disposition de ces feuilles. Plus les feuilles prennent de faisceaux et plus elles sont rapprochées, plus la tige contient de faisceaux à un niveau donné. C'est dans les feuilles engainantes de la plupart des Monocotylédones que ces deux conditions sont remplies à la fois; c'est aussi dans la tige de ces plantes qu'on rencontre le plus grand nombre de faisceaux.

Ces variations dans le nombre en entraînent d'autres dans la disposition. Quand le nombre des faisceaux dépasse une certaine limite, qui dépend du diamètre du cylindre central, il ne suffit plus d'un seul cercle pour les renfermer tous. Ils se disposent alors sur deux ou plusieurs cercles concentriques, autour d'une moelle libre; souvent même ils envahissent aussi toute la région centrale et la moelle disparait comme telle. Ce phénomène s'observe çà et là chez les Dicotylédones, qui n'ont d'ordinaire qu'un seul cercle de faisceaux; on y trouve deux cercles (Cucurbitacées, Pipéracées, Phytolaque, etc.), deux ou trois cercles (Pavot, Actée, Pigamon, etc.), trois ou quatre cercles (Artanthe, etc.), ou même une dissémination complète (Podophylle, Léontice, Pigamon, Nymphéacées, etc.). Chez les Monocotylédones, cette dernière manière d'être est tellement fréquente, qu'on la donne souvent comme l'un des caractères de cette classe; il ne faut pas oublier cependant que bon nombre de Monocotylédones disposent leurs faisceaux libéroligneux en un cercle unique (Dioscoréacées, etc.), et que, chez toutes, cette disposition reparaît dès que les feuilles cessent d'exiger un grand nombre de faisceaux, par exemple dans les pédicelles floraux.

Cette disposition des faisceaux en plusieurs cercles ou en dissémination complète sur la section transversale est due, suivant les plantes, à des causes différentes. Tantôt il n'y a réellement qu'un seul cercle de faisceaux sympodiques, mais les faisceaux foliaires qui en émanent, au lieu de demeurer dans ce même cercle de côté des premiers, s'incurvent soit en dehors, dans le péricycle, qui est alors très épais (Cucurbitacées et Pipéracées parmi les Dicotylédones, Commélinacées parmi les Monocotylédones), soit en dedans, dans la moelle (Phytolaque parmi les Dicotylédones, Palmiers, Aspidistre, fig. 64, etc., parmi les Monocotylédones); puis ils s'élèvent verticalement dans leur nouvelle région pendant un ou plusieurs entre-nœuds, avant de s'échapper horizontalement dans les feuilles. La section transversale du cylindre central comprend alors un cercle de faisceaux sympodiques, profonds dans le premier cas, périphériques dans le second (fig. 64), et un ou plusieurs cercles de faisceaux foliaires, extérieurs au premier dans le

-premier cas, intérieurs dans le second (fig. 64). Tantôt il y a réellement plusieurs cercles de faisceaux sympodiques s'élevant verticalement côte à côte et envoyant indépendamment des faisceaux à chaque feuille; les foliaires latéraux proviennent alors des faisceaux périphériques, tandis que le foliaire médian est fourni par les faisceaux les plus profonds (Amarante, Actée, Pigamon, Podophylle, Léontice, etc., parmi les Dicotylédones; Lis, Tulipe, Fritillaire, Épipacte, Hédyche, etc., parmi les Monocotylédones)

Non seulement les faisceaux libéroligneux subissent des modifications dans leur nombre et leur disposition, comme il vient d'être dit, mais encore dans leur structure. Le liber y est composé tantôt de larges tubes criblés, séparés par des cellules très étroites de parenchyme (Monocotylédones, Prêle, certaines Dicotylédones : Renonculacées, Ombellifères, Cucurbitacées, Vigne, Aristoloche, etc.), tantôt au contraire de tubes criblés très étroits séparés par de larges cellules de parenchyme (Crassulacées, Cactées, Euphorbe, etc.). Il est très rare que le parenchyme libérien se sclérifie localement ; quand elle a lieu, cette sclérose s'opère suivant une bande médiane, dirigée tantôt suivant le rayon, de manière à diviser le liber en deux moitiés, symétriquement disposées à droite et à gauche (certains Palmiers : Calame rotang,

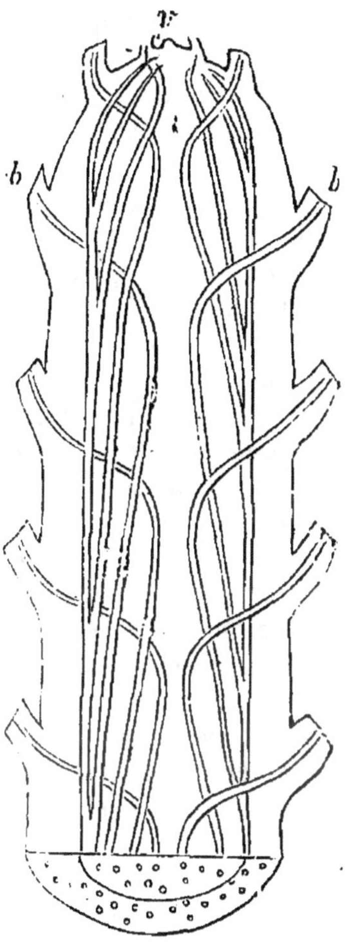

Fig. 64. — Section longitudinale de la tige de l'Aspidistre, montrant la marche des faisceaux; b, feuilles.

Livistone, etc.), tantôt suivant la tangente, en séparant le liber en deux groupes superposés (diverses Dioscorées, Tamier, Testudinaire), tantôt de ces deux façons à la fois (grosses branches de Dioscorée batate). A l'opposite du premier, contre le bord interne du bois, les faisceaux possèdent quelquefois un second liber doué de la même structure que le liber externe; ces faisceaux à deux libers caractérisent la famille des Cucurbitacées. Il ne faut pas confondre ce liber interne des faisceaux avec le liber périmédullaire signalé plus haut (p. 169). Dans le rhizome de diverses Monocotylédones, les faisceaux sympodiques voisins de la périphérie du cylindre central ont leur liber complètement entouré par un bois annulaire, tandis que les faisceaux foliaires possèdent la structure normale (Iride, Acore, Jonc, Souchet, Laiche, etc.).

Le bois peut être exclusivement formé de vaisseaux, sans interposition de parenchyme; il peut se réduire à un seul gros vaisseau bordé d'un rang de cellules de parenchyme (nombreuses Aroïdées, etc.). Quand la tige est douée d'une forte croissance intercalaire, les vaisseaux les plus internes et les premiers nés, qui sont annelés et spiralés, sont fortement étirés; leurs spires se déroulent, leurs anneaux s'écartent, leur membrane primitive s'amincit, et si les cellules voisines se dilatent, ils sont comprimés latéralement et disparaissent par endroits. Ni cet écartement des spires et des anneaux, ni l'écrasement qui en résulte n'ont lieu sur les vaisseaux plus externes, qui s'épaississent après la fin de la croissance intercalaire. Ailleurs, notamment dans les plantes aquatiques, le bord interne du bois est occupé par une lacune; cette lacune s'y produit tantôt par dissociation des cellules qui séparent les premiers vaisseaux, et alors elle est pleine d'air (Prèle, Joncées, Cypéracées, Flûteau, Butome, Nymphéacées, etc.), tantôt par résorption de la membrane même des vaisseaux, et alors elle est remplie d'eau (Nélombe, Colocase, Rubanier, Potamot, Zannichellie, Zostère, Élodée, etc.); cette résorption peut frapper la membrane des vaisseaux avant son épaississement local (Cornifle, Naïade, etc.). Quand le bois se dégrade ainsi, le liber demeure sans changement; la vie aquatique, qui rend les vaisseaux inutiles, ne diminue donc en rien la nécessité des tubes criblés. Cette remarque a déjà été faite pour la racine (p. 96).

Partout ailleurs centrifuge, le bois du faisceau libéroligneux est centripète chez les Lycopodinées et diverses Fougères (Lygode, stolons des Néphrolépides, etc.); il y tourne sa pointe en dehors et ressemble tout à fait à un faisceau ligneux de racine. Il offre le même caractère dans la région inférieure hypocotylée de la tige chez un grand nombre de Phanérogames (Crucifères, Ombellifères, Conifères, etc.).

Enfin les faisceaux libéroligneux peuvent renfermer des cellules sécrétrices, isolées ou diversement groupées ; elles sont plus fréquentes dans le liber (files de cellules laticifères des Aroïdées, canaux sécréteurs des Anacardiacées, de l'Araucarier, etc.), plus rares dans le bois (canaux sécréteurs du Pin, du Mélèze, de l'Ai lante, etc.).

3° **Tiges astéliques**. — D'ordinaire le cylindre central étroit et sans moelle de la région inférieure et primitive de la tige se dilate progressivement vers le haut, prend une moelle et des rayons médullaires, acquiert enfin la structure normale que nous lui connaissons. Quelquefois, en se dilatant ainsi, il se rompt en faisceaux libéroligneux distincts, entourés chacun d'un péricycle propre et d'un endoderme particulier, et cesse d'exister comme tel. Dans un parenchyme qui, depuis l'épiderme jusqu'au centre, est cortical, la tige renferme alors un certain nombre de faisceaux libéroligneux, disposés en un cercle ou épars, çà et là anastomosés en réseau et qui produisent aux nœuds les branches foliaires (tige des Nymphéacées, de la Renoncule d'eau, du Limnocharide et de l'Hydroclée, de l'Ophioglosse, de certaines Prêles : P. des bourbiers, P. géante, etc., pédicelle floral de l'Adoxe, etc.).

Si, d'une façon générale, on appelle *stèle* le cylindre central, on dira que la structure ainsi définie est *astélique*, puisque les faisceaux n'y sont pas réunis en un cylindre central.

Ces faisceaux distincts, entourés chacun d'un endoderme propre et d'un péricycle particulier, au lieu de s'unir seulement çà et là en réseau, peuvent aussi se fusionner latéralement dans la majeure partie de leur étendue. Dans le manchon cylindrique ainsi constitué, qui est revêtu d'un péricycle et d'un endoderme en dehors et en dedans, les faisceaux peuvent demeurer distincts, la fusion ne portant que sur l'endoderme et le péricycle, comme dans la tige aérienne de diverses Prêles (P. d'hiver, P. très-rameuse, P. panachée, etc.) ; ils peuvent aussi s'unir par leur liber et leur bois en un anneau libéroligneux continu, comme dans le Botryche. La structure astélique peut donc se présenter sous deux aspects, être à faisceaux libres, *dialydesme*, ou à faisceaux confluents, *gamodesme*.

4° **Tiges polystéliques**. — Le cylindre central étroit et sans moelle de la région inférieure de la tige, au lieu de se dilater, comme dans le cas ordinaire, au lieu de se rompre en faisceaux libéroligneux distincts, comme dans la structure astélique, s'élargit quelquefois en un ruban, qui bientôt se divise en deux par un étranglement médian. Chaque moitié s'aplatit plus haut à son tour et se divise en deux, et ainsi de suite. Dans un parenchyme, qui, depuis l'épiderme jusqu'au centre, est toujours l'écorce, la tige possède donc un nombre de plus en plus grand de cylindres centraux, ou de *stèles*, étroits et sans moelle, tout pareils au cylindre central unique de la région inférieure. De *monostélique* qu'elle était à la base, elle est devenue ainsi *polystélique*.

La polystélie est un phénomène très rare chez les Phanérogames; on ne l'a observé jusqu'ici que chez les Auricules, qui diffèrent par là des Primevères, et chez les Gunnères. Elle est, au contraire, très fréquente chez les Cryptogames vasculaires, où elle se complique ordinairement, dans chaque stèle, du développement centripète du bois. Ainsi la plupart des Fougères, les Marsilies, la plupart des Sélaginelles ont leur tige polystélique, à stèles ordinairement binaires. Quand elles sont très grêles, les stèles sont quelquefois dépourvues de péricycle tout aussi bien que de moelle et de rayons; on y observe alors ce dédoublement de l'endoderme en dedans des plissements déjà signalé plus haut (p. 166) dans certaines tiges à structure monostélique (Polypode vulgaire, etc.).

D'ordinaire les stèles s'anastomosent çà et là en un réseau à mailles plus ou moins larges. Quelquefois elles se fusionnent latéralement dans le cercle où elles sont disposées et constituent de la sorte, autour de la région centrale de l'écorce, un manchon continu; celui-ci possède, en dedans comme en dehors de son anneau ligneux, une zone libérienne, un péricycle et un endoderme (Marsilie, diverses Fougères, etc.). La structure polystélique se présente donc sous deux aspects, avec stèles libres, ou seulement réticulées, et avec stèles confluentes; on peut la dire *dialystèle* dans le premier cas, *gamostèle* dans le second. La structure polystélique gamostèle ressemble à la structure astélique gamodesme; elle en diffère nettement par son liber interne. L'une et l'autre ressemblent à la structure monostélique, avec laquelle il faut éviter de les confondre; elles en diffèrent tout au moins par leur péricycle et leur endoderme intérieurs.

La polystélie est certainement la plus profonde de toutes les modifications que peut subir la structure de la tige.

Structure de la tige des Mousses. — La tige des Mousses se compose souvent d'un cylindre axile, formé de cellules très étroites et à parois très minces, correspondant au cylindre central des plantes vasculaires, et d'un épais manchon de parenchyme à larges cellules, correspondant à l'écorce des plantes vasculaires (fig. 65) (Funaire, Brye, Bartramie, Mnie, Grimmie, etc.). Mais ce cylindre central demeure complètement homogène, ou se borne à épaissir fortement les membranes de quelques-unes de ses cellules (Polytric, Atric, Dausonie, etc.). Il ne se différencie point en faisceaux et conjonctif; à plus forte raison ne s'y produit-il ni vaisseaux, ni tubes criblés. Quant à l'écorce, son assise externe, toujours dépourvue de stomates, ne prend pas les caractères de l'épiderme, ni son assise interne ceux de l'endoderme : elle se différencie pourtant en deux couches. La zone interne se compose de cellules larges, à membranes minces et peu colorées, ou même incolores; la zone externe, au contraire, est formée de cellules de plus en plus étroites vers l'extérieur, à

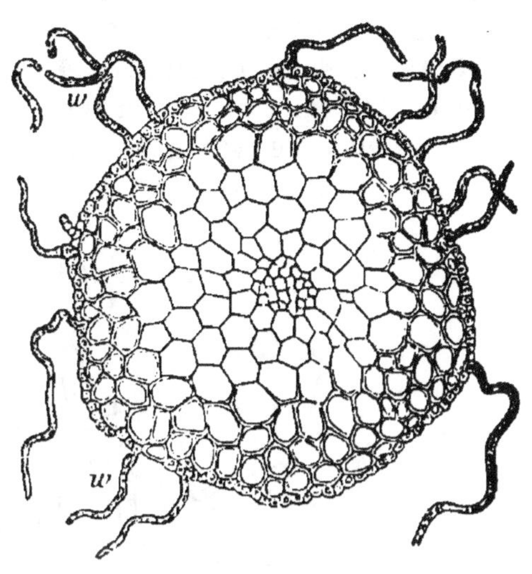

Fig. 65. — Section transversale de la tige de la Brye rose : *w*, poils absorbants.

membranes fortement épaissies et colorées en jaune rougeâtre ou en rouge vif; le rang le plus externe, qui tient lieu d'épiderme, a ses cellules plus étroites que les autres et souvent prolongées en poils absorbants (*w*, fig. 65). Dans les Sphaignes, cette zone externe colorée est enveloppée d'une ou plusieurs assises de larges cellules vides, qui s'ouvrent au dehors et les unes dans les autres par de grands trous ronds et dont la membrane mince et incolore est parfois renforcée par des rubans d'épaississement spiralés; l'ensemble de ces cellules constitue autour de la tige une gaine aquifère. Du cylindre central partent quelquefois des faisceaux très grêles, composés de cellules pareilles à celles du cylindre, qui traversent obliquement l'écorce pour entrer dans autant de feuilles, dont il constituent les nervures médianes (Splachne, Voitie, etc.). On voit donc que la structure la plus perfectionnée de la tige des Mousses se rattache d'assez près à la structure la plus dégradée de la tige des plantes vasculaires.

Chez d'autres Mousses, la structure se simplifie davantage. On

n'y observe pas de cylindre central : le centre est occupé par un
parenchyme homogène à larges cellules, continuation directe de la
zone corticale interne (Sphaigne, Leucobrye, Barbule, Gymno-
stome, etc.). Enfin, dans les Hépatiques qui en sont pourvues, la
tige se réduit, de la périphérie au centre, à un parenchyme complètement homogène (Jongermanne, etc.).

Origine de la structure de la tige. — A mesure qu'on s'approche de l'extrémité de la tige, on voit les divers tissus définitifs,
dont on vient de tracer les caractères, perdre peu à peu les diffé-

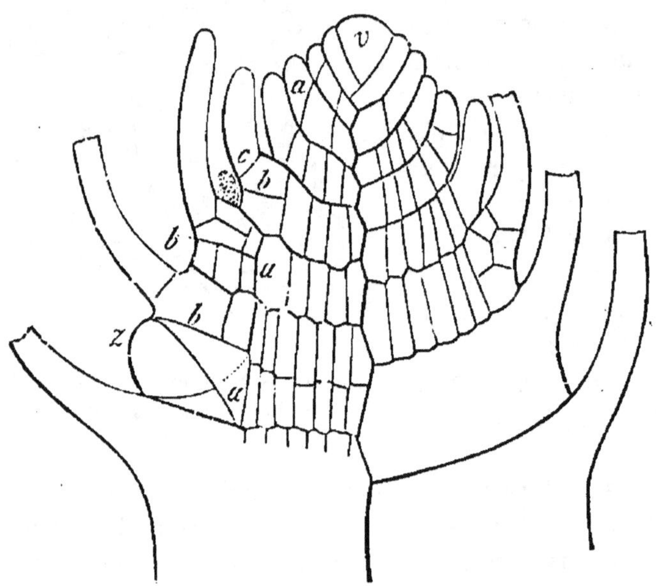

Fig. 66. — Section longitudinale axile de l'extrémité de la tige de la Fontinale.
v, cellule mère pyramidale produisant trois séries de segments ; *b*, feuilles ;
z, cellule mère d'une branche.

rences qui les séparent et se confondre enfin dans un tissu homogène et indifférent, dans un méristème analogue à celui de la
racine ; mais, contrairement à ce qui a lieu dans la racine, le
méristème de la tige ne produit de tissus définitifs que vers le bas,
et par conséquent occupe le sommet même du membre. A son
tour, ce méristème provient du cloisonnement répété soit d'une
cellule unique, qui est sa cellule mère et par conséquent la cellule
mère de la tige tout entière, soit d'un groupe de cellules mères.
Mais dans tous les cas le cloisonnement n'a lieu que sur les côtés

et vers la base, jamais vers le sommet ; les cellules en voie de
division demeurent toujours extérieures et supérieures aux segments qu'elles engendrent. Il en résulte que la cellule mère
unique ou les cellules mères les plus extérieures du groupe ont
leur face supérieure libre au sommet même de la tige.

Les Muscinées (fig. 66), les Cryptogames vasculaires et les
Gymnospermes (fig. 67) édifient leur tige par le cloisonnement
répété d'une cellule mère unique, qui en occupe le sommet. Cette
cellule mère a quelquefois la forme d'un coin et produit deux

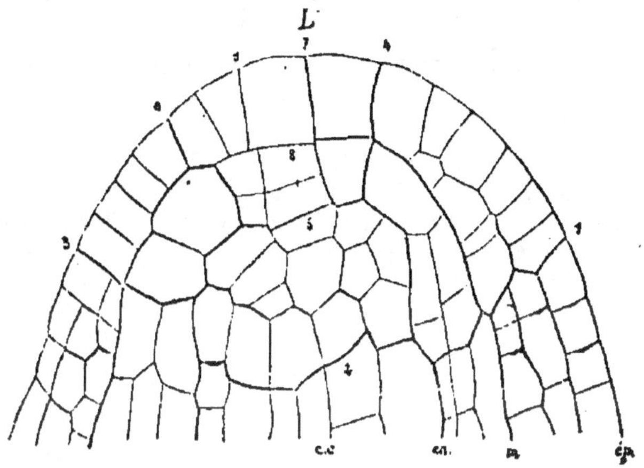

Fig. 67. — Section longitudinale axile du sommet de la tige du Cèdre. La
cellule mère est en tronc de pyramide et donne des segments à la fois vers
la base et sur les flancs ; 1-9, cloisons successives ; *cc*, cylindre central ; *m*,
cloison médio-corticale ; *en*, endoderme ; *ep*, épiderme.

séries rectilignes de segments semi-circulaires alternes (Fissi-
dent, Schistotège, Ptéride aquiline, Salvinie, Azolle, etc.). Le plus
souvent elle a la forme d'une pyramide à trois faces planes, dont la
base bombée est tournée vers le haut, et découpe trois séries de
segments triangulaires de 120° d'ouverture, qui se superposent
tantôt en trois séries verticales (Fontinale, fig. 66, Aspide, Marattie,
Prêle, etc.), tantôt suivant trois hélices parallèles (Polytric,
Sphaigne, Andrée, etc.). Parfois aussi elle a la forme d'un tronc de
pyramide (fig. 67) et découpe des segments à la fois vers la base
et sur les flancs (diverses Gymnospermes).

A leur tour, ces segments se découpent en divers sens pour
produire un méristème dans lequel, chez les Cryptogames vasculaires et les Gymnospermes, on distingue bientôt trois régions

l'épiderme, l'écorce et le cylindre central. Vers la périphérie de ce dernier, ou de chacun de ces derniers si la tige est polystélique, certains groupes de cellules produisent des cordons d'abord homo-gènes, qui ne tardent pas à se différencier progressivement de la base au sommet en liber et en bois, pour devenir autant de fais-ceaux libéroligneux.

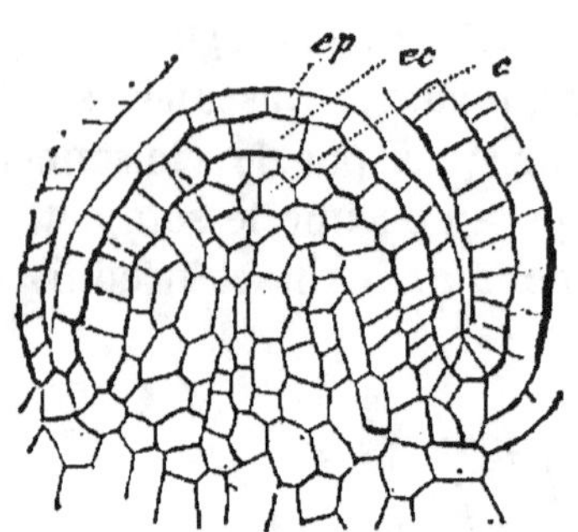

Fig. 68. — Section longitudinale axile du sommet de la tige du Fusain, montrant les trois initiales super-posées pour l'épiderme *ep*, l'écorce *ec* et le cylindre central *c*.

Chez les Angiospermes, la tige procède du cloisonnement répété d'un groupe de cellules mères. Ce groupe se compose d'ordi-naire (fig. 68), notamment dans la très grande majorité des Dico-tylédones et beaucoup de Mono-cotylédones (Graminées, Cypé-racées, Joncées, Commélinées, Scitaminées, etc.), de trois rangs d'initiales superposées, dont les inférieures produisent le cylindre central, les moyennes l'écorce, les supérieures l'épiderme. En d'autres termes, le cylindre central, l'écorce et l'épiderme se con-tinuent au sommet, à travers le groupe des cellules mères, par des initiales propres, dont le nombre peut se réduire à l'unité (Cornifle, etc.). L'ini-tiale (ou les initiales) du cylin-dre central se cloisonne pa-rallèlement à sa base et à ses côtés; l'initiale (ou les initia-les) de l'écorce et celle de l'épiderme ne se cloisonnent que latéralement. Les seg-ments épidermiques ne pren-nent pas de cloisons tangen-tielles, et par conséquent

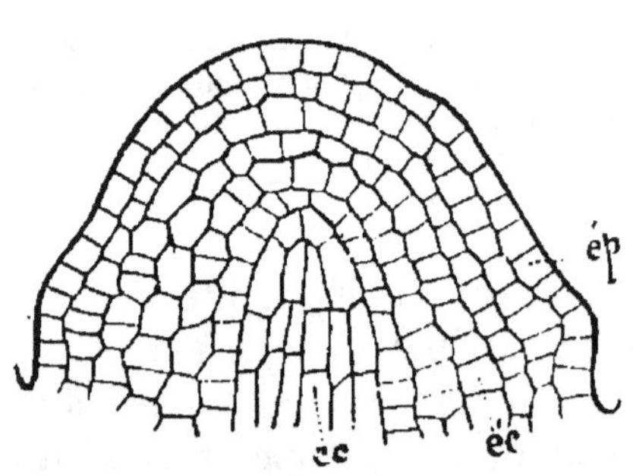

Fig. 69. — Section longitudinale axile du sommet de la tige de la Pesse. *cc*, cylindre central avec son initiale; *ec*, écorce avec ses cinq initiales superpo-sées; *ep*, épiderme avec son initiale.

l'épiderme demeure simple. Les segments corticaux ne prennent de cloisons tangentielles qu'assez tard, au niveau de la première feuille; l'écorce reste donc simple dans tout l'entre-nœud supérieur.

Quelquefois l'écorce a plusieurs rangs d'initiales superposées ; en d'autres termes, elle se continue au sommet, sous l'épiderme, par plusieurs assises ayant chacune à son point culminant une initiale particulière. Dans le Troène, par exemple, on compte deux, dans la Pimprenelle trois, dans la Pesse jusqu'à cinq initiales superposées pour l'écorce (fig. 69).

Quelquefois aussi le groupe de cellules mères ne comprend que deux rangs d'initiales superposées, dont les supérieures donnent l'épiderme, tandis que les inférieures engendrent à la fois l'écorce et le cylindre central (fig. 70). C'est ce qu'on observe chez beaucoup de Monocotylédones (Alismacées, Naïadacées, Hydrocharidées, etc.) et chez quelques Dicotylédones (Charme, Houblon, fig. 70, Renouée, Cisse, etc.).

On voit que le remplacement de la cellule mère unique par un groupe de trois cellules mères superposées s'opère pour la tige beaucoup plus tard que pour la racine. Pour celle-ci, il a lieu déjà à l'intérieur des Cryptogames vasculaires, puisque les

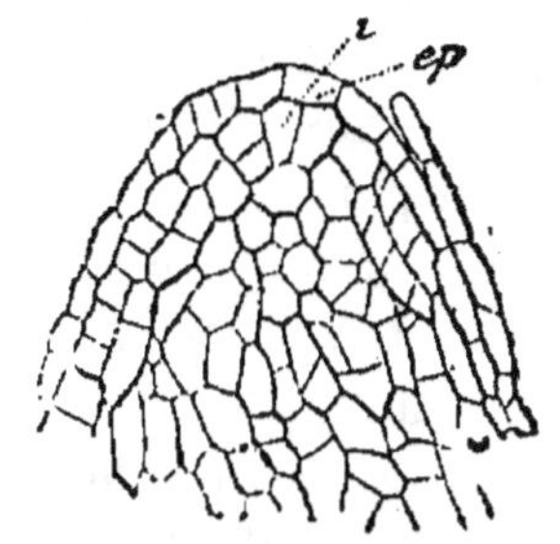

Fig. 70. — Section longitudinale axile du sommet de la tige du Houblon. Il n'y a que deux initiales, une pour l'épiderme *ep*, l'autre *i* commune à l'écorce et au cylindre central.

Lycopodes et les Isoètes ont trois initiales distinctes à leur racine ; pour celle-là, il ne commence qu'à l'intérieur des Phanérogames, puisque les Gymnospermes ont encore une seule initiale à leur tige.

Origine et insertion des branches. — Connaissant la structure de la tige et comment cette structure s'édifie peu à peu à partir du sommet, il reste à savoir où et comment ce sommet lui-même prend naissance. Pour la tige primaire, cette origine est à chercher dans les premiers développements de l'œuf et ne pourra être étudiée que plus tard ; mais s'il s'agit d'une tige secondaire, tertiaire, etc., en un mot d'une branche d'ordre quelconque, elle réside dans la branche d'ordre précédent et il faut la préciser.

D'une façon générale, la branche naît au flanc de la tige comme la tige elle-même croît à son sommet, c'est-à-dire par une cellule mère périphérique chez les Muscinées, les Cryptogames vasculaires et les Gymnospermes, par un groupe périphérique de cellules mères chez les Angiospermes.

Dans le premier cas, la cellule périphérique se divise par trois cloisons obliques, de manière à produire une cellule ayant la forme d'une pyramide triangulaire à base bombée tournée en dehors : c'est la cellule mère de la branche (fig. 66, *z*) ; se cloisonnant ensuite indéfiniment parallèlement à ses trois faces planes, celle-ci produit trois séries de segments superposés, aux dépens desquels la branche s'édifie, comme il a été dit plus haut.

Dans le second cas, si la tige a au sommet trois sortes d'initiales distinctes, comme c'est le cas de beaucoup le plus général, le groupe de cellules mères du bourgeon, placé à l'aisselle d'une feuille, a aussi trois sortes d'initiales. Le plus souvent, il comprend une ou plusieurs cellules épidermiques, une ou plusieurs cellules de l'écorce, encore réduite à une assise à ce niveau, et une ou plusieurs cellules du cylindre central sous-jacent. La cellule épidermique ne prend que des cloisons perpendiculaires au plan de l'épiderme, et ne produit par conséquent que l'épiderme de la branche ; en d'autres termes, l'épiderme de la tige se continue purement et simplement sur l'épiderme de la branche. La cellule corticale ne se cloisonne que latéralement et produit l'écorce de la branche. La cellule du cylindre central se cloisonne à la fois parallèlement à ses côtés et à sa base et produit le cylindre central de la branche. Les trois régions constitutives de la branche dérivent donc d'ordinaire respectivement de celles de la tige. Quelquefois, notamment lorsque l'écorce compte plusieurs assises au niveau du bourgeon, les choses se passent autrement. La première assise corticale produit l'écorce de la branche et c'est la seconde assise corticale qui fournit les initiales de son cylindre central. Celui-ci a donc une origine indépendante de celui de la tige (Pesse, etc.). Enfin, lorsque la tige n'a au sommet que deux initiales distinctes, c'est encore l'épiderme qui produit l'épiderme de la branche, tandis que l'écorce, ou son assise externe si elle en a déjà plusieurs, produit l'initiale commune de l'écorce et du cylindre central de la branche. Ici encore, le cylindre central de la branche naît indépendamment de celui de la tige.

Comment, à mesure qu'ils se différencient, les faisceaux de la branche se raccordent-ils avec ceux de la tige, de manière à assurer la continuité des deux membres ? Bornons-nous à considérer la disposition la plus simple et la plus fréquente, celle où les faisceaux de la tige sont disposés en un seul cercle, comme dans les Gymnospermes et la plupart des Dicotylédones. Le raccordement a lieu d'ordinaire sur le cylindre central au nœud même, quelquefois sur le cylindre central un ou plusieurs entre-nœuds plus bas, quelquefois au contraire sur les faisceaux de la feuille après leur sortie du cylindre central.

Dans le premier cas, les faisceaux de la branche se réunissent à sa base en un petit nombre, en deux par exemple ; ces deux faisceaux traversent l'écorce de la tige, pénètrent dans le cylindre central et viennent, au nœud même ou un peu au-dessous du nœud, s'unir avec les deux faisceaux qui bordent à droite et à gauche le vide laissé par le départ du faisceau foliaire médian de la feuille mère (Pin, Genévrier, Ibéride, Ortie, Muflier, Mouron. Clématite, etc.). Dans le second cas, les deux faisceaux de la branche, parvenus comme il vient d'être dit dans le cylindre central, y descendent parmi les faisceaux foliaires voisins l'espace d'un (Aristoloche, etc.), de deux (Céraiste, etc.) et même de trois entre-nœuds (Violette, etc.) ; la section transversale de la tige contient alors, outre les faisceaux caulinaires et les foliaires, deux, quatre ou six faisceaux destinés à une, deux ou trois branches supérieures. Enfin, dans le troisième cas, les faisceaux de la branche s'attachent directement aux faisceaux de la feuille mère, après que ceux-ci sont déjà sortis du cylindre central et pendant qu'ils traversent l'écorce ; le raccordement de la branche avec la tige s'opère alors indirectement, par l'intermédiaire de la base de la feuille (Pesse, Ombellifères, Araliées, etc.).

Origine et insertion des racines sur la tige. — La tige produit normalement des racines. Elle en forme une de très bonne heure à sa base et dans son prolongement : c'est la racine terminale. Plus tard, et à mesure qu'elle s'allonge, elle en produit d'autres dans ses flancs : ce sont les racines latérales.

Mode d'insertion de la racine terminale sur la tige. Passage de la racine à la tige. Collet. — En ce qui concerne la racine terminale, on n'a pas à chercher ici son origine ; elle apparait, en effet, comme la tige elle-même, au cours du développement de l'œuf en embryon, sujet qui sera traité plus tard. Mais il faut savoir comment elle s'attache à la tige, comment se raccordent les divers tissus des deux membres, comment on passe de la structure de l'un à celle de l'autre.

La racine se forme le plus souvent à la base de la tige, de telle manière que dans le premier âge les deux surfaces se continuent directement ; elle est extérieure, au même titre que la tige. Quelquefois cependant elle naît à l'intérieur de la tige, plus ou moins profondément au-dessous de son extrémité ; elle est recouverte alors dans le premier âge par l'épiderme de la tige et par un plus ou moins grand nombre d'assises de l'écorce ; plus tard elle perce cette poche pour se développer au dehors et sa base demeure entourée d'une collerette (Graminées, Commélinées, Balisier, Capucine, Nyctage, etc.).

Considérons d'abord le cas le plus fréquent, où la racine est exogène, et supposons qu'il s'agisse des Dicotylédones et des Gymnospermes. Si l'on suit, en descendant, l'épiderme de la tige, on arrive à un point où, à une cellule simple, dernière cellule de l'épiderme de la tige, succède une cellule dédoublée par une cloison tangentielle, première cellule de l'épiderme de la racine. Entre les deux, par la cloison qui les sépare, passe le plan de séparation des deux membres. Dès que la racine entre en croissance, la moitié externe de sa première cellule épidermique dédoublée se détache comme première assise de la coiffe, et il en résulte un gradin à descendre pour passer de la surface primitive de la tige à la surface dénudée de la racine. Peu après, la moitié interne mise à nu se prolonge en un poil absorbant. Cette dénudation se poursuit ensuite de plus en plus profondément, à mesure que la racine s'allonge et que la coiffe s'exfolie. Il en résulte, à la limite même, un contraste frappant dans l'aspect des deux surfaces, contraste qui rend cette limite très nette au premier coup d'œil. La surface de la tige, occupée par son épiderme entier et simple, est lisse, blanche, dure ; la surface de la racine, occupée par son assise pilifère, c'est-à-dire par l'assise interne de son épiderme composé, est hérissée de poils, grisâtre, molle. Le collet, dont on a déjà signalé l'existence (p. 151), reçoit ici une définition plus précise : c'est la ligne circulaire qui sépare les deux surfaces, ou le plan qui passe par cette ligne.

Chez les Monocotylédones et les Cryptogames vasculaires, l'épiderme de la racine, d'abord en continuité avec celui de la tige, s'en sépare circulairement à la base au début de la croissance, et son bord libre s'exfolie bientôt complètement avec la première assise de la coiffe, laissant à nu l'assise corticale externe, qui devient l'assise pilifère. La ligne de séparation, jointe à la dépression superficielle correspondante, marque ici aussi la limite des deux membres, c'est-à-dire le collet.

Enfin, dans les quelques plantes où la racine terminale est endogêne, c'est la ligne circulaire suivant laquelle son épiderme se raccorde plus ou moins profondément avec l'écorce de la tige qui marque le collet.

Ceci bien compris, si nous suivons en montant l'écorce de la racine, nous la voyons se continuer directement avec l'écorce de la tige, avec toute l'écorce dans le premier cas, avec sa région interne seulement dans le second. L'endoderme de la racine se prolonge par l'endoderme de la tige. Il en résulte que le cylindre central se continue directement, en se dilatant ordinairement beaucoup, dans le cylindre central de la tige. Le péricycle, les rayons médullaires et la moelle du premier se prolongent respectivement dans le péricycle, les rayons médullaires et la moelle du second. Reste à savoir comment se fait la transformation des faisceaux simples, libériens et ligneux, de la racine, dans les faisceaux doubles, libéroligneux, de la tige. La chose peut avoir lieu de trois manières différentes.

1° Les faisceaux libériens de la racine s'élèvent en ligne droite dans la tige. Les faisceaux ligneux, arrivés près du collet, multiplient leurs vaisseaux et se dédoublent suivant le rayon; les deux moitiés se séparent et, s'inclinant à droite et à gauche, vont s'unir deux par deux en dedans des faisceaux libériens alternes, de manière à former le bois des faisceaux libéroligneux. En se déplaçant ainsi, chaque moitié du faisceau ligneux tourne sur elle-même, se tord de 180°, de façon à diriger en dedans la pointe qu'elle présentait en dehors; il en résulte que le bois du faisceau libéroligneux est centrifuge, tandis que le faisceau ligneux était centripète. Pendant ce temps, on a franchi la limite, et l'on est désormais dans la tige. La tige a, dans ce cas, tout autant de faisceaux doubles que la racine avait de faisceaux libériens, et ces faisceaux sont séparés par de larges rayons médullaires, qui correspondent chacun à deux des étroits rayons médullaires de la racine et au faisceau ligneux qui les séparait (Fumeterre, Nyctage, Cardère, etc.).

2° Les faisceaux libériens se dédoublent latéralement comme les faisceaux ligneux et leurs deux moitiés vont, pour ainsi dire, au devant des deux moitiés ligneuses, pour former avec elles deux fois autant de faisceaux libéroligneux, séparés par des rayons médullaires plus étroits (Capucine, Érable, Haricot, Courge, etc.).

3° Quelquefois, enfin, les faisceaux ligneux restent en place en se tordant de 180° et ce sont les faisceaux libériens dédoublés qui font tout le chemin pour venir s'unir, en dehors de chacun d'eux, en autant de faisceaux libéroligneux, séparés par de larges rayons qui correspondent chacun à deux des étroits rayons de la racine et au faisceau libérien qui les sépare (Luzerne, Vesce, Lentille, Phénice, etc.).

Toutes les fois qu'il n'y a pas de croissance intercalaire dans la base de la tige, ni dans la base de la racine, le raccord interne des faisceaux est brusque et son plan moyen coïncide avec le collet: il y a un collet interne, presque aussi précis que le collet externe (Ricin, Courge, Haricot, etc., Balisier et beaucoup d'autres Monocotylédones). S'il y a une forte croissance intercalaire frappant la base de la tige, le raccord se trouve longuement étiré vers le haut; le déplacement commence bien à la limite, mais ce n'est qu'après un assez long espace de tige, souvent seulement au voisinage du premier nœud, que le bois se trouve avoir pris sa place et son orientation définitives en dedans du liber; la transformation est progressive et lente : c'est un cas assez fréquent (Crucifères, Caryophyllées, Conifères, etc.). S'il y a une croissance intercalaire dans la base de la racine, le raccord est étiré vers le bas; le déplacement commence alors notablement au-dessous de la limite, pour se terminer un peu au-dessus (Érable, etc.). Enfin, si ces deux modes de croissance intercalaire coexistent, le raccord est étiré à la fois vers le haut et vers le bas; le déplacement des faisceaux commence au-dessous de la limite et ne s'achève que plus ou moins haut dans le premier entre-nœud (Ipomée, Nyctage, etc.). Ce qu'il faut bien remarquer, c'est qu'au milieu de toutes ces variations internes, le collet, défini comme il a été dit, ne change pas de position; pris entre deux cellules, il ne peut, en effet, être déplacé par la croissance antagoniste de ces deux cellules.

Origine et formation des racines latérales. — Si l'on met à part les racines latérales gemmaires, sur lesquelles on reviendra plus loin, on sait que les racines latérales, qu'elles soient régulières ou adventives (p. 75), naissent toutes à l'intérieur de la tige, sont toujours endogènes (p. 76). D'une façon générale, elles naissent dans la tige comme les radicelles dans la racine mère.

Chez les Cryptogames vasculaires, en particulier chez les Fougères (fig. 71), les racines latérales naissent de très bonne heure, très près du sommet, alors que l'écorce et le cylindre central, récemment séparés, n'ont pas encore terminé la série des cloisonnements qui doivent leur donner toute leur épaisseur. Pour se former, la racine prend une cellule appartenant à l'assise la plus interne de l'écorce dans son état actuel, à ce qu'on peut appeler l'endoderme actuel (*A, r*). Par trois cloisons obliques convergeant vers l'intérieur, cette cellule rhizogène sépare d'abord trois cellules basilaires et une cellule pyramidale, qui est l'initiale de la racine (*B, r*). Celle-ci se cloisonne ensuite, d'abord parallèlement à sa face externe pour détacher un segment épidermique, puis parallèlement à ses trois faces obliques pour découper trois segments destinés a l'écorce et au cylindre central, puis de nouveau parallèlement à sa face externe, et ainsi de suite (*C*). En un mot, les segments se forment et plus tard se divisent dans les trois directions, notamment suivant la tangente, exactement comme il a été dit pour l'initiale d'une radicelle (p. 103, fig. 56).

Chez les Phanérogames, les racines latérales naissent plus ou moins tôt,

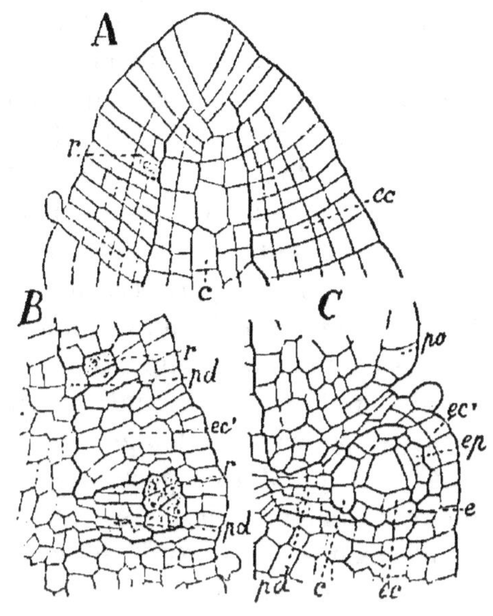

Fig. 71. — Section longitudinale axile de la tige (stolon) du Néphrolépide. *A*, au sommet, montrant la cellule terminale et ses segments, la séparation du cylindre central *c* et de l'écorce *ec*, la division de l'écorce en deux zones et le cloisonnement tangentiel de ces deux zones; *r*, cellule rhizogène (pointillée) appartenant à la zone interne encore indivise. *B*, un peu plus bas, montrant deux états de division de la cellule rhizogène *r* et de formation du pédicule péricyclique sousjacent *pd*. *C*, plus bas encore, montrant un état plus avancé de la racine, recouverte par deux assises corticales.

c'est-à-dire plus ou moins près du sommet de la tige, aux dépens d'une plage circulaire de cellules appartenant au péricycle. Si le péricycle est simple, les cellules de la plage rhizogène s'accroissent radialement et se dédoublent toutes par une cloison tangentielle, qui sépare en dedans le cylindre central ; puis l'assise externe prend une nouvelle cloison tangentielle, qui ne porte que sur les cellules médianes et sépare en dedans l'écorce, en dehors l'épiderme, tandis que les cellules marginales indivises constituent l'épistèle. Le mamelon ainsi formé, avec ses trois initiales ou ses trois tétrades d'initiales superposées, s'accroît ensuite et cloisonne ses cellules, comme il a été dit pour la radicelle (p. 105, fig. 58). Si le péricycle est composé, c'est son assise externe qui fournit la plage rhizogène, laquelle se comporte comme dans le cas précédent. En un mot, la racine latérale naît et se constitue dans le péricycle de la tige mère comme la radicelle dans le péricycle de la racine mère.

Dans les tiges polystéliques (p. 175), les racines latérales naissent, sur la face externe de chacune des stèles, de la même manière que sur toute la périphérie de la stèle quand elle est unique, c'est-à-dire dans l'endoderme chez les Cryptogames vasculaires (Fougères, Hydroptérides, etc.), dans le péricycle chez les Phanérogames (Auricule, Gunnère, etc.).

Dans les tiges astéliques, c'est-à-dire dont les faisceaux libéroligneux sont enveloppés individuellement par un péricycle propre et un endoderme particulier (p. 175), les racines latérales naissent aussi de l'endoderme particulier s'il s'agit d'une cryptogame vasculaire (Ophioglossées, etc.), du péricycle propre s'il s'agit d'une Phanérogame. Dans ce dernier cas, un arc de cellules péricycliques, situées d'ordinaire sur le flanc du faisceau en face de la séparation du liber et du bois, accroît ses cellules et les cloisonne comme il a été dit, pour former le mamelon radical (Nymphéacées, diverses Renoncules, etc.).

Disposition et insertion des racines latérales. — Les racines latérales des Phanérogames affectent trois dispositions différentes par rapport aux faisceaux libéroligneux du cylindre central.

Le plus souvent la plage rhizogène s'établit dans le péricycle en correspondance avec l'intervalle de deux faisceaux, c'est-à-dire avec un rayon médullaire (fig. 72 et fig. 75). Si le rayon n'est pas très large, la racine lui est exactement superposée et s'attache également et symétriquement de chaque côté sur les deux faisceaux voisins : c'est le cas ordinaire (fig. 72). Si le rayon est très large, la plage rhizogène s'y établit latéralement au voisinage de l'un des faisceaux, sur le flanc duquel la racine s'insère obliquement; il peut se faire alors deux racines en correspondance avec le même rayon (Cucurbitacées, etc.).

Ailleurs la plage rhizogène se différencie dans le péricycle en superposition avec le liber d'un faisceau libéroligneux. Cette disposition en dehors du liber a lieu nécessairement toutes les fois que le cylindre central a tous ses faisceaux fusionnés en un anneau autour d'une moelle, ou en un massif plein sans moelle.

Dans les deux cas précédents, l'insertion de la racine sur les faisceaux libéroligneux de la tige est directe. Dans le troisième, la racine naît dans le péricycle sans aucun rapport fixe avec les faisceaux libéroligneux et son insertion sur eux est indirecte. Il se différencie alors dans la profondeur du péricycle, qui est composé, un plus ou moins grand nombre de fascicules libéroligneux dirigés et anastomosés en tous sens, qui forment un réseau couvrant toute la périphérie du cylindre central ou seulement une partie de son pourtour, par exemple sa face inférieure si la tige est rampante. Vers l'intérieur, ce réseau se relie aux faisceaux libéroligneux de la tige; vers l'extérieur, il donne insertion aux racines, qui prennent naissance dans l'assise périphérique du péricycle. C'est donc par son intermédiaire que s'établissent les rapports libéroligneux des racines

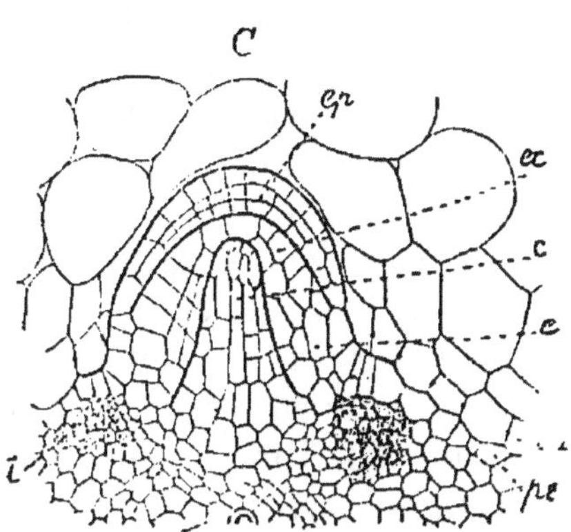

Fig. 72. — Section transversale de la tige de la Montie, passant par l'axe d'une racine, née dans le péricycle *pé* entre deux faisceaux libéroligneux *l*; *ep*, épiderme triple au sommet; *ec*, écorce triple à la base; *c*, cylindre central; *e*, épistèle; *en*, endoderme de la tige, digéré ainsi que les deux assises corticales suivantes.

avec la tige. Ce réseau radicifère est rare chez les Dicotylédones; on l'y observe dans les Pipéracées de la tribu des Saururées, et surtout chez certaines Primevères (P. officinale, P. grandiflore, etc.). Il est, au contraire, très fréquent chez les Monocotylédones, notamment dans les rhizomes et à la base des branches aériennes. Tantôt il s'étend sur toute la longueur et sur tout le pourtour du cylindre central; les racines peuvent naître alors en un point quelconque de la tige (Acore, Fragon, Bananier, Sagittaire, etc.). Tantôt il s'étend bien encore sur toute la longueur; mais n'occupe qu'une fraction plus ou moins grande de la circonférence du cylindre central; les racines latérales se trouvent alors localisées sur la face inférieure de la tige (Monstérées, Echmée, etc.). Tantôt enfin il s'étend sur tout le pourtour, mais est interrompu dans la longueur et ne se forme qu'au voisinage des nœuds, où se trouvent également concentrées les racines latérales (Graminées, Philodendre, Calle, Vanille, Smilace, etc.).

Croissance interne et sortie des racines latérales. —
Qu'il s'agisse des Cryptogames vasculaires ou des Phanérogames,
une fois ébauchées comme il vient d'être dit à l'état de mamelons
coniques, les racines latérales peuvent cesser de croître et demeurer, pendant un temps plus ou moins long, cachées dans la profondeur de l'écorce, sans que rien ne les trahisse au dehors,
latentes, en un mot, pour reprendre plus tard, quand les conditions
sont favorables, le cours interrompu de leur développement. Elles
peuvent également continuer aussitôt de croître sans subir d'arrêt.
Dans tous les cas, elles ont, pour paraître au dehors, à traverser
l'écorce de la tige, toute l'écorce si elles sont un peu tardives,
seulement la zone d'écorce qui se trouvait constituée au moment
de leur apparition, si elles sont très précoces.

Cette traversée de l'écorce se fait, ici comme pour la radicelle,
par voie de digestion. La racine se nourrit aux dépens de l'écorce
de la tige, comme la radicelle aux dépens de l'écorce de la racine,
et en se nourrissant elle se fraye un chemin vers l'extérieur. Pourtant, l'épiderme de la tige est quelquefois assez fortement cutinisé
pour résister à la digestion ; il se distend alors et finalement se
déchire pour laisser sortir la ra-
cine. Cette digestion est quelquefois
directe, c'est-à-dire opérée par l'é-
piderme même de la racine ; elle
porte alors sur la totalité de l'é-
corce actuelle chez les Phanérogames (fig. 72), sur toute l'écorce
actuelle à l'exception de l'endoderme actuel chez les Cryptogames
vasculaires (fig. 74) ; en un mot,
il n'y a pas de poche digestive (Crucifères, Caryophyllées, Crassulacées,
Portulacées, etc., parmi les Dicotylédones ; Polypodiacées, Hydroptérides, parmi les Cryptogames vasculaires). Le plus souvent, la digestion est indirecte, c'est-à-dire que
l'assise corticale qui borde la racine
s'accroît avec elle en cloisonnant

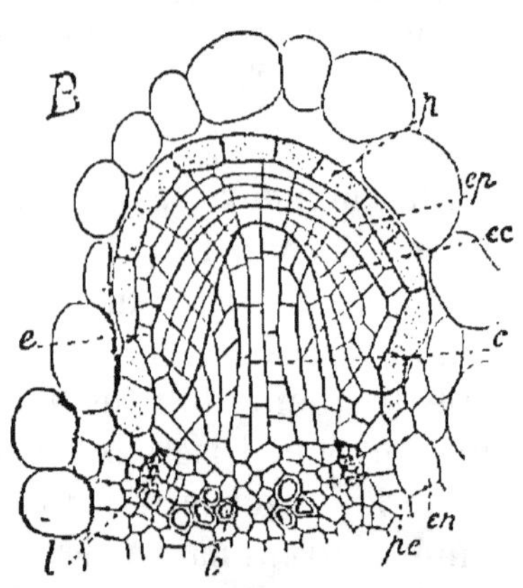

Fig. 75. — Section transversale de
la tige du Spilanthe, passant par
l'axe d'une racine née dans le
péricycle *pe* : *ep*, épiderme ; *ec*,
écorce ; *c*, cylindre central ; *e*,
épistèle ; *p*, poche endodermique
simple digérant l'écorce.

ses cellules et l'enveloppe d'une poche (fig. 75). C'est cette poche
qui sécrète les liquides diastasiques et qui digère le reste de

l'écorce; en un mot, la racine est munie d'une poche digestive. Cette poche est d'origine sus-endodermique chez les Cryptogames vasculaires : elle est d'origine endodermique chez les Phanérogames, où elle est tantôt simple (Composées, fig. 75, etc.), tantôt dédoublée une ou plusieurs fois autour du sommet (Graminées, etc.). Il s'y ajoute quelquefois une ou plusieurs des assises corticales internes, ce qui rend la poche plus épaisse (diverses Légumineuses et Cucurbitacées, Hydrocharide, Hyménophylle, etc.). Quand il y a une poche, la coiffe de la racine à la sortie n'est comparable ni à la coiffe de la racine à la sortie des racines sans poche, ni à la coiffe de la racine développée; elle ne le devient que si l'on fait abstraction de la poche; il y a là une erreur à éviter.

En résumé, la croissance interne et la sortie des racines latérales s'opèrent par le même mécanisme que la croissance interne et la sortie des radicelles et, dans la mise en jeu de ce mécanisme, on observe, de part et d'autre, les mêmes modifications secondaires suivant les plantes.

Origine des racines latérales gemmaires. — On sait que, chez les Cryptogames vasculaires, les racines latérales peuvent être très précoces et n'en naître pas moins dans l'endoderme actuel; de même, chez les Monocotylédones, elles se forment souvent très près du sommet et pourtant naissent dans le péricycle actuel. Cependant, si elles sont encore plus précoces, elles naissent à la surface même du membre, elles sont exogènes. Tel est précisément le cas pour les racines qui se constituent de très bonne heure à la base même des bourgeons, avant les premières feuilles et au-dessous d'elles, et que nous avons nommées racines gemmaires (p. 75). Parmi les Cryptogames vasculaires, les Sélaginelles, où elles naissent par deux, une de chaque côté du bourgeon, et les Prêles, où il s'en fait ordinairement plusieurs à la face inférieure du bourgeon, n'ont pas d'autres racines latérales et la cellule périphérique du bourgeon y passe directement à l'état de cellule initiale de la racine. Parmi les Phanérogames, il s'en fait tantôt plusieurs à chaque bourgeon, libres dans les Crucifères (Cresson, Cardamine, etc.), concrescentes en tubercule dans les Ophrydées (Orchide, Ophryde, etc.), tantôt une seule (Ficaire). Chez les Crucifères, par exemple, l'épiderme du bourgeon donne directement l'épiderme de la racine, l'assise corticale externe fournit l'initiale de l'écorce de la racine, et la seconde assise corticale produit l'initiale du cylindre central ; celui-ci naît donc indépendamment de celui de la tige.

Structure secondaire de la tige. — Chez les Muscinées, la plupart des Cryptogames vasculaires, beaucoup de Monocotylédones et certaines Dicotylédones (Nymphéacées, Nélombe, Myriophylle, Utriculaire, Macre, Adoxe, Ficaire, Renoncule, etc.), la tige conserve indéfiniment la structure que nous venons d'étudier ; une subérisation de plus en plus forte à la périphérie, une sclérose de plus en plus intense à l'intérieur, c'est tout le changement qu'y apporte le progrès de l'âge. Ailleurs, au contraire, surtout chez la plupart des Dicotylédones et chez les Gymnospermes, la structure de la tige se complique bientôt, parce que certaines cellules, différenciées d'abord en parenchyme et disposées autour de l'axe en une ou plusieurs assises circulaires, redeviennent génératrices, c'est-à-dire recommencent à croître, à diviser leur noyau, à se cloisonner et produisent ainsi un ou plusieurs anneaux de méristème secondaire, dont la différenciation ultérieure engendre divers tissus secondaires (p. 57). En s'adjoignant aux tissus primaires, ceux-ci épaississent progressivement la tige et en même temps lui impriment une structure nouvelle, une structure *secondaire*, qu'il convient maintenant d'étudier.

Il se fait ordinairement dans la tige deux assises génératrices concentriques, une externe et une interne : on en fixera plus loin la position. Elles produisent l'une et l'autre un anneau de méristème par le même mécanisme (fig. 74). Chaque cellule *c* s'accroit suivant le rayon, divise son noyau dans la même direction et se partage en deux par une cloison tangentielle (1) ; puis l'une des moitiés, l'interne par exemple, s'accroît suivant le rayon, divise son noyau et se dédouble à son tour par une cloison parallèle à la première (2). Des trois cellules ainsi formées *a*, *b*, *c*, la médiane *c* demeure

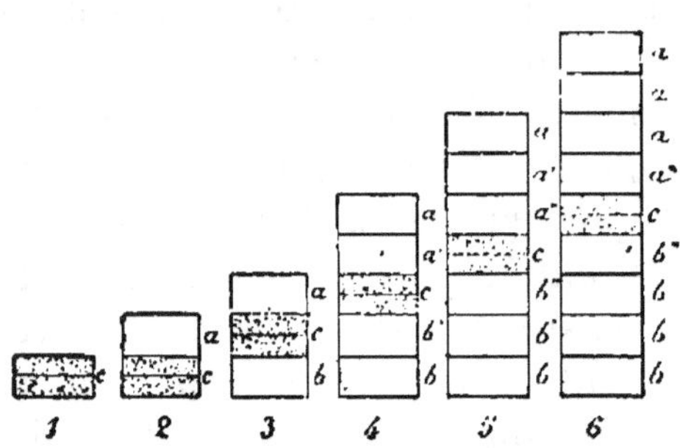

Fig. 74. — Figure montrant, en coupe transversale, la marche du cloisonnement alternatif d'une des cellules *c* de l'assise génératrice : *a*, *a'*, *a''*, *a'''*, segments externes formant le feuillet centripète du méristème secondaire ; *b*, *b'*, *b''*, *b'''*, segments internes formant le feuillet centrifuge.

seule génératrice (3); comme la cellule primitive, elle croît suivant le rayon et découpe d'abord vers l'extérieur un segment a', puis vers l'intérieur un segment b', en demeurant génératrice entre les deux (4) : et ainsi de suite indéfiniment (5, 6). Il se constitue de la sorte, aux dépens de l'assise génératrice primitive, un anneau de méristème de plus en plus épais, formé de cellules disposées à la fois en séries radiales et en cercles concentriques, divisé en deux feuillets par l'assise génératrice qui en occupe toujours le milieu (6); dans le feuillet externe $a, a',$ a'', etc., les cellules sont de plus en plus jeunes vers l'intérieur ; dans le feuillet interne b, b', b'', etc., elles sont de plus en plus jeunes vers l'extérieur : le premier est centripète, le second centrifuge. À mesure qu'il s'épaissit, l'anneau de méristème, dont le bord interne est fixe, refoule de plus en plus tous les tissus primaires situés en dehors de lui et accroît progressivement le diamètre de la tige. En même temps, l'assise génératrice est repoussée vers l'extérieur par les segments internes; pour suivre ce mouvement et se dilater sans se rompre, elle dédouble de temps en temps quelqu'une de ses cellules par une cloison radiale, augmentant ainsi d'une unité le nombre de ses éléments, et plus tard le nombre des files radiales de l'anneau de méristème.

Ainsi formés, et à mesure qu'ils s'épaississent, les deux anneaux de méristème ne tardent pas à différencier leurs cellules et à produire des tissus définitifs; dans chacun d'eux, la différenciation suit les progrès de l'âge : centripète dans le feuillet externe, elle est centrifuge dans le feuillet interne. Mais autant ils se ressemblent par leur mode de formation et d'épaississement, autant les deux anneaux diffèrent par les tissus définitifs qu'ils engendrent; il est donc nécessaire maintenant de les étudier séparément.

Différenciation du méristème secondaire externe. Liège et phelloderme. Lenticelles. — Dans l'anneau de méristème qui a été formé et qui continue de s'épaissir par l'assise génératrice externe, le feuillet extérieur subérise les membranes de ses cellules et se différencie progressivement de dehors en dedans en un parenchyme subéreux secondaire, auquel on a donné le nom de *liège* (fig. 75, k); le feuillet interne conserve les membranes de ses cellules à l'état de cellulose, mais produit dans leurs leucites de la chlorophylle, de l'amidon, etc., en un mot se différencie progressivement, de dedans en dehors, en un parenchyme secondaire chlorophyllien ou amylacé, semblable au parenchyme de l'écorce, auquel on a donné le nom de *phelloderme* (fig. 75, *pd*). L'assise génératrice externe, le double anneau de méristème secondaire qu'elle produit par ses cloisonnements, enfin la double couche de tissus définitifs que ce dernier engendre par sa différenciation, peuvent donc être dits *subérophellodermiques*. Pour abréger, on nomme *périderme* l'ensemble formé par le liège avec son méristème, le phelloderme avec son méristème et l'assise génératrice commune qui les sépare (fig. 75, *K*).

Les cellules du liège demeurent disposées régulièrement à la fois en séries radiales et en assises concentriques, et intimement unies entre elles sans laisser de méats (fig. 75, *k*). Elles sont parfois cubiques (Chêne liège, Érable, Orme, Aristoloche, Seringat, etc.),

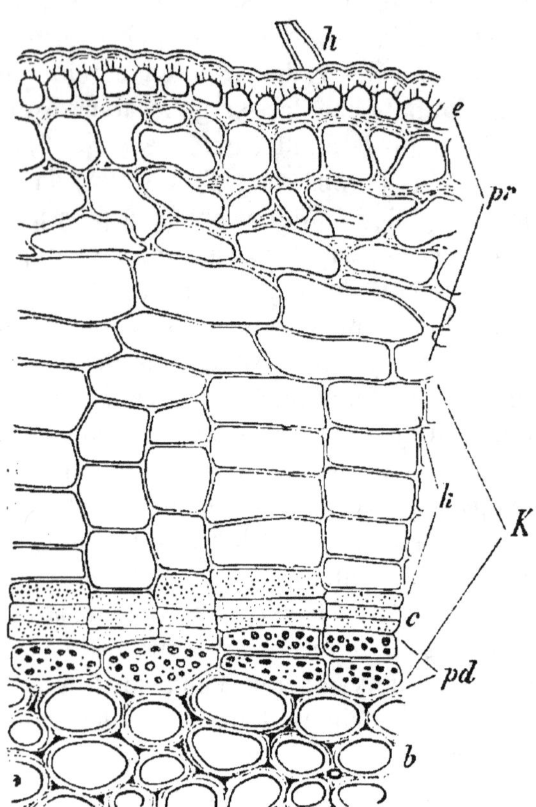

Fig. 75. — Formation du périderme dans la tige du Groseillier. Portion d'une coupe transversale : *K*, périderme, d'origine péricyclique ; *k*, liège, *pd*, phelloderme ; *c*, assise génératrice ; *pr*, écorce écrasée et morte ; *b*, liber primaire

le plus souvent aplaties parallèlement à la surface, quelquefois même très fortement (Hêtre, Bouleau, Tilleul, Prunier, etc.), rarement étendues en longueur (Mélastomacées). Leur membrane est tantôt mince et continue (fig. 75) (Érable, Aristoloche, etc.), tantôt plus ou moins épaissie et marquée de ponctuations (fig. 78) (Hêtre, Saule, Néflier, Viorne, etc.) ; le liège est mou dans le premier cas, dur dans le second. Il est homogène quand il est tout entier mou ou tout entier dur, hétérogène quand il est formé alternativement de couches dures et de couches molles (Bouleau, Chêne liège, Seringat, etc.). Dans tous les cas, les cellules demeurent d'abord vivantes, avec un protoplasme, un noyau, des hydroleucites, rarement des chloroleucites (Sureau, etc.); le jeune liège est donc transparent et laisse voir la couleur verte de l'écorce (Tilleul, etc.). Par la suite, au plus tard après une année, les cellules meurent, se dessèchent et se remplissent d'air qui les rend opaques; au début de leur altération, elles renferment quelquefois une substance brune plus ou moins foncée (Hêtre, Châtaignier, Tilleul, Poirier, etc.). Dès qu'il est constitué, le liège, par son imperméabilité, intercepte l'arrivée des liquides dans les tissus primaires au-dessous desquels il se forme; ceux-ci se dessèchent par conséquent et meurent, puis se déchirent sous l'influence de la pression exercée sur eux par l'ensemble des tissus secondaires internes (fig. 75). C'est alors le liège, devenu ainsi extérieur, qui protège la tige. Plus tard, quand ses assises externes meurent progressivement de dehors en dedans, elles se déchirent à leur tour sous l'influence de la poussée interne, et c'est à un liège de plus en plus jeune que passe le rôle protecteur. On reviendra plus loin sur ce sujet.

Les cellules du phelloderme demeurent aussi d'ordinaire disposées en assises concentriques et en séries radiales, qui continuent celles du liège à travers le méristème et l'assise génératrice (fig. 75, *pd*); c'est même surtout à cet arrangement régulier qu'on les distingue nettement de celles de l'écorce. Elles prennent, en effet, la plupart des caractères des cellules corticales; elles gardent habituellement leur membrane mince et cellulosique, mais aussi l'épaississent quelquefois, tantôt sans la transformer en formant du collenchyme, tantôt en la lignifiant et produisant du parenchyme scléreux; elles renferment des chloroleucites, des grains d'amidon, des cristaux d'oxalate de chaux, etc. Le phelloderme ne fait donc qu'épaissir l'écorce et lui permettre de mieux accomplir les fonctions d'assimilation, de réserve, de sécrétion, etc., qui lui sont dévolues.

Dans son cloisonnement alternatif, l'assise génératrice produit quelquefois exactement autant de cellules de méristème vers l'intérieur que vers l'extérieur; les deux feuillets du périderme comptent alors le même nombre d'assises (Saule, etc.). Mais le plus souvent le cloisonnement externe prédomine sur le cloison-

nement interne ; après une cellule interne, il se fait successivement
plusieurs cellules externes, avant qu'il ne se fasse de nouveau une
cellule interne ; le liège compte alors beaucoup plus d'assises que
le phelloderme (fig. 75) (Hêtre, Chêne, Staphylier, etc.). Quelquefois
même le cloisonnement commence par être exclusivement externe
et centripète : il ne se fait d'abord que du liège ; c'est plus tard
seulement que s'opère le cloisonnement interne et centrifuge
qui donne naissance au phelloderme (Platane, Érable, Morelle, la
plupart des Pirées, etc.). Enfin il peut arriver que ce dernier
ne se forme pas du tout et que le périderme se réduise au liège
(Nérion, etc.).

Dans tous les cas, le périderme se montre interrompu à de certains endroits par de petits corps arrondis d'environ un millimètre
de diamètre, qui
proéminent à la fois
en dedans et en de-
hors en forme de
lentilles biconvexes ;
on les nomme des *len-
ticelles* (fig. 76). A
l'endroit d'une lenti-
celle, l'assise généra-
trice subéro–phello-
dermique se cloi-
sonne avec plus d'ac-
tivité sur ses deux
faces et produit un

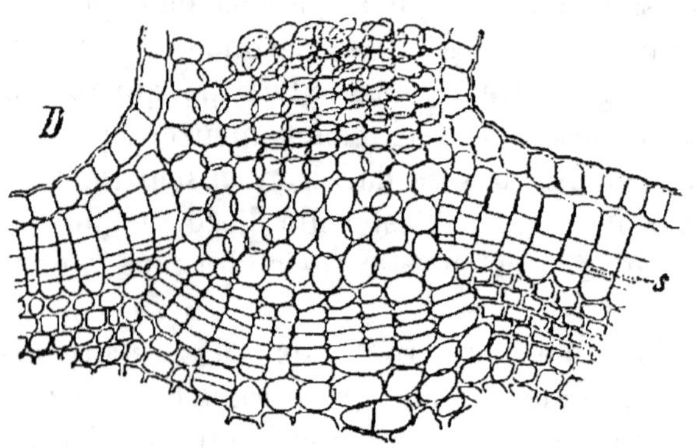

Fig. 76. — Lenticelle de la tige du Sureau, ayant
déchiré l'épiderme ; *s*, périderme sous-épidermique
voisin.

méristème plus épais, d'où résulte une double saillie. En outre,
le liège et le phelloderme qui résultent de la différenciation de
ce méristème exubérant offrent un caractère particulier. Leurs
cellules, sensiblement isodiamétriques et disposées comme toujours
en séries radiales, s'arrondissent plus ou moins et laissent entre
elles des méats pleins d'air (fig. 76) ; les cellules du liège s'arrondissent parfois au point de se dissocier complètement et de former une
masse pulvérulente (Prunier, Pommier, Bouleau, etc.) : leur subérisation est aussi plus tardive. Il résulte de cette disposition que
les lenticelles établissent une communication directe entre les
méats aérifères de l'écorce et l'atmosphère extérieure, ce qu'il est
facile de vérifier directement par l'expérience ; en un mot, les
lenticelles sont les pores du périderme.

Lieu de formation de l'assise génératrice du périderme.
— Rien n'est plus variable que le lieu où prend naissance l'assise génératrice du périderme; en effet, toutes les assises cellulaires qui s'étendent depuis l'épiderme jusqu'au bord externe des faisceaux libéroligneux peuvent, suivant les plantes, devenir génératrices du périderme.

C'est quelquefois l'épiderme lui-même (fig. 77), dont la moitié externe avec la cuticule est seule déchirée et exfoliée par le liège (Poirier, Saule, Nérion, Asclépiade, Morelle, Staphylier, etc.). Souvent c'est la première assise de l'écorce (fig. 78) et l'épiderme

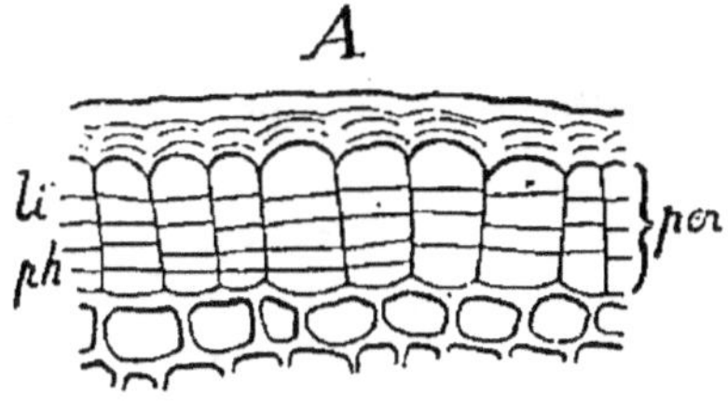

Fig. 77. — Périderme épidermique *per* d'une jeune branche de Saule ; *li*, liège; *ph*, phelloderme.

est exfolié tout entier (Quercées, Corylées, Bétulées, Peuplier, Orme, Noyer, Platane, Mûrier, Sumac, Tilleul (fig. 81), Frêne, Sureau, Prunier, Sapin, etc.); quelquefois c'est la seconde ou la troisième assise corticale (Cytise, Robinier, Glycine, etc.), ou une assise plus profonde, ou même l'endoderme (Caféier, Lotier, Chiche, Trèfle, etc.); une portion de plus en plus grande de l'écorce est alors, en même temps que l'épiderme, tuée et exfoliée par le périderme. Ailleurs encore, c'est dans le péricycle que le périderme prend naissance et l'écorce est rejetée

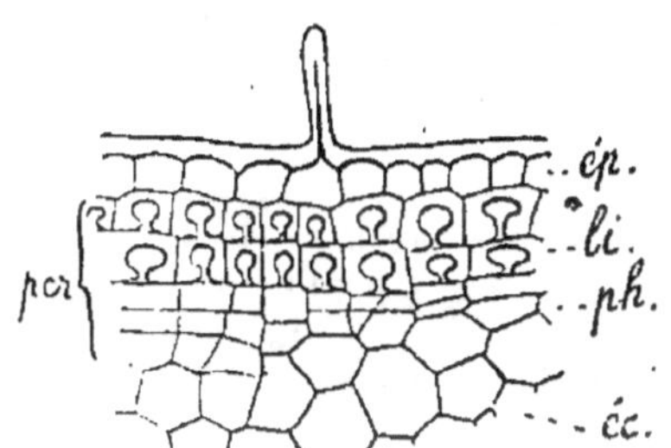

Fig. 78. — Périderme sous-épidermique *per* d'une jeune branche d'Antiar; *li*, liège à membranes fortement épaissies; *ph*, phelloderme.

tout entière avec l'épiderme (fig. 75 et fig. 79). Si le péricycle est formé d'une simple assise (Mélastome, Groseillier, Cobée, Cardère, Calcéolaire, etc.) ou si, étant constitué par une couche plus ou moins épaisse de parenchyme, il produit le périderme à l'aide de son assise externe (Millepertuis, etc.), l'écorce seule est exfoliée. Mais lorsque le péricycle, formé d'une couche épaisse, différencie sa région externe en un anneau de sclérenchyme ou en faisceaux de sclérenchyme adossés aux faisceaux libéroligneux, le périderme est produit dans son assise la plus interne, contre le liber, et exfolie non seulement l'écorce, mais encore toute la région scléreuse du péricycle, faisceaux distincts (Vigne, Spirée, Seringat, Punica grenadier, etc.), ou anneau continu (Chèvrefeuille, Berbéride, Saponaire, Œillet et autres Caryophyllées, etc.).

Quand le périderme est ainsi d'origine péricyclique, son liège renferme quelquefois une ou plusieurs assises portant, sur les faces latérales et transverses des cellules, des plissements subérisés ou lignifiés semblables à ceux de l'endoderme. Ces assises plissées alternent avec des couches de liège ordinaire (fig. 79). Elles s'épaississent souvent plus tard et se transforment en liège dur (Rosacées autres que les Pirées, Myrtacées, Œnothéracées (fig. 78), Hypéricacées, Hydrangée, etc.)

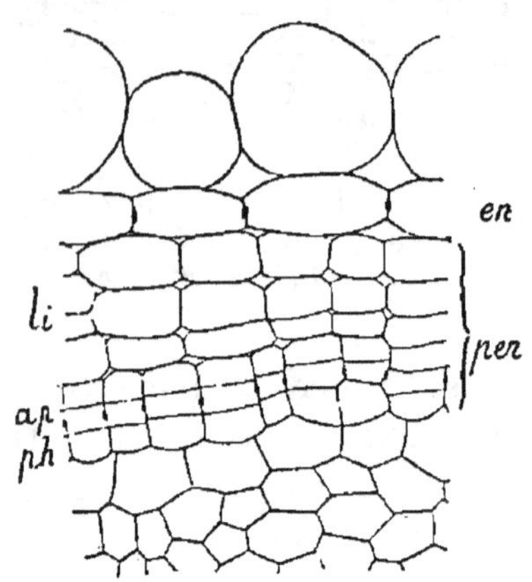

Fig. 79. — Périderme péricyclique *per* de la tige de l'Épilobe. *li*, liège, dont l'assise la plus interne *ap* est plissée comme l'endoderme *en*; *ph*, phelloderme.

Toutes les fois que le périderme est d'origine endodermique ou péricyclique, c'est le phelloderme qui remplace dans ses fonctions l'écorce exfoliée.

Quand la tige est munie de côtes saillantes, ordinairement soutenues chacune par un faisceau de collenchyme ou de sclérenchyme sous-épidermique, l'assise génératrice du périderme s'établit à une profondeur différente vis-à-vis des côtes et vis-à-vis des sillons qui les séparent. Dans les sillons, c'est par exemple l'épiderme (Sarothamne, etc.), ou la première assise corticale (Casuarine, Genévrier, Mélèze, etc.), tandis que dans les côtes c'est une assise profonde, passant en dedans du faisceau de sclérenchyme; les côtes sont de la sorte rejetées et la tige redevient cylindrique.

Quand le périderme est superficiel, épidermique (fig. 77) ou sous-épidermique (fig. 76, 78 et 81), ses pores, c'est-à-dire les lenticelles, correspondent exactement aux pores de l'épiderme, c'est-à-dire aux stomates. Si les stomates sont peu nombreux et uniformément répartis, il se fait sous chacun d'eux une lenticelle (Sureau (fig. 76), Prunier, Lilas, Troène, Saule, Frêne, Robinier, etc.); s'ils sont nombreux et rapprochés par groupes, il se produit une lenticelle au-dessous de chacun de ces groupes (Peuplier, Noyer, Lierre, etc.). Dans tous les cas, le périderme débute alors par la formation de ces lenticelles sous-stomatiques et se rejoint ensuite progressivement en une couche continue à partir de ces points de départ. Cette jonction est ordinairement rapide; pourtant, dans les plantes à épiderme persistant (Sophore, Rosier, Négonde, Érable strié, etc.), les lenticelles apparaissent dès la première année, tandis que le périderme ne se complète que beaucoup plus tard. Quand le périderme est profond, endodermique ou péricyclique, les lenticelles naissent sans aucun rapport avec les stomates et leur apparition est postérieure à l'achèvement du périderme, au sein duquel elles se différencient.

Différenciation du méristème secondaire interne. Liber et bois secondaires; rayons secondaires. — Contrairement à ce qui a lieu pour le périderme, l'assise génératrice interne affecte dans la tige une situation constante (fig. 80, *A*). Toujours

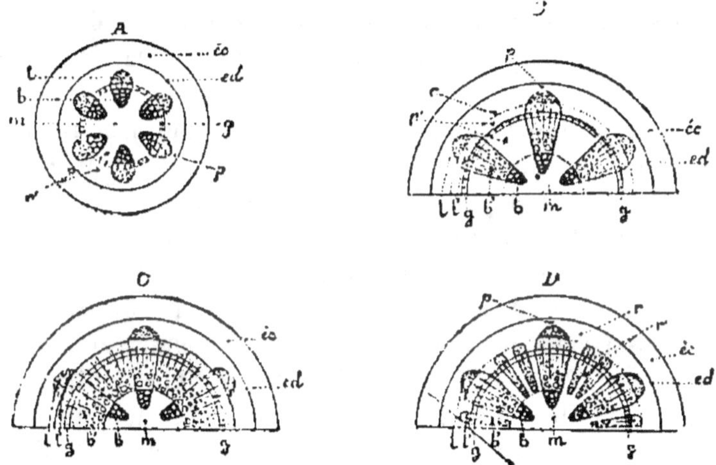

Fig. 80. — Figure montrant, en coupe transversale, la formation du liber, du bois et des rayons secondaires de la tige dans les deux cas extrêmes *B*, *C*, et dans un cas intermédiaire *D*. *A*, début de l'assise génératrice libéroligneuse. *éc*, écorce; *ed*, endoderme; *p*, péricycle; *l*, liber primaire; *b*, bois primaire; *r*, rayons primaires; *m*, moelle; *l'*, liber secondaire; *b'*, bois secondaire; *r'*, rayons secondaires.

renfermée dans le cylindre central, elle se compose, sur la coupe transversale, de deux séries d'arcs alternes ajustés bout à bout. Les uns, compris dans les faisceaux libéroligneux, se constituent aux dépens de l'assise de parenchyme qui occupe le bord interne du liber contre le bois (p. 158) : ce sont les arcs fasciculaires. Les

autres, intercalés aux faisceaux libéroligneux, se forment aux
dépens soit du péricycle contre l'endoderme, soit de quelque assise
plus profonde appartenant aux rayons médullaires ; ce sont les
arcs interfasciculaires ou radiaux. Tous ensemble, ils se cloisonnent à la fois vers l'extérieur et vers l'intérieur, comme il a été
expliqué plus haut, et engendrent un anneau continu de méristème.
Les portions de cet anneau produites par les arcs générateurs fasciculaires différencient de dehors en dedans leur feuillet externe
en tubes criblés, mêlés de cellules de parenchyme et parfois de
fibres de sclérenchyme, en un mot en un arc de liber secondaire l',
superposé au bord interne du liber primaire l ; elles différencient
de dedans en dehors leur feuillet interne en vaisseaux, mêlés de
cellules de parenchyme et parfois de fibres de sclérenchyme, en un
mot en un arc de bois secondaire b', appliqué contre le bord
externe du bois primaire b (fig. 80, B,C,D). Les arcs générateurs
fasciculaires produisent donc, en somme, autant de faisceaux libéroligneux secondaires, intercalés entre les deux moitiés du faisceau
primaire. Cela suffit pour mériter à l'assise génératrice interne la
qualification de libéroligneuse.

Quant aux portions de l'anneau de méristème produites par les
arcs générateurs radiaux, elles se différencient diversement suivant les plantes, et il y a deux cas extrêmes à distinguer : 1° Le
méristème radial, dans ses deux moitiés et sur toute sa largeur,
devient simplement un parenchyme secondaire r', tout semblable
à celui des rayons et qui continue ceux-ci (fig. 80, B). A mesure
qu'ils s'épaississent, les faisceaux primaires demeurent alors aussi
nettement séparés qu'ils l'étaient à l'origine ; en d'autres termes,
la formation du liber et du bois secondaires est et demeure localisée
à l'intérieur des faisceaux libéroligneux (Cucurbitacées, Ménispermées, Pipéracées, Aristoloche, Casuarine, Bégonie, Berbéride, etc.).
2° Le méristème radial se différencie dans toute sa largeur comme
celui des faisceaux, c'est-à-dire donne à l'extérieur un arc de liber
secondaire l' qui relie les arcs libériens secondaires des faisceaux
en un anneau continu, à l'intérieur un arc de bois secondaire b'
qui rejoint les arcs ligneux secondaires des faisceaux en une
couche continue (fig. 80, C). L'assise génératrice se comporte
alors de la même manière dans tous ses points, produisant un
anneau libéroligneux secondaire intercalé au liber et au bois des
faisceaux primaires. Sur cet anneau, ceux-ci ne se distinguent
plus désormais que par les saillies internes de leur bois primaire

et les protubérances externes de leur liber secondaire (Crassulacées, Caryophyllées, Rhinanthées, Campanule, Gaillet, Giroflée, etc.).

Entre ces deux cas extrêmes s'étagent bien des intermédiaires.
Le méristème radial peut en effet se différencier, dans certaines
portions de sa largeur, en liber et en bois, et dans les portions
intermédiaires en parenchyme (fig. 80, *D*); il se produit ainsi,
dans chaque rayon médullaire primitif, un ou plusieurs faisceaux
libéroligneux tout entiers secondaires (Clématite, la plupart des
Rubiacées, Apocynées, Asclépiadées, Fusain, Frêne, Érable, Sureau, etc.). Quand ces faisceaux intercalaires sont nombreux, ils
ont une course très flexueuse et s'anastomosent en un réseau dont
les mailles étroites sont remplies par les rayons secondaires. On
se rapproche ainsi du second des cas extrêmes distingués plus
haut.

Qu'ils affectent l'un ou l'autre des cas extrêmes ou quelqu'une
des dispositions intermédiaires, le liber et le bois secondaires, à
mesure qu'ils s'épaississent et s'élargissent, se partagent en compartiments par des rayons de parenchyme plus ou moins larges
et plus ou moins hauts, formés de cellules allongées ordinairement dans le sens radial (fig. 80, *B*, *C*, *D*). Ces rayons peuvent être
assez étroits pour n'avoir qu'une seule cellule en largeur et assez
bas pour ne compter qu'une ou deux cellules de hauteur, comme
dans la plupart des Conifères; ils sont d'autant plus nombreux et
plus rapprochés, qu'ils sont plus étroits et plus courts. Ils se prolongent toujours à partir d'une certaine profondeur dans le bois,
à travers l'assise génératrice, jusqu'à la profondeur correspondante dans le liber, partageant de la même manière les deux
couches contemporaines. On les nomme *petits rayons* ou *rayons
internes*, pour les distinguer des grands rayons ou rayons externes
qui unissent la moelle au péricycle en séparent les faisceaux dans
toute leur épaisseur, et parmi lesquels il en est de deux sortes :
les uns primaires, dilatés par du parenchyme secondaire, les autres
tout entiers secondaires.

**État de la structure secondaire de la tige à la fin de la
première année.** — En résumé, c'est par le jeu simultané de
deux assises génératrices, l'une externe subérophellodermique,
l'autre interne libéroligneuse, que la tige des Gymnospermes et de
la plupart des Dicotylédones acquiert la structure secondaire qui
la caractérise à la fin de sa première année. Quand la première

prend naissance dans l'épiderme, les deux assises génératrices sont séparées par toute l'épaisseur de l'écorce, du péricycle et du liber primaire; quand la première se forme au bord interne du péricycle, elles sont au contraire très rapprochées, n'ayant entre elles, aux places correspondant aux faisceaux libéroligneux, que la faible épaisseur du liber primaire, et pouvant, vis-à-vis des rayons médullaires, se trouver en contact immédiat de manière à adosser directement leurs produits, c'est-à-dire le phelloderme et le liber secondaire.

L'apparition de l'assise génératrice libéroligneuse est souvent très précoce et suit de près l'achèvement de la différenciation primaire; dans tous les cas, elle fonctionne toujours abondamment dès la première année; il y a donc toujours un liber et un bois secondaires de première année, qui s'ajoutent au liber et au bois primaires pour constituer la totalité du liber et du bois dans la tige d'un an. Il n'en est pas de même pour l'assise génératrice péridermique. Elle entre, il est vrai, ordinairement en jeu dès la première année, parfois de très bonne heure, vers le milieu de mai (Marronnier, etc.), parfois très tard, vers la fin de juillet (Tilleul, etc.), dans la plupart des arbres, au mois de juin. Il n'est pas rare cependant qu'elle n'apparaisse ni la première année, ni les années suivantes, mais seulement après un plus ou moins grand nombre d'années (Gui, Houx, Jasmin, Ménisperme, Aristoloche, Sophore, Négonde, Érable strié, etc.); dans cette dernière plante, c'est seulement vers l'âge de cinquante ans que le liège commence à se former. Dans tous les cas, tout ce qui est en dehors d'elle dépérit et meurt, comme il a été dit plus haut, et c'est elle désormais, qui par son liège constitue le nouvel appareil tégumentaire de la tige et le répare sans cesse en dedans à mesure qu'il se détruit en dehors. Outre cette faculté de réparation, celui-ci présente encore un autre avantage sur l'appareil protecteur primaire, formé par l'épiderme et les portions périphériques du collenchyme ou du sclérenchyme cortical, c'est d'être extensible. Pour suivre sans se déchirer la dilatation provoquée par le jeu de l'assise libéroligneuse et par son propre phelloderme, il suffit en effet à l'assise génératrice péridermique de prendre de temps en temps une cloison radiale et d'augmenter ainsi chaque fois d'une unité le nombre des séries radiales du périderme. Quand le périderme n'apparaît qu'après plusieurs années, comme dans les exemples cités plus haut, l'épiderme, l'écorce et le péricycle jouissent de la faculté de dilater leurs cellules et de les diviser çà et là par des cloisons radiales, de manière à suivre l'épaississement provoqué dès la première année dans le cylindre central par l'assise génératrice libéroligneuse.

Développement de la structure secondaire de la tige pendant les années suivantes. — Si la tige est vivace, ses deux assises génératrices cessent de se cloisonner à la fin de l'automne, demeurent inactives pendant l'hiver et recommencent à se segmenter au printemps suivant (fig. 81). L'externe se reprend à former du liége en dehors et du phelloderme en dedans; le liége nouveau double en dedans le liége ancien et le répare à mesure qu'il se déchire et s'exfolie; le phelloderme nouveau épaissit le phelloderme ancien en s'y ajoutant. L'interne se reprend de même à produire du liber en dehors et du bois en dedans; le liber de seconde année double en dedans le liber secondaire de première année, tandis que le bois de seconde année se superpose en dehors au bois secondaire de première année. Cette double formation se poursuit jusqu'à l'automne, où s'opère un second arrêt, suivi d'une troisième reprise au printemps suivant, et ainsi de suite. Les rayons internes formés la première année se continuent à travers le bois et le liber de seconde année et des années suivantes; mais, en outre, il se fait dans chaque couche nouvelle, entre les premiers, de nouveaux rayons internes qui partagent la couche plus large en compartiments plus nombreux, de manière à maintenir un rapport sensiblement constant entre la place qu'ils occupent et celle des compartiments.

La tige va de la sorte s'épaississant chaque année davantage. Dans cet épaississement, la part des deux régions centripètes est faible, celle du liége parce qu'il se perd en dehors à mesure qu'il se produit en dedans, celle du liber parce que ses couches anciennes, molles et fortement refoulées vers l'extérieur, sont progressivement écrasées, réduites à l'état de minces feuillets de consistance cornée, dans lesquels les cavités des tubes criblés et souvent aussi celles des cellules du parenchyme qui les séparent sont complètement oblitérées. La part des deux régions centrifuges est plus considérable, parce que leurs tissus ni ne se perdent, ni ne s'écrasent. Le phelloderme ancien, tant qu'il demeure vivant, suit en effet, en dilatant et cloisonnant ses cellules, l'expansion du cylindre central. Mais c'est surtout le bois qui joue le principal rôle dans l'épaississement, puisque chaque année une couche nouvelle s'ajoute à l'extérieur des couches anciennes, dont la dimension et l'aspect ne changent pas.

Sur la section transversale, ces couches ligneuses annuelles se

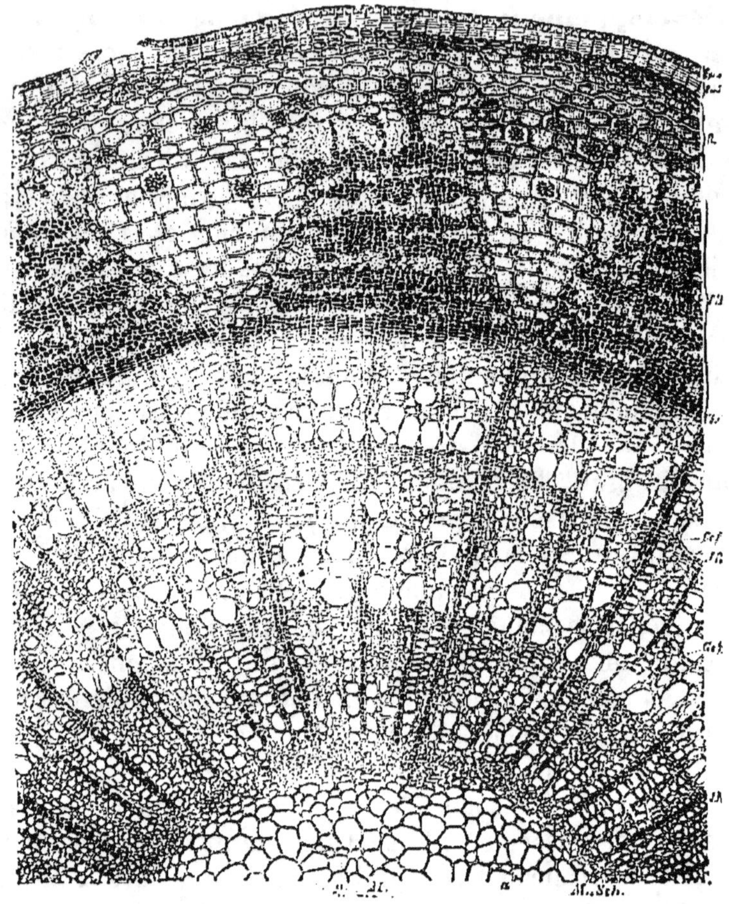

Fig. 81. — Portion d'une section transversale d'une tige de trois ans de Tilleul. L'épiderme est exfolié par un périderme sous-épidermique. Les faisceaux libéroligneux demeurent séparés par des rayons primaires, minces entre leurs bois, dilatés en éventail entre leurs libers. Le péricycle est scléreux en dehors des faisceaux, parenchymateux en dehors des rayons. Le liber secondaire forme chaque année deux arcs scléreux plus ou moins épais; le bois secondaire comprend trois couches très nettes; l'un et l'autre sont entrecoupés de petits rayons.

distinguent nettement, de sorte que, pour estimer l'âge d'une tige, il suffit de compter le nombre des couches concentriques de son bois secondaire (fig. 81). Cette distinction nette des couches provient de ce que chacune d'elles est constituée d'une manière différente sur son bord interne, formé au printemps, et sur son bord externe, formé à l'automne. Au printemps, où la chlorovaporisation est très active à la surface des feuilles fraîchement épanouies, les vaisseaux, qui sont comme on sait les tubes conducteurs de l'eau, sont plus nombreux, plus larges et à paroi plus mince, tandis que le sclérenchyme est peu développé : le bois est lâche et mou. A l'automne, où la consommation d'eau est très amoindrie et où la tige a à supporter la charge des rameaux et des feuilles développés dans la dernière période végétative, les vaisseaux sont plus rares, plus étroits et à parois plus épaisses, tandis que le sclérenchyme est prédominant : le bois est serré et dur. Quand le bois secondaire est composé uniquement de vaisseaux sans sclérenchyme, comme dans les Conifères, la différence, pour ne porter que sur la largeur des calibres et l'épaisseur des parois, n'en demeure pas moins très nette; dans le Pin silvestre, par exemple, les vaisseaux d'automne n'ont que le quart du diamètre radial des vaisseaux de printemps, avec une membrane deux fois plus épaisse. C'est le brusque contraste entre le bois le plus dur d'une année et le bois le plus mou de l'année suivante, qui rend si frappante la démarcation des deux couches successives (fig. 81).

Principales modifications de la structure secondaire normale de la tige. — La marche générale de la formation des tissus secondaires, et par suite de l'épaississement de la tige, étant bien comprise, il est nécessaire d'étudier les principales modifications qu'elle subit suivant les plantes. Ces modifications sont de deux sortes : les unes, légères, ne sortent pas du cadre normal et se bornent à varier la structure tant du liège et du phelloderme, que du liber et du bois secondaires; les autres, plus profondes, font exception à la règle ordinaire et constituent en quelque sorte autant d'anomalies. Étudions d'abord ces variations, puis ces anomalies.

Modifications dans le périderme. Rhytidome. — Quand l'assise génératrice externe se forme aux dépens de l'épiderme ou de l'assise périphérique de l'écorce, elle demeure quelquefois indéfiniment, ou du moins très longtemps, active au même endroit, comme on l'a supposé plus haut; il ne se fait alors qu'un seul périderme (Hêtre, Charme, Sapin pectiné, Chêne liège, etc.). Mais le plus souvent elle cesse de se cloisonner au bout d'un certain temps; c'est alors une assise corticale plus profonde, qui à son

tour devient génératrice et forme, à quelque distance du premier,
un second périderme à croissance également limitée ; il s'en fait
plus tard un troisième en dedans du second, puis un quatrième, etc.,
et l'assise génératrice, reculant toujours, arrive de la sorte à s'établir au bord interne du péricycle, contre le liber primaire.

Chaque fois, une portion nouvelle de l'écorce se trouve frappée
de mort, en même temps que le périderme précédent. Finalement,
l'écorce périt tout entière et le péricycle avec elle, comme lorsque
le périderme s'établit du premier coup au bord interne de celui-ci ;
seulement, le tissu mort est alors beaucoup plus épais et plus compliqué. A partir de ce moment, que le périderme ait commencé
par être profond ou qu'il le soit devenu, les péridermes suivants
se forment d'abord à travers le liber primaire, puis à travers le
liber secondaire et de plus en plus profondément, aux dépens des
cellules du parenchyme libérien. Il faut remarquer seulement
qu'une fois entré dans le liber secondaire, le périderme est désormais d'origine tertiaire. Comme le premier, chacun de ces péridermes successifs est pourvu de pores, c'est-à-dire de lenticelles.
Celles-ci s'y forment, comme dans le premier périderme lorsqu'il
est profond, sans aucun rapport avec les stomates et après l'achèvement de la couche de liège à laquelle elles appartiennent.

A cet ensemble hérérogène de tissus morts, comprenant les
péridermes successifs, avec les couches d'écorce, de péricycle, de
liber primaire et de liber secondaire qui les séparent, on donne,
pour abréger, le nom de *rhytidome*. Quand le premier périderme
est superficiel, le second forme non pas anneau continu, mais
une série d'arcs concaves en dehors, coupant çà et là le premier
à l'aide duquel ils se raccordent entre eux ; il en est de même du
troisième, dont les arcs coupent ceux du second, et ainsi de suite.
Il en résulte que les péridermes successifs séparent dans l'écorce
une série d'écailles plus ou moins larges ; le rhytidome est dit
écailleux (Pommier, Platane, etc.). Lorsque le premier périderme
est profond, endodermique ou péricyclique, les autres sont concentriques et le rhytidome est dit *annulaire* (Vigne, Clématite, etc.).
Dans la plupart des arbres dicotylédonés et gymnospermes, le
rhytidome est persistant et recouvre la tige d'une croûte de plus
en plus épaisse, qui se crevasse de plus en plus profondément
pour suivre l'extension du cylindre central (Chêne, Orme, Robinier, etc.); on le désigne alors vulgairement sous le nom d'*écorce
crevassée*. Parfois il est caduc et chaque année se détache, par

plaques s'il est écailleux (Platane, If, Arbousier, Pommier, etc.), par feuillets s'il est annulaire (Vigne, Clématite, Chèvrefeuille, Mélaleuce, etc.), laissant à nu la couche de liège vivant récemment produite par l'assise génératrice dans sa situation actuelle.

Le second périderme, et avec lui la formation du rhytidome, commence plus ou moins tard suivant les plantes : dès la première année dans le Robinier, après 3-4 ans dans l'Orme, 5-6 ans dans le Bouleau, 8-10 ans dans le Pin silvestre, 10-12 ans dans le Tilleul, 15-20 ans dans l'Aulne, seulement après 25-35 ans dans le Chêne. Les arbres qui ont un périderme épidermique ou sous-épidermique, et qui le conservent toute leur vie ou du moins durant de longues années en pleine activité, n'ont pas de rhytidome, ou mieux le rhytidome s'y réduit à l'épiderme et aux assises extérieures du liège ; aussi leur surface demeure-t-elle lisse (Hêtre, Charme, etc.).

Dans le premier périderme, l'épaisseur de la couche de liège produite chaque année varie beaucoup suivant les plantes ; très mince dans le Saule, où elle se réduit à une seule assise, dans le Hêtre, le Charme, etc., où elle n'en comprend qu'un petit nombre, elle atteint quelquefois plusieurs millimètres d'épaisseur ; la couche totale de liège mesure alors plusieurs centimètres d'épaisseur et se montre creusée de sillons profonds, parce que la production du liège a été plus abondante le long de certaines lignes longitudinales (Chêne liège, Aristoloche cymbifère, Érable champêtre, Fusain d'Europe, etc.). Dans les péridermes successifs, la couche de liège est ordinairement mince, réduite à une dizaine d'assises (Platane, Pin, etc.) ; mais elle atteint aussi quelquefois une grande épaisseur (branches âgées d'Érable champêtre, troncs âgés et intacts de Chêne liège, etc.).

A la faculté de produire à sa périphérie une couche épaisse de liège mou, la tige du Chêne liège joint donc celle de renouveler cette couche dans sa profondeur à un âge avancé. C'est cette double propriété que l'industrie utilise en l'activant. A cet effet, quand l'arbre a atteint sa quinzième année environ, on arrache par larges plaques la couche superficielle du liège, laquelle est de mauvaise qualité et fort peu élastique. A une petite profondeur de l'écorce ainsi dénudée, il se fait bientôt une seconde couche de liège de bonne qualité et fort élastique ; elle s'accroît plus vite que la première ; après dix à douze ans, quand elle se trouve avoir acquis environ 3 centimètres d'épaisseur, on l'arrache. Il s'en fait

une troisième, qu'on arrache de même après le même espace de
temps, et l'on continue ainsi jusqu'à ce que l'arbre compte environ
150 ans. Quand on la laisse adhérente, la seconde couche de liège
peut atteindre jusqu'à 17 et 20 centimètres d'épaisseur.

Modifications dans le liber et le bois secondaires. — Le
liber secondaire est toujours formé de tubes criblés et de parenchyme. Celui-ci, qui contient tantôt de la chlorophylle, tantôt des
substances de réserve, notamment des grains d'amidon, non seulement constitue toute la moitié libérienne des rayons internes,
mais encore se rencontre dans les compartiments, diversement
associé aux tubes criblés; souvent des assises ou des couches de
tubes criblés alternent régulièrement avec des assises ou des couches
de parenchyme (Tilleul, Vigne, Poirier, Sureau, Marronnier, Figuier,
Peuplier, Hêtre, Conifères, etc.); ailleurs, il n'y a aucune régularité
et les tubes criblés sont disséminés par petits groupes au milieu
d'un parenchyme à larges cellules (Apocynées, Asclépiadées, Convolvulacées, Campanulacées, Composées, etc.).

Le liber secondaire se réduit souvent à ces deux formes de tissus
et demeure tout entier mou (Hêtre, Bouleau, Aulne, Platane, Gui,
Groseillier, Berbéride, Cornouiller, Nérion, Pinées, etc.); à partir
d'un certain âge, pourtant, certaines cellules du parenchyme y
épaississent beaucoup leurs membranes, les lignifient et forment
du parenchyme scléreux (Hêtre, Marronnier, Platane, Sapin, etc.).
Mais fréquemment aussi il renferme, en outre, des fibres de sclérenchyme, plus ou moins abondantes et diversement distribuées:
en assises ou couches concentriques, interrompues seulement par
les rayons internes (Cupressées, Taxées, Vigne, Saule, Tilleul,
fig. 81, et autres Malvacées, etc.); en paquets dont l'ensemble
forme des zones concentriques plus ou moins régulières (Chêne,
Coudrier, Charme, Noyer, Peuplier, Orme, Poirier, Sureau, Olivier, etc.); disséminées isolément ou par petits groupes (Figuier,
Mûrier, Quinquina, etc.). Quand les fibres libériennes secondaires
sont disposées par couches, il se fait parfois chaque année un
nombre déterminé de ces couches fibreuses : une (Poirier, Vigne,
Chèvrefeuille, etc.), deux (Tilleul, Clématite, etc.) : au nombre
total de ces couches on pourra donc estimer l'âge de l'arbre, aussi
longtemps du moins que le liber secondaire n'aura pas été atteint
par le périderme et annexé au rhytidome. Ainsi l'âge de la branche
de Tilleul (fig. 81) peut être déterminé tout aussi bien par les six
couches des fibres libériennes secondaires que possède chaque

faisceau libéroligneux en dedans de son arc fibreux péricyclique, que par ses trois couches de bois secondaire. Dans ces conditions aussi, le liber secondaire d'une tige âgée se laisse partager en une série de lamelles résistantes, superposées comme les feuillets d'un *livre* : d'où le nom donné à cette région de la tige par les anciens anatomistes.

Ainsi constitué, le liber secondaire subit de dedans en dehors, par suite du fonctionnement continu de l'assise génératrice interne, une pression de plus en plus forte qui écrase ses parties molles, notamment ses tubes criblés, les oblitère et les réduit, suivant qu'ils sont disposés par couches ou par paquets isolés, à de minces feuillets ou à des filets étroits de consistance cornée. Grâce à cet écrasement, lorsqu'il est persistant, le liber secondaire ne forme, même après de longues années, qu'une couche mince, très faible par rapport à la couche de bois secondaire produite dans le même espace de temps ; dans un Hêtre de cent ans, par exemple, elle ne dépasse guère un millimètre d'épaisseur. Cette minceur est encore bien plus grande lorsque, comme il a été dit plus haut, les couches anciennes écrasées sont progressivement entamées par le périderme et annexées au rhytidome.

Le bois secondaire est subdivisé, comme on sait, en couches annuelles bien distinctes, dont l'épaisseur varie avec les conditions de végétation, avec l'âge et avec la nature de la plante. Elle est plus grande si l'année est humide que si elle est sèche, si la nutrition est abondante que si elle est pauvre ; elle est la même en tous les points, si la tige croît également de tous les côtés, mais il suffit que la croissance se trouve, par une cause quelconque, accélérée ou ralentie d'un côté, pour qu'elle augmente plus ou moins de ce côté. D'autre part, toutes choses égales d'ailleurs, elle croît d'abord avec les années, atteint son maximum à un certain âge, puis diminue de nouveau. D'une façon générale, les diverses couches annuelles d'une tige donnée sont des documents certains et précis, où l'on peut lire, non seulement dans les grands traits, mais jusque dans les moindres détails, toute l'histoire de sa croissance et de sa nutrition. Enfin, dans des conditions identiques d'âge et de nutrition, l'épaisseur de la couche ligneuse varie beaucoup suivant les plantes, comme on peut s'en assurer en comparant par exemple les larges zones annuelles du Paulonier, de l'Ailante, du Pin et du Sapin, aux étroites couches concentriques du Citronnier, du Cornouiller et de l'If.

Dans chaque couche annuelle, le bois secondaire est toujours formé de vaisseaux et de parenchyme. Les vaisseaux sont quelquefois tous fermés (Conifères, Cycadées); le plus souvent ils sont de deux sortes : les uns fermés, les autres ouverts. Ordinairement leur membrane lignifiée demeure mince; parfois cependant elle s'épaissit beaucoup (Conifères, Frêne, Nérion, Pipéracées, etc.); la sculpture qu'elle porte consiste le plus souvent en ponctuations, quelquefois en un réseau (Crassulacées, Caryophyllées, etc.). Dans les Conifères, chaque place mince appartenant aux faces latérales du vaisseau est surplombée tout autour par l'épaississement de la paroi (fig. 82, *C* et *B*); vue de face, sur les sections longitudinales radiales, elle se montre alors comme un point clair entouré d'une aréole plus sombre (fig. 82, *A*) : elle

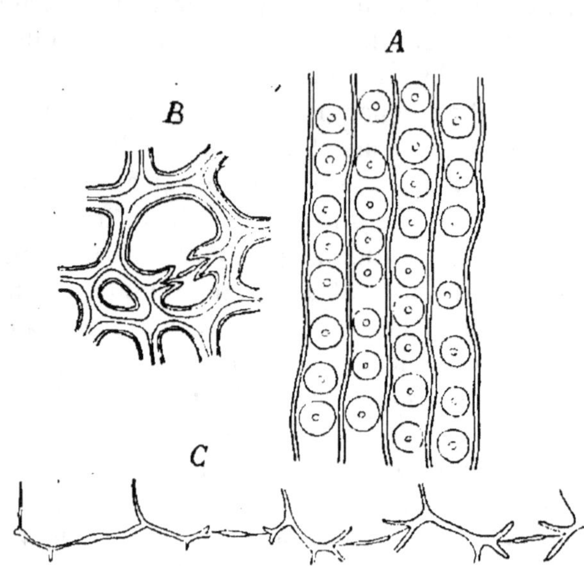

Fig. 82.— Ponctuations aréolées des vaisseaux du bois secondaire de la tige du Pin. *A*, de face, dans une section longitudinale radiale; *B*, en section transversale; *C*, développement.

est dite *aréolée*. Les faces externe et interne du vaisseau ne portent que des ponctuations simples.

Le parenchyme, parfois chlorophyllien, souvent amylacé, constitue la moitié ligneuse des rayons internes; presque toujours aussi, il entre avec les vaisseaux dans la composition des compartiments. Ses membranes, habituellement lignifiées, sont ordinairement minces et pourvues de ponctuations ordinaires; quelquefois elles portent des anneaux ou des spires fortement saillantes vers l'intérieur (Échinocacte, Mamillaire, Mélocacte, etc.), ou s'épaississent uniformément en formant du parenchyme scléreux (Vigne, Lierre, Lilas, etc.). Le parenchyme à parois minces constitue quelquefois la grande masse du bois secondaire, les vaisseaux y étant disséminés çà et là par petits groupes (Papayer, Fromager, Échinocacte, tubercules d'Hélianthe tubéreux, etc.).

Outre ces deux tissus, le bois secondaire renferme souvent du sclérenchyme, sous forme de fibres à parois épaisses et ponctuées, dont la longueur varie de $0^{mm},45$ (Marronnier) à $1^{mm},26$ (Prunier). Ce sont ces fibres qui donnent au bois sa solidité (fig. 81).

A mesure que de nouvelles couches de bois se déposent à l'extérieur des anciennes, celles-ci se modifient et, à partir d'un certain âge, la masse tout entière du bois secondaire se trouve souvent partagée en deux régions d'aspect différent, que tout le monde distingue sous les noms d'*aubier* et de *cœur*. L'aubier, c'est le bois jeune, périphérique, avec la structure qu'on vient de faire connaître : sa couleur est blanchâtre ou jaunâtre. Chez quelques arbres (Buis, Bouleau, Érable, etc.), le bois conserve toujours ce caractère primitif, au moins dans son aspect extérieur et ses principales propriétés physiques; il demeure indéfiniment à l'état d'aubier. Mais le plus souvent ses couches prennent, en vieillissant, des propriétés chimiques et physiques différentes. Sa couleur devient plus foncée et diverse suivant les plantes, parfois rouge ou violette (Hématoxyle, Ptérocarpe, Brésillet, etc.), vert foncé (Gaïac) ou noir (Ébénier). En même temps sa densité, sa dureté augmentent, il perd de l'eau; ses vaisseaux ont cessé de conduire la sève; son seul tissu vivant, le parenchyme, cesse de contenir du protoplasme et des matériaux de réserve, notamment de l'amidon; en un mot, il meurt. Toutes les membranes s'incrustent de subtances nouvelles, très riches en carbone et en hydrogène, dont certaines sont des matières colorantes; parfois aussi, elles s'imprègnent de silice (Teck, Pétrée, etc.). C'est alors seulement, définitivement et tout entier mort, n'ayant plus d'autre rôle à jouer que de soutenir la tige, devenu *cœur*, que le bois acquiert toute sa valeur industrielle. L'âge auquel une couche de bois secondaire passe de l'état d'aubier à celui de cœur varie beaucoup suivant les plantes. Après quarante ans, le bois de Frêne est encore à l'état d'aubier; celui du Hêtre se transforme en cœur vers trente-cinq ans; celui du Chêne après quinze à vingt ans, celui du Châtaignier et du Robinier déjà après quatre ou cinq ans. Dès que le bois de première année a passé à l'état de cœur, phénomène toujours précédé par la mort de la moelle, on voit que la tige meurt progressivement du centre à la périphérie. Comme, en même temps, elle meurt graduellement de la périphérie au centre, on voit que, dans un arbre âgé, la vie se concentre dans un étui compris entre le bord interne du rhytidome et le bord externe du cœur.

Le liber et le bois secondaires renferment souvent l'un et l'autre des cellules secrétrices. Dans le liber, où elles sont beaucoup plus fréquentes, ce sont souvent des cellules oxalifères, isolées ou superposées en files longitudinales, renfermant ordinairement des cristaux isolés quand elles accompagnent des fibres (Poirier, Orme, Chêne, Saule, Érable, etc), des mâcles arrondies quand les fibres manquent (Groseillier, Punica grenadier, etc.) ; ce sont parfois des cellules laticifères anastomosées en réseau (Composées Liguliflores (fig. 12, p. 52), Campanulacées, Pavot, etc.), ou des articles laticifères indéfiniment rameux (Figuier, Mûrier, etc.), ou des canaux sécréteurs (Ombellifères, Araliées, Pittosporées, Anacardiacées, diverses Clusiacées, Composées et Conifères, etc.). Dans le bois, où elles sont beaucoup plus rares, ce sont aussi des cellules oxalifères (Vigne, diverses Légumineuses, etc.), des cellules laticifères anastomosées en réseau (Papayer, etc.) ou des canaux sécréteurs (Pin, Mélèze, Épicéa, Diptérocarpe, etc.).

Principales anomalies dans la structure secondaire de la tige. — Chez un certain nombre de plantes ligneuses appartenant aux groupes les plus divers, principalement parmi celles auxquelles leur tige grimpante ou volubile a fait donner le nom de *lianes*, la marche ordinaire du développement des tissus secondaires subit, à partir d'un certain âge, une suite de déviations plus ou moins profondes, que l'on peut considérer comme autant d'anomalies.

L'anomalie se réduit quelquefois à une différence d'intensité dans la formation du liber et du bois secondaires aux divers points de l'assise génératrice libéroligneuse normale. Le long de certaines lignes longitudinales, le bois secondaire se développe beaucoup plus que dans les intervalles; il en résulte à sa surface autant de côtes plus ou moins saillantes. Alors de deux choses l'une. Ou bien la production du liber secondaire se poursuit avec la même intensité faible sur tout le pourtour de la zone génératrice anguleuse, et la tige accuse au dehors la forme rubanée (divers Héritières, Cisses et Poivres) ou cannelée de son bois (certains Lantanes, Casses, etc.). Ou bien, au contraire, la production du liber s'accélère dans les points où celle du bois se ralentit, et précisément dans la même mesure, de manière à combler toujours exactement les sillons du bois et à conserver à la tige sa forme cylindrique. Sur la section transversale, le bois présente alors un certain nombre d'entailles où s'enfoncent des lames de liber (fig. 83). Il en est ainsi dans bon nombre de lianes, appartenant notamment à la famille des Bignoniacées. Tantôt il n'y a que quatre entailles en croix (Arabidée. etc.), le plus souvent élargies vers l'extérieur en formant des gradins (Pétastome, etc.).

Tantôt, entre les quatre premières entailles, il s'en forme plus tard quatre nouvelles; plus tard encore les huit lobes se dédoublent à leur tour par huit nouvelles entailles moins profondes, et ainsi de suite (fig. 83) (Bignone, Mellée, etc.). La même anomalie se rencontre dans certaines Olacacées (Phytocrène), Malpighiacées (Banistérie, Tétraptère, etc.), Apocynées (Echite, etc.), Asclépiadées (Gymnème, etc.), etc.

Ailleurs, l'anomalie consiste en un fractionnement de l'assise

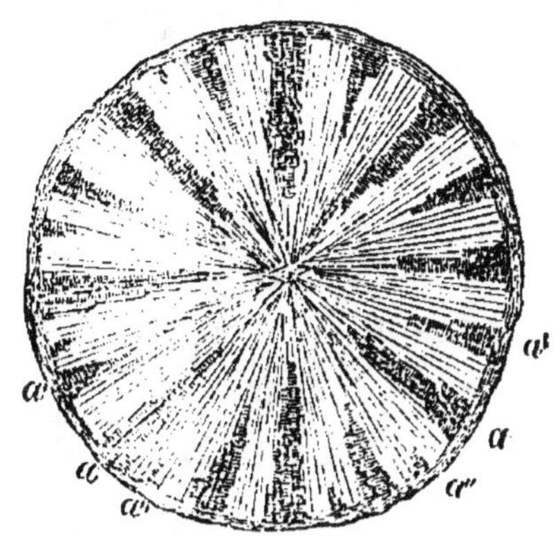

Fig. 83. — Section transversale d'une tige âgée de Bignone : *a, a', a''*. entailles successives du bois secondaire, élargies en gradins.

génératrice libéroligneuse avec réunion des fragments soit à travers le péricycle, soit à travers la moelle. Dans les Strychnes, par exemple, l'assise génératrice se comporte d'abord comme celle des Bignoniacées; mais bientôt elle cesse tout à fait de fonctionner dans les sillons du bois. Les paquets correspondants du liber ne tardent donc pas à être dépassés par les arcs générateurs voisins, qui se rejoignent au-dessus d'eux à travers le péricycle en une assise continue produisant du bois tout autour. Les faisceaux libériens des sillons primitifs sont donc désormais inclus dans le bois. Il en est de même chez diverses Acanthacées (Hexacentre, Thunbergie, etc.). D'autre part, chez certaines Sapindacées grimpantes, les faisceaux libéroligneux primaires sont très inégalement éloignés du centre, et les cannelures ainsi déterminées dans le cylindre central sont tellement profondes, que l'assise génératrice ne peut plus, sans se diviser, traverser tous les faisceaux. Les faisceaux des sillons s'unissent alors tous ensemble par une assise génératrice enveloppant la région centrale de la moelle et laissant en dehors ceux des cannelures. Ces derniers, de leur côté, s'unis-

sent en cercle dans chaque cannelure par une assise génératrice
propre, qui n'est qu'un lobe détaché de l'assise génératrice totale.
Il en résulte que la tige comprendra plus tard un gros cylindre
libéroligneux interne, entouré d'autant de petits cylindres libé-

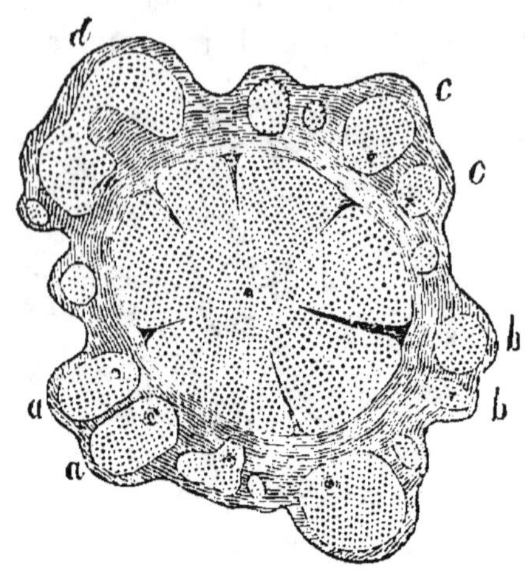

roligneux externes qu'il y a de
cannelures dans le cylindre
central primaire : trois, cinq
ou davantage (fig. 84), (diverses Serjanies, Paullinies, Urvillées, etc.).

Bien plus fréquemment, l'a-
nomalie consiste dans la formation d'une ou de plusieurs
assises génératrices libéroligneuses surnuméraires, qui
ajoutent leurs produits à ceux
de la première. Le plus souvent celle-ci cesse d'agir au moment où l'autre commence à
fonctionner (Nyctage, etc.);
quelquefois même elle ne se

Fig. 84. — Section transversale d'une
tige de Sapindacée : *a*, *b*, *c*, cylindres
libéroligneux externes.

développe pas et tous les faisceaux libéroligneux secondaires dérivent de l'assise génératrice surnuméraire (Dragonnier, etc.). Parfois, au contraire, elle continue de fonctionner en même temps
que l'assise surnuméraire (Técome, etc.). L'assise génératrice surnuméraire peut se développer dans l'écorce, dans le péricycle et
dans la moelle; les faisceaux qu'elle produit sont alors secondaires. Elle peut se former aussi dans le phelloderme, dans le
liber secondaire et dans le bois secondaire; les faisceaux libéroligneux qu'elle engendre sont alors tertiaires. De là, six cas à distinguer.

1° Chez certaines Ménispermées, l'assise génératrice surnuméraire
s'établit au bord interne de l'écorce et tout d'abord dans l'endoderme. Dans la Coque laurifoliée, par exemple, au bout de trois ou
quatre ans, l'endoderme devient générateur et produit un anneau
de méristème secondaire à deux feuillets, qui se différencie çà et
là en faisceaux libéroligneux et dans les intervalles en rayons de
parenchyme. Plus tard, l'assise sus-endodermique se comporte
comme l'endoderme et donne un second cercle de faisceaux libéroligneux en dehors du premier, et ainsi de suite.

2° Chez les Chénopodiacées (y compris les Amarantacées), les Nyctaginées et les Aizoacées, l'assise génératrice surnuméraire s'établit dans le péricycle et tout d'abord dans son assise interne. Celle-ci produit un anneau de méristème double, bientôt différencié en un cercle de faisceaux libéroligneux séparés par des rayons de parenchyme. Puis l'avant-dernière assise du péricycle se comporte de même, puis une troisième en dehors de la seconde, et ainsi de suite. Il se fait ainsi, dès la première année et de dedans en dehors, plusieurs cercles de faisceaux libéroligneux secondaires dans le péricycle de la tige. La même anomalie se retrouve dans les Stylides et chez certains Spargoutes, Phytolaques,

Cycades, Encéphalartes, Gnètes (fig. 85), etc. Le parenchyme secondaire interposé aux faisceaux conserve parfois ses parois minces ; mais le plus souvent il les épaissit et les lignifie fortement, passant ainsi à l'état de parenchyme scléreux. L'ensemble des tissus surnuméraires produits par le péricycle forme alors un anneau d'une grande dureté. Il en est ainsi dans toutes les tiges ligneuses des familles qu'on vient de citer. Le premier cercle de

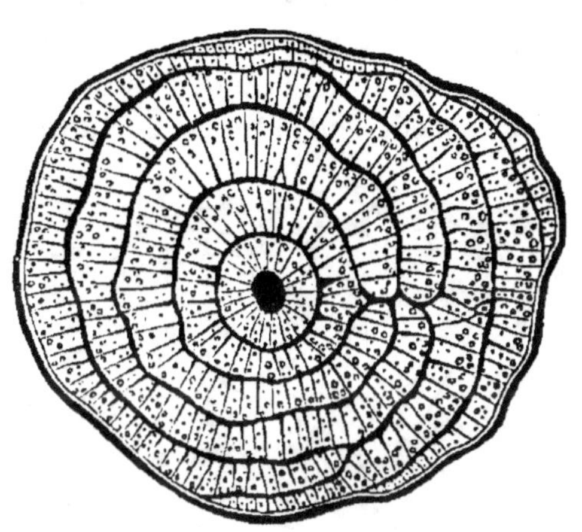

Fig. 85. — Section transversale d'une tige âgée de Gnète, pourvue de six cercles de faisceaux libéroligneux tertiaires péricycliques, les deux derniers incomplets.

faisceaux surnuméraires n'apparaît parfois qu'après plusieurs années (Cycadées, etc.).

3° Dans le Técome radicant, l'assise génératrice surnuméraire se forme à la périphérie de la moelle et les faisceaux qu'elle engendre sont orientés en sens inverse de l'anneau libéroligneux normal, c'est-à-dire qu'ils tournent leur liber en dedans, leur bois en dehors. La même disposition s'observe chez divers Rumices, Rhubarbes, Acanthes, Campanules, Raiponces, etc.

4° Chez quelques Liliacées ligneuses (Dragonnier, Cordyline, Aloès, Yuque, etc.), le péricycle produit un périderme dont le feuillet externe centripète est très mince, et dont le feuillet interne centrifuge est très-épais. Dans ce feuillet centrifuge, c'est-à-dire dans le phelloderme, certaines cellules deviennent génératrices, se cloisonnent, sans s'unir ordinairement en une assise continue, et produisent des cordons de méristème tertiaire qui se différencient en autant de faisceaux libéroligneux. A mesure que le phelloderme péricyclique se développe vers l'extérieur, de nouveaux faisceaux libéroligneux tertiaires s'y constituent de la même manière en dehors des premiers. En même temps, le parenchyme secondaire interposé épaissit et lignifie ses membranes, passant ainsi à l'état de parenchyme scléreux. C'est par cette formation indéfinie de faisceaux libéroligneux tertiaires que la tige des Dragonniers acquiert avec le temps un énorme diamètre. La même anomalie se retrouve chez quelques autres Monocotylédones, mais localisée soit dans l'entre-nœud inférieur, hypocotylé, de la tige, qui s'épaissit seul (Tamier, Testudinaire, certaines Dioscorées, etc.),

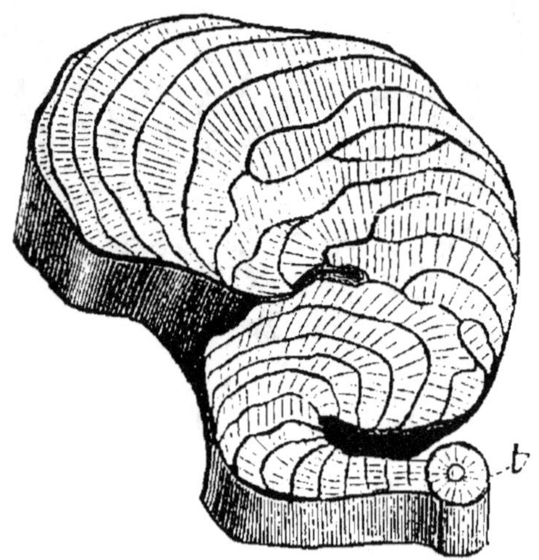

Fig. 86. — Section transversale d'une tige de Ménisperme. D'abord cylindrique, elle s'est épaissie par la formation anomale, dans la région interne de l'écorce, d'arcs libéroligneux successifs sur une portion de sa circonférence, et a pris la forme d'un ruban ondulé.

soit dans certains rameaux souterrains réduits à leur premier entre-nœud, qui se tuberculisent (Dioscorée batate et espèces voisines).

5° L'assise génératrice libéroligneuse surnuméraire s'établit quelquefois dans le liber secondaire (Glycine, etc.).

6° Enfin, elle se développe parfois dans le bois secondaire (divers Banistéries, Urvillées, Bauhiniers, etc.).

Plusieurs de ces anomalies peuvent coexister dans la même tige. Ainsi, dans les Ménispermées (fig. 86), on voit souvent les cercles successifs de faisceaux libéroligneux corticaux ne se continuer, après un certain nombre d'années, que d'un seul côté (fig. 86) ou de deux côtés opposés, en donnant à la tige la forme d'un ruban de plus en plus large, combinant de la sorte la première des anomalies étudiées plus haut avec la troisième.

Comparaison de la structure secondaire de la racine avec celle de la tige. — Les plantes qui forment, comme il vient d'être dit, des tissus secondaires dans leur tige, en produisent de semblables et par le même mécanisme dans leur racine (p. 111). Celle-ci s'épaissit donc aussi, en général, à l'aide de deux assises génératrices concentriques, dont l'externe donne du liège et du phelloderme, c'est-à-dire un périderme, tandis que l'interne donne du liber et du bois secondaires.

Dans la racine, comme dans la tige, l'assise génératrice péridermique varie de position suivant les plantes. Elle s'établit rarement dans l'assise pilifère (Solidage), quelquefois dans l'assise subéreuse (Monstère, Jasmin, Cycade, etc.) ou dans la première assise de la zone externe de l'écorce proprement dite (Tornélie, Philodendre, Asphodèle, Iride, Clivie, etc.); le plus souvent elle prend naissance dans le péricycle en exfoliant toute l'écorce, y compris l'endoderme. Quand le périderme est superficiel, le phelloderme y est ordinairement peu développé ou même absent; quand il est péricyclique, au contraire, le phelloderme prend un grand développement, de manière à remplacer l'écorce exfoliée. Superficiel ou péricyclique, il est percé de lenticelles, du même ordre que celles qui se forment dans la tige sur les péridermes profonds. Après ce premier périderme, il s'en fait souvent d'autres de plus en plus internes, d'où résulte la formation d'un rhytidome tout semblable à celui de la tige. A partir du périderme péricyclique, dont le phelloderme est, comme on sait, très développé, les péridermes suivants prennent naissance dans ce phelloderme et par conséquent sont tertiaires.

L'assise génératrice libéroligneuse est formée de deux séries d'arcs ajustés bout à bout; les premiers, concaves en dehors, occupent le bord interne de chaque faisceau libérien et sont empruntés à l'assise externe du conjonctif du cylindre central; les seconds, concaves en dedans, occupent le bord externe de chaque faisceau ligneux et sont empruntés à l'assise interne du péricycle, dédoublé d'abord à cet effet quand il est formé au début d'une seule assise. Tous ensemble, ils constituent une assise génératrice sinueuse, passant, comme dans la tige, en dedans du liber et en dehors du bois (fig. 87, *A*).

Les arcs intralibériens entrent en jeu les premiers et produisent autant de faisceaux libéroligneux secondaires, dont le liber continue le liber primaire, tandis que le bois appuie ses premiers

éléments contre les cellules de la seconde rangée du conjonctif.
Aussi, lorsque, dans les rayons, le conjonctif se trouve n'avoir
qu'une seule rangée, les premiers vaisseaux du bois secondaire
s'appliquent-ils latéralement contre les vaisseaux du bois primaire.
En se développant, chaque faisceau libéroligneux secondaire, solidement appuyé en dedans contre le conjonctif, refoule en dehors
le faisceau libérien primaire auquel il est superposé. De concave
vers l'extérieur, l'arc générateur devient donc plan, puis convexe,
et en même temps il arrive à faire partie de la circonférence qui
passe en dehors des faisceaux ligneux primaires. Désormais l'assise

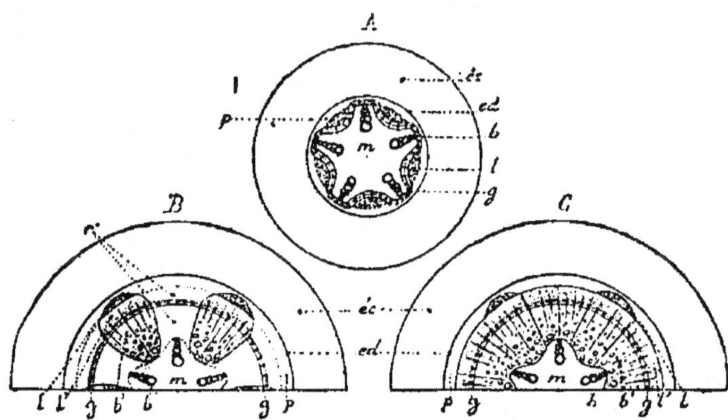

Fig. 87. — Figure montrant, en coupe transversale, la formation du liber, du
bois et des rayons secondaires de la racine, dans les deux cas extrêmes *B* et
C. *A*, début de l'assise génératrice libéroligneuse. *éc*, écorce ; *ed*, endoderme ;
p, péricycle ; *l*, liber primaire ; *b*, bois primaire ; *m*, moelle ; *g*, assise génératrice libéroligneuse ; *l'*, liber secondaire ; *b'*, bois secondaire ; *r'*, rayons
secondaires. Comparer avec la figure 80.

génératrice est circulaire. A partir de ce moment, les arcs générateurs extraligneux, jusque-là inactifs, se cloisonnent à leur tour
et forment autant d'arcs de méristème, qui rejoignent en un
anneau les arcs de méristème produits en même temps par les
arcs intralibériens. Mais tandis que ces derniers continuent indéfiniment à produire du liber et du bois secondaires, les autres se
différencient, suivant les plantes, de deux manières différentes.

Tantôt ils donnent simplement, aussi bien en dehors qu'en dedans, un parenchyme secondaire à parois minces (fig. 87, *B*) ; les
faisceaux libéroligneux secondaires demeurent alors indéfiniment
séparés l'un de l'autre par de larges rayons de parenchyme, comme
ils l'étaient au début par les faisceaux ligneux primaires qui occu-

pent maintenant le fond de chacun de ces rayons (fig. 87, *B* et fig. 88) (racine terminale de Capucine, d'Ortie, etc., avec deux faisceaux ; de Courge, de Haricot, de Liseron, etc., avec quatre faisceaux; racines latérales de Courge, de Cierge, de Clusie, d'Artanthe, etc., avec un plus ou moins grand nombre de faisceaux). Tantôt ils se différencient en liber à l'extérieur, en bois à l'intérieur, absolument comme les arcs intralibériens; il en résulte un anneau libéroligneux secondaire continu, extérieur aux faisceaux ligneux primaires et aux premiers faisceaux ligneux secondaires, intérieur aux faisceaux libériens primaires et aux premiers faisceaux libé-

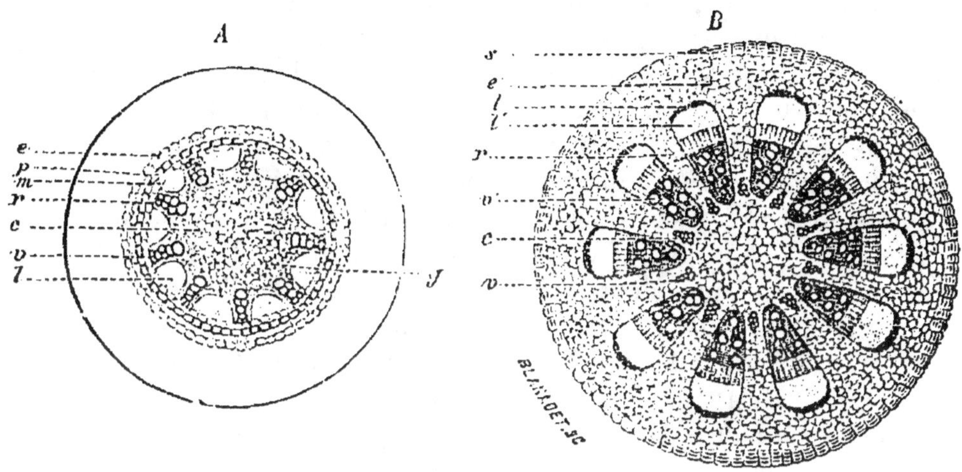

Fig. 88.—Section transversale d'une racine latérale de Courge : *A*, avant le début des tissus secondaires ; *B*, après la formation du périderme péricyclique *sé*, qui a exfolié l'écorce, et le développement des faisceaux libéroligneux secondaires *l' v'*, séparés par les rayons secondaires *r'* ; *p*, endoderme; *mr*, péricycle; *l*, liber primaire; *v*, bois primaire; *c*, conjonctif (moelle).

riens secondaires (fig. 87, *C*). Dans cet anneau, le nombre des faisceaux primaires se reconnaît facilement au nombre des proéminences que forment, sur le bord externe le liber primaire et le premier liber secondaire, sur le bord interne le premier bois secondaire (Pissenlit, Garance, If, Thuier, etc.). Dans la tige, les arcs de méristème qui alternent avec les arcs intralibériens nous ont offert, on s'en souvient, la même différence dans leur mode de différenciation (p. 198).

Qu'ils demeurent à l'état de faisceaux distincts ou qu'ils s'unissent en un anneau continu, le liber et le bois secondaires de la racine, à mesure qu'ils s'élargissent, se partagent comme dans

la tige en compartiments par des rayons de parenchyme, dits
rayons internes (fig. 87, *B* et *C*); les compartiments y offrent aussi
la même structure essentielle que dans la tige, avec les mêmes
variations secondaires. Dans les racines vivaces, le bois présente les
mêmes couches annuelles et meurt aussi progressivement à partir
du centre; les couches y sont seulement plus minces, les vaisseaux plus larges et le sclérenchyme moins développé : d'où la plus
grande mollesse du bois. Les racines tuberculeuses (p. 111, fig. 45)
doivent également leur forme à un excessif développement du parenchyme libérien (Pissenlit, Garance, Panais, Dauce carotte, etc.)
ou ligneux (Radis, Chou navet, Chou rave, etc.), etc.

Enfin les diverses anomalies signalées plus haut dans la structure secondaire de la tige peuvent se retrouver dans la racine. La
plus importante de toutes, par exemple, savoir la formation de
cercles successifs de faisceaux libéroligneux surnuméraires dans
le péricycle, s'observe tout aussi bien dans la racine des plantes
qui la présentent dans leur tige (Chénopodiacées, Nyctaginées,
Aizoacées, Phytolaque, etc.); elle se retrouve même dans la racine
de quelques plantes dont la tige est normale (Ecballe, certaines
Convolvulacées, etc.). Il y a pourtant une différence. Le péricycle
de la racine produit ici de bonne heure un périderme qui exfolie
l'écorce, et c'est dans le feuillet interne très développé de ce périderme. c'est-à-dire dans le phelloderme, que se forment progressivement de dedans en dehors les assises génératrices surnuméraires. Les faisceaux libéroligneux péricycliques sont donc ici tertiaires. Il en est de même pour la région inférieure, hypocotylée,
de la tige de ces plantes. Le pivot de la Bette vulgaire, notamment,
doit son volume au grand développement de ce phelloderme péricyclique, renfermant à la fin de la première année environ six
cercles de faisceaux libéroligneux tertiaires, et dont le parenchyme
tient, comme on sait, du sucre de Canne en dissolution dans le
suc cellulaire.

En résumé, la structure secondaire de la racine ressemble, dans
tous les points essentiels, à celle de la tige. Aussi, à mesure que
les tissus secondaires se forment et vont s'épaississant avec les
années, voit-on s'effacer peu à peu la différence si nette qui
existe à l'origine entre la structure primaire de ces deux membres. Après l'exfoliation de l'écorce et du liber primaire par le
périderme, il ne reste plus, pour caractériser la racine, que les
lames rayonnantes du bois primaire centripète, situées vers le

centre, et pour distinguer la tige, que les pointes ligneuses centrifuges des faisceaux libéroligneux primaires, faisant saillie dans
la moelle : deux caractères que la sclérose du conjonctif peut
rendre difficiles à reconnaître. Aussi n'est-il pas étonnant que
jusqu'au moment où l'on a su analyser la structure primaire de
la racine, on ait cru que ce membre possédait, chez les Dicotylédones et les Gymnospermes, une structure identique à celle de la
tige.

SECTION II

PHYSIOLOGIE DE LA TIGE

La tige produit, porte et unit les racines et les feuilles; c'est
par elle que ces deux sortes de membres échangent sans cesse
les produits de leur activité propre. Si, comme dans les Mousses
et quelques autres plantes, la tige ne forme pas de racines, elle
porte du moins, à sa base ou à sa surface, des poils absorbants;
c'est alors entre ces poils et les feuilles qu'elle sert de lien. Ce
triple rôle de nourrice, de soutien et de transport est rempli par
la structure de la tige et constitue sa physiologie interne. Mais en
même temps la tige subit l'influence des forces directrices du
milieu extérieur et à son tour agit sur ce milieu, ce qui constitue
sa physiologie externe. L'étude physiologique de la tige comporte
donc, comme son étude morphologique, deux paragraphes distincts.

§ 3

Fonctions externes de la tige.

Deux causes externes, la pesanteur et la lumière, concourent à
diriger la tige dans l'air ambiant, où elle étale ses feuilles et sur
lequel elle exerce aussi une action propre.

Géotropisme négatif de la tige. — Plaçons horizontalement
une tige primaire d'origine quelconque, normale ou adventive;
nous la verrons bientôt se courber vers le haut dans sa région
terminale en voie de croissance, jusqu'à placer sa pointe suivant
la verticale. Elle continue ensuite de s'allonger dans cette direction,
et si une cause quelconque vient à l'en écarter, elle y revient

aussitôt par une courbure nouvelle. Beaucoup plus ouverte que dans la racine, parce que la région de croissance y est beaucoup plus longue, la courbure atteint son maximum dans l'entre-nœud où, au moment considéré, la croissance est à son maximum; de là, elle va diminuant vers le haut et vers le bas.

Cette flexion est due à la pesanteur. On le démontre en fixant la tige à un disque tournant lentement dans un plan vertical, comme il a été dit pour la racine à la page 112; soustraite ainsi à l'action fléchissante de la pesanteur, sans être soumise à aucune autre force dirigeante, elle croît indéfiniment en ligne droite dans la direction d'ailleurs quelconque où on l'a fixée au disque. Dans les circonstances ordinaires, la flexion vers le haut provient de ce que la pesanteur accélère la croissance intercalaire de la tige placée horizontalement sur la face inférieure et la ralentit sur la face supérieure. On le démontre par des mesures directes. Ainsi dans l'Épilobe, l'accroissement étant de 4 millimètres sur la tige verticale, il est de 1 millimètre sur la face supérieure, et de 11 millimètres sur la face inférieure de la tige horizontale; dans l'Ailante, étant de 10 millimètres sur la tige verticale, il est de 5 millimètres sur la face supérieure, et de 19 millimètres sur la face inférieure de la tige horizontale; dans la Clématite, étant de 4 millimètres sur la tige verticale, il est de 1^{mm}, 5 sur la face supérieure, et de 5^{mm}, 7 sur la face inférieure de la tige horizontale.

La pesanteur modifie donc la croissance de la tige primaire, comme elle modifie l'allongement de la racine primaire, mais en sens inverse. En un mot, la tige est géotropique comme la racine, mais le géotropisme de la racine étant positif, celui de la tige est *négatif* (p. 48).

Quand la tige a été exposée quelque temps dans la position horizontale, si on la redresse au moment où elle commence à donner les premiers signes de courbure, ou même avant toute trace de courbure, on voit la flexion se continuer ou se prononcer dans le sens primitif, et le phénomène peut se poursuivre ainsi trois heures durant. L'action de la pesanteur sur la croissance de la tige est donc lente et progressive; l'effet mécanique qui en résulte ne se manifeste qu'au bout d'un certain temps, mais cette manifestation a lieu tout aussi bien si la cause a cessé d'agir au moment considéré que si elle continue son action. Toutes les causes qui modifient la croissance de la tige agissent d'ailleurs de la même manière, et ont ainsi un effet ultérieur. Il n'en est pas de même dans la racine; on n'a pas eu à y signaler de géotropisme ultérieur; c'est sans doute à cause de l'étroite localisation et du prompt épuisement de la croissance dans ce membre.

Les tiges secondaires, insérées sur les flancs de la tige primaire, ne sont pas sans être aussi négativement géotropiques; mais c'est, comme pour les racines secondaires, un géotropisme affaibli, limité. Elles se redressent jusqu'à faire avec la tige primaire un certain angle; puis, cessant d'être influencées par la pesanteur, elles continuent de s'allonger en ligne droite. La valeur de l'angle limite varie suivant les plantes, et c'est un des éléments qui interviennent pour donner aux branches de premier ordre l'inclinaison, également variable d'un végétal à l'autre, qu'elles prennent sur la tige principale et à la plante tout entière son port caractéristique. Les branches de second, de troisième ordre, etc., paraissent souvent dépourvues de géotropisme.

Il y a pourtant, comme on l'a vu déjà pour la racine, une circonstance où une tige secondaire prend un géotropisme absolu, où une tige de troisième, de quatrième ordre, etc., acquiert un géotropisme d'abord limité, puis absolu. C'est quand la tige primaire se continue indéfiniment en un sympode dressé, comme dans le Tilleul, par exemple. De même, une branche d'ordre quelconque séparée de la tige, comme dans les marcottes et les boutures, une fois enracinée et directement nourrie, se montre douée d'un géotropisme négatif absolu, tout aussi bien qu'une tige primaire. Le géotropisme peut aussi apparaître tout à coup sur certaines branches d'un système ramifié, quand les branches plus âgées qui les portent en sont totalement dépourvues; il en est ainsi, par exemple, lorsque, sur une tige rampante ou un rhizome à allongement continu, certaines branches se dressent tout entières verticalement dans l'air (p. 144). Enfin il peut se manifester tout à coup, à une certaine phase de l'allongement, dans une branche qui en était jusque-là dépourvue; c'est ce qui a lieu dans les tiges rampantes ou les rhizomes sympodiques, dont la région terminale se relève tout à coup verticalement dans l'atmosphère (p. 144). Dans toutes ces circonstances, une nutrition plus abondante, en provoquant une croissance plus énergique, fait naître et développer de plus en plus le géotropisme.

Phototropisme de la tige. — La lumière agit sur la croissance de la tige primaire et des branches de divers ordres, et son influence est retardatrice. Quand on mesure la quantité dont s'allongent dans le même temps deux tiges de même espèce et de même âge, placées dans les mêmes conditions de température et d'humidité, l'une à l'obscurité, l'autre en pleine lumière, on trouve que la première a une croissance plus rapide et forme des entre-nœuds plus longs que la seconde. Il suffit d'une simple flamme de gaz placée à 55 centimètres, pour réduire l'accroissement de la tige de moitié dans la Fève, d'un tiers dans le Passerage. C'est quand la lumière possède une certaine intensité moyenne qu'elle exerce sa plus grande action; plus faible ou plus forte, elle agit moins (p. 49); l'optimum varie d'ailleurs suivant les plantes.

Tous les rayons qui composent la lumière blanche, y compris **les infrarouges** et les ultraviolets, retardent la croissance, mais

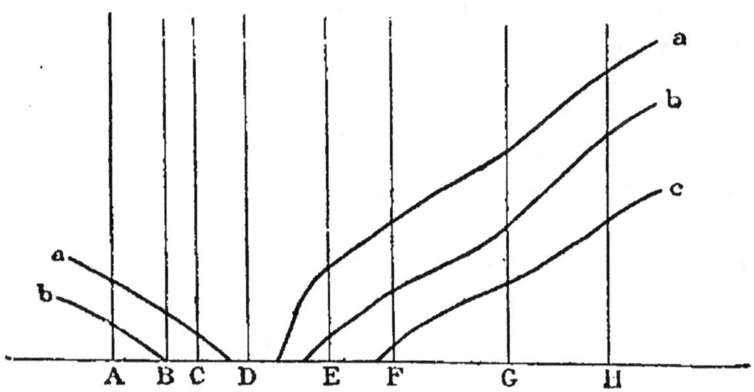

Fig. 89. — Courbes montrant comment varie dans le spectre l'effet retardateur de la lumière sur la croissance de la tige : *aa*. pour la Vesce; *bb*, pour le Passerage; *c*, pour le Saule. — A-H, raies du spectre.

leur action est très inégale. Ce sont les rayons jaunes (autour de la raie *D*) qui agissent le moins. A partir du jaune, l'action va augmentant faiblement vers le rouge et l'infrarouge, où elle atteint un premier et faible maximum. Elle augmente plus rapidement vers le bleu, le violet et l'ultraviolet, où elle atteint un second maximum beaucoup plus élevé. Si, sur les divers rayons du spectre pris comme abscisses, on élève des ordonnées proportionnelles à l'effet retardateur de ces rayons, on obtient une courbe à deux branches inégales (fig. 89). En somme, c'est dans la moitié la plus réfrangible du spectre que l'action retardatrice est le plus intense; isolée, par filtration du faisceau de lumière blanche à travers le liquide cupro-ammoniacal, celle moitié agit presque autant que la radiation totale.

Ceci bien compris, supposons que la tige reçoive la lumière, non plus à la fois et également de tous les côtés, comme nous l'avons admis dans ce qui précède, mais suivant une seule direction latérale. Si, pour la tige considérée, l'éclairage unilatéral possède une intensité inférieure ou tout au plus égale à l'optimum, condition le plus habituellement réalisée, le côté tourné vers la source s'allongera moins que le côté opposé et la tige se courbera vers la source. La flexion est localisée naturellement dans la région de croissance; elle a son maximum vers le point où, à l'instant considéré, la vitesse de croissance atteint elle-même son maximum; en deçà et au delà, elle va diminuant peu à peu. Si, au contraire, l'intensité de l'éclairage unilatéral est supérieure à l'optimum, toutes les fois que l'intensité lumineuse amoindrie qui frappe la face opposée se trouvera plus rapprochée qu'elle de l'optimum, c'est cette face qui s'allongera moins et la tige se courbera en sens contraire de la source.

D'une façon générale, comme on l'a vu p. 48, on appelle *phototropisme* la faculté que posède un corps en voie de croissance de se courber sous l'influence d'une radiation inéquilatérale. La tige est donc phototropique, et son phototropisme qui, dans les conditions ordinaires de l'éclairage naturel, est positif, résulte comme un effet immédiat et nécessaire de l'action retardatrice que la lumière exerce sur sa croissance. Aussi la flexion phototropique varie-t-elle, avec l'intensité de la lumière incidente et avec la réfrangibilité des rayons, suivant la même loi que le retard de croissance. Il est d'ailleurs facile de soumettre une tige à un éclairage unilatéral en empêchant toute flexion phototropique de se produire. Il suffit de poser la plante dans son vase de culture sur un plateau horizontal, qui tourne lentement autour d'un axe vertical au moyen d'un mouvement d'horlogerie. Pendant la durée d'une rotation, l'action unilatérale de la source s'exerce successivement sur tous les côtés de la tige et par conséquent s'égalise. Aucune flexion ne peut donc s'y produire et sa croissance est simplement retardée, comme si elle était éclairée également de tous les côtés à la fois.

Comme celle de la pesanteur, l'influence de la lumière sur la croissance de la tige est lente et progressive. Ainsi dans la Vesce, dont la tige compte pourtant parmi les plus sensibles, c'est seulement après une heure dix minutes d'éclairement que le retard de croissance, accusé par la flexion phototropique, commence à s'apercevoir. Par contre, si l'on supprime la lumière quand la courbure commence à peine, ou même avant qu'elle n'ait commencé, après une heure d'éclairage unilatéral par exemple dans la Vesce, la flexion se développe dans la direction primitive de la source, comme si celle-ci était toujours présente. Si l'on appelle phénomènes d'*induction* tous ceux qui suivent cette marche progressive et qui sont doués d'un effet ultérieur, on dira que le géotropisme étudié plus haut est un phénomène d'induction géomécanique, que le phototropisme est un phénomène d'induction photomécanique.

Effet combiné du géotropisme et du phototropisme. Direction résultante de la tige. — Dans les conditions naturelles, la pesanteur et la lumière agissent en même temps sur la croissance de la tige, comme il vient d'être dit, et combinent leurs effets. La première force est constante, la seconde varie sans cesse en grandeur et en direction. Sur une tige dressée et complétement isolée, elles agissent, chacune avec son intensité propre, pour la rendre, la maintenir ou la ramener verticale. Mais si la tige est située au pied d'un mur, à la lisière d'un bois, au penchant d'une colline, la pesanteur continue d'agir dans le même sens, mais la lumière frappe inégalement les divers côtés ; la tige se dirige alors plus ou moins obliquement, suivant la résultante. Cette résultante est variable, puisque la lumière varie tout le long du jour ; la direction de la tige change avec elle. Aussi voit-on des tiges, fortement inclinées le soir par leur photopropisme positif combiné avec leur géotropisme négatif, se trouver verticalement redressées le matin parce que la pesanteur a agi seule pendant la nuit.

L'intensité du géotropisme et celle du phototropisme varient d'ailleurs suivant les plantes et indépendamment. Dans la Fève, par exemple, ces deux propriétés ont une énergie moyenne et sensiblement égale, de façon que si l'on éclaire la tige horizontalement, elle se dirige à 45°. Dans la Vesce, au contraire, le géotropisme est très faible et le phototropisme très fort ; aussi la tige éclairée latéralement se dirige-t-elle horizontalement vers la source, comme si elle n'était pas géotropique du tout. C'est l'inverse dans l'Hélianthe et dans les tiges volubiles ; le géotropisme y est très fort et le phototropisme très faible. Il résulte de ce qui précède que pour mettre en évidence un géotropisme faible dans une tige fortement phototropique, ou un phototropisme faible dans une tige fortement géotropique, il est nécessaire d'annuler la force antagoniste. On élimine, comme on sait, le phototropisme seul en mettant la plante à l'obscurité ou en la faisant tourner vis-à-vis de la source lumineuse autour d'un axe vertical. On élimine le géotropisme seul en faisant tourner la tige autour d'un axe horizontal disposé dans la direction des rayons incidents. On élimine enfin ces deux causes fléchissantes à la fois en faisant tourner la tige autour d'un axe horizontal soit à l'obscurité, soit vis-à-vis d'une source lumineuse en disposant l'axe de rotation perpendiculairement aux rayons incidents.

Action de la tige sur l'atmosphère. Respiration. Transpiration. Assimilation du carbone. Chlorovaporisation. — Dirigée comme il vient d'être dit, la tige agit sur l'atmosphère ambiante, et son action est quadruple.

En premier lieu, elle absorbe de l'oxygène continuellement et par toute sa surface; continuellement et par toute sa surface aussi, elle dégage de l'acide carbonique. La membrane des cellules épidermiques, même très fortement cutinisée, demeure, en effet, très perméable à l'oxygène et à l'acide carbonique. Le rapport $\frac{CO^2}{O}$ entre le volume de l'acide carbonique émis et celui de l'oxygène absorbé pendant le même temps est constant pour une même tige au même âge et indépendant de la température, ainsi que de la pression; il est d'ordinaire un peu plus petit que l'unité. En un mot, la tige respire (p. 49), et cette respiration est nécessaire à sa vie; les rhizomes respirent dans le sol, à la manière des racines, et les tiges submergées respirent à l'aide des gaz dissous, comme font les racines aquatiques.

En second lieu, la tige dégage sans cesse de la vapeur d'eau dans l'air ambiant, elle transpire (p. 51). Cette transpiration est très faible, les membranes cutinisées des cellules épidermiques étant peu perméables à la vapeur d'eau.

En troisième lieu, quand la tige a une écorce verte et plus tard un phelloderme pourvu de chlorophylle, si elle est exposée à la lumière, elle absorbe par toute sa surface l'acide carbonique de l'atmosphère, le décompose au moyen de ses chloroleucites, fixe le carbone dans le protoplasme, et dégage par toute sa surface l'oxygène au dehors. En un mot, elle assimile du carbone (p. 52). Si les branches vertes sont nombreuses et forment toutes ensemble une grande surface, la quantité de carbone ainsi assimilé peut être considérable. C'est même uniquement par cette voie que s'opère toute l'assimilation du carbone nécessaire à la plante, lorsque la tige ne porte pas de feuilles parfaites (Cactées, Euphorbes cacti-formes, Casuarine, Asperge, Prêle, Psilote, etc.). Mais en général ce sont les feuilles qui sont éminemment chargées d'assimiler le carbone, et c'est quand nous traiterons de la physiologie de la feuille que nous étudierons cette importante fonction avec tous les détails nécessaires.

Enfin, quand elle est verte et éclairée, la tige vaporise une grande quantité de l'eau qu'elle renferme (p. 55). A la lumière, les stomates sont ouverts, comme on sait (p. 155) ; la vapeur d'eau se forme dans les espaces intercellulaires de l'écorce et se trouve rejetée au dehors par les pores stomatiques, et plus tard par les lenticelles. Cette chlorovaporisation est considérable dans les tiges très rameuses. Dans les végétaux dépourvus de feuilles parfaites (Cactées, Euphorbes cactiformes, Casuarine, Asperge, Prêle, Psi-lote, etc.), c'est par la tige que s'exécute toute la chlorovapori-sation de la plante. Mais d'ordinaire, c'est essentiellement aux feuilles que cette fonction est dévolue; c'est pourquoi nous en remettons l'étude détaillée au moment où nous étudierons la phy-siologie externe de la feuille.

Résumé des fonctions externes de la tige. — La fonction externe principale de la tige est donc de se diriger vers le ciel et vers le soleil, de manière à épanouir dans l'air et dans la lumière les feuilles qu'elle porte sur ses flancs. Quand elle subit une différenciation secondaire, les rameaux différenciés concourent encore au même but, toutes les fois qu'ils sont des vrilles, des crochets ou des épines (p. 146), disposés de manière à soutenir la tige dans la direction que lui ont imprimée la pesanteur et la lumière; c'est aussi le rôle des émergences acérées et des poils en hameçon (p. 155 et p. 164).

La tige respire et transpire. De plus, quand les feuilles avortent, la tige tout entière (Cactées, etc.), ou seulement certains de ses rameaux différenciés dans ce but (Asperge), développent davan-tage leur écorce verte, multiplient leurs stomates et se chargent seuls d'assimiler le carbone et de chlorovaporiser : deux fonc-tions que la tige remplit toujours à un faible degré, mais qui appartiennent essentiellement aux feuilles. C'est une substitution physiologique.

§ 4

Fonctions internes de la tige.

Produire les racines et les feuilles aux dépens des réserves emmagasinées dans ses parenchymes; fixée au sol par les racines, supporter dans l'air la charge des feuilles; conduire enfin aux feuilles le liquide absorbé dans le sol par les racines et aux racines le liquide élaboré dans l'air et dans la lumière par les feuilles : telles sont les quatre fonctions internes principales de la tige. Il y faut ajouter la sécrétion, fonction qu'elle partage avec la racine.

Emmagasinement des réserves. — La tige, surtout quand elle est vivace, accumule toujours des substances nutritives, qui s'y mettent en réserve pour les développements ultérieurs. Ces réserves, parmi lesquelles figurent surtout l'amidon, l'inuline, le sucre de Canne, etc., se constituent dans les divers parenchymes à parois minces, notamment dans l'écorce, le péricycle, la moelle et les rayons médullaires, dans le parenchyme libérien et le parenchyme ligneux primaires, plus tard dans le phelloderme, les rayons secondaires, le parenchyme libérien et le parenchyme ligneux secondaires.

Quelquefois la production de ces parenchymes s'exagère localement et la tige se trouve différenciée dans la région considérée en un réservoir nutritif tuberculeux (voir p. 147), constitué tantôt par l'écorce (Cactées), tantôt par la moelle (Morelle tubéreuse, Épiaire tubérifère), le plus souvent par le liber et le bois secondaires presque exclusivement parenchymateux (Dauce carotte, Panais cultivé, Radis cultivé, Chou navet, etc.), quelquefois par du parenchyme secondaire avec (Bette vulgaire, etc.) ou sans (Isoète) faisceaux libéroligneux tertiaires. Mais ce n'est là qu'une manifestation exagérée et particulièrement intéressante d'une fonction générale de la tige.

Support des feuilles. — Quand la tige est grimpante, volubile ou rampante, elle trouve en dehors d'elle son soutien et le support de ses feuilles. Quand elle est dressée, elle se soutient par elle-même et supporte directement le poids de son feuillage. C'est par le sclérenchyme, le collenchyme et le parenchyme scléreux primaires, que cette fonction mécanique est tout d'abord remplie. On a vu plus haut (p. 165 et suiv.) que l'ensemble des tissus de soutien primaires peut affecter des dispositions très différentes, de manière à suffire dans chaque cas particulier à l'effort qu'il doit supporter.

Plus tard, quand la tige se ramifie de plus en plus et produit des feuilles de plus en plus nombreuses, la charge augmente ; mais grâce aux tissus secondaires, dont une partie soit dans le liber, soit dans le bois, soit dans les rayons, se différencie en sclérenchyme, le soutien croît dans la même proportion et l'équilibre se maintient. C'est l'une des raisons d'être des tissus secondaires, que d'ajouter sans cesse de nouveaux éléments de soutien aux anciens, à mesure que la tige a besoin d'une plus grande solidité.

Transport vers les feuilles du liquide apporté par les racines. — On sait (p. 126) que c'est par les faisceaux ligneux que chaque racine primaire conduit et apporte à la tige le liquide puisé dans le sol par elle et par ses diverses ramifications. On sait aussi comment les faisceaux ligneux de la racine se raccordent avec le bois des faisceaux libéroligneux de la tige (p. 185), lesquels à leur tour se prolongent directement dans la feuille (p. 159). On comprend donc que le liquide du sol, une fois parvenu à la limite de la racine et de la tige, n'a qu'à poursuivre la voie des vaisseaux, où il se trouve déjà engagé, pour arriver aux feuilles.

Et en effet, tout prouve que c'est par les vaisseaux que monte à travers la tige le courant d'eau qui se rend des racines aux feuilles. Si l'on coupe la tige dans sa région inférieure, après avoir placé quelque temps la plante à l'obscurité pour supprimer sa chlorovaporisation, l'eau s'écoule par la section et il est facile, en essuyant la tranche avec du papier buvard, de s'assurer que le liquide ne perle qu'aux orifices des vaisseaux. D'autre part, si l'on coupe une branche feuillée et qu'on en plonge l'extrémité inférieure dans un liquide coloré, en l'exposant à la lumière de manière à activer la chlorovaporisation de ses feuilles, on s'assure après un certain temps, par des sections transversales à diverses hauteurs, que le liquide coloré est monté tout d'abord et essentiellement par les vaisseaux. Pour mesurer la vitesse d'ascension, on substitue au liquide coloré une dissolution de citrate de lithine, dont on cherche ensuite la présence dans les entre-nœuds successifs à l'aide du spectroscope. On trouve ainsi que le liquide monte par heure d'une quantité qui varie, suivant la nature des plantes, entre 18^{cm},7 (Podocarpe) et 206 centimètres (Albizzie).

Quelle est la force qui fait monter ainsi le liquide dans les vaisseaux avec cette vitesse, depuis la base de la tige jusqu'aux feuilles les plus hautes? Pour répondre à cette question, il faut anticiper un peu sur la physiologie des feuilles et distinguer deux cas, suivant que la chlorovaporisation des feuilles est nulle ou qu'elle est, au contraire, à son maximum d'intensité.

Dans le premier cas, il y a pression de bas en haut. Le liquide du sol est poussé de bas en haut par la pression osmotique des poils radicaux, pression qui est loin d'être tout entière détruite, on l'a vu (p. 127), par les résistances que le liquide éprouve dans les vaisseaux mêmes de la racine. C'est cette force qui, au printemps, avant l'ouverture des bourgeons, fait écouler le liquide goutte à goutte par tous les orifices accidentels de la tige et provoque le phénomène bien connu des *pleurs* (Vigne, etc.). C'est elle aussi qui, après l'épanouissement des feuilles, détermine la nuit l'expulsion de gouttelettes d'eau en divers points de leur surface, comme il sera dit plus loin.

Dans le second cas, au contraire, il y a aspiration de haut en bas. A mesure qu'ils se vident par en haut dans les feuilles, les vaisseaux se remplissent par en bas; l'aspiration gagne de proche en proche, d'abord jusqu'à la base de la tige, puis de plus en plus profondément à l'intérieur de la racine, jusqu'aux extrémités dans la région des poils. Enfin, à mesure que ceux-ci tendent à se dessécher, ils aspirent le liquide du sol. Chaque goutte d'eau vaporisée sur les feuilles est donc remplacée par une goutte d'eau absorbée par les poils radicaux. Seulement, comme l'absorption est moins rapide que la chlorovaporisation, le vide tend à se faire dans les vaisseaux; la colonne d'eau se disjoint, il s'y introduit de l'air à une pression moindre que la pression atmosphérique. Aussi, quand on coupe sous le mercure une branche dont les feuilles chlorovaporisent activement, le mercure s'introduit-il dans les vaisseaux en les injectant sur une longueur variable, qui peut aller jusqu'à 12 centimètres dans le Robinier. De même, si l'on adapte un manomètre à un orifice pratiqué au bas d'une tige en voie de chlorovaporisation active, ce manomètre accuse aussitôt une pression négative. Enfin si l'on ajuste à l'orifice un tube contenant de l'eau, le liquide est aspiré dans la tige.

Entre ces deux cas extrêmes, celui où la pression des racines existe seule, et celui où l'aspiration des feuilles est assez active pour annuler complètement et au delà cette pression des racines, il y a tous les intermédiaires, et une même plante feuillée peut passer par tous les états dans le cours d'une même journée. Quand les deux forces de poussée et d'aspiration agissent de la sorte simultanément, ce qui est le cas ordinaire, il est difficile de préciser la part de chacune d'elles à un moment donné. Tout ce qu'on peut dire, c'est que la première pousse le liquide jusqu'à un certain niveau dans la tige et que la seconde aspire le liquide à partir de ce niveau.

Transport du liquide ramené dans la tige par les feuilles. — Quant au liquide que les feuilles ramènent à la tige après l'avoir épaissi en lui faisant perdre beaucoup d'eau et en l'enrichissant des produits de l'assimilation, il est transporté dans la tige par le liber des faisceaux libéroligneux et principalement par les tubes criblés. Du liber des faisceaux libéroligneux de la tige, il passe ensuite dans les faisceaux libériens de la racine, où il se meut comme il a été dit p. 128. La force qui le déplace lentement dans les tubes criblés est simplement la lente consommation au lieu d'emploi ou de mise en réserve. C'est aussi la situation du lieu d'emploi ou de mise en réserve par rapport aux feuilles, qui règle la direction du courant. Pour la portion de ce liquide destinée à la croissance et à la ramification des racines, le courant est descendant; pour celle qui est consommée par la croissance terminale de la tige, ainsi que par la formation et la croissance des jeunes feuilles dans le bourgeon, il est ascendant.

Les deux moitiés du faisceau libéroligneux sont donc le siège de deux courants de nature différente, qui peuvent être de même sens ou de sens contraire. Cette analogie dans le rôle conducteur explique le parallélisme de structure du liber et du bois, comme la diversité des liquides transportés donne la raison de leurs différences. Dans presque toutes les Cryptogames vasculaires actuellement vivantes, la plupart des Monocotylédones et quelques Dicotylédones, les faisceaux libéroligneux primaires suffisent indéfiniment à ce double transport. Il n'en est pas de même chez les Gymnospermes, la plupart des Dicotylédones, quelques Monocotylédones et un petit nombre de Cryptogames vasculaires; à mesure que la tige se ramifie davantage et porte des feuilles plus nombreuses, pour alimenter une chlorovaporisation de plus en plus abondante et emmener les produits d'une assimilation de plus en plus active, il y faut des vaisseaux et des tubes criblés de plus en plus nombreux. C'est la principale raison d'être de la formation continue chez ces plantes du liber et du bois secondaires.

Sécrétion. — Comme la racine, la tige, à mesure qu'elle croît, élimine divers produits désormais inutiles et les amasse dans certaines de ses cellules, en un mot, sécrète. La sécrétion est très précoce et s'opère déjà dans le méristème, avant la différenciation des tissus. Suivant les plantes, les produits sécrétés sont de nature différente ; les cellules qui les contiennent sont aussi différemment ajustées et situées, comme on l'a vu plus haut ; aussi l'appareil sécréteur est-il une source abondante de caractères distinctifs.

Il peut se faire que cet appareil affecte dans la tige la même forme et la même situation que dans la racine. Par exemple, dans les Pins, les canaux résinifères du bois primaire de la racine, dans les Anacardiacées ceux du liber primaire de la racine, dans les Diptérocarpes ceux du pourtour de la moelle de la racine, se continuent directement dans les régions correspondantes de la tige. Dans les Ombellifères, les Araliées et les Pittosporées, les canaux oléifères du péricycle de la racine, dans les Composées Tubuliflores et Radiées, ceux de l'endoderme de la racine, se continuent au sein de la même région dans la tige, en se bordant seulement de cellules spéciales.

Mais cette unité de lieu n'est pas nécessaire. Ainsi dans les Composées Liguliflores, les réseaux laticifères, qui occupent le péricycle dans la racine, passent au bord interne des faisceaux libériens dans la tige ; chez les Liquidambars, les canaux oléifères sont libériens dans la racine, circummédullaires dans la tige. D'autre part, l'appareil sécréteur peut affecter dans la tige une forme différente de celle de la racine. Ainsi les Philodendres ont dans la racine des canaux sécréteurs entourés d'une gaine de sclérenchyme, tandis que ceux de la tige sont dépourvus de gaine ; la tige des Simarubées, des Alismacées, des Conifères, etc., a des canaux sécréteurs, celle des Rutacées, des Myrtacées, etc., des poches oléifères, qui n'existent pas dans la racine.

Le lieu où s'exerce et la façon dont s'opère la fonction de sécrétion dans la tige ne peuvent donc pas être déduits de ce qui se passe sous ce rapport dans la racine. L'appareil sécréteur doit être étudié pour chaque membre séparément.

CHAPITRE QUATRIÈME

LA FEUILLE

Toutes les plantes qui ont une tige ont aussi sur cette tige des feuilles plus ou moins développées. Cette corrélation résulte de la nature même des choses. La tige et la feuille sont, en effet, deux membres du corps rameux de la plante différenciés l'un par rapport à l'autre, et les noms qu'on leur donne n'indiquent pas autre chose que cette différenciation. L'étude de la feuille s'applique donc, comme celle de la tige, à certaines Algues, notamment aux Characées et à diverses Floridées, à beaucoup d'Hépatiques, à la totalité des Mousses, enfin et surtout à toutes les plantes vasculaires. Nous allons, comme pour la racine et la tige, considérer ce membre d'abord au point de vue morphologique, puis au point de vue physiologique.

SECTION 1

MORPHOLOGIE DE LA FEUILLE

L'étude morphologique de la feuille exige que l'on considère ce membre d'abord dans sa forme extérieure et tout ce qui s'y rattache, puis dans sa structure et tout ce qui en dépend.

§ 1

Forme extérieure de la feuille.

Conformation générale de la feuille. — La feuille est un membre porté par la tige au nœud et ordinairement aplati perpendiculairement à l'axe de la tige. Elle n'est divisible en deux moitiés symétriques, ou du moins similaires, que par un seul plan passant par l'axe de la tige; elle est *bilatérale*. Son côté inférieur, externe ou dorsal, diffère plus ou moins de sa face supérieure, interne ou ventrale; elle est donc aussi *dorsiventrale*. Comme celle de la tige, la surface de la feuille est primitive et continue avec elle-même dans toute son étendue ; elle est également en continuité directe avec la surface de la tige qui la porte. Parfois lisse, *glabre*, cette surface est souvent hérissée de poils de forme très variée, *velue*.

Une feuille complète comprend trois parties : la *gaine*, base dilatée par où elle s'attache au pourtour du nœud, en enveloppant plus ou moins la tige à la façon d'un étui ; le *pétiole*, prolongement grêle plus ou moins long ; et le *limbe*, lame verte aplatie, qui est la partie essentielle de la feuille. Une telle feuille est dite pétiolée engainante (Gouet, Balisier, Ficaire, Ombellifères, etc.). Souvent la feuille est plus simple. Tantôt la gaine manque et c'est le pétiole qui s'attache directement à la tige par une insertion étroite : la feuille est simplement pétiolée (Hêtre, Chêne, Courge, etc.). Tantôt le pétiole manque et de la gaine on passe directement au limbe : la feuille est simplement engainante (Graminées, etc.). Tantôt enfin la gaine et le pétiole manquent à la fois et le limbe s'attache directement à la tige : la feuille est dite alors *sessile* (Nicotiane, Lis, etc.). C'est à cet état, le plus simple de tous, qu'on la rencontre toujours dans les Hépatiques feuillées, les Mousses, les Prêles, les Lycopodiacées et un grand nombre de Phanérogames.

La gaine attache le pétiole et le limbe, ou le limbe seul, à la tige ; aussi est-elle d'autant plus large et plus haute que le limbe est plus grand (Ombellifères, Palmiers, Graminées, etc.). Le pétiole porte le limbe et l'écarte de la tige d'autant plus qu'il est plus long ; aussi sa grosseur et sa fermeté sont-elles en rapport avec la grandeur et le poids du limbe qu'il a à soutenir. Il est toujours arrondi sur sa face inférieure, ordinairement plan ou excavé, creusé en gouttière, sur sa face supérieure ; d'où l'on voit immédiatement qu'il n'a, comme le limbe et la gaine, qu'un seul plan de symétrie. Quelquefois pourtant il est arrondi aussi sur sa face supérieure et sensiblement cylindrique (Lierre, Pivoine, etc.) ; ou bien il s'aplatit soit dans le plan du limbe, comme dans le Citronnier oranger, soit latéralement, comme dans le Peuplier tremble et d'autres Peupliers, circonstance qui explique l'agitation des feuilles de ces arbres au moindre souffle du vent ; ou bien encore il se renfle à sa base en une masse ovoïde renfermant de grandes cavités pleines d'air, comme dans les feuilles de certaines plantes aquatiques, auxquelles il sert de flotteur (Mâcre, diverses Pontédéries).

En résumé, la gaine et le pétiole peuvent manquer, ensemble ou séparément; quand ils existent, ils n'ont de rôle que vis-à-vis du limbe. Il est très rare que ce dernier fasse défaut et la chose n'arrive alors que par suite d'un avortement sur certaines feuilles de la plante; le pétiole au sommet duquel le limbe a ainsi avorté s'aplatit d'ordinaire dans le plan vertical, comme pour le remplacer dans ses fonctions, et forme une lame à laquelle on a donné le nom de *phyllode* (divers Acaciers et Oxalides; certaines plantes aquatiques : Sagittaire, Potamot, etc.). C'est donc le limbe qui est la partie essentielle de la feuille et nous devons l'étudier de plus près.

Forme et nervation du limbe. — Le limbe est ordinairement aplati et le plan d'aplatissement est perpendiculaire à l'axe de la tige. Dans ce limbe aplati, on distingue des côtes résistantes faisant saillie surtout à la face inférieure, diversement ramifiées, partant toutes du pétiole dont elles sont comme l'épanouissement et dont l'une d'elles prolonge la direction : ce sont les *nervures*. Les dernières et les plus fines de ces nervures ne font plus saillie à la surface, elles demeurent tout entières immergées dans l'épaisseur de la lame, où elles s'anastomosent en un réseau délicat; mais il suffit pour les voir de placer le limbe entre l'œil et la lumière. Une couche plus molle et plus verte recouvre toutes les nervures, remplit toutes les mailles du réseau et les relie en un tout continu : c'est le *parenchyme*. Si l'on fait disparaître le parenchyme, on isole et prépare comme une fine dentelle ce système de nervures, qui est pour ainsi dire le squelette de la feuille. On y arrive facilement soit en battant avec une brosse le limbe préalablement desséché, soit en soumettant la feuille à une longue macération dans l'eau. Dans ce cas, le Bacille amylobacter, qui pullule dans le liquide, dissout peu à peu les membranes cellulaires du parenchyme, sans attaquer celles des nervures qui sont lignifiées. On observe souvent dans la nature des préparations de nervures ainsi réalisées.

La disposition des principales nervures dans le limbe, sa *nervation*, comme on dit, est très variable, mais se rattache à quatre types principaux, et comme chaque fois c'est la nervation qui détermine la forme générale du limbe, celle-ci se rattache aussi à quatre types.

Le cas le plus simple est celui d'une nervure unique, médiane, qui ne se ramifie pas : la nervation est *simple,* la feuille est *uni-*

nerve. Il en est ainsi dans les Mousses, les Prêles, les Lycopodes, la plupart des Conifères (Pin, Sapin, Cyprès, If, etc.) et çà et là dans les autres Phanérogames. Le limbe est alors étroit et souvent en forme d'aiguille.

Ailleurs, la nervure médiane, encore unique, se ramifie; elle forme de chaque côté, en s'amincissant à mesure, des nervures secondaires, qui sont insérées sur elle comme les barbes sur le tuyau d'une plume : la nervation est *pennée*, la feuille est *penni-nerve* (Hêtre, Coudrier, Bananier, etc.). Le limbe est alors de forme ovale plus ou moins allongée.

Si le pétiole, au point où s'attache le limbe, s'épanouit en un certain nombre impair de nervures divergentes, dont la plus grande est médiane et dont les autres vont décroissant de grandeur de chaque côté comme les doigts de la main, la nervation est *palmée*, la feuille est *palminerve* (Vigne, Mauve, Lierre, etc.). Le limbe est alors de forme plus ou moins circulaire. Lorsque les nervures palmées sont assez nombreuses pour que les plus petites reviennent en avant du pétiole, le limbe forme deux oreillettes arrondies ou allongées (Sagittaire, Liseron, Mauve, Gouet, etc.); si ces deux oreillettes s'unissent en avant, le limbe se trouve inséré perpendiculairement sur le pétiole par un point excentrique, autour duquel rayonnent les nervures inégales ; la nervation est *peltée*, la feuille est *peltinerve* (Capucine, Nélombe, etc.). Ce n'est pas là toutefois un type distinct, mais une simple modification du type palmé.

Enfin, si au sortir de la tige ou de la gaine, un certain nombre de nervures, dont une un peu plus forte est médiane, courent parallèlement de la base au sommet du limbe, la nervation est *parallèle ;* quand les nervures sont droites, la feuille est *rectinerve* (Graminées, Jacinthe, Narcisse, etc.); quand elles sont courbes, arquées en dedans, la feuille est *curvinerve* (Mélastomacées, etc.).

Dans chacun des trois derniers types, les nervures principales se ramifient à leur tour un certain nombre de fois, le plus souvent suivant le mode penné; enfin les derniers ramuscules s'anastomosent pour fermer les mailles du réseau, ou bien ils se terminent librement dans le parenchyme. On reviendra plus loin sur cette terminaison.

Le parenchyme du limbe a souvent même aspect et même couleur sur les deux faces; il en est ainsi dans les feuilles molles des plantes herbacées. Dans les feuilles coriaces des plantes ligneuses, au contraire, les deux faces du limbe diffèrent plus ou moins profondément : la face supérieure est plus dure, plus luisante et d'un vert plus foncé, la face inférieure plus molle, plus terne et d'un vert plus pâle, quelquefois même blanchâtre. Le parenchyme peut être assez mince pour se réduire, partout ailleurs que sur les nervures, à une seule épaisseur de cellules (Hépatiques feuillées, Mousses, la plupart des Hyménophyllées, etc.). Il peut être, au contraire, assez épais pour noyer dans sa profondeur et masquer complètement toutes les nervures, même les plus grosses ; le limbe est alors massif, rebondi et dénué de côtes saillantes : la feuille est dite *grasse* (Crassule, Ficoïde, Agave, etc.) ; elle prend alors quelquefois une forme conique (Jonc, etc.). En général, le parenchyme est continu, le limbe est plein. Quelquefois il est discontinu, le limbe est perforé, soit dès l'origine, parce que le parenchyme ne se développe pas dans les mailles du réseau de nervures (feuilles submergées de l'Ouvirandre), soit parce qu'il s'y fait à un certain âge des trous et des déchirures dont les bords se cicatrisent aussitôt et qui vont grandissant ensuite avec le limbe (diverses Aroïdées : Tornélie, Scindapse, etc. ; Palmiers : Chamérope, Phénice, etc. ; Bananier, etc.).

Ramification de la feuille. — La feuille peut ne se ramifier ni dans son pétiole, ni dans son limbe ; elle est alors *simple* et son limbe, dont le bord est convexe en tous les points, entièrement dépourvu d'angles rentrants, est dit *entier*. C'est ce qui a lieu nécessairement dans les feuilles uninerves, rectinerves ou curvinerves, et fréquemment aussi dans les deux autres modes de nervation (Buis, Lilas, Pervenche, Nénuphar, etc.). Mais souvent la feuille se ramifie soit dans son limbe, soit dans son pétiole.

1° **Ramification du limbe**. — La ramification du limbe a lieu d'ordinaire dans son plan, rarement perpendiculairement à sa surface. Cette ramification du limbe dans son plan se manifeste, après qu'il est complètement développé, par des découpures plus ou moins profondes du parenchyme entre les nervures, et il faut fixer les principaux degrés de ces découpures.

Considérons un limbe à nervation pennée. Si le contour ne rentre que faiblement entre les nervures principales, en découpant autour de leurs sommets autant de festons arrondis, ou de dents aiguës, le limbe est *crénelé* dans le premier cas (Gléchome, etc.), *denté* dans le second (Hêtre, Coudrier, etc.). S'il rentre jusque vers le milieu de la distance entre le bord et la nervure médiane, les dents profondes et plus ou moins larges ainsi séparées sont des *lobes* et le limbe est *lobé* (Chêne, Artichaut, etc.). S'il rentre jusqu'au voisinage de la nervure médiane, le lobe devient une *partition* et le limbe est *parti* (Pavot, etc.). Enfin, s'il atteint la nervure médiane, chaque lobe devient un *segment* et le limbe est *séqué* (Cresson, Aigremoine, etc.). Entre ces divers degrés, qu'on adopte comme points de repère et qu'on nomme pour faciliter les descriptions, il y a naturellement tous les intermédiaires. Plusieurs de ces découpures peuvent aussi se superposer sur le même limbe : ainsi les lobes peuvent être crénelés ou dentés, les segments peuvent être lobés, etc.

Pour exprimer d'un seul mot le mode de nervation principale du limbe, d'où résulte sa forme générale, et son mode de ramification principale, d'où résulte sa conformation particulière, on dira, dans les divers cas qui précèdent, que la feuille est *pennidentée*, *pennilobée*, *pennipartite*, *penniséquée*. Avec la nervation palmée, les mêmes degrés de ramification donneront lieu respectivement à une feuille *palmidentée* (Mauve, etc.), *palmilobée* (Ricin, Érable, Vigne, Figuier, Lierre, etc.), *palmipartite* (Aconit, etc.), *palmiséquée* (Potentille rampante, vulgairement Quintefeuille, etc.).

Le limbe peut aussi, quoique rarement, se ramifier perpendiculairement à sa surface. Ainsi, dans le Rossolis, il produit, sur sa face supérieure, des prolongements grêles renflés en massue, qui reçoivent chacun une petite nervure perpendiculaire au plan de la nervation générale, et qui sont autant de segments (voir p. 302, fig. 112). Dans la variété de Houx appelée vulgairement Houx-hérisson, des segments analogues, dressés sur la face supérieure de la feuille, sont pointus comme les dents du bord. Les pointes qui hérissent les nervures de l'énorme limbe pelté de la Victoire sont aussi des segments.

2° **Ramification du pétiole.** — Le pétiole se ramifie souvent en produisant de chaque côté une série de pétioles secondaires, terminés chacun par un limbe pareil au sien. Chacun de ces pétioles secondaires avec son limbe est une *foliole* et la feuille tout entière est dite alors *composée*. À son tour, chaque pétiole secondaire peut se ramifier et produire des pétioles avec des limbes tertiaires, ceux-ci des pétioles avec des limbes de quatrième ordre, et ainsi de suite. La feuille est alors composée à deux degrés, à trois degrés, etc., les limbes partiels étant d'autant plus petits que le nombre en est plus grand. Si la ramification est très abondante, ils peuvent se réduire à un très léger aplatissement au bout des pétioles du dernier ordre, et la feuille n'est alors tout entière, pour ainsi dire, qu'un pétiole un grand nombre de fois ramifié (diverses Ombellifères : Fenouil, Férule, etc.).

Si les pétioles secondaires s'échelonnent en deux rangées le long du pétiole primaire, la ramification est pennée et la feuille *composée pennée, bipennée, tripennée,* etc. Les folioles sont alors le plus souvent opposées deux à deux, par paires (Robinier, Frêne, Ailante, etc.), quelquefois alternes (Cycade, certaines Fougères, etc.); il peut n'y avoir qu'une seule paire de folioles latérales (Haricot, Mélilot, etc.). Si les pétioles secondaires, insérés tous au même point, divergent en décroissant de taille à droite et à gauche à partir du prolongement du pétiole primaire, la ramification est palmée et la feuille *composée palmée* (Lupin, Marronnier, etc.); elle peut alors aussi n'avoir que trois folioles (Trèfle, etc.).

Le limbe avorte quelquefois au sommet du pétiole primaire, qui se termine par une petite pointe au-dessus de la dernière paire de folioles; la feuille est alors, comme on dit, *composée sans impaire* (Fève, Pois, Acacier, etc.); elle peut, dans ce cas, n'avoir que deux folioles (certaines Gesses).

Stipules. — A droite et à gauche du point où s'insère sur la tige une feuille pétiolée ou sessile, on trouve souvent deux lames plus ou moins développées, appelées *stipules.* Leur forme est dissymétrique, de sorte que chaque stipule est comme l'image de l'autre dans un miroir. Elles sont ordinairement petites, mais dans la Violette, le Pois, le Liriodendre tulipier, etc., elles atteignent d'assez grandes dimensions. D'habitude elles diffèrent profondément du limbe, mais dans nos Rubiacées indigènes (Gaillet, Aspérule, Garance, etc.), elles lui ressemblent entièrement de forme et de grandeur et l'on dirait trois feuilles sessiles indépendantes, insérées côte à côte. Souvent les stipules se dessèchent de bonne heure et se détachent quand les feuilles s'épanouissent; la plupart des arbres de nos forêts ont de ces stipules *caduques* (Chêne, Charme, Châtaignier, etc.).

Les stipules sont toujours des dépendances de la feuille et doivent être considérées comme le résultat d'une ramification très précoce du pétiole ou du limbe, à sa base même et dans son plan. Il suffit, pour s'en convaincre, de remarquer que les nervures des stipules vont toujours s'attacher, à peu de distance au-dessous de la surface de la tige, aux nervures du pétiole ou du limbe primaire, dont elles ne sont que des ramifications. Ce sont, pour ainsi dire, une première paire de folioles, différenciées le plus souvent par rapport au limbe primaire et par rapport aux autres folioles, s'il y en a, et adaptées à une fonction spéciale, qui est de protéger la feuille dans le bourgeon. Toute feuille stipulée est donc en réalité une feuille composée.

Les stipules peuvent elles-mêmes se ramifier dans leur plan, prendre des dents, des lobes et même se diviser en deux ou plusieurs segments semblables, placés côte à côte. Ainsi, dans les Rubiacées indigènes, il n'est pas rare de voir le limbe avoir de chaque côté deux stipules semblables entre elles et à lui ; la feuille est alors, en réalité, une feuille composée palmée à cinq folioles sessiles et les deux feuilles opposées de chaque nœud simulent un verticille de dix feuilles.

Les feuilles composées pennées portent quelquefois sur le pétiole primaire, à l'insertion des folioles, de petites languettes qui paraissent être à chaque foliole ce que les stipules sont à la feuille totale : ce sont des *stipelles* (Haricot, Robinier, etc.).

Ligule. — Chez les Polygonées, dont la feuille est pétiolée engainante, la gaine est courte, mais se prolonge, au-dessus de l'insertion du pétiole, en un étui membraneux très mince qui enveloppe l'entre-nœud supérieur. Chez les Graminées, dont la feuille est simplement engainante, la gaine est très longue, mais se prolonge aussi, au-dessus de l'insertion du limbe, en une manchette plus ou moins développée, parfois bifurquée ou frangée. A ce prolongement de la gaine en forme d'étui ou de manchette, on a donné le nom de *ligule*.

Les Potamots ont également des feuilles à gaine courte, prolongée en une ligule qui enveloppe plus ou moins l'entre-nœud supérieur. Dans les Smilaces, la gaine se prolonge aussi au-dessus de l'insertion du pétiole, mais ce prolongement est double, forme de chaque côté du pétiole un appendice plus ou moins long, enroulé en vrille. L'ensemble de ces deux vrilles est donc une ligule; chaque vrille est une demi-ligule.

Dans les Platanes, les Figuiers, les Magnoliers, etc., on trouve, inséré au nœud même, à la base du pétiole, un étui qui enveloppe l'entre-nœud supérieur, étui parfois fendu du côté du pétiole (Figuier élastique, etc.) ou en même temps de ce côté et du côté opposé (Figuier ferrugineux, Magnolier, etc.). Cet étui ressemble tout à fait à celui des Polygonées et des Potamots ; il n'en diffère que parce que la gaine, courte dans ces plantes, est nulle ici. Par là précisément, il ressemble aux stipules, surtout quand il est fendu en deux moitiés. C'est donc une ligule sessile ou une stipule engaînante. D'où l'on voit qu'on pourrait tout aussi bien considérer les stipules ordinaires, étudiées plus haut, comme une ligule sans gaine, dédoublée à la façon des vrilles des Smilaces.

Origine et croissance de la feuille. — C'est dans le bourgeon que s'opèrent la naissance et les premiers développements de la feuille, et c'est là qu'il faut aller les étudier (fig. 47, *b*, p. 151).

On y voit poindre d'abord, au flanc du cône terminal de la tige et non loin du sommet, un petit mamelon arrondi formé par une excroissance de la couche périphérique de l'écorce, revêtue par l'épiderme. L'origine de la feuille est donc exogène. Ce mamelon s'élargit bientôt transversalement et en même temps s'allonge plus vite sur sa face externe que sur sa face interne. La jeune feuille se courbe, par conséquent, de manière à recouvrir bientôt la terminaison de la tige et les mamelons plus jeunes qui s'y sont formés au-dessus d'elle. Quand elle se ramifie, elle forme ensuite à droite et à gauche une série de protubérances qui croissent d'abord par leur sommet, puis produisent, à leur tour, des mamelons de troisième ordre, et ainsi de suite. C'est précisément, comme on sait (p. 151), l'ensemble de toutes ces jeunes feuilles rapprochées, de plus en plus développées et se recouvrant de plus en plus du sommet à la base, qui constitue à un moment donné le bourgeon terminal d'une tige ou d'une branche.

Comme la racine et la tige, la feuille une fois née croît d'abord par son sommet, où de nouvelles cellules s'ajoutent aux anciennes. Quelquefois cette croissance terminale se poursuit longtemps, comme chez les Fougères et les Ophioglossées ; dans certaines Fougères, non seulement elle dure toute la première année, mais reprend au printemps suivant et se prolonge ainsi des années durant (Gleichénie, Mertensie, Lygode, etc.). Presque toujours cependant cette croissance terminale est de très courte durée, et c'est par un puissant allongement intercalaire que la feuille poursuit son développement dans le bourgeon, s'épanouit et acquiert sa dimension définitive.

La croissance intercalaire du limbe et la formation de ses diverses parties latérales de premier ordre : nervures, dents, lobes, folioles, etc., peut s'accomplir de diverses manières. Elle peut s'opérer également en tous les points ; toutes les parties nouvelles sont alors de même âge : la croissance est *simultanée* (Chamérope, Chamédore et autres Palmiers). Mais le plus souvent elle se localise dans une certaine zone, où elle continue d'agir pendant qu'elle a cessé partout ailleurs ; les parties nouvelles sont alors d'âge différent, d'autant plus jeunes qu'elles sont plus rapprochées de cette zone : la croissance est *successive*, ce qui peut avoir lieu de trois façons différentes. Si la zone de croissance intercalaire est à la base du limbe, les parties se succèdent par rang d'âge décroissant du sommet à la base : la croissance est *basipète* ; c'est le cas le plus fréquent (Bouleau, Chêne, Érable, Vigne, Rosier, Pimprenelle, Marronnier, Lupin, etc.). Si la zone de croissance est située vers le sommet, c'est l'inverse : la croissance est *basifuge* (Tilleul, Bégonie, Robinier, Vesce, Ailante, Sumac, Ombellifères, etc.). Enfin si la zone de croissance occupe le milieu de la feuille, les parties se succèdent par rang d'âge décroissant, du sommet à la base dans la moitié supérieure, de la base au sommet dans la moitié inférieure : la croissance est *mixte*; c'est le cas le plus rare (beaucoup de Composées : Centaurée, Achillée. Anthémide, etc.).

Le pétiole ne naît que tard, après toutes les diverses parties constitutives du limbe, rarement avant la formation de ses parties latérales (Rosier, Liriodendre tulipier, etc.). Les stipules naissent avant les premières nées des folioles latérales (Gesse, Vesce, etc.), ou pendant leur formation (Dauce carotte, Ciguë, etc.), au plus tard immédiatement après la dernière d'entre elles (Rosier, Panicaut, etc.). Leur croissance est ordinairement très rapide; aussi ont-elles, dans le premier âge de la feuille, une dimension très considérable et un rôle protecteur important. Dans le bourgeon, elles chevauchent par leur bord interne sur la face dorsale de la jeune feuille pour la recouvrir en tout ou en partie (Tilleul, Orme, Chêne, etc.); ou bien, au contraire, elles se glissent entre la feuille et la tige de façon à envelopper le reste du bourgeon (Liriodendre tulipier, Platane, Figuier, etc.). De l'une ou de l'autre façon, les stipules forment des sortes de chambres protectrices, où les jeunes feuilles se développent et qu'elles quittent plus tard pour s'allonger et s'épanouir. Enfin la gaine se développe vers la même époque que les stipules; chez les Ombellifères, par exemple, c'est ordinairement après la formation de la dernière née des folioles de premier ordre.

La feuille peut n'avoir pas du tout d'allongement intercalaire. Une fois sa croissance terminale épuisée, ce qui a lieu presque toujours de très bonne heure dans le bourgeon, elle cesse alors de grandir, elle *avorte*, comme on dit. L'Asperge, beaucoup de Cactées, les Euphorbes cactiformes, etc., n'ont que de pareilles petites feuilles avortées. Dans le Fragon, la première feuille, dans le Pin, les dernières feuilles des rameaux acquièrent seules leur développement normal; toutes les autres avortent. Même chez les plantes qui ont les feuilles les plus développées, il arrive souvent qu'un grand nombre d'entre elles s'atrophient ainsi par arrêt de croissance (Cycade, Fraisier, etc.).

Concrescence des feuilles. — Les deux bords de la gaine d'une feuille engainante peuvent s'unir en un étui fermé enveloppant l'entre-nœud supérieur (Cypéracées, Polygonées). Les deux oreillettes du limbe d'une feuille sessile peuvent s'unir du côté opposé de la tige, qui a l'air de traverser la feuille (Uvulaire,

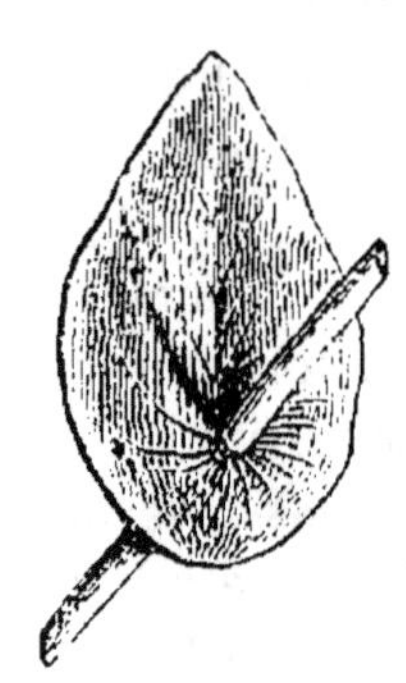

Fig. 90.

Buplèvre, fig. 90). Enfin les deux stipules peuvent s'unir avec le pétiole qu'elles touchent (Rosier, Trèfle, etc.), ou entre elles bord à bord soit du côté du pétiole en passant entre lui et la tige (Mélianthe, Houttuynie), soit du côté opposé en formant une lame à deux nervures et souvent bilobée, diamétralement opposée à la feuille (Astragale, Ornithope, etc.), soit des deux côtés à la fois en un étui ligulaire qui persiste autour de la base de l'entre-nœud (Polygonées) ou en une coiffe qui recouvre toute la partie supérieure de la tige et qui tombe quand la feuille suivante s'épanouit (Figuier, Magnolier, Platane, etc.). Dans tous ces cas, il y a croissance intercalaire commune, concrescence entre les diverses parties d'une même feuille.

Une pareille concrescence peut se produire aussi entre feuilles différentes insérées côte à côte au même nœud, entre les stipules de ces feuilles (Houblon, Gaillet croisette, etc.), entre leurs gaines (Saponaire, cotylédons du Radis, etc.), ou même entre leurs limbes sessiles (Chèvrefeuille, fig. 91, etc.).

Enfin la feuille peut s'unir de la même manière soit avec la tige qui la porte (Épiphylle, Cyprès, etc.), soit avec la branche qu'elle produit à son aisselle (région florifère de diverses Solanées, etc.).

Les deux membres ne se séparent alors qu'à une certaine distance
du nœud et la feuille semble insérée soit sur la tige au-dessus de
son insertion vraie, soit sur sa branche axillaire ; elle est *déplacée*,
et la distance entre l'insertion apparente et l'insertion vraie, en
d'autres termes, la grandeur du *déplacement*, mesure précisément
la durée de la croissance
commune. Quand les deux
choses s'opèrent à la fois,
c'est-à-dire quand les feuilles
s'unissent en même temps à
la branche qui les porte et
à leurs rameaux axillaires, il
en résulte, si elles sont disposées en deux séries, des
organes aplatis portant sur

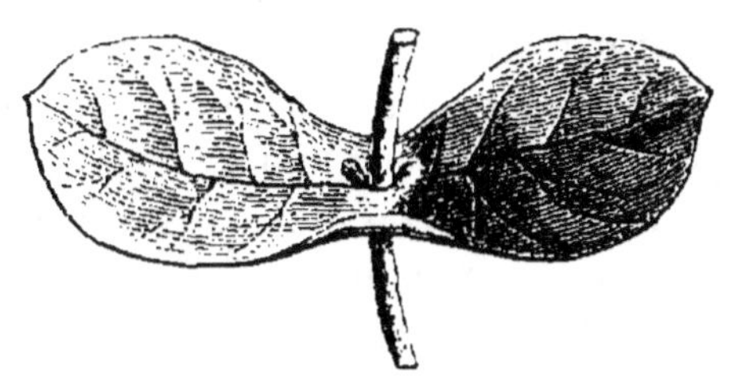

Fig. 91.

leurs bords de petites dents qui sont les extrémités libres des
feuilles et, à l'aisselle de ces dents, de petits bourgeons qui sont
les bourgeons terminaux des rameaux concrescents (Xylophylle,
Phylloclade). Ces sortes de pousses ramifiées, concrescentes dans
toutes leurs parties, ont reçu le nom de *cladodes*.

Nutation de la feuille. — La face externe ou dorsale de la
feuille croît d'abord plus rapidement que sa face interne ou ventrale ; l'organe se courbe donc en tournant sa concavité vers la
tige. Plus tard, la face interne croît à son tour plus fortement que
l'autre, de sorte que la feuille se dresse perpendiculairement à la
tige ou même s'infléchit en sens contraire, la face dorsale devenant concave ; c'est ainsi qu'elle sort du bourgeon, qu'elle s'épanouit. Ce mouvement d'épanouissement est déjà une nutation,
qui s'opère dans le plan médian de la feuille ; il est particulièrement
développé chez les Fougères, dont les feuilles sont d'abord enrou-
lées en crosse vers la tige, puis se déroulent et enfin deviennent
droites.

Une fois les feuilles épanouies et tant qu'elles s'allongent, leur
croissance intercalaire change d'intensité successivement tout
autour du membre, d'où résulte, comme dans la racine et la tige,
un mouvement révolutif, une circumnutation, dont le siége est
en général dans le pétiole, parfois dans le limbe ou dans ces deux
régions à la fois. Le sommet décrit une ellipse ordinairement très
étroite, de sorte que le mouvement s'accomplit presque dans le
plan vertical, c'est-à-dire dans le plan de la nutation d'épanouis-

sement; pourtant l'ellipse s'élargit quelquefois (Camélier, Eucalypte), jusqu'à devenir presque un cercle (Cisse).

Durée et chute des feuilles. — Nées au printemps, les feuilles meurent ordinairement à l'automne : elles sont caduques. Pourtant certaines plantes, dites pour ce motif *toujours vertes*, les conservent en bon état pendant un ou plusieurs hivers; leurs feuilles sont persistantes. Avant de mourir, les feuilles caduques perdent leur couleur verte, parce que les chloroleucites s'y détruisent; elles jaunissent d'abord, puis brunissent. Parfois elles deviennent d'un beau rouge, comme dans l'Ampélopse hédéracé, vulgairement Vigne-vierge, dans le Sumac, etc., parce qu'il s'y forme, à côté de la matière jaune, un principe rouge dissous dans le suc cellulaire.

Morte, la feuille se dessèche parfois sur place et se détruit petit à petit, comme on peut le voir sur les Chênes; le plus souvent elle tombe. La chute a lieu de deux manières. Tantôt la feuille se détache nettement au ras de la tige, laissant à sa place une cicatrice, et tombe tout entière, comme dans nos arbres et arbustes. Tantôt elle laisse adhérente à la tige la partie inférieure de son pétiole, comme dans les Palmiers et les Fougères arborescentes; plus tard, ces bases de feuilles vont se détruisant peu à peu et, quand elle est suffisamment âgée, la tige en est dégarnie dans sa région inférieure.

Disposition des feuilles sur la tige. — Les feuilles sont disposées avec régularité sur la tige qui les produit et les porte; cette disposition régulière entraîne celle des branches de divers ordres, qui naissent, comme on sait, en superposition avec les feuilles; elle détermine, par conséquent, toute l'architecture extérieure de la plante. Il y a donc un double intérêt à l'étudier. On a déjà vu plus haut, par quelques exemples (p. 159), qu'elle est en corrélation étroite avec le nombre et la course longitudinale des faisceaux libéroligneux de la tige.

Les feuilles sont disposées tantôt une à chaque nœud, *isolées* (Hêtre, Lis, Pin, etc.), tantôt plusieurs côte à côte à chaque nœud, formant toutes ensemble ce qu'on nomme un *verticille*, *verticillées* (Lilas, Nérion, Pesse, etc.).

La distance longitudinale qui sépare deux feuilles isolées ou deux verticilles consécutifs, c'est-à-dire la longueur de l'entrenœud, est sujette, on l'a vu, à trop de variations dépendant les unes de l'âge de la tige au moment où elle produit ses feuilles

(p. 155), les autres des causes extérieures qui, comme la lumière, la température, etc., modifient la croissance (p. 48), pour qu'on puisse y constater quelque chose de constant. La distance transversale de deux feuilles consécutives, c'est-à-dire la distance des centres d'insertion des deux feuilles projetée sur la circonférence qui passe par l'une d'elles et estimée en degrés, ou encore la valeur de l'angle dièdre formé par les plans médians des deux feuilles se croisant suivant l'axe de la tige, se maintient au contraire constante dans une plante donnée, au moins pour une assez grande étendue de la tige : cette distance transversale est ce qu'on appelle la *divergence* des feuilles. Excepté quand elle est de 180°, il y a deux manières de la compter, du côté où elle est la plus courte, ou du côté où elle est la plus longue ; on convient de suivre le plus court chemin, de sorte que la divergence est toujours inférieure à 180°. Ceci posé, considérons d'abord le cas des feuilles isolées, puis celui des feuilles verticillées.

1° Disposition des feuilles isolées. — Deux feuilles isolées consécutives ne sont jamais exactement superposées ; en un mot, leur divergence d n'est jamais nulle. Sa valeur peut s'exprimer par une fraction rationnelle de la circonférence et se mettre sous la forme $d = \frac{p}{n}$ circ., p et n étant des nombres entiers, p pouvant être égal à 1, n étant au moins égal à 2. Il en résulte qu'à partir d'une certaine feuille prise comme origine, on en trouve toujours une, la $n + 1^e$, qui est exactement superposée à la première, c'est-à-dire dont le plan médian coïncide avec celui de la première, et, pour atteindre cette feuille superposée, on fait p fois le tour de la tige. En d'autres termes, toutes les feuilles sont disposées sur n génératrices de la tige considérée comme un cylindre. L'ensemble formé par ces n feuilles, qui va ensuite se répétant indéfiniment sur la tige tant que la divergence conserve sa valeur primitive, s'appelle un *cycle*.

Voyons maintenant quelles sont les valeurs particulières de la divergence $\frac{p}{n}$ qui sont habituellement réalisées par les feuilles isolées.

$p = 1$, $n = 2$, $d = \frac{1}{2}$. C'est la plus grande divergence. Les feuilles successives sont écartées transversalement d'une demi-circonférence et se superposent de 2 en 2. Elles sont donc disposées en deux séries longitudinales diamétralement opposées, le long desquelles elles alternent régulièrement. Le cycle comprend deux feuilles en un tour. C'est ce qu'on appelle souvent la disposition *distique* (Graminées, Viciées, Hêtre, Orme, Tilleul, Vigne, Aristoloche, etc.).

$p=1$, $n=3$, $d=\frac{1}{3}$. L'écart transversal de deux feuilles successives est de 120°; elles se superposent de 3 en 3 et sont disposées en trois séries longitudinales. C'est la disposition *tristique* (Cypéracées, Tulipe, Aulne, Bouleau, etc.).

$p=1$, $n=4$, $d=\frac{1}{4}$. L'écart transversal de deux feuilles successives est de 90°; elles se superposent de 4 en 4 et sont disposées en quatre séries longitudinales. C'est la disposition *tétrastique*, pour laquelle la figure 59 de la page 160 représente la course des faisceaux dans la tige; elle est beaucoup plus rare que les deux précédentes (Samole, Reste, etc.).

$p=1$, $n=5$, $d=\frac{1}{5}$. L'écart est de 72°; c'est la disposition *pentastique*, très rarement réalisée (Coste, etc.).

Toutes les autres divergences observées dans la nature sont comprises par séries entre les précédentes. Il y a d'abord une série de valeurs, et c'est de beaucoup la plus répandue, comprise entre $\frac{1}{2}$ et $\frac{1}{3}$: c'est la série des grandes divergences. En voici les termes :

$p=2$, $n=5$, $d=\frac{2}{5}$. L'écart transversal est de 144°, plus petit que $\frac{1}{2}$, plus grand que $\frac{1}{3}$; les feuilles se superposent de 5 en 5 et sont disposées en cinq rangées longitudinales. Le cycle comprend cinq feuilles en deux tours : c'est la disposition appelée souvent *quinconciale*. Elle est de toutes la plus répandue; on la rencontre notamment chez la plupart des Dicotylédones (Saule, Chêne, Poirier et la plupart des Rosacées, Borraginées, Groseillier, etc.).

$p=3$, $n=8$, $d=\frac{3}{8}$. L'écart transversal est de 135°, plus petit que $\frac{2}{5}$, plus grand que $\frac{1}{3}$; les feuilles s'y superposent de 8 en 8 et sont toutes disposées en huit rangées longitudinales. Le cycle comprend huit feuilles en trois tours. Cette disposition est assez fréquente (Chou, Radis, Plantain, Pariétaire, Lin, beaucoup de Mousses, etc.); on la dénomme simplement par sa divergence $\frac{3}{8}$, et l'on fait de même pour toutes les suivantes.

$p=5$, $n=13$, $d=\frac{5}{13}$. L'écart transversal mesure un peu plus de 138°,27′, plus petit que $\frac{2}{5}$, mais plus grand que $\frac{3}{8}$; les feuilles se superposent de 13 en 13 et sont disposées sur treize rangées longitudinales. Le cycle comprend treize feuilles en cinq tours. Cette disposition, pour laquelle la figure 60 de la page 160 représente la course des faisceaux dans la tige, est moins fréquente que la précédente (Molène, Sumac, Arbousier, Ibéride, Jasmin, plusieurs Pins, bon nombre de Mousses, etc.).

On trouve encore $\frac{8}{21}$, compris en $\frac{3}{8}$ et $\frac{5}{13}$ (Pastel, Dragonnier, branches grêles de Sapin et d'Épicéa, etc.); $\frac{13}{34}$, compris entre $\frac{5}{13}$ et $\frac{8}{21}$ (la plupart des Pins, grosses branches de Sapin et d'Épicéa, etc.); $\frac{21}{55}$, compris entre $\frac{8}{21}$ et $\frac{13}{34}$ (tige de Sapin et d'Épicéa, Mamillaire, etc.); $\frac{34}{89}$, compris entre $\frac{13}{34}$ et $\frac{21}{55}$ (bractées du capitule de l'Astre de Chine, vulgairement Reine-Marguerite); $\frac{55}{144}$, compris en $\frac{21}{55}$ et $\frac{34}{89}$ (bractées du capitule de l'Hélianthe annuel, vulgairement Grand-Soleil), divergences qui deviennent d'autant plus rares que leurs dénominateurs sont plus compliqués.

On a ainsi la série de valeurs :

$$\frac{1}{2}, \; \frac{1}{3}, \; \frac{2}{5}, \; \frac{3}{8}, \; \frac{5}{13}, \; \frac{8}{21}, \; \frac{13}{34}, \; \frac{21}{55}, \; \frac{34}{89}, \; \frac{55}{144}, \; \text{etc.,}$$

dans laquelle une divergence quelconque, à partir de la troisième, est toujours comprise entre les deux précédentes et s'obtient en additionnant les deux précédentes, numérateur à numérateur et dénominateur à dénominateur; en d'autres termes, ces valeurs sont les réduites successives de la fraction continue :

$$\cfrac{1}{2 + \cfrac{1}{1 + \cfrac{1}{1 +}}}$$

En suivant toutes ces divergences dans l'ordre indiqué, on oscille entre $\frac{1}{2}$ et $\frac{1}{3}$ du côté de $\frac{1}{3}$, c'est-à-dire dans l'intervalle compris entre $\frac{1}{3}$ et $\frac{2}{5}$, chaque terme étant alternativement plus petit et plus grand que le précédent. Mais les oscillations diminuent rapidement d'amplitude et les divergences diffèrent de moins en moins à mesure que les dénominateurs augmentent. Déjà $\frac{5}{13}$ et $\frac{8}{21}$ diffèrent seulement de 1°; $\frac{13}{34}$ et $\frac{21}{55}$ diffèrent seulement de 6'. Elles tendent donc, en définitive, vers une limite, qu'un calcul très simple fait connaître et qui est $\frac{3-\sqrt{5}}{2}$, correspondant, à moins d'une seconde près, à l'angle de 137°, 30', 28''. Cette série, qui renferme la très grande majorité des divergences foliaires observées, est ce qu'on appelle la *série normale*.

L'espace compris entre $\frac{1}{2}$ et $\frac{1}{3}$ comprend deux parties. L'une de ces parties voisine de $\frac{1}{3}$, entre $\frac{1}{3}$ et $\frac{2}{5}$, étant occupée par la série précédente, il est facile de prévoir que l'autre, voisine de $\frac{1}{2}$, entre $\frac{1}{2}$ et $\frac{2}{5}$, sera occupée par une série semblable et complémentaire. Ces nouvelles divergences, commençant aussi par $\frac{2}{5}$ et obtenues aussi en ajoutant les deux qui précèdent, numérateur à numérateur et dénominateur à dénominateur, ont même numérateur avec un dénominateur plus petit et sont, par conséquent, plus grandes que celles de la série normale. En voici la suite :

$$\frac{1}{3},\ \frac{1}{2},\ \frac{2}{5},\ \frac{3}{7},\ \frac{5}{12},\ \frac{8}{19},\ \frac{13}{31},\ \frac{21}{50},\ \text{etc.}$$

On trouve, par exemple, $\frac{3}{7}$ dans le Bananier, $\frac{5}{12}$ dans certains Aloès et Spathiphylles, $\frac{8}{19}$ dans l'Ananas, $\frac{13}{31}$ dans l'épi du Plantain, $\frac{21}{50}$ dans le capitule des Cardères, etc. Mais cette série complémentaire est beaucoup plus rarement réalisée que la normale.

En opérant entre $\frac{1}{2}$ et $\frac{1}{3}$ comme il vient d'être fait entre $\frac{1}{2}$ et $\frac{1}{3}$, on obtient de même deux séries complémentaires de divergences commençant toutes deux par $\frac{2}{7}$, l'une oscillant du côté de la plus petite, entre $\frac{1}{4}$ et $\frac{2}{7}$, l'autre du côté de la plus grande, entre $\frac{1}{3}$ et $\frac{2}{7}$. Ces deux séries sont :

$$\frac{1}{3},\ \frac{1}{4},\ \frac{2}{7},\ \frac{3}{11},\ \frac{5}{18},\ \text{etc.,} \qquad\qquad \text{et}\ \frac{1}{4},\ \frac{1}{5},\ \frac{2}{7},\ \frac{3}{10},\ \frac{5}{17},\ \text{etc.}$$

On trouve, par exemple, $\frac{2}{7}$ dans l'Euphorbe heptagone et le Mélaleuce éricifolié, $\frac{3}{11}$ et $\frac{5}{18}$ dans l'Orpin réfléchi et les feuilles avortées de l'Oponce.

En opérant de même entre $\frac{1}{4}$ et $\frac{1}{5}$, on obtient aussi deux séries complémentaires ayant pour point de départ commun $\frac{2}{9}$, et dont quelques termes ont été observés çà et là; on trouve, par exemple, $\frac{2}{9}$ dans le Lycopode sélage.

En résumé, la très grande majorité des dispositions réalisées par les feuilles isolées est comprise dans la série normale, qui est aussi la série des plus petites parmi les plus grandes divergences. Dans cette série, les divergences à petit dénominateur se montrent avec de longs entre-nœuds, celles à grand dénominateur avec de courts entre-nœuds, ce qui prouve que la distance longitudinale des feuilles influe de quelque manière sur leur distance transversale.

2° Disposition des feuilles verticillées. — Quand les feuilles sont verticillées, elles sont toujours équidistantes dans chaque verticille; la divergence à l'intérieur du verticille est donc $\frac{1}{m}$ circ., m étant le nombre des feuilles du verticille : $\frac{1}{2}$ s'il y a deux feuilles, $\frac{1}{3}$ s'il y en a trois, etc. D'un verticille au suivant, la divergence n'est jamais nulle dans les feuilles ordinaires; en d'autres termes, deux verticilles successifs ne sont jamais superposés. Dans les feuilles florales, au contraire, comme on le verra plus loin, on trouve des exemples de cette superposition.

Le cas le plus ordinaire est celui où il n'y a que deux feuilles diamétralement opposées à chaque verticille; les feuilles sont dites *opposées*. D'un verticille au suivant, la divergence est le plus souvent de $\frac{1}{4}$, c'est-à-dire que les paires se croisent (Labiées, Caryophyllées, etc.); les feuilles sont alors *opposées décussées*: la figure 61 de la page 161 représente la course correspondante des faisceaux dans la tige.

Quand il y a plus de deux feuilles au verticille, ce qui est le cas des feuilles verticillées proprement dites, il arrive aussi ordinairement que la divergence d'un verticille à l'autre est la moitié de la divergence à l'intérieur du verticille, c'est-à-dire $\frac{1}{2m}$ avec m feuilles. Alors les verticilles *alternent*, comme on dit, de l'un à l'autre et se superposent de deux en deux; toutes les feuilles sont disposées sur $2m$ rangées longitudinales. Il en est ainsi, par exemple, avec 3 feuilles dans le Nérion, l'Élodée, etc.; avec 4 feuilles dans la Lysimaque quadrifoliée, la Parisette quadrifoliée, le Myriophylle en épi, etc.; avec un plus grand nombre de feuilles dans les Prêles, la Pesse, la Casuarine, etc.

Mais il peut se faire aussi que la divergence $\frac{p}{n}$ des verticilles successifs ne soit pas égale à $\frac{1}{2m}$; les verticilles ne se superposent alors que de n en n. Ainsi les verticilles binaires se superposent de 3 en 3, suivant $\frac{1}{3}$, dans la Mercuriale vivace; de 5 en 5, suivant $\frac{2}{5}$, dans la Globulée; de 8 en 8, suivant $\frac{3}{8}$, dans le Solidage du Canada, etc. Il en est de même, çà et là, pour des verticilles ternaires, quaternaires, etc.

En somme, et c'est ce qu'il faut bien comprendre, la disposition verticillée est soumise aux mêmes règles que la disposition isolée. Seulement, au lieu d'une seule série de feuilles se succédant avec une divergence déterminée, il y a ici autant de séries semblables que de feuilles au verticille. En outre, il arrive ordinairement que cette première différence retentit sur la valeur même de la divergence dans chaque série, de manière à l'amener chaque fois à être la moitié de la divergence d'une série à l'autre, ce qui détermine l'alternance régulière des verticilles.

Dans tous les cas, les feuilles se disposent sur la tige de manière à se recouvrir le moins possible les unes les autres, afin d'étaler le plus possible leurs surfaces à l'air et à la lumière, c'est-à-dire, comme on le verra plus tard, de façon à remplir le mieux possible les diverses fonctions qui leur sont dévolues. Aussi voit-on le dénominateur de la fraction de divergence devenir d'autant plus grand que les entre-nœuds sont plus courts.

Variations dans la disposition des feuilles sur la tige de la même plante. — La disposition des feuilles se maintient habituellement constante sur une plus ou moins grande étendue de la tige ramifiée qui les porte ; mais, si l'on considère le corps de la plante dans sa totalité, on la voit subir des changements profonds tant le long de la même tige ou de la même branche qu'en passant d'une branche à l'autre. Verticillées à la base de la tige, par exemple, les feuilles s'isolent plus haut, pour redevenir verticillées vers l'extrémité. Là où elles sont verticillées, le nombre des feuilles peut changer d'un verticille à l'autre, de binaire devenir ternaire, par exemple (Nérion), ou quaternaire (Genévrier, Cyprès, Bruyère, etc.). Là où elles sont isolées, la divergence peut se modifier progressivement ou brusquement (Cactées).

De la tige aux branches, la divergence change quelquefois de valeur : de $\frac{2}{5}$ par exemple s'élevant à $\frac{1}{2}$, comme dans le Chêne et le Châtaignier. Dans le passage d'une branche à l'autre, la divergence conserve souvent, entre la feuille mère et la première feuille du rameau, sa valeur normale : avec $\frac{1}{2}$ par exemple, cette dernière est diamétralement opposée à la première (Aristoloche, Lierre, etc.) ; la disposition distique est dite alors *longitudinale*. Mais souvent aussi elle y prend une valeur différente, pour redevenir ensuite ce qu'elle était : il y a une *divergence de passage*. Avec $\frac{1}{2}$, par exemple, cette divergence de passage est ordinairement de $\frac{1}{4}$ (Tilleul, Coudrier, etc.) : la disposition distique est dite alors *transversale*. Enfin, à ce passage, tantôt les divergences des feuilles se comptent sur le rameau dans le même sens que sur la branche : les feuilles sont alors *homodromes*, il y a *homodromie* ; tantôt elles se comptent en sens contraire, il y a changement de sens à chaque passage : les feuilles sont *antidromes*, il y a *antidromie* (Liseron, etc.).

Modes de représentation de la disposition des feuilles. — Pour faciliter l'étude de la disposition des feuilles, on la représente aux yeux par divers procédés ou constructions graphiques. Supposant la tige cylindrique, on peut fendre ce cylindre suivant une génératrice, le développer et, sur la surface plane ainsi obtenue, marquer les nœuds par des lignes horizontales et sur ces lignes les centres d'insertion des feuilles par autant de points. Ceux-ci se superposeront en autant de rangées qu'il y a d'unités dans le dénominateur de la divergence; on figure ces rangées par autant de lignes verticales. On numérote ensuite les points de bas en haut à partir de 1, de gauche à droite ou de droite à gauche en montant, suivant l'ordre où les feuilles se succèdent sur la tige. Il y a un point sur chaque ligne horizontale si les feuilles sont isolées, plusieurs si elles sont verticillées, et d'une ligne horizontale à l'autre les points successifs sont séparés par autant de lignes verticales qu'il y a d'unités au numérateur

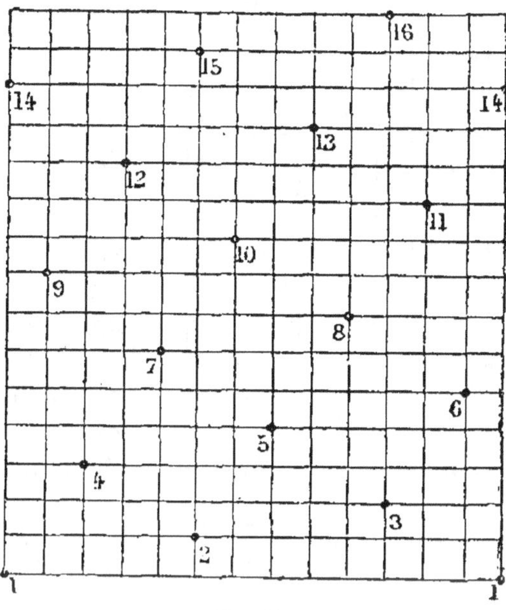

Fig. 92.

de la divergence. La disposition isolée $\frac{5}{13}$ est représentée de la sorte par la figure 92.

Au lieu de représenter la tige par un cylindre qu'on développe, on peut la supposer conique et en figurer la projection horizontale. Les nœuds sont dessinés alors par des circonférences concentriques et les séries longitudinales des feuilles par autant de rayons. Une pareille projection horizontale s'appelle un *diagramme*. On y marque ha-

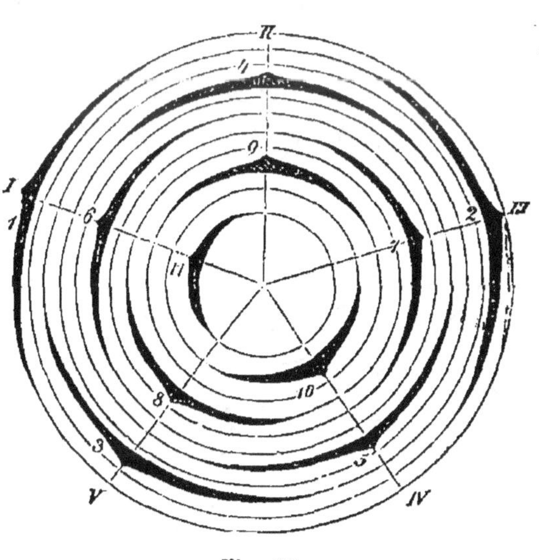

Fig. 93.

bituellement la place de chaque feuille par un arc de cercle rappelant la forme de la section transversale du limbe. Ainsi la figure 93 donne le diagramme de la disposi-tion $\frac{2}{5}$.

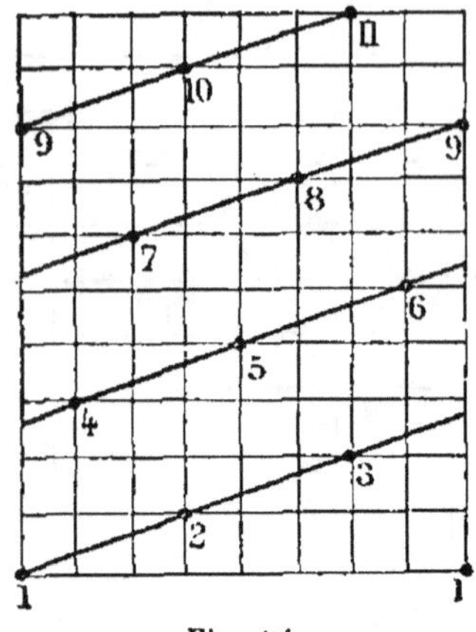

Fig. 94.

Aussi bien dans la projection verticale que dans le diagramme, on peut faciliter l'intelligence de la disposition des feuilles par une hypothèse que nous nous sommes gardés de faire intervenir jusqu'ici, parce qu'elle n'est en aucune façon nécessaire, mais qui peut être utile dans certains cas.

Supposons, dans la représentation verticale de la disposition isolée, les divers points d'insertion reliés ensemble, nous aurons une série de lignes obliques parallèles. Ces lignes sont le développement d'une hélice tracée sur le cylindre et qui comprend toutes les feuilles, en montant vers la droite ou vers la gauche, suivant que la feuille la plus rapprochée du point de départ est à droite ou à gauche de lui. La disposition $\frac{2}{5}$ à droite se trouve de la sorte représentée par la figure 94. En faisant de même sur le diagramme, on obtient une spirale d'Archimède, qui est la projection horizontale de l'hélice supposée tracée sur un cône. La disposition $\frac{2}{5}$ à

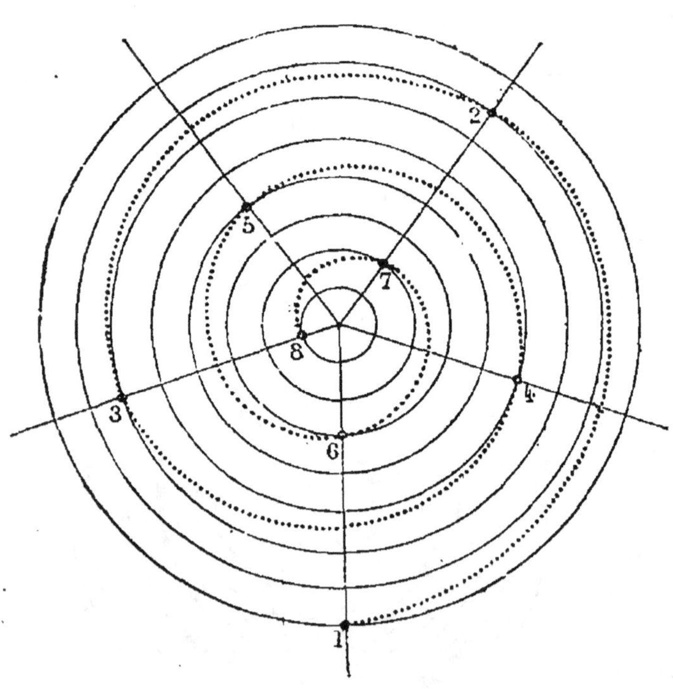

Fig. 95.

droite est ainsi représentée par la figure 95, où les feuilles sont marquées par des points. A cette hélice, à cette spirale qui comprend toutes les feuilles dans la disposition isolée, on donne souvent le nom d'hélice ou de spirale *générale*.

Dans la disposition verticillée, chaque feuille du verticille dont on part est le point d'origine d'une pareille hélice ou spirale et, pour comprendre toutes les feuilles, il faut construire ici tout autant de spirales parallèles à pas concordants qu'il y a de feuilles au verticille.

Si, dans la disposition isolée, les entre-nœuds sont très courts, la spirale générale ne s'aperçoit pas et il est difficile d'assigner directement aux feuilles, tant elles sont serrées, le numéro d'ordre qui leur appartient. Mais, en revanche, on distingue alors nettement des spirales plus relevées que la spirale générale et qui tournent les unes vers la droite, les autres vers la gauche : ce sont des spirales *secondaires*. Elles joignent la feuille d'origine à la feuille la plus rapprochée de la verticale d'un côté et de l'autre. Si l'on compte le nombre des spirales secondaires dans un sens et dans l'autre, en les ajoutant, on obtient le nombre des lignes verticales et par conséquent le dénominateur de la divergence; le plus petit des deux nombres en est le numérateur. Il est facile ensuite de donner à chaque feuille le numéro d'ordre qui lui appartient dans la spirale générale; c'est ainsi que, dans la figure 96, on a numéroté les écailles d'un cône de Pin silvestre, disposées suivant $\frac{8}{21}$ à gauche. La spirale générale tourne alternativement dans le sens du plus petit et dans le sens du plus grand nombre des spirales secondaires. Ainsi, par exemple, dans $\frac{2}{5}$ à droite, il y a 3 spirales secondaires à droite et 2 spirales secondaires à gauche; le sens de la spirale générale est celui du plus grand nombre. Dans $\frac{3}{8}$ à droite, il y a encore 3 spirales secondaires à droite, mais il y en a 5 à gauche; la spirale générale est du même sens que le petit

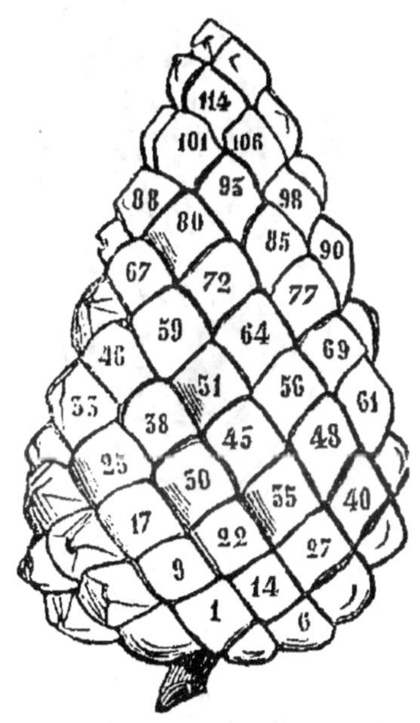

Fig. 96.

nombre des spirales secondaires. Il en est de même pour $\frac{8}{13}$, $\frac{8}{21}$, etc.
Cette manière de déterminer la divergence par le nombre des
spirales secondaires des deux sens ne s'applique d'ailleurs qu'à la
série normale et à sa conjuguée. Pour les séries accessoires com-
prises entre $\frac{1}{3}$ et $\frac{1}{4}$ ou entre $\frac{1}{4}$ et $\frac{1}{5}$, elle ne donne que le dénominateur de la divergence.

Préfoliation. — A mesure qu'elles grandissent dans le bourgeon, les feuilles s'y reploient ou s'y recouvrent de diverses
manières, afin d'y occuper le moins de place possible (fig. 97).
L'arrangement particulier qu'elles affectent ainsi est ce qu'on appelle
la *préfoliation* de la plante. Les forestiers en tirent de bons caractères pour reconnaitre les arbres en hiver.

Voyons d'abord la manière dont se dispose chaque feuille en particulier. La préfoliation est *plane*, si la feuille ne se reploie d'aucune manière (Lilas, Frêne, etc.); *condupliquée* (fig. 97), quand elle
se plie dans sa longueur de façon que l'une des moitiés s'applique
exactement sur l'autre (Chêne, Hêtre, Charme, Amandier, Gainier, etc.); *réclinée*, quand elle se plie transversalement de manière que sa partie supérieure soit appliquée sur sa partie inférieure (Aconit, Liriodendre, etc.); *plissée*, quand elle se plisse un
certain nombre de fois en forme d'éventail (Bouleau, Érable, Sorbier alisier, Vigne, Groseillier,

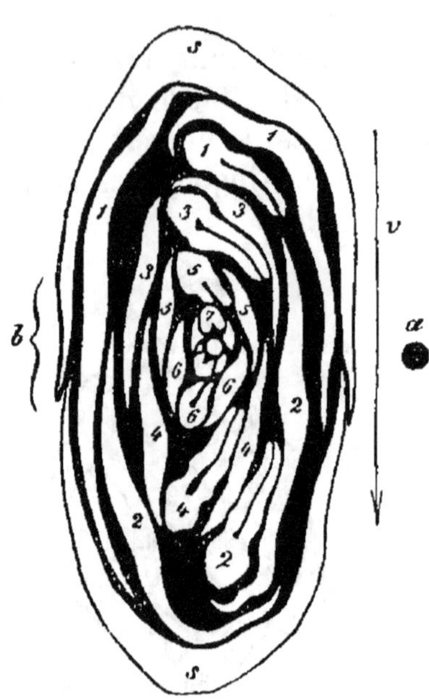

Fig. 97. — Section transversale
d'un bourgeon de Gainier du Canada. 1-7, les feuilles condupli-
quées successives avec leurs stipules; elles sont toutes pliées du côté
de la branche mère *a*. *s*, *s*, les
deux écailles internes du bourgeon, toutes les autres sont enle-
vées. *b*, place de la feuille mère;
v, direction de la pesanteur.

Palmiers, etc.); *involutée*, quand elle roule ses deux moitiés en
dedans, c'est-à-dire sur sa face supérieure (Peuplier, Poirier,
Sureau, Chèvrefeuille, etc.); *révolutée*, quand elle roule ses deux
moitiés en dehors, c'est-à-dire sur sa face inférieure (Nérion oléandre, Rumice oseille, Renouée, etc.); *convolutée*, quand elle s'en-

roule sur elle-même à la façon d'un cornet (Prunier, Berbéride, Gouet, etc.) ; *circinée*, enfin, quand elle s'enroule du sommet à la base en forme de crosse (Fougères, Cycadées, etc.).

Considérons maintenant la manière dont les feuilles se recouvrent les unes les autres dans le bourgeon. La préfoliation est *valvaire*, quand les feuilles se touchent seulement par leurs bords sans se recouvrir ; *imbriquée*, quand, les feuilles étant planes, les plus extérieures recouvrent les plus intérieures (Frêne, Lilas, Laurier) ; *équitante*, quand chaque feuille, d'abord condupliquée, embrasse entre ses deux moitiés toutes les feuilles plus intérieures (Iride, Hémérocalle) ; *semi-équitante*, quand chaque feuille, d'abord condupliquée, reçoit dans son pli la moitié d'une autre feuille pliée de la même manière (Œillet, Scabieuse, Sauge).

Différenciation secondaire des feuilles. — A mesure qu'elles croissent, les feuilles prennent souvent les unes par rapport aux autres des différences variées. Cette différenciation secondaire est parfois en relation avec un changement de milieu, qui la provoque ; mais souvent aussi elle se produit entre feuilles vivant dans le même milieu, en rapport avec les divers besoins qu'elles y doivent satisfaire.

Quand la tige s'étend mi-partie dans la terre et dans l'air, ou mi-partie dans l'eau et dans l'air, ses feuilles souterraines ou submergées ont souvent une forme très différente de ses feuilles aériennes. Ainsi, sur les rhizomes, les feuilles se réduisent à de petites écailles incolores, dépourvues de pétiole, parce que la croissance s'est arrêtée avant son apparition ; elles proviennent tantôt du limbe, la gaine ne s'étant pas formée (Labiées, Scrofulariacées, Œnothéracées, etc.), tantôt au contraire de la gaine, au sommet de laquelle le limbe a avorté (Anémone, Dentaire, Saxifrage, Adoxe moschatelline, etc.). Les feuilles submergées de la Renoncule d'eau, de la Salvinie nageante, etc., sont formées de filaments grêles, réduites pour ainsi dire à leurs nervures, entre lesquelles le parenchyme ne se développe pas ; celles du Potamot-nageant, de la Sagittaire, etc., sont réduites à un pétiole dilaté en ruban, au sommet duquel le limbe avorte.

Quand la tige s'étend tout entière dans le même milieu, dans l'air par exemple, elle n'en produit pas moins sur ses flancs les formes de feuilles les plus différentes ; nous devons en distinguer brièvement les principales catégories.

Les feuilles proprement dites, c'est-à-dire les feuilles **vertes** complètement développées, forment un premier ensemble. Suivant l'âge de la tige qui les porte, ces feuilles prennent souvent elles-mêmes des formes différentes. Ainsi les feuilles qui occupent le bas de la tige dans beaucoup de plantes herbacées ont une forme différente de celles qui en occupent le milieu (Campanule rotondifoliée, etc.) ; ou bien encore les feuilles portées par les tiges stériles diffèrent de celles que produisent les branches à fleurs (Lierre). De même, les plantes à feuilles composées commencent par n'avoir à la base de la tige que des feuilles simples (Haricot, Ajonc), et plus tard reviennent à des feuilles simples le long de leurs rameaux. Ailleurs, le même rameau porte à la fois des feuilles entières et d'autres profondément lobées, avec tous les intermédiaires (Symphorine, Broussonétie).

Feuilles protectrices. — A de très rares exceptions près, comme le Nerprun et la Viorne, les plantes ligneuses et à feuilles caduques de nos climats, dont la végétation est interrompue à l'automne, ont leurs bourgeons terminaux et axillaires recouverts d'un certain nombre de feuilles rudimentaires, dépourvues de pétiole, larges et courtes, dures et brunâtres, souvent soudées ensemble par une matière résineuse (Conifères) ou gommeuse (Peuplier) ; elles servent évidemment à protéger les jeunes feuilles ordinaires, qui occupent le centre du bourgeon : ce sont des *écailles protectrices*. A chaque printemps, ces écailles se détachent en laissant à la base de la branche, ou de la portion de tige qui continue la précédente, une série de cicatrices en forme d'anneau ; au nombre de ces anneaux, on peut donc savoir le nombre d'années que la plante a vécu.

En observant avec soin toutes les transitions entre les écailles internes et les feuilles externes du bourgeon, on peut décider quelle est la partie de la feuille qui a formé l'écaille, le reste ayant avorté. Il y a, sous ce rapport, trois types à distinguer. L'écaille résulte, en effet : tantôt du développement du limbe, la gaine et les stipules ne se formant pas (Lilas, Troène, Chèvrefeuille, Daphné, etc.) ; tantôt du développement de la gaine, au sommet de laquelle le limbe avorte (Frêne, Érable, Marronnier Sureau, Cytise, Prunier, etc.) ; tantôt enfin du seul développement des stipules, la gaine ne se formant pas à la base et le limbe avortant entre les stipules (la plupart des arbres de nos forêts : Chêne, Hêtre, Charme, etc.).

Feuilles nourricières. Bulbes et bulbilles. — Les renflements que l'on remarque au bas de la tige chez beaucoup de Liliacées et d'Amaryllidées, et qu'on nomme des *bulbes*, sont formés d'un plus ou moins grand nombre de feuilles rudimentaires, courtes et larges, blanches, molles et très épaisses, où s'amassent et s'emmagasinent des substances destinées à pourvoir aux développements ultérieurs et dont l'ensemble constitue un réservoir nutritif. Ce sont encore des écailles, mais des *écailles nourricières*. Tantôt elles s'enveloppent complètement comme autant de tuniques (bulbes dits *tuniqués :* Tulipe, Ail, Jacinthe, Scille, etc.); tantôt elles s'imbriquent à la façon des tuiles d'un toit (bulbes dits *écailleux :* Lis, etc.). Dans tous les cas, elles ne sont pas autre chose que les régions inférieures d'autant de feuilles plus ou moins engainantes, arrêtées de bonne heure dans leur croissance et où le limbe a avorté. Pendant que la partie interne du bourgeon s'allonge en développant des feuilles vertes, elles s'épuisent, s'amincissent et se réduisent enfin à autant de lamelles sèches et brunes. Mais en même temps, à l'aisselle de la plus jeune écaille il se fait un bourgeon, qui devient plus tard un bulbe de remplacement pour l'année suivante. La végétation des tiges bulbeuses se poursuit donc en sympode. Les bourgeons qui naissent çà et là à l'aisselle de ces écailles forment aussi, avec leurs premières feuilles épaissies, de petits bulbes, qu'on nomme des *caïeux*; ils se détachent souvent et multiplient la plante.

Enfin, à l'aisselle des feuilles ordinaires de la tige, le bourgeon épaissit parfois beaucoup ses écailles externes, s'arrondit et forme ce qu'on appelle un *bulbille*, qui se détache fréquemment et plus tard s'enracine en multipliant la plante (Lis bulbifère, Lis tigré, Dentaire bulbifère, etc.).

Feuilles-épines. — Les feuilles proprement dites prolongent parfois leur nervure médiane ou leurs nervures latérales en épines (Houx, Chardon, Agave, etc.). Ailleurs il y a différenciation, et c'est une feuille tout entière ou une partie de feuille qui se développe en épine. Le plus souvent ce sont les stipules qui forment deux épines à droite et à gauche du limbe (Berbéride, Paliure, Robinier, Acacier, etc.); le limbe lui-même peut alors se réduire aussi à une épine, de sorte que la feuille totale est représentée par trois épines divergentes. Quelquefois c'est le limbe seul, comme dans l'*arête* ou *barbe* des Graminées, bien connue dans l'Avoine cultivée et dans le Blé renflé; dans certains Astragales (A. tragacanthe, A. aristé), c'est le pétiole d'une feuille composée sans impaire qui se termine en pointe et, après la chute des folioles, persiste en formant une longue épine.

Feuilles-vrilles. — Quelques feuilles ordinaires ont déjà dans leur totalité (Fumeterre officinale, Corydalle claviculé) ou tout au moins dans leur pétiole (Capucine, Fumeterre grimpante, diverses Clématites, etc.), la faculté de s'enrouler autour des supports. Ailleurs la différenciation s'accuse davantage : une partie de la feuille, ou la feuille tout entière, prend la forme d'un filament simple ou rameux, s'enroule autour des supports et devient ce qu'on appelle une *vrille*.

C'est quelquefois la nervure médiane qui se prolonge au delà du limbe pour former une vrille, en quelque sorte surajoutée à la feuille (Méthonice, Flagellaire). Souvent la vrille est formée par la dernière foliole d'une feuille composée pennée, ou à la fois par cette foliole et par les premières paires de folioles latérales à partir du sommet (fig. 98); simple dans le premier cas, elle est rameuse dans le second (Cobée, Gesse, Pois, Vesce, beaucoup de Bignones, etc.); quelquefois même les folioles latérales avortent toutes et la feuille se réduit à une vrille simple entre deux grandes stipules (Gesse aphace).

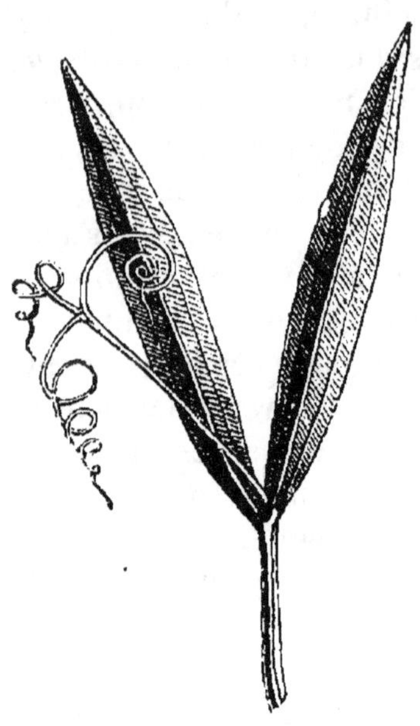

Fig. 98. — Vrille rameuse de Gesse.

Dans les Smilaces, le pétiole porte à sa base, immédiatement au-dessus de la gaine, deux longues vrilles simples, qui correspondent, comme on l'a vu plus haut (p. 239), aux deux moitiés d'une ligule bipartite. Enfin, dans les Cucurbitacées, c'est une feuille tout entière, savoir la première feuille de chaque rameau axillaire, qui se différencie en une vrille. Cette vrille est ordinairement rameuse, et ses diverses branches sont les nervures palmées de la feuille dont le parenchyme ne s'est pas développé (Courge, Calebasse, etc.); elle est quelquefois simple, par avortement des nervures latérales (Bryone, Momordique).

Dans tous les cas, l'enroulement de ces vrilles foliaires s'opère comme celui des vrilles raméales et pour la même cause (voir p. 146); elles développent aussi quelquefois des pelotes adhésives (Bignone grimpant).

Feuilles à ascidies. — La différenciation de la feuille consiste quelquefois dans un développement local tout particulier, d'où résulte la formation d'une cavité profonde, ouverte au dehors par un orifice parfois muni d'un opercule. Ces sortes de vases portent le nom d'*ascidies*.

Ils ont la forme d'un cornet dans les Sarracénies, d'une cruche munie d'un couvercle à charnière, portée à l'extrémité d'un pétiole grêle dans les Céphalotes et les Népenthes (fig. 99), d'ampoules aplaties pourvues d'un opercule, disposées çà et là sur les ramifications de la feuille submergée dans l'Utriculaire vulgaire, où elles servent de flotteurs.

Feuilles reproductrices. — La plus importante assurément de toutes les différenciations de la feuille est quand elle se consacre à la formation des corps reproducteurs. Il en est ainsi déjà chez

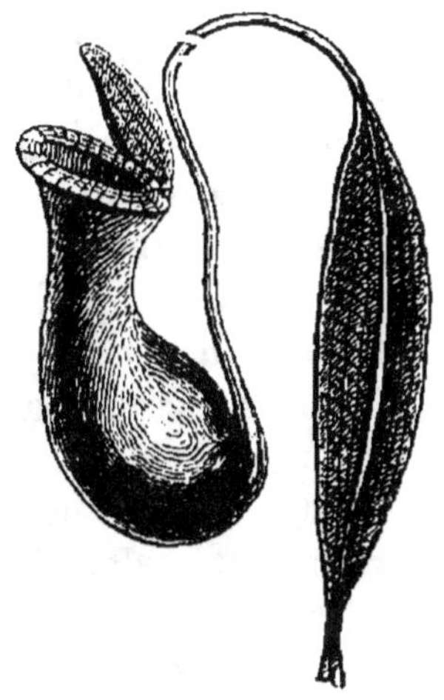

Fig. 99. — Feuille à ascidie de Népenthe.

les Cryptogames vasculaires, comme on le verra plus tard er étudiant la reproduction de ces plantes. Chez les Phanérogames cette différenciation est plus profonde encore; sur certaines branches ou portions de branches, des feuilles particulières se consacrent en plus ou moins grand nombre à la reproduction et y jouent chacune un rôle indirect ou direct; c'est à l'ensemble des feuilles différenciées dans ce but, jointes au rameau également différencié qui les porte, que l'on applique, comme on sait, le nom de *fleur*.

Cette différenciation des feuilles florales a trop d'importance pour que nous n'en fassions pas l'objet d'une étude séparée; aussi consacrerons-nous plus loin à la fleur un chapitre spécial.

§ 2

Structure de la feuille.

Considérons d'abord la feuille d'une plante vasculaire, après son épanouissement et quand toutes les cellules qui la composent ont achevé leur différenciation ; nous verrons ensuite comment la structure se simplifie chez les Muscinées.

Structure générale de la feuille et comparaison avec la tige. — L'épiderme de la tige se prolonge avec tous ces caractères sur la feuille, qu'il revêt entièrement. L'écorce de la tige se continue directement dans la feuille, dont elle forme le parenchyme. Enfin, à chaque nœud, un certain nombre des faisceaux libéroligneux de la tige quittent le cylindre central, comme il a été dit à la page 159, traversent l'écorce et pénètrent dans la feuille, où ils se ramifient et dont ils constituent les nervures. Une section transversale, pratiquée dans la feuille à un niveau quelconque, à travers l'une quelconque des diverses parties : gaine, ligule, stipules, pétiole et limbe, qui peuvent la constituer, nous montre donc toujours ces trois choses : l'épiderme, le parenchyme et les faisceaux libéroligneux, chacune avec les caractères essentiels qu'on lui connaît dans la tige.

On voit par là combien la structure de la feuille ressemble à celle de la tige ; l'analogie est beaucoup plus grande assurément qu'entre la tige et la racine. Il y a pourtant une différence, qui réside dans la disposition des faisceaux libéroligneux. Dans la tige, les faisceaux libéroligneux sont rangés symétriquement par rapport à l'axe, comme on l'a vu page 162, sous les réserves formulées à cet endroit. Dans la feuille, ils ne sont disposés symétriquement que par rapport à un plan, qui est le plan de symétrie de la forme extérieure, plan qui contient l'axe de la tige et le rayon d'insertion de la feuille. C'est ce qui va résulter de l'étude particulière que nous allons faire des deux parties les plus importantes de la feuille, le pétiole et le limbe.

Structure du pétiole. — L'épiderme conserve sur le pétiole les mêmes caractères essentiels que sur la tige (voir p. 149) et y offre aussi les mêmes modifications principales (voir p. 163).

Le parenchyme du pétiole est formé de cellules plus longues

que larges, polyédriques ou arrondies sur la section transversale, pourvues de chlorophylle, et laissant entre elles des méats pleins d'air. Dans les plantes aquatiques ou marécageuses, ces interstices deviennent de larges canaux aérifères, parfois continus (Nymphéacées, Aroïdées), le plus souvent entrecoupés de diaphragmes à jour (Massette, Pontédérie, Vacquois, etc.), çà et là traversés par les anastomoses transverses des nervures (Sagittaire, Scirpe, Acore, etc.). Dans ces méats et canaux, on voit parfois certaines cellules périphériques proéminer de diverses façons, en forme de poils internes. Ces poils internes ont quelquefois leur membrane mince et contiennent des cristaux isolés (Pontédérie) ou groupés soit en paquets de raphides (Colocase, etc.), soit en mâcles arrondies (Mâcre, etc.); mais le plus souvent ils épaississent leur membrane, uniformément (Monstérées) ou en spirale (Crin), et servent de soutien; ils peuvent alors s'allonger en navette (Monstère, Rhizophore, etc.) ou se ramifier en étoile dans plusieurs lacunes voisines (Nénuphar, etc.).

Quand l'écorce de la tige possède sous l'épiderme un tissu de soutien collenchymateux ou scléreux, disposé soit en couche continue, soit en faisceaux parallèles, ce tissu de soutien se continue dans le pétiole avec les mêmes caractères (Ombellifères, etc.); mais le pétiole peut aussi posséder des faisceaux sous-épidermiques de collenchyme ou de sclérenchyme quand la tige n'en a pas (Colocase, Gouet, etc.). En face de ces faisceaux de soutien, qui correspondent d'ordinaire aux faisceaux libéroligneux internes (Ombellifères, etc.), l'épiderme est toujours dépourvu de stomates.

Les faisceaux libéroligneux, en nombre impair, sont le plus souvent, sur la section transversale pratiquée vers le milieu de la longueur, disposés dans le parenchyme de manière à former un arc plus ou moins largement ouvert en haut (fig. 100, *A*). Le faisceau médian et inférieur de l'arc est aussi d'ordinaire le plus développé, et les autres vont diminuant de grandeur de chaque côté à mesure qu'ils s'éloignent du premier, les plus petits occupant les bords de l'arc; dans l'arc même, des faisceaux plus minces alternent quelquefois avec de plus gros. Le faisceau médian dorsal tourne son liber en bas et son bois en haut, les autres s'inclinent progressivement et également de chaque côté, à mesure qu'ils s'élèvent le long de l'arc, tournant toujours leur liber en dehors et leur bois en dedans. L'orientation des derniers dépend donc du développement de l'arc; s'il recourbe ses bords en les rappro-

chant vers le haut, les faisceaux extrêmes tournent leur liber en
haut, leur bois en bas. De cette disposition et de cette orientation
des faisceaux, il résulte que leur ensemble n'est symétrique que
par rapport au plan vertical qui coupe en deux le faisceau médian.

Assez souvent aussi l'arc rejoint ses bords en haut et se ferme en un anneau complet, enveloppant la région centrale du parenchyme qui ressemble alors à la moelle de la tige (*m*), tandis que sa

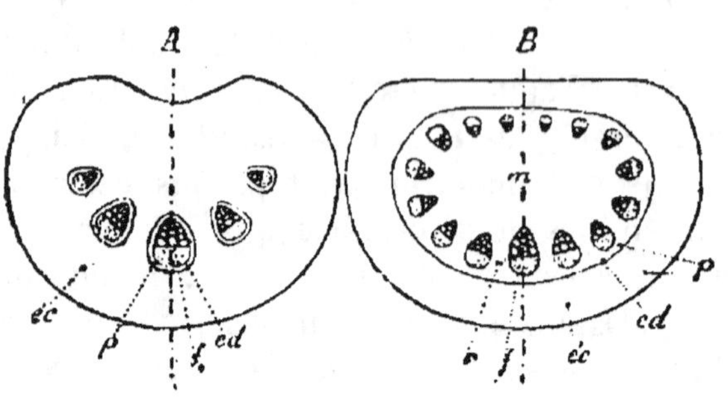

Fig. 100. — Section transversale du pétiole dans les
deux cas les plus fréquents : *A*, les faisceaux sont
disposés en arc, avec endoderme *ed* et péricycle *p*
particuliers ; *B*, ils sont disposés en anneau, avec
endoderme *ed* et péricycle *p* généraux.

région périphérique ressemble à l'écorce (*éc*) et les portions qui séparent les faisceaux aux rayons médullaires (*r*) de la tige (fig. 100, *B*).
Cet anneau est tantôt aplati en haut en forme de demi-cercle ou
de triangle (Chêne, Magnolier, etc.), tantôt arrondi en cercle (Ricin,
Pivoine, Géraine, Capucine, etc.); mais même dans ce dernier
cas, où la disposition ressemble au premier abord à celle de la
tige, si l'on tient compte à la fois de la dimension des faisceaux,
de leur structure, de leur orientation et de leur écartement, on
voit toujours apparaître l'unique plan de symétrie du système;
il y faut seulement un peu plus d'attention. Quelquefois l'anneau
est surmonté dans l'écorce par deux faisceaux latéraux symétriques (Cytise, Robinier, Noyer, etc.) ou par un arc médian ouvert
en haut (Aulne); ou bien il enferme dans la moelle soit deux
faisceaux latéraux (Tilleul), soit un arc médian ouvert en haut
(Érable, etc.) Ailleurs les faisceaux, en nombre plus grand, se
groupent sur plusieurs courbes emboîtées, tantôt sur une série
d'arcs superposés, tous plus ou moins largement ouverts en haut
(Balisier, Aspidistre, Panicaut, etc.), tantôt sur plusieurs anneaux
concentriques ayant dans leur moelle un ou plusieurs arcs ouverts (diverses Aroïdées, etc.), tantôt enfin de manière à paraître
disséminés dans le parenchyme (Rumice oseille, diverses Ombellifères, beaucoup de Monocotylédones, etc.); dans ce dernier cas,

c'est seulement par une étude attentive de leur orientation qu'on arrive à fixer le plan de symétrie du pétiole. Rien de plus varié on le voit, que le nombre et la disposition des faisceaux libéroligneux dans le pétiole, considéré vers le milieu de sa longueur. Il faut ajouter que, par division et par réunion des faisceaux, ce nombre et cette disposition peuvent se modifier beaucoup le long d'un même pétiole.

En s'incurvant horizontalement pour entrer dans la feuille, chaque faisceau libéroligneux de la tige entraîne la portion d'endoderme et la portion de péricycle qui lui est adossée. Si les faisceaux demeurent distincts dans le pétiole, séparés par de plus ou moins larges rayons de parenchyme, l'endoderme et le péricycle se reploient ordinairement autour de chacun d'eux pour l'envelopper d'une double gaine (fig. 100, *A*) (Composées, Ombellifères, Graminées, Cycadées, etc.); il en est toujours ainsi quand il n'y a qu'un faisceau (Conifères, fig. 101, etc.). La structure du pétiole peut être dite *astélique* (p. 175). Si les faisceaux s'unissent, au contraire, en arc ou en anneau, les portions d'endoderme et de péricycle se rejoignent aussi, de manière à recouvrir l'arc ou l'anneau dans toute son étendue (fig. 100, *B*) (Solanacées, Cucurbitacées, etc.). Le pétiole possède alors une sorte de cylindre central et sa structure, plus semblable à celle de la tige que partout ailleurs, peut être dite monostélique. Dans tous les cas, l'endoderme et le péricycle offrent en général dans le pétiole les mêmes caractères que dans la tige de la même plante; quelquefois pourtant le péricycle du pétiole forme au dos de chaque faisceau libéroligneux un faisceau de soutien, scléreux (Lasie, etc.) ou collenchymateux (Colocase, etc.), alors que le péricycle de la tige demeure entièrement parenchymateux.

La structure des faisceaux libéroligneux est aussi la même dans le pétiole et dans la tige; s'ils ont deux libers opposés dans la tige, ils offrent le même caractère dans le pétiole (Cucurbitacées); s'il se fait dans la tige un liber périmédullaire (p. 169), il s'en forme aussi dans le pétiole (Solanacées, etc.); chez les Lycopodinées, où le bois est centripète dans la tige, il l'est aussi dans la feuille. Seules les Cycadées font exception à la règle. Dans leur tige, le bois est tout entier centrifuge, comme chez toutes les autres Phanérogames; dans leur pétiole, il se compose de deux parties : l'intérieure, qui est aussi la plus grande, a tourné sur elle-même de manière à présenter sa pointe en dehors et à devenir centripète; l'extérieure, qui est la plus petite, est restée en place et demeure centrifuge. Ce pivotement partiel du bois s'opère dans le pétiole même, à sa base.

Enfin l'appareil sécréteur conserve en général dans le pétiole la même forme et la même disposition que dans la tige correspondante; pourtant, on y trouve quelquefois des différences. Par exemple, la feuille des Millepertuis a, dans son parenchyme, des poches oléifères qui, chez la plupart de ces plantes, manquent à l'écorce de la tige. Inversement, le faisceau libéroligneux de la feuille des Pins (fig. 104) n'a pas dans son bois le canal résinifère que renferme le bois des faisceaux de la tige.

Structure du limbe. — Comme le pétiole, le limbe est formé d'un épiderme, d'un parenchyme vert et de faisceaux libéroligneux constituant les nervures.

1° **Épiderme**. — L'épiderme offre sur le limbe les mêmes caractères essentiels et les mêmes modifications principales que sur le pétiole et sur la tige (voir p. 149 et p. 163) Au-dessus des nervures, il est formé de cellules allongées et dépourvu de stomates. Au-dessus du parenchyme, ses cellules sont plus longues que larges si le limbe est allongé en aiguille ou en ruban, aussi larges que longues s'il est élargi, penné ou palmé; leurs faces latérales sont souvent planes et leur contour polyédrique, mais tout aussi fréquemment elles sont courbes, ondulées ou plissées, de manière que les cellules s'engrènent solidement. Quand l'épiderme est pourvu de chlorophylle (grande majorité des Dicotylédones, Gymnospermes à larges feuilles, la plupart des Fougères, etc.), les chloroleucites ne persistent ordinairement que sur la face inférieure, excepté dans les feuilles submergées où les deux faces en possèdent (Cornifle, Potamot, Élodée, etc.), parfois même à l'exclusion du parenchyme (Zostère, Cymodocée). Quelquefois, notamment sur la face supérieure, l'épiderme se compose de plusieurs rangs de cellules superposées : deux (Arbousier, etc.), quatre ou cinq (Bégonie sanguine, etc.), sept ou huit et jusqu'à quinze ou seize (certaines Pépéromies, etc.); dans ce dernier cas, l'épiderme peut être sept fois plus épais que le reste de la feuille.

Les stomates (p. 155), accompagnés ou non de cellules annexes, sont disposés régulièrement en séries longitudinales, avec leurs fentes dirigées longitudinalement, si le limbe est étroit et long (Conifères, Graminées, etc.); ils sont, au contraire, disséminés sans ordre et dirigent leurs fentes dans tous les sens, si le limbe est court et large. Ils sont toujours beaucoup plus nombreux que sur la tige, mais plus ou moins rapprochés, suivant les plantes. Le maximum est offert par la face inférieure des feuilles de l'Olivier d'Europe, où l'on a compté 625 stomates par millimètre carré, et du Chou rave, où il y en a jusqu'à 716 ; sur la plupart des feuilles, ce chiffre est compris entre 40 et 300. Ils sont quelquefois rassemblés en petits groupes arrondis, séparés par de grands intervalles imperforés (Saxifrage sarmenteuse, diverses Bégonies, etc.); ces plages stomatifères peuvent s'enfoncer au-dessous du niveau général (Banksie, Dasylire), parfois jusqu'à former autant de poches en forme de bouteilles, qui sont des *cryptes stomatifères* (Nérion oléandre, vulgairement Laurier-rose, fig. 102, *s*). Dans les feuilles molles des plantes herbacées, les deux faces du limbe en sont pourvues ; elles ont alors aussi le même aspect (p. 235). Les feuilles coriaces des plantes ligneuses n'en ont pas sur leur face supérieure, dont l'aspect est alors tout différent de celui de la face inférieure. Les feuilles submergées en sont totalement dépourvues ; les feuilles nageantes n'en ont que sur la face supérieure. Quand la plante végète en même temps dans l'air et sous l'eau, ses feuilles aériennes ont des stomates, qui manquent aux feuilles submergées (Renoncule d'eau, etc.).

Outre ces stomates, qui s'ouvrent à la lumière pour faire communiquer l'atmosphère extérieure avec la chambre sous-stomatique et par elle avec tous les espaces intercellulaires du corps (p. 155), en un mot qui sont *aérifères*, les feuilles en possèdent d'une autre sorte. Ceux-là ont leur chambre sous-stomatique et leur fente remplies d'eau, demeurent toujours ouverts, leurs cellules étant incapables de se mouvoir, et servent à expulser de la plante le trop plein du liquide : ce sont des stomates *aquifères*. Ils occupent toujours, isolés ou par groupes, les extrémités des nervures. Leur forme se rattache à deux types : les uns ont une fente petite et courte, comprise entre deux cellules semi-circulaires (Crassule, Saxifrage, Figuier); les autres ont une longue fente, toujours largement béante, quelquefois énorme (Colocase, Pavot, Capucine). On y reviendra plus loin (fig. 104).

Les poils épidermiques présentent sur le limbe, avec plus de variété encore, les formes déjà si diverses où ils se montrent sur la tige (p. 151, fig. 53), et souvent la même feuille en porte de plusieurs sortes à la fois. On y trouve notamment des poils sécréteurs : urticants (Ortie, Loasées, etc.), oléifères (Labiées, etc.), à cystolithes (Urticacées et Acanthacées, etc.), et des poils laineux (Molène, etc.), écailleux (Éléagnées, etc.), scléreux dressés (Borraginées, etc.), ou couchés en navette (Malpighiacées, etc.) Comme les stomates, ils peuvent se localiser dans des cryptes dont ils tapissent le fond (Nérion, fig. 102, Pleurothalle, etc.). Ils n'ont souvent qu'une existence éphémère. Dans le bourgeon, les feuilles en sont abondamment recouvertes; lorsqu'elles s'épanouissent, l'épaisseur du revêtement diminue à la fois parce que la croissance écarte les poils et parce que ceux-ci s'atrophient. Certaines feuilles entièrement glabres à l'état adulte étaient velues dans le bourgeon (Figuier élastique, etc.).

2° **Parenchyme**. — Entre les deux faces de l'épiderme, les invervalles entre les nervures sont occupés par une couche plus ou moins épaisse de parenchyme à chlorophylle. La structure de ce parenchyme varie suivant les plantes et peut se rattacher à deux types, entre lesquels il y a beaucoup d'intermédiaires.

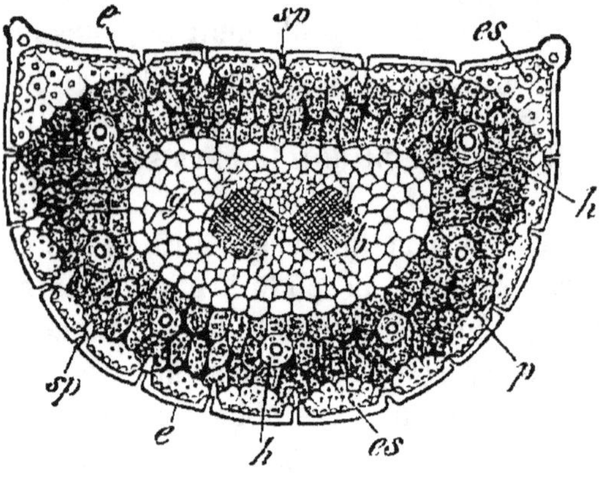

Dans le premier, qu'on peut appeler homogène, le parenchyme est conformé de la même manière sur les deux faces du limbe, et c'est alors que celles-ci offrent aussi le même aspect et ont leur épiderme également percé de stomates (fig. 101). Ses cellules sont disposées, à partir de l'épiderme, en séries radiales et tangentielles et laissent

Fig. 101. — Section transversale de la feuille du Pin pignon : *p*, parenchyme vert homogène; *e*, épiderme avec stomates *sp* sur les deux faces; *es*, sclérenchyme sous-épidermique; *h*, canaux résinifères; *g*, péricycle incolore entouré par l'endoderme; *h*, faisceau libéroligneux dédoublé.

entre elles des méats aérifères ordinairement étroits. Leur forme est, suivant les cas, arrondie (beaucoup de Monocotylédones, Ficoïde, etc.), aplatie (Iride, Glaïeul, etc.), ou, au contraire, allongée perpendiculairement à la surface en forme de palissade (Myrtacées, Protéacées, etc.). A mesure qu'on s'éloigne de l'épiderme, la disposition sériée devient moins régulière. Vers le milieu, les cellules sont plus grandes, plus lâchement unies et contiennent *moins de chlorophylle* (Yuque, Blé, Seigle, Crassule, Œillet, etc.); dans les plantes aquatiques, elles laissent entre elles de grandes lacunes pleines d'air (Littorelle, Massette, Rubanier, etc.). Cette région médiane est quelquefois complètement dépourvue de chlorophylle (Agave, Aloès et beaucoup d'autres Monocotylédones, Ficoïde, certaines Myrtacées et Protéacées, etc.). Au type homogène se rattachent les feuilles non horizontales et bon nombre de *feuilles horizontales.*

Dans le second type, qu'on peut appeler hétérogène, le parenchyme est vert dans toute son épaisseur, mais partagé en deux couches de structure différente, ce qui donne aux deux surfaces correspondantes un aspect tout différent (fig. 102). Ce type est réalisé par la plupart des feuilles horizontales. D'une façon générale, la couche supérieure tournée vers la lumière est plus dense, pourvue d'interstices plus étroits, et, par conséquent, d'un vert plus foncé que la couche inférieure tournée vers le sol. La première est composée d'une ou de plusieurs assises de cellules

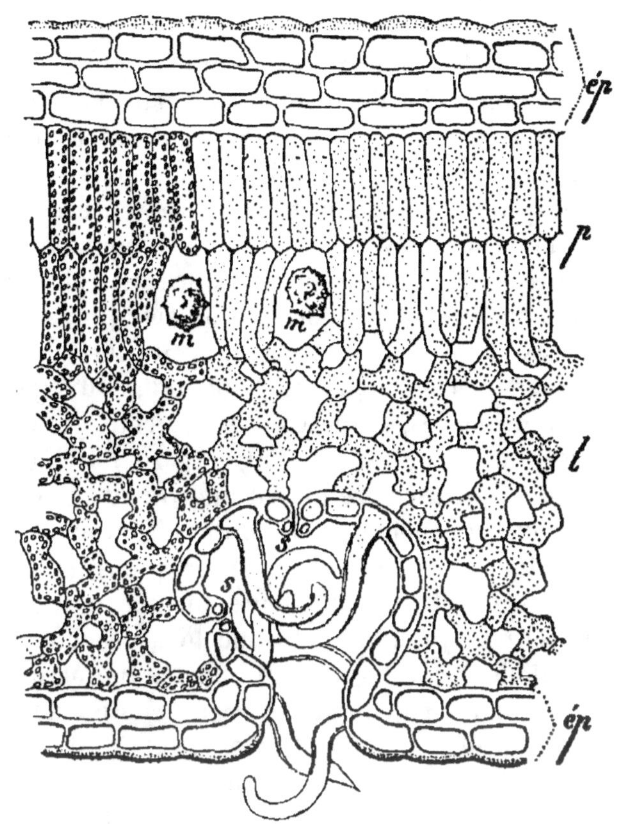

Fig. 102. — Section transversale de la feuille du Nérion oléandre, vulgairement Laurier-rose : *p*, couche palissadique ; *l*, couche lacuneuse du parenchyme hétérogène ; *ép*, épiderme avec cryptes stomatifères et pilifères *s* sur la face inférieure ; *m*, cellules oxalifères à mâcles arrondies. Les chloroleucites ne sont marqués que dans la partie gauche.

allongées perpendiculairement à la surface en forme de palissade, ne laissant entre elles que des méats fort étroits (*p*); tandis que la seconde est formée de cellules irrégulièrement rameuses, ajustées par leurs bras de manière à circonscrire des lacunes aérifères (*l*). L'épiderme supérieur est alors dépourvu de stomates, qui existent d'autant plus nombreux sur la face inférieure. Pourtant, lorsque la feuille nage sur l'eau (Nymphée, Potamot nageant, etc.), c'est, comme on l'a vu plus haut, sur la face supérieure éclairée, c'est-à-dire au-dessus de la couche dense, que se trouvent les stomates; l'épiderme de la face inférieure, en contact avec l'eau, bien qu'il confine à la couche lacuneuse, en est dépourvu.

Que le parenchyme vert soit homogène ou hétérogène, les cellules externes, sous-épidermiques, se différencient quelquefois. Tantôt elles sont incolores, à parois minces, remplies d'un liquide aqueux et forment une couche continue, souvent plus épaisse sur la face supérieure que sur l'autre (fig. 102) (Scitaminées, beaucoup de Broméliacées, Tradescantie, Pleurothalle, Roseau, Nérion, Chêne yeuse, Romarin, etc.). Il faut se garder de confondre cette couche périphérique incolore du parenchyme avec un épiderme composé; elle constitue pour la feuille un réservoir d'eau. Le plus souvent les cellules périphériques du parenchyme s'allongent beaucoup, épaississent et lignifient leurs membranes, en un mot deviennent du sclérenchyme, qui continue le sclérenchyme sous-épidermique du pétiole. Ce sclérenchyme forme tantôt une couche continue, interrompue seulement vis-à-vis des stomates (fig. 101, *es*) (Conifères, Cycadées, Ananas, Olivier, etc.), tantôt des faisceaux distincts qui s'enfoncent plus ou moins dans l'épaisseur du parenchyme (Palmiers, Dragonnier, etc.). Ailleurs, de pareils faisceaux de sclérenchyme se différencient dans la profondeur même du parenchyme (Palmiers, Vaquois, etc.), ou bien ce sont des fibres isolées, simples ou rameuses, disséminées dans toute l'épaisseur du parenchyme qui donnent au limbe le soutien nécessaire (Cycadées, Conifères, Olivier, etc.). Ailleurs encore, ce sont des poils internes qui remplissent les interstices de la couche lacuneuse, tantôt simples et munis d'épaississements spiralés (Crin), tantôt scléreux et ramifiés (Monstérées, fig. 10, *G*, Marcgraviées, Nymphéacées, etc.).

L'appareil sécréteur est conformé et disposé dans le parenchyme du limbe (fig. 101, *h*) comme dans celui du pétiole et comme dans l'écorce de la tige correspondante, sous la réserve des quelques exceptions signalées plus haut. Les canaux sécréteurs de la tige et du pétiole se découpent quelquefois en petites poches sécrétrices dans le limbe (Tagète, Mammée, etc.).

3° Nervures et leurs terminaisons. — On sait comment les nervures se distribuent et se ramifient dans le limbe (p. 234). Les plus grosses, qui dessinent des côtes sur la face inférieure, ont, au nombre des faisceaux près, la même structure que le pétiole. Au-dessus d'elles, l'épiderme est renforcé d'ordinaire par une couche collenchymateuse, scléreuse ou aqueuse. Les nervures de plus en plus fines qui procèdent des premières sont plongées dans le parenchyme vert, et le faisceau libéroligneux qui constitue chacune d'elles, avec son liber en bas et son bois en haut, est entouré d'un endoderme propre et d'un péricycle spécial ; ce dernier forme souvent un arc scléreux en dehors du liber et parfois aussi en dedans du bois. Ce faisceau va s'amincissant de plus en plus à mesure qu'il se ramifie, parce que ses éléments deviennent à la fois de moins en moins nombreux et de plus en plus étroits. Il conserve pourtant tout d'abord sa structure normale, avec ses éléments sécréteurs s'il en renfermait, et demeure libéroligneux : mais, dans les derniers ramuscules, les tubes criblés s'arrêtent et le faisceau, réduit à quelques vaisseaux fermés, constitués par des cellules courtes, annelées ou spiralées, est désormais exclusivement ligneux (fig. 103, *b*). Bientôt d'ailleurs il prend fin en s'anastomosant avec des ramuscules voisins, ou en se terminant librement soit dans la profondeur du parenchyme, soit au voisinage de l'épiderme sous les stomates aquifères.

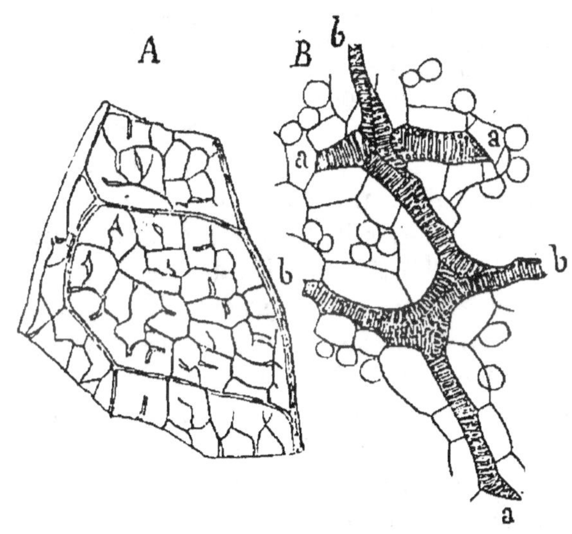

Fig. 103. — Feuille de Psoralée : *A*, fragment du limbe montrant les dernières terminaisons des nervures dans les mailles du réseau ; *B*, partie d'une coupe parallèle à la surface ; les fascicules ligneux *b*, *b* se terminent librement en *a*, *a*.

Dans le premier cas (fig. 103), les vaisseaux, directement accolés, s'arrêtent simplement, la dernière cellule vasculaire appuyant contre une cellule de parenchyme son sommet coupé obliquement

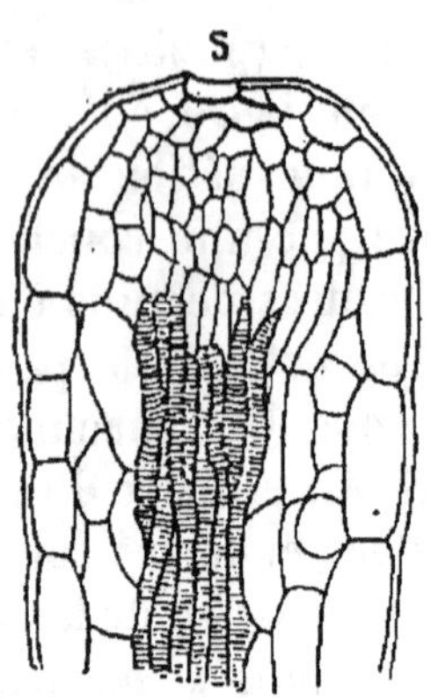

Fig. 104. — Section longitudinale d'une dent de la feuille de Primevère. Terminaison du fascicule ligneux sous un stomate aquifère *s*.

ou à angle droit (*a,a*); ou bien le ramuscule se renfle en massue en dilatant et en multipliant ses dernières cellules vasculaires, formant ainsi des réservoirs d'eau au sein du parenchyme. Dans le second cas (fig. 104), les vaisseaux sont séparés par des cellules longues à parois minces; arrivés au voisinage de l'épiderme, ils divergent et se terminent; mais les cellules interposées se prolongent, augmentent de nombre et passent peu à peu à un groupe de petites cellules incolores, polyédriques, à parois minces, qui recouvre les terminaisons des vaisseaux et se trouve lui-même recouvert directement par l'épiderme. Tantôt chaque ramuscule a son groupe propre de petites cellules (fig. 104) (Fuchsie, Primevère, Courge, Crassule, etc.); tantôt plusieurs ramuscules convergent et s'épanouissent dans un massif commun (Pavot, Chou, Capucine, etc.). Sur chaque massif, l'épiderme porte tantôt un seul stomate aquifère (fig. 104) (Rochée, Primevère, Capucine, etc.), tantôt plusieurs stomates aquifères rapprochés (Saxifrage, Crassule, Figuier, etc.).

Quand le limbe est mince, les nervures s'y ramifient dans un seul plan, situé à la limite des deux couches si le parenchyme est hétérogène. Il n'en est plus de même quand il est épais. On trouve alors plusieurs rangées de faisceaux anastomosés (Agave, etc.); ou bien les faisceaux de la zone moyenne envoient de tous côtés des branches anastomosées en réseau (Joubarbe, Crassule, Ficoïde, etc.).

Structure de la gaine, des stipules et de la ligule. — La gaine a essentiellement la même structure que le limbe; les faisceaux libéroligneux y sont toujours disposés en un arc largement ouvert, tournant leur liber en dehors, leur bois en dedans.

Les stipules aussi, qu'elles soient libres ou concrescentes, partagent la structure du limbe; les faisceaux libéroligneux qui en constituent les nervures, et dont on déterminera plus loin le mode d'insertion, sont orientés comme ceux de la gaine et du limbe, liber en dessous ou en dehors, bois en dessus ou en dedans.

Il en est de même de la ligule, qui n'est, en somme, qu'un prolongement de la gaine au-dessus du pétiole ou du limbe (p. 239); les faisceaux libéroligneux y sont orientés comme ceux de la gaine et du limbe.

Structure de la feuille des Mousses. — C'est chez les Mousses et les Hépatiques feuillées que la structure de la feuille atteint sa plus grande simplicité. Elle s'y réduit quelquefois à une simple assise de cellules vertes (Hépatiques, Fontinale, etc.); mais le plus souvent, on y voit une nervure médiane formée de plusieurs épaisseurs de cellules, tandis que les deux moitiés du limbe n'en ont qu'une seule assise. Cette nervure médiane est parfois composée de cellules allongées et toutes semblables; mais souvent elle se différencie et l'on y distingue notamment un faisceau de cellules étroites à parois minces, qui descend à travers l'écorce de la tige et vient s'unir à son cylindre central (p. 175) (Sphachne, Voitie, etc.). Le parenchyme du limbe est formé ordinairement de cellules toutes semblables. Pourtant, dans les Sphaignes, il se différencie en larges cellules incolores en forme de losanges, à membrane munie de bandes spiralées et de larges ouvertures, mortes par conséquent, et en cellules étroites, tubuleuses, vertes, à membrane lisse et pleine, vivantes par conséquent, reliées ensemble en un réseau dont les mailles encadrent les premières.

Origine de la structure de la feuille. — Comme la croissance terminale illimitée de la tige, la croissance terminale limitée de la feuille s'opère, tantôt par une cellule mère unique (Muscinées, Cryptogames vasculaires, Gymnospermes), tantôt par un groupe de cellules mères (Angiospermes). Dans le premier cas, la cellule mère a la forme d'un coin, et découpe à droite et à gauche, par des cloisons perpendiculaires à la surface, deux séries de segments alternes, qui se cloisonnent ultérieurement. Dans le second cas, il y a, soit trois cellules mères superposées produisant la supérieure l'épiderme, la moyenne le parenchyme, l'inférieure les nervures (Fusain, Menthe, Lysimaque, etc.), soit seulement deux cellules mères superposées, la supérieure donnant l'épiderme, l'inférieure produisant à la fois le parenchyme et les nervures (Potamot, Élodée, etc.).

Origine et insertion de la feuille sur la tige. — Connaissant la structure de la feuille et comment cette structure s'édifie au sommet, il reste à chercher où et comment ce sommet lui-même prend naissance. Au flanc de la tige et près de son extrémité, la feuille naît comme elle croît, c'est-à-dire tantôt par une seule cellule mère (Muscinées, Cryptogames vasculaires, Gymnospermes), tantôt par une groupe de cellules mères (Angiospermes).

Ainsi dans les Mousses, les Prêles, les Fougères, etc., la portion externe de chacun des segments qui s'empilent, comme on sait (p. 176, fig. 66), pour former la tige, se sépare du reste par une cloison et devient la cellule mère de la feuille (*c*); celle-ci se découpe, comme il a été dit plus haut, par des cloisons latérales alternatives, pour former les deux séries de segments du limbe.

Chez les Angiospermes, au contraire, la feuille prend naissance d'ordinaire par trois cellules (ou groupes de cellules) superposées, l'externe appartenant à l'épiderme de la tige, la moyenne à l'écorce réduite encore à ce niveau à une seule assise, la troisième au cylindre central. La première ne donne que l'épiderme de la feuille, qui continue par conséquent celui de la tige; la seconde produit le parenchyme, qui continue l'écorce de la tige; la troisième engendre le péricycle et les faisceaux libéroligneux, qui continuent le cylindre central de la tige, dont ils sont les prolongements dans la feuille (Fusain, Menthe, Lysimaque, etc.).

Quelquefois la feuille se forme à l'aide de deux initiales (ou groupes d'initiales); l'externe, appartenant à l'épiderme de la tige, donne encore l'épiderme de la feuille; l'interne, appartenant à l'assise externe de l'écorce de la tige, donne à la fois le parenchyme et les faisceaux libéroligneux (Cornifle, Potamot, Élodée, etc.).

Les faisceaux libéroligneux traversent souvent l'écorce de la tige sans se diviser, ni se réunir, pour entrer directement et indépendamment dans la feuille; mais ils peuvent aussi en passant dans l'écorce s'y ramifier ou s'y réunir de diverses façons, de manière que la base de la feuille contienne plus ou moins de faisceaux qu'il n'en est sorti du cylindre central. Il n'est pas rare par exemple que les faisceaux foliaires s'unissent dans l'épaisseur de l'écorce par une anastomose transverse en forme d'arc; de cet arc partent ensuite, en même nombre ou en nombre différent, les faisceaux qui entrent dans la feuille (Gesse, Violette, Platane, Houblon, Scabieuse, Sureau, etc.). Quand les feuilles sont verticillées, l'anastomose transverse peut s'étendre d'une feuille à l'autre (Houblon, etc.). C'est aussi pendant ce trajet à travers l'écorce que les faisceaux destinés aux stipules se détachent des faisceaux foliaires; ce sont tantôt des branches des foliaires latéraux (Prunier, Chêne, Capucine, etc.), tantôt des branches émises par l'arc transverse formé par l'anastomose des faisceaux foliaires (Sureau, Gaillet, etc.).

Rappelons enfin que, si l'entrée des faisceaux foliaires dans le cylindre central a lieu ordinairement tout entière au nœud même, elle se produit quelquefois tout entière un ou plusieurs entre-nœuds plus bas, de manière que la feuille peut être considérée comme concrescente à la tige, l'espace d'un ou de plusieurs entre-nœuds (Salicorne, Casuarine, Épiphylle, etc.); ou bien elle s'opère en deux fois, partie au nœud même, partie un ou plusieurs entre-nœuds plus bas (Viciées, Monstérées, etc.).

Origine et insertion des racines et des tiges adventives sur la feuille. — On sait que, la feuille peut produire des racines adventives (p. 78). C'est dans l'intérieur du limbe que la racine prend naissance : elle est endogène (Bryophylle, Bégonie, Pépéro-mie, etc.). Quelques cellules du péricycle, qui enveloppe individuel-lement chaque faisceau libéroligneux au-dessous de son endoderme particulier, se cloisonnent activement de la même manière que pour produire une radicelle dans une racine (p. 105) ou racine latérale dans une tige (p. 185), et forment un petit cône qui est la jeune racine. Celle-ci s'allonge en refoulant et digérant d'abord l'endoderme, puis le parenchyme, enfin l'épiderme, et se déve-loppe au dehors. Ses faisceaux ligneux s'attachent au bois, ses faisceaux libériens au liber du faisceau foliaire. Il n'y a donc pas ici de poche digestive, et cela tout aussi bien dans les plantes qui ont une telle poche dans les racines issues de la tige et dans les radicelles (Pépéromie, Achimène, etc.), que dans celles qui n'en ont pas (Bégonie, Bryophylle, etc.). Sauf cette différence, on voit que les racines adventives se forment dans la feuille de la même manière et au même lieu que les racines latérales dans la tige, c'est-à-dire tout entières aux dépens du péricycle.

On sait aussi que la feuille peut donner naissance à des tiges adventives (p. 142). Mais contrairement à ce qui a lieu pour la ra-cine, les bourgeons adventifs d'où proviennent ces tiges procèdent directement soit de la surface intacte de la feuille (Bégonie, Bryo-phylle, Cardamine, Lis, Jacinthe, etc.), soit des cellules vivantes situées immédiatement au-dessous de la plaie (Pépéromie) : ils sont exogènes. Dans le premier cas, le cône de méristème qui constitue la jeune tige et qui ne tarde pas à former des feuilles sur ses flancs dérive tantôt du cloisonnement des cellules épidermiques seules (Bégonie), tantôt du cloisonnement simultané des cellules épidermiques qui ne produisent que l'épiderme de la tige et des cellules du parenchyme sous-jacent qui donnent à la fois l'écorce et le cylindre central (Bryophylle, Cardamine, etc.). Dans le second cas, c'est aux dépens du parenchyme foliaire seul que le bourgeon adventif prend naissance. La nouvelle tige se forme donc toujours indépendamment des nervures de la feuille mère et par conséquent des racines adventives que ces dernières ont produites. Mais elle ne tarde pas à former à sa base des racines qui lui appartiennent en propre et par lesquelles elle se nourrit ensuite directement.

Structure secondaire de la feuille. — La structure de la feuille, telle qu'on vient de la faire connaître, se complique quelquefois par la formation de tissus secondaires. Bien que ces tissus nouveaux soient trop peu abondants pour provoquer dans le membre un notable épaississement, il est nécessaire de constater ici d'une part la possibilité de leur production, d'autre part leur complète analogie avec ceux de la tige et de la racine. Comme ces derniers, ils dérivent, en effet, de deux assises génératrices concentriques, l'extérieure produisant du liège et du phelloderme, c'est-à-dire un périderme, l'intérieure formant du liber et du bois secondaires.

Dans les écailles des bourgeons des Conifères, du Marronnier et de plusieurs autres arbres, il se fait sous l'épiderme un périderme plus ou moins épais, qui renforce l'épiderme de manière à assurer l'imperméabilité des écailles et, par conséquent, la protection des jeunes feuilles du bourgeon. Un pareil périderme sous-épidermique se retrouve aussi dans les pétioles de certaines feuilles ordinaires (Hoyer, Terminalie, Cupanie, diverses Simarubées : Simarube, Picrène, Brucée, Simabe, etc., diverses Diptérocarpées : Vatérie, Doone, Diptérocarpe, etc.); il ne s'y prolonge pas sur le limbe.

Dans les feuilles de bon nombre de Dicotylédones ligneuses et de Gymnospermes, les faisceaux libéroligneux du pétiole ont à la face interne du liber, contre le bois, un arc de cellules de parenchyme qui redevient bientôt générateur et se cloisonne tangentiellement vers l'extérieur et vers l'intérieur. Les cellules externes du méristème ainsi constitué se différencient en liber secondaire, notamment en tubes criblés, les internes en bois secondaire, notamment en vaisseaux. Le faible accroissement d'épaisseur du faisceau libéroligneux, qui résulte de cette intercalation, est racheté d'ordinaire par une simple dilatation des cellules du parenchyme ambiant; en d'autres termes, les arcs générateurs des divers faisceaux ne confluent pas habituellement, à travers les rayons qui les séparent, en une assise génératrice continue. On sait d'ailleurs que, dans la racine et la tige, cette confluence ne s'opère qu'après le début de la période secondaire.

SECTION II

PHYSIOLOGIE DE LA FEUILLE

La feuille subit l'influence des forces directrices du milieu extérieur et à son tour agit sur ce milieu, ce qui constitue sa physiologie externe. Elle soutient ses diverses parties, transporte les liquides nutritifs dans toute son étendue, emmagasine des réserves et sécrète des produits inutiles, ce qui constitue sa physiologie interne. L'étude physiologique de la feuille comporte donc, comme son étude morphologique, deux paragraphes distincts.

§ 3

Fonctions externes de la feuille.

Deux causes externes, la pesanteur et la lumière, agissent sur la croissance de la feuille et concourent à lui imprimer dans l'atmosphère la direction définitive la plus favorable à l'accomplissement de ses fonctions. La feuille agit ensuite sur l'air ambiant. Enfin, par suite de cette action même, elle exécute des mouvements variés. Étudions ces divers points.

Géotropisme de la feuille. — L'influence de la pesanteur sur la feuille ne commence à se faire sentir qu'après son épanouissement; elle dure tant que la croissance intercalaire se poursuit et cesse avec elle.

Quelle que soit sa direction originelle sur la branche qui la porte, la feuille en se développant dresse son pétiole et dispose son limbe de manière qu'il tourne sa face ventrale vers le ciel, sa face dorsale vers la terre. Vient-on à changer ou à intervertir cette direction, le pétiole se recourbe pour se redresser et, en même temps, il se tord de la quantité nécessaire pour ramener le limbe dans sa position primitive. Il suffit quelquefois de deux heures pour obtenir un retournement complet, et l'on a pu voir la même feuille se retourner ainsi jusqu'à quatorze fois de suite. Le phénomène a lieu la nuit comme le jour, à l'obscurité comme en pleine lumière; il ne se produit pas dans l'appareil à rotation lente qui soustrait la feuille à l'action fléchissante de la pesanteur. Il est donc bien réellement provoqué par une action directe de la pesanteur sur la croissance.

Le redressement du pétiole, qui devient souvent vertical (Fougères, Courge, etc.), est dû à ce que la croissance est augmentée sur la face tournée vers le bas, diminuée sur la face tournée vers le haut; d'où la courbure convexe vers le bas, qui s'opère dans la région où la croissance intercalaire est la plus active. En un mot, le pétiole est, comme la tige, négativement géotropique. Il en est de même du limbe, comme on s'en assure aisément dans les feuilles sessiles.

Phototropisme de la feuille. — La lumière agit sur la croissance intercalaire de la feuille de la même manière que sur celle de la tige. Si l'éclairage est équilatéral, la lumière retarde la croissance de la feuille également de tous les côtés; à l'obscurité, en effet, toutes choses égales d'ailleurs, la feuille s'allonge plus qu'en pleine lumière. Il en résulte que si l'éclairage est unilatéral et si son intensité ne dépasse pas l'optimum (p. 222), la feuille se courbe vers la source. Les feuilles rubanées dépourvues de pétiole (Graminées, Liliacées, etc.) s'infléchissent tout entières vers la lumière. Dans les feuilles pétiolées, le pétiole se courbe et tend à se placer dans la direction des rayons incidents, tandis que le limbe tend à se disposer perpendiculairement, la face ventrale tournée vers la source, la face dorsale en sens contraire : en un mot, le limbe cherche à prendre par rapport au rayon incident la position qu'il a par rapport à la verticale quand l'éclairage est équilatéral.

L'intensité du phototropisme de la feuille varie beaucoup avec les plantes et n'est nullement en rapport avec l'énergie de son géotropisme. Parmi les plus sensibles, on peut citer celles du Haricot, de la Capucine, de la Vigne et de l'Ampélopse ou Vigne-vierge; placées à 2 mètres de distance d'une flamme de gaz valant 6 bougies, ces feuilles s'infléchissent déjà fortement vers la source. Parmi les moins sensibles, on peut signaler les feuilles qui se différencient partiellement ou totalement en vrilles (Pois, Courge, etc.).

Effet combiné de la nutation, du géotropisme et du phototropisme. Direction résultante de la feuille. — Supposons que ni la pesanteur, ni la lumière n'agissent sur la feuille, condition qu'il est facile de réaliser, comme on sait (p. 225), en faisant tourner la branche où elle se forme autour d'un axe horizontal dans le plan de la source. Alors, quelle que soit la direction de la branche, la feuille en s'épanouissant s'y dispose de manière à faire avec elle un certain angle dont la valeur dépend du rapport entre les accroissements inégaux des deux faces, c'est-à-dire de la nutation d'épanouissement. Ceci rappelé, si la pesanteur et la lumière agissent en même temps que la nutation, comme dans les conditions naturelles, la feuille, soumise à la fois à ces trois forces dirigeantes, prend une direction résultante où elle se fixe et où elle arrête sa croissance. Cette position est telle que le limbe soit dirigé perpendiculairement à la lumière diffuse la plus intense ; elle est par conséquent aussi favorable que possible au bon accomplissement des deux fonctions les plus importantes de la feuille, qui sont, comme on le verra bientôt, la chlorovaporisation et l'assimilation du carbone.

Dirigée comme il vient d'être dit, la feuille agit sur l'atmosphère où d'ordinaire elle se développe, et son action est quadruple : elle y respire, elle y transpire, elle y absorbe du carbone, elle y chlorovaporise. Quand la feuille est submergée, la transpiration et la chlorovaporisation sont supprimées, mais les deux autres fonctions subsistent : elles s'exercent seulement aux dépens des gaz dissous dans l'eau.

Respiration de la feuille. — Comme la racine et la tige, mais avec une énergie bien plus grande, en rapport avec leur plus grande surface, les feuilles consomment sans cesse de l'oxygène et produisent sans cesse de l'acide carbonique. Pour une raison que nous connaîtrons plus tard, c'est seulement à l'obscurité, ou à une lumière diffuse très faible, ou encore en pleine lumière en présence des vapeurs d'éther ou de chloroforme, que la feuille absorbe dans l'atmosphère ambiante tout l'oxygène qu'elle consomme et y dégage tout l'acide carbonique qu'elle produit. C'est donc toujours dans ces conditions qu'il faut se placer pour étudier ce double phénomène par l'analyse de l'air ambiant.

On constate alors que le rapport $\frac{CO^2}{O}$, entre le volume de l'acide carbonique émis et celui de l'oxygène absorbé pendant le même temps, est constant pour une même feuille au même âge et indépendant de la température ainsi que de la pression. Ce rapport varie avec les plantes; il est tantôt égal à l'unité (Fusain, Lilas, Marronnier, Lierre, Blé); tantôt plus petit que l'unité (If : 0,9; Pin : 0,85; Eucalypte : 0,8; Rue : 0,7). Dans le premier cas, l'acide carbonique émis renfermant autant d'oxygène qu'il en a été absorbé, il n'y a pas d'oxygéne fixé dans la feuille. Dans le second cas, au contraire, une plus ou moins grande quantité d'oxygène se trouve fixé, assimilé dans la feuille. Le rapport varie aussi avec l'âge de la feuille. Il n'est, par exemple, que de 0,6 dans les jeunes feuilles de Blé, tandis qu'il est de 1 dans les feuilles adultes de la même plante. Quoi qu'il en soit, la fixité du rapport, pour une plante donnée au même âge, permet, ici comme pour la racine et la tige, d'exprimer d'un seul mot ces deux phénomènes en disant que la feuille respire.

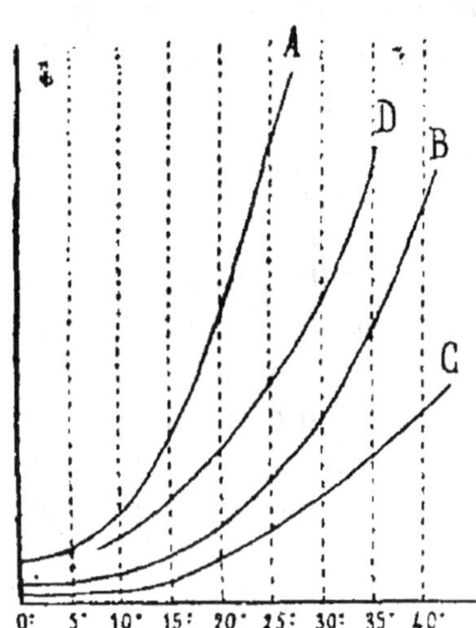

Fig. 105. — Courbes exprimant la marche de l'intensité de la respiration de la feuille suivant la température. *A*, dans le Lilas vulgaire; *B*, dans le Fusain du Japon; *C*, dans le Pin maritime.

Dans une plante donnée au même âge, l'intensité de la respiration de la feuille augmente avec la température, et de plus en plus rapidement à mesure que la température s'élève, de manière que la courbe des intensités pour les diverses températures soit représentée par une parabole (fig. 105).

Elle varie aussi beaucoup, à égalité de température et d'âge, avec la nature de la plante. Les feuilles grasses (Agave, Aloès, etc.) et celles des herbes des marais (Flûteau, etc.) sont au bas de l'échelle, n'absorbant que 0,7 à 0,8 de leur volume d'oxygène en vingt-quatre heures; les feuilles persistantes des arbres toujours verts se tiennent au milieu; les feuilles caduques des arbres se montrent les plus actives : celles du Prunier et du Hêtre, par exemple, consomment jusqu'à huit fois leur volume d'oxygène en vingt-quatre heures. Enfin, dans une même plante et à la même température, l'intensité respiratoire varie avec l'âge de la feuille : c'est dans l'état de jeunesse et de croissance active qu'elle augmente rapidement, pour atteindre bientôt sa plus grande énergie ; elle décroît ensuite à mesure que la croissance se ralentit.

Transpiration de la feuille. — A moins d'être submergée, la feuille émet incessamment de la vapeur d'eau dans le milieu extérieur, en un mot, elle transpire (p. 51).

Pour étudier le phénomène sans faire intervenir la vaporisation produite par le chlorophylle sous l'influence de la lumière, il faut opérer sur des feuilles privées de chlorophylle, ou sur des feuilles vertes placées soit à l'obscurité, soit à une lumière très faible. La généralité du phénomène peut être démontrée et son intensité mesurée par trois méthodes :

1° Une plante feuillée, enracinée dans la terre humide d'un pot est placée sous cloche sur une assiette. Le pot est vernissé et la terre est recouverte d'un disque de plomb, troué au centre pour laisser passer la tige et en un autre point pour permettre de l'arroser. Dans ces conditions, la vapeur d'eau exhalée par les tiges et les feuilles se condense sur la face interne de la cloche ; le liquide ruisselle le long des parois et se rassemble dans l'assiette. Ou bien encore, une branche feuillée est introduite dans un ballon de verre et ajustée au col avec un bouchon ; la vapeur se condense et l'eau se réunit au fond du ballon. Dans les deux cas, on recueille ainsi l'eau dégagée et on la pèse directement.

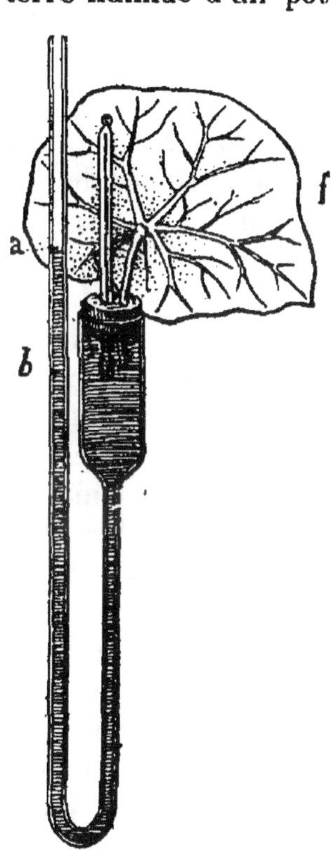

2° La plante feuillée, enracinée de même dans un pot vernissé et couvert, est abandonnée à l'air libre et la vapeur qu'elle exhale se perd dans l'atmosphère ; mais on la pèse avec son pot à des intervalles réguliers et la perte éprouvée mesure chaque fois, à peu de chose près, la quantité d'eau transpirée.

Fig. 106. — Appareil pour mesurer l'intensité de la transpiration de la feuille ; *a b*, espace jaugé.

3° Une feuille est coupée à sa base et ajustée par son pétiole à l'aide d'un bouchon dans la branche large d'un tube en U dont l'autre branche est plus étroite et plus longue (fig. 106). On remplit d'eau ce tube de manière que le liquide s'élève dans la branche étroite jusqu'au point *a*, et l'on marque quelque part au-dessous un autre point *b*. Cela fait, on abandonne la feuille à elle-même dans les conditions de l'expérience. L'eau transpirée à sa surface sera aussitôt remplacée par une égale quantité d'eau puisée dans la large branche, et le liquide descendra dans la branche étroite. On estimera chaque fois le temps nécessaire pour que le liquide descende de *a* en *b* ; si l'on a jaugé l'espace *ab*, on saura ainsi quel est le volume d'eau transpirée pendant ce temps. Cette méthode permet à l'œil de suivre les progrès de la transpiration ; si l'on a coloré le liquide, la chose peut se voir de loin : c'est une expérience de cours.

Ainsi mesurée, l'intensité de la transpiration de la feuille varie avec les conditions extérieures : température, lumière, état hygrométrique de l'air. Elle croît avec la température, jusque vers 40°. La lumière l'augmente, et d'autant plus qu'elle est plus forte. Une feuille étiolée de Maïs, par exemple, qui transpire 106 à l'obscurité, transpire 112 à la lumière diffuse et 290 au soleil. Plus l'air est sec, plus la feuille transpire. Enfin, l'agitation de l'air, le vent, active aussi la transpiration.

Dans les mêmes conditions extérieures, l'intensité de la transpiration varie avec l'âge de la feuille. Elle est plus forte quand la feuille vient de terminer sa croissance que plus tôt, pendant qu'elle s'accroît encore, et que plus tard, quand sa surface s'est durcie en devenant moins perméable. Enfin, à égalité d'âge de la feuille, l'intensité de la transpiration varie avec la nature de la plante. Elle est plus grande dans les plantes herbacées, notamment chez les Graminées, que dans les arbres à feuilles caduques ; elle se réduit à son minimum dans les plantes à feuilles persistantes ou charnues.

Assimilation du carbone par la feuille. — En raison de la grande quantité de chlorophylle qu'elles renferment, de la grande surface qu'elles présentent à l'air et à la lumière, de la direction fixe qu'elles affectent par rapport aux rayons incidents, de leur pénétrabilité pour les radiations et pour les gaz, les feuilles sont le siège principal de l'assimilation du carbone. C'est du moins l'une de leurs deux fonctions essentielles.

Sous l'influence de la lumière, en effet, grâce à la chlorophylle contenue dans les cellules de son parenchyme, la feuille décompose l'acide carbonique qu'elle renferme et produit de l'oxygène résultant de cette décomposition (p. 52). A mesure qu'il est décomposé dans la feuille, l'acide carbonique est remplacé, conformément aux lois d'osmose et de diffusion, par une égale quantité d'acide carbonique venant du milieu extérieur; à mesure qu'il est produit dans la feuille, l'oxygène se dégage aussi, conformément aux mêmes lois, dans le milieu extérieur. A la lumière, la feuille absorbe donc de l'acide carbonique dans le milieu extérieur et y dégage de l'oxygène.

L'ensemble des analyses de l'air ambiant, avant et après le séjour des feuilles à la lumière, exécutées sur les plantes les plus diverses, a montré que le rapport $\frac{CO^2}{O}$, du volume de l'oxygène dégagé au volume de l'acide carbonique décomposé dans le même temps, est parfois égal à l'unité (Tilleul), ordinairement un peu plus grand que l'unité. Ainsi la Ronce, le Marronnier et le Lilas ont donné 1,06; le Lierre, le Chêne et le Fragon, 1,08; le Pélargone, l'Orme et le Fusain du Japon, 1,10; le Nicotiane tabac et le Pin silvestre, 1,12; le Sarothamne et le Houx, 1,24. Les choses se passent donc comme si la décomposition de l'acide carbonique dans la feuille était totale, comme si tout son oxygène, formant, comme on sait, un volume égal au sien propre, était dégagé et tout son carbone fixé dans la plante. Cette fixation s'opère sans doute par combinaison immédiate du carbone mis en liberté avec les éléments de l'eau, de manière à produire des hydrates de carbone $C^mH^aO^n$. Toujours est-il que le carbone fait désormais partie intégrante du protoplasme; il est, comme on dit, *assimilé* à la plante. En outre, le petit excès d'oxygène émis prouve qu'il y a simultanément décomposition d'un autre corps oxygéné, dont la nature est jusqu'à présent difficile à préciser. Quoi qu'il en soit, l'assimilation du carbone est la fonction la plus importante de la feuille; c'est aussi peut-être le phénomène physiologique le plus extraordinaire, non seulement de la plante, mais de tous les êtres vivants. Nous devons donc l'étudier avec soin sous ses diverses faces.

Action de la lumière sur la chlorophylle. — Considérons en premier lieu l'action de la lumière sur la chlorophylle.

Tout d'abord, c'est un fait bien connu que la lumière est nécessaire à la production même de la chlorophylle dans le parenchyme de la feuille; à l'obscurité, la feuille demeure incolore ou jaunâtre. La différenciation interne du protoplasme et la production des leucites destinés à porter la chlorophylle qui en est la conséquence s'y opèrent cependant tout comme en pleine lumière;

de même, le principe colorant jaune qui se trouve mêlé à la chlorophylle dans les chloroleucites s'y développe parfaitement : ces deux phénomènes sont donc indépendants de la lumière. Seul le principe colorant vert, la chlorophylle pure, n'apparaît pas dans ces conditions ; sa synthèse exige l'intervention de la lumière. Celle-ci n'est pas la même pour tous les rayons du spectre ; ce sont les rayons jaunes qui se montrent les plus actifs ; de chaque côté, le verdissement va décroissant vers le rouge et vers le violet, mais se prolonge dans l'infrarouge jusqu'à une distance du bord rouge égale à celle qui sépare ce bord du jaune moyen, et dans l'ultraviolet jusqu'à une distance du bord violet égale à l'étendue de la région lumineuse. L'action de la lumière dépend aussi de son intensité. Il suffit d'une intensité très faible, d'une lumière diffuse telle que l'œil puisse à peine lire les caractères d'un livre, pour amener le verdissement des feuilles. A partir de cette limite inférieure, si l'intensité va croissant, la production de la chlorophylle s'opère de mieux en mieux, jusqu'à une certaine intensité optimum, à partir de laquelle elle s'opère de moins en moins bien. C'est, en effet, un fait bien connu que les feuilles développées à l'obscurité ne verdissent pas ou ne verdissent que très lentement à la lumière directe du soleil.

A égalité d'intensité, l'action verdissante de la lumière blanche varie avec la température. Elle ne commence à s'exercer que vers 4°-5° dans l'Orge et le Pois, à 10° dans le Maïs et le Radis ; elle cesse d'avoir lieu à 37° pour l'Orge, à 40° pour le Maïs et le Pois, à 45° pour le Radis ; la température la plus favorable est de 30° pour l'Orge, de 35° pour le Radis, le Maïs et le Pois. Enfin, à égalité d'intensité et de température, l'action verdissante varie avec la nature de la plante. Ainsi, par exemple, à 17°, une flamme de gaz valant 6,5 bougies, placée à 1ᵐ,50 de la plante, a produit un verdissement visible à l'œil : dans la Balsamine au bout de 1 heure, dans le Radis au bout de 3 heures, dans l'Ibéride au bout de 4,5 heures, dans le Liseron au bout de 6,5 heures, dans la Courge au bout de 9,5 heures. On voit que la chlorophylle n'apparaît pas aussitôt après que la lumière a frappé la feuille ; sa production exige un certain temps. Elle ne cesse pas non plus brusquement quand, après avoir exposé la plante à la lumière pendant un certain temps, on la place à l'obscurité. Ainsi, après avoir éclairé une plante pendant un temps insuffisant pour que l'œil aperçoive dans ses feuilles la moindre trace de matière

verte, une Balsamine, par exemple, pendant trois quarts d'heure,
si on la place à l'obscurité, on la voit bientôt verdir comme en
pleine lumière. Comme le géotropisme et le phototropisme, la production de la chlorophylle est donc un phénomène induit, c'est-à-
dire qu'il est fonction du temps et doué d'effet ultérieur (p. 224) ;
en un mot, c'est une induction photochimique.

Une fois produite dans les feuilles, la chlorophylle agit sur la
lumière incidente ; elle absorbe une partie des rayons qui la composent et laisse passer les autres sans altération. Il est nécessaire
de déterminer avec précision la nature de cette absorption.

A cet effet, on fait tomber un faisceau de rayons solaires sur la
chlorophylle soit dissoute dans l'alcool ou la benzine, soit vivante
dans la feuille, et on l'analyse à la sortie par un prisme qui l'étale
en un spectre (fig. 107). Dans ce spectre, il manque tous les groupes

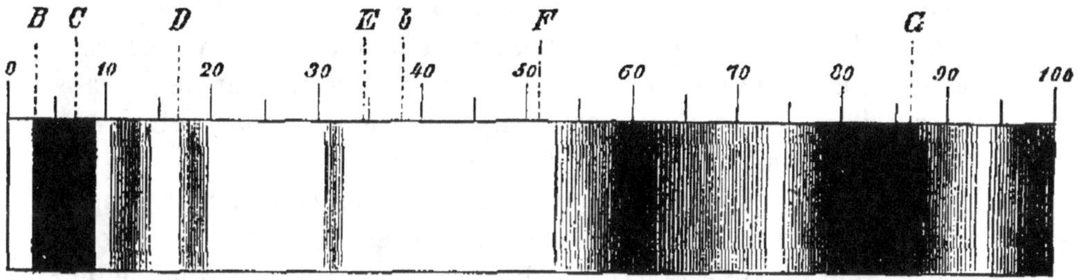

Fig. 107.— Spectre d'absorption de la chlorophylle : *B-G*, position des principales
raies ; 0-100, traits divisant le spectre en 100 parties égales.

de rayons absorbés, qui sont remplacés par autant de bandes
plus ou moins sombres, plus ou moins larges. Il y a d'abord dans
le rouge, comprise entre les raies B et C, une bande d'absorption
assez large, d'un noir très foncé et très nettement limitée sur les
bords. Il y a ensuite dans le bleu et le violet trois bandes rapprochées, plus larges et moins sombres que la précédente, estompées sur les bords et dont la dernière occupe l'extrémité violette
du spectre. Ces trois bandes ne sont distinctes que si l'on emploie
une dissolution faible ; avec une dissolution moyennement concentrée ou une feuille vivante, elles confluent en une seule très
large bande qui commence au delà de la raie F et occupe toute la
région la plus réfrangible du spectre lumineux. Ce sont là les deux
principales bandes d'absorption. Il y en a trois autres beaucoup
plus faibles, plus étroites et plus estompées, situées respectivement

dans l'orangé, le jaune et le jaune vert; mais elles sont négligeables par rapport aux deux autres. Tous les rayons non absorbés par la chlorophylle, c'est-à-dire les rouges extrêmes, un peu d'orangés, les jaunes, les verts et un peu de bleus, se mélangent et composent pour notre œil la couleur résultante verte des feuilles vues par transmission.

Emploi des radiations absorbées pour l'assimilation du carbone. — Ce sont les radiations ainsi absorbées par la chlorophylle, qui sont transformées immédiatement par les chloroleucites en un travail chimique, qui est la décomposition de l'acide carbonique avec mise en liberté de l'oxygène, c'est-à-dire l'assimilation du carbone. On démontre, en effet, que la décomposition de l'acide carbonique est localisée dans les bandes d'absorption, notamment dans la forte bande du rouge entre les raies B et C, et dans la large bande du bleu et du violet.

Pour cela, dans les diverses régions du spectre, on dispose côte à côte en batterie un certain nombre d'étroites éprouvettes renversées sur le mercure et séparées l'une de l'autre par des écrans noircis. Chaque éprouvette est remplie d'eau contenant en dissolution une quantité connue d'acide carbonique et renferme une feuille longue et étroite, une feuille de Bambou, par exemple. Après six heures d'exposition, on mesure et on analyse avec toute la précision possible le gaz des diverses éprouvettes et l'on détermine l'acide carbonique disparu dans chacune d'elles. En exprimant les nombres ainsi obtenus par des ordonnées placées dans les positions mêmes occupées dans le spectre par les éprouvettes respectives, on obtient la ligne *aa'bcde* de la figure 108.

On voit que le maximum de décomposition a lieu dans le rouge entre B et C. A partir de ce point, le phénomène décroît très brusquement du côté le moins réfrangible, de manière à s'annuler dans le rouge extrême; de l'autre côté, il décroît un peu moins vite et s'annule dans le vert. Ainsi, pour ce qui est de la moitié la moins réfrangible du spectre, cette méthode démontre que le maximum d'action de la lumière coïncide avec le maximum de son absorption par la chlorophylle. Mais pour la moitié la plus réfrangible, sans doute à cause de l'extrême dispersion des rayons dans cette région quand on emploie un spectre de prisme, la méthode n'accuse qu'une très faible décomposition d'acide carbonique et n'est pas assez sensible pour mettre en évidence la relation qui lie cette décomposition à la bande d'absorption cor-

respondante. Il a fallu l'introduction récente d'une méthode nouvelle et beaucoup plus sensible, pour obtenir ce résultat et achever
la solution du problème.

On sait que diverses Bactéries mobiles sont très avides d'oxygène; dans une goutte d'eau, sous une lame de verre, on les voit
se rassembler toutes le long du bord, et si l'on introduit une
bulle d'air dans la goutte, elles s'accumulent bientôt en forme
d'anneau tout autour de cette bulle. Si donc, dans une goutte

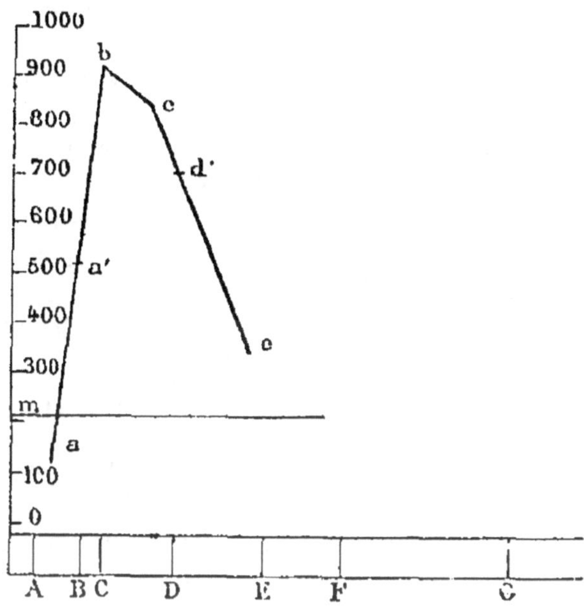

Fig. 108. — Courbe représentant la marche de la décomposition de l'acide
carbonique dans la moitié la moins réfrangible du spectre; le maximum *b*
correspond aux rayons compris entre B et C.

d'eau où pullulent de pareilles Bactéries, on vient à placer
une feuille de Mousse, par exemple, ou une coupe transversale
d'une feuille mince quelconque, on verra, dès que la lumière aura
acquis une intensité suffisante, les Bactéries se déplacer et venir
se rassembler tout autour de la feuille pour absorber l'oxygène à
mesure qu'il se produit.

Il s'agit maintenant de savoir comment le dégagement d'oxygène,
manifesté par le groupement des Bactéries, varie avec la réfrangibilité des rayons incidents. On fait tomber sur le bord de la feuille

de Mousse, ou sur la section de la feuille mince, parallèlement à sa longueur, un spectre microscopique obtenu à l'aide d'un prisme, et l'on note la position des principales raies, ainsi que celle des deux principales bandes d'absorption de la chlorophylle. Dès que l'intensité lumineuse est suffisante, les Bactéries se localisent, s'accumulant dans tous les points où de l'oxygène se produit, se retirant au contraire de ceux où il ne s'en forme pas. Au bout

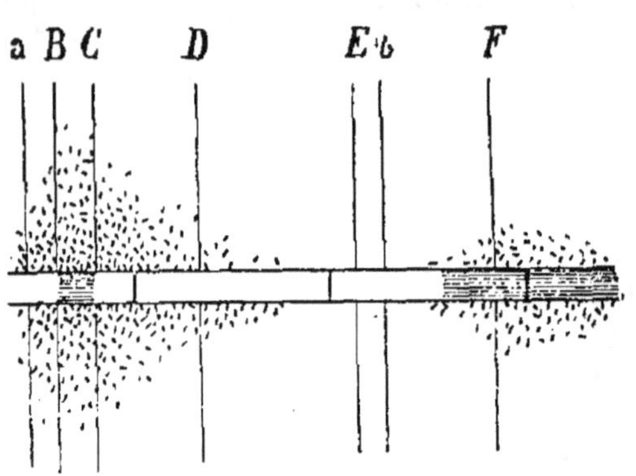

Fig. 109. — Filament de Cladophore, soumis, dans une goutte d'eau où pullulent des Bactéries mobiles, au spectre microscopique de la lumière solaire : A-F, principales raies.

de quelques minutes, le groupement, devenu stationnaire, dessine à l'œil la courbe qui lie la production de l'oxygène à la réfrangibilité des rayons (fig. 109).

Le maximum a encore lieu dans le rouge entre les raies B et C, c'est-à-dire à l'endroit de la plus forte absorption par la chlorophylle. Vers la gauche, la production d'oxygène décroît encore brusquement et devient nulle à la limite de l'infrarouge ; vers la droite, elle diminue plus lentement et ne s'annule que dans le vert. En un mot, cette méthode nouvelle confirme pleinement le résultat déjà obtenu par l'analyse des gaz, pour la moitié la moins réfrangible du spectre. Mais elle n'en reste pas là. On aperçoit, en effet, un second groupement de Bactéries dans la moitié la plus réfrangible, où les rayons sont aussi, comme on sait, fortement absorbés par la chlorophylle. Le maximum se trouve dans le violet au delà de la raie F ; il est beaucoup plus faible que l'autre ; mais si cette seconde courbe des Bactéries s'élève moins haut, elle s'étend aussi beaucoup plus en largeur que la première, résultat dû à la grande dispersion des rayons dans cette région du spectre. En somme, les deux groupements, c'est-à-dire les deux dégagements d'oxygène qu'ils accusent, s'équivalent, comme s'équivalent les deux absorptions de rayons qui les provoquent. Si donc l'on partage la région lumineuse du spectre, de la longueur d'onde $\lambda = 0,765$, à la longueur d'onde $\lambda = 0,395$, en deux moitiés égales par la longueur d'onde $\lambda = 0,580$, l'intensité de l'assimilation du carbone par la feuille se trouve être exactement la même dans ces deux moitiés, résultat d'une grande importance, qui avait échappé aux autres méthodes de recherche.

Cette méthode des Bactéries permet encore de démontrer que la décomposition de l'acide carbonique est exclusivement localisée dans les chloroleucites, et ne s'opère pas dans le protoplasme incolore où ils plongent. En choisissant, en effet, soit des feuilles dont les cellules ont des grains de chlorophylle gros et espacés, soit des filaments de Spirogyre où les chloroleucites ont la forme de rubans spiralés, on voit les Bactéries s'accumuler uniquement sur les chloroleucites, laissant inoccupé tout l'espace protoplasmique qui les sépare.

Influence de l'intensité de la lumière et du degré de la température sur l'assimilation du carbone. — L'assimilation du carbone ne dépend pas seulement de la réfrangibilité des rayons incidents, mais encore de leur intensité. Pour commencer la décomposition de l'acide carbonique sous l'influence de la chlorophylle, il faut une lumière beaucoup plus intense que pour produire la chlorophylle elle-même. Il y a donc une certaine intensité faible, et même un certain nombre de degrés d'intensité faible, qui suffisent pour que la chlorophylle prenne naissance, mais où elle est et demeure impuissante à décomposer l'acide carbonique. Ainsi bon nombre de plantes (Haricot, Fève, Courge, Capucine, Dahlie, etc.), exposées au fond d'une chambre à la lumière diffuse d'un jour d'été, verdissent rapidement leurs feuilles, mais sans décomposer d'acide carbonique les jours suivants. Placées contre la fenêtre, ces mêmes plantes verdissent de même, mais ensuite assimilent du carbone. La lumière émise par une lampe à gaz valant 50 bougies a déjà une intensité suffisante pour provoquer dans les feuilles de Blé, de Tulipe, de Bambou, de Chamédore, etc., une forte décomposition d'acide carbonique. Le phénomène va croissant ensuite avec l'intensité lumineuse, d'abord rapidement, puis de plus en plus lentement, jusqu'à une certaine intensité où il atteint son maximum. Alors, de deux choses l'une, suivant les plantes. Ou bien le phénomène conserve ensuite la même valeur, à mesure que l'intensité lumineuse va croissant, et cela jusqu'au degré où la chlorophylle est détruite il n'y a pas d'optimum. Il en est ainsi pour les plantes submergées (Elodée, Zannichellie, etc.), chez qui le maximum de décomposition correspond à peu près à l'insolation directe. Ou bien le phénomène décroit ensuite à mesure que l'intensité lumineuse augmente et il y a un optimum. Pour certaines plantes, cet optimum correspond à la lumière solaire directe (Calamagrostide, etc.). Il paraît en être ainsi pour la plupart de nos plantes de grande culture. Pour d'autres, il est inférieur à la lumière solaire directe ; celles-ci décomposent mieux l'acide carbonique derrière un écran qu'en plein soleil. Ainsi, par exemple, une feuille de Bambou, qui décompose 9 centimètres cubes d'acide carbonique en plein soleil, en décompose pendant le même temps 17 centimètres cubes, près du double, si on l'abrite derrière une feuille de papier. Ces plantes peuvent donc assimiler tout autant et même plus de carbone à l'ombre qu'au soleil ; il en est ainsi pour tous les végétaux qui prospèrent à l'ombre (Mousses, Fougères, etc.).

Si la lumière est supprimée ou ramenée au-dessous de la limite inférieure des intensités actives, la décomposition de l'acide carbonique cesse aussitôt. Il n'y a donc pas ici d'effet ultérieur. Seulement l'oxygène déjà produit, et qui s'est accumulé dans la feuille, continue à se dégager, jusqu'à ce qu'il y ait équilibre entre l'atmosphère interne et le milieu externe ; de même, la feuille appauvrie en acide carbonique continue à en absorber dans le milieu extérieur, jusqu'à ce qu'il y ait équilibre. Il semble donc qu'on assiste à une continuation du phénomène, quand il s'agit seulement d'un effet antérieur qui s'épuise peu à peu. La chose est particulièrement nette dans les plantes submergées, à cause du vaste système de canaux aérifères où l'oxygène formé s'accumule sous pression.

La décomposition de l'acide carbonique varie aussi avec la température. Il y a une limite inférieure, au-dessous de laquelle elle ne s'opère pas, et qui varie suivant les plantes. Elle est située, par exemple, entre 0°,5 et 2°,5 pour le Mélèze, entre 1°,5 et 5°,5 pour les herbes des prairies ; elle est à 6° pour la Vallisnérie, entre 10° et 15° pour le Potamot.

A partir de cette limite inférieure, le phénomène va croissant constamment avec la température, au moins jusqu'à 50°. Une branche feuillée d'Orme, par exemple, soumise à un éclairage constant, dégage : à 7°, 0,71 d'oxygène ; à 10°, 0,95 ; à 28°, 2,56 ; à 50°, 5,45. La décomposition de l'acide carbonique paraît donc suivre, en fonction de la température, la même marche que la respiration.

Influence de la nature de la plante et de la pression de l'acide carbonique sur l'assimilation du carbone. — Vis-à-vis de l'intensité de la lumière et vis-à-vis du degré de la température, les diverses plantes ont déjà, comme on vient de le voir, des exigences et des préférences très inégales : telle décompose plus énergiquement l'acide carbonique en plein soleil, comme la plupart de nos plantes de grande culture ; telle autre le décompose mieux à l'ombre d'une épaisse forêt, comme les Mousses, les Fougères, les Oxalides, etc. En outre, si l'on expose chacune d'elles à son optimum d'intensité lumineuse et à la même température, on observe que leurs feuilles décomposent, dans le même temps et à égalité de surface, des quantités d'acide carbonique très différentes. Les plantes grasses, par exemple, en décomposent beaucoup moins que les plantes herbacées. Parmi ces dernières, si l'on désigne par 100 la quantité d'acide carbonique absorbée en dix heures par un centimètre carré de feuille dans la Capucine, le Haricot en absorbe 72, le Ricin 118, l'Hélianthe 124.

Dans une plante donnée, si les deux faces de la feuille sont semblables, c'est-à-dire si le parenchyme est homogène, elles décomposent aussi, toutes choses égales d'ailleurs, la même quantité d'acide carbonique. Cette égalité d'assimilation se retrouve quelquefois quand les deux faces sont différentes et que le parenchyme est hétérogène (Marronnier, Pêcher, Platane, etc.). Mais, dans ce cas, il y a souvent une grande différence entre les deux surfaces ; c'est alors la surface supérieure, plus dure à cause de sa cuticule plus épaisse, d'un vert plus sombre et privée de stomates, qui absorbe et décompose plus d'acide carbonique que la face inférieure. Dans le Nérion oléandre, vulgairement Laurier-rose, par exemple, le rapport moyen au soleil est de 102 à 44 ; à l'ombre, il ne dépasse pas 2 ; pour la Ronce d'Ida, vulgairement Framboisier, il est de 2 ; pour le Peuplier blanc, il s'élève à 6.

La décomposition de l'acide carbonique par la feuille dépend encore de la pression de ce gaz dans l'atmosphère ambiante. Placées à la lumière, dans de l'acide carbonique pur, les feuilles ne décomposent pas ce gaz. Pour que sa décomposition ait lieu, il faut qu'il soit fortement dilué dans un gaz inerte ou dans le vide. Elle est encore nulle ou très faible à 75 p. 100, 66 p. 100 et même à 50 pour 100. Elle s'opère ensuite de mieux en mieux, à mesure que la pression de l'acide carbonique diminue, jusqu'à une certaine pression où elle s'opère le mieux possible ; plus bas, elle s'opère ensuite de moins en moins bien, mais elle a lieu encore très aisément dans l'atmosphère ordinaire, qui ne contient, comme on sait, que $\frac{3}{10000}$ de son volume d'acide carbonique. L'optimum varie d'ailleurs avec la nature des plantes; il est de 8 à 10 p. 100 dans la Glycérie, de 5 à 7 p. 100 dans la Massette, de moins encore dans le Nérion. D'une façon générale, la dose de 10 p. 100 convient à la plupart des plantes.

Action simultanée de la respiration et de l'assimilation du carbone par la feuille. — La respiration de la feuille a lieu à tout instant et dans toutes les parties, aussi bien dans ses cellules incolores que dans ses cellules vertes, et dans ces dernières, aussi bien dans le protoplasme incolore que dans les chloroleucites. L'assimilation du carbone n'a lieu que lorsque la feuille est éclairée et lorsque l'intensité de la lumière incidente dépasse une certaine intensité; elle ne se produit que dans les cellules vertes, et à l'intérieur de celles-ci, seulement dans les chloroleucites. Comment ces deux phénomènes, l'un continu dans le temps et dans l'espace, l'autre discontinu à la fois dans le temps et dans l'espace, superposent-ils leurs effets?

A l'obscurité ou à une lumière diffuse trop faible, la feuille ne fait que respirer; c'est alors dans l'air extérieur qu'elle puise tout l'oxygène qui lui est nécessaire. Mais, dès que la lumière devient assez intense pour que les deux bandes de rayons absorbés par la chlorophylle suffisent à décomposer l'acide carbonique que la feuille contient et à en mettre l'oxygène en liberté, c'est à cette source plus directe que le membre prend désormais, d'abord une partie, puis, à mesure que l'intensité lumineuse augmente, la totalité de l'oxygène nécessaire à sa respiration. La feuille absorbe donc de moins en moins d'oxygène dans le milieu extérieur, et enfin n'en absorbe plus du tout. Il y a une certaine intensité lumineuse telle que la décomposition de l'acide carbonique réalisée par a feuille dans un temps donné fournit exactement à la feuille tout l'oxygène dont elle a besoin pendant le même temps; il n'y a alors ni oxygène absorbé, ni oxygène dégagé par la feuille; au point de vue de l'oxygène, la respiration et l'assimilation du carbone se compensent exactement. Dès que l'intensité lumineuse dépasse ce point, il y a plus d'oxygène produit que d'oxygène consommé par la feuille et l'excès se dégage dans l'air extérieur; au point de vue de l'oxygène, l'assimilation excède alors et masque la respiration.

On peut raisonner de même au sujet de l'acide carbonique. A l'obscurité et à une lumière diffuse trop faible, la feuille déverse dans l'air extérieur tout l'acide carbonique qu'elle produit par sa respiration. Mais, dès que la lumière a acquis une intensité suffisante pour décomposer en un certain temps une partie de l'acide carbonique produit pendant ce temps, c'est seulement l'excès qui se dégage, et cet excès va diminuant de plus en plus. Il est nul quand l'intensité lumineuse est telle que tout l'acide carbonique produit dans la feuille en un temps donné est exactement décomposé par elle pendant le même temps. A ce moment, la feuille ne dégage ni n'absorbe d'acide carbonique dans l'air extérieur ; au point de vue de l'acide carbonique, la respiration et l'assimilation du carbone se compensent exactement. A cause de la presque égalité des rapports des gaz émis et absorbés, tant dans la respiration que dans l'assimilation du carbone, ce moment correspond sensiblement à celui où la feuille n'absorbe ni ne dégage d'oxygène : de sorte qu'à tous égards la respiration et l'assimilation du carbone s'alimentent l'une l'autre et compensent leurs effets. La feuille n'altère alors en aucune façon l'atmosphère qui l'entoure. Cet état d'équilibre entre les deux fonctions inverses se trouve souvent réalisé d'une façon transitoire dans la nature. Si la lumière croît en intensité, elle décompose bientôt dans un temps donné plus d'acide carbonique que la feuille n'en produit dans le même temps ; la différence est puisée par absorption dans l'atmosphère ambiante. Au point de vue de l'acide carbonique, comme tout à l'heure au point de vue de l'oxygène, l'assimilation excède alors et masque la respiration.

Quand on étudie en pleine lumière l'assimilation du carbone par la feuille, en mesurant l'acide carbonique absorbé et l'oxygène émis pendant un certain temps dans l'air ambiant, on n'étudie donc en réalité que l'excès de l'assimilation sur la respiration pendant ce temps. Pour obtenir l'assimilation vraie, à l'acide carbonique absorbé il faut ajouter celui qui a été produit, à l'oxygène émis celui qui a été absorbé par la feuille pendant le même temps. Avant d'étudier l'assimilation du carbone par les feuilles d'une plante donnée dans des conditions déterminées, il est donc toujours nécessaire d'étudier la respiration de ces feuilles dans ces mêmes conditions.

Quand la lumière est intense, la décomposition de l'acide carbonique, bien que localisée exclusivement sur les chloroleucites, est beaucoup plus énergique que sa production, bien que celle-ci s'opère à la fois dans tous les points du protoplasme. On en jugera par l'exemple suivant. Au soleil, un mètre carré de feuilles de Nérion oléandre, vulgairement Laurier-rose, absorbe par heure $1^{lit},108$ d'acide carbonique dans l'air ambiant; à l'obscurité, la même surface n'en dégage dans le même temps que $0^{lit},07$, c'est-à-dire environ 16 fois moins. Il suffit donc de trois quarts d'heure d'insolation le matin pour que les feuilles du Nérion aient réparé toute la perte de carbone qu'elles ont subie pendant la nuit précédente. A partir de ce moment, le carbone provenant de la décomposition de l'acide carbonique puisé dans le milieu extérieur s'ajoute au poids de la feuille, qui se trouve, à la fin de la journée, avoir réalisé de ce chef un gain considérable.

Chlorovaporisation de la feuille. — En même temps qu'elle décompose l'acide carbonique et en assimile le carbone, sous l'influence d'une partie des mêmes radiations absorbées par la chlorophylle, la feuille aérienne émet au dehors une grande quantité de vapeur d'eau : elle chlorovaporise (p. 53), et c'est la seconde de ses fonctions essentielles. La chlorovaporisation, qui a son siège dans les chloroleucites, ajoute son effet à ceux de la transpiration, qui a son siège dans le protoplasme, mais elle est beaucoup plus énergique. Une feuille de Blé, par exemple, qui transpire 1^{cc} d'eau à l'obscurité, et qui en transpire $2^{cc},5$ au soleil quand elle est étiolée, vaporise plus de 100^{cc} d'eau au soleil pendant le même temps quand elle est verte. 97,5 pour 100 de l'eau vaporisée au soleil sont donc, dans le Blé, la part de la chlorovaporisation; 2,5 pour 100 seulement sont la part de la transpiration.

Pour mesurer l'intensité de la chlorovaporisation, on emploie l'une des trois méthodes indiquées plus haut pour l'étude de la transpiration (p. 279), en prenant soin d'opérer avec une feuille verte et en pleine lumière. La quantité d'eau recueillie par condensation dans la première méthode, perdue dans la seconde, absorbée dans la troisième, mesure la somme des intensités de la transpiration à la lumière et de la chlorovaporisation. Pour isoler cette dernière, on détermine, toutes choses égales d'ailleurs, l'intensité de la transpiration à la lumière de la feuille considérée et l'on fait la soustraction. Cette détermination peut se faire de deux manières : 1° avec une feuille étiolée, de même nature et de même surface que la feuille considérée; 2° avec une feuille blanche d'une variété à feuilles panachées (Négonde, Aspidistre, etc.), de même surface que la feuille étudiée. De l'une ou de l'autre façon, on s'assure que la transpiration, même exaltée par la lumière, ne prend qu'une très petite part, 2 à 3 pour 100 seulement, du phénomène total. C'est donc à la chlorovaporisation qu'est due la plus grande partie de l'eau éliminée par les feuilles aériennes à la lumière.

Ce phénomène atteint d'ailleurs une grande intensité. On en jugera par quelques exemples. Un Hélianthe annuel en pot chlorovaporise en moyenne, pendant les 12 heures du jour, $0^k,625$ d'eau. Un plant d'Avoine, pendant la durée entière de sa végétation évaluée à 90 jours, dégage $6^k,278$ d'eau : ce qui donne par jour, pour un hectare d'Avoine contenant un million de plants, 25 000 kilogrammes d'eau. Un champ de Maïs dégage, par hectare contenant 50 plants au mètre carré, en 16 heures de jour, 36 000 kilogrammes d'eau. Un champ de Choux, où les plants sont espacés de $0^m,50$, dégage par hectare, en 12 heures de jour, 20 000 kilogrammes d'eau. Un Chêne isolé, portant environ 700 000 feuilles, a chlorovaporisé, de juin à octobre, en 5 mois, une quantité totale de 111 225 kilogrammes d'eau. On peut se figurer par là quelle énorme quantité d'eau est déversée chaque jour dans l'atmosphère par les feuilles des herbes des prairies et des champs, et par celles des arbres des forêts.

Cette grande énergie du phénomène s'explique par l'énorme surface des feuilles, souvent multipliée encore par les poils qui les couvrent. Mais surtout il faut considérer que l'intérieur du parenchyme de la feuille aérienne est creusé de nombreux interstices pleins d'air, communiquant entre eux et formant dans la feuille une sorte d'atmosphère intérieure (p. 267, fig. 102, *l*). Par les nombreux stomates que porte le limbe, cette atmosphère communique directement avec l'air extérieur. La chlorovaporisation a lieu le long de ces surfaces libres internes et la vapeur d'eau tend à acquérir dans les interstices une pression de plus en plus forte, qui s'équilibre à mesure grâce à la sortie de la vapeur d'eau par les stomates, lesquels sont, comme on sait, largement ouverts à la lumière.

Ainsi, tandis que l'eau transpirée par la feuille s'exhale principalement par sa surface externe, l'eau chlorovaporisée s'exhale principalement par sa surface interne, le long des interstices, avec sortie par les stomates. Les stomates, les stomates [aérifères bien entendu, sont donc les organes essentiels de la chlorovaporisation de la feuille.

Mais il va sans dire qu'il ne faut pas pour cela s'attendre à une proportionnalité de la chlorovaporisation d'une feuille avec le nombre de ses stomates; c'est, en effet, de l'étendue des surfaces libres internes, non du nombre des orifices de sortie, que le phénomène dépend réellement. Ainsi le rapport de la chlorovaporisation de la face supérieure, quand elle est dépourvue de stomates, à celle de la face inférieure, qui en est pourvue, est de 1 à 2 dans la Verveine, de 1 à 2,5 dans le Tilleul, de 1 à 7 dans le Balisier; en moyenne, pour une dizaine de plantes assez différentes (Houx, Lilas, Citronnier, Vigne, Poirier, Hélianthe, etc.), ce rapport est de 1 à 4,3 au soleil, de 1 à 2,4 à l'ombre. Quand les deux faces ont des stomates, l'avantage est à celle qui en possède le plus. Dans la Capucine, par exemple, le rapport des nombres de stomates étant de 4 sur la face supérieure, à 5 sur la face inférieure, celui des quantités d'eau chlorovaporisée est de 1 à 2; dans la Dahlie, le premier rapport est de 1 à 2, le second de 2 à 3; dans l'Atrope belladone, le premier est de 1 à 5, le second de 5 à 6. Il peut arriver cependant que les deux surfaces, avec des nombres très différents de stomates, chlorovaporisent des quantités égales; ainsi, dans la Guimauve, les stomates sont dans le rapport de 2 à 11, et la chlorovaporisation est la même.

Cherchons maintenant comment l'intensité de la chlorovaporisation varie avec la réfrangibilité et l'intensité de la lumière incidente, avec la température, avec la nature et l'âge de la feuille considérée.

Influence des conditions externes et internes sur la chlorovaporisation de la feuille. — Dans l'action nécessaire exercée par la lumière blanche sur la chlorovaporisation, quelle est la part des rayons de diverse réfrangibilité qui la composent? En plaçant des feuilles en voie de chlorovaporisation dans les diverses régions du spectre, on a vu que les rayons actifs sont, d'une part, les rayons rouges compris entre les raies B et C, de l'autre les rayons bleus et violets qui forment l'extrémité la plus réfrangible du spectre. Les rayons jaunes n'ont qu'une très faible action; les rayons verts n'en ont pas du tout. Or les rayons rouges entre B et C, d'une part, les rayons bleus et violets, d'autre part, sont précisément ceux que la chlorophylle absorbe énergiquement, comme on l'a vu plus haut (p. 283). Ce sont donc les radiations que la chlorophylle absorbe dans le faisceau lumineux incident qui provoquent la chlorovaporisation de la feuille, c'est-à-dire ceux-là même qui y provoquent, comme on sait, l'assimilation du carbone. Des radiations qu'elle absorbe, la feuille fait donc deux parts : l'une consacrée au travail chimique de décomposition de l'acide carbonique, l'autre employée au travail de chlorovaporisation.

Il suffit déjà d'une faible intensité lumineuse, celle d'une flamme de gaz, par exemple, pour commencer la chlorovaporisation. L'intensité du phénomène croît ensuite avec celle de la lumière. La chlorovaporisation croît aussi avec la température, du moins jusqu'à un certain degré.

Dans les conditions ordinaires, l'assimilation du carbone et la chlorovaporisation s'accomplissent en même temps dans la feuille, en se partageant les radiations absorbées par les chloroleucites. Si donc, sans rien changer à l'éclairage, on vient à suspendre l'une de ces deux fonctions, il est à croire que l'autre, ayant désormais à sa disposition la totalité des radiations absorbées, s'en accroîtra d'autant. C'est ce que des expériences récentes ont pleinement confirmé. Pour arrêter la chlorovaporisation, il suffit de plonger dans l'eau les feuilles d'abord étudiées dans l'air ; aussitôt l'assimilation du carbone est exaltée. Pour arrêter l'assimilation du carbone, il suffit soit de placer les feuilles étudiées dans une atmosphère privée d'acide carbonique, soit de les soumettre à l'action ménagée des vapeurs d'éther ou de chloroforme ; aussitôt la chlorovaporisation se trouve notablement accrue, souvent doublée : avec le Chêne, par exemple, elle passe de 0,71 sans éther, à 1,47 en présence de l'éther.

Dans les mêmes conditions extérieures, la quantité d'eau chlorovaporisée dans le même temps, à surface égale ou à volume égal, par une feuille adulte, est très différente suivant les plantes. Ainsi, en rapportant la quantité d'eau chlorovaporisée à la surface, on a obtenu les rapports décroissants : Chou $\frac{1}{80}$, Prunier $\frac{1}{109}$, Hélianthe $\frac{1}{165}$, Vigne $\frac{1}{191}$, Citronnier $\frac{1}{218}$. D'une façon générale, la chlorovaporisation atteint sa plus grande énergie dans les feuilles des plantes herbacées, et, sous ce rapport, les Graminées tiennent le premier rang. Elle est déjà moindre sur les feuilles caduques des arbres et arbustes ; elle atteint son minimum sur les feuilles persistantes ou charnues. Ainsi, en rapportant la chlorovaporisation totale annuelle au poids de la plante, on a obtenu les nombres suivants : Érable 455, Berbéride 522, Chêne pédonculé

226, Frêne 185, Mélèze 177, If 77, Sapin 52, Houx 30, Chêne yeuse, 26.

Enfin, dans les mêmes conditions extérieures et dans la même plante, si l'on considère une feuille à ses divers âges, on voit que la chlorovaporisation y est plus forte quand elle vient de terminer sa croissance que plus tôt pendant qu'elle s'accroît, et que plus tard quand sa surface s'est affermie en devenant moins perméable. Ainsi, par exemple, le long de la tige de l'Hélianthe tubéreux, vulgairement Topinambour, le maximum a lieu sur la onzième feuille à partir du sommet.

Importance de la chlorovaporisation. — La fonction de la feuille que nous venons d'étudier est un des phénomènes les plus importants de la vie de la plante. Abstraction faite de la faible quantité d'eau consommée par la croissance, et de la faible quantité d'eau transpirée par la tige et les feuilles, c'est en effet la chlorovaporisation des feuilles qui provoque et qui règle l'absorption du liquide du sol par les racines. Grâce à elle, un courant d'eau tenant en dissolution les matières solubles du sol pénètre continuellement dans la plante et parcourt incessamment, des racines aux feuilles, toute l'étendue de son corps. En se vaporisant dans la feuille, ce liquide laisse dans la plante toutes les substances solubles qu'il y a introduites et qui sont les éléments nécessaires à la construction de l'organisme.

Assimilation du carbone et chlorovaporisation sont donc les deux fonctions principales de la feuille; ce sont aussi les deux clefs de voûte de la nutrition de la plante.

Émission de liquide par la feuille à la suite de la cessation de la chlorovaporisation. Nectar. — Quand la chlorovaporisation se trouve brusquement annulée, comme il arrive chaque soir au coucher du soleil, les feuilles continuant à recevoir des racines par la tige du nouveau liquide, une pression de plus en plus forte s'y établit et l'eau finit par perler à la surface sous forme de fines gouttelettes. Ces gouttelettes grossissent peu à peu, puis se détachent et tombent; il s'en forme de nouvelles aux mêmes points, qui tombent à leur tour, et le phénomène se poursuit durant de longues heures, pour cesser chaque matin dès que la chlorovaporisation reprend son énergie première. C'est par les stomates aquifères que le liquide s'échappe, rarement par une simple fente produite par déchirure entre les cellules épidermiques à la pointe du limbe, comme dans les Graminées (Blé, Seigle, etc.).

Toujours placés au-dessus des dernières terminaisons des nervures qui leur amènent le liquide, comme on le verra plus loin, les stomates aquifères sont situés d'ordinaire au bord du limbe, quelquefois sur sa face supérieure (p. 270). Tantôt ils en occupent l'extrémité, comme dans les Aroïdées (Colocase, Gouet, Richardie, etc.), tantôt les dents latérales, comme dans la grande majorité des plantes, soit solitaires (fig. 104) (Fuchsie, Primevère, Saxifrage, etc.), soit groupés par deux (Sureau, Valériane, Groseillier, etc.), trois (Cyclame), six à huit (Orme, Platane, Coudrier, etc.), ou davantage (Potentille, Chou, Renoncule, diverses Ombellifères, etc.). Les feuilles submergées ont aussi de ces stomates aquifères soit à la pointe du limbe (Callitriche, Pesse, etc.), soit à l'extrémité de chacun des segments latéraux (Renoncule d'eau, etc.).

Le liquide expulsé est de l'eau tenant en dissolution une très petite quantité de substances diverses, notamment du bicarbonate de chaux. Il a des qualités physiques remarquables. Ayant traversé, dans le long trajet de l'extrémité des racines au sommet des feuilles, un nombre incalculable de membranes cellulaires, il est d'une limpidité absolue. Son indice de réfraction est plus grand que celui de l'eau pure. Aussi, quand à l'aurore les rayons du soleil levant viennent raser la prairie, il se fait, dans toutes les gouttelettes si limpides et si réfringentes qui occupent le sommet des feuilles, des jeux de lumière éblouissants, bien des fois remarqués et chantés par les poètes, mais attribués à tort à la rosée. Dans les grandes herbes tropicales (Bananier, Amome, Colocase, Richardie, etc.), la quantité d'eau rejetée est très considérable. Du sommet d'une feuille d'Amome on en a recueilli un litre en quatre nuits. Une feuille de Colocase en a rejeté par sa pointe 20 à 22 grammes en une nuit; les gouttes s'échappaient brusquement au nombre de 120 par minute et déterminaient chaque fois dans la feuille un mouvement de recul. Quatre feuilles de Richardie en ont produit 36 grammes en 10 jours. Si la feuille, différenciée en ascidie, est enroulée en cornet (Sarracénie) ou en urne (Népenthe, fig. 99, Utriculaire, etc.), le liquide expulsé n'est pas rejeté au dehors; il s'accumule peu à peu dans le petit vase et peut être réabsorbé plus tard; il est alors acide et contient 1 pour 100 de substance solide, proportion beaucoup plus forte que dans les cas ordinaires.

Si la région de la feuille où il se dégage renferme des sucres (saccharose, glucose et lévulose), le liquide est sucré, c'est du *nectar*, et l'on appelle *nectaire* la région de la feuille où il est émis. Tel est le suc qui s'échappe des renflements situés à la base des pétioles secondaires de certaines Fougères (Ptéride, Cyathée, etc.), tout couverts de stomates aquifères qui leur donnent une couleur blanche. Tel est encore celui qui s'écoule à travers les membranes des cellules superficielles sur les renflements latéraux du pétiole dans le Ricin, le Prunier, l'Amandier, etc., sur les stipules de la Vesce, du Sureau, etc. Les insectes, principalement les Bourdons et les Abeilles, sont très friands de ce nectar des feuilles et vont le butiner, notamment sur les stipules dans les champs de Vesce.

Mouvements de la feuille développée. — Outre les courbures de nutation, de géotropisme et de phototropisme (p. 277), dues à une modification de la croissance et qui prennent fin avec elle, la feuille offre divers mouvements qui ne s'y manifestent que quand les premiers sont épuisés, et qui ont pour effet d'altérer momentanément la position fixe qui leur a été assignée par eux. Parmi ces mouvements, les uns sont produits par la lumière, d'autres par les agents mécaniques, d'autres enfin sont spontanés, c'est-à-dire dus à des causes internes. Quelques mots sur chacune de ces trois catégories de mouvements.

1° Mouvements de sommeil. — Chez bon nombre de végétaux, la lumière provoque dans les feuilles développées un mouvement spécial. La plante étant mise brusquement à l'obscurité, ses feuilles tantôt s'abaissent, tantôt se relèvent, suivant les cas, et prennent en quelques instants ce qu'on appelle leur position nocturne ou de *sommeil*. Une fois le végétal amené à cet état, il suffit de lui rendre la lumière pour voir aussitôt ses feuilles se relever ou s'abaisser, de manière à reprendre une direction étalée dans un plan, qui est leur position diurne ou de *veille*. Toute augmentation d'intensité lumineuse détermine un mouvement dans le sens de la position diurne; toute diminution d'intensité entraîne au contraire un déplacement vers la position nocturne. Ce sont les rayons de la moitié la plus réfrangible du spectre, bleus, violets et ultraviolets, qui exercent seuls cette action; les rayons jaunes et rouges se comportent comme l'obscurité. La localisation dans le spectre est donc sensiblement la même que pour le phototropisme (p. 222).

C'est dans les feuilles des Légumineuses, des Oxalidées, des Mar-

silies, que ces mouvements se manifestent avec la plus grande
énergie ; mais on les observe aussi chez beaucoup d'autres plantes
tant Dicotylédones (Stellaire, Mauve, Ketmie, Lin, Balsamine,
Onagre, Ipomée, Nicotiane, etc.), que Monocotylédones (Colocase,
Marante, etc.) et Gymnospermes (Sapin, etc.). Les feuilles ou
folioles ainsi mobiles sont quelquefois pourvues à la base d'un renflement, qui est le siège du mouvement et qu'on nomme renflement moteur (Légumineuses, Oxalidées, etc.) ; mais ailleurs ce
renflement fait défaut, et c'est la région basilaire du pétiole, ou
sa région supérieure où s'attache le limbe, qui se courbe pour exécuter les mouvements.

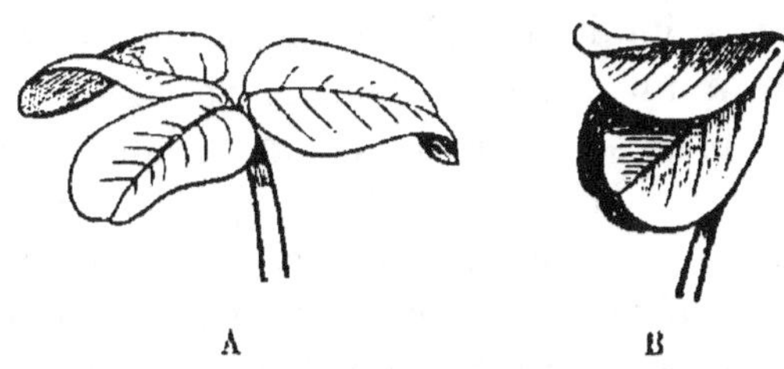

Fig. 110. — Feuille de Trèfle rampant. *A*, le jour ; *B*, la nuit.

La position diurne est toujours caractérisée par l'épanouissement complet des surfaces fo-
liaires ; la position nocturne, au contraire, par
le reploiement des surfaces, qui se recouvrent de diverses manières en se tournant tantôt en haut (fig. 110), tantôt en bas
(fig. 111), tantôt latéralement. Les folioles du Lotier, du Trèfle
(fig. 110), de la Luzerne, de la Vesce, de la Gesse, du Baguenaudier, de la Marsilie, etc., prennent leur position nocturne en se
tournant vers le haut, de manière à appliquer leurs faces supérieures l'une contre l'au-
tre : c'est le cas le plus
fréquent ; de même le
Nicotiane tabac, le Strè-
phe fleuri, etc., relèvent
leurs feuilles simples en
les appliquant contre la
tige. Au contraire, les folioles du Lupin (fig. 111),
du Robinier, de la Ré-
glisse, de la Glycine, de
la Casse, du Haricot, de
l'Oxalide, etc., pendent

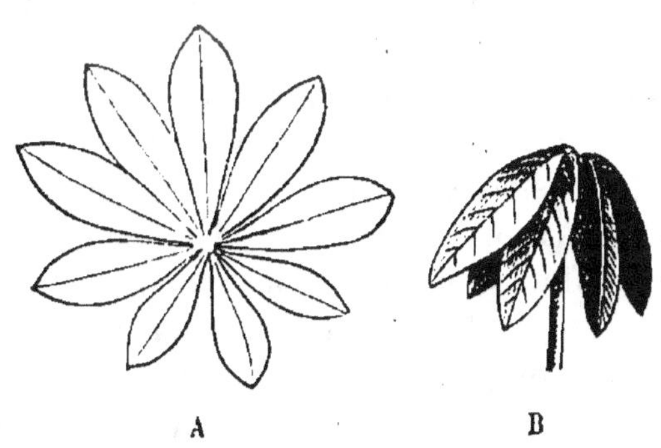

Fig. 111. — Feuille de Lupin poilu ; *A*, le jour ;
B, la nuit.

vers le bas, de manière à se toucher par leurs faces inférieures.
Dans le Mimose, l'Acacier, le Tamarinier, etc., les folioles se tournent

de côté et s'appliquent en avant, le long du pétiole qui les porte. Le mouvement peut d'ailleurs être différent dans les diverses parties d'une même feuille composée. Ainsi le pétiole commun du Haricot, de la Casse, etc., se relève le soir, tandis que les folioles s'abaissent; le pétiole primaire du Mimose, au contraire, s'abaisse, pendant que les pétioles secondaires se rapprochent et que les folioles se couchent latéralement sur leurs flancs.

Qu'il s'opère vers le haut, vers le bas ou latéralement, le reploiement des surfaces foliaires caractéristique du sommeil a pour résultat évident de diminuer le rayonnement nocturne et par suite le refroidissement de la feuille, et de le réduire au minimum. Aussi voit-on la rosée se déposer plus abondante sur les folioles quand on les force, en les fixant, à demeurer étalées pendant la nuit, que lorsqu'elles peuvent se redresser ou se rabattre comme à l'ordinaire. En reployant ses feuilles, la plante se protège donc contre le froid des nuits. Très utile en tout temps, cette protection devient pour elle, à de certaines époques, une question de vie ou de mort.

Quel est le mécanisme de ces mouvements, dont on comprend maintenant toute l'importance? Remarquons d'abord que, dans la position nocturne, le renflement moteur est rigide, gonflé d'eau, turgescent. La courbure à l'obscurité a donc lieu par suite d'un afflux de liquide; suivant que le gonflement du parenchyme est plus considérable en haut ou en bas, la flexion se produit vers le bas ou vers le haut. Dans la position diurne, au contraire, le renflement est mou, flasque, pauvre en eau; la lumière a donc pour effet de retirer de l'eau du renflement et d'en ramener les deux moitiés à la même tension. Ce double effet paraît dû à la variation brusque introduite dans la chlorovaporisation de la feuille par la suppression ou l'arrivée de la lumière. A l'obscurité, la chlorovaporisation se trouvant brusquement amoindrie, l'eau, qui de la tige afflue dans le pétiole, s'accumule dans le renflement moteur, qui se gonfle et détermine la position nocturne. A la lumière, la chlorovaporisation reprend son énergie première, l'eau du renflement est soutirée et la feuille s'étale de nouveau. Les mouvements de sommeil des feuilles sont donc dans la dépendance immédiate de leur chlorovaporisation.

2⁰ **Mouvements provoqués par une irritation mécanique.** — Certaines plantes dont les feuilles sont douées des mouvements de sommeil, et d'autres qui en sont dépourvues, se montrent sensibles à l'attouchement et à l'ébranlement. Si l'on touche légèrement une certaine place déterminée de la feuille, toujours située du côté qui deviendra concave, ou si on la frotte doucement avec un corps solide, aussitôt cette face se raccourcit, ce qui détermine une courbure du côté touché. Le même effet s'obtient en imprimant à toute autre partie de la feuille ou de la plante un choc un peu plus fort, qui retentit naturellement sur la région sensible. Ordinairement la région sensible est couverte de poils, par le moyen desquels tout contact léger, le passage d'un insecte par exemple, se transforme aussitôt en un ébranlement qui excite la feuille. Une fois courbée par cette excitation mécanique, la feuille se redresse plus tard, reprend sa direction normale et redevient apte à se courber de nouveau sous une nouvelle excitation.

Chez les plantes dont les feuilles sont déjà douées de mouvements de sommeil (Oxalide, Mimose, Robinier, etc.), et notamment chez la plus sensible de toutes, le Mimose pudique, vulgairement Sensitive, le mouvement s'accomplit toujours dans le sens de la position nocturne, et la plante ébranlée offre le même aspect que si elle était en sommeil. Le mouvement a aussi son siège au même endroit, c'est-à-dire dans le renflement moteur du pétiole primaire et des folioles. Mais si l'on remarque que, dans l'abaissement dû à l'excitation, le renflement moteur est mou, flasque, pauvre en eau, tandis que dans l'abaissement dû à l'obscurité il est dur, gonflé, riche en eau, on voit tout de suite que l'explication mécanique du phénomène devra être toute différente.

Dans la Sensitive, par exemple, le siège de l'excitation et du mouvement est la région inférieure du renflement moteur. L'expérience montre qu'à la suite de l'excitation, les cellules de la moitié inférieure du renflement se contractent et expulsent l'eau qui se rend, partie dans les espaces intercellulaires, partie dans la moitié supérieure, partie aussi dans la tige; en conséquence, cette moitié inférieure devient flasque et se raccourcit, tandis que la moitié supérieure reste sans changement ou même s'allonge un peu : d'où résulte nécessairement la courbure du renflement vers le bas et l'abaissement du pétiole. Le raccourcissement des cellules inférieures est amené par une brusque contraction du protoplasme, entraînant avec lui la membrane mince qui l'entoure, tandis que l'eau des hydroleucites formant le suc cellulaire est expulsée et filtre au dehors. Les cellules de la moitié supérieure du renflement ayant une membrane beaucoup plus épaisse, on

comprend que cette contraction ne s'y produise pas ou du moins
demeure sans effet sur le volume total de la cellule. Le phénomène est ramené ainsi à une contractilité spéciale du protoplasme,
mise en jeu par un attouchement léger ou un faible ébranlement,
c'est-à-dire à une cause toute différente de celle qui provoque les
mouvements de sommeil.

Les feuilles du Rossolis et de la Dionée, quoique dépourvues de
mouvements de sommeil, jouissent cependant d'une irritabilité

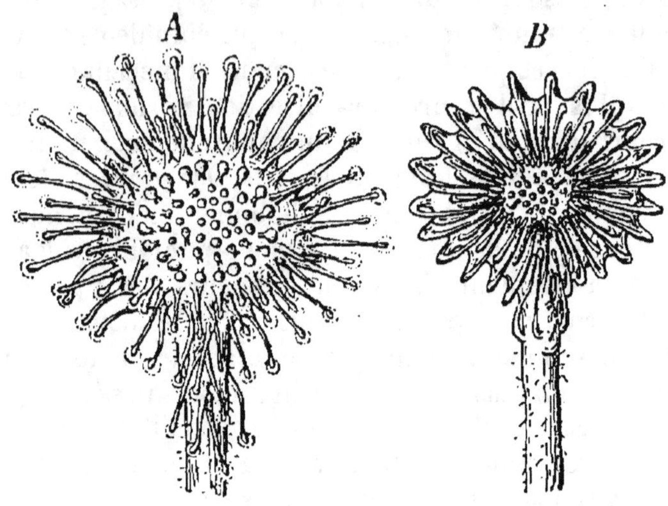

Fig. 112. — Feuille de Rossolis : *A*, avant ; *B*, après l'excitation.

remarquable. Les premières portent, au bord et sur toute la surface supérieure, une série de segments étroits et renflés à l'extrémité, pourvus chacun d'une petite nervure, et dont le nombre
s'élève en moyenne à 200 (fig. 112, *A*). Ils sécrètent un liquide
extrêmement visqueux, dont les gouttes brillent au soleil comme
de la rosée : d'où le nom de Rossolis. Sous l'influence d'un léger
contact exercé sur eux ou sur la surface même du limbe, ces segments s'inclinent tous et se recourbent autour du point touché
(fig. 112, *B*). De son côté, le limbe se reploie du sommet à la base
en devenant concave sur sa face supérieure. Si c'est un insecte
qui se pose sur la feuille, ou qui se promène à sa surface, les segments se rabattent autour de lui, le fixent en l'enveloppant du
liquide visqueux qu'ils sécrètent et le limbe en s'enroulant l'enferme
complètement. Il est pris au piège.

Chacune des moitiés du limbe bilobé de la Dionée (fig. 113)

possède au milieu de sa face supérieure trois poils effilés qui en sont les points sensibles (fig. 113, *A*); en outre, toute la surface est hérissée de petits poils courts sécrétant un liquide mucilagineux. Le moindre attouchement de l'un des trois poils sensibles détermine aussitôt le reploiement du limbe autour de sa nervure médiane comme charnière (fig. 113, *B*); en même temps les segments fins et pointus qui prolongent le bord s'engrènent

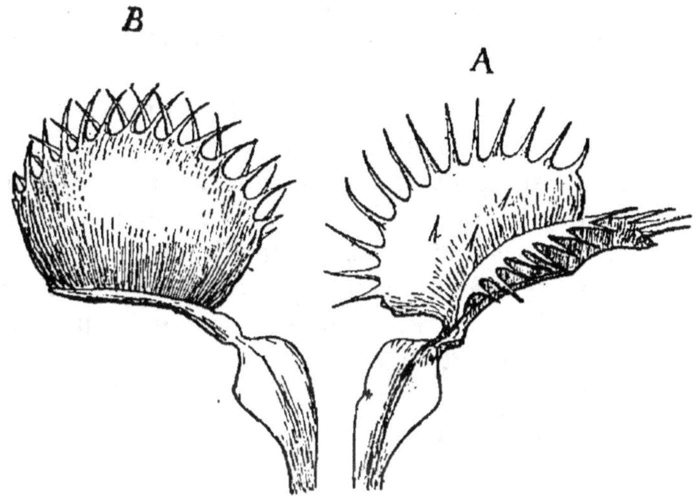

Fig. 113. — Feuille de Dionée gobe-mouche : *A*, ouverte ; *B*, repliée.

étroitement. Qu'un insecte, en passant sur la feuille, vienne à frôler l'un de ces poils, il sera pris au piège et enveloppé par le liquide mucilagineux. Ainsi capturé par le Rossolis ou la Dionée, l'insecte paraît attaqué et peu à peu dissous par le liquide acide et visqueux sécrété par la feuille.

5° Mouvements spontanés. — Certaines plantes pourvues de mouvements de sommeil offrent encore dans leurs feuilles des mouvements indépendants de la lumière, dus à des causes internes, *spontanés* comme on dit (Légumineuses, Oxalidées, Marantées, Marsilie, etc.). Ils consistent essentiellement en un abaissement et un relèvement alternatifs de la feuille entière et de chacune de ses parties, si elle est composée. Quelquefois l'oscillation ne dure que quelques minutes et se produit constamment, le jour comme la nuit (folioles latérales du Desmode oscillant). Mais le plus souvent il faut, pour la mettre en évidence, annuler l'influence de la lumière en exposant la plante soit à l'obscurité, soit à une **lumière d'intensité constante**, soit aux vapeurs d'éther ou de chloroforme qui empêchent les mouvements de sommeil, sans altérer les **mouvements spontanés** (Haricot, Trèfle, Mimose, Oxalide, Marsilie, etc.).

Ici encore, c'est dans le renflement basilaire du pétiole que réside la cause du mouvement. La courbure alternative de ce renflement est due à ce que tantôt sa région inférieure, tantôt sa région supérieure augmente de volume, ce qui porte la feuille tantôt vers le haut, tantôt vers le bas. Ce changement de volume ne peut avoir pour cause qu'un gonflement et dégonflement alternatifs des cellules, sous l'influence d'une absorption et d'une expulsion d'eau, c'est-à-dire sous l'influence d'une augmentation et d'une diminution alternatives dans le pouvoir osmotique des hydroleucites qui enferment le suc cellulaire. A son tour, cette variation périodique du pouvoir osmotique est provoquée par une variation analogue dans la production par la feuille et l'utilisation par la tige des substances solubles contenues dans le suc cellulaire, notamment des sucres, en un mot par une inégalité alternative dans les phénomènes nutritifs.

En somme, les divers mouvements des feuilles développées sont dus à autant de causes distinctes : les mouvements de sommeil à un arrêt de chlorovaporisation, les mouvements excités à une contractilité propre du protoplasme, les mouvements spontanés à une inégalité périodique des phénomènes nutritifs.

Résumé des fonctions externes de la feuille. — En résumé, la feuille en voie de croissance se dirige sous l'influence combinée de la pesanteur et de la lumière; quand elle est développée, elle respire, transpire, assimile le carbone, chlorovaporise, et peut encore se mouvoir de diverses manières. La direction, la respiration et la transpiration sont des fonctions externes qu'elle partage avec la racine et la tige, dont elle jouit non comme feuille, mais comme partie intégrante du corps de la plante : ce sont des fonctions générales. Au contraire, l'assimilation du carbone, la chlorovaporisation et même la motricité, sont des fonctions spéciales, dont elle jouit comme feuille et dont la racine et la tige sont également dépourvues.

Au lieu de ces fonctions principales, qu'elle remplit toutes les fois qu'elle possède sa forme ordinaire, la feuille en prend d'autres toutes les fois qu'elle se différencie, comme il a été dit à la page 255. Différenciée en vrille, par exemple, en épine ou en réservoir d'air, elle soutient la plante, en écaille ligneuse, elle protège le bourgeon, etc. : ce sont là des fonctions externes accessoires, qu'il suffit de signaler.

§ 4

Fonctions internes de la feuille.

Soutenir ses diverses parties, et notamment son limbe, dans la direction que lui ont imprimée les forces naturelles ; conduire, depuis l'insertion du pétiole sur la tige jusque dans les profondeurs du parenchyme du limbe, le liquide venu du sol, la sève ascendante, qui a traversé la racine et la tige ; transformer ce liquide d'abord par la chlorovaporisation, qui lui fait perdre beaucoup d'eau, puis par l'assimilation du carbone, qui y introduit divers composés ternaires, notamment des hydrates de carbone, et l'amener ainsi à un état où il prend le nom de *sève élaborée* ; ramener enfin cette sève élaborée, depuis le parenchyme du limbe où elle a pris naissance, jusqu'à la tige qui la distribue ensuite aux lieux d'utilisation ou de mise en réserve : telles sont les principales fonctions internes de la feuille. De toutes, la plus importante est sans contredit la transformation de la sève ascendante en sève élaborée, résultat immédiat de la chlorovaporisation et de l'assimilation du carbone, qui sont ses deux plus importantes fonctions externes (p. 296). Il y faut ajouter les fonctions accessoires que la feuille remplit soit quand elle est ordinaire, comme de contribuer à la sécrétion, soit quand elle subit une différenciation secondaire, comme de servir de réservoir nutritif pour les développements ultérieurs.

Soutien. — Dans la feuille, les tissus de soutien sont disposés, comme il a été dit à la page 261, de diverses manières, mais toujours de façon à supporter le mieux possible, dans chaque cas particulier, la charge qui leur est appliquée. La croissance intercalaire y étant d'assez longue durée, on comprend que le tissu de soutien y soit souvent non du sclérenchyme, tissu mort et incapable d'extension, mais du parenchyme scléreux et surtout du collenchyme, tissu vivant capable de s'allonger pour suivre la croissance du membre.

Transport de la sève ascendante. — En affluant dans la feuille, la sève ascendante poursuit simplement la voie qu'elle a parcourue dans la tige, et c'est par les vaisseaux du bois, situés dans la moitié supérieure de chaque nervure et constituant seuls les terminaisons de leurs derniers ramuscules (p. 269), qu'elle se répand dans toutes les parties du limbe. S'il chlorovaporise activement, le parenchyme soutire la sève de ces vaisseaux, notamment aux extrémités libres ou anastomosées des plus fines nervures, ce qui permet un écoulement continu. C'est aux dépens du liquide ainsi amené dans le parenchyme, que la chlorovaporisation s'exerce sur toutes les faces libres des cellules et que la vapeur d'eau s'accumule dans les méats et lacunes, pour se dégager ensuite au dehors par les stomates aérifères.

Si la chlorovaporisation est arrêtée, le liquide s'amasse d'abord sous pression dans les vaisseaux, notamment dans les extrémités souvent dilatées en réservoirs aquifères des derniers ramuscules; puis, l'excès s'échappe lentement à l'état liquide par les stomates aquifères, en filtrant peu à peu à travers le petit massif de tissu incolore situé au-dessous de ces organes (p. 270, fig. 104).

Transformation de la sève ascendante en sève élaborée. — A mesure qu'elle se concentre ainsi par la chlorovaporisation, la sève ascendante reçoit en dissolution des hydrates de carbone, qui sont les produits directs de l'assimilation du carbone et de sa fixation sur les éléments de l'eau. Quel est le premier produit immédiatement observable de cette synthèse? C'est très probablement du glucose, qui, dans la plupart des plantes, se trouve produit en excès et dont une partie se met aussitôt en réserve au lieu même de sa production, c'est-à-dire dans les chloroleucites, sous forme de grains d'amidon. On s'en assure en exposant à la lumière, dans de l'air chargé d'acide carbonique, une feuille aux chloroleucites de laquelle on a, par un séjour préalable à l'obscurité, fait perdre toute trace d'amidon. Bientôt on voit apparaître de nouveaux grains d'amidon dans les chloroleucites. Au soleil, il suffit pour cela d'une heure ou deux avec une feuille d'Élodée ou de Funaire; à la lumière diffuse, il faut quatre à six heures. L'apparition de l'amidon est d'ailleurs d'autant plus rapide que la proportion d'acide carbonique dans le milieu extérieur est plus favorable à sa décomposition (p. 289). Ainsi, dans les feuilles d'une plantule de Radis, l'amidon apparaît dans les chloroleucites après un quart d'heure d'insolation, si l'atmosphère contient 8 p. 100

d'acide carbonique, tandis qu'il y faut une heure dans l'air ordinaire. Si la feuille est placée au soleil dans une atmosphère privée d'acide carbonique, non seulement la production d'amidon n'a pas lieu, mais encore l'amidon préalablement formé disparaît dans ces conditions, comme à l'obscurité.

Dans certaines plantes, comme le Bananier, l'Ail, l'Asphodèle, l'Orchide, la Laitue, etc., le glucose produit dans les chloroleucites se répand en totalité dans le protoplasme, sans former d'amidon. Mais si l'on place les feuilles de ces plantes dans des conditions où leur assimilation est plus énergique, le glucose se trouve produit en excès, et cet excès se met en réserve sous forme de grains d'amidon dans les chloroleucites, comme dans les plantes ordinaires (Bananier, Strélitzie, etc.).

La sève ascendante a amené dans la feuille de l'azote à l'état d'acide nitrique et d'ammoniaque, puisé dans le sol par les racines sous forme de nitrates ou de sels ammoniacaux. Le glucose, une fois formé sous l'influence de la lumière et de la chlorophylle, se combine à l'acide nitrique ou à l'ammoniaque pour former d'abord des amides, comme l'asparagine, la leucine, la tyrosine, etc., puis, par un nouveau degré de synthèse, des composés albuminoïdes. L'azote est alors définitivement assimilé. L'azote libre de l'air ne prend aucune part directe dans ce phénomène. A la formation des composés albuminoïdes, contribuent aussi le phosphore des phosphates, le soufre des sulfates, le silicium des silicates, le potassium, le calcium, le magnésium, le fer, le zinc et le manganèse des sels de potasse, de chaux, de magnésie, d'oxyde de fer, de zinc et de manganèse : en tout neuf corps simples nouveaux, trois métalloïdes et six métaux, qui, ajoutés au carbone, à l'hydrogène, à l'oxygène et à l'azote, font les treize corps simples nécessaires et suffisants à l'édification du corps de la plante (p. 54).

De ces treize éléments, douze sont absorbés dans le sol par la racine et sont amenés dans la feuille par la sève ascendante; seul, le plus important de tous, il est vrai, celui dont l'assimilation est le point de départ nécessaire de l'assimilation de tous les autres, le carbone, est absorbé dans l'air par la feuille sous forme d'acide carbonique. Le carbone est aussi le seul élément dont l'assimilation exige l'action simultanée de la lumière et de la chlorophylle. Une fois le glucose formé, en effet, tous les degrés ultérieurs de la synthèse progressive des albuminoïdes peuvent s'opérer aussi bien à l'obscurité qu'à la lumière, dans une cellule incolore que dans une cellule verte. A partir du glucose, la synthèse a donc lieu dans le protoplasme incolore et par les forces qui agissent en lui.

Des cellules du parenchyme vert, où ils ont pris naissance, comme il vient d'être dit, les divers produits assimilés : hydrates de carbone, amides, substances albuminoïdes, etc., dissous dans une petite quantité d'eau, sont repris par les tubes criblés qui forment la partie inférieure, libérienne, de chaque nervure; ils constituent désormais la *sève élaborée*. De proche en proche, cette sève élaborée est amenée, par la voie des tubes criblés, dans la tige, où elle est en partie consommée sur place, en partie mise en réserve pour les développements ultérieurs, tandis qu'une troisième partie descend de la tige dans la racine. Une fois que la feuille a terminé sa croissance, les deux courants dont ses nervures sont le siège cheminent donc toujours en *sens inverse*, l'un montant rapidement dans les vaisseaux du bois, l'autre descendant lentement par les tubes criblés du liber. Il n'en est pas de même pendant la croissance du limbe; le courant libérien y monte alors tout aussi bien que le courant ligneux.

Sécrétion et dépôt des réserves. — La feuille contribue puissamment à la fonction de sécrétion. Le tissu sécréteur y revêt, comme on sait (p. 264 et p. 268), les formes les plus diverses et se rencontre aussi bien dans *les faisceaux libéroligneux* et *le péricycle* qui les entoure que dans le parenchyme et l'épiderme. D'une façon générale, il y offre la même forme et y affecte la même situation que dans la tige du végétal considéré.

Dans certaines plantes, les feuilles vertes, assimilatrices, sont elles-mêmes le siège d'un abondant dépôt de matières de réserve, notamment d'amidon, de sucre de Canne, etc. Ces feuilles, dites grasses (p. 256), gonflent alors beaucoup leur parenchyme, dont la zone médiane, où la lumière n'arrive pas, demeure incolore et se consacre à la mise en réserve (Crassulacées, Ficoïde, Agave, Aloès, etc.). Ailleurs, certaines feuilles de la plante se différencient tout entières pour jouer ce rôle, demeurent incolores et forment, comme il a été dit page 257, des écailles nourricières; réunies en plus ou moins grand nombre autour d'une courte tige, ces écailles constituent des bulbes et des bulbilles; quand il n'y en a qu'une seule, très épaisse, le bulbe est dit *solide* (Gagée, Ail moly, etc.). C'est dans leur parenchyme massif que s'accumulent les substances de réserve, amenées par les tubes criblés. Ici donc, les courants des nervures sont tous deux ascendants.

Résumé des fonctions internes de la feuille. — En résumé, parmi les fonctions internes de la feuille, une seule est spéciale à ce membre : c'est la formation de la sève élaborée. Les autres appartiennent au même titre à la tige et à la racine et sont des fonctions générales, que la feuille remplit, non comme feuille, mais comme partie constitutive du corps vivant de la plante : ce sont le soutien, le transport de la sève ascendante, le transport de la sève élaborée, la sécrétion et enfin le rôle de réservoir nutritif, les trois premières essentielles, les deux dernières accessoires.

———

CHAPITRE CINQUIÈME

LA FLEUR

.

Sachant comment une plante phanérogame adulte manifeste et entretient sa vie à l'aide des trois membres : racine, tige et feuille, qui composent son corps, il faut étudier comment elle se reproduit. Pour faire ses œufs, la plante phanérogame ne se complique pas d'un membre nouveau ; elle se borne à différencier sur sa tige un rameau, ou une portion de rameau, avec les feuilles qu'il porte ; ainsi différencié, ce rameau feuillé, ou cette portion de rameau feuillé, constitue la *fleur*. Si, comme on fait souvent, on appelle *pousse* l'ensemble formé par un rameau et ses feuilles, on dira que la fleur est une pousse ou une partie de pousse différenciée.

La fleur n'étant ainsi qu'un composé de tige et de feuilles, son étude aurait pu logiquement être faite, partie avec celle des différenciations secondaires de la tige (p. 145), partie surtout avec celle des différenciations secondaires de la feuille (p. 259). Cependant il existe ici entre la tige et les feuilles une si intime communauté d'action, le but poursuivi en commun est à la fois si particulier et si important, que la fleur nous apparaît comme une sorte d'organe *sui generis*, comme un tout nettement séparé du reste de la plante. Dès lors, il devient nécessaire de lui consacrer un chapitre spécial. Nous l'étudierons ici, comme nous avons fait pour les trois membres fondamentaux du corps, d'abord au point de vue morphologique, puis au point de vue physiologique.

SECTION I

MORPHOLOGIE DE LA FLEUR

Quand la fleur est une pousse différenciée tout entière, elle est toujours nettement limitée par rapport au reste du corps. Quand elle ne comprend qu'une partie de la pousse, ordinairement sa région terminale, de deux choses l'une : ou bien la différenciation est brusque et la limite nette (Tulipe, Pavot, etc.); ou bien elle s'opère progressivement, on observe sur le rameau tous les passages entre les feuilles ordinaires et les feuilles florales, et il est impossible de dire exactement où la fleur commence (Hellébore, etc.).

Le rameau de la pousse florale est le *pédicelle*, et son sommet élargi en cône, arrondi en sphère, aplati en assiette ou creusé en coupe, est le *réceptacle* de la fleur. Sur ses flancs, le pédicelle porte souvent des feuilles incomplètement différenciées ou rudimentaires : ce sont des *bractées*. Autour de son sommet, sur le réceptacle, il produit une rosette de feuilles profondément différenciées, qui constituent la fleur proprement dite et, avant son épanouissement, à l'état de bourgeon terminal, le *bouton*. Le rôle du pédicelle se borne à produire et à porter les diverses feuilles qui sont les éléments constitutifs essentiels de la fleur. Aussi, quand nous étudierons la fleur proprement dite, n'aurons-nous pas à nous préoccuper du réceptacle, si ce n'est d'une manière tout à fait accessoire. L'étude de la fleur est essentiellement une analyse de feuilles différenciées.

Il est une circonstance pourtant où le pédicelle joue un rôle important, c'est dans la disposition des fleurs sur le corps de la plante. Cette disposition dépend, en effet, des diverses manières d'être du pédicelle, et comme elle relie l'étude de la fleur à celle du corps végétatif, c'est le premier point que nous avons à examiner.

§ 1

Disposition des fleurs. Inflorescence.

La manière dont la plante fleurit, c'est-à-dire dont les pousses florales sont distribuées sur son corps par rapport aux pousses végétatives, est ce qu'on appelle son *inflorescence*. Constante dans le même végétal et quelquefois dans de vastes groupes de plantes, l'inflorescence subit des modifications nombreuses, mais qui peuvent se rattacher à quelques types bien définis, et ce sont ces types que nous avons à caractériser.

Divers modes d'inflorescence. — Quand le pédicelle, pourvu ou non de bractées, ne se ramifie pas, la fleur tranche isolément çà et là sur la ramification végétative : l'inflorescence est *solitaire*. Quand le pédicelle se ramifie à l'aisselle des bractées qu'il porte, les fleurs, portées au bout de pédicelles secondaires, tertiaires, etc., sont rapprochées par groupes et ce sont ces groupes de fleurs qui tranchent çà et là sur la ramification végétative : l'inflorescence est *groupée*. Simple ou rameux, le pédicelle peut n'être que la terminaison différenciée soit de la tige principale, soit de quelqu'une de ses branches feuillées ordinaires : l'inflorescence est alors *terminale*. Simple ou rameux, il peut provenir aussi de la différenciation d'une branche tout entière située à l'aisselle d'une feuille : l'inflorescence est alors *axillaire*. D'où quatre modes :

Inflorescence
- solitaire. .
  - terminale (Tulipe, Pavot, etc.).
  - axillaire (Pervenche, Violette, etc.).
- groupée. .
  - terminale (Lilas, Blé, etc.).
  - axillaire (Labiées, etc.).

Inflorescence solitaire. — Il y a peu de choses à dire au sujet de l'inflorescence solitaire. Bornons-nous à remarquer que la fleur solitaire, quand elle est terminale, arrive quelquefois, par suite d'une ramification particulière de la tige feuillée au-dessous d'elle, à occuper une situation singulière.

Si les feuilles sont isolées, la première feuille située au-dessous de la fleur peut développer son bourgeon axillaire en une branche puissante, qui rejette latéralement le pédicelle plus grêle situé au-dessus d'elle et vient se placer dans le prolongement de la tige. Après avoir porté un certain nombre de feuilles, cette branche se termine à son tour par une fleur. A l'aisselle de sa dernière feuille, elle forme une nouvelle branche qui rejette la fleur de côté, se place dans le prolongement de la première, et ainsi de suite. En un mot, il se constitue de la sorte un sympode, comme nous en avons rencontré plusieurs fois en étudiant la ramification de la tige, avec cette différence que le sympode prend naissance ici, non par avortement du bourgeon terminal, comme dans le Tilleul, ni par destruction de la région feuillée de la tige, comme dans le Polygonate, vulgairement Sceau-de-Salomon, mais par différenciation de chaque sommet en une fleur. Le long du sympode, les pédicelles floraux sont rejetés de côté, sans feuilles immédiatement au-dessous, et diamétralement opposés chacun à une feuille. A ces caractères on distingue toujours une fleur terminale, ainsi rejetée latéralement, d'une fleur axillaire. Une pareille fleur solitaire est dite *oppositifoliée* (Némophile, Cuphée, etc.).

Si les feuilles sont opposées et si les deux dernières feuilles développent chacune une branche puissante, la fleur solitaire conserve sa position terminale, mais se trouve située dans une sorte de dichotomie de la tige (Érythrée, Mouron, etc.). C'est le phénomène déjà constaté dans le Lilas (p. 139), avec cette différence qu'au lieu d'avorter, le bourgeon terminal se développe ici en une fleur.

Inflorescence groupée. — Quand le pédicelle se ramifie à un seul degré, le groupe de fleurs est *simple* et sa forme générale dépend à la fois de la longueur i des intervalles qui séparent les

Fig. 114. — Grappe du Groseillier.   Fig. 115. — Corymbe du Poirier.

pédicelles secondaires sur le pédicelle primaire et de la longueur p de ces pédicelles secondaires. Elle varie avec ces deux éléments, et sous ce rapport on peut distinguer quatre types, reliés par beaucoup d'intermédiaires.

Avec *i* et *p* longs, on a une *grappe* (fig. 114) (Cytise, Groseillier, etc.); avec *i* long et *p* nul, on a un *épi* (fig. 116) (Plantain, Verveine, Charme, etc.); avec *i* nul et *p* long, on a une *ombelle* (fig. 117) (Cerisier, Astrance, etc.); avec *i* et *p* nuls, on a un *capitule* (fig. 118) (Composées, Panicaut, etc.). Dans le capitule, le pédicelle primaire se dilate au sommet pour porter les petites fleurs sessiles : cette extrémité élargie, c'est le *réceptacle commun* des fleurs (fig. 118, *a*), relevé en cône (Matricaire, Panicaut, etc.), aplati en assiette (Hélianthe, Dorsténie, etc.), creusé en cuvette (Ambore) ou en bouteille (Figuier). Parmi les cas intermédiaires à ces quatre types, on distingue, sous le nom de *corymbe* (fig. 115),

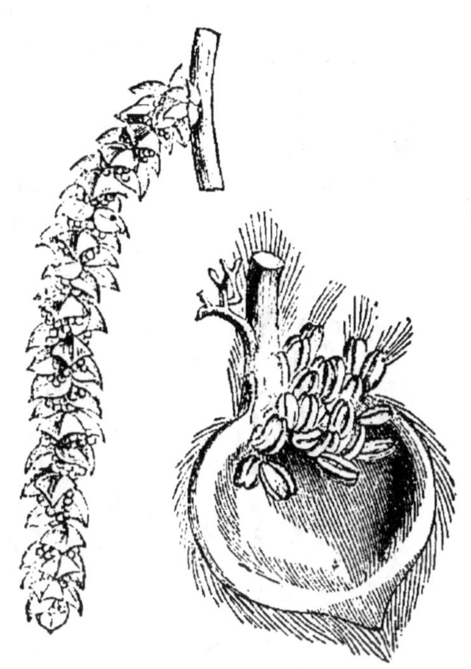

Fig. 116. — Épi du Charme; à droite, une fleur grossie.

celui où la grappe se raccourcit progressivement vers le sommet, à la fois dans ses pédicelles et dans les intervalles qui les séparent, de manière que toutes les fleurs arrivent sensiblement à la même hauteur (Poirier, Prunier, etc.).

Quand le groupe est simple, le nombre des pédicelles latéraux n'est pas à considérer; il est en général grand et indéterminé. S'il est petit, réduit à deux ou à un seul, on se borne à dire que la grappe, le corymbe, l'épi, l'ombelle, le capitule est pauciflore, triflore, biflore.

Fig. 117. — Ombelle de l'Astrance, avec son involucre.

Quand le pédicelle se ramifie à plusieurs degrés, les pédicelles secondaires se ramifiant à leur tour, les pédicelles tertiaires faisant de même, et ainsi de suite, le groupe de fleurs est *composé*. Il y a lieu alors de distinguer le cas général où le nombre des pédicelles secondaires est **plus ou** moins grand et indéterminé, du cas particulier, où il est petit, réduit à deux ou à un seul.

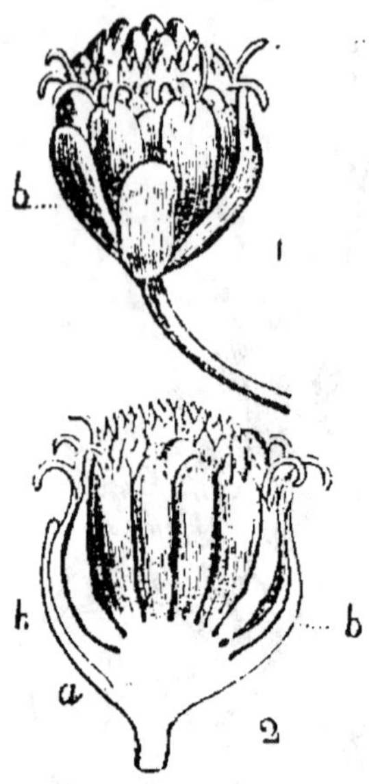

Fig. 118. — Capitule de l'Armoise. 1, entier; 2, coupé en long; *a*, réceptacle commun; *b*, involucre.

Dans le cas général, de deux choses l'une : ou bien la ramification s'opère suivant le même mode à tous les degrés successifs et l'on a : une *grappe composée* (Lilas, Vigne, etc.), un *corymbe composé* (Sorbier, alisier, etc.), un épi composé (Blé, Millet, etc.), une *ombelle composée* (Dauce carotte, Fenouil, et presque toutes les Ombellifères), un *capitule composé* (Échinope, Scabieuse, etc.); ou bien elle change de mode d'un degré à l'autre, et l'on obtient : une *grappe d'épis* (Avoine, etc.), une *grappe d'ombelles* (Lierre, etc.), une *grappe de capitules* (Pétasite, etc.), un *corymbe composé de capitules* (Achillée, etc.), etc., etc.

Dans le cas particulier, où le nombre des pédicelles latéraux de chaque degré est petit, réduit souvent à deux ou à un seul, mais où, par une sorte de compensation, leur puissance de ramification est très grande, l'ensemble a reçu le nom de *cyme*. Une cyme n'est donc pas autre chose qu'une grappe ou un épi pauciflore, composé à plusieurs degrés. Elle est *multipare*, s'il y a plus de deux pédicelles secondaires (diverses Euphorbes, Orpin, etc.); elle est *bipare*, s'il y en a deux, égaux (Bégonie, Radiole, etc.) ou inégaux (beaucoup de Caryophyllées, certaines Renonculacées, etc.); elle est *unipare*, s'il n'y en a qu'un seul. Dans ce dernier cas, chaque pédicelle tend à se placer dans le prolongement de la région inférieure du pédicelle précédent, en rejetant latéralement la région supérieure de ce pédicelle; en un mot, il se fait un sympode, des flancs duquel se détachent les extrémités florifères des pédicelles successifs; celles-ci sont diamétralement opposées aux bractées, ce qui empêche aussitôt de les prendre pour autant de rameaux latéraux. S'il y a homodromie à chaque degré de ramification (p. 250), c'est-à-dire à chaque passage d'un segment à l'autre sur le sympode, les fleurs sont, comme les bractées auxquelles elles sont opposées, réparties également sur une hélice continue tout autour du sympode, qui est droit : la cyme unipare est dite *héliçoïde* (Hémérocalle, Alstrémère, Sparmannie, certaines Solanacées, etc.). S'il y a, au contraire, antidromie à chaque passage d'un degré au suivant, ou d'un segment au suivant sur le sympode, toutes les fleurs sont insérées sur le même côté, et toutes les bractées sur le côté opposé du sympode, qui s'enroule en spirale : la cyme unipare est dite *scorpioïde* (Hélianthème, Borraginées, la plupart des Hydrophyllées, Rossolis, Échévérie. Tradescantie, etc.).

Il arrive assez fréquemment que la cyme multipare, en s'appauvrissant, se continue en cyme bipare (Périploce), ou qu'une cyme bipare dégénère en cyme unipare en ne développant désormais qu'une de ses branches (Caryophyllées, Malvacées, Linées, Solanacées, Consoude, Bourrache, Hémérocalle, etc.). On remarquera que la cyme unipare ne diffère de l'inflorescence solitaire oppositifoliée que parce que les feuilles y sont remplacées par des bractées ; la même différence se retrouve entre la cyme bipare et les fleurs solitaires dans une dichotomie.

Le cas particulier se combine d'ailleurs assez souvent avec le cas général, la cyme avec la grappe, de manière à former un groupe mixte, et cela de deux manières inverses. Tantôt c'est la grappe qui en s'appauvrissant dégénère en cyme, et l'on a une grappe de cymes bipares (Chimonanthe, etc.), une grappe de cymes unipares scorpioïdes (Marronnier, Vipérine, etc.) ou héliçoïdes (Millepertuis, etc.), une ombelle composée de cymes bipares (Viorne tin, etc.), une ombelle de cymes unipares scorpioïdes (Butome, etc.), etc. Tantôt c'est, au contraire, une cyme qui s'élève à l'état de grappe, et l'on a, par exemple, une cyme bipare de capitules (Silphe, etc.), une cyme unipare scorpioïde de capitules (Chicorée, Vernonie, etc.) ou d'ombelles (Caucalide, etc.), une cyme unipare héliçoïde de grappes (Phytolaque, etc.), etc.

Bractées. Spathe. Involucre. — Le pédicelle de la fleur solitaire est quelquefois nu, dépourvu de bractées ; on passe alors, sans aucun intermédiaire, de la dernière feuille ordinaire à la fleur proprement dite, et la différenciation florale est aussi brusque que possible (Tulipe, Pavot, Mouron, etc.). Le plus souvent cependant, quand il est simple, et toujours quand il se ramifie, le pédicelle porte sur ses flancs un certain nombre de bractées. Ce sont ordinairement de très petites feuilles, rudimentaires, incolores ou verdâtres, et il faut quelque attention pour les apercevoir. Quelquefois même elles avortent de bonne heure et complètement (sur le pédicelle primaire dans l'Angélique, le Cerfeuil, le Fenouil, les Graminées, les Crucifères, etc.). Parfois, au contraire, elles prennent un grand développement, de vives couleurs et contribuent à l'éclat des fleurs (Origan, Sauge, etc.) ; c'est même à de pareilles bractées colorées que certaines fleurs, par elles-mêmes petites et peu apparentes, doivent toute leur beauté (certaines Broméliacées, Bananier, Bougainvillée, Poinsettie, etc.).

Chez un grand nombre de Monocotylédones, notamment chez les Aroïdées et les Palmiers, le pédicelle primaire du groupe floral porte au-dessous des fleurs une large bractée engainante qui, sans former de pédicelle secondaire à son aisselle, prend une dimension considérable et enveloppe dans le jeune âge le groupe tout entier. Cette grande bractée protectrice, qui s'ouvre plus tard pour permettre aux fleurs de s'épanouir à l'air, est une *spathe*. La spathe peut aussi n'envelopper qu'une seule fleur : elle est alors uniflore (fig. 119) (Narcisse, etc.). Dans les Aroïdées, où elle enveloppe un épi simple (fig. 120), elle prend souvent une forme singulière (Gouet, Colocase, etc.) et une couleur éclatante, blanche (Richardie, Calle) ou rouge écarlate (certains Anthuriums).

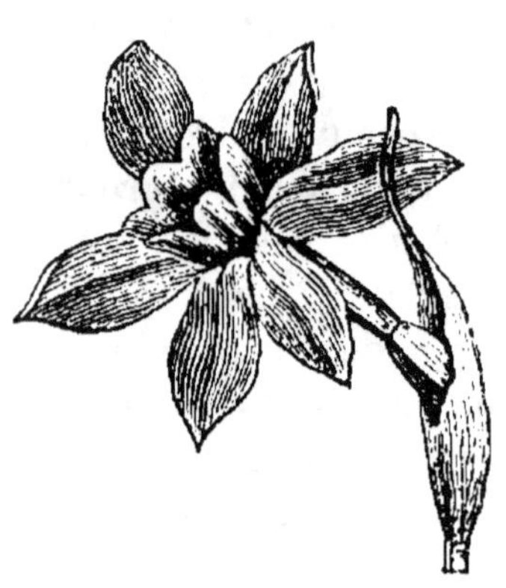

Fig. 119. — Spathe uniflore du Narcisse.

Quand l'inflorescence est en ombelle, les bractées mères des divers pédicelles, rapprochées en verticille, entourent comme d'une collerette le point de départ commun des branches. Ce verticille de bractées, qui enveloppe et protège l'ombelle dans le jeune âge, est un *involucre* (fig. 117). Si l'ombelle est composée, outre l'involucre général, il y a un involucre partiel ou *involucelle* à la base de chaque ombelle simple (Dauce carotte et autres Ombellifères). Quand l'inflorescence est en capitule, les bractées mères de la rangée de fleurs la plus externe se développent plus que les autres, de manière à envelopper le capitule avant son épanouissement (fig. 118); ce cercle de bractées est encore un involucre (Séneçon, etc.). D'autres bractées, situées plus bas sur le pédicelle et stériles, viennent s'ajouter souvent en plus ou moins grand nombre aux premières, et c'est l'ensemble de toutes ces bractées imbriquées, stériles et fertiles, qui constitue alors l'involucre (Centaurée, etc.). Sans être ramifié, le pédicelle peut porter, à une plus ou moins grande distance de la fleur qui le termine, un certain nombre de bractées stériles très développées, disposées à la même hauteur en verticille et qui enveloppent la fleur avant son épanouissement. C'est encore un involucre, mais qui n'entoure qu'une fleur, qui est *uniflore* (Anémone, Éranthe, Nigelle, Œillet, la plupart des Malvacées, Nyctaginées, etc.). Une spathe n'est après tout qu'un involucre formé d'une seule bractée. Les bractées de l'involucre peuvent aussi s'unir bord à bord par une croissance commune, et former un sac qui enferme soit un groupe de fleurs (Euphorbe, etc.), soit une fleur solitaire (Nyctage, etc.).

Cupule. — Sous la fleur et après sa formation, on voit parfois se produire une excroissance de l'écorce du pédicelle, d'abord en forme de bourrelet annulaire, qui grandit plus tard, se relève en une sorte de coupe et produit à sa surface un grand nombre d'émergences écailleuses ou épineuses. On appelle *cupule* une semblable production directe du pédicelle, qu'il faut se garder de confondre avec un involucre concrescent. La cupule est quelquefois uniflore et largement ouverte (fig. 121) (Chêne) ; ailleurs, elle enveloppe complètement un petit groupe de deux (Hêtre) ou de trois fleurs (Châtaignier).

Concrescences diverses du pédicelle. — Né à l'aisselle d'une feuille, le pédicelle floral peut se trouver entraîné avec l'entre-nœud de la tige situé au-dessus de cette feuille dans une croissance commune, de manière à ne s'en séparer que plus haut (diverses Morelles et Asclépiades). Ailleurs,

Fig. 120. — Spathe du Gouet, coupée en avant pour laisser voir l'épi qu'elle enveloppe.

Fig. 121. — Cupule du Chêne : fleur et fruit.

il est concrescent avec la feuille ou la bractée à l'aisselle de laquelle il se développe, de manière à paraître inséré quelque part sur la nervure médiane de la feuille (Fragon, Helwingie) ou de la bractée (Tilleul). [Enfin ces deux concrescences peuvent se produire à la fois dans toute la série des pédicelles disposés sur deux rangs le long d'une même branche; on obtient alors un système aplati, un cladode (p. 243), portant des fleurs à l'aisselle de ses dents latérales (Xylophylle, Phylloclade).

Laissons maintenant de côté le pédicelle et les diverses bractées qu'il peut porter sur ses flancs, pour concentrer toute notre attention sur la fleur proprement dite qui le termine. Nous en étudierons d'abord la conformation générale, puis nous reprendrons avec détail chacune des parties qui la constituent.

§ 2

Conformation générale de la fleur.

Les feuilles différenciées qui composent la fleur sont insérées **autour** du sommet du pédicelle, c'est-à-dire sur le réceptacle, suivant les règles bien connues de la disposition des feuilles ordinaires sur la tige (p. 244), c'est-à-dire tantôt en verticilles alternes, tantôt isolément avec une divergence comme $\frac{2}{5}$, $\frac{3}{8}$, $\frac{5}{13}$, etc., formant alors des cycles superposés de 5, 8, 13 feuilles, etc.; il peut arriver aussi que les deux dispositions, verticillée et cyclique, se rencontrent et se succèdent dans la même fleur, qui est alors mixte. Voyons quelles sont, dans ces trois cas, les parties constitutives de la fleur, en commençant par la disposition verticillée, qui est de beaucoup la plus fréquente.

Fleur verticillée complète. — Une fleur verticillée, complète mais sans complications, possède quatre verticilles différenciés entre eux et adaptés à tout autant de fonctions spéciales. A chacun d'eux et aux feuilles qui le composent on a donné un nom différent.

Le verticille le plus extérieur, qui forme l'enveloppe du bouton, est le *calice*; chacune de ses feuilles, ordinairement vertes, est un *sépale*. Le second verticille est la *corolle*; chacune de ses feuilles, ordinairement plus grande que les sépales et colorée autrement qu'en vert, est un *pétale*. Sépales et pétales ne sont le siège d'aucune production destinée à jouer un rôle direct dans la formation de l'œuf. Aussi le calice et la corolle n'ont-ils qu'une importance secondaire, subordonnée à celle des deux verticilles suivants. On les désigne souvent sous le nom collectif d'*enveloppes florales* ou de *périanthe*.

Le troisième verticille est l'*androcée*. Il est formé de feuilles plus profondément différenciées que les sépales et les pétales ; chacune de ces feuilles est une *étamine*. L'étamine se compose d'un pétiole long et grêle appelé *filet*, et d'un petit limbe divisé en deux moitiés par une nervure médiane qui se prolonge quelquefois en pointe (fig. 122). Le long de chaque bord et habituellement sur sa face supérieure, ce petit limbe présente côte à côte deux proéminences allongées, parallèles à la nervure médiane. Ce sont des protubérances du parenchyme, de la nature des émergences. Pleines dans le jeune âge, ces émergences sont l'objet d'un travail interne que nous étudierons plus tard, à la suite duquel elles se trouvent, au moment de l'épanouissement de la fleur, transformées chacune en un sac contenant un plus ou moins grand nombre de cellules isolées en forme de grains arrondis. La paroi du sac se déchire alors et, par l'ouverture, les grains qu'il renfermait s'échappent au dehors. L'ensemble formé par le limbe et par ses quatre émergences en forme de sacs est l'*anthère*. La poussière de grains, ordinairement colorée en jaune, qui s'en échappe, est le *pollen*. Chacune des quatre émergences où se produit le pollen est devenue, au moment de l'épanouissement, un *sac pollinique*. Enfin la partie médiane de l'anthère, comprenant la nervure et la partie libre du limbe, parce qu'elle réunit entre elles les deux paires de sacs polliniques, est désignée sous le nom de *connectif*.

L'étamine est donc, en résumé, une feuille pollinifère. Le pollen étant destiné, comme on le verra plus tard, à jouer le rôle mâle

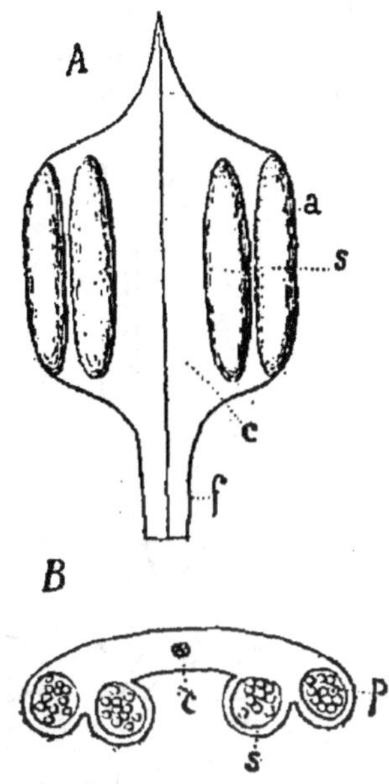

Fig. 122. — Étamine : *A*, vue de face ; *f*, partie supérieure du filet ; *a*, anthère ; *s*, sacs polliniques ; *c*, connectif. *B*, anthère coupée en travers ; *p*, pollen.

dans la formation de l'œuf, on donne déjà à l'étamine elle-même la qualication de feuille mâle, et au verticille des étamines celle de verticille mâle : d'où le nom d'*androcée*.

Le quatrième verticille, situé tout au centre de la fleur, et au-dessus duquel avorte le sommet du pédicelle, est le *pistil*. Il est formé de feuilles profondément différenciées aussi, mais tout autrement que les étamines; chacune de ces feuilles est un *carpelle*.

Un carpelle est formé d'un limbe sessile, élargi dans sa portion inférieure, se continuant par un prolongement grêle, et se terminant par une languette (fig. 123, *A* et *B*). La partie inférieure élar-

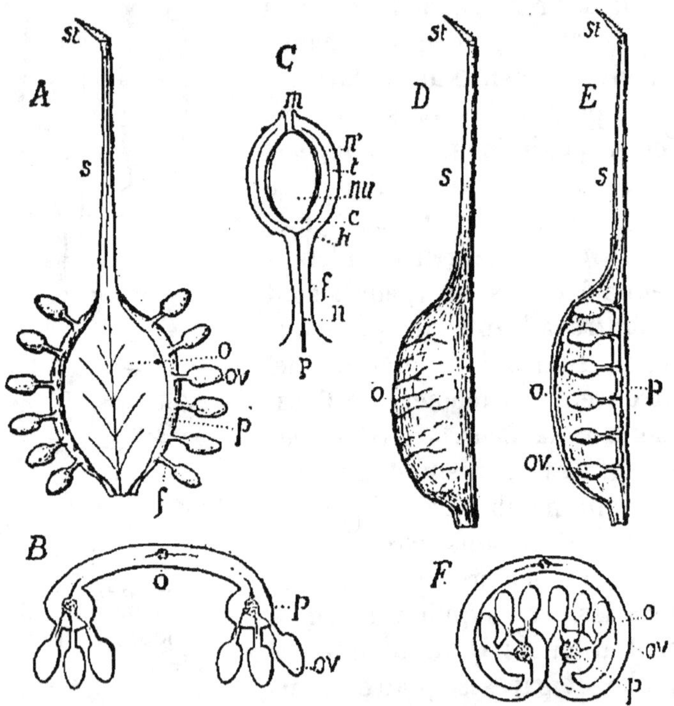

Fig. 123. — *A*, carpelle ouvert, vu de face : *o*, ovaire, *p*, placente ; *f*, funicules ; *ov*, ovules ; *s*, style ; *st*, stigmate. *B*, ovaire en coupe transversale. *C*, ovule grossi, coupé en long : *f*, funicule avec sa nervure *n* ; *h*, hile ; *t*, tégument avec ses nervures *n'* ; *nu*, nucelle ; *m*, micropyle ; *c*, chalaze. *D*, carpelle fermé, vu de côté. *E*, le même coupé en long. *F*, ovaire en coupe transversale.

gie, parcourue en son milieu par une nervure médiane, a ses deux bords épaissis et traversés chacun par une nervure marginale. Sur chaque bord épaissi s'attachent, par le moyen de petits cordons, un certain nombre de corps arrondis, disposés en une ou plusieurs séries longitudinales. Ces corps arrondis sont autant d'*ovules*. La cordelette qui suspend l'ovule est le *funicule*. Le bord épaissi du carpelle, où les ovules s'attachent, est le *placente*. Enfin l'ensemble ainsi formé par la région élargie du carpelle est l'*ovaire*.

Le prolongement étroit du limbe, où pénètre la nervure médiane, ne porte rien sur ses bords : c'est le *style*. Enfin la languette, où se termine la nervure médiane, a sa surface hérissée de papilles et de poils qui sécrètent un liquide visqueux : c'est le *stigmate*.

Le funicule de l'ovule est traversé par une petite nervure, qui est une branche de la nervure marginale ou placentaire du carpelle ; le point où il s'attache à l'ovule est le *hile*. L'ovule lui-même est formé de deux parties (fig. 125, *C*). La partie externe, en forme d'urne, est attachée sur le funicule au hile et se trouve ouverte en un autre point, de manière à donner accès vers la partie interne : c'est le *tégument*. Son ouverture est appelée *micropyle*. La partie interne est une masse de forme ovale ou conique, attachée au tégument par sa base, enveloppée par lui latéralement et tournant son sommet vers le micropyle : c'est le *nucelle*. Sa surface d'attache au tégument est appelée la *chalaze*.

Le tégument n'est pas autre chose qu'une expansion latérale du funicule, relevée en forme de sac. La nervure du funicule s'y répand d'ordinaire et même s'y ramifie, soit suivant le mode penné, soit suivant le mode palmé sous sa modification peltée. Il en résulte que la conformation du tégument n'est symétrique que par rapport à un plan. En résumé, le tégument est un petit limbe attaché par un petit pétiole, le funicule, sur le bord renflé du carpelle, comme un lobe ou un segment de feuille simple sur le bord du limbe général, ou comme une foliole de feuille composée sur le bord du pétiole général.

Le nucelle, toujours dépourvu de nervures, est une excroissance du parenchyme, une émergence de ce segment ou de cette foliole, insérée sur sa ligne médiane et ordinairement sur sa face supérieure, de manière que son axe soit compris dans le plan de symétrie du segment. Cette protubérance est le siège d'un travail intérieur que nous étudierons plus tard et par suite duquel, au moment de l'épanouissement de la fleur, le nucelle se trouve avoir formé en lui le corpuscule qui joue le rôle femelle dans la forma-

tion de l'œuf. Le nucelle du carpelle correspond donc au sac pollinique de l'étamine. Il y a cette différence pourtant, entre l'émergence mâle et l'émergence femelle, que la première est libre et
nue, tandis que la seconde est ordinairement enveloppée par le
segment carpellaire qui la porte et qui se relève autour d'elle en ne
laissant d'accès libre qu'à son sommet. Pour atteindre ce résultat,
ce segment est obligé de se séparer à la fois de ses congénères et
du carpelle commun qui les porte.

Le nucelle étant l'organe reproducteur femelle, cette dénomination peut être transportée d'abord à l'ovule, puis au carpelle
tout entier, qui est ainsi la feuille femelle de la fleur au même
titre que l'étamine en est la feuille mâle, enfin à l'ensemble du pistil, qui devient le verticille femelle, le *gynécée*, comme on dit aussi
quelquefois.

On a supposé dans tout ce qui précède que le carpelle est une
feuille étalée, ouverte, comme sont toujours les sépales, les pétales
et les étamines. Il en est ainsi assez souvent, par exemple, dans le
Résède, la Violette, le Groseillier, l'Orchide, etc. L'ovaire est alors
plan ou plus fréquemment creusé en nacelle sur sa face supérieure,
avec ses deux bords renflés ovulifères reployés un peu en dedans
(fig. 123, *B*). Le style est plan ou creusé en gouttière, et le stigmate
étalé en languette. Les placentes sont situés sur la paroi interne du
pistil, et l'espace que le pistil enveloppe au centre de la fleur n'est
pas subdivisé. On dit que les placentes sont *pariétaux*, que la *placentation* est *pariétale*.

Mais bien plus souvent il arrive que le carpelle, en se développant, se reploie et se ferme (fig. 123, *D, E, F*). La face supérieure
devient alors de plus en plus concave; les deux bords renflés, reployés d'abord en dedans, puis en dehors, se rapprochent l'un de
l'autre et s'unissent le long d'une bande qui appartient à leur face
inférieure. L'ovaire forme désormais une cavité close et c'est à
l'angle interne de cette cavité, du côté de l'axe de la fleur, que se
trouvent les deux bords placentaires. Les placentes et la placentation sont dits *axiles*. Le style se reploie de même en un cylindre
qui surmonte comme une cheminée la chambre ovarienne, mais
le stigmate demeure étalé, et à sa base s'ouvre la cheminée du
style. Il est ainsi dans la Pivoine, la Spirée, le Butome, etc.

Le carpelle peut donc, avec la même constitution essentielle, présenter deux manières d'être différentes, être ouvert ou fermé. S'il
est ouvert, la placentation des ovules est pariétale; s'il est fermé,

elle est axile. Ces deux manières d'être se rencontrent quelquefois dans un seul et même carpelle. L'ovaire est alors fermé à la base, ouvert au sommet, et le même placente est axile dans sa partie inférieure, pariétal dans sa région supérieure. C'est ce qu'on voit par exemple dans certaines Saxifrages (S. grenue, etc.).

Toute fleur qui possède l'organisation que nous venons d'étudier, c'est-à-dire de dedans en dehors : un verticille femelle, un verticille mâle et une double enveloppe autour d'eux, est dite *hermaphrodite complète* ou *dipérianthée*. Mais on rencontre souvent des fleurs plus simples et d'autres plus compliquées, et il faut tracer les principaux degrés de cette simplification et de cette complication.

Fleurs verticillées plus simples. — C'est déjà une simplification quand les deux verticilles externes deviennent semblables l'un à l'autre, soit que le calice se colore comme la corolle (Liliacées, Amaryllidées, Iridées, etc.), soit qu'au contraire la corolle demeure verte comme le calice (Joncées, Rumice, etc.). Le périanthe est encore formé, il est vrai, de deux verticilles, mais il n'est plus différencié ; il est tout entier pétaloïde dans le premier cas, tout entier sépaloïde dans le second. Avec quatre verticilles, la fleur n'a plus en réalité que trois formations distinctes : périanthe, androcée et pistil.

La simplification se marque davantage quand la fleur se réduit à trois verticilles, ce qui peut arriver de plusieurs manières différentes.

Si le périanthe ne comprend qu'un verticille enveloppant l'androcée et le pistil, ce verticille unique, quelle qu'en soit la couleur, est considéré comme étant le calice, et la corolle comme absente. La fleur est dite *hermaphrodite apétale* ou *monopérianthée* (Orme, Aristoloche, Nyctage, Anémone, Clématite, etc.).

Avec un calice et une corolle, la fleur peut n'avoir qu'un pistil, sans androcée. Mais alors la plante produit soit sur le même individu, soit sur des individus différents, une seconde espèce de fleur, complémentaire de la précédente, qui avec un calice et une corolle possède un androcée, sans pistil. La première fleur est dite femelle, la seconde mâle ; les fleurs sont *unisexuées*. La plante est *monoïque*, si les fleurs des deux sortes sont réunies sur le même individu (Courge, etc.), *dioïque*, si elles se trouvent séparées sur deux individus différents (Phénice, etc.). L'individu qui ne produit que des fleurs mâles est dit lui-même mâle ; celui qui ne porte que des fleurs femelles est désigné tout entier comme femelle.

La simplification fait un nouveau pas, si la fleur ne comprend que deux verticilles, ce qui peut avoir lieu encore de deux manières différentes.

Le périanthe peut manquer complètement, et la fleur, qui se compose d'un androcée et d'un pistil, est dite *hermaphrodite nue* ou *apérianthée*, comme dans le Frêne et le Calle. Le périanthe peut être formé d'un verticille, qui est un calice; le second verticille est alors un androcée dans certaines fleurs (fig. 124), un pistil dans d'autres fleurs complémentaires des premières. Les fleurs sont encore unisexuées, les unes mâles, les autres femelles, mais en outre elles sont apétales. Il y a tantôt monœcie, comme dans le Chêne, le Châtaignier, le Figuier, etc., tantôt diœcie, comme dans le Chanvre, le Houblon, la Mercuriale, etc.

Enfin la fleur peut se réduire à un seul verticille. Ce verticille est l'androcée pour certaines fleurs, le pistil pour d'autres fleurs, complémentaires des premières. Les fleurs sont encore unisexuées, mâles ou femelles, mais en outre elles sont *nues*. Il y a tantôt monœcie (Gouet, fig. 120, la plupart des Laiches, etc.), tantôt diœcie (Saule, fig. 124, etc.). Si, dans ce verticille unique, le nombre des parties se réduit à l'unité, on atteint le dernier degré de simplification. Une étamine d'un côté, un carpelle de l'autre : telle est la fleur réduite à sa plus simple expression, comme on la rencontre par exemple dans le Platane, la Naïade, etc.

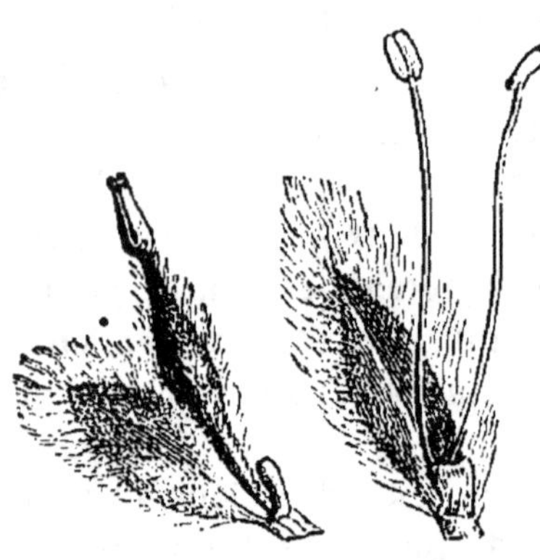

Fig. 124. — Fleurs unisexuées nues du Saule : à droite, fleur mâle; à gauche, fleur femelle.

Fleurs verticillées plus compliquées. — Souvent, au contraire, la fleur, déjà complète, se complique par l'adjonction de nouveaux verticilles à l'une ou à l'autre des quatre formations qu'elle présente.

Le calice et la corolle peuvent être formés de deux ou de plusieurs verticilles de sépales ou de pétales (Ménispermées, Berbéridées); mais surtout il est très fréquent de voir l'androcée comprendre deux ou un plus grand nombre de verticilles d'étamines

semblables : deux dans les Liliacées, Amaryllidées, Géraniacées, etc.,
où on le dit *diplostémone;* un plus grand nombre dans beaucoup
de Rosacées, de Lauracées, dans l'Ancolie, etc. Le pistil multiplie
aussi parfois ses verticilles, comme dans le Punice grenadier, où il
offre deux rangs de carpelles.

Relations de nombre et de position des verticilles. —
Que la fleur ait quatre verticilles ou un nombre plus petit ou
plus grand, il peut arriver que le nombre des feuilles demeure le
même dans tous les verticilles. Il est partout de 2 dans la Circée
et le Maïanthème; partout de 3 dans les Liliacées, les Iridées, etc.;
partout de 4 dans l'Onagre, la Bruyère, etc.; partout de 5 dans
le Géraine, la Crassule, etc. : la fleur est alors *isomère*. Ailleurs,
le nombre des feuilles change d'un verticille à l'autre. Après
5 étamines à l'androcée, par exemple, il est fréquent de trouver
2 carpelles au pistil (Solanacées, etc.): la fleur est alors *hétéromère*.

Dans la fleur isomère, la disposition habituelle des verticilles
successifs est, comme on sait, l'alternance. Pourtant, on observe
aussi quelquefois la superposition. Ainsi, dans la Vigne, la Primevère, le Nerprun, la Mauve, etc., les cinq étamines sont superposées aux cinq pétales, et non alternes avec eux; de même, dans
l'Ansérine, le Protée, le Santal, etc., où la corolle manque, les
étamines sont superposées aux sépales. Ainsi encore, dans un
grand nombre de fleurs diplostémones, les carpelles sont superposées aux étamines du second rang et par conséquent aux pétales
(Géraniacées, Rutacées, Éricacées, etc.).

Dans la fleur hétéromère, la disposition relative des verticilles
successifs ne peut plus se définir d'une manière aussi simple. Tout
ce qu'on peut dire de plus général à cet égard, c'est qu'ils se rapprochent le plus possible de l'alternance, sans altérer la symétrie
de la fleur.

Dans tous les cas, les verticilles apparaissent successivement
sur le réceptacle, suivant la règle générale des feuilles verticillées, c'est-à-dire de bas en haut ou de dehors en dedans : le
calice d'abord, puis la corolle, ensuite l'androcée et en dernier
lieu le pistil. Si la corolle paraît quelquefois postérieure à l'androcée, c'est parce que les pétales demeurent d'abord très courts
et sont de bonne heure dépassés par les étamines.

Fleurs cycliques. — Certaines fleurs, avons-nous dit, ont
leurs sépales, leurs pétales, leurs étamines et leurs carpelles

disposés isolément à chaque nœud; les feuilles florales se succèdent alors, par cycles superposés, ordinairement en nombre considérable et indéterminé, le long d'une spire serrée qui fait de
nombreux tours à la surface du réceptacle. Ces fleurs cycliques
sont relativement rares et ne se rencontrent que dans certains
groupes de Dicotylédones (Magnoliacées, Anonacées, Renonculacées, Nymphéacées, Cactées, etc.).

Tantôt les quatre formations y sont aussi distinctes l'une de
l'autre que dans les fleurs verticillées, parce que chacune d'elles
comprend exactement un ou plusieurs cycles. Ceux-ci peuvent
alors conserver dans toute la fleur la même divergence, par
exemple $\frac{2}{5}$ (Dauphinelle consoude), ou changer brusquement
de divergence à la limite de deux formations, passer par exemple
de $\frac{2}{5}$ dans le calice et la corolle à $\frac{3}{8}$ dans l'androcée (Garidelle) ou
de $\frac{2}{5}$ dans le calice à $\frac{3}{8}$ dans la corolle et à $\frac{5}{21}$ dans l'androcée
(Aconit, etc.).

Tantôt, au contraire, on passe insensiblement, sur la spirale
commune, des sépales aux pétales, comme dans le Camélier et les
Calycanthées, ou des pétales aux étamines, comme dans la Nymphée; il est alors impossible de dire où le calice finit et où la corolle commence, où la corolle finit et où l'androcée commence.
L'étude de ces sortes de fleurs est précisément très intéressante
parce qu'il est facile d'y suivre la marche progressive de la différenciation florale.

Fleurs mixtes. — Dans les fleurs verticillées, le nombre des
parties peut varier d'un verticille à l'autre; dans les fleurs cycliques, la divergence, c'est-à-dire le nombre des parties du cycle,
peut varier d'un cycle à l'autre. Il n'est donc pas surprenant de
voir que la même fleur puisse renfermer à la fois des verticilles et
des cycles. On a des exemples de ces fleurs mixtes dans beaucoup
de Renonculacées, où le calice et la corolle forment deux verticilles alternes de cinq feuilles chacun, tandis que les étamines et
les carpelles se suivent en grand nombre en une spirale continue.

Orientation de la fleur et de ses diverses parties. —
Pour faciliter l'étude, il est nécessaire de rapporter la position de
la fleur tout entière et celle de chacune de ses parties à une certaine direction fixe convenablement choisie. La fleur naissant, en
général, sur une branche ou sur un pédicelle, à l'aisselle d'une
feuille ou d'une bractée, on convient de placer toujours la branche
ou le pédicelle en arrière ou en dessus, la feuille ou la bractée

mère en avant ou en dessous. On nomme dès lors côté *postérieur* ou *supérieur* de la fleur le côté tourné vers la branche ou le pédicelle, côté *antérieur* ou *inférieur* le côté tourné vers la feuille ou la bractée. La fleur prend en même temps un côté droit et un côté gauche.

Puis, si l'on imagine un plan longitudinal mené d'avant en arrière à travers la fleur et comprenant à la fois l'axe de la branche mère, celui du rameau floral, et la ligne médiane de la feuille mère, ce sera le *plan médian* ou la *section médiane* de la fleur; il la partage en une moitié droite et en une moitié gauche. Les feuilles florales que ce plan coupe en deux sont dites *médianes*, médianes antérieures, ou médianes postérieures. Si l'on imagine un plan passant encore par l'axe du rameau floral, mais perpendiculaire au précédent, ce plan sera le *plan latéral* ou la *section latérale* de la fleur; il la partage en une moitié postérieure et en une moitié antérieure. Les feuilles florales qu'il coupe en deux sont dites *latérales*, latérales de droite, ou latérales de gauche. Les deux plans bissecteurs des précédents peuvent être appelés *plans diagonaux, sections diagonales* de la fleur; les feuilles qu'il coupe en deux sont dites *diagonales*.

Reprenons maintenant avec quelques détails l'étude des quatre formations différenciées qui constituent une fleur complète.

§ 3

Calice.

Forme des sépales. — Les sépales sont des feuilles ordinairement sessiles, dont le limbe, inséré par une large base, est le plus souvent entier et terminé en pointe. Il s'y fait parfois, en un point situé vers la base, une croissance exagérée : cette région proémine alors en dehors en forme d'une bosse creuse (Scutellaire, Crucifères, etc.) ou, si elle est plus développée, d'un éperon (fig. 125) (Dauphinelle, Capucine, etc.). Les sépales sont habituellement verts; quand ils sont dépourvus de chlorophylle, on les dit colorés ou *pétaloïdes* (Tulipe, Clématite, Fuchsie, etc.). S'ils sont tous de même forme et d'égale dimension, ou si, étant de formes différentes et d'inégales dimensions, ils alternent régulièrement, comme dans les Crucifères, le calice est symétrique par rapport à l'axe de la fleur : il est dit *régulier*. Si, au contraire, l'un des sépales est plus développé que les autres, qui vont décroissant de chaque côté, le calice n'est plus symétrique que par rapport au

plan qui passe par l'axe de la fleur et par la nervure médiane du grand sépale; on le dit alors, par un choix d'expression assez malencontreux, *irrégulier* (Capucine, fig. 125, Aconit, etc.). Le plan de symétrie est généralement médian et divise le calice en deux moitiés gauche et droite, qui sont l'image l'une de l'autre dans un miroir.

Croissance des sépales. — Nés côte à côte et indépendamment sur le réceptacle, les sépales cessent bientôt de croître au sommet et c'est par un allongement intercalaire qu'ils grandissent ensuite pour atteindre leur dimension définitive. Suivant la hauteur où se localise cette croissance intercalaire, le calice prend deux aspects différents. Si la zone de croissance est située dans chaque sépale à quelque distance de sa

Fig. 125. — Calice de la Capucine. *A*, éperon coupé ; *B*, pédicelle.

base, tous les sépales s'allongent indépendamment et demeurent séparés : le calice est *dialysépale* (Tulipe, Renoncule, etc.). Si, occupant la base même de chaque sépale, elle conflue avec ses congénères de manière à former un anneau continu, il y a concrescence, et les sépales se trouvent unis dans une plus ou moins

Fig. 126.   Fig. 127.

grande étendue de leur région inférieure : le calice est *gamosépale* (Labiées, fig. 126, Silénées, fig. 127, etc.). L'anneau de croissance produit, en effet, une pièce unique, plus ou moins haute, en forme de tube ou de coupe, qui soulève les parties déjà formées et au bord de laquelle ces parties proéminent.

suivant leur dimension, comme autant de festons, de dents, de lobes ou de partitions ; aussi le calice gamosépale est-il dit, suivant les cas, crénelé, denté (fig. 127), lobé (fig. 126) ou partit. Au nombre de ces dents ou lobes, on reconnaît facilement combien il entre de sépales dans la constitution d'un pareil calice. Déjà signalée entre les feuilles ordinaires (p. 242) et entre les bractées (p. 317), cette concrescence se montre plus fréquente entre les sépales, sans doute à cause de leur large insertion sur une circonférence relativement étroite.

Dialysépale ou gamosépale, le calice peut, comme il a été dit plus haut, être régulier ou irrégulier; il en résulte pour lui quatre manières d'être différentes. Le calice dialysépale est régulier dans le Lis et la Renoncule, irrégulier dans l'Aconit. Le calice gamosépale est régulier dans la Primevère, les Silénées (fig. 127), beaucoup de Labiées (fig. 126), etc., irrégulier dans la Capucine (fig. 125), les Papilionacées, etc.

Structure des sépales. — La structure des sépales diffère trop peu de celle des feuilles végétatives pour qu'il soit utile de s'y arrêter longtemps. Le parenchyme s'y rattache ordinairement au type homogène, avec stomates sur les deux faces. Les faisceaux libéroligneux s'y ramifient comme dans une feuille ordinaire. Si le calice est gamosépale, l'union peut n'avoir lieu que par le parenchyme, les faisceaux demeurant indépendants; mais souvent aussi les faisceaux s'unissent latéralement d'un sépale à l'autre en un système unique, soit par de simples anastomoses transverses, soit parce que les faisceaux marginaux des sépales voisins demeurent confondus en un seul, depuis leur départ du pédicelle jusqu'à une hauteur plus ou moins grande, où ils se dédoublent (Labiées, fig. 126, etc.).

Ramification des sépales. Calicule. — Il est assez rare que les sépales se ramifient. Pourtant, il en est qui forment des stipules à leur base : les stipules de deux sépales voisins s'unissent alors par une croissance commune, comme on l'a vu pour celles des feuilles ordinaires dans le Houblon ou le Gaillet croisette. Il en résulte des folioles géminées, en même nombre que les sépales et alternes avec eux. On appelle *calicule* l'ensemble de ces dépendances stipulaires du calice (Fraisier, Potentille, etc.). Il faut bien se garder de confondre le calicule avec l'involucre uniflore dont il a été question plus haut (p. 317).

Préfloraison du calice. — D'une façon générale, on appelle *préfloraison* la manière dont les diverses feuilles d'un verticille floral, notamment celles du calice et de la corolle, sont disposées dans le bouton avant l'épanouissement : c'est, en un mot, la préfoliation de la fleur. Qu'ils soient libres ou concrescents, égaux ou inégaux, les sépales peuvent affecter dans le bouton plusieurs dispositions relatives, plusieurs préfloraisons, que l'on distingue et dénomme comme il suit.

La préfloraison du calice est *valvaire*, quand les sépales rapprochent simplement leurs bords dans le bouton, sans se recouvrir d'aucune manière (Malvacées, etc.). Elle est *tordue*, quand chaque sépale recouvre en partie l'un de ses voisins et est recouvert en partie par l'autre (Ardisie, Cyclame). Elle est *spiralée* quand les sépales se recouvrent comme s'ils appartenaient non à un verticille, mais à un cycle; avec trois sépales, par exemple, il y en a un recouvrant, un recouvert et un mi-partie recouvert mi-partie recouvrant, comme dans un cycle $\frac{1}{3}$ (Tulipe, etc.); avec cinq sépales, il y en a deux recouvrants, deux recouverts et un mi-partie recouvrant mi-partie recouvert, comme dans un cycle $\frac{2}{5}$; ce dernier cas, assez fréquent, est souvent désigné sous le nom de préfloraison *quinconciale*. La préfloraison est *cochléaire*, quand l'un des sépales recouvre ses deux voisins, qui à leur tour recouvrent le quatrième s'il y en a quatre, le quatrième et le cinquième s'il y en a cinq. Enfin elle est *imbriquée*, quand l'un des sépales étant extérieur, l'un de ses voisins est intérieur et tous les autres mi-partie intérieurs et extérieurs; elle diffère de la préfloraison cochléaire parce que les sépales externe et interne, au lieu d'être éloignés, sont contigus.

Épanouissement du calice. — A un moment donné, les sépales, appliqués l'un contre l'autre dans le bouton comme il vient d'être dit, se séparent et se rejettent en dehors; fermé jusque là, le calice s'ouvre, et c'est ainsi que commence l'épanouissement de la fleur. Comme pour les feuilles ordinaires, l'effet est dû à ce que chaque sépale, qui jusqu'alors s'était accru davantage sur sa face externe, s'allonge maintenant davantage sur sa face interne; en un mot, c'est une nutation d'épanouissement. Il y a quelques fleurs où les sépales ne se séparent pas ainsi, où le calice ne s'épanouit pas. Il se détache alors circulairement à sa base et s'enlève tout d'une pièce, comme un bonnet ou un opercule; après sa chute, les pétales et les parties internes s'épanouissent successivement (Papavéracées, certaines Myrtacées : Eucalypte, Calyptranthe, etc.).

Avortement et absence des sépales. — Quand le calice est dialysépale et irrégulier, certains sépales, avons-nous dit, demeurent plus petits que les autres. Il peut se faire qu'une fois nés ils ne croissent que très peu ou pas du tout, pendant que les autres atteignent une dimension considérable : ils avortent. Ainsi, dans la Balsamine, les deux sépales antérieurs avortent, les deux latéraux demeurent petits, le postérieur seul prend un grand développement. Quand le calice est régulier, les sépales peuvent tous à la fois s'arrêter de bonne heure dans leur croissance, avorter tous ensemble, comme dans la Vigne, où le calice se réduit à un petit rebord à cinq festons à peine indiqués.

Enfin nous savons qu'il est des fleurs, hermaphrodites comme celles du Frêne et du Calle, unisexuées comme celles du Saule et du Gouet, où il n'apparaît sur le réceptacle aucune trace de sépales, qui sont absolument dépourvues de périanthe.

§ 4

Corolle.

Forme des pétales. — Les pétales sont des feuilles souvent sessiles (fig. 128, *A*), dont le limbe, inséré sur le réceptacle par une base étroite, s'élargit ordinairement beaucoup dans sa région supérieure; il n'est pas rare cependant d'y voir un pétiole bien développé, qu'on appelle l'*onglet* (fig. 128, *B*) (Œillet, Nérion, etc.).

Le pétale prend quelquefois en un point une croissance exagérée et proémine à cet endroit en forme de bosse creuse ou d'éperon; c'est généralement vers la base que s'opère cette localisation de croissance et vers l'extérieur que s'allonge la bosse (Fumeterre, Violette, Muflier, etc.), ou l'éperon (fig. 129) (Ancolie, Linaire, Dauphinelle, etc.); mais le phénomène peut

A   Fig. 128.   B

se produire aussi vers le milieu de la longueur et de manière à projeter vers l'intérieur la bosse ou l'éperon (Bourrache, Consoude, etc.); il peut s'opérer aussi vers le sommet du pétale, qui se renfle en casque ou en capuchon (fig. 130) (Aconit, etc.); le pétale peut enfin se creuser tout entier en cornet (fig. 131) (Hellébore).

Les pétales sont généralement dépourvus de chlorophylle, blancs ou parés des couleurs les plus vives; parfois cependant ils sont verts comme les sépales : la corolle est alors *sépaloïde* (Jonc, Rumice, Érable, etc.).

Si les pétales sont tous de même forme et de même dimen-

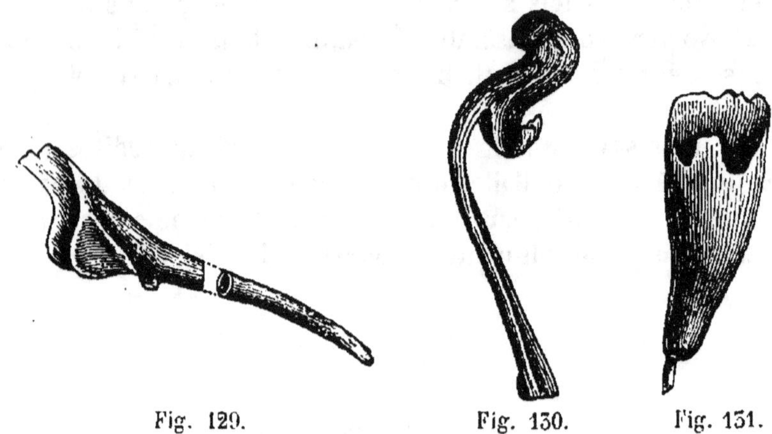

Fig. 129.   Fig. 130.   Fig. 131.

sion, ou si, de forme et de dimension différentes, ils alternent régulièrement, la corolle est symétrique par rapport à l'axe de la fleur : elle est dite *régulière* (fig. 132) (Giroflée, Ronce, Œillet,

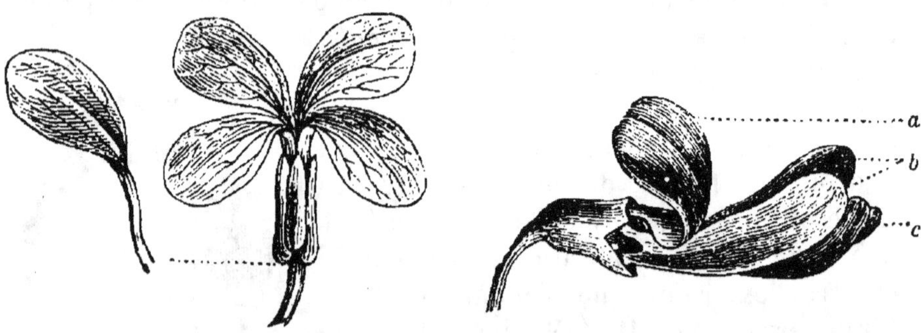

Fig. 132. — Fleur de Giroflée.

Fig. 133. — Fleur de Papilionacée :
a, étendard; b, ailes; c, carène.

Ancolie, etc.). Si, au contraire, il y en a un ou deux plus développés que les autres, qui vont en décroissant pareillement de chaque côté, la corolle n'est plus symétrique que par rapport à un plan : elle est *irrégulière* (fig. 133) (Papilionacées, Capucine, Linaire, Lamier, Orchide, etc.). Le plan de symétrie est ordinaire-

ment médian et divise la corolle en deux moitiés droite et gauche,
qui sont l'image l'une de l'autre dans un miroir.

Croissance des pétales. — Nés côte à côte et indépendamment sur le réceptacle, les pétales cessent bientôt de croître au
sommet ; c'est par un allongement intercalaire qu'ils grandissent
plus tard et atteignent leur dimension définitive. Le temps d'arrêt
est souvent fort long ; les pétales sont encore très petits quand
déjà les autres parties de la fleur ont achevé leur développement
dans le bouton, et c'est peu de temps avant l'épanouissement du
calice qu'ils prennent tout à coup une croissance rapide. Suivant
le mode de localisation de leur croissance intercalaire, les pétales
s'allongent chacun pour son compte et demeurent séparés : la
corolle est *dialypétale* (fig. 152 et 153) (Crucifères, Rosacées, Caryophyllées, Papilionacées, etc.) ; ou bien ils deviennent concrescents, s'unissent latéralement dans une pièce commune plus ou
moins développée, en forme de tube (Lilas, fig. 134, etc.), de cloche
(Campanule, etc.), d'entonnoir (Nicotiane, etc.), de grelot (Arbousier, fig. 155, etc.) : la corolle est *gamopétale*. Les choses se passent ici comme il a été dit plus haut pour le calice. Le nombre
des dents (fig. 155) ou des lobes (fig. 154) plus ou moins profonds qui surmontent la pièce commune permet d'estimer le
nombre des pétales qui entrent dans la composition de la corolle
gamopétale.

Dialypétale ou gamopétale, la corolle peut-être régulière ou
irrégulière : d'où résultent pour elle, comme pour le calice,
quatre manières d'être différen-
tes. La corolle dialypétale est
régulière dans les Crucifères
(fig. 152), les Rosacées, les Caryophyllées, etc. ; elle est irrégulière
dans les Papilionacées (fig. 153).
le Pélargone, la Capucine, le Résède, etc. La corolle gamopétale
est régulière dans le Lilas (fig. 154).
la Campanule, l'Arbousier (fig. 155),

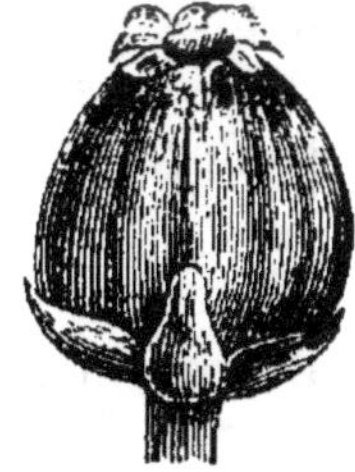

Fig. 134.   Fig. 135.

les Solanacées, les Borraginées, etc. ; elle est irrégulière dans les
Labiées (fig. 136), où elle offre tantôt deux lèvres (Lamier, etc.),
tantôt une seule (Bugle, etc.), dans les Scrofulariacées, etc.
Chez les Composées, elle est tantôt régulière (Chardon, etc.), tantôt irrégulière (Chicorée, etc.). La même plante peut d'ailleurs

porter à la fois des fleurs à corolle régulière et d'autres à corolle
irrégulière, comme on le voit chez beaucoup de Composées, où
le même capitule contient, au centre,
des fleurs à corolle gamopétale régulière, à la périphérie, des fleurs à
corolle gamopétale irrégulière (Centaurée, Hélianthe, Chrysanthème,
etc.).

La présence dans la fleur d'une
corolle dialypétale ou gamopétale est
plus constante que la différence
analogue constatée dans le calice et
fournit, par conséquent, un caractère
plus important pour la détermination

Fig. 156.

des affinités des plantes. Aussi a-t-on pu s'en servir utilement
pour distinguer, dans les Dicotylédones à fleurs pétalées, deux
grandes divisions et pour les dénommer : les *Gamopétales* et les
Dialypétales.

Concrescence de la corolle et du calice. — Quelquefois
la corolle est séparée du calice par un long entre-nœud
(Lychnide, etc.); mais ordinairement la distance qui, sur le réceptacle, sépare les jeunes pétales des jeunes sépales dans le sens
de la hauteur ou du rayon n'est pas plus grande que celle qui
sépare dans le sens de la circonférence les sépales entre eux
dans le calice, les pétales entre eux dans la corolle. La communauté de croissance intercalaire qui unit les sépales dans le calice
gamosépale, les pétales dans la corolle gamopétale, peut donc
tout aussi bien unir entre eux ce calice et cette corolle en les
soulevant sur une pièce commune, en forme de coupe ou de
tube, au bord de laquelle seulement les deux verticilles se
séparent. La corolle paraît alors insérée sur le calice (Capucine,
fleurs mâles des Cucurbitacées, etc.).

Ramification des pétales. Couronne. — Les pétales se
ramifient plus souvent que les sépales. Leur ramification peut
s'opérer dans le plan du limbe et se manifester par la formation
de dents, de lobes et de segments latéraux (grand pétale de
certaines Orchidées); dans la Stellaire, le Céraiste, etc., le pétale
est profondément divisé en deux; il est découpé en franges dans
le Réséde. Elle peut se produire aussi perpendiculairement au
plan du limbe. Ainsi, quand le pétale est pétiolé, il porte parfois

au point d'union de l'onglet et du limbe un certain nombre de franges où ses nervures envoient des ramifications et qui sont analogues à une ligule ; l'ensemble de ces productions ligulaires forme dans la fleur ce qu'on appelle la *couronne* (Lychnide, Saponaire, Nérion, Hydrophyllées, etc.).

La couronne est une dépendance interne de la corolle, à peu près comme le calicule est une dépendance externe du calice. Dans le Narcisse, où le calice est pétaloïde et concrescent avec la corolle, les sépales portent une ligule tout aussi bien que les pétales (fig. 119); toutes ces ligules, concrescentes comme les parties dont elles dépendent, forment encore une couronne, qui, dans certaines espèces (Narcisse faux-narcisse, etc.), atteint une très grande dimension et contribue beaucoup à l'éclat de la fleur.

Structure des pétales. — Les pétales partagent la structure des feuilles végétatives, avec parenchyme homogène et stomates sur les deux faces; les cellules épidermiques y sont parfois relevées en papilles, qui produisent l'effet du velouté. Quand la corolle est gamopétale, les faisceaux libéroligneux des pétales peuvent être distincts, mais souvent aussi ils s'unissent d'un pétale à l'autre soit par des anastomoses transverses (Campanule, etc.), soit parce que les deux faisceaux latéraux des pétales voisins demeurent confondus en un seul dans toute la région commune (Primulacées, etc.). Dans la corolle gamopétale d'un grand nombre de Composées, les pétales manquent de faisceaux médians et le tube ne possède que les cinq faisceaux latéraux ainsi géminés, qui correspondent aux sinus du bord; chacun d'eux, arrivé à l'un de ces sinus, se divise en deux branches qui longent les bords de chaque pétale désormais libre, pour se terminer simplement au sommet, ou pour s'y joindre en un faisceau unique qui descend le long de la ligne médiane.

Quand le calice et la corolle sont concrescents entre eux, l'union peut aussi n'atteindre que le parenchyme (Jacinthe, etc.); mais souvent elle s'étend aux faisceaux libéroligneux, qui forment dans la partie commune un appareil conducteur unique, dans lequel les faisceaux marginaux des sépales se trouvent confondus avec les médians des pétales, et réciproquement s'il y a lieu (Cucurbitacées, etc.).

Quand la corolle, ou le périanthe tout entier, produit une couronne, les faisceaux qui entrent dans les dépendances ligulaires proviennent du dédoublement radial des nervures des pétales et ce dédoublement a lieu de manière que les deux branches aient une orientation inverse; les faisceaux de la couronne tournent donc leur bois en dehors, leur liber en dedans (Narcisse, Nérion, Saponaire, etc.).

Préfloraison de la corolle. — La préfloraison de la corolle se laisse rattacher aux cinq types que nous avons définis et dénommés plus haut pour le calice (p. 350); il suffira donc de citer ici quelques exemples pour chacun de ces types. Elle est valvaire dans la Vigne; tordue dans les Malvacées, les Apocynées, le Lin, le Phloce, etc.; spiralée, sous la forme quinconciale, qui est la plus ordinaire, dans l'Atrope belladone; cochléaire dans les Papilionacées, les Césalpiniées, la Molène, la Pédiculaire; imbriquée dans la Malpighie, etc. Il arrive parfois que les pétales, croissant très vite un peu avant l'épanouissement du calice, devenant très larges et n'ayant pour se loger dans le bouton qu'un espace trop étroit, se plissent et se chiffonnent irrégulièrement : c'est ce qu'on appelle quelquefois la préfloraison *chiffonnée* (Pavot, etc.).

Il n'y a d'ailleurs aucun rapport nécessaire entre la préfloraison de la corolle et celle du calice. Ainsi, dans la Mauve, la préfloraison du calice est valvaire, celle de la corolle est tordue; dans la Malpighie, la préfloraison du calice est quinconciale, celle de la corolle est imbriquée; dans l'Ardisie, la préfloraison du calice est tordue, celle de la corolle est valvaire. La préfloraison est quinconciale à la fois dans le calice et dans la corolle chez le Céraiste; elle est tordue en même temps dans le calice et dans la corolle chez le Cyclame.

Épanouissement de la corolle. — Après l'ouverture du calice, la corolle continue souvent de grandir en demeurant fermée; plus tard, elle s'épanouit à son tour, en découvrant les deux verticilles internes. Cet épanouissement des pétales est provoqué par la croissance prédominante de leur face interne : c'est un phénomène de nutation. Parfois cependant les pétales ne se séparent pas au sommet. La corolle se détache alors tout d'une pièce par une déchirure circulaire à la base; elle est soulevée ensuite par l'allongement des étamines et enfin rejetée pour les mettre à nu (Vigne, certaines Myrtacées : Syzyge, etc.).

Avortement et absence des pétales. — Quand la corolle es dialypétale et irrégulière, certains pétales, on l'a vu, s'accroissent moins que les autres. Parfois même, ils s'arrêtent de bonne heure dans leur croissance et avortent. C'est ainsi que dans le Pavier les deux pétales postérieurs avortent, l'antérieur et les deux latéraux se développant seuls; que dans l'Amorphe et la Dauphinelle le grand pétale postérieur se développe seul, les quatre autres avortant; que dans l'Aconit, sur les huit pétales de la corolle, les deux postérieurs seuls se développent, les six autres avortent. Quand la corolle est régulière, si les pétales avortent, ils avortent tous également. C'est ainsi que dans l'Hellébore, la Nigelle, l'Éranthe, les pétales ne forment que leur partie basilaire et avortent au-dessus; ces parties basilaires sont creusées en cornets et c'est là que se produit et s'accumule le nectar. Enfin dans d'autres plantes, appartenant comme les précédentes à la famille des Renonculacées, les pétales avortent tous et complètement; la fleur est apétale, en effet, dans l'Anémone, la Clématite, le Populage. Cette absence de corolle dans certaines plantes d'une famille dont tous les autres membres en possèdent est un fait qui n'est pas rare et qui peut s'expliquer toujours par un avortement.

Il n'en est pas de même dans un certain nombre de familles dont tous les membres sans exception ont la fleur dépourvue de corolle, parce qu'il ne s'y forme qu'un seul verticille au périanthe ou parce qu'il ne s'y produit pas de périanthe du tout. Ici, il ne peut être question d'avortement. Il en est ainsi dans les fleurs apétales des Chénopodiacées, des Urticacées, des Cupulifères, etc., dans les fleurs nues du Saule, des Graminées, etc.

§ 5

Androcée.

Forme des étamines. — L'étamine est, comme on sait, une feuille à pétiole grêle (filet) dont le limbe peu développé (connectif) porte en général sur sa face supérieure, et de chaque côté, deux sacs polliniques (p. 319, fig. 122). Si toutes les étamines qui le composent ont même forme et même grandeur, ou si, de forme et de dimension différentes, elles alternent régulièrement, l'androcée est symétrique par rapport à l'axe de la fleur (fig. 137): il est *régulier* (Liliacées, Rosacées, Caryophyllées, Crucifères, etc.). Si, au contraire, une ou deux étamines sont plus grandes que les autres, qui vont décroissant régulièrement de chaque côté, l'androcée n'est symétrique que par rapport à un plan, qui est médian (fig. 138); il est *irrégulier* (Labiées, Orchidées, etc.). Examinons maintenant de plus près chacune des parties qui composent une étamine.

Filet. — Le filet est ordinairement cylindrique, souvent très allongé et filiforme, parfois noueux (Sparmannie) ou aplati en lame (Ornithogale, Ibéride, Nymphée). Par suite d'une croissance superficielle exagérée en un point, il forme quelquefois un éperon vers sa base (Corydalle). Il peut être très court, ou

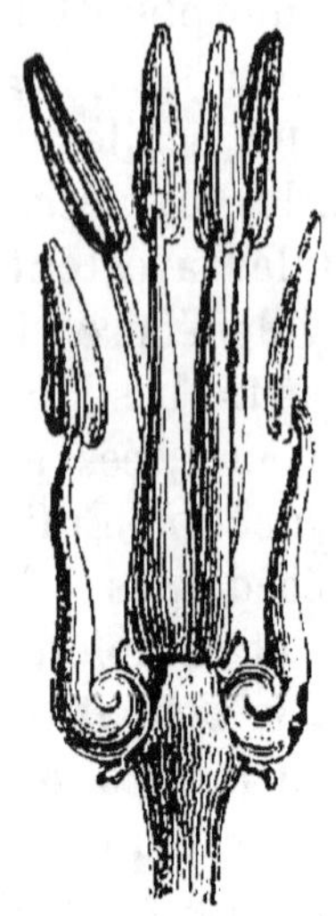

Fig. 137. — Androcée régulier de Crucifère; composé de 4 grandes et de 2 petites étamines.

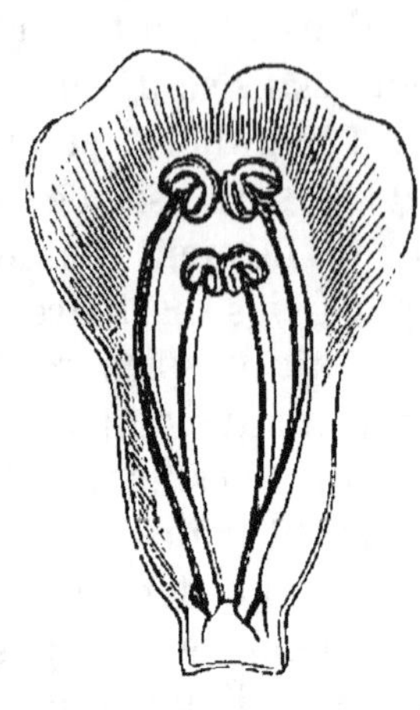

Fig. 138. — Androcée irrégulier de Labiée, composé de 2 grandes et de 2 petites étamines, adossées à la lèvre supérieure de la corolle.

même nul, et l'étamine est dite *sessile* (Magnolier, Anone, etc.).

Connectif. — Le connectif, c'est-à-dire la partie médiane du limbe qui sépare les deux paires de sacs polliniques, est ordinairement fort étroit, de façon que les deux paires de sacs polliniques sont très rapprochées (Renoncule, fig. 139, Butome, fig. 140, etc.); quelquefois, au contraire, il

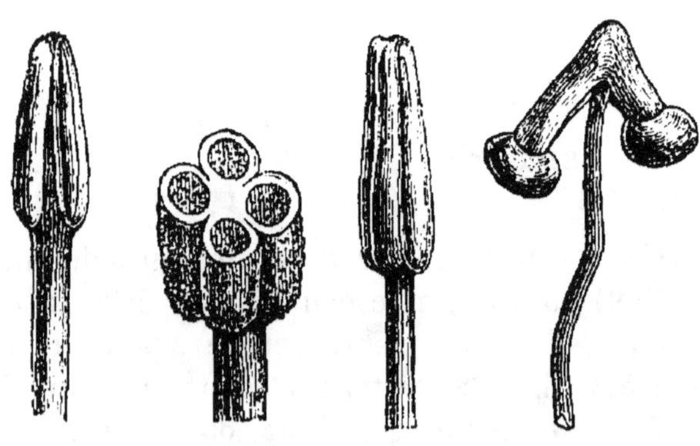

Fig. 139.   Fig. 140.   Fig. 141.

s'élargit beaucoup en écartant les deux paires de sacs (Apocynées, Asclépiadées, Asaret, etc.). Il peut être très court et les sacs le dépassent en haut et en bas; en se desséchant, ils deviennent alors concaves vers l'extérieur et l'anthère prend la forme d'un X (Graminées). Si en même temps il s'élargit beaucoup, il forme une sorte de fléau de balance et, avec le filet, figure un T (fig. 141) (Tilleul, Mercuriale, Sauge, Campélie, etc.). Ailleurs, au contraire, il s'allonge fortement au delà des sacs polliniques, en forme de pointe (Asaret) ou de filament grêle revêtu de poils (Nérion).

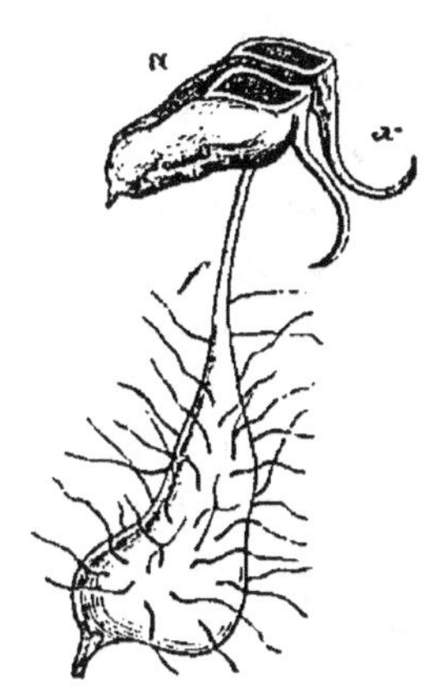

Fig. 142. — Etamine d'Arbousier. L'anthère *a* est pendante et a ses sacs polliniques ouverts munis de cornes *x*.

Si, au point d'insertion du limbe, le filet conserve sa largeur ou même se dilate, le connectif est continu avec lui : l'anthère est dite *basifixe*; mais s'il s'amincit brusquement en pointe, l'anthère, attachée seulement par un point, tourne facilement et oscille autour de ce pivot : elle est dite *oscillante*. Le point où l'anthère s'articule ainsi sur le filet peut d'ailleurs être situé à la base du connectif (Lopézie), en son milieu (Lis), ou vers son sommet (fig. 142); dans ce dernier cas, l'anthère est *pendante* (Arbousier, Pirole, etc.).

Sacs polliniques. — Les sacs polliniques sont généralement attachés au limbe qui les porte par toute leur longueur, et les deux paires sont alors parallèles. Si le connectif est très court, ils ne s'y attachent que par leur milieu et plus tard les deux paires divergent à la fois en haut et en bas, en forme d'X (Graminées); mais ils peuvent aussi n'être fixés que par leur base en divergeant vers le haut, ou par le sommet en divergeant vers le bas; dans ce dernier cas, les deux paires s'écartent parfois au point de venir se placer dans le prolongement l'une de l'autre (beaucoup de Labiées). Dans la Courge et d'autres Cucurbitacées, les sacs polliniques s'allongent beaucoup et décrivent à la surface du connectif une courbe sinueuse. Dans les Angiospermes, les sacs polliniques sont situés le plus souvent à la face supérieure du limbe; dans les Gymnospermes, ils appartiennent toujours à sa face inférieure.

Habituellement de quatre, le nombre des sacs polliniques est quelquefois plus petit ou plus grand : deux (Pin, Sapin, Épacridées, Polygalées, etc.), trois (Genévrier, Cyprès, etc.), six (Pachystème), huit (Cannellier et d'autres Lauracées, Acacier, etc.). Sur le large connectif du Gui et des Cycadacées, ils sont en nombre considérable et indéterminé, attachés à la face supérieure du limbe dans la première plante, à la face inférieure dans les autres.

Déhiscence des sacs polliniques. — Quand ils sont isolés, comme dans le Gui et les Gymnospermes, les sacs polliniques s'ouvrent chacun séparément par une déchirure de la paroi externe. Quand ils sont rapprochés par paires, comme dans la plupart des Angiospermes, une seule déchirure intéresse et ouvre à la fois les deux sacs voisins. Cette déchirure se fait ordinairement le long du sillon qui les sépare et, par la fente, ils se trouvent ouverts tous les deux du même coup; la déhiscence de l'anthère est *longitudinale*. Ailleurs, c'est une fente transversale qui les ouvre tous deux par le milieu (Pyxidanthère, fig. 143); la déhiscence est *transversale*. Ailleurs encore, il se fait au sommet un petit trou rond, un pore, qui intéresse à la fois les extrémités des deux sacs (Morelle, Éricacées, fig. 142 et 144, etc.) ou même des quatre

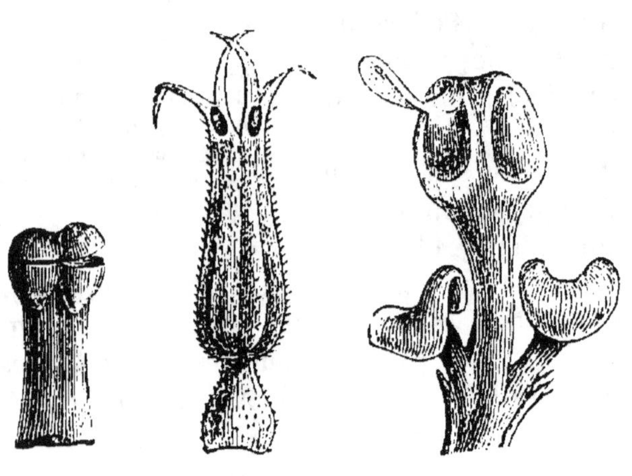

Fig. 143.   Fig. 144.   Fig. 145.

sacs de l'anthère (Mélastomacées), et les ouvre en même temps : la déhiscence est *poricide*. Enfin, il se fait quelquefois une fente transversale à la base, qui remonte ensuite de chaque côté jusque vers le sommet en découpant une sorte de valve ou de clapet (fig. 145); en se soulevant plus tard autour de sa charnière supérieure, ce clapet ouvre largement les deux sacs à la fois (Berbéride et autres Berbéridées, Laurier, fig. 145, et autres Lauracées).

Quand la déhiscence est longitudinale, la fente est ordinairement tournée en dedans et c'est vers l'intérieur de la fleur que le pollen est projeté : l'anthère est dite *introrse*. Mais il arrive aussi que le connectif, s'accroissant davantage sur sa face supérieure, se reploie de manière à rejeter en dehors les deux paires de sacs polliniques et par suite les deux sillons où se font les fentes, de manière que le pollen est émis vers l'extérieur de la fleur : l'anthère est dite *extrorse* (Iridées, Calycanthées, etc.). Ailleurs enfin, les deux fentes s'ouvrent sur les bords mêmes de l'anthère et le pollen est projeté latéralement à droite et à gauche : la déhiscence est *latérale* (Renonculacées, etc.).

Pollen. — Au moment où ils s'échappent, comme il vient d'être dit, du sac pollinique où ils ont pris naissance, les grains de pollen sont souvent recouverts d'un liquide visqueux; lorsqu'ils sont alors expulsés par un pore terminal (Gouet, Richardie, etc.), ce liquide les tient unis en longs filaments, qui se pelotonnent sur eux-mêmes au sortir de cette espèce de filière. Ailleurs le pollen forme une poussière complètement sèche (Urticacées. Graminées, etc.).

Le grain de pollen est une cellule, avec sa membrane, son protoplasme et son noyau; on reviendra plus loin sur sa struc- ture. Sa forme est le plus sou- vent sphérique ou ovoïde, parfois tubuleuse (Zostère), triangulaire (Œnothéracées, fig. 146) ou cubi- que (Baselle). Sa dimension est très diverse : atteignant à peine 0^{mm},008 dans le Figuier élastique, elle mesure 0^{mm},040 dans la Fume- terre et acquiert jusqu'à 0^{mm},200 dans la Courge, la Cobée, le Nyc- tage, etc. Sa couleur est ordinai- rement jaune, quelquefois rouge (Lis de Chalcédoine), brune (Pa- vot), bleuâtre (Épilobe) ou blan-

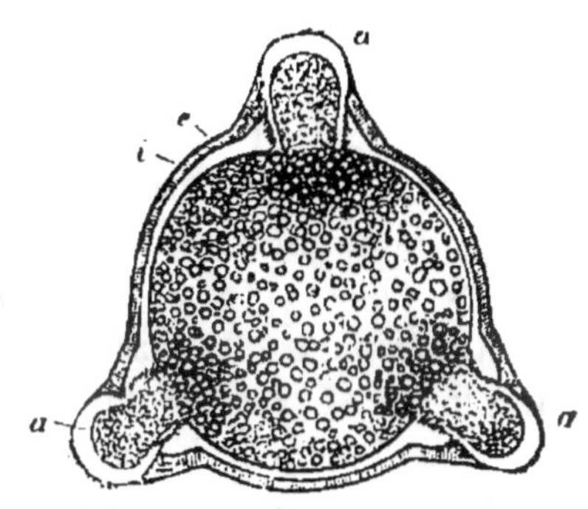

Fig. 146. — Pollen d'Épilobe, en coupe : *a*, pores saillants; *i*, in- tine; *e*, exine.

che (Richardie, Actée, etc.). Sa surface est tantôt entièrement lisse et égale, tantôt inégale et marquée de deux sortes d'acci- dents, qui y dessinent une sorte de sculpture, les uns en relief, les autres en creux.

Les accidents en relief sont des pointes, des tubercules, des crêtes (fig. 147 à 149), parfois anastomosées en réseau et pecti- nées (fig. 147 et 148); ils sont dus à un épaississement local exa- géré de la membrane sur sa face externe. Dans le Pin, le Sapin, le Cèdre, etc., le grain porte de chaque côté une ampoule pleine d'air, creusée dans l'épaisseur même de sa membrane; ces deux flot-teurs l'allègent et facilitent son transport dans l'atmosphère.

Les accidents en creux sont des places incolores où la membrane s'est moins épaissie que partout ailleurs; arrondies, ce sont des *pores* (fig. 146 et 148); allongées en forme de demi-méridiens, ce sont des *plis* (fig. 147 et 149). Il y a tantôt un seul pore

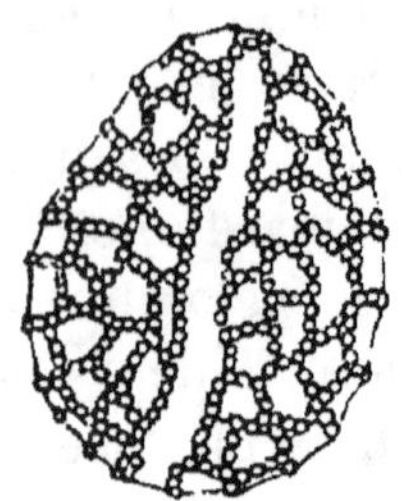

Fig. 147.
Pollen de Funkie,
avec réseau d'épais-
sissement et un pli.

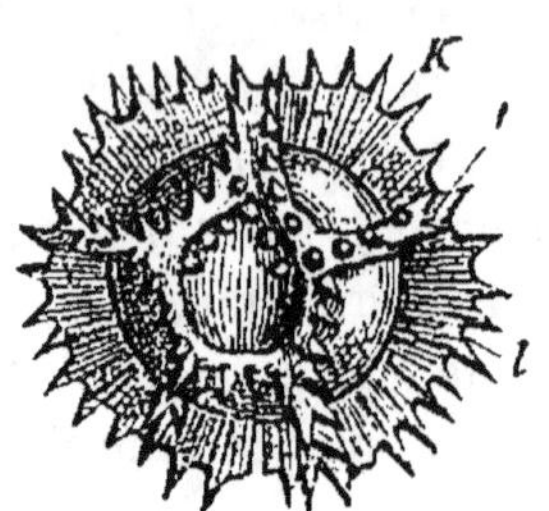

Fig. 148.
Pollen de Chicorée,
avec un réseau de crêtes
épineuses *l*.

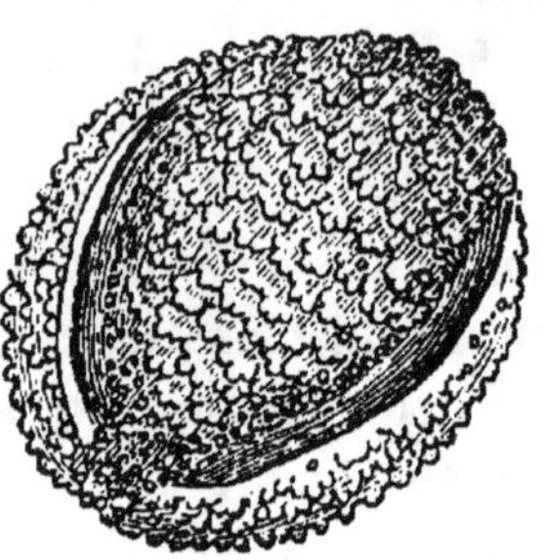

Fig. 149.
Pollen de Dentelaire,
avec trois plis.

(Graminées, Cypéracées), tantôt deux (Colchique), trois (Œnothé-racées, fig. 146, Protéacées, Urticacées), quatre (Balsamine), ou un plus grand nombre, soit épars (Malvacées, Convolvulacées, Cucurbitacées, Cobée, etc.), soit localisés à l'équateur du grain (Aulne, Bouleau, Orme, etc.). La plupart des Monocotylédones n'ont qu'un seul pli (fig. 147); quelques-unes en ont deux (Dioscoréacées); beaucoup de Dicotylédones en ont trois (fig. 149), d'autres six (diverses Labiées et Passiflorées), huit (Bourrache), ou un plus grand nombre (beaucoup de Rubiacées). Le grain peut présenter à la fois des pores et des plis, soit en nombre égal (beaucoup de Dicotylédones), soit en nombre différent, par exemple six plis avec trois pores (Mélastomacées, Lythracées). Parfois aussi, il n'y a ni pores, ni plis (beaucoup d'Aroïdées et d'Euphorbiacées, Balisier, Bananier, Renoncule, Phloce, etc.).

Le rôle des accidents en relief est de faciliter le transport des grains par l'air et leur fixation aux corps solides sur lesquels ils viennent à tomber. Celui des accidents en creux est de favoriser d'abord l'absorption des liquides extérieurs et ensuite le développement du grain, comme il sera dit plus loin.

Après leur mise en liberté, les grains de pollen sont quelquefois et demeurent soudés ensemble quatre par quatre en formant des tétrades (Bruyère, Rosage, Butome, Massette, etc.). Ce sont déjà des *grains composés*. Dans certains Acaciers et Mimoses, ils sont soudés par 4, 8, 12, 16, 32 ou 64, suivant l'espèce considérée. Chez beaucoup d'Orchidées et d'Asclépiadées, la complication est plus grande encore : tous les grains provenant d'un même sac pollinique et même de deux sacs voisins sont soudés en une masse compacte d'aspect cireux, qu'on appelle une *pollinie* (fig. 150) ; ils ne peuvent alors se disséminer. Dans la même famille, on peut d'ailleurs, comme chez les Orchidées, rencontrer tous les états, des grains simples (Cypripède), des tétrades (Néottie), des petites masses ou *massules* contenant un grand nombre de grains (Orchide, etc.) et enfin des pollinies (Vande, Malaxide, etc.). La pollinie se réunit souvent par un petit prolongement grêle appelé *caudicule* à un petit corps glanduleux nommé *rétinacle* (fig. 150).

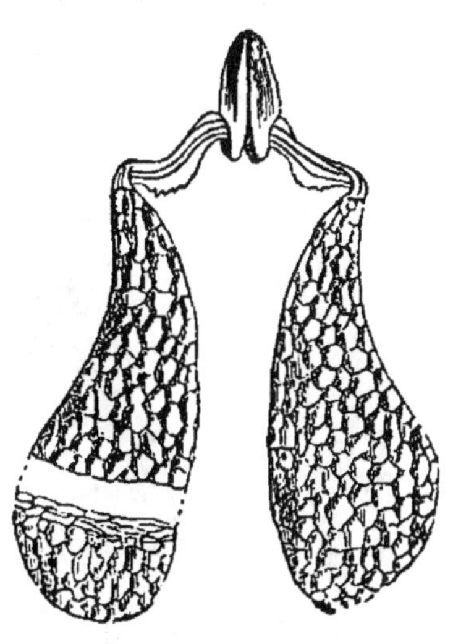

Fig. 150. — Pollinies d'une Asclépiade.

Croissance des étamines. — L'anthère apparaît d'abord, le filet un peu plus tard en soulevant l'anthère ; c'est ensuite par une croissance intercalaire à la base, portant sur le filet, que l'étamine grandit et acquiert sa dimension définitive. Comme le filet est habituellement étroit, les étamines s'allongent d'ordinaire chacune pour son compte et demeurent séparées : l'androcée est *dialystémone* (fig. 157 et 158). Mais si les filets s'élargissent et se touchent, il peut y avoir confluence à la base entre leurs zones de croissance et il en résulte la formation d'une pièce commune en forme de tube (fig. 151), qui soulève les anthères portées sur son bord :

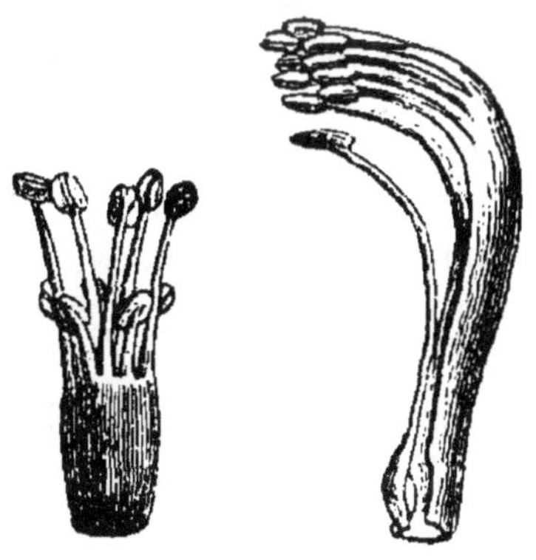

Fig. 151.   Fig. 152.

l'androcée est *gamostémone*, ce que les botanistes descripteurs expriment souvent en disant que les étamines sont *monadelphes* (Citronnier, Oxalide, fig. 151, Lysimaque, Passiflore, Cytise, etc.). Quelquefois la concrescence ne porte que sur une partie des étamines; ainsi, chez beaucoup de Papilionacées (Haricot, Pois, Trèfle, Robinier, fig. 152, etc.), l'étamine postérieure demeure libre, pendant que les neuf autres unissent leurs filets en un tube fendu en arrière; les huit étamines des Polygales s'unissent de même de chaque côté de la fleur en deux groupes de quatre.

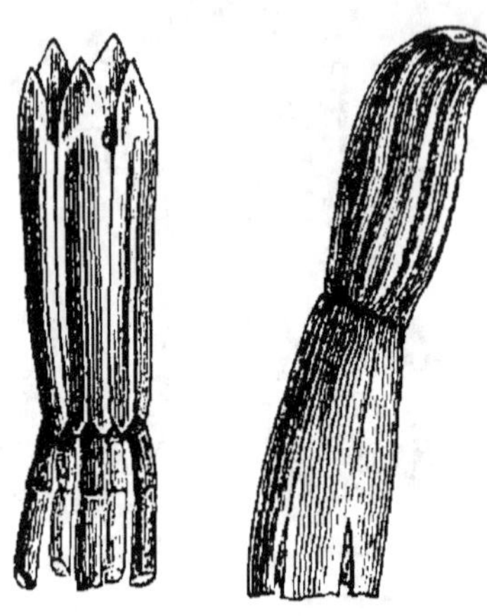

Fig. 153.   Fig. 154.

Il ne faut pas confondre la concrescence dont il vient d'être question avec la simple adhérence que les étamines contractent quelquefois bord à bord dans l'androcée; ces étamines adhérentes peuvent toujours se décoller facilement sans déchirure. L'adhérence a lieu généralement par les parties les plus larges, c'est-à-dire par les anthères (fig. 153); les étamines sont dites alors *synanthérées* (Balsamine, Composées, etc.); toutefois, si l'anthère n'est pas plus large que le filet, l'adhérence se produit en même temps dans toute la longueur de l'étamine (Lobélie, fig. 154, etc.).

Concrescence de l'androcée avec la corolle et avec le calice. — Les jeunes étamines se trouvent ordinairement plus rapprochées des pétales ou des sépales qu'elles ne le sont entre elles; il en résulte que la communauté de croissance basilaire s'établit bien plus fréquemment entre l'androcée et la corolle, ou même entre l'androcée et le calice, qu'entre les étamines dans l'androcée.

Ainsi, dans l'Endymion penché, vulgairement Jacinthe des bois, les six étamines sont concrescentes avec les trois pétales et avec les trois sépales auxquels elles sont superposées, sans que ces sépales et ces pétales soient unis entre eux. Mais le plus souvent la concrescence des sépales et des pétales s'ajoute à la précédente, de façon que le calice, la corolle et l'androcée sont unis dans leur région inférieure en une coupe ou en un tube plus ou moins profond, au bord duquel ces trois formations paraissent insérées et au fond duquel se dresse le pistil (fig. 155) (Jacinthe, Muguet, Asperge, Rhamnées, Rosacées, etc.).

Quand les pétales sont concrescents entre eux, la communauté de croissance envahit presque toujours en même temps les bases des étamines voisines et l'androcée est concrescent avec la corolle. En d'autres termes, quand la corolle est gamopétale, les étamines sont unies à la corolle, de manière à paraître insérées sur elle (fig. 138). Cette règle ne souffre qu'un petit nombre d'exceptions (Éricacées, Campanulacées, etc.). Si le périanthe est simple, c'est avec le calice seul que les étamines peuvent s'unir et qu'elles s'unissent en effet quelquefois, soit qu'elles alternent avec les sépales (Thyméléacées, Éléagnées) ou qu'elles leur soient superposées (Protéacées).

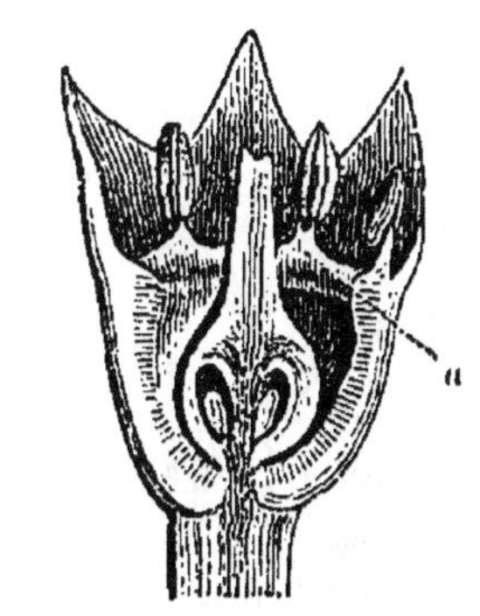

Fig. 155. — Fleur de Nerprun, coupée en long, montrant le pistil libre au fond d'une coupe formée par la concrescence des trois verticilles externes. *a*, nectaire.

Ramification des étamines. — L'étamine se ramifie souvent, et cela de deux manières différentes. Tantôt les branches émanées du filet sont stériles, c'est-à-dire ne portent pas de sacs polliniques : l'étamine est *appendiculée*. Tantôt chaque branche, se comportant comme le filet lui-même, se termine par un petit limbe portant tout autant de sacs polliniques que l'anthère principale : l'étamine est *composée*.

Dans le premier cas, les appendices peuvent se former latéralement dans le plan du filet, un de chaque côté, à la base en forme de stipules (Ornithogale, Ail), vers le milieu (Mélier, Alternanthère, etc.), vers le sommet sous l'anthère (Mahonie) ; ou bien d'un côté seulement, à la base (Romarin), au milieu (Crambe), vers le sommet (Brunelle) ; ils peuvent se former aussi dans le plan perpendiculaire, sur la face dorsale (Bourrache, Asclépiadées, deux étamines postérieures de la Violette) ou sur la face ventrale en forme de ligule (Simarube, Alysse).

Dans le second cas, la ramification qui produit l'étamine composée est quelquefois latérale, comme dans une feuille composée pennée (Calothamne, fig. 156, etc.) ; ailleurs elle s'opère soit en dichotomie (Ricin, etc.), soit en une ombelle longuement pétiolée

(Mélaleuce fig. 157, etc.) ou sessile (Millepertuis, etc.). Dans les Malvées, les filets principaux des cinq étamines rameuses sont concrescents en tube : en outre, chaque branche se bifurque au sommet (fig. 158) et chaque moitié ne porte que deux sacs polliniques ; de sorte qu'on peut regarder chaque fourche comme une anthère à quatre sacs à connectif en forme de V. Dans ces divers

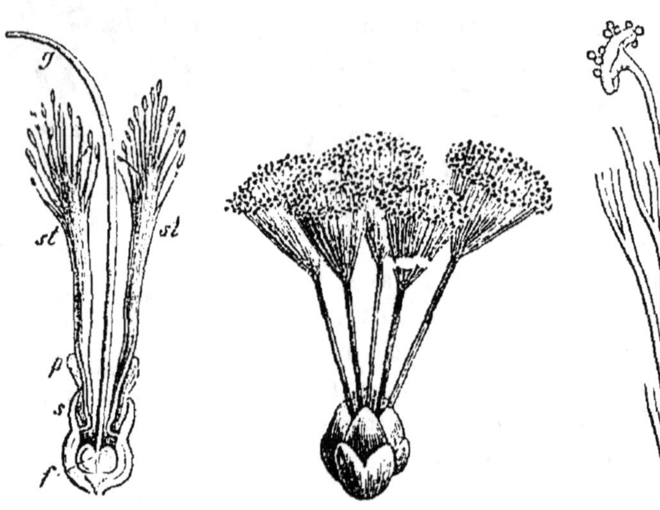

<table>
<tr><td>

Fig. 156. — Fleur de Calothamne, coupée en long. *s*, calice ; *p*, corolle ; *st*, étamines ramifiées dans un plan ; *f*, ovaire ; *g*, style.

</td><td>

Fig. 157. — Fleur de Mélaleuce, avec 5 étamines ramifiées en ombelle.

</td><td>

Fig. 158. — Portion de l'androcée tubuleux de la Guimauve ; *f*, branche d'un filet, bifurquée en *t*, et portant sur chaque moitié deux sacs polliniques ouverts en *a*.

</td></tr>
</table>

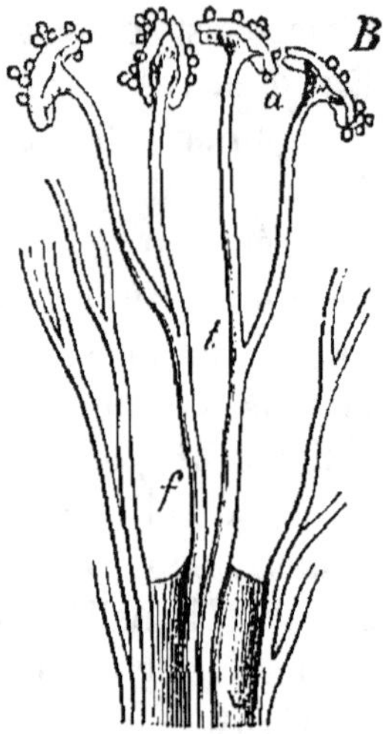

cas, chaque étamine porte en réalité un nombre considérable et indéterminé de sacs polliniques, comme dans le Gui ou les Cycadacées ; seulement, tous ces sacs sont groupés quatre par quatre (Ricin, Myrte, Tilleul, etc.), ou deux par deux (Mauve, Ketmie, etc.), sur chaque foliole de la feuille composée. Quelquefois la ramification est plus restreinte et s'arrête soit à la formation d'un nombre déterminé de branches latérales, deux par exemple (Fumariées), soit à une seule dichotomie (étamines antéro-postérieures des Crucifères).

Épanouissement des étamines. — Après l'épanouissement successif du calice et de la corolle, les étamines sont mises à découvert. Alors, si elles s'étaient allongées davantage sur la face externe, de manière à se reployer vers l'intérieur dans le bouton, elles s'accroissent davantage sur la face interne et se déploient en se rejetant en dehors. C'est une nutation d'épanouissement, d'autant plus marquée que le filet est plus long. Quelquefois les étamines, ployées dans le bouton, se redressent brusquement et s'épanouissent avec élasticité en projetant leur pollen tout autour (Ortie, Pariétaire).

Avortement et absence des étamines. — Il arrive quelquefois que certaines étamines ne forment pas d'anthère et conservent leurs filets (Érode) ou les développent en autant d'écailles quelquefois petites et sans couleur, quelquefois grandes, pétaloïdes et venant s'ajouter à la corolle pour accroître l'éclat de la fleur. On donne le nom de *staminodes* à ces étamines stériles.

Tantôt cette modification ne porte que sur une seule étamine, les autres demeurant fertiles (Bananier, Lopézie, etc.); tantôt, au contraire, elle frappe toutes les étamines, moins une seule qui demeure fertile, tout entière (Zingibérées) ou seulement à moitié (Balisier); tantôt enfin elle frappe un verticille tout entier, le plus interne (Ancolie, Pivoine, etc.) ou le plus externe (Sparmannie, Ficoïde), en respectant les autres. Les choses peuvent aller plus loin; un certain nombre d'étamines peuvent avorter complètement, ne laissant qu'une place vide pour témoigner de leur existence dans le plan idéal de la fleur. Sur cinq étamines, par exemple, il peut en avorter une (Labiées, Scrofulariacées) ou trois (Sauge, Romarin, Véronique); dans la Sauge, les deux étamines qui restent ne développent même, à l'une des extrémités de leur connectif en fléau de balance, qu'une moitié de leur anthère : l'autre moitié se dilate en une expansion stérile. Enfin, l'androcée avorte quelquefois tout entier dans la fleur, en y laissant pourtant des traces reconnaissables de son existence; la fleur devient alors femelle par avortement (Cucurbitacées, etc.).

Dans d'autres fleurs femelles, au contraire (Conifères, Cupulifères, etc.), l'androcée n'apparaît réellement pas et rien n'autorise à y admettre l'hypothèse d'un avortement. Il est absent et la fleur est femelle par essence.

Structure de l'étamine. — Le filet de l'étamine est constitué par un faisceau libéroligneux, avec son péricycle et son endoderme, enveloppé d'une couche plus ou moins épaisse de parenchyme homogène, elle-même revêtue d'un épiderme muni de stomates. L'anthère est aussi traversée ordinairement dans toute sa longueur, suivant la ligne médiane du connectif, par un faisceau libéroligneux, prolongement de celui du filet; elle est revêtue aussi d'un épiderme pourvu de stomates; mais son parenchyme, situé entre le faisceau et l'épiderme, est le siège de phénomènes particuliers dans lesquels se concentre tout l'intérêt de son étude anatomique. Pour comprendre la structure de ce parenchyme dans l'anthère adulte, il est nécessaire d'avoir suivi pas à pas, dans l'anthère jeune, la marche des cloisonnements cellulaires et des différenciations qui s'accomplissent au sein de chacune des émergences du limbe destinées à devenir les sacs polliniques. Ces cloisonnements et ces différenciations produisent : 1° à l'intérieur, d'abord les cellules mères du pollen, puis les grains de pollen, enfin les cellules filles de ces grains; 2° à l'extérieur, la paroi des sacs polliniques mûrs. Examinons successivement ces divers points.

Formation des cellules mères du pollen. — Considérons d'abord le cas le plus général, celui où le connectif produit quatre sacs polliniques.

Le parenchyme de la jeune anthère est homogène au début; mais bientôt, le long de quatre lignes longitudinales situées deux par deux près de chaque bord, les cellules de la rangée sous-épidermique grandissent, se différencient et se dédoublent par une cloison tangentielle, tandis que dans les places intermédiaires elles gardent leur

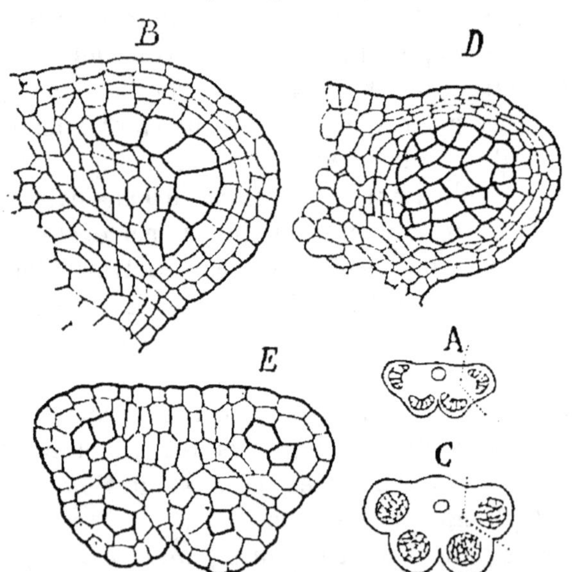

Fig. 159. — Sections transversales de l'anthère jeune : *A*, de la Menthe; *B*, un quart grossi; *C*, de la Consoude; *D*, un quart grossi; *E*, du Chrysanthème.

dimension, leur forme et leur simplicité premières. Ce sont les cellules du rang interne qui produisent les cellules mères du pollen. A cet effet, tout en épaississant leur membrane et se remplissant d'un protoplasme plus réfringent qui les fait aisément reconnaître, elles commencent toujours par se cloisonner. Quelquefois le cloisonnement ne s'opère que dans les directions horizontale et radiale, de sorte que toutes les cellules mères du pollen sont et demeurent, en définitive, disposées en une seule assise en forme d'arc (fig. 159, *A* et *B*) (Dature, Menthe, Chrysanthème, Mauve, etc.). Mais ailleurs la division s'accomplit suivant les trois directions rectangulaires, de manière que les cellules mères du pollen forment un massif cylindrique plus ou moins épais (fig. 159, *C* et *D*), terminé en fuseau aux deux bouts parce que le cloisonnement y est moins actif (Consoude, Scrofulaire, Campanule, etc.).

En même temps, les cellules du rang externe se divisent à plusieurs reprises par des cloisons tangentielles centrifuges, de manière à donner au moins trois assises de cellules superposées, qui se segmentent à leur tour par des cloisons horizontales et radiales. La plus interne des assises ainsi formées, immédiatement en contact avec les cellules mères du pollen, prend des caractères tout particuliers (fig. 160, *n*); ses cellules se partagent plus fréquemment que les autres par des cloisons horizontales et radiales, de façon à devenir sensiblement cubiques; puis elles grandissent en s'allongeant surtout suivant le rayon; enfin leur protoplasme s'épaissit et prend d'ordinaire une couleur jaunâtre. Ces mêmes transformations s'opèrent sur toute la rangée de cellules appartenant au parenchyme du connectif qui borde latéralement et en dedans le groupe des cellules mères du pollen. Ce groupe est donc finalement enveloppé par une gaine complète de ces grandes cellules jaunes (fig. 160, *n*), gaine qui est destinée à disparaître un peu plus tard, comme on le verra tout à l'heure. L'assise moyenne (ou les assises moyennes, si le cloisonnement a été abondant) est

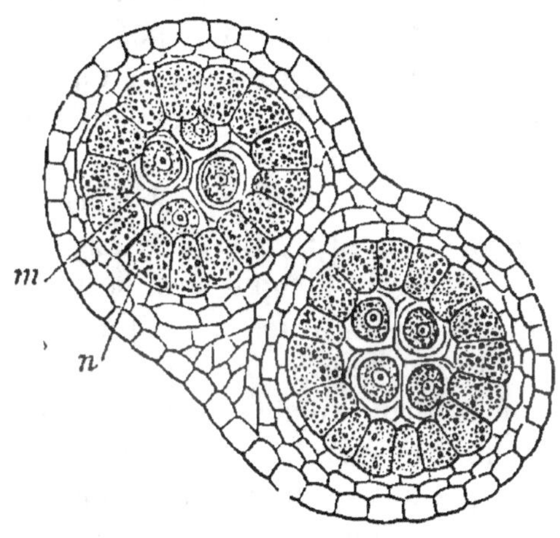

Fig. 160. — Section transversale d'une anthère de Guimauve, à deux sacs polliniques : *n*, assise nourricière; les cellules mères *m*, disposées en une seule file, ont déjà formé leurs grains de pollen.

d'abord comprimée et aplatie par l'accroissement radial de l'assise interne; plus tard, elle se détruit comme elle, mais sans prendre d'abord aucun caractère particulier. Enfin l'assise la plus externe (ou les assises les plus externes, s'il y en a plus de trois), en contact immédiat avec l'épiderme, est persistante; un peu plus tard ses cellules prennent des grains d'amidon, puis épaississent localement leur membrane en forme de bandes diversement disposées : on y reviendra plus loin. Quant à l'épiderme, pour suivre le développement de la protubérance issue des divers cloisonnements dont on vient de parler, il divise aussi ses cellules, mais seulement par des cloisons radiales.

Le plus souvent plusieurs cellules sous-épidermiques, disposées côte à côte, sur la section transversale, en un arc plus ou moins large, sont le siège du cloisonnement qu'on vient d'étudier. Quelquefois cependant elles se réduisent à deux ou à une seule sur la section transversale (fig. 159, *E*); dans ce dernier cas, les cellules mères du pollen ne forment aussi qu'une file longitudinale (Malvacées, fig. 160, *m*, Composées, etc.).

Quand l'anthère a moins ou plus de quatre sacs polliniques, les cellules mères du pollen prennent naissance de la même manière, en autant de groupes séparés qu'il y a de futurs sacs, en deux groupes, par exemple (Malvacées, fig. 160, etc.), en huit (Zannichellie, Calanthe, divers Acaciers, etc.), en un grand nombre (Gui, Cycadacées). Chaque groupe peut se réduire à une seule cellule mère (divers Acaciers et Mimoses).

Chez certaines Orchidées (Orchide, Ophryde, etc.), les cellules mères primordiales conservent leur autonomie et épaississent leur membrane pendant leur cloisonnement ultérieur; il en résulte que chaque massif de cellules mères définitives se trouve subdivisé en autant de petits groupes distincts.

Formation des grains de pollen dans les cellules mères. — La membrane des cellules mères du pollen ne tarde pas à s'épaissir, en présentant des couches concentriques. Chez beaucoup de Monocotylédones, la lamelle moyenne se dissout ensuite et les cellules s'isolent en s'arrondissant; ailleurs, notamment chez un grand nombre de Dicotylédones, elle persiste et les cellules demeurent intimement unies et polyédriques. Dans tous les cas, le noyau de chaque cellule mère se divise bientôt en quatre par deux bipartitions successives perpendiculaires l'une à l'autre; puis il se fait dans le protoplasme deux cloisons rectangulaires, qui s'établissent tantôt successivement après chaque bipartition du noyau (la plupart des Monocotylédones), tantôt simultanément après la formation des quatre nouveaux noyaux (la plupart des Dicotylédones, Asphodèles, Orchidées, etc.).

La cellule mère se trouve ainsi divisée en quatre cellules filles, disposées quelquefois dans le même plan (fig. 160, *m*), le plus souvent en tétraèdre. Celles-ci ne tardent pas à épaissir leur membrane, tant sur les cloisons qui les séparent que sur leur paroi externe. La dernière et la plus interne des couches d'épaississement diffère des autres par sa nature chimique et leur adhère moins fortement que celles-ci ne font entre elles; elle est formée de cellulose pure, tandis que celles-ci commencent en ce moment à se gélifier. Cette gélification se poursuit rapidement jusqu'à dissolution complète, ce qui met en liberté, dans un liquide gélatineux et granuleux, les quatre cellules filles avec leur protoplasme, leur noyau et leur mince membrane : ce sont les jeunes grains de pollen.

C'est peu de temps après, que se détruit la gaine des grandes cellules jaunes (*n*, fig. 160), qui enveloppait le groupe des cellules mères; leurs membranes se dissolvent, leurs noyaux préalablement fragmentés s'éparpillent, leurs protoplasmes se confondent et la masse granuleuse qui résulte de tout cela se répand entre les jeunes grains. En même temps disparait aussi la rangée moyenne (ou les rangées moyennes) de la couche pariétale. Le liquide épais et très nutritif qui provient de toutes ces destructions, joint à celui qui procède déjà de la dissolution des lames moyennes des membranes des cellules mères et des cellules filles, remplit la cavité de ce qui est vraiment désormais un *sac* pollinique; c'est aux dépens de ce liquide, où ils nagent, que les grains de pollen vont grandir et se transformer, de manière à prendre leur forme et leur structure définitives. L'assise des cellules jaunes, qui a principalement contribué à former ce liquide, a donc pour rôle essentiel de nourrir le pollen pendant sa jeunesse.

D'abord mince, la membrane du grain ne tarde pas à s'épaissir par une apposition qui s'opère à la fois sur la face externe aux dépens du liquide nutritif ambiant et sur la face interne aux dépens du protoplasme. Quelquefois l'épaississement est faible, la membrane demeure mince et sans différenciation (Naïade, Orchide, etc.). Mais le plus souvent l'épaississement est considérable et la membrane épaissie se différencie en deux couches plus ou moins faciles à séparer : la couche externe se cutinise et se colore : c'est l'*exine* (fig. 146,*e*); la couche interne demeure cellulosique et incolore : c'est l'*intine* (fig. 146,*i*). Ordinairement la différenciation n'a pas lieu à l'endroit des pores ou des plis, le long desquels la membrane s'épaissit moins vers l'extérieur et demeure tout entière à l'état de cellulose pure. Quelquefois cependant l'exine se cutinise et se colore aussi à l'endroit des pores, soit complètement (Gouet), soit à l'exception d'un anneau circulaire, le long duquel elle se dissout (Courge, etc.); dans ce dernier cas, le pore est surmonté d'un couvercle, qui sera plus tard soulevé par l'intine. Dans le Pin, le Sapin, etc., l'exine se sépare de l'intine en deux points et se soulève pour former les deux ballonnets déjà signalés page 341. Dans d'autres Conifères (If, etc.), la membrane épaissie du grain se différencie en trois couches : une exine cutinisée, une intine cellulosique, et une couche moyenne qui dans l'eau se gonfle et se gélifie en déchirant l'exine et mettant l'intine à nu. En face des pores, l'intine s'épaissit quelquefois beaucoup vers l'intérieur en formant comme autant de bouchons de cellulose, qui sont utilisés dans le développement ultérieur (Malvacées, Œnothéracées, etc.). Quant aux proéminences externes du grain : épines, crêtes, etc. (voir p. 342, fig. 147, 148 et 149), elles doivent leur formation à l'épaississement local de la membrane sur sa face externe par une apposition dont le liquide nutritif extérieur, avec les granules qu'il tient en suspension, fournit tous les éléments: elles se cutinisent ensuite et se colorent, comme l'exine à laquelle elles appartiennent.

En même temps que la membrane s'accroît comme il vient d'être dit, le protoplasme se charge de diverses matières de réserve, les unes azotées, les autres ternaires comme l'huile, l'amidon, le saccharose, etc., destinées à alimenter la croissance ultérieure du grain.

Les membranes des cellules mères et les cloisons des cellules filles ne se dissolvent pas toujours complètement; dans la mesure où elles persistent, les grains de pollen sont *composés* (voir p. 343). Si toutes les cellules mères dissolvent leurs lames moyennes, mais en laissant autour de leurs cellules filles, dont les cloisons persistent tout entières, une mince couche qui se cutinise, le pollen forme des tétrades. Si les cellules mères primordiales seules épaississent leurs membranes et en dissolvent la lame moyenne, en gardant autour de chaque groupe de cellules mères définitives une mince couche cutinisée, le pollen forme des massules (Orchide, Ophryde, etc.). Enfin si aucune dissolution n'a lieu, tous les grains d'un même sac demeurent emprisonnés dans une pollinie, qui en compte un nombre tantôt petit et déterminé (certaines Mimosées), tantôt considérable et indéterminé (certaines Orchidées et la plupart des Asclépiadées) (fig. 150).

Formation des cellules filles à l'intérieur des grains de pollen. — Une fois que le grain de pollen a acquis sa grandeur, sa forme et sa structure définitives, le noyau s'y divise en deux moitiés inégales; puis, entre les deux nouveaux noyaux, il se fait à travers le protoplasme une mince cloison en forme de verre de montre, qui partage le grain en deux cellules filles inégales (fig. 161, *I*). Dans les

Fig. 161. — *I*, grain de pollen de Monotrope, avec ses deux noyaux et sa cloison; *II*, le même, émettant son tube pollinique aux dépens de la petite cellule et y faisant passer ses deux noyaux, le petit en avant, le grand en arrière.

Gymnospermes, cette cloison s'affermit, passe à l'état de cellulose et persiste, maintenant la petite cellule à sa place; celle-ci prend même quelquefois une ou deux cloisons nouvelles (fig. 162). Dans les Angiospermes, au contraire, elle demeure azotée et plus tard se dissout; les deux protoplasmes se réunissent de nouveau et les deux noyaux demeurent les seuls témoins de la bipartition de la cellule (fig. 161, *II*). Toujours est-il

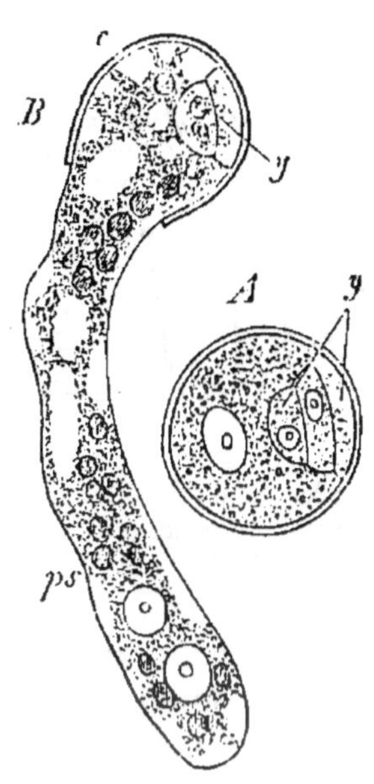

Fig. 162. — *A*, Grain de pollen cloisonné de Cératozamier; la petite cellule *y* a pris deux cloisons. *B*, le même, émettant son tube pollinique *ps* aux dépens de sa grande cellule; la petite cellule *y* n'a pris qu'une cloison.

que, dans tous les cas, la cellule mère du pollen engendre en définitive huit cellules filles par trois bipartitions successives. Cette remarque sera utilisée plus tard.

Structure et déhiscence de la paroi de l'anthère. — On a vu que, dans le jeune âge, la paroi externe du sac pollinique comprend, sous l'épiderme, au moins trois assises de cellules. L'interne, nourricière, se détruit pour alimenter la croissance des grains de pollen ; aussi sa couleur, habituellement jaune, est-elle toujours en rapport avec la couleur du pollen qu'elle nourrit. La moyenne, écrasée d'abord par le développement de la précédente, se détruit ensuite comme elle. L'externe, au contraire, à mesure qu'elle consomme l'amidon qu'elle avait emmagasiné à cet effet, épaissit localement ses membranes, en forme de bandes diversement disposées, qui se lignifient fortement (fig. 163). Souvent ces

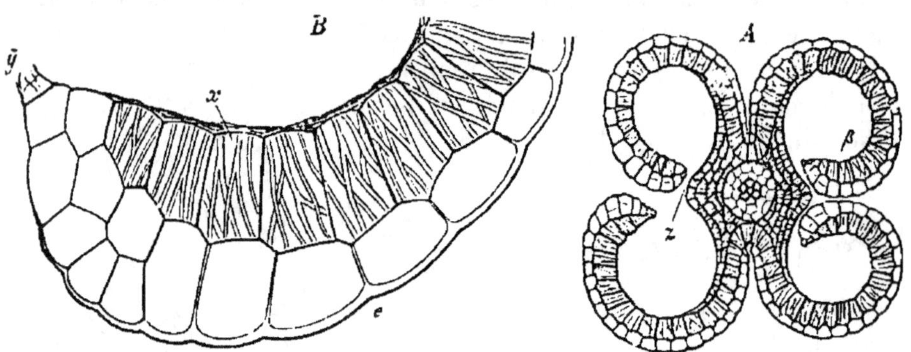

Fig. 163. — *A*, section transversale d'une anthère de Butome, mûre, vide, à valves reployées en dedans ; *z*, cloison détruite. — *B*, portion grossie de la paroi correspondant à β dans *A* ; *e*, épiderme ; *x*, cellules à bandes ; *y*, ligne de déhiscence.

bandes, portées par les faces radiales, ne s'étendent pas sur la face externe, ou sur la face interne, qui demeure entièrement mince ; elles se réunissent au contraire sur la face opposée soit deux par deux en forme d'U (Lychnide, Hélianthe et beaucoup d'autres Composées, etc.), soit toutes ensemble en manière d'étoile ou de griffe (Mauve, Géraine, Poirier, etc.) ; ailleurs elles forment des anneaux complets (Dature, Orchide, etc.), ou une spirale continue (Ail, Bourrache, Œnothéracées, etc.). C'est cette assise à bandes lignifiées qui, avec l'épiderme dont les cellules se relèvent souvent en papilles, constitue seule la paroi du sac pollinique mûr (fig. 163, *B*). Quand il se forme, entre l'épiderme et les cellules mères du pollen, plus de trois assises, l'interne demeure simple, mais il y a plusieurs assises moyennes transitoires et plusieurs assises externes à bandes lignifiées : deux (Passiflore, Jusquiame, Capucine, etc.), trois ou quatre (Courge, Dictame, etc.), cinq à dix (Iride, Agave, etc.).

Dans les anthères ordinaires à quatre sacs polliniques, la cloison qui sépare les deux sacs de chaque côté du connectif, cloison renflée des deux côtés quand les cellules mères sont disposées en une seule assise courbe (Labiées, Scrofulariacées, etc.), se trouve détruite par la résorption simultanée de l'assise interne et de l'assise moyenne de la paroi (fig. 163, *A*, *z*). Cette destruction, parfois complète (Luzule, Laiche, Érythrée, etc.), laisse le plus souvent subsister la partie postérieure et épaissie de la cloison, qui forme une bande saillante (fig. 163, *A*). Désormais les deux sacs de chaque côté communiquent en une loge unique; à la maturité, ces anthères n'ont donc que deux loges : aussi, dans le langage descriptif, les dit-on *biloculaires*. En même temps, toutes les cellules à parois très molles, situées vis-à-vis de la cloison, y compris les cellules épidermiques, se détruisent ou se décollent, et il en résulte, au fond du sillon qui sépare les deux sacs, une fente étroite, par où la loge unique se trouve ouverte (fig. 163, *B*, *y*) : c'est la déhiscence longitudinale (p. 340).

Pour permettre aux grains de pollen de s'échapper dans l'air, il faut ensuite que cette fente s'élargisse, ce qui a lieu sous l'influence de la dessiccation, grâce aux propriétés spéciales de l'assise à bandes lignifiées. En effet, dès que la corolle s'épanouit et que l'air accède aux étamines, la paroi de l'anthère se dessèche; par suite, les membranes de l'assise à bandes se rétractent fortement dans les endroits restés minces et cellulosiques, faiblement dans les places épaissies et lignifiées. Alors de deux choses l'une : ou bien les places épaissies et lignifiées dominent sur la face interne des cellules, tandis que la face externe en a moins ou en est dépourvue; c'est ce qui a lieu, par exemple, dans l'épaississement en U ou en griffe, lorsque l'U ou la griffe s'ouvrent en dehors (Lychnide, Mauve, Ancolie, Gesse, etc.); alors la paroi se rétracte davantage sur la face externe que sur la face interne, et par suite, les deux valves qui limitent la fente se recourbent en dehors en ouvrant largement la loge. Ou bien les places épaissies et lignifiées dominent sur la face externe des cellules, tandis que la face interne en a moins ou en est dépourvue; c'est ce qui a lieu, par exemple, dans l'épaississement en U ou en griffe, si l'U ou la griffe s'ouvrent en dedans (Sainfoin, Butome, etc.); alors la paroi se rétracte davantage sur la face interne que sur la face externe, et par suite, les deux valves se recourbent en dedans (fig. 163, *A*); la fente se trouve encore élargie, mais moins fortement que dans le premier cas. Ainsi mis à nu, et même entraînés sur la face interne des valves quand elles se déploient vers l'extérieur, les grains de pollen ne tardent pas à être emportés et disséminés, comme il sera dit plus loin. L'assise à bandes lignifiées joue donc un rôle mécanique important dans la déhiscence longitudinale des sacs polliniques. Le rôle de l'épiderme dans ce phénomène est purement passif; on peut l'enlever sans gêner la déhiscence (Nicotiane, Digitale, etc.): dans bien des cas, il disparait spontanément avant la déhiscence et les valves, réduites à l'assise à bandes, ne s'en recourbent pas moins (Vigne, Aristoloche, Pin, Genévrier, etc.).

Quelquefois les cellules à bandes dépassent les valves et envahissent soit la cloison (Œnothéracées, Dipsacées, etc.), soit le connectif (Souci, Capucine, Saxifrage, etc.), parfois même dans toute toute son épaisseur (fig. 163, A) (Lis, Iride, Butome, Lin, Chèvrefeuille, etc.); leur rôle est le même, mais elles le remplissent avec une plus grande énergie. Ailleurs, au contraire, elles n'occupent qu'une partie de la surface des valves, soit le bord voisin de la ligne de déhiscence (Mélampyre, Rhinanthe, diverses Orobanches, etc.). soit le bord voisin de l'attache au connectif (Chlore, etc.), soit divers points çà et là disséminés (Ophryde, divers Orchides, etc.); leur rôle est encore le même, mais leur action est beaucoup affaiblie. Quand elles manquent tout à fait (Tomate, Cycade, Calle. divers Orchides, etc.), les bords des valves ne se recourbent pas, mais restent rapprochés sur la ligne de déhiscence.

Quelquefois l'assise interne et l'assise moyenne de la paroi ne se détruisent pas; alors l'assise sous-épidermique ne prend pas non plus de bandes d'épaississement. Les cloisons ne se résorbant pas non plus, les sacs polliniques demeurent séparés et la déhiscence ne peut être longitudinale; elle s'opère par la destruction de quelques cellules au sommet des sacs (Éricacées, Mélastomacées, etc.) : elle est poricide. Il se fait parfois autour du pore quelques cellules à bandes, qui en se rétractant plus en dehors qu'en dedans élargissent l'ouverture (Morelle, Maïs, etc.). Il faut remarquer pourtant que la déhiscence poricide peut se montrer aussi dans des anthères où il y a destruction des assises internes, confluence des sacs polliniques deux par deux et formation de cellules à bandes; il suffit pour cela que celles-ci forment une **assise non interrompue en face de la cloison (Richardie, Alocase, Dianelle, etc.).**

Développement du grain de pollen. Tube pollinique. —
Une fois mis en liberté, comme il vient d'être dit, avec son appareil protecteur et sa provision de réserves, le grain de pollen est
capable de développement. Dès qu'il rencontre dans le milieu extérieur les conditions favorables, il sort de l'état de vie latente, son
protoplasme se gonfle, s'accroît et poussant devant lui, à l'endroit
d'un pore ou d'un pli, la membrane qui l'entoure, il s'allonge en
un tube grêle (fig. 161 et 162). Celui-ci croît par le sommet et,
sans se cloisonner, ni se ramifier le plus souvent, il atteint
promptement plusieurs centaines et même plusieurs milliers de
fois la longueur du grain primitif : c'est le *tube pollinique*. Dans
les grains composés : tétrades, massules ou pollinies, chaque
grain pousse son tube indépendamment de ses voisins, et l'ensemble produit en définitive un faisceau de filaments enchevêtrés.

Les conditions de milieu nécessaires et suffisantes pour que le
grain de pollen se développe ainsi en un tube se trouvent remplies
normalement sur le stigmate de la fleur, comme on le verra plus
loin; mais il est facile de les réunir artificiellement autour du
grain. Puisqu'il possède des réserves, il suffit en général de lui
donner de l'air, de l'humidité et de la chaleur, pour qu'il produise
un tube pollinique; si l'on ajoute au liquide diverses substances
nutritives, comme du sucre, de la gomme, etc., de manière à
composer un milieu de culture, la croissance est plus intense et
le tube parvient dans le même temps à une plus grande longueur.
Il suffit donc de semer les grains dans une goutte d'eau sucrée ou
gommée, pour voir les tubes polliniques se former et pour les
suivre dans tout leur développement.

Au sommet du tube, le protoplasme est toujours homogène et
plein; la membrane de cellulose qui le recouvre ne s'y distingue
pas par un contour interne; ce contour ne devient apparent qu'a-
près la contraction du protoplasme par les réactifs. Plus bas, le
protoplasme se montre pourvu d'hydroleucites de plus en plus
volumineux contenant un suc cellulaire de plus en plus abondant; dans cette région, il est en mouvement actif. Par la facilité
avec laquelle on les obtient, ces cultures de tubes polliniques
sont certainement l'un des objets qui se prêtent le mieux à l'étude
et à la démonstration du mouvement protoplasmique. Plus loin
encore, si le tube est suffisamment âgé, la membrane est vide,
remplie seulement d'un liquide hyalin. Le protoplasme voyage
donc dans le tube, se retirant peu à peu de la région inférieure,

pour se concentrer à l'extrémité. Çà et là, la partie pleine des tubes se sépare de la partie vide par un épaississement de cellulose formant bouchon.

Chez les Gymnospermes, c'est la plus grande des deux cellules filles du grain qui se développe seule en tube pollinique ; la petite demeure inactive (fig. 162). La cloison y étant, comme on sait, cellulosique, le noyau de la grande cellule, dit aussi noyau *générateur*, passe seul dans le tube pollinique et s'y maintient à une petite distance de l'extrémité ; celui de la petite cellule, dit aussi noyau *végétatif*, reste en place et se détruit peu à peu. Plus tard, le gros noyau terminal se divise en deux nouveaux noyaux (fig. 162, *B*).

Chez les Angiospermes, c'est la plus petite des deux cellules filles du grain qui se développe en tube pollinique ; la cloison y étant, comme on sait, albuminoïde et éphémère, les noyaux passent tous les deux et successivement dans le tube pollinique, d'abord le plus petit, celui de la petite cellule, qui est le noyau propre du tube, le noyau générateur, puis le plus grand, celui de la grande cellule, qui est le noyau végétatif (fig. 161, *II*). Ce dernier disparaît bientôt ; l'autre persiste seul, en se maintenant au voisinage de l'extrémité du tube. Plus tard, il se partage aussi d'ordinaire en deux nouveaux noyaux.

Dans tous les cas, quand le tube a fini sa croissance, le noyau qui en occupe l'extrémité, avec une portion du protoplasme qui l'entoure, passe à travers la membrane ramollie et se rassemble au dehors en une petite masse arrondie.

Quand il vient à tomber sur le stigmate des Angiospermes ou sur le nucelle des Gymnospermes, le grain de pollen se comporte précisément comme on vient de le voir dans les cultures artificielles sur porte-objet. On y reviendra plus loin.

§ 6

Pistil.

Forme des carpelles. — Le carpelle est ordinairement, comme on sait (p. 320, fig. 123), une feuille sessile formée de trois parties. Son limbe élargi porte les ovules sur ses bords renflés : c'est l'ovaire. Il prolonge sa côte médiane en un filament, qui est le style, et le style à son tour se termine par une languette ou un renflement couvert de papilles, qui est le stigmate. Quelquefois ouvert (Conifères, Violette, Réséda, Orchide, etc.), il est le plus souvent fermé par le rapprochement et la soudure de ses bords recourbés vers l'intérieur. Cette fermeture a lieu à divers degrés : tantôt seulement dans la partie inférieure de l'ovaire, ordinairement dans toute sa longueur, parfois jusque dans le style et même jusqu'au sommet du style enroulé en cylindre. Quelquefois le carpelle est plus ou moins longuement pétiolé (Baguenaudier, Éranthe, etc.).

Si tous les carpelles du pistil ont même forme et même grandeur (Crassule, Butome, etc.), ou si, étant de forme et de dimension différentes, ils alternent régulièrement (Symphorine, etc.), le pistil est symétrique par rapport à l'axe de la fleur : il est *régulier*. Si, au contraire, l'un des carpelles se développe plus que les autres, ou se développe seul, les autres avortant, le pistil n'est symétrique que par rapport à un plan, qui est généralement médian : il est *irrégulier* (Légumineuses, Berbéridées, Graminées, Conifères, etc.).

Étudions maintenant de plus près chacune des trois parties qui composent le carpelle, savoir : l'ovaire, le style et le stigmate.

Ovaire. — Le bord renflé qui forme le placenta porte parfois une seule rangée d'ovules, qui correspondent à une série de dents ou de lobes de la feuille (Liliacées, Légumineuses, etc.); mais souvent il s'épaissit sur une plus grande largeur et produit des ovules plus nombreux, disposés sur plusieurs rangées ou sans ordre (Orchidées, Cucurbitacées, Solanacées, Saxifrage, fig. 164, etc.).

Toutes les fois que les ovules sont ainsi attachés au bord extrême,

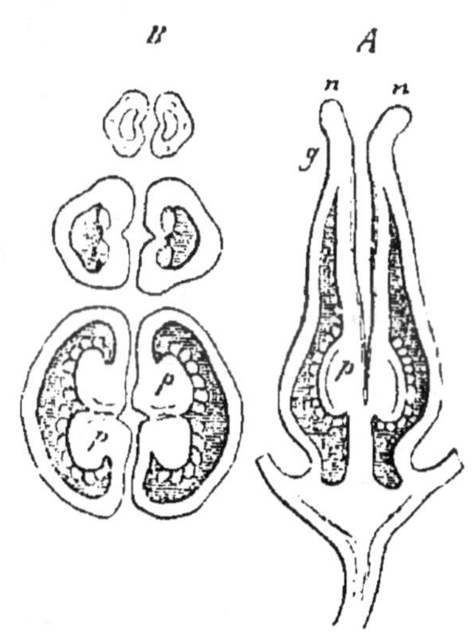

Fig. 164. — Pistil de Saxifrage. *A*, section longitudinale; *p*, placenta; *g*, style; *n*, stigmate. *B*, section transversale à diverses hauteurs.

ou du moins concentrés près de ce bord, on peut dire que la placentation est *marginale;* c'est le cas ordinaire. Mais parfois ils envahissent une beaucoup plus grande étendue de la face supérieure lu carpelle, dont la région médiane seule en demeure dépourvue (Pavot), ou bien ils s'attachent sur toute la face supérieure de la feuille, jusqu'au voisinage de la nervure médiane (Nymphée, Butome, Akébie, etc.); alors les bords du carpelle ne se renflent pas et la placentation est *diffuse*; on la dit aussi *réticulée*, parce que les ovules, tirant toujours leur origine des nervures du limbe, se disposent en réseau comme ces nervures elles-mêmes. Enfin il arrive que la nervure médiane seule porte les ovules, tout le reste de la feuille en étant dépourvu; la placentation est alors *médiane* (Cactées, Ficoïde, etc.). Dans les Conifères, les ovules sont portés sur la face dorsale des carpelles largement ouverts : à la base (Cyprès, etc.), vers le milieu (Pin, Sapin, fig. 165, etc.), ou près du sommet (Araucarier, Ginkgo, etc.).

Revenons à la placentation marginale. Le bord n'y est pas toujours chargé d'ovules dans toute la longueur de l'ovaire; assez souvent, il n'en porte qu'un petit nombre à sa base, ou à son milieu, ou à son sommet. Les ovules sont nécessairement *dressés* dans le

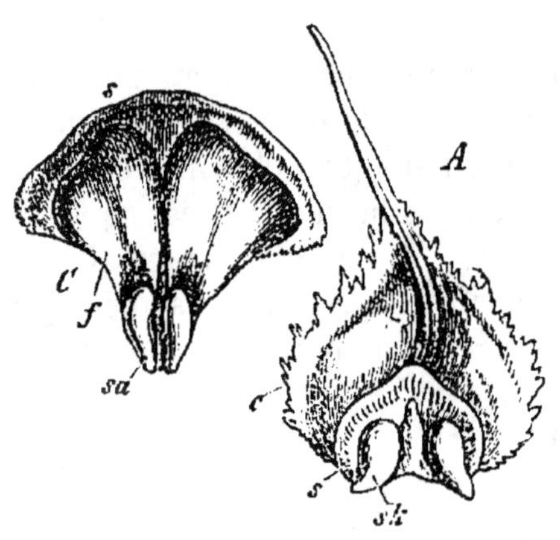

Fig. 165. — Fleur femelle de Sapin. *A*, à l'aisselle d'une bractée *c*, le carpelle ouvert porte vers son milieu deux ovules pendants *sk*. *C*, fruit; *sa*, graines ailées en *f*.

premier cas (Gouet, Tamaris, etc.), *renversés* dans le dernier (Acore, Pesse, etc.); dans le second, ils sont, suivant les plantes, *ascendants* *horizontaux* ou *pendants*. Le bord du carpelle ne s'épaissit alors qu'au point même où il porte les ovules. Le nombre des ovules du carpelle peut se réduire ainsi à un seul pour chaque bord : le carpelle est *biovulé* (Poirier, Vigne, etc.). Il arrive aussi que l'un des bords ne produit pas d'ovule et que l'autre en porte un seul : le carpelle est *uniovulé* (Capucine, Euphorbe, Chalef, fig. 166, Ombellifères, Graminées, etc.).

Il entre quelquefois dans la composition du pistil des carpelles de deux sortes : il peut se faire que les uns soient pluriovulés, les autres uniovulés (Symphorine); mais le plus souvent les uns sont ovulifères, fertiles, les autres dépourvus d'ovules, stériles. Ainsi, des deux carpelles qui forment le pistil des Composées, l'un est stérile, l'autre ne porte qu'un ovule dressé à la base d'un de ses bords : le pistil tout entier est uniovulé. Avec trois carpelles, dont deux sont stériles, le pistil de la Bette, du Rumice, etc., est également uniovulé ; avec cinq carpelles, dont quatre demeurent stériles, le pistil des Plombaginées ne contient aussi qu'un seul ovule.

Quand l'ovaire du carpelle est clos, il arrive parfois qu'il se subdivise, par des cloisons longitudinales ou transversales, en un certain nombre de logettes. Ainsi l'ovaire de l'Astragale, du Dature, du Lin, etc., se divise en deux par une cloison longitudinale qui part de la nervure médiane, se dirige en dedans vers la suture des deux bords placentaires et s'y unit ; ainsi encore, l'ovaire des Cathartocarpes (subdivision des Casses) se divise, par un grand nombre de cloisons transversales, en logettes superposées contenant chacune un ovule.

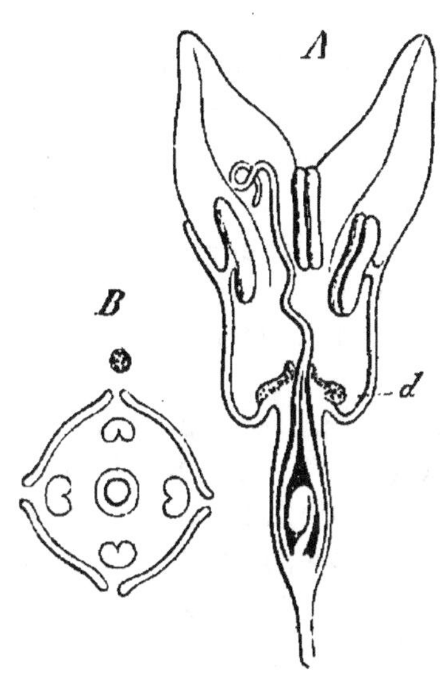

Fig. 166. — Fleur du Chalef. *A*, section longitudinale, montrant le carpelle muni d'un seul ovule dressé : *d*, nectaire. *B*, diagramme.

Structure de l'ovaire. — Comme tout limbe de feuille, l'ovaire se compose d'un épiderme pouvant porter sur ses deux faces des stomates et des poils, d'un parenchyme ordinairement homogène pouvant renfermer de la chlorophylle, et de faisceaux libéroligneux diversement ramifiés et anastomosés. Il y a un faisceau médian et si la placentation est marginale, comme c'est le cas le plus fréquent, chaque bord placentaire est occupé d'ordinaire par un faisceau plus gros que les autres, qui envoie des branches aux ovules. Si l'ovaire est ouvert, tous les faisceaux sont orientés de la même manière, liber en dehors, bois en dedans ; mais s'il se ferme, en reployant et rejoignant ses bords vers l'axe de la fleur, ses faisceaux marginaux tournent leur bois en dehors et se trouvent orientés en sens inverse du faisceau médian. Lorsque, après s'être unis, les bords, continuant à se reployer, se séparent de nouveau en se réfléchissant vers l'extérieur, leurs faisceaux tournent peu à peu leur liber en dehors, leur bois en dedans et reprennent ainsi l'orientation du faisceau médian (voir plus loin, fig. 173, *a*). En un mot, l'orientation des faisceaux libéroligneux de l'ovaire est précisément telle qu'il convient à une feuille plus ou moins reployée.

Le long de chaque bord, la face interne de l'ovaire subit le plus souvent une modification spéciale, qui aboutit à la formation d'une bandelette de *tissu conducteur*, ainsi nommé parce qu'il est, comme on le verra bientôt, la voie qui conduit aux ovules le produit du développement des grains de pollen. Tantôt c'est l'épiderme seul qui se modifie : il prolonge simplement ses cellules en papilles (Mahonie, etc.), ou bien il les divise à plusieurs reprises par des cloisons tangentielles en formant une lame plus ou moins épaisse (Labiées, Borraginées, Composées, etc.). Tantôt plusieurs assises du parenchyme sous-jacent, provenant soit directement de la différenciation d'une portion du parenchyme ordinaire (Hellébore, Ronce, etc.), soit du cloisonnement tangentiel répété de l'assise sous-épidermique (Saxifrage, Groseillier, etc.), viennent renforcer l'épiderme et contribuer avec lui à former le tissu conducteur. Quelle qu'en soit l'origine, le tissu conducteur se distingue par le contenu de ses cellules, qui est un protoplasme granuleux, dense et très réfringent, renfermant quelquefois de l'huile, de l'amidon, de la chlorophylle, mais surtout par la nature de leurs membranes, qui sont épaisses, brillantes, molles et en voie de gélification (fig. 167). Quand la gélification des lames moyennes est complète, les cellules se trouvent dissociées dans un mucilage. En un mot, le tissu conducteur n'est qu'une variété du tissu gélatineux (p. 34, fig. 15).

A

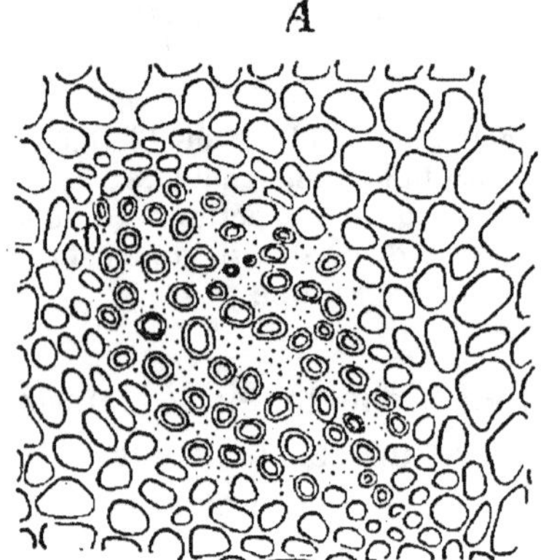

Fig. 167. — Coupe transversale de la région centrale du style de la Sauge, montrant le tissu conducteur avec ses membranes gélifiées.

Style. — Souvent très long, pouvant atteindre jusqu'à 20 centimètres de longueur (Colchique, Safran, etc.), le style est parfois très court, réduit à un simple étranglement entre le stigmate et l'ovaire (Crucifères, Résède, Pavot, Renoncule, fig. 168, Tulipe,

etc.); le stigmate est dit alors *sessile* sur l'ovaire. Sa face externe
porte quelquefois des poils, où viennent s'attacher les grains de
pollen échappés des anthères; on les nomme
poils collecteurs (Campanulacées, Composées).

Si le carpelle est ouvert, le style est plan ou
creusé en gouttière (Violette, Orchide, etc.). Si
le carpelle est fermé, le style participe souvent au reploiement de l'ovaire et devient un
tube creux, dont le canal continue la cavité
ovarienne pour s'ouvrir en haut à la base du
stigmate (Papilionacées, Butome, etc.); mais
fréquemment aussi, il ne se reploie en tube
que dans sa région inférieure et se creuse
seulement en gouttière dans le reste (Renon-

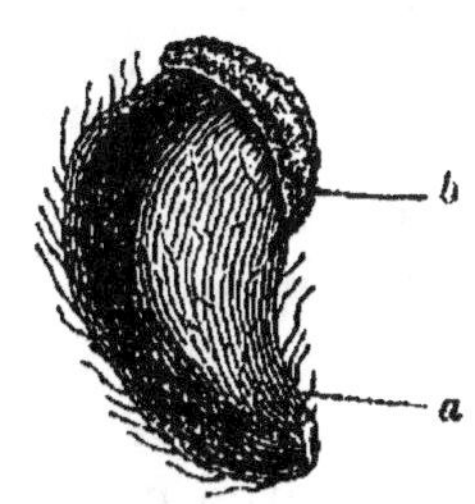

Fig. 168. — Carpelle
de Renoncule ; *a*,
ovaire ; *b*, stigmate
sessile.

culacées, etc.); ailleurs, il ne se reploie même pas du tout et
demeure plein depuis son insertion sur la cavité ovarienne (Maïs,
Ronce, Protéacées, etc.).

Quand l'ovaire est fermé, le style, qui en est toujours le prolongement direct, peut cependant se trouver rejeté sur le côté axile
de la cavité, de manière à paraître inséré
latéralement en son milieu (Potentille,
fig. 169, *A*), ou même à sa base (Fraisier,
Alchimille, fig. 169, *B*, etc.). Cela tient à ce
que le carpelle, ayant accru plus fortement
la région dorsale de son ovaire, s'est considérablement bombé en dehors. Le style est
dit alors *latéral* dans le premier cas, *gynobasique* dans le second.

Le style partage la structure de l'ovaire,
dont il est le prolongement. Le faisceau médian s'y continue, seul le plus souvent, accompagné parfois de chaque côté par un faisceau
plus petit (Hellébore, etc.). Les deux bandes
de tissu conducteur de l'ovaire convergent à

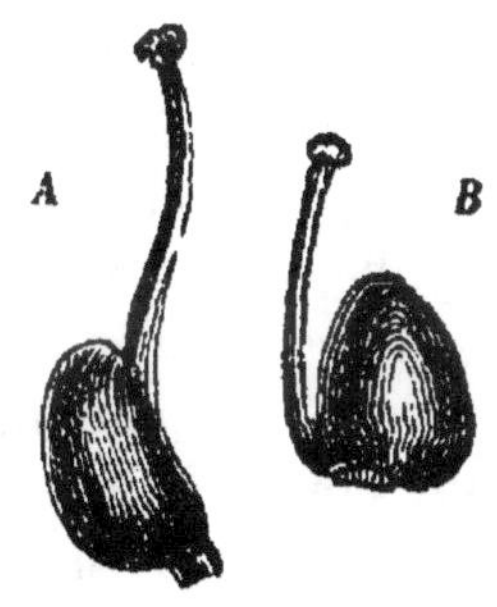

Fig. 169. — A, car-
pelle de Potentille,
à style latéral. *B*,
carpelle d'Alchi-
mille, à style gyno-
basique.

son sommet et s'unissent en un ruban unique qui parcourt le
style dans toute sa longueur. Ce ruban tapisse le canal, quand le
style est reployé en tube (Papilionacées, etc.), ou le sillon, quand il
est creusé en gouttière (Renonculacées, Orchidées, etc.). Il forme
un cordon superposé au bois du faisceau ligneux quand le style
est plein (Ronce, Protéacées, etc.).

Stigmate. — En s'épanouissant sur la face interne de l'extrémité du style, le tissu conducteur forme le stigmate (Renonculacées, Butomées, etc.); ce dernier est donc toujours latéral; s'il paraît souvent terminal, c'est que le sommet du style s'est réfléchi en dehors (fig. 125, *st*). Le stigmate n'est donc en réalité qu'une surface. Cette surface affecte des formes très diverses, suivant que l'extrémité du style qui la porte est amincie en pointe, dilatée en plume (Lin, fig. 170, Graminées, etc.), renflée en tête (Rhubarbe, fig. 169, etc.), ou creusée en entonnoir (Safran, etc.).

L'épiderme du stigmate est quelquefois lisse (Pois, etc.) et formé de cellules prismatiques (Ombellifères, Euphorbe, Azalée, etc.); mais le plus souvent ses cellules se prolongent en papilles de forme très diverse : en cylindre (Sauge, Polémoine, etc.), en tête (Liseron, Primevère, etc.), en massue (Lilas, Muflier, etc.), en bouteille à col plus ou moins étiré (Spirée, Mahonie, etc.), en aiguille (Papilionacées, etc.), etc. Ces papilles s'allongent quelquefois en poils continus (Millepertuis, Glaucière, Philodendre, etc.) ou cloisonnés (Géraine, Lopézie, etc.); ailleurs elles sont composées, c'est-à dire formées de plusieurs cellules épidermiques juxtaposées (Résède, Passiflore, etc.); parfois elles sont portées sur des émergences de l'extrémité du style (Ronce, Sanguisorbe, etc.). Quelle que soit leur forme, elles produisent et épanchent au dehors un liquide visqueux, acide et sucré, très propre à retenir les grains de pollen qui viennent à être transportés sur le stigmate et à les nourrir dans leur développement ultérieur. La viscosité du stigmate est augmentée quelquefois par la gélification des membranes des cellules épidermiques, qui se dissocient dans le mucilage (Groseillier, Morelle, Orchidées, etc.). Sous l'épiderme, s'étend le tissu conducteur avec ses cellules gélifiées.

Dans les Gymnospermes, le style et le stigmate manquent à la fois, et le carpelle se réduit à un ovaire (fig. 165).

Croissance des carpelles. — Chaque carpelle apparaît d'abord sur le réceptacle comme un mamelon, bientôt élargi à la base en forme d'écaille; la partie inférieure élargie va produire l'ovaire, ouvert ou fermé; la partie supérieure donnera le style et le stigmate. En grandissant, tantôt la région inférieure demeure légèrement concave et les bords se renflent sur place pour produire les ovules : le carpelle est ouvert et la placentation pariétale (Violette, Passiflore, etc.). Tantôt, au contraire, les bords se replient progressivement vers l'intérieur, se rencontrent, se soudent dans toute leur longueur, puis se gonflent pour porter les ovules : le carpelle est fermé et la placentation axile (Haricot, Ancolie, Spirée, etc.).

Dans un carpelle clos, l'ovaire peut se former d'une façon un peu différente. Si les bords du mamelon, de très bonne heure repliés et soudés en forme de bourrelet, sont frappés d'une croissance intercalaire à la base, il y aura concrescence, l'ovaire apparaîtra comme un sac clos dès l'origine, surmonté par le style et le stigmate (Berbéridées, etc.). Ailleurs, les deux modes se combinent dans le même ovaire, qui est formé dans sa région supérieure par soudure, dans sa région inférieure par concrescence (Rutacées, etc.). Quand la fermeture a lieu par soudure, les deux faisceaux marginaux du carpelle sont toujours distincts et les épidermes eux-mêmes s'accolent d'ordinaire sans se confondre (fig. 173, *a*). Quand elle s'opère par concrescence, les faisceaux marginaux sont encore distincts le plus souvent, l'union n'ayant lieu que par le parenchyme (Berbéridées, etc.); mais parfois aussi, ils se trouvent intimement unis en un faisceau impair, qui fait face au médian de l'autre côté de la cavité, mais qui est orienté à rebours (Mercuriale, Géraine, Balsamine, etc.).

Quand la croissance intercalaire qui donne aux carpelles leur forme définitive, et qui s'y localise différemment suivant les cas comme il vient d'être dit, s'opère séparément dans chacun d'eux, ils demeurent distincts : le pistil est *dialycarpelle*. Si chaque carpelle est ouvert, les ovules ne sont alors abrités dans aucune cavité close; après l'épanouissement de la fleur, ils sont exposés au contact direct de l'air extérieur (Conifères, Cycadacées). Si chaque carpelle est fermé, les ovules sont protégés par une cavité close, produite par la feuille même qui les porte (fig. 173, *a*) (Pivoine, Spirée, Haricot, Saxifrage, fig. 164, Butome, etc.). Mais si l'on réfléchit que les carpelles sont des feuilles à base élargie, insérées autour du sommet du réceptacle sur une circonférence très étroite, on comprend que cette grande proximité favorise singulièrement chez eux la communauté de croissance intercalaire. Aussi la concrescence des feuilles est-elle plus fréquente dans le pistil que dans n'importe quel autre verticille floral. Quand elle a lieu, le pistil est *gamocarpelle* (Liliacées, Solanacées, etc.). Il est nécessaire de passer en revue les divers degrés de cette concrescence et les divers aspects qui en résultent pour le pistil.

Suivant l'époque du développement où elle s'introduit, l'union des carpelles se manifeste à des degrés divers. Quelquefois c'est seulement dans la partie inférieure des régions ovariennes (Colchique, certaines Saxifrages, fig. 164, etc.); mais ordinairement c'est au moins dans toute l'étendue des ovaires. Il en résulte un ovaire composé, au sommet duquel se détachent autant de styles qu'il entre d'ovaires simples dans sa constitution (Caryophyllées, Ricin, Passiflore, Lin, fig. 170, Rhubarbe, etc.). Souvent l'union envahit aussi la partie inférieure des styles et l'ovaire composé se prolonge en un style également composé, qui se divise plus haut en autant de branches qu'il y a de carpelles au pistil (Iride, Capucine, Safran, etc.); dans l'Iride, les trois styles, une fois séparés, se dilatent en lames pétaloïdes. Ailleurs, l'union a lieu jusqu'à la base des stigmates et le style com-

Fig. 170.

posé est terminé par autant de petites branches stigmatifères dans toute leur étendue qu'il y a de carpelles (Composées, Polémoine, fig. 171, etc.). Ailleurs, les stigmates eux-mêmes sont unis à leur base et forment un stigmate composé en forme d'étoile, ou bilobé, dont les lobes sont les extrémités libres d'autant de carpelles constitutifs. Enfin si les stigmates sont complètement unis en un stigmate composé en forme de tête, de disque ou d'entonnoir, la concrescence des carpelles est aussi complète que possible, et c'est seulement à l'inspection des nervures médianes qui traversent la paroi de l'ovaire composé que l'on pourra du dehors déterminer le nombre des feuilles carpellaires qui composent le pistil (Primevère, Violette, fig. 172, etc.).

Les carpelles d'un pistil dialycarpelle rapprochent quelquefois assez intimement certaines de leurs parties pour y contracter adhérence et même pour s'y souder complètement. C'est ainsi que les deux carpelles distincts des Apocynées se soudent par leurs stigmates renflés en tête, et que

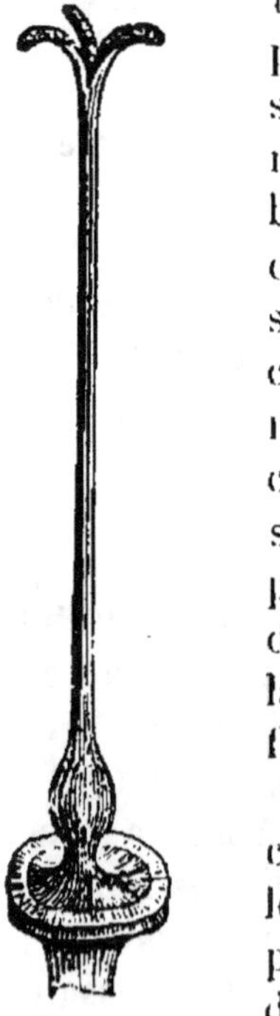

Fig. 171.

les cinq carpelles séparés des Rutées se soudent dans toute la longueur des styles en gardant leurs ovaires distincts. Il ne faut

pas confondre ce phénomène, d'ailleurs très rare, avec la concrescence dont il vient d'être question.

Concrescence entre carpelles ouverts. — Si les carpelles
concrescents sont ouverts, l'union a lieu dans les ovaires par les
bords ovulifères un peu recourbés vers l'intérieur. Les faisceaux
marginaux des carpelles peuvent alors demeurer distincts côte
à côte, la concrescence n'atteignant que le parenchyme (Viola-
cées, etc.); mais plus souvent ils s'unissent en un faisceau unique, qui envoie de chaque côté des branches aux ovules des deux
bords (Crucifères, Papavéracées, etc.). L'ovaire ainsi composé cir-
conscrit une seule loge traversée en son milieu par l'axe de la
fleur et c'est sur la paroi commune
de cette loge que s'étendent les placentes (fig. 172). Chaque placente
est formé par l'union des deux
bords rentrants de deux carpelles
voisins et par conséquent les styles
et les stigmates, qui correspondent
normalement aux nervures médianes, alternent avec les placentes.
Un pareil ovaire composé est dit
uniloculaire à placentation pariétale
(Résède, Violette, Passiflore, Chélidoine, etc.). Chez les Crucifères, qui
se rattachent au même type, chacun
des deux placentes pariétaux produit entre ses deux rangées d'ovules
et projette vers le centre une lame
qui, en rejoignant sa congénère et
se soudant avec elle, forme une
cloison complète qui divise l'ovaire
dans sa longueur en deux compartiments. L'union des styles a lieu,
dans un pareil pistil, soit comme
celle des ovaires qu'ils prolongent,

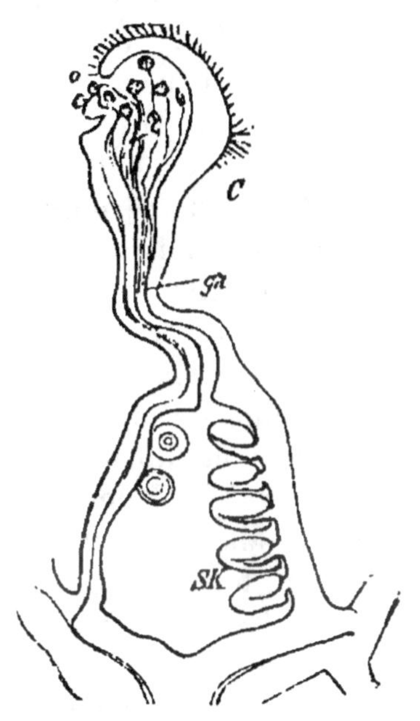

Fig. 172. — Section longitudinale
du pistil de la Violette. *C*, stigmate composé, renflé en tête ;
gn, canal du style, ouvert en
o ; *SK*, ovules en placentation
pariétale.

par les bords seulement, en laissant au milieu un canal commun qui vient s'ouvrir au sommet entre les stigmates (Violette,
fig. 172, etc.), soit à la fois par les bords et par les faces internes,
de manière à former une colonne pleine, sans aucun canal stylaire
(beaucoup de Composées).

Parmi ces ovaires composés uniloculaires à placentation pariétale, il en est qui méritent une mention spéciale. Il arrive parfois, en effet, comme il a été dit plus haut, que chaque carpelle ouvert ne porte d'ovules que sur la base renflée de chacun de ses bords. Ces bases renflées et confluentes forment à chaque carpelle une sorte de talon, et d'un carpelle à l'autre ces talons s'unissent en une proéminence commune, qui forme au fond de l'ovaire une sorte de plancher bombé. C'est sur ce plancher que sont portés tous les ovules dressés recevant leurs faisceaux de la base des nervures carpellaires ; le reste de la paroi interne de l'ovaire est lisse et stérile (Gouet, Tamaris, etc.) Il n'est même pas rare, comme on le voit dans la Rhubarbe, le Rumice, l'Ortie, le Chanvre, les Composées, etc., qu'un seul des bords carpellaires porte à sa base un seul ovule dressé ; tous les autres bords confluents ne s'épaississent pas et demeurent stériles. L'ovule unique paraît alors continuer, entre les bases des carpelles, le pédicelle floral lui-même, ou du moins être attaché directement au sommet du réceptacle ; mais ce n'est là qu'une trompeuse apparence. Une étude attentive montre que l'ovule est en réalité latéral et non terminal, que son attache a lieu non sur le pédicelle, mais sur l'un des carpelles à sa base.

Reprenons le cas où la placentation est basilaire avec ovules nombreux et supposons que la proéminence issue de l'union des talons ovulifères des divers carpelles subisse à sa base rétrécie un notable allongement intercalaire. Il en résultera une sorte de colonne, terminée par un renflement en forme de chapeau qui portera les ovules à sa surface. Telle est précisément la disposition des choses dans les Primulacées, Myrsinées, etc., disposition que l'on a qualifiée de *placentation centrale*. C'est une simple variété de la placentation basilaire et par conséquent aussi de la placentation pariétale. En d'autres termes, la production des ovules est ici localisée sur une dépendance de la base du limbe carpellaire, qui lui-même ne produit rien, dépendance comparable à celle du sépale et du pétale qui produit la couronne des Narcisses (p. 355). La concrescence qui unit latéralement les limbes unit aussi au centre ces dépendances basilaires en une colonne à tête renflée. Cette colonne placentaire est située dans la direction prolongée du pédicelle floral, dont elle semble, au premier abord, n'être que la continuation pure et simple entre les bases des carpelles. Mais ce n'est là qu'une illusion et la chose est tout autre en réalité. Cette colonne renferme un certain nombre de faisceaux disposés en cercle et orientés à rebours, c'est-à-dire tournant leur bois en dehors, leur liber en dedans (fig. 175, *e*). Sa structure est donc bien celle qui convient à une couronne concrescente (voir p. 555), tandis qu'elle diffère profondément de celle du pédicelle floral ; bien mieux, elle est incompatible avec la structure générale de la tige.

Concrescence entre carpelles fermés. — Entre carpelles fermés, l'union des ovaires a lieu par les faces latérales et ordinairement par toute l'étendue de ces faces. Il en résulte un ovaire

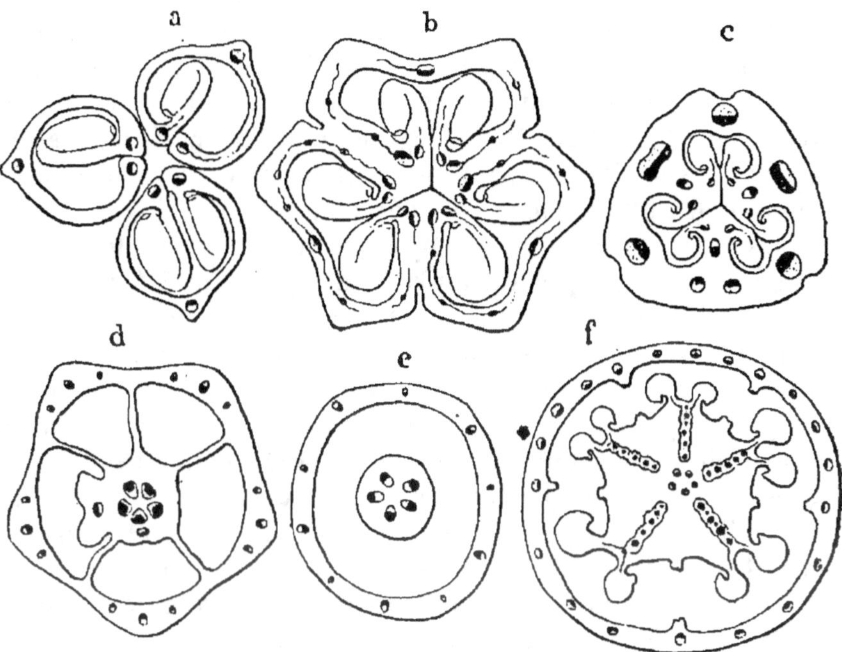

Fig. 175. — Section transversale du pistil, montrant l'orientation des faisceaux libéroligneux des carpelles : *a*, dans l'Éranthe ; *b*, dans la Jacinthe ; *c*, dans la Tulipe ; *d*, dans l'Impatiente ; *e*, dans le Mouron ; *f*, dans le Lychnide.

composé, où l'on distingue autant de cavités ou de loges qu'il y entre d'ovaires simples concrescents (fig. 175, *b*, *c*, *d*, *f*). Ces loges sont séparées par des cloisons rayonnantes issues de la concrescence des faces latérales des carpelles voisins. Le placente, formé des deux bords distincts ou concrescents du même carpelle, occupe l'angle interne de chaque loge, vis-à-vis de la nervure médiane ; les styles et les stigmates correspondent donc ici aux placentes. Un pareil ovaire composé est dit *pluriloculaire à placen-*

tation axile. Ces cloisons sont quelquefois traversées par deux systèmes indépendants de faisceaux latéraux, la concrescence n'atteignant que le parenchyme des ovaires (fig. 173, *b*) (beaucoup de Monocotylédones, etc.); mais parfois aussi les faisceaux des cloisons, tout au moins les plus gros, s'unissent intimement sur la ligne médiane en faisceaux impairs, qui tournent leur bois en dedans s'ils sont situés dans la partie externe de la cloison, en dehors s'ils appartiennent à la partie interne (fig. 173, *c*) (Tulipe, Géraine, etc.). Dans la colonne parenchymateuse centrale qui résulte de la soudure ou de la concrescence des cloisons, suivant que les ovaires constitutifs se sont fermés par soudure ou par concrescence, les faisceaux marginaux disposés en cercle tournent leur bois en dehors, leur liber en dedans (fig. 173, *d*), comme il a été dit plus haut. Quand leur disposition est réticulée dans chaque carpelle, les ovules occupent toute l'étendue des cloisons et la placentation est dite *septale* (Nymphéacées, etc.).

Lorsque les styles sont reployés en tube dans toute leur longueur, leur union produit un style composé, creusé d'autant de canaux parallèles avec autant de bandes de tissu conducteur, qui viennent déboucher chacun à la base d'un stigmate (Philodendre, etc.). S'ils ne sont reployés que dans leur partie inférieure, le style composé a d'abord plusieurs canaux distincts, qui se réunissent plus haut en un canal unique, bordé par une bande unique de tissu conducteur (Liliacées diverses, Agave, Fourcroyer, etc.). Enfin s'ils ne sont pas reployés du tout, ils peuvent s'unir seulement par leurs bords, pour donner un style composé à canal unique, bordé de tissu conducteur (Iridées, Borraginées, etc.), ou confluer à la fois latéralement et en dedans pour donner un style composé plein, dont l'axe est occupé par un cordon de tissu conducteur (Labiées, etc.).

Chez les Caryophyllées, le pistil est gamocarpelle à carpelles fermés et à placentation axile. Mais pendant qu'il se développe, les faces latérales unies des carpelles, que ne traverse aucune nervure, se détruisent peu à peu, rompant toute continuité entre la face externe de l'ovaire et l'ensemble des bords placentaires réunis dans l'axe du pistil (fig. 173, *f*).

Chez les Monocotylédones, il arrive fréquemment que l'union des carpelles clos ne s'opère pas dans toute l'étendue des faces latérales en contact. Dans une certaine plage, variable de largeur et de position d'un genre à l'autre, la concrescence n'a pas lieu et les deux

surfaces en regard y demeurent libres, recouvertes par leur épiderme propre. Dans l'intervalle qui les sépare, les cellules épidermiques déversent un liquide sucré, et ce liquide, qui est du nectar,
vient perler au dehors en certains points à la surface de l'ovaire
composé. On trouve de ces interstices nectarifères, nommés souvent
glandes septales, dans les cloisons de l'ovaire composé chez un
grand nombre de Liliacées, Amaryllidées, Iridées, Broméliacées,
Scitaminées, etc.

Si la concrescence a lieu entre carpelles clos à styles gynoba-
siques (Ochnacées, Simarubées, etc.), le style composé paraîtra
implanté par sa base au fond d'une cavité creusée au centre de
l'ovaire composé. Dans les Labiées et les Borraginées, il en est
de même, à une différence près. Le pistil résulte ici de l'union de
deux carpelles clos biovulés à style gynobasique. Mais les ovules,
en grandissant plus vite que l'ovaire, y ont déterminé quatre
bosses; en même temps, chaque loge s'est séparée en deux logettes
par une fausse cloison. Il semble donc, au premier abord, qu'il y
ait quatre ovaires simples et uniovulés, verticillés autour de la
base du style.

Ramification des carpelles. — Comme le sépale, le pétale
et l'étamine, le carpelle peut se ramifier. La ramification peut
porter sur le stigmate, sur le style, sur l'ovaire ou sur la totalité
du carpelle. Le stigmate se divise quelquefois en trois branches
(Bambou), dont la médiane avorte le plus souvent (la plupart des
Graminées, Crucifères); de plus, dans les Crucifères, les deux
branches stigmatiques des deux carpelles voisins s'unissent ensemble; il en résulte que les deux corps stigmatiques ainsi constitués sont superposés aux placentes pariétaux et non, comme
c'est la règle, aux nervures médianes qui les séparent. Ailleurs,
chaque style se bifurque pour terminer chacune de ses branches
par un stigmate (Euphorbe, Ricin, etc.).

Quant à l'ovaire, toutes les fois qu'il est fertile, à vrai dire il
est ramifié. Les ovules qu'il produit et porte ne sont pas autre
chose, en effet, que des dents, des lobes ou des segments du limbe
carpellaire; s'ils ne forment qu'une seule rangée marginale, la
ramification qui les produit a lieu dans le plan du limbe, comme
pour former les lobes ou les folioles d'une feuille ordinaire; s'il
y en a plusieurs rangées ou s'ils sont éparpillés sur toute la surface, la ramification a lieu perpendiculairement au plan du limbe
comme pour former les segments de la feuille du Rossolis, par

exemple (p. 257 et p. 302, fig. 112), ou du Houx-hérisson. Quand la formation des ovules est localisée à la base de la feuille, l'excroissance sessile (Gouet, etc.) ou pédicellée (Primulacées, Myrsinées, etc.) qui les porte est déjà le résultat d'une première ramification du carpelle, analogue à celle du pétale qui produit une couronne; ce segment à son tour se ramifie au sommet pour former les ovules. Enfin, le carpelle peut se ramifier dans sa totalité. Chez certaines Malvées, par exemple, le pistil gamocarpelle comprend cinq grands carpelles multiovulés (Ketmie, etc.); chez d'autres (Mauve, Guimauve, Malope, etc.), chaque grand carpelle est remplacé par un certain nombre de petits carpelles uniovulés, disposés en arc ou en fer à cheval à droite et à gauche d'un carpelle médian. Ces carpelles proviennent de la ramification du premier : tous ensemble ils sont au premier ce qu'est une feuille composée palmée à une feuille simple et il n'entre, en définitive, dans le plan de la fleur que cinq carpelles composés. ·

Concrescence du pistil avec l'androcée, le calice et la corolle. — Le pistil peut se trouver séparé de l'androcée par un long entre-nœud, qui a reçu le nom de *gynophore* (Câprier, Sterculie, etc.). Mais le plus souvent il en est très rapproché, et la communauté de croissance intercalaire, qui unit si fréquemment les carpelles dans le pistil, peut unir aussi le pistil à l'androcée, et par l'androcée à la corolle et au calice.

On a vu (p. 345, fig. 155) que dans la Spirée, dans le Prunier, le Nerprun, etc., le calice, la corolle et l'androcée sont réunis dans leur partie inférieure en une coupe, au bord de laquelle ils se séparent et paraissent insérés; le pistil seul est libre au fond de cette coupe. Que cette union atteigne aussi le pistil dans toute sa région ovarienne, et la fleur d'une Spirée deviendra celle d'un Poirier ou d'un Cognassier. On sait aussi que dans la Jacinthe, l'Asperge, etc., le calice, la corolle et l'androcée sont unis en un tube, au fond duquel le pistil est libre. Que le pistil unisse son ovaire au tube qui l'enveloppe, et la fleur de la Jacinthe deviendra celle du Narcisse ou de la Nivéole. Les choses se passent de même dans un grand nombre de plantes; citons, parmi les Monocotylédones, les Amaryllidées, Iridées, Scitaminées et Orchidées; parmi les Dicotylédones, les Ombellifères, Rubiacées, Campanulacées, Cucurbitacées, Composées, etc.

Quand la concrescence, atteignant son maximum, s'étend ainsi à toutes les parties de la fleur, il en résulte la formation d'un corps massif à l'intérieur duquel se trouve l'ovaire et au-dessus duquel se détachent et se séparent les parties supérieures des sépales, des pétales, des étamines et les parties supérieures des carpelles, c'est-à-dire les styles. Le calice, la corolle, l'androcée paraissent alors insérés au niveau où ils se séparent et qui semble être la base de la fleur (fig. 174, *ab*). L'ovaire, se trouvant situé tout entier au-dessous de l'insertion apparente des parties externes, au-dessous de la base apparente de la fleur, est dit *infère*; comme, en même temps, il fait corps avec l'ensemble des parties externes y compris le calice, on le dit aussi *adhérent*. Nous le disons *supère* ou *libre* toutes les fois qu'il n'en est pas ainsi, c'est-à-dire toutes les fois que, dans la fleur complète, les quatre formations sont ou bien toutes séparées, ou bien unies seulement deux par deux ou trois par trois.

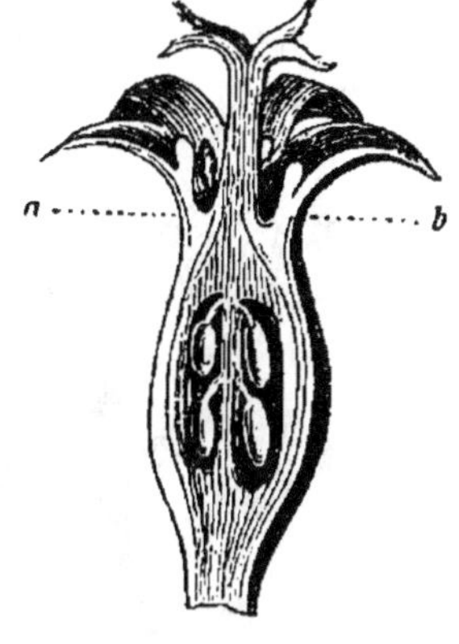

Fig. 174. — Fleur de Tamier coupée en long : *ab*, base apparente de la fleur.

Ce caractère d'avoir le pistil libre ou adhérent offre une constance assez grande pour qu'on ait pu l'appliquer utilement à la détermination des affinités et à la délimitation des groupes. C'est ainsi que, chez les Dicotylédones, on a subdivisé chacun des trois groupes principaux : Gamopétales, Dialypétales et Apétales en Supérovariées et Inférovariées. Il est pourtant sujet à exception. Deux familles très voisines peuvent avoir l'une l'ovaire supère, l'autre l'ovaire infère : telles sont, par exemple, les Pittosporées et les Araliées. les Lythracées et les Œnothéracées. Bien mieux, la même famille peut renfermer des genres à ovaire supère et des genres à ovaire infère, comme on le voit chez les Broméliacées, chez les Rosacées, etc. D'ailleurs, si l'on remarque combien est légère la modification de croissance d'où procède ce caractère, on s'étonnera bien moins de sa variabilité dans certains groupes que de sa constance dans la plupart des autres.

La concrescence du pistil avec les verticilles externes de la fleur, eux-mêmes concrescents, peut n'intéresser que le parenchyme, les faisceaux libéroligneux des divers verticilles se trouvant indépendants dans la masse générale (Alstrémère, etc.). Mais le plus souvent les faisceaux dorsaux des carpelles demeurent unis à ceux des parties externes dans toute la région inférieure et ne s'en dégagent que plus haut (Galanthe, Épilobe, Campanule, etc.).

Quand l'ovaire est infère, il peut se faire que les quatre formations se séparent toutes ensemble au-dessus de la masse commune (Campanule, Galanthe, etc.); mais il arrive souvent que la concrescence se prolonge ensuite entre les verticilles, deux par deux ou trois par trois. Ainsi dans le Poirier, la Fuchsie, l'Iride, le Narcisse, etc., une fois le style devenu libre, le calice, la corolle et l'androcée demeurent unis dans un tube commun pendant une certaine longueur. De même, dans les Composées, les Rubiacées, etc., après que la partie supérieure des sépales en dehors et le style en dedans sont devenus libres en même temps, la corolle et l'androcée demeurent unis en un tube commun ; de même encore, dans les Orchidées, parmi les Monocotylédones, et les Stylidiées, parmi les Dicotylédones, après que les parties supérieures des sépales et des pétales sont devenues libres, l'androcée et le syle composé demeurent unis en une colonne épaisse, appelée *gynostème* (fig. 175).

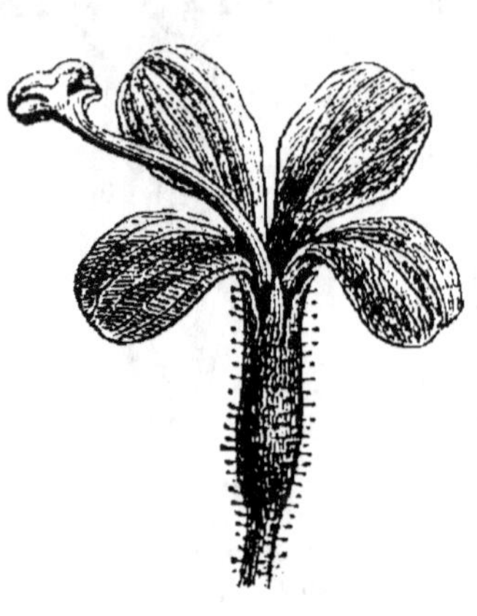

Fig. 175. — Fleur de Stylide, avec son long gynostème.

Concrescence du pistil avec le pédicelle. — Le pédicelle cesse ordinairement de croître après avoir formé le pistil. Pourtant, dans certains cas, il se prolonge pour ainsi dire normalement au-dessus des carpelles clos et entre eux, pour se terminer, à une certaine hauteur au-dessous de la base des styles, par un petit bourgeon. Si le pistil est en outre gamocarpelle, les carpelles s'unissent aussi au centre avec ce prolongement du pédicelle, confondant son écorce avec le parenchyme des faces internes des ovaires. La colonne centrale ainsi formée, qui porte les ovules sur ses flancs, est traversée par deux systèmes de faisceaux indépendants : un cercle interne de faisceaux orientés normalement, qui est le système conducteur propre du pédicelle, et un cercle externe de faisceaux inverses, constitué par les faisceaux marginaux des carpelles (fig. 173, *f*). Il est facile de s'assurer que ces derniers seuls envoient des branches aux funicules et que le pédicelle prolongé demeure totalement étranger à la production des ovules. On trouve des exemples de ce phénomène dans les Caryophyllées (Lychnide, etc.), dans les Éricacées (Rosage, etc.), dans les Primulacées, etc.

Avortement et absence des carpelles. — Les carpelles du pistil se développent tous d'ordinaire complètement et également. Pourtant, dans l'Aristoloche (fig. 176), les styles et les stigmates avortent et les six carpelles se réduisent à leurs ovaires. Ce sont alors les connectifs des anthères, épaissis, soudés latéralement en tube, développés et couverts de papilles vers le haut, qui jouent le rôle des stigmates et du style. On pourrait croire le style et le stigmate concrescents avec l'androcée, comme il vient d'être dit pour les Orchidées et les Stylidiées.

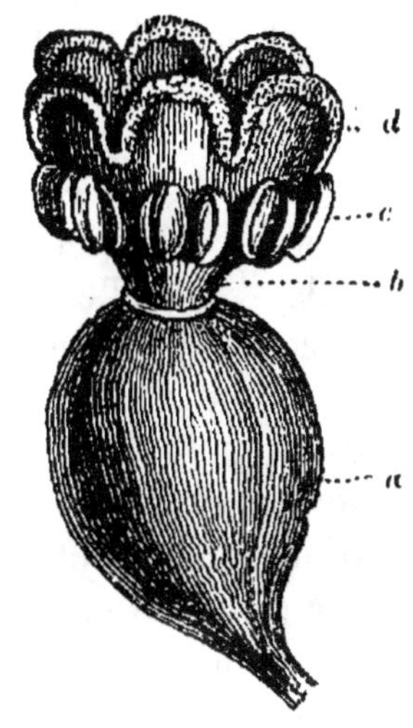

Fig. 176. — Fleur d'Aristoloche dont on a enlevé le calice en *b*; *a*, ovaire infère; *c*, anthères soudées par leurs connectifs, qui se développent au-dessus des sacs polliniques et se couvrent de papilles en *d*.

Ailleurs c'est, au contraire, l'ovaire qui s'atrophie et le style qui demeure seul pour représenter le carpelle. Ainsi, dans les Anacardiacées, la Viorne, la Valériane, etc., un seul carpelle développe son ovaire et y produit un ovule, les deux autres avortent en se réduisant au style et au stigmate. Ailleurs encore, les carpelles disparaissent sans laisser aucune trace de leur présence ; bien plus, ils ne paraissent même pas s'être formés et la place vide qu'ils laissent dans le plan de la fleur permet seule d'admettre leur avortement, qui est complet. Ainsi, des cinq carpelles que comporte la fleur des Légumineuses et que possède en effet le genre Affonsée, l'antérieur se développe seul, les quatre autres avortent ; de même, parmi les Rosacées, la tribu des Prunées ne développe qu'un carpelle sur cinq.

Dans d'autres plantes, l'avortement porte à la fois sur tout le pistil. Dans la fleur, complète à l'origine, tous les carpelles cessent de croître de bonne heure et avortent, en laissant d'eux quelque trace reconnaissable ; la fleur devient mâle par avortement (Cucurbitacées, etc.). Enfin, il y a des végétaux où le carpelle n'a jamais apparu dans la fleur mâle, où, après avoir formé les étamines, le pédicelle a terminé sa croissance. Ces fleurs-là sont mâles par essence et rien n'autorise à y supposer un avortement du pistil (Pin, Chêne, Peuplier, Noyer, etc.).

Ovule. — Reprenons maintenant l'ovule, pour en étudier de plus près la forme et la structure. Rappelons-nous qu'un ovule complet se compose de trois parties : le funicule, qui l'attache au carpelle sur le placente, le tégument, inséré sur le funicule au hile et ouvert au micropyle, et le nucelle, attaché par sa base au tégument à la chalaze et présentant son sommet au micropyle (p. 320, fig. 123, *C*).

Quand le nucelle est droit et que le corps de l'ovule est situé dans le prolongement du funicule, le micropyle est opposé à la chalaze, qui elle-même est superposée au hile dont elle n'est séparée que par l'épaisseur du tégument. L'ovule est dit alors *droit* ou *orthotrope* (fig. 123, *C*). Au premier abord, il paraît être symétrique par rapport à son axe de figure, mais en réalité il n'est symétrique que par rapport à un plan, comme l'atteste notamment la disposition des nervures dans le tégument. Cette forme droite est assez rare (Ortie, Rumice, Noyer, Sarrasin, Poivre, Ciste, Smilace, Gymnospermes, etc.).

Ailleurs le corps de l'ovule, s'accroissant plus fortement d'un côté que de l'autre, se courbe tout entier, nucelle et tégument, en forme d'arc ou de fer à cheval, de façon que le micropyle se trouve rapproché du hile et de la chalaze. L'ovule est dit alors *courbé* ou *campylotrope*. Son plan de symétrie et indiqué immédiatement par le plan de courbure. Cette forme arquée n'est pas très fréquente (Crucifères, Caryophyllées, Chénopodiacées, Alismacées, etc.).

La forme la plus ordinaire est celle où le corps de l'ovule, demeurant droit, se réfléchit autour du hile comme charnière, pour venir s'appliquer contre le funicule et s'unir à lui dans toute sa longueur. Le point où cesse cette union et où la partie libre du funicule s'attache à l'ovule est encore le hile, et ce hile est voisin du micropyle ; mais ce n'est là qu'un hile apparent : le hile vrai, c'est-à-dire le point où la nervure du funicule pénètre et s'épanouit dans le tégument, est demeuré à sa place, sous la chalaze et en opposition avec le micropyle. Du hile apparent au hile vrai, la portion soudée du funicule dessine sur le flanc de l'ovule une côte saillante, qu'on appelle le *raphé*. Un pareil ovule est dit *réfléchi* ou *anatrope* ; son plan de symétrie est donné immédiatement par la position du raphé. Cette forme réfléchie appartient à la très grande majorité des Angiospermes.

Entre ces trois formes typiques, il y a quelques intermédiaires. Ainsi la courbure de l'ovule peut ne se faire qu'à un moindre degré : l'ovule n'est qu'à demi campylotrope. De même le funicule peut ne s'unir à l'ovule que sur une petite partie de sa longueur : l'ovule n'est qu'à demi anatrope. Enfin un ovule demi-anatrope peut se courber de manière à devenir plus ou moins campylotrope, comme on le voit dans beaucoup de Papilionacées (Haricot, Fève, etc.).

La courbure ou la réflexion de l'ovule, supposé horizontal, peut s'opérer dans deux directions inverses, vers le haut parce que c'est le côté inférieur qui se dévoloppe le plus, ou vers le bas parce que la face supérieure s'accroît davantage. L'ovule est dit *hyponaste* dans le premier cas, *épinaste* dans le second. Cette différence offre une assez grande constance et constitue un caractère dont on se sert fréquemment dans la détermination des affinités chez les Angiospermes.

On remarquera que cette courbure et surtout cette réflexion de l'ovule a pour résultat de rapprocher le micropyle le plus possible du placente, notamment du tissu conducteur qui en suit le contour. On verra plus tard que ce rapprochement est une condition des plus favorables à la formation de l'œuf. Aussi la forme anatrope doit-elle être regardée comme la plus perfectionnée et la forme orthotrope comme la plus imparfaite.

On a supposé jusqu'ici que l'ovule possède un tégument et un seul. Il en est ainsi chez toutes les Gymnospermes et, parmi les Dicotylédones, chez presque toutes les Gamopétales, ainsi que chez certaines Dialypétales (Ombellifères, etc.). Ce tégument unique est ordinairement épais, dépasse de beaucoup le sommet du nucelle et constitue la masse principale de l'ovule (Ombellifères, Composées, etc.). Il est parfois concrescent avec le nucelle dans sa région inférieure (Gymnospermes, diverses Solanacées, Borraginées et Scrofulariacées). Mais souvent l'ovule a deux téguments emboîtés l'un dans l'autre (la plupart des Monocotylédones et, chez les Dicotylédones, la plupart des Dialypétales et des Apétales); le micropyle est alors plus profond et devient un canal. Ce canal est formé tantôt par la superposition de l'ouverture du tégument interne, appelée *endostome*, et de celle du tégument externe, appelée *exostome* (fig. 177) (beaucoup de Dicotylédones), tantôt par l'ouverture du tégument interne seule, qui se prolonge à travers l'exostome élargi (beaucoup de Monocotylédones).

Ailleurs, au contraire, l'ovule se simplifie. D'abord, le funicule peut devenir très court, presque nul ; l'ovule est dit alors *sessile* (Noyer, Ortie, Graminées, etc). Ensuite, il y a quelques plantes où l'ovule est dépourvu de tégument, où le funicule, sans s'épanouir tout autour, porte directement le nucelle à son sommet ; le hile et la chalaze se confondent alors et il n'y a pas de micropyle : l'ovule est *nu* (Balanophoracées, Santalacées, etc.). Enfin dans le Gui, non seulement il n'y a ni funicule, ni tégument, mais le nucelle lui-même n'est pas individualisé par rapport au carpelle ; l'ovule se confond alors avec le carpelle, en d'autres termes, il n'y a pas d'ovule.

Structure de l'ovule. — Le funicule est formé par un petit faisceau libéroligneux détaché du faisceau placentaire et dont le plan médian est le plan de symétrie de l'ovule ; ce faisceau est enveloppé par une couche de parenchyme homogène, elle-même recouverte d'un épiderme (fig. 177). Tantôt le faisceau libéroligneux du funicule se termine en s'épanouissant au-dessous du nucelle, à la chalaze, sans se prolonger dans le tégument, qui demeure uniquement parenchymateux. Tantôt, au contraire, il se prolonge dans le tégument, soit en demeurant simple (fig. 177), soit en se ramifiant suivant le mode penné ou plus souvent suivant le mode palmé, de manière à accuser nettement le plan de symétrie de l'ovule. Ces faisceaux libéroligneux du tégument se développent d'ailleurs davantage et deviennent plus faciles à étudier pendant que l'ovule

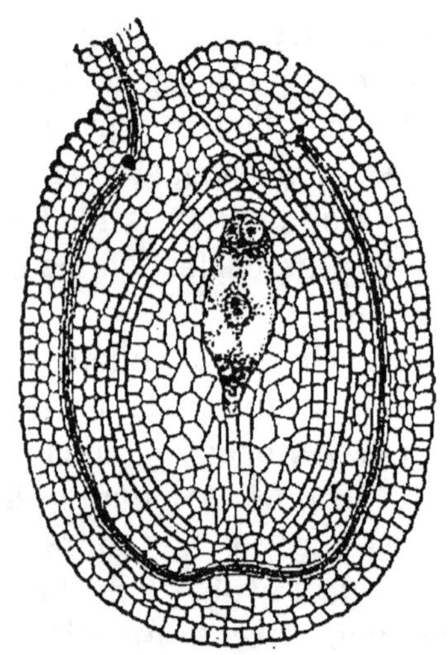

Fig. 177.— Section longitudinale de l'ovule anatrope d'un Mimose.

se transforme en graine après la formation de l'œuf ; nous aurons à y revenir en étudiant la graine. Quand il y a deux téguments, c'est l'externe seul qui contient les faisceaux et qui constitue par conséquent le segment ou la foliole ovulaire (fig. 177) ; l'interne, souvent réduit à deux rangées de cellules, est de la nature des poils écailleux et ressemble à l'indusie qui recouvre, comme on le verra plus tard, le sporange de certaines Fougères.

Toujours dépourvu de faisceaux libéroligneux, le nucelle se compose d'une masse de parenchyme recouverte par l'épiderme; il a donc la valeur d'une émergence (fig. 177). Pour connaître sa structure au moment où il acquiert son plein développement, pratiquons dans l'ovule une section longitudinale suivant le plan de symétrie, et considérons séparément les Angiospermes et les Gymnospermes.

1° **Nucelle des Angiospermes**. — Dans les Angiospermes, le nucelle contient toujours vers le haut, allongée suivant l'axe, une cellule beaucoup plus grande que les autres, droite si l'ovule est orthotrope ou anatrope, courbée en arc s'il est campylotrope, pourvue d'un protoplasme abondant et d'un noyau volumineux. Cette cellule, dans laquelle s'accomplira plus tard le développement de l'œuf en embryon est le *sac embryonnaire* (fig. 177).

En haut, ce sac renferme, appendus côte à côte sous la voûte de sa membrane, trois cellules filles de forme ovale allongée, pourvues chacune d'un protoplasme, d'un noyau et d'une mince membrane azotée. Deux d'entre elles sont attachées à la membrane du sac au sommet même et de part et d'autre du plan de symétrie; elles n'ont à jouer qu'un rôle éphémère et disparaîtront plus tard : ce sont les *synergides*. La troisième est attachée latéralement un peu plus bas et a son centre dans le plan de symétrie; elle est destinée à recevoir le gamète mâle et à former avec lui l'œuf : c'est *l'oosphère*.

En bas, reposant côte à côte sur le plancher du sac, on aperçoit trois autres cellules, munies aussi d'un noyau et d'un protoplasme, mais dont la membrane s'est recouverte d'une mince couche de cellulose : ce sont les *antipodes*.

Il arrive quelquefois que les cellules du sommet du nucelle sont résorbées quand l'ovule a acquis son plein développement; le sac embryonnaire vient alors s'appuyer directement contre le tégument, au fond du micropyle.

2° **Nucelle des Gymnospermes**. — Chez les Gymnospermes, le nucelle offre une structure plus compliquée (fig. 178). Il renferme bien aussi une cellule beaucoup plus volumineuse que les autres, le sac embryonnaire (*se*); mais de bonne heure ce sac s'est cloisonné et rempli de cellules dont la masse compacte constitue ce qu'on appelle l'*endosperme* (*e*). Certaines cellules supérieures

de cet endosperme sont beaucoup plus grandes que les autres,
étendues dans le sens de la longueur, et séparées chacune de la
membrane du sac par une rosette de quatre petites cellules,
écartées l'une de l'autre au centre de manière à laisser entre

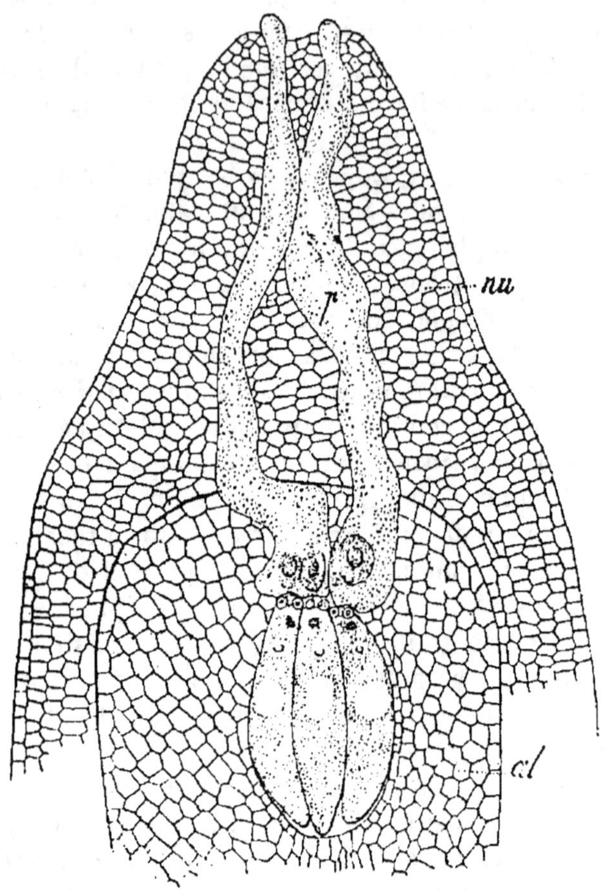

Fig. 178. — Section longitudinale du nucelle du Genévrier : *nu*, nucelle:
al, endosperme remplissant le sac embryonnaire et contenant trois corpuscules avec leurs rosettes et leurs cellules de canal ; *pp*, deux grains de pollen
ayant envoyé leurs larges tubes jusqu'au contact des rosettes; l'un d'eux a
divisé son noyau générateur.

elles un étroit canal; chaque grande cellule est une oosphère:
avec sa rosette et son canal, elle constitue ce qu'on appelle un
corpuscule (*c*). Le nombre des corpuscules varie beaucoup : il y
en a 3 à 5 dans les Pinées, 3 à 15 et davantage dans les Cupressées,
5 à 8 dans l'If, etc. Tantôt ils se touchent tous latéralement et

prennent une forme prismatique (Cupressées, fig. 178); tantôt ils sont séparés par une ou plusieurs assises de petites cellules et prennent une forme ovoïde (Pinées).

En s'accroissant dans sa région supérieure, l'endosperme se relève en bourrelet autour des corpuscules dont les rosettes se trouvent de la sorte refoulées au fond de dépressions en forme d'entonnoir. Si les corpuscules sont isolés, chacun d'eux est surmonté d'un entonnoir étroit ; s'ils sont groupés, leurs rosettes s'étalent au fond d'un large entonnoir commun (fig. 178). De son côté, le sommet du nucelle, en dissociant ses cellules, se creuse souvent d'une cavité plus ou moins irrégulière, destinée à recevoir le pollen et qu'on appelle *chambre pollinique*.

Origine et croissance de l'ovule. — Il faut maintenant suivre pas à pas, à partir de l'ovaire dont il dérive, la série des cloisonnements cellulaires qui donnent naissance à l'ovule et qui l'amènent à la forme et à la structure définitives que nous lui connaissons.

L'ovule apparait sur le placente comme une excroissance périphérique, qui s'allonge sans s'épaissir et forme le funicule. Cette excroissance résulte du cloisonnement d'un certain nombre de cellules situées au-dessous de l'épiderme, ce dernier ne faisant que la revêtir en se divisant à mesure par des cloisons perpendiculaires à sa surface. En un mot, le funicule prend naissance sur le carpelle comme une foliole sur une feuille.

S'il s'agit d'un ovule anatrope, on voit poindre ensuite, au-dessous du sommet du funicule et latéralement, un mamelon conique qui est le nucelle ; ce mamelon procède du cloisonnement de quelques cellules sous-épidermiques et se trouve recouvert par l'épiderme du funicule. En même temps, le funicule se développe au-dessous du nucelle pour former le tégument ; ce développement commence en haut et s'étend latéralement de proche en proche de manière à embrasser le nucelle en forme de fer à cheval. En grandissant, le tégument s'accroît plus fortement du côté du sommet du funicule et renverse par conséquent le nucelle, qu'il recouvre peu à peu complètement en s'unissant latéralement au raphé. Si l'ovule doit avoir deux téguments, l'interne apparait ordinairement d'abord sous forme d'un bourrelet annulaire ; l'externe se développe ensuite comme il vient d'être dit ; quelquefois cependant, l'interne ne se forme qu'après l'externe (Aconit, Euphorbe, Résède, etc.).

S'il s'agit d'un ovule orthotrope, les choses se passent de même, avec cette différence que le bourrelet en fer à cheval qui est l'origine du tégument se ferme promptement en anneau et s'accroît ensuite également de tous les côtés. Enfin, pour un ovule campylotrope, la croissance s'opère comme pour un ovule orthotrope; seulement le jeune ovule tout entier, nucelle et tégument, s'accroît davantage d'un côté et se recourbe, par conséquent, vers son milieu en forme d'arc ou de fer à cheval.

Formation du sac embryonnaire ou cellule mère de l'oosphère. — La formation du sac embryonnaire, c'est-à-dire de la cellule mère de l'oosphère, au sein du nucelle offre une grande uniformité dans les Phanérogames ; elle se retrouve, en effet, avec les mêmes caractères chez les Gymnospermes et chez les Angiospermes.

Une cellule sous-épidermique du nucelle, qui termine généralement la série axile, se différencie de bonne heure (fig. 179, 1).

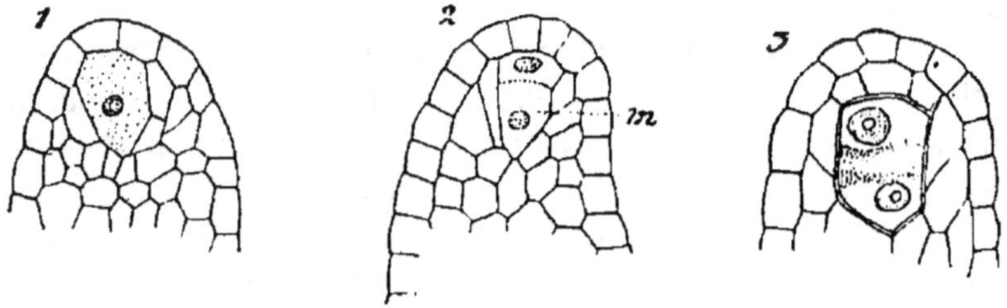

Fig. 179. — Formation et bipartition de la cellule mère du sac embryonnaire dans la Clématite.

Elle se partage bientôt, par une cloison tangentielle ou transversale, en deux cellules superposées (2). L'interne ou l'inférieure *m* est la cellule mère primordiale, allongée, ovoïde, plus grande que ses voisines, pourvue d'un protoplasme plus abondant et d'un noyau plus volumineux. L'externe ou la supérieure demeure quelquefois simple (fig. 180, A) ou ne prend que quelques cloisons radiales (3), mais le plus souvent elle se divise par des cloisons d'abord tangentielles, puis radiales, et forme, entre l'épiderme et la cellule mère, une couche plus ou moins épaisse qu'on appelle la *calotte*. La cellule mère (*m*) peut ne pas se cloisonner et devenir directement, en s'agrandissant, le sac embryonnaire (Tulipe, Lis); mais la chose est très rare. Presque toujours elle se divise une ou deux fois par des cloisons tangentielles en donnant deux (Ail, Narcisse, Comméline, Clématite, fig. 179, 5, etc.) ou quatre cellules superposées, qui sont les cellules mères secondaires (Élodée, Dauphinelle, Mauve, la plupart des Gamopétales, etc.).

De ces cellules mères secondaires, une seule ordinairement se développe en sac embryonnaire. C'est le plus souvent la plus inférieure ou la plus interne; comprimées vers le haut et de plus en plus aplaties par elle, les autres s'atrophient et enfin disparaissent (fig. 180, *A*, *B*, *C*). Cependant il n'est pas rare de voir plusieurs de ces cellules superposées grandir en même temps et tendre à devenir autant de sacs embryonnaires (Narcisse, Mélique, Muguet, Rosacées, etc.); mais l'une d'elles finit toujours par l'emporter sur ses voisines et par les détruire. Cette tendance à la pluralité des sacs embryonnaires se manifeste encore d'une autre manière. Il n'est pas rare, en effet, de voir plusieurs cellules, disposées côte à côte sous l'épiderme du nucelle, se comporter comme il vient d'être dit; elles donnent naissance à une calotte plus large, qui recouvre tout autant de rangées de cellules mères secondaires; après quoi, les plus internes de celles-ci deviennent en grandissant tout autant de sacs embryonnaires (Hélianthème, Rosacées, Conifères, etc.). Un seul de ses sacs arrive généralement à terme, les autres s'arrêtent à divers états.

Le refoulement et la résorption, exercés par le sac en voie de développement sur ses cellules sœurs superposées, s'étendent plus tard en haut à la calotte et même à l'épiderme, et sur les côtés aux cellules latérales du nucelle; cette destruction est le résultat de la nutrition par voie de digestion du sac embryonnaire, qui se remplit à mesure de protoplasme, d'amidon, de matières grasses et se prépare ainsi à produire ses cellules filles.

Homologie du nucelle et du sac pollinique. — Avant d'aller plus loin, il est nécessaire de remarquer que la marche des cloisonnements qui s'opèrent dans le nucelle pour former la cellule mère de l'oosphère est exactement la même que celle qui a lieu dans le sac pollinique pour produire les cellules mères du pollen. La calotte correspond à la jeune paroi du sac pollinique et se résorbe comme elle pour nourrir les cellules mères. Comme pour le pollen, la cellule mère primordiale peut rester entière, mais le plus souvent elle se cloisonne en produisant des cellules mères secondaires. La différence la plus frappante est dans l'unité définitive du sac embryonnaire, résultant de l'unité de la cellule mère primordiale et de la résorption consécutive de toutes les cellules mères secondaires moins une. Mais ce n'est là qu'une différence de quantité, qui n'est pas de nature à troubler l'homologie. D'ailleurs, on sait que dans certains nucelles il existe en réalité sous l'épiderme toute une rangée de cellules mères primordiales, tandis que par contre dans certains sacs polliniques il n'y en a qu'une seule. L'avortement de certaines cellules mères secondaires parmi celles qui se développent est aussi un fait dont les sacs polliniques nous offrent des exemples, comme on le voit notamment chez les Cycadacées. On en conclut qu'au point de vue de la formation des cellules mères, le nucelle est l'homologue du sac pollinique.

Étudions maintenant les phénomènes qui se passent dans le sac embryonnaire. Ils sont très différents chez les Angiospermes et les Gymnospermes; il est donc nécessaire de considérer séparément ces deux groupes.

Formation de l'oosphère dans le sac embryonnaire des Angiospermes. — Le noyau du sac se divise au centre en deux nouveaux noyaux, qui se rendent aux deux extrémités, ou plutôt s'y trouvent portés par l'allongement rapide de la cavité (fig. 180, *A*, *B*, *C*); souvent une large vacuole les sépare et occupe la partie centrale de la cellule (*C*). L'un et l'autre noyau se divisent de nouveau et simultanément, suivant l'axe du sac (*D*, *E*, *F*). Puis, chacun des quatre noyaux se partage encore une fois; pour le plus proche du sommet et pour le plus rapproché de la base, la partition s'opère dans une direction perpendiculaire à la fois à l'axe du nucelle et au plan de symétrie de l'ovule (*G*); pour les deux autres, au contraire, elle a lieu parallèlement à l'axe et dans le plan de symétrie. Le sac embryonnaire contient donc finalement huit noyaux en deux tétrades, disposées de la même manière l'une dans la région micropylaire, l'autre dans la région chalazienne. Autour de chacun des trois noyaux les plus élevés, se condense une couche de protoplasme revêtue d'une mince membrane albuminoïde, ce qui produit trois cellules en contact. Les deux qui sont situées au même niveau sous la voûte du sac, au sommet duquel elles sont attachées de part et d'autre du plan de symétrie, sont les synergides; elles sont allongées, avec un hydroleucite en bas et un noyau médian ou même refoulé vers le haut (*K*, *L*). La troisième, placée un peu plus bas et attachée latéralement à la membrane du sac, avec son point d'attache et son

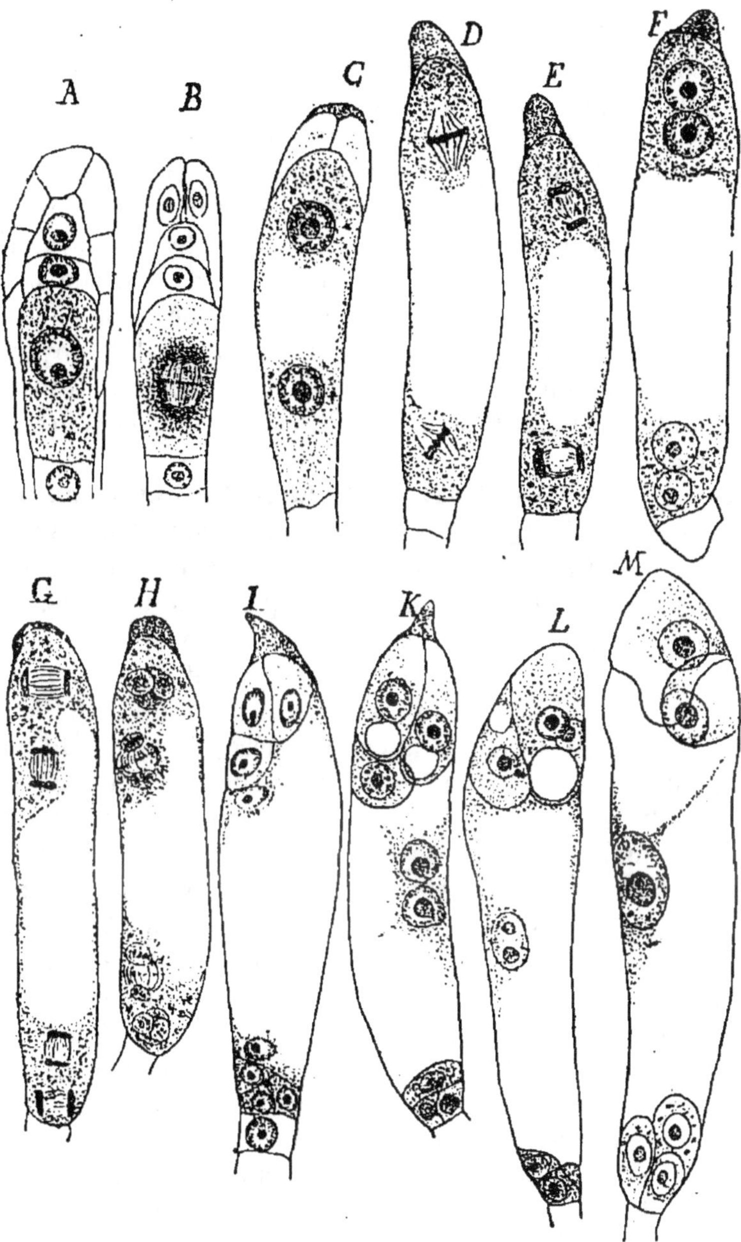

Fig. 180. — Phases successives de la formation de l'oosphère dans le sac embryonnaire du Monotrope. Il n'y a pas de calotte; la cellule sous-épidermique du
nucelle se divise en trois, dont l'inférieure devient le sac. *L* et *M* sont vues
dans le plan de symétrie de l'ovule, toutes les autres figures dans le plan
perpendiculaire.

centre dans le plan de symétrie, est l'oosphère; elle est plus arrondie, avec un hydroleucite en haut et un noyau, plus gros que celui des synergides, refoulé vers le bas (*I* à *M*). Autour de chacun des trois noyaux les plus inférieurs, se condense aussi une couche de protoplasme, avec une membrane dont la couche externe ne tarde pas à devenir cellulosique, ce qui produit trois cellules en contact et disposées comme celles d'en haut par rapport au plan de symétrie : ce sont les cellules antipodes. Le quatrième noyau d'en haut et le quatrième d'en bas demeurent libres dans le protoplasme général du sac; ils se rapprochent toujours l'un de l'autre et se fusionnent enfin en un noyau unique, qui est le noyau secondaire du sac embryonnaire (*I* à *M*). Le nucelle se trouve de la sorte avoir acquis sa structure définitive étudiée plus haut (p. 579, fig. 177).

Homologie de l'oosphère et de la cellule mâle chez les Angiospermes. — Il est facile de voir que l'homologie signalée tout à l'heure entre la cellule mère de l'oosphère et celle des grains de pollen se poursuit entre leurs produits définitifs, c'est-à-dire entre l'oosphère et ses pareilles d'une part, et les cellules filles du grain de pollen d'autre part. En effet, le noyau de l'oosphère est l'un des huit noyaux produits par les trois bipartitions successives du noyau de la cellule mère; de même, le noyau de la petite cellule fille du grain de pollen est l'un des huit noyaux produits par les trois bipartitions successives du noyau de la cellule mère. Ces deux noyaux, et de même les deux cellules qui les renferment, c'est-à-dire l'oosphère et le tube pollinique, sont donc équivalents. En un mot, il y a équivalence entre les deux éléments, mâle et femelle, qui se combinent, comme on le verra bientôt, pour former l'œuf. Si, des huit noyaux produits par le sac embryonnaire, un seul est destiné à jouer le rôle femelle, quatre autres étant adaptés à des fonctions secondaires et les trois derniers avortant, il faut se rappeler aussi que, des huit noyaux produits par la cellule mère du pollen, il n'y en a que quatre qui remplissent le rôle mâle, les quatre autres avortent. Il est vrai que les huit cellules filles du sac embryonnaire y demeurent incluses, tandis que les huit cellules filles de la cellule mère du pollen s'en échappent en quatre groupes de deux, qui sont les grains de pollen; mais cette différence est purement physiologique et sans importance au point de vue des équivalences morphologiques.

Formation de l'oosphère dans le sac embryonnaire des Gymnospermes. — Le noyau du sac embryonnaire des Gymnospermes subit aussi trois bipartitions successives et produit de la sorte huit nouveaux noyaux. Mais, au lieu d'en rester là pour le moment et de constituer tout de suite l'oosphère autour d'un de ces huit noyaux, comme chez les Angiospermes, le phénomène de bipartition continue ici sans aucune interruption, et c'est beaucoup plus tard seulement que l'oosphère prend naissance. Les huit noyaux en donnent seize, puis trente-deux et ainsi de suite, jusqu'à ce que les nouveaux noyaux soient assez nombreux pour former, à petite distance les uns des autres, une double assise dans l'épaisse couche protoplasmique qui revêt la paroi du sac. Perpendiculairement à la ligne des centres des noyaux, il se forme alors simultanément autant de cloisons d'abord albuminoïdes, plus tard cellulosiques ; il en résulte une double assise de cellules polyédriques tapissant la paroi du sac. Ces cellules s'accroissent ensuite vers l'intérieur, se cloisonnent en séries rayonnantes, se rencontrent au centre et remplissent ainsi le sac embryonnaire d'un parenchyme compact, qui est l'endosperme (fig. 178, *al*).

Toutefois, certaines des cellules périphériques primitives, situées vers le sommet du sac, ne se cloisonnent pas comme leurs voisines, dont elles se distinguent par leur volume plus grand ; ce sont les cellules mères des *corpuscules*. Chacune d'elles se partage par une cloison tangentielle en une petite cellule externe et une grande cellule interne. La première se divise, par deux cloisons en croix, en quatre cellules disposées en rosette dans le même plan. La seconde ne tarde pas à se partager vers le haut, par une petite cloison en verre de montre, en deux cellules très inégales : l'inférieure, très grande, à noyau médian, est l'oosphère ; la supérieure, très petite, s'insinue entre les cellules de la rosette, les écarte, puis se détruit, laissant à sa place au centre de la rosette un petit canal par où l'oosphère est directement accessible ; on la nomme *cellule de canal*. Le nucelle est parvenu de la sorte à la structure adulte étudiée plus haut (fig. 178, p. 380).

Homologie de l'oosphère et de la cellule mâle chez les Gymnospermes. — On voit que, chez les Gymnospermes, l'oosphère est une cellule de troisième ordre par rapport à la cellule d'endosperme qui lui a donné naissance, tandis que chez les Angiospermes elle est formée directement par une cellule d'endosperme; car, on peut donner le nom collectif d'endosperme aux sept cellules qui s'établissent dans le sac embryonnaire des Angiospermes avant la formation de l'œuf. La différence, sous ce rapport, entre les deux groupes de Phanérogames se réduit donc à un raccourcissement des phénomènes chez les Angiospermes, par la suppression de deux cloisonnements. On a vu qu'un raccourcissement de même nature s'y observe à l'intérieur du tube pollinique. A ce point de vue, il y a donc encore homologie parfaite entre l'oosphère et la cellule mâle. Par rapport aux cellules mères définitives, la combinaison qui donne naissance à l'œuf se produit entre éléments de sixième ordre chez les Gymnospermes, entre éléments de quatrième ordre chez les Angiospermes.

§ 7

Nectaires floraux.

On a vu (p. 296) que les feuilles ordinaires accumulent quelquefois en certains points des réserves de saccharose, constituant ainsi des nectaires dont la surface exsude le plus souvent, sous l'influence d'une chlorovaporisation ralentie, un liquide sucré, le nectar. Les diverses feuilles florales et, entre elles, le réceptacle même de la fleur, sont très fréquemment le siège de pareilles accumulations locales de sucres, de pareils nectaires. Rien n'est plus variable d'ailleurs que la place occupée dans la fleur par les nectaires. On peut cependant les grouper en deux catégories, suivant qu'ils appartiennent aux diverses feuilles florales ou qu'ils procèdent directement du réceptacle.

Nectaires dépendant des feuilles florales. — Dans un grand nombre de plantes, on trouve des nectaires sur les feuilles de l'une ou de l'autre des quatre formations florales :

1° Sur les sépales : à la face externe (Ketmie, Técome), à la face interne (Genêt, Coronille, Trèfle et autres Papilionacées, Tilleul), ou dans un éperon au fond duquel s'accumule le nectar (Capucine);

2° Sur les pétales : à la base, dans la fossette située entre la languette et le limbe chez la Renoncule, au fond du cornet qui constitue le pétale rudimentaire chez l'Hellébore, au fond de l'éperon chez l'Ancolie et l'Aconit;

3° A la fois sur les sépales et les pétales, à leur base, dans une large fossette incolore chez la Fritillaire;

4° Sur les étamines : dans un appendice spécial provenant de la ramification externe du filet, soit à la base (Xanthocère), soit à son sommet, à l'insertion du connectif (Violette), dans un éperon du filet (Corydalle), dans le filet lui-même épaissi à sa base (Nyctage), ou dans toute sa longueur, auquel cas l'anthère avorte (étamine postérieure de la Collinsie);

5° Sur les carpelles : à la base même de l'ovaire (Orobanchées, la plupart des Solanacées); dans un appendice renflé qui provient d'une ramification du carpelle à sa base (Pulmonaire et autres Borraginées), ou dans une sorte d'éperon basilaire du carpelle (Muflier); dans la partie supérieure des carpelles, formant un bourrelet plus ou moins proéminent autour de la base du style, chez un grand nombre de plantes à ovaire infère (Rubiacées, Ombellifères, Campanulacées, Cornées, etc.); dans la partie latérale des carpelles concrescents, le long de l'espace où la concrescence n'a pas eu lieu, espace qui vient s'ouvrir à l'extérieur, par en bas, par le milieu ou par en haut, pour faire sortir le trop-plein du nectar (beaucoup de Monocotylédones, voir p. 371). Enfin le stigmate lui-même peut contenir des sucres en abondance, devenir un vrai nectaire (Peuplier, Gouet, etc.).

Nectaires dépendant du réceptacle floral. Disque. — Entre les insertions du calice, de la corolle, de l'androcée et du pistil, le réceptacle de la fleur développe quelquefois certaines parties accessoires de forme variée, qui sont des nectaires. Ces pièces ne sont pas des feuilles, mais seulement des protubérances, des émergences du réceptacle, qui n'apparaissent que peu de temps avant l'épanouissement; leur nature morphologique est la même que celle de la cupule (p. 317). Pour les distinguer des nectaires de la première catégorie, qui sont foliaires, on en désigne l'ensemble sous le nom de *disque*.

Le plus souvent c'est entre l'androcée et le pistil que le disque est situé. Tantôt il est composé d'un certain nombre de tubercules indépendants, disposés en verticille autour de la base du pistil, en même nombre que les sépales et les pétales et superposés ici aux pétales (Orpin, Joubarbe, Cobée, Apocyn), là aux sépales (Vigne), ou bien en même nombre que les carpelles et alternes avec eux (Pervenche). Tantôt ces tubercules sont concrescents en un bourrelet à bord uni (Rue) ou en une coupe à bord festonné qui entoure la base du pistil (Tamaris, Diosme). Dans les fleurs irrégulières, le disque aussi est irrégulier, développant davantage et prolongeant en forme d'écaille, tantôt son côté postérieur (Réséde), tantôt son côté antércur (Labiées, Papilionacées).

Le disque est parfois situé entre la corolle et l'androcée (Astrocarpe, Hippocratée), ou bien entre le calice et la corolle (Chironie). Ailleurs il s'étend dans toute la partie du réceptacle comprise entre le calice et le pistil, et y forme un renflement épais dans lequel sont enchâssées les bases des pétales et des étamines (Cléome, Cardiosperme).

Ailleurs encore, sans produire d'émergences spéciales, le réceptacle accumule des sucres dans toute l'étendue de sa couche superficielle et exsude du nectar par toute sa surface; il n'y a pas alors de nectaires localisés, mais seulement un nectaire diffus (Anémone, Populage). Enfin dans les fleurs dites sans nectaires et sans nectar, on n'en constate pas moins une accumulation de sucres plus ou moins marquée à la base de toutes les feuilles florales et à la périphérie du réceptacle; il y a encore un nectaire diffus, mais sans exsudation (Millepertuis, Pavot, Morelle, Tulipe, Blé, Avoine, etc.).

Si diverses qu'en soient l'origine et la nature morphologique, le nectaire floral existe donc toujours et possède partout la même valeur physiologique. C'est toujours une réserve sucrée, destinée à alimenter la croissance des organes voisins et surtout, comme il sera dit plus tard, le développement de l'ovaire en fruit.

Structure des nectaires. — Partout aussi les nectaires offrent une structure analogue, mais avec de nombreuses variations secondaires. C'est toujours un parenchyme à parois minces, dont les cellules, plus petites que celles du parenchyme ambiant, renferment en dissolution dans leur suc un mélange de saccharose, de sucre inverti et d'invertine. Quand le nectaire émet un liquide, le parenchyme sucré est le plus souvent recouvert de stomates aquifères, par les pores desquels perle le nectar; sinon, la cuticule y est nulle ou presque nulle. Quand il n'émet pas de liquide, l'épiderme est ordinairement dépourvu de stomates et cutinisé; de plus, les assises sous-épidermiques ont généralement leurs membranes épaissies.

§ 8

Symétrie et plan de la fleur.

Symétrie de la fleur. — Quand elle est verticillée, si tous les verticilles qui la composent sont réguliers, la fleur tout entière est symétrique par rapport à son axe : elle est *régulière* ou *actinomorphe* (Lychnide, Tulipe, etc.). Mais il suffit déjà qu'un seul verticille floral soit irrégulier, pour que la fleur tout entière ne soit plus symétrique que par rapport au plan de symétrie de ce verticille, pour qu'elle soit *irrégulière* ou *zygomorphe*. Ainsi la fleur de la Berce est zygomorphe parce que sa corolle est irrégulière, bien qu'elle ait un calice, une corolle et un androcée réguliers ; de même la fleur du Prunier est zygomorphe parce que, avec un calice, une corolle et un androcée réguliers, elle a un pistil irrégulier.

Si deux des verticilles sont irréguliers, leurs plans de symétrie se confondent et ce plan unique partage la fleur en deux moitiés symétriques. Avec un calice et un pistil réguliers, les Labiées et les Orchidées, par exemple, ont la corolle et l'androcée irréguliers et symétriques par rapport au plan médian.

S'il y a trois verticilles irréguliers, leur plan commun de symétrie est aussi celui de la fleur tout entière, comme dans les Scrofulariacées, qui ont les trois verticilles externes irréguliers avec un pistil régulier, comme dans certaines Papilionacées (Cytise, Genêt, Lupin, Sophore, etc.), qui ont le calice, la corolle et le pistil irréguliers, avec un androcée régulier.

Enfin la zygomorphie atteint son plus haut degré quand les verticilles floraux sont tous irréguliers et symétriques par rapport au même plan. Il en est ainsi, par exemple, dans un grand nombre de Papilionacées (Haricot, Pois, Trèfle, etc.).

Le plus souvent, comme dans tous les exemples qui viennent d'être cités, le plan de symétrie est médian ; il partage la fleur en une moitié droite et une moitié gauche, qui sont l'image l'une de l'autre dans un miroir. Quelquefois cependant il affecte une position différente. Il est transversal dans le Corydalle et partage la fleur en une moitié antérieure et une moitié postérieure symétriques, parce que la corolle, seul verticille irrégulier, prolonge en éperon l'un de ses pétales latéraux. Il est oblique dans le

Marronnier, le Sumac, etc. Enfin il y a des fleurs qui sont dépourvues de plan de symétrie; on les dit *asymétriques* (Valériane, Balisier, etc.).

Dans ce qui précède, il s'agit à la fois d'une symétrie de position et d'une symétrie de forme. Quand la fleur est cyclique ou mixte, il ne peut plus être question d'une pareille symétrie de position, puisque les feuilles y sont, en tout ou en partie, insérées à des hauteurs diverses. Mais la symétrie de forme peut encore s'y manifester de deux manières différentes. Si toutes les feuilles d'un même cycle ou d'une même formation sont égales entre elles dans toutes les formations, tous les cycles qui la constituent étant réguliers, la fleur elle-même sera régulière. Si, au contraire, les feuilles de certains cycles sont inégales et de telle manière que le cycle, considéré comme un verticille, soit symétrique par rapport à un plan, qui est commun à tous les cycles irréguliers, la fleur tout entière sera irrégulière et pourra être regardée comme symétrique par rapport à ce même plan. C'est ainsi, par exemple, que les fleurs cycliques de l'Aconit et de la Dauphinelle, qui ont un calice et une corolle irréguliers, sont zygomorphes, partagées en deux moitiés symétriques par le plan médian, qui est le plan commun de symétrie du calice et de la corolle.

Plan de la fleur. — Ceci posé, il est nécessaire, pour faciliter l'étude de la fleur, pour se représenter à chaque instant les rapports de nombre, de position et de symétrie des diverses parties qui la constituent, et surtout pour rendre possible la comparaison de l'organisation florale dans les plantes les plus différentes, d'en tracer le plan au moyen de signes conventionnels. Ce plan peut être dessiné : c'est un *diagramme floral*; il peut être écrit : c'est alors une *formule florale*.

1° Diagrammes floraux. — La fleur étant un ensemble de feuilles insérées sur le même rameau, son diagramme s'établira conformément aux principes posés plus haut pour la disposition des feuilles (p. 251), et on l'orientera toujours, comme il a été dit à la page 526, entre la bractée ou la feuille mère en bas et la branche mère en haut.

Pour en simplifier le tracé, on se bornera à marquer dans le diagramme le nombre et la position des diverses parties, en négligeant à dessein les caractères secondaires de grandeur, de forme, de préfloraison, de concrescence, etc. De cette manière, on pourra comparer facilement entre elles un grand nombre d'organisations florales différentes, en y saisissant d'un coup d'œil les ressemblances et les différences de nombre et de position.

Un petit rond placé au-dessus du diagramme marque toujours la situation de la branche mère; la feuille ou la bractée mère étant au-dessous du diagramme, il peut être inutile de la représenter. La partie inférieure du diagramme correspond donc au côté antérieur de la fleur. Pour indiquer le nombre et la disposition des feuilles florales de chaque sorte, on fait choix de signes conventionnels

Fig. 181. — Diagramme
de la
fleur des Liliacées.

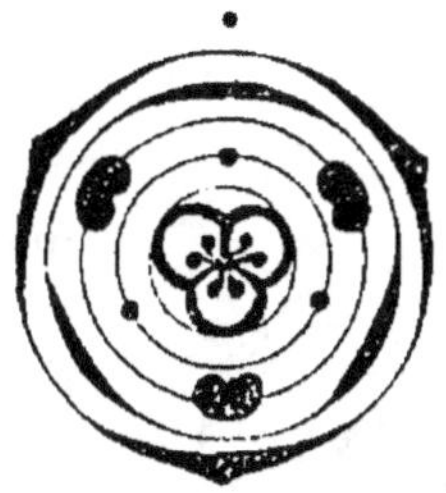

Fig. 182. — Diagramme
de la
fleur des Iridées.

Fig. 183. — Diagramme
de la
fleur des Primulacées.

Fig. 184. — Diagramme
de la
fleur des Hypéricacées.

Fig. 185. — Diagramme
de la
fleur des Célastracées.

Fig. 186. — Diagramme
de la
fleur des Crucifères.

différents. Les feuilles du périanthe sont représentées par des arcs de cercle et, pour distinguer à première vue les sépales des pétales, on marque, par exemple, les premiers d'une petite proéminence dorsale figurant une côte médiane. Le signe employé pour les étamines ressemble à une coupe transversale simplifiée de l'anthère; on peut n'y pas tenir compte du nombre et de la disposition des sacs polliniques, ni de leur déhiscence introrse, extrorse ou latérale; on peut aussi en tourner la concavité en dedans si l'anthère est introrse, en dehors si elle est extrorse. Si les étamines sont ramifiées, on l'indique en massant les signes staminaux en autant de groupes serrés, comme le montre la figure 185, où les cinq groupes de signes correspondent à cinq étamines composées. Le pistil est figuré par une section transversale simplifiée de l'ovaire; les ovules y sont marqués par autant de petits ronds, qui indiquent leur situation et par conséquent celle des placentes.

S'il y a, dans l'une ou l'autre des formations florales, quelques feuilles avortées, on les marque par de petits ronds si elles sont nettement représentées, par de simples points si l'avortement en est complet (fig. 182 et 187). Quand les étamines sont réduites à des staminodes pétaloïdes, on les marque par des arcs de cercle (fig. 187).

C'est ainsi qu'ont été construits les sept diagrammes ci-joints, qui représentent l'organisation florale d'autant de familles, prises tant parmi les Monocotylédones (fig. 181, 182 et 187)

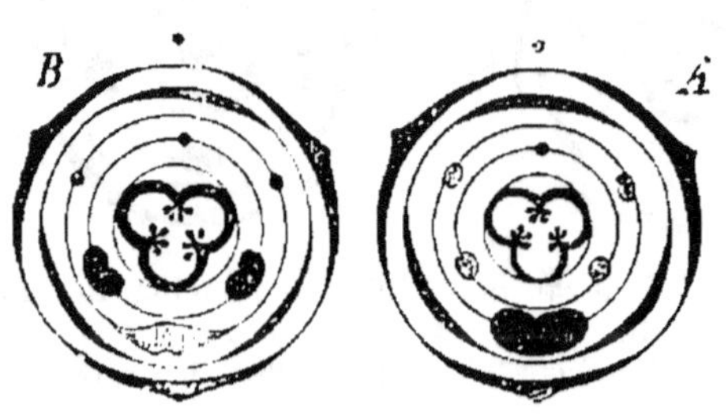

Fig. 187. — Diagramme de la fleur des Orchidées. *A*, dans les Orchidées ordinaires; *B*, dans le Cypripède.

que parmi les Dicotylédones (fig. 183-186). Dans la fig. 182, on n'a pas tenu compte de la direction extrorse des anthères chez les Iridées.

La séparation ou la concrescence des carpelles se trouve déjà indiquée. Si l'on veut marquer aussi, quand elle a lieu, la concrescence des autres parties, soit dans le verticille qu'elles forment, soit d'un verticille à l'autre, il suffit de relier les signes latéralement ou radialement par des traits minces ou ponctués.

2° **Formules florales.** — La composition de la fleur peut être résumée aussi dans une expression formée de lettres et de chiffres, c'est-à-dire dans une formule. Une pareille formule a sur un diagramme l'avantage de se prêter à la généralisation; il suffit d'y remplacer les coefficients numériques par des lettres.

Dans l'établissement d'une formule florale, on part de ce fait, préalablement démontré, que la fleur ne renferme pas autre chose que des feuilles, simples ou ramifiées, et que le pédicelle borne toujours son rôle à être la commune origine et le support commun de ces feuilles. Dès lors, il est permis de faire abstraction du pédicelle, de ne considérer que les feuilles, et d'écrire que la fleur F se compose de l'ensemble, de la somme de toutes ces feuilles f, en posant $F = \Sigma f$. On développe ensuite cette somme de feuilles Σf, en autant de termes que la fleur contient de verticilles différents, en quatre termes par exemple, si la fleur est complète et si chaque formation différenciée ne compte qu'un seul verticille. Ces termes se trouvant séparés par le signe $+$, la formule est très facile à lire. Chaque verticille ou formation s'écrit en fonction des feuilles qui le composent ; il suffit pour cela d'affecter la lettre capitale qui désigne une de ces feuilles : S un sépale, P un pétale, E une étamine, C un carpelle, d'un coefficient numérique déterminé indiquant leur nombre, ou d'un coefficient indéterminé m, n, p, q, si l'on veut obtenir une formule générale. Quand une formation a plus d'un verticille, on répète l'expression du verticille autant de fois qu'il est nécessaire, en marquant d'un accent les éléments du second verticille, de deux accents ceux du troisième, etc.

Lorsque plusieurs feuilles sont concrescentes soit dans le verticille, soit d'un verticille à l'autre, on les met entre crochets [ ]. Si l'ovaire est infère, la formule est tout entière entre crochets. La lettre C désigne un carpelle fermé, cas le plus ordinaire ; pour indiquer une carpelle ouvert, on l'affecte de la lettre o en indice C^o.

Si les verticilles successifs alternent, comme c'est la règle, le fait n'a pas besoin d'indication spéciale. Si deux verticilles successifs ont leurs éléments superposés, comme il arrive quelquefois, on en fait mention en mettant la lettre du premier verticille en indice au bas de la lettre du second ; ainsi, par exemple, E_p désigne une étamine superposée au pétale, ou épipétale.

Citons quelques exemples de ces formules florales :

MONOCOTYLÉDONES

Colchique.	$F = 3S + 3P + 3E + 3E' + 3C$
Butome.	$F = 3S + 3P + 3.2E + 3E' + 3.2C$
Tulipe.	$F = 3S + 3P + 3E + 3E' + [3C]$
Endymion.	$F = 3[S + E] + 3[P + E'] + [3C]$
Jacinthe.	$F = [3S + 3P + 3E + 3E'] + [3C]$
Amaryllide	$F = [3S + 3P + 3E + 3E' + 3C]$
Iride	$F = [3S + 3P + 3E + 3C]$
Ériocaule	$\begin{cases} Fm = 2S + 2P + 2E + 2E' \\ Ff = 2S + 2P + [2C] \end{cases}$

DICOTYLÉDONES

$$\text{Orpin} \quad F = 5S + 5P + 5E + 5E' + 5C$$
$$\text{Lychnide} \quad F = [5S] + 5P + 5E + 5E' + [5C]$$
$$\text{Bruyère} \quad F = 4S + [4P] + 4E + 4E' + [4C]$$
$$\text{Morelle} \quad F = [5S] + [5P + 5E] + [2C]$$
$$\text{Primevère} \quad F = [5S] + [5P + 5E_p] + [5C^\circ]$$
$$\text{Spirée} \quad F = [5S + 5P + 5E + 5E' + 5.2E_p] + 5C$$
$$\text{Poirier} \quad F = [5S + 5P + 5E + 5E' + 5.2E_p + 5C]$$
$$\text{Noyer} \quad \begin{cases} Fm = [2S + 2S' + (6\text{-}20)\,E] \\ Ff = [2S + 2S' + 2C^\circ] \end{cases}$$

On voit déjà, par ces quelques exemples pris au hasard, que la formule générale : $F = mS + nP + pE + p'E' + qC$, avec des concrescences diverses, exprime une organisation florale très fréquente.

§ 9

Anomalies de la fleur.

On observe quelquefois dans la nature, et beaucoup plus souvent dans les plantes cultivées, des fleurs déviées de quelque façon de leur organisation normale. Les anomalies qu'elles présentent peuvent être utiles à l'homme, qui a intérêt à les fixer, ce qu'il fait par les moyens habituels de conservation que nous avons déjà indiqués sommairement : marcotte, bouture, greffe, et sur lesquels nous reviendrons plus tard. Elles ont parfois aussi une grande valeur scientifique, parce qu'elles viennent mettre en pleine évidence la véritable nature des feuilles florales les plus différenciées, comme les étamines et les carpelles, en les ramenant par d'insensibles transitions à l'état de feuilles ordinaires. C'est à ce dernier point de vue seulement que nous considérerons ici ces anomalies, nous bornant à signaler les principales et surtout celles qui ont un intérêt direct au point de vue de la démonstration de la vraie nature de la fleur.

Anomalies de l'inflorescence. Inflorescences doubles. — Dans les inflorescences groupées à fleurs nombreuses, on trouve parfois certaines fleurs plus grandes et plus éclatantes que les autres, mais aussi frappées d'un avortement plus ou moins complet. Ainsi, dans l'inflorescence de l'Hydrangée hortensie, vulgairement Hortensia, les fleurs de la circonférence ont un calice très grand, dans lequel toutes les autres parties ont avorté; celles du centre ont un calice très court et une organisation normale. Par la culture, on est arrivé à rendre toutes les fleurs du centre pareilles à celles de la circonférence, c'est-à-dire à y exagérer le développement du calice coloré aux dépens des trois autres verticilles, qui avortent. On a transformé ainsi, comme disent les jardiniers, l'Hortensia *simple* en un Hortensia *double*. En faisant de même pour la Viorne obier, on a obtenu cette variété stérile appelée vulgairement Boule-de-Neige.

Dans la Dahlie variable, dans l'Astre de Chine, vulgairement Reine-Marguerite, et en général dans les Composées dont le capitule a deux sortes de fleurs, les fleurs du centre sont tubuleuses régulières, à corolle petite, mais à organisation complète; celles de la périphérie sont irrégulières à corolle grande, mais à pistil avorté. La culture arrive à rendre les fleurs du centre pareilles à celles de la périphérie, c'est-à-dire à y exagérer le développement de la corolle aux dépens du pistil, qui avorte. L'inflorescence acquiert ainsi plus d'éclat, plus de durée et l'on a transformé la Dahlie simple, la Reine-Marguerite simple, etc., en Dahlie double, en Reine-Marguerite double, etc.

La fleur avorte parfois, en se réduisant à un petit bouton terminant le pédicelle. Ainsi, dans la grappe du Muscare, les fleurs supérieures se réduisent à leurs pédicelles colorés, qui forment une touffe terminale. De même, dans la variété du Chou potager qu'on appelle Chou-fleur, la culture a exagéré la ramification des pédicelles de l'inflorescence, mais au sommet de chaque pédicelle la fleur avorte.

Anomalies de la fleur. Fleurs doubles, fleurs vertes, etc. — Dans la fleur elle-même, il arrive souvent que les feuilles d'un verticille revêtent en tout ou en partie les caractères des feuilles du verticille qui suit ou de celui qui précède : il y a *métamorphose*, comme on dit, et la métamorphose est *ascendante* ou *progressive* dans le premier cas, *descendante* ou *régressive* dans le second. Citons quelques exemples de ces deux manières d'être.

1° **Métamorphose progressive.** — On voit les bractées de l'involucre devenir pétaloïdes dans l'Anémone; des sépales se transformer en pétales dans la Primevère, la Ronce, la Renoncule; des sépales et souvent des pétales se métamorphoser en étamines, en développant des sacs polliniques à leur surface; fréquemment aussi des sépales, des pétales et surtout des étamines passer à l'état de carpelles, en produisant des ovules sur leurs bords. Ce dernier cas, particulièrement instructif, se présente notamment dans le Pavot, le Rosier, la Joubarbe, etc. Souvent on y voit les étamines intérieures de l'androcée transformées soit en carpelles tout semblables aux carpelles normaux et qui s'ajoutent à ceux

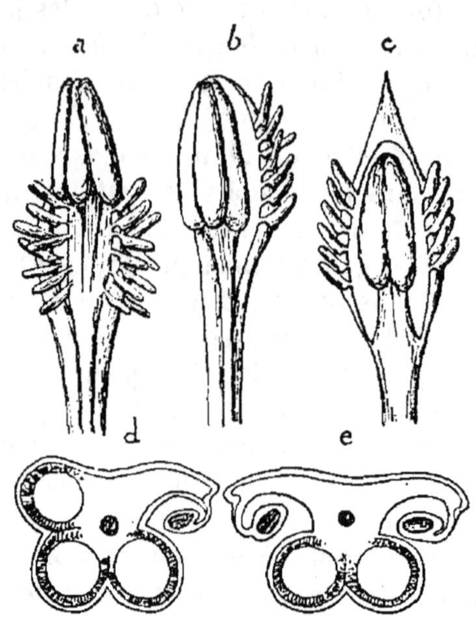

du pistil, soit en feuilles mixtes qui portent des ovules sans cesser de produire du pollen, qui sont déjà devenues des carpelles sans avoir perdu encore leur caractère d'étamines, qui sont des stamino-carpelles.

Dans ces feuilles mixtes (fig. 188), tantôt l'anthère n'a subi aucune altération et porte, comme à l'ordinaire, quatre sacs polliniques; seul, le filet s'est élargi, s'est creusé en gouttière et a produit sur chaque bord un rang d'ovules (*a*). Tantôt un des sacs polliniques externes a disparu et, à sa place, le bord correspondant porte un rang

Fig. 188. — Stamino-carpelles pris dans une feuille anomale de Joubarbe. *d* est la coupe transversale de *b*, *e* la coupe de *c*.

d'ovules (*b* et *d*). Tantôt les deux sacs externes ont été remplacés par deux rangs d'ovules et la feuille est étamine en dedans, carpelle en dehors (*c* et *e*).

2° **Métamorphose régressive.** — On a observé un retour à l'état de feuilles ordinaires dans la spathe du Gouet, dans les bractées de l'involucre du Pyrèthre, de la Centaurée, etc., dans les bractées isolées de l'épi du Plantain, du Bugle, de la Valériane, etc. On voit souvent les sépales et les pétales redevenir feuilles ordinaires (Crucifères, Renonculacées, Caryophyllées, Primulacées, Composées, etc.). S'il est rare que les étamines se transforment en feuilles vertes, il est très fréquent de leur voir prendre le caractère de pétales. On sait en effet que dans certaines plantes

(Lopézie, Alpinie, Balisier, etc.), quelques-unes des étamines, sans
développer de sacs polliniques, s'élargissent en autant de staminodes pétaloïdes, parfois vivement colorés, et dont l'éclat s'ajoute
à celui de la corolle (p. 347). Ce qui se produit constamment chez
ces plantes a lieu accidentellement chez beaucoup d'autres. Il y a
des Anémones, par exemple, des Cerisiers, etc., dont les fleurs
ont une partie de leurs étamines ainsi transformées en lames
pétaloïdes; ce sont, comme on dit, des Anémones *doubles*, des
Cerisiers *doubles*, etc.

On est arrivé par la culture à faire *doubler* de la sorte un grand
nombre de plantes en pétalisant leurs étamines. Le nombre des
pétales surnuméraires ainsi ajoutés aux pétales normaux est
d'autant plus considérable que la fleur renferme un plus grand
nombre d'étamines; il atteint son maximum dans le Rosier, la
Renoncule, la Pi-
voine, le Pavot, etc.
Par les nombreuses
transitions qu'on y
observe entre les éta-
mines normales et
les pétales, transi-
tions dont la figure
189 montre un exem-
ple, ces fleurs dou-
bles sont instructives
pour la Morphologie.

Enfin, dans les
fleurs doubles, les
carpelles se transfor-

Fig. 189. Transformation régressive de l'étamine *a*
en pétale *f* dans une fleur double de Rosier.

ment souvent en étamines, en pétales ou en feuilles vertes. Cette
transformation a été étudiée avec beaucoup de soin dans un grand
nombre de plantes, notamment dans les Renonculacées, Crucifères, Rosacées, Œnothéracées, Composées, etc. Elle offre, en effet,
un grand intérêt, parce qu'elle entraîne à des degrés divers celle
des ovules et qu'elle nous éclaire sur la véritable constitution de
ces corps. Ainsi, quand la carpelle du Trèfle décolle ses bords et
s'étale en une feuille, chaque ovule déploie en même temps son
tégument en un segment de feuille, sur lequel le nucelle proémine
comme une simple émergence. Quand le pistil est gamocarpelle,
ses diverses feuilles se séparent en même temps qu'elles s'ouvrent;

s'il est, en outre, concrescent avec les parties externes, il s'en dégage et d'infère redevient supère, comme on le voit quelquefois dans la Dauce carotte.

C'est encore une anomalie, mais d'une nature différente, quand la fleur, normalement unisexuée, développe à la fois un androcée et un pistil en devenant hermaphrodite, fait dont le Charme, le Saule, le Peuplier, etc., offrent des exemples ; ou quand, normalement irrégulière, elle devient régulière, par un retour qu'on appelle une *pélorie*; ou quand le pédicelle continue à croître au-dessus du pistil, en formant un rameau qui traverse la fleur de part en part; ou quand, à l'aisselle des sépales ou des pétales, se développent des bourgeons qui s'allongent en rameaux floraux en **rendant la fleur** *prolifère*. Il suffit de signaler ces divers cas, sans y insister.

SECTION II

PHYSIOLOGIE DE LA FLEUR

La fleur, on l'a vu, est une pousse ou une portion de pousse différenciée en vue de la formation des œufs. Aussi est-elle douée de deux sortes de fonctions. Comme pousse ou portion de pousse, elle participe aux fonctions générales dévolues à la tige et surtout aux feuilles dans tout le reste du corps. Comme organe de la formation des œufs, elle est le siège d'une série de phénomènes particuliers dont le dernier terme produit l'œuf. Nous avons donc à signaler rapidement ces fonctions générales dont la fleur jouit comme partie constitutive du corps vivant, puis à étudier avec **soin les fonctions** spéciales qu'elle accomplit comme fleur.

§ 10

Fonctions générales de la fleur.

Comme la tige et la feuille, la fleur est dirigée par la pesanteur et par la lumière; comme elles, elle respire et dégage de la chaleur, elle transpire et laisse écouler du liquide, elle assimile le carbone et chlorovaporise par toutes ses parties vertes, elle conduit la sève ascendante et la sève élaborée, elle constitue des réserves pour les développements ultérieurs, enfin elle exécute diverses sortes de mouvements. Un mot sur chacun de ces points.

Géotropisme et phototropisme de la fleur. — Les pédicelles qui portent les fleurs ou les groupes de fleurs se montrent doués, à des degrés divers, de géotropisme négatif et tendent à se placer verticalement (Aconit, Muflier, Marronnier, etc.). Les feuilles du périanthe sont aussi parfois fortement géotropiques et le tube qu'elles forment se redresse sous l'influence de la pesanteur (Colchique, Safran, etc.).

La fleur naît et se développe à l'obscurité comme en pleine lumière. Elle y prend la même forme, la même couleur, la même dimension; elle y produit du pollen et des ovules bien conformés. La seule différence, et elle est sans importance, c'est que les sépales et les carpelles, s'ils sont normalement verts, demeurent alors incolores ou jaunâtres. Mais si la lumière n'est pas nécessaire au développement des fleurs, elle agit cependant sur la croissance du pédicelle et des feuilles qu'il porte. Comme partout ailleurs, son action est retardatrice; si l'éclairage est unilatéral et si l'intensité ne dépasse pas l'optimum, il en résulte une flexion vers la source. Cette tendance des fleurs vers la lumière est connue depuis longtemps; c'est même dans la fleur qu'a été aperçue pour la première fois l'action générale que la lumière exerce sur la croissance du corps de la plante.

En se courbant vers la source, le pédicelle se comporte de deux manières différentes, tantôt prenant une situation invariable, tantôt au contraire se déplaçant continuellement avec le soleil. Le premier cas est celui de la grande majorité des fleurs; mais, suivant les plantes, la flexion exige pour se produire une plus ou moins grande intensité lumineuse. Les unes courbent leurs fleurs en plein soleil (Hélianthe); les autres les conservent verticales dans les lieux ensoleillés et les penchent au contraire dans les endroits ombragés (Chrysanthème, Achillée, Géraine, etc.). Les fleurs de Scabieuse s'inclinent vers une lumière d'intensité moyenne, où les fleurs de Centaurée demeurent verticales. Il est à remarquer que l'Hélianthe annuel, vulgairement Grand-Soleil, regardé par tout le monde comme le type des fleurs qui se déplacent avec le soleil, appartient au contraire à la catégorie des fleurs à position fixe.

Les capitules du Salsifis et de plusieurs autres Composées

(Laiteron, Épervière, etc.), les fleurs du Pavot et de la Renoncule, s'inclinent vers la lumière et suivent plus ou moins complètement la marche du soleil. Dressées verticalement pendant la nuit sous l'influence de leur géotropisme négatif, ces fleurs se penchent le matin vers l'orient, passent au sud à midi, à l'ouest le soir et se relèvent de nouveau la nuit.

Respiration de la fleur et dégagement de chaleur. — La fleur absorbe énergiquement l'oxygène de l'air et en même temps dégage de l'acide carbonique; en un mot, elle respire activement. C'est aussitôt après l'épanouissement, que la respiration est le plus intense; elle est plus forte dans les étamines et les carpelles que dans le calice et la corolle, dans les fleurs mâles que dans les femelles. Dans la corolle même, elle est plus forte que dans une feuille de la même plante, à égalité de surface. Elle est plus active à l'obscurité qu'à la lumière; ici encore, la lumière retarde la respiration. Le rapport $\frac{CO^2}{O}$ est plus petit que l'unité et peut s'abaisser jusqu'à 0.5; il y a donc, en définitive, fixation d'oxygène, oxydation pendant la respiration de la fleur.

En même temps, la fleur dégage de la chaleur. Avec une seule fleur, la chaleur dégagée est déjà fort appréciable au thermomètre; une fleur mâle de Courge, par exemple, donne un excès de température de 4° à 5°, pouvant s'élever jusqu'à 8° à 10°; une fleur de Victoire donne vers midi, dans la région des étamines, un excès de température de 10° à 15°. Mais l'émission de chaleur est plus considérable et plus facile à constater quand un grand nombre de petites fleurs sont serrées côte à côte en épi, surtout si l'épi est enveloppé d'une spathe. Ces diverses conditions sont réalisées chez plusieurs Aroïdées (Gouet, Colocase, Calade, etc.); aussi est-ce chez elles que la production de chaleur a été observée pour la première fois dans les plantes, il y a déjà plus d'un siècle, et qu'on l'a bien souvent étudiée depuis. En groupant, par exemple, 12 inflorescences de Colocase autour de la boule d'un thermomètre, on a obtenu une différence de température de 30°.

Transpiration de la fleur. Émission de liquide : nectar. — La fleur exhale continuellement dans l'atmosphère une grande quantité de vapeur d'eau, en un mot, transpire activement. Si la fleur ne renferme de chlorophylle dans aucune de ses parties, le phénomène peut être étudié aussi bien en pleine lumière qu'à l'obscurité. On voit alors que la transpiration est beaucoup plus active à la lumière qu'à l'obscurité, comme il a été déjà dit pour les feuilles (p. 280). A égalité de surface, la transpiration de la fleur, notamment de la corolle, est plus forte que celle des feuilles de la même plante.

Le soir la transpiration diminue donc brusquement, et comme en même temps la chlorovaporisation de la plante est supprimée, il en résulte, comme on l'a vu pour la feuille (p. 296), une émission d'eau liquide en certains points. C'est à la surface de ces réserves sucrées, décrites plus haut sous le nom de nectaires floraux (p. 388), que l'exsudation se produit; le liquide est donc sucré, c'est du nectar. Si le nectaire a des stomates aquifères, c'est par ces stomates que le liquide s'écoule (Pêcher, Fenouil, Vesce); s'il en est dépourvu, c'est simplement à travers les membranes amincies des cellules épidermiques (Hellébore, Fritillaire, etc.), le plus souvent au sommet des papilles ou des poils qui hérissent la surface (Violette, Potentille, Mauve, etc.). Le nectar émis se rassemble ordinairement au fond même de la fleur; mais il est quelquefois recueilli dans des réservoirs spéciaux, où il s'accumule, par exemple dans l'éperon d'un pétale (diverses Orchidées, Dauphinelle, Violette, etc.). Les insectes en sont très friands et le recherchent avidement; quand il leur échappe, il est fréquemment réabsorbé sur place, après la formation des œufs, pour alimenter les développements ultérieurs.

Toutes les circonstances extérieures qui influent sur la transpiration et sur la chlorovaporisation de la plante influent de même, mais en sens inverse, sur la production du nectar des fleurs. Si l'on mesure d'heure en heure, du matin au soir, la quantité du nectar émis par les fleurs d'une plante et la quantité de l'eau chlorovaporisée par ses feuilles, on voit que les deux phénomènes suivent une marche inverse. Les courbes qui les expriment ont

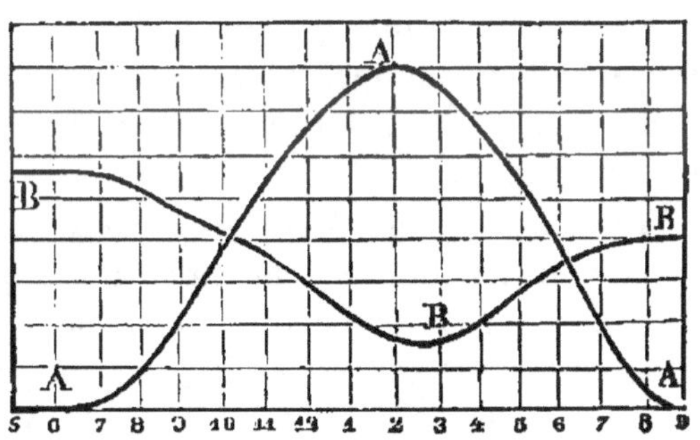

Fig. 190. — A, courbe des poids d'eau chlorovaporisée par les feuilles d'une Lavande; B, courbe des poids de nectar émis par les fleurs de cette plante. Les nombres indiquent les heures de la journée (27 juin), du matin au soir.

exactement la même forme, mais en sens contraire (fig. 190).
Tout ce qui ralentit la chlorovaporisation active la production du
nectar; tout ce qui augmente la première diminue la seconde.
En modifiant ainsi la chlorovaporisation, on a pu rendre nectarifères des plantes qui ne le sont pas dans les conditions ordinaires (Jacinthe, Tulipe, Muguet, Rue, etc.) et empêcher la production du nectar dans des plantes habituellement nectarifères.

La production du nectar dans la fleur n'est donc qu'un cas
particulier, fort intéressant il est vrai, du phénomène général de
l'exsudation de liquide à la surface du corps de la plante, par
suite d'une transpiration ralentie et surtout d'une chlorovaporisation supprimée.

**Assimilation du carbone et chlorovaporisation par la
fleur.** — Les sépales et les carpelles contiennent souvent de la
chlorophylle; les pétales eux-mêmes en sont quelquefois pourvus.
Sous l'influence de la lumière, ces feuilles décomposent de l'acide
carbonique, dégagent de l'oxygène et assimilent du carbone.
Cette assimilation peut s'opérer jusque dans les stigmates, quand
ils renferment de la chlorophylle (Pétunie, etc.).

Ces mêmes parties vertes de la fleur, sous l'influence de la lumière, chlorovaporisent, et la vapeur d'eau ainsi produite s'ajoute
à celle qui provient de la transpiration.

De l'extrémité de la racine au sommet du stigmate, on voit qu'il
n'y a pas un point du corps de la plante où la chlorophylle ne
puisse se développer et qui, à la lumière, ne puisse devenir le
siège d'une assimilation de carbone et d'une chlorovaporisation
correspondante.

Transport des liquides dans la fleur. — Comme dans la
tige et la feuille, le transport des liquides s'opère dans la fleur
par les faisceaux libéroligneux. Par les vaisseaux du bois, ceux-ci
amènent dans toutes les régions et jusqu'aux ovules l'eau nécessaire à la croisssance et à la transpiration; par les tubes criblés
du liber, ils apportent les substances plastiques indispensables au
développement. Dans la fleur, le courant libérien et le courant
ligneux sont donc de même sens, tous les deux ascendants.

Mouvements des diverses feuilles florales. — Après leur
épanouissement, dû comme on sait à des mouvements de nutation, les diverses parties de la fleur se montrent souvent douées
de mouvements divers : les uns spontanés, dus à des causes

internes, les autres provoqués par des causes externes, comme la lumière, la chaleur ou l'ébranlement.

Les sépales et les pétales offrent quelquefois des mouvements périodiques spontanés, c'est-à-dire tout à fait indépendants des variations de lumière et de température. Ces mouvements n'affectent parfois que certains pétales; ainsi, dans la fleur irrégulière du Mégacline, une Orchidée, le grand pétale seul, ou labelle, exécute des oscillations continues. Mais le plus souvent ils intéressent tout le calice, toute la corolle, ou même à la fois le calice et la corolle; les sépales et les pétales s'élèvent et s'abaissent tour à tour, ce qui ferme et ouvre alternativement le calice et la corolle. Ainsi le Nyctage, vulgairement Belle-de-Nuit, ouvre chaque jour son calice vers cinq heures du soir pour le fermer vers dix heures. Le Pourpier ouvre sa corolle à midi pour la refermer à une heure; le Pissenlit ouvre ses corolles le soir et les ferme le matin. L'Ornithogale, nommée pour cela Dame d'onze heures, ouvre en même temps son calice et sa corolle chaque matin à onze heures et les referme chaque soir. Ces mouvements sont dus au raccourcissement et à l'allongement alternatifs *de la face interne des sépales et des pétales dans leur région inférieure;* la face externe conserve sa dimension. Le raccourcissement détermine une flexion en dedans et une fermeture, l'allongement une flexion en dehors et un nouvel épanouissement.

Pour mettre en évidence les mouvements dus à la lumière et à la chaleur, on fait choix de fleurs dont le mouvement périodique spontané est très faible (Tulipe, Safran, etc.) et on les soumet tour à tour, à température constante, à des variations d'intensité lumineuse, et à lumière constante, à des variations de température. A température constante, on voit la fleur se fermer à l'obscurité et *se rouvrir en pleine lumière; toute diminution* dans l'intensité lumineuse tend à fermer la fleur, toute augmentation à la rouvrir. A lumière constante, à l'obscurité complète, par exemple, on voit que toute élévation de température ouvre la fleur, que tout abaissement la ferme; une variation de 0°5, se fait déjà sentir nettement sur le Safran. L'action de la chaleur est bien plus énergique que celle de la lumière, dont elle triomphe aisément; ainsi, dans le Safran et la Tulipe, il suffit d'une élévation de température de quelques degrés pour rouvrir une fleur que l'obscurité a fermée. Le mécanisme de ces mouvements est le même que pour les mouvements spontanés; ils sont dus, en effet, à un raccourcissement et à un allongement alternatifs de la face interne des sépales et des pétales à leur base; la face externe ne change pas de dimension.

De leur côté, les étamines et les carpelles sont quelquefois capables d'accomplir une quatrième sorte de mouvements, excités par le contact d'un corps étranger ou par un ébranlement quelconque. Ainsi, les étamines de Berbéride et de Mahonie, rabattues en dehors à l'état de repos, s'infléchissent vers l'intérieur jusqu'à venir poser l'anthère sur le stigmate, si l'on touche légèrement la base de la face interne du filet. Les étamines de plusieurs Composées (Chardon, Centaurée, Chicorée, etc.) jouissent d'une propriété analogue. De même, les deux lobes stigmatiques du Mimule, touchés légèrement, rapprochent aussitôt leurs faces internes jusqu'au contact.

§ 11

Fonction spéciale de la fleur. Formation des œufs.

La fonction spéciale de la fleur, le but commun auquel tendent les quatre verticilles différenciés qui la composent, c'est la formation des œufs, points de départ d'autant de plantes nouvelles.

Rôle des diverses feuilles florales. — Bractées, sépales, pétales, étamines, carpelles, chaque groupe de feuilles différenciées prend sa part, plus ou moins grande, dans ce résultat définitif. Le rôle des bractées, surtout quand elles se développent en spathe ou se rassemblent en involucre, est de protéger les fleurs ou les groupes de fleurs qu'elles entourent. Le rôle du calice est de protéger la formation des parties internes dans le bouton. Celui de la corolle, dont les pétales ont d'ordinaire une croissance tardive et n'acquièrent leur dimension définitive qu'après l'épanouissement du calice, est de protéger l'androcée et le pistil dans la dernière phase de leur développement. Le rôle des étamines est de produire le pollen et habituellement de le mettre en liberté. Celui des carpelles est d'abord de produire et de porter les ovules, ensuite de réaliser les conditions nécessaires pour que le pollen puisse entrer en contact avec eux. C'est, en effet, entre le pollen et les ovules, que se passe l'acte essentiel qui donne naissance aux œufs, acte dont il nous reste à suivre pas à pas l'accomplissement, d'abord chez les Angiospermes, puis chez les Gymnospermes.

Action du pollen sur les ovules chez les Angiospermes. — L'action du pollen sur l'ovule chez les Angiospermes comprend quatre temps successifs, qui sont : 1° le transport du pollen, du sac pollinique ouvert, sur le stigmate; 2° la germination des grains de pollen sur le stigmate; 3° le développement du tube pollinique à travers le style, la cavité ovarienne et le micropyle de l'ovule, jusqu'à la rencontre de son sommet avec la voûte du sac embryonnaire; 4° enfin le passage d'une partie de la matière qui remplit l'extrémité du tube dans l'oosphère, et par suite, la constitution de l'œuf. Étudions séparément chacune de ses phases.

1° Transport du pollen sur le stigmate. Pollinisation. — Le transport des grains de pollen sur le stigmate est la *pollinisation;* le stigmate saupoudré de pollen est dit *pollinisé.* Suivant la nature des fleurs, la pollinisation s'accomplit de manières différentes.

Quand la fleur est hermaphrodite, si, au moment où le pollen s'échappe de l'anthère, le stigmate complètement développé se trouve apte à le recevoir, la pollinisation s'opère aisément à l'intérieur de la fleur; elle est directe. Tantôt, au moment où ils s'ouvrent, les sacs polliniques se trouvent en contact même avec le stigmate, et les grains de pollen passent directement de l'un à l'autre (Pois, etc.). Tantôt les étamines en s'allongeant viennent frotter leurs anthères ouvertes contre le stigmate, qui en retient le pollen (Ipomée, etc.). Tantôt chaque étamine s'infléchit vers le pistil et vient poser son anthère sur le stigmate, où elle abandonne son pollen (Berbéride, etc.). Mais le plus souvent les anthères et le stigmate demeurent écartés et c'est en tombant que le pollen dépose quelques-uns de ses grains sur la surface stigmatique.

Les choses ne se passent pas toujours ainsi; la pollinisation est loin d'être toujours directe. On observe fréquemment dans les fleurs hermaphrodites un défaut de simultanéité entre le développement de l'androcée et celui du pistil; la plante est dite alors *dichogame.* Tantôt les étamines devancent les carpelles, la fleur est *protandre;* tantôt c'est le contraire, la fleur est *protogyne.*

Dans les fleurs protandres, qui sont aussi les plus nombreuses, les sacs polliniques s'ouvrent à une époque où les stigmates ne sont pas encore développés, ou du moins sont encore inaptes à recevoir utilement le pollen. Plus tard, quand s'épanouiront les surfaces stigmatiques, les anthères auront déjà perdu et disséminé leur pollen. La pollinisation ne pourra donc plus s'opérer ici à l'intérieur de la fleur. Le pollen de la fleur devra porter son action en dehors d'elle sur le stigmate d'une fleur plus âgée, et, par contre, son stigmate devra recevoir du dehors le pollen d'une fleur plus jeune (Ombellifères, Composées, Campanulacées, Labiées, Digitale, Épilobe, Géraine, Mauve, etc.).

Dans les fleurs protogynes, au contraire, le stigmate s'épanouit à une époque où les anthères voisines ne sont pas encore mûres. Plus tard, quand elles s'ouvriront pour émettre leur pollen, le stigmate aura déjà accompli sa fonction, ou se sera flétri. La pollinisation ne pourra donc pas s'opérer non plus à l'intérieur de la fleur. Le stigmate devra recevoir du dehors le pollen d'une fleur plus âgée, et, par contre, le pollen devra porter son action au dehors sur le pistil d'une fleur plus jeune (Plantain, Hellébore, Mandragore, Scrofulaire, Globulaire, diverses Graminées, etc.).

Protandre ou protogyne, une plante dichogame n'est donc hermaphrodite qu'en apparence et seulement au point de vue morphologique; en réalité, au point de vue physiologique, ses fleurs sont unisexuées et elle est monoïque. La pollinisation s'y opère d'une fleur à l'autre; elle y est indirecte. Dans les végétaux monoïques, la pollinisation a lieu nécessairement d'une fleur à l'autre; elle est forcément indirecte. Elle l'est plus encore dans les espèces dioïques, où elle s'opère d'une plante à l'autre.

Quand la pollinisation est indirecte, le transport du pollen entre deux fleurs, séparées souvent par de grandes distances, a lieu par l'atmosphère et souvent uniquement par cette voie. Projetés dans l'air, quelquefois avec force par la brusque détente des filets staminaux repliés dans le bouton (Ortie, Pariétaire, Mûrier, etc.), les grains de pollen sont charriés par l'atmosphère, portés par le vent à des distances souvent considérables, puis déposés çà et là à la surface des corps environnants, notamment sur les stigmates des fleurs. La majeure partie se perd en route; aussi les plantes à fleurs unisexuées produisent-elles du pollen en bien plus grande abondance que les plantes à fleurs hermaphrodites. Le sol des campagnes, ou les champs de neige des Alpes, se montrent quelquefois sur de grands espaces tout couverts du pollen enlevé aux arbres de forêts lointaines, et comme saupoudrés d'une couche de soufre. La pluie qui balaye ces nuages de pollen est connue sous le nom de *pluie de soufre*.

Les chances de pollinisation sont parfois augmentées dans les plantes monoïques par certaines dispositions spéciales, comme le rapprochement des fleurs mâles et femelles dans le même groupe (beaucoup d'Aroïdées), ou la situation sur la plante des fleurs mâles au-dessus des fleurs femelles (Maïs, Laîche, etc.). Parmi les plantes dioïques, la Vallisnérie mérite sous ce rapport une mention spéciale. La plante est submergée et forme ses fleurs mâles et femelles sur des individus différents au fond de l'eau. Quand elles sont mûres, les premières rompent leurs courts pédicelles, et, allégées par une bulle d'air au centre du bouton, elles montent comme de petits ballons à la surface de l'eau, où elles s'épanouissent. En même temps, les fleurs femelles allongent leur pédicelle jusqu'à venir au-dessus de la surface, où elles s'ouvrent au milieu des fleurs mâles qui flottent librement tout autour. Une fois la pollinisation opérée dans l'air, la fleur femelle contracte son pédicelle en une spirale à tours serrés et se trouve ainsi ramenée au fond de l'eau, où elle mûrira son fruit.

Rôle des insectes dans la pollinisation. — Le vent est souvent le seul moyen de transport du pollen, comme on le voit dans les arbres de nos forêts (Chène, Bouleau, Hêtre, etc.) et dans les herbes de nos prairies (Graminées, Cypéracées, Joncées, etc.). Mais fréquemment aussi les insectes viennent jouer un rôle actif dans la pollinisation. Un grand nombre d'insectes, surtout les Abeilles, les Bourdons et les Guêpes, se nourrissent en effet du nectar et du pollen des fleurs, et y font de fréquentes et rapides visites. En une minute, par exemple, un Bourdon peut visiter 24 fleurs de Linaire, une Abeille 22 fleurs de Lobélie ou 17 fleurs de Dauphinelle. En se posant sur la fleur pour en sucer le nectar, ces insectes provoquent de diverses manières la pollinisation du stigmate, soit directement dans la même fleur, soit indirectement de fleur à fleur.

Dans les fleurs hermaphrodites et non dichogames, tantôt l'insecte en se posant sur la fleur y détermine une agitation des parties, qui à son tour projette le pollen sur le stigmate, comme on le voit dans le Haricot multiflore, par exemple; tantôt, en entrant dans la fleur, il frotte les anthères par une certaine partie de son corps qui se charge de pollen, puis en sortant il touche le stigmate par la même partie de son corps et y laisse adhérer les grains. L'insecte est donc, dans certains cas, un agent de pollinisation directe.

Mais bien plus souvent c'est la pollinisation indirecte, de fleur à fleur, qui se trouve provoquée par la visite de l'insecte. Il en est naturellement ainsi dans les fleurs dichogames et unisexuées. En entrant dans la fleur mâle, l'insecte touche par une certaine partie de son corps les anthères ouvertes et s'y charge de pollen; en pénétrant ensuite dans la fleur femelle, il touche les stigmates par cette même partie et y abandonne le pollen.

2° Germination du grain de pollen sur le stigmate. — Déposé ainsi sur le stigmate soit de la même fleur, soit d'une autre fleur de la même plante, soit d'une fleur d'une plante différente de même espèce, et retenu à la fois par ses aspérités superficielles et par le liquide gommeux sécrété par les papilles stigmatiques, le grain de pollen germe aussitôt, comme nous avons vu qu'il germe quand on le place sur une surface humide ou dans un liquide convenablement choisi (p. 357) (fig. 161 et 162).

Absorbant de l'oxygène et dégageant de l'acide carbonique, puisant dans le liquide stigmatique l'eau et les aliments dont il a besoin pour compléter ceux qu'il tient en réserve dans son protoplasme, il pousse un tube, qui va s'allongeant rapidement. La poussée du tube pollinique a lieu en quelqu'une de ces places où la membrane du grain est demeurée le plus molle et le plus extensible, c'est-à-dire à l'endroit d'un pore ou d'un pli (fig. 191). En ce point, la membrane est parfois épaissie vers l'intérieur. Quelquefois, comme dans la Courge, vis-à-vis de chacun de ces épaississements internes, la zone externe de la membrane forme un couvercle arrondi, qui est soulevé par la poussée du tube.

En s'allongeant, le tube tantôt s'enfonce directement dans le stigmate, tantôt rampe d'abord à la surface des papilles ou des poils (fig. 191), en se moulant sur leurs inégalités et parfois en en perforant la membrane. A mesure qu'il s'allonge, son protoplasme renferme des hydroleucites de plus en plus volumineux dont les vacuoles sont occupées par le suc cellulaire et il se montre animé de mouvements de plus en plus actifs. Le stigmate n'est donc pas seulement un appareil récepteur pour le pollen, c'est surtout un sol nutritif, approprié à son développement parasitaire.

Quelquefois les grains de pollen germent à l'intérieur du sac pollinique et projettent leurs tubes au dehors tout autour de l'anthère. En s'allongeant, quelques-uns de ces tubes onduleux viennent à rencontrer le stigmate; désormais abondamment nourris,

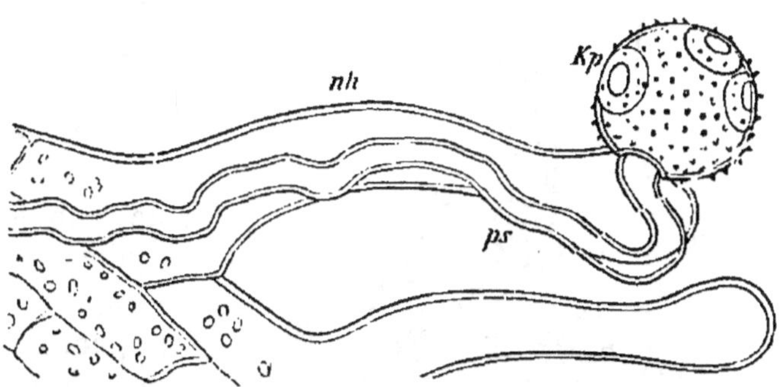

Fig. 191. — Grain de pollen de Campanule, en voie de germination sur le stigmate. Sorti par un des pores *kp* de l'exine, le tube pollinique *ps* s'applique étroitement sur le poil stigmatique *nh*.

ils s'y enfoncent, et se comportent ensuite comme s'ils avaient pris naissance à sa surface : certaines Orchidées (Céphalanthère, etc.).

5° Développement du tube pollinique depuis le stigmate jusqu'au sac embryonnaire. — Si le style est creusé d'un canal, le tube pollinique y pénètre et s'allonge en rampant à la surface ou à l'intérieur du tissu conducteur qui en revêt la paroi (fig. 192). Si le style est plein, le tube pollinique s'allonge directement entre les cellules du tissu conducteur, dans l'épaisseur même des membranes gélifiées qui les séparent (fig. 167); il en dissout la substance et s'en nourrit. En même temps, il se remplit quelquefois de grains d'amidon, et en conséquence bleuit fortement par l'iode, ce qui permet d'en suivre aisément le cours sinueux à travers le style (Ketmie, etc.). Son extrémité inférieure parvient ainsi dans la cavité ovarienne.

Il arrive quelquefois que le micropyle de l'ovule est appliqué assez étroitement contre la base du style pour que le tube pollinique, en continuant sa marche descendante, y pénètre directement (Ortie, Rumice, etc.). Mais ordinairement les tubes polliniques continuent à s'accroître dans la cavité ovarienne en suivant, dans chaque cas particulier, un chemin déterminé, nettement tracé par les bandes du tissu conducteur, souvent hérissées de

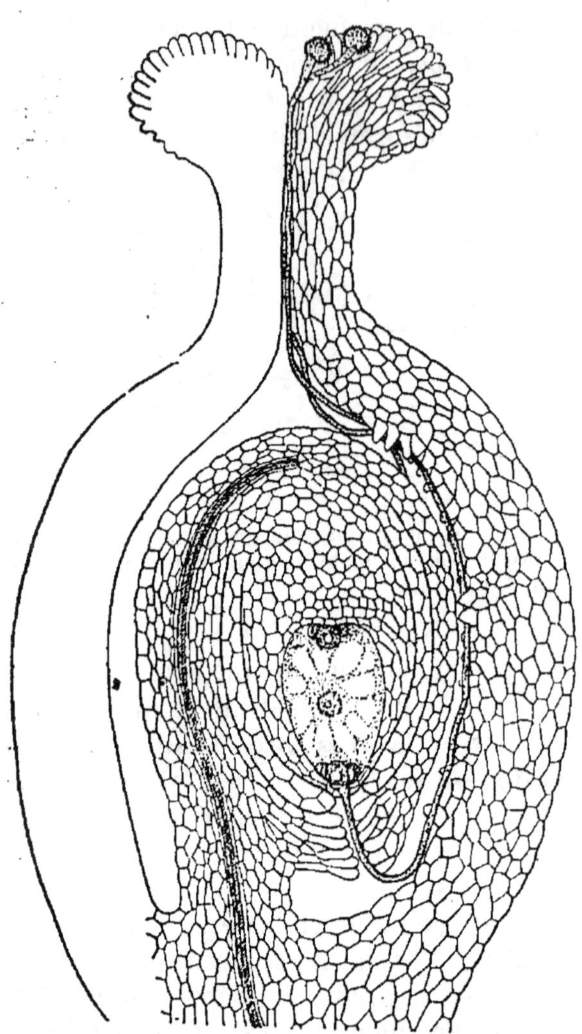

papilles ou de poils, chemin qui les conduit fatalement et par la voie la plus courte aux micropyles des ovules (fig. 192). Le plus souvent c'est à la surface des placentes, toute couverte de papilles, qu'ils s'allongent ainsi en rampant; dans nos Euphorbes indigènes, un pinceau de poils les conduit depuis la base du style jusqu'au micropyle voisin; dans les Plombaginées, le tissu conducteur du style forme une excroissance conique descendante, qui introduit le tube pollinique jusque dans le micropyle. Rien n'est plus variable que ces dispositions, mais aussi rien n'est plus instructif que d'en suivre le mécanisme dans un certain nombre de cas particuliers.

Fig. 192. — Section longitudinale d'un pistil uniovulé à placentation basilaire, montrant la course du tube pollinique depuis le stigmate jusqu'au sommet du sac embryonnaire au-dessus de l'oosphère. L'ovule anatrope à deux téguments y est inséré comme dans les Composées.

Parvenu au micropyle d'un ovule, le tube pollinique s'y engage (fig. 192). Si, à ce moment, le sommet du nucelle existe encore, en tout ou en partie, le tube le traverse en s'insinuant entre ses cellules et vient appliquer fortement son extrémité contre celle du sac embryonnaire, au point où sont fixées les deux synergides (fig. 192) (Liliacées, diverses Légumineuses, fig. 177, Violette, Renouée, etc.). Mais le plus souvent le sac embryonnaire, en s'agrandissant vers le haut, a résorbé tout le nucelle; son sommet se présente alors à nu au fond du canal micropylaire, dans lequel il s'allonge souvent plus ou moins (Orchidées, Viciées, Scabieuse, Monotrope, fig. 180), parfois même jusqu'à en dépasser l'orifice externe pour s'avancer librement dans la cavité ovarienne (Torénie, Santal, etc.). Tantôt la membrane du sac ainsi dénudé persiste au-dessus des synergides, mais ramollie, très réfringente, comme grumeuse, et c'est contre elle que vient s'appuyer l'extrémité du tube pollinique (Orchide, Ornithogale, Dauphinelle, Monotrope, etc.). Tantôt elle est complètement résorbée au sommet par les synergides qui font saillie au dehors, à travers l'orifice, et sur la pointe desquelles le tube pollinique vient s'appliquer directement (Crucifères, Safran, Ricin, Santal, etc.); dans ce dernier cas, les synergides ont souvent leur extrémité recouverte d'une calotte de cellulose (Safran, Santal, etc.).

Fig. 193. — Section transversale de l'ovaire du Vande (une Orchidée), sept mois après la pollinisation; les tubes polliniques y forment six gros faisceaux.

Comme chaque ovule s'approprie de la sorte un tube pollinique, le nombre de ces tubes qui pénètrent dans un ovaire donné se règle, d'une façon générale, sur le nombre des ovules que cet ovaire renferme. Il s'introduit même ordinairement plus de tubes polliniques qu'il n'y a d'ovules. Quand ces derniers sont très nombreux, le nombre des tubes qui cheminent en même temps à travers le style et qui viennent ramper dans l'ovaire est donc très considérable (fig. 172). Dans l'ovaire des Orchidées, par exemple (fig. 193), ils forment, de chaque côté des trois placentes pariétaux, un faisceau soyeux d'un blanc brillant que l'on distingue à l'œil nu.

Le temps qui s'écoule entre la pollinisation du stigmate et la rencontre du tube pollinique avec le sac embryonnaire ne dépend pas seulement de la longueur souvent très considérable (Maïs, Safran, Colchique, etc.) du chemin à parcourir, mais aussi des propriétés spécifiques de la plante. Ainsi les tubes polliniques du Safran, pour traverser un style long de 5 à 10 centimètres, n'exigent que de un à trois jours, tandis qu'il faut cinq jours à ceux du Gouet pour fournir une course de 2 à 3 millimètres seulement. Les tubes polliniques des Orchidées mettent quelquefois dix jours, souvent des semaines et des mois entiers (fig. 193), pour arriver à l'ovaire.

4° Fécondation. — Une fois le contact opéré et la soudure faite entre le sommet du tube pollinique et la membrane du sac embryonnaire ou la calotte cellulosique des synergides, on est parvenu à la phase décisive du phénomène. L'extrémité du tube renferme, comme on sait, dans un protoplasme dense, les deux noyaux issus de la bipartition du noyau générateur primitif (fig. 194, *a*); le noyau végétatif disparu. À ce moment, le noyau le plus proche de l'extrémité, avec la portion de protoplasme qui l'entoure, traverse la membrane ramollie, passe entre les synergides et pénètre dans l'oosphère. En même temps les synergides,

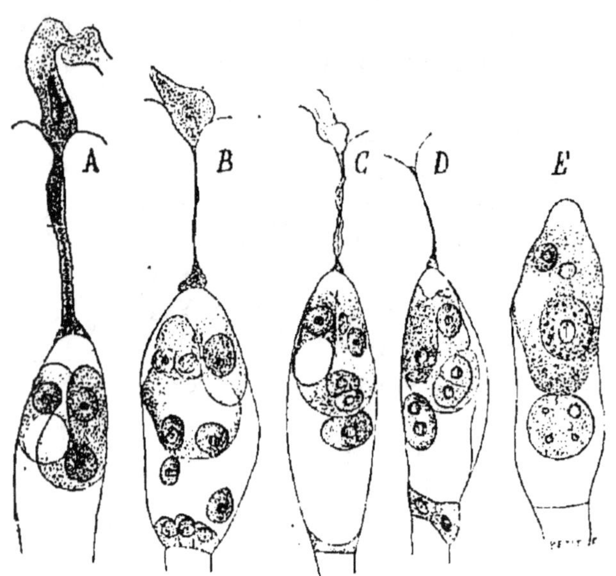

Fig. 194. — Fécondation des Angiospermes, d'après l'Orchide. *A*, le tube pollinique est en contact avec le sac embryonnaire; le noyau générateur s'est divisé et le noyau inférieur glisse en s'allongeant vers le sac. *B*, le noyau générateur a pénétré dans l'oosphère et se voit à gauche, à côté du noyau propre de l'oosphère. *C*, les deux noyaux sont en contact. *D*, ils se pressent et vont se confondre. *E*, ils se sont fusionnés et ont produit le gros noyau de l'œuf. En même temps, les synergides ont progressivement disparu, ainsi que les antipodes.

dont le contenu reste distinct de celui qui est sorti du tube, se désorganisent et diffluent pour faciliter le passage. Une fois la pénétration faite, le protoplasme du tube se fusionne avec celui de l'oosphère et le noyau générateur se dirige vers le noyau de l'oosphère (fig. 194, *b*), auquel il s'accole (fig. 194, *c*). Avant de se fusionner avec lui, s'il est plus petit (Monotrope, etc.), il grossit de manière à acquérir la même dimension que lui. La ligne de contact des deux noyaux s'efface peu à peu (fig. 194, *d*), puis disparaît et les deux noyaux sont fusionnés en un seul (fig 194, *e*), comme le sont déjà les deux protoplasmes. La cellule nouvelle ainsi constituée aux lieu et place de l'oosphère, est l'œuf, qui s'entoure aussitôt d'une membrane de cellulose.

Le noyau générateur du tube pollinique et le noyau de l'oosphère possèdent toujours le même nombre de bâtonnets de nucléine (p. 13). Ils en ont l'un et l'autre 8, par exemple, dans l'Ail, l'Alstrémère, l'Endymion, l'Iride, le Cératozamier, etc., 12 dans le Lis, la Tulipe, la Fritillaire, l'Héllébore, etc., 16 dans le Muguet, les Orchidées, etc., 24 dans le Muscare, etc. Après la fusion, dans le noyau de l'œuf, ces bâtonnets demeurent côte à côte sans s'unir, de sorte que l'œuf compte dans son noyau un nombre de bâtonnets double de celui de chacun de ses gamètes constitutifs. En résumé, les deux gamètes prennent à la formation de l'œuf une part rigoureusement égale.

Le passage de la substance qui remplit l'extrémité du tube pollinique, noyau et protoplasme, à travers la membrane close du tube et à travers celle du sac embryonnaire est dû vraisemblablement à la même force qui, peu d'instants auparavant, faisait progresser cette substance dans le tube en voie de croissance. Cette croissance se trouve brusquement arrêtée, mais la poussée qui la provoquait continue et fait franchir l'obstacle.

C'est à ce passage de la substance mâle dans la substance femelle, suivi d'une pénétration et d'une combinaison de ces deux substances, protoplasme à protoplasme et noyau à noyau, qu'il convient d'appliquer et de limiter le mot de *fécondation*. En y introduisant son noyau générateur et son protoplasme, le tube pollinique *féconde* l'oosphère ; en recevant ce noyau et ce protoplasme et en s'y combinant terme à terme, l'oosphère *fécondée* produit l'œuf.

Une fois l'œuf constitué, le micropyle se resserre et s'oblitère ; comprimé par lui, le tube pollinique se vide et se résorbe (fig. 194). Enfin la membrane du sac, quand elle n'a pas été percée, se raffermit au-dessus de l'œuf ; quand elle a été perforée, elle se referme à l'aide des calottes de cellulose qui subsistent après la

destruction des synergides et qui bouchent exactement l'ouverture.

Action du pollen sur les ovules chez les Gymnospermes.
— Les fleurs des Gymnospermes sont unisexuées. Réduites chacune à un carpelle ouvert, dépourvu à la fois de style et de stigmate (fig. 165), les fleurs femelles y exposent directement à l'air
les micropyles de
leurs ovules, dont
le tégument se pro-
longe en tube au-
delà du nucelle
(fig. 195). Projetés
dans l'air au mo-
ment de la déhis-
cence des sacs pol-
liniques, les grains
de pollen bicellu-
laires de ces plan-
tes sont déposés
directement par
l'atmosphère sur le
micropyle des ovu-

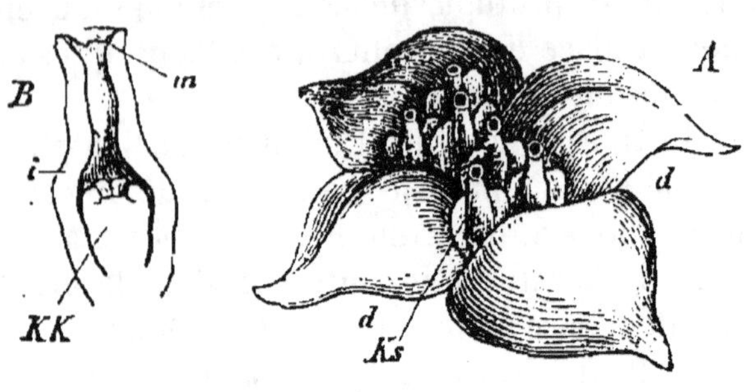

Fig. 195. — *A*, rameau femelle de Callitre, portant
quatre bractées en deux paires croisées, dont l'inférieure seule est fertile. Chaque bractée inférieure
porte à son aisselle un carpelle ouvert, concrescent
avec elle, et qui produit à sa base trois ovules ortho-
tropes dressés *ks*. *B*, un ovule coupé en long; *k*, nucelle; *i*, tégument allongé en tube, terminé par le
micropyle, *m*.

les, où les retient une gouttelette liquide. Ils parviennent ensuite
facilement, à travers le large canal micropylaire, sur le sommet du
nucelle dans la chambre pollinique.

Là, ils germent; leur grande cellule s'allonge en un tube pollinique (fig. 162), qui ne s'enfonce d'abord que d'une petite longueur
dans le tissu du nucelle; il se fait ensuite un temps d'arrêt plus
ou moins long, pendant lequel l'ovule achève son développement.
Dans les Conifères qui mûrissent leur fruit en une année, cette
interruption dans la croissance du tube pollinique ne dure que
quelques semaines ou quelques mois; mais, dans celles où la graine
exige deux ans pour mûrir (Genévrier commun, Pin silvestre, etc.),
elle se prolonge jusqu'au mois de juin de la seconde année. A
ce moment, les tubes polliniques recommencent à s'allonger à
travers le nucelle, en élargissant de plus en plus leur extrémité inférieure (p. 380, fig. 178). Ils atteignent enfin la membrane, maintenant ramollie, du sac embryonnaire, la traversent,
pénètrent dans l'entonnoir de l'endosperme et appliquent fortement leurs sommets contre les rosettes des corpuscules. Avant

ce moment, la petite cellule de canal qui surmonte l'oosphère s'est désorganisée, ouvrant ainsi l'accès de l'oosphère vers le bas et dissociant vers le haut les cellules de la rosette, ce qui donne naissance au canal.

Chez les Pinées et les Taxées, chaque corpuscule, isolé de ses voisins au fond de son entonnoir spécial, exige un tube pollinique et par conséquent plusieurs tubes polliniques pénètrent à la fois dans le sac embryonnaire. L'extrémité du tube s'introduit dans le canal de la rosette, qui comprend parfois trois étages de cellules superposées (Pin, Épicéa, etc.), le traverse et pénètre un peu dans l'oosphère. C'est alors que l'un des deux noyaux issus de la bipartition du noyau générateur (p. 358), avec une portion du protoplasme dense qui l'entoure,

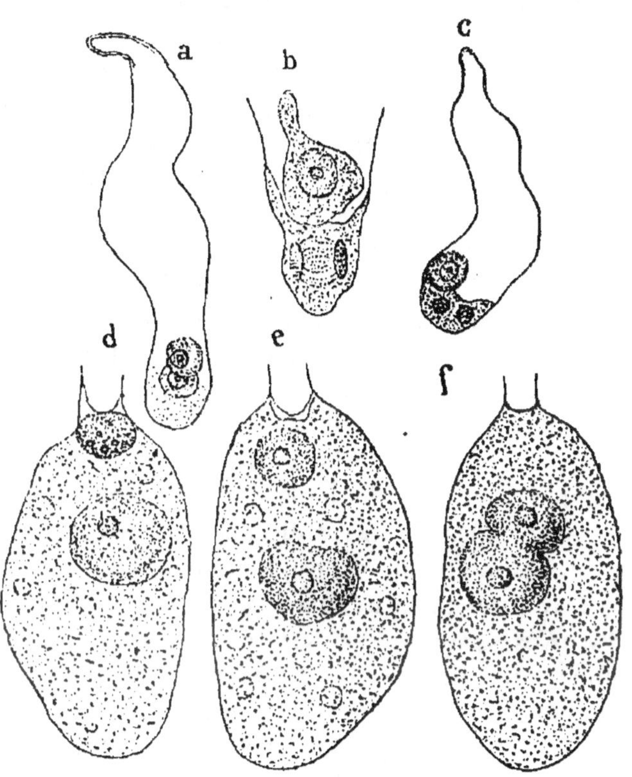

Fig. 196. — Fécondation des Gymnospermes : *a*, tube pollinique du Genévrier, avec ses deux noyaux générateurs ; *b*, *c*, bipartition du noyau inférieur ; *d*, oosphère de l'Épicéa, au moment où le noyau mâle vient de traverser le sommet du tube pollinique ; *e*, le noyau mâle descend ; *f*, il se fusionne avec le noyau de l'oosphère, pour former le noyau de l'œuf.

passe à travers la membrane ramollie du tube et pénètre dans l'oosphère (fig. 196, *d*, *e*). Le protoplasme s'unit au protoplasme de l'oosphère ; le noyau se rapproche de celui de l'oosphère, s'y accole et enfin se fusionne avec lui (fig. 196, *f*). L'œuf est constitué. Le noyau le plus éloigné de l'extrémité du tube ne prend aucune part à la formation de l'œuf. Aussitôt l'œuf formé, le tube pollinique, comprimé par les cellules environnantes, se vide et se résorbe complètement.

Chez les Cupressées, un seul tube pollinique suffit d'ordinaire à couvrir, en dilatant son extrémité, tout le faisceau de corpuscules serrés côte à côte sous le large entonnoir commun de l'endosperme; cependant il peut aussi s'en introduire deux dans cet entonnoir (fig. 178). L'extrémité du tube projette alors dans le canal central de chacune des rosettes un mince prolongement, qui pénètre jusque dans l'oosphère. Dans ces plantes, des deux noyaux issus de la première bipartition du noyau générateur, le plus proche de l'extrémité se divise de nouveau (fig. 196, *a*, *b*, *c*), pour fournir un noyau propre à chacun de ces prolongements. Les choses s'y passent ensuite comme il vient d'être dit.

La formation de l'œuf s'opère donc essentiellement chez les Gymnospermes comme chez les Angiospermes. Seulement, le chemin y est plus long qui met en regard les deux corps à combiner. Il se fait des divisions dans le tube pollinique, il se fait des divisions dans les cellules filles du sac embryonnaire, et c'est entre certains produits de même ordre de ces divisions que s'accomplit l'acte fécondateur. Ces divisions sont supprimées chez les Angiospermes; il en résulte chez ces plantes un raccourcissement et une simplification des phénomènes.

Caractères généraux de la formation de l'œuf chez les Phanérogames. — Chez toutes les Phanérogames, l'œuf résulte donc, en définitive, de la fusion, de la combinaison de deux corps protoplasmiques pourvus de noyau, combinaison qui porte séparément sur le protoplasme et sur le noyau. Ces deux corps, ou gamètes, diffèrent à la fois par leur origine et par la manière dont ils s'unissent; il y a donc *hétérogamie* ou *sexualité* (p. 44). Celui qui fait tout le chemin pour s'unir à l'autre est dit *mâle*, celui qui reste en place est dit *femelle*. Mais il faut remarquer qu'ici le gamète femelle, qui est l'oosphère, est seul nettement différencié; le gamète mâle, qui est une portion du protoplasme du tube pollinique, avec le noyau qu'elle enveloppe, n'a dans son ensemble ni forme ni dimension déterminées. En remontant de proche en proche, on dit aussi mâle : le tube pollinique, le grain de pollen, le sac pollinique, l'étamine, l'androcée, la fleur staminée, enfin la plante tout entière quand elle ne porte que des fleurs staminées. De même on dit femelle : le sac embryonnaire, l'ovule, le carpelle, le pistil, la fleur pistillée et enfin la plante tout entière quand elle ne porte que des fleurs pistillées.

Aux caractères de la plante ancienne, qui lui sont transmis puisqu'ils sont déposés à la fois dans le protoplasme et le noyau de l'oosphère, dans le protoplasme et le noyau du tube pollinique, s'ajoutent dans l'œuf des caractères nouveaux, acquis à l'instant même de la fécondation et par le fait seul de la combinaison des deux protoplasmes et des deux noyaux différents. Virtuellement présents, ces caractères nouveaux se manifesteront plus tard peu à peu pendant le développement de l'œuf. Pleinement épanouis dans la plante adulte, ils constitueront la personnalité de cette plante, par où elle diffère de celle qui lui a donné naissance, ce qu'on appelle sa *variation* (p. 47).

Conséquences de la formation de l'œuf. — Les œufs formés, le rôle de la fleur est rempli. Aussi les diverses parties qui la composent, en dehors du pistil, n'attendent-elles pas l'entier accomplissement du phénomène pour se détacher ou se flétrir. Déjà la pollinisation du stigmate entraine de grands changements dans la fleur. Le calice et la corolle tombent le plus souvent avec les étamines, et le pistil demeure seul. Dans les Orchidées, c'est même seulement à la suite et comme conséquence de la pollinisation du stigmate, que les ovules se forment à la surface des placentes, ou du moins qu'ils y acquièrent leur développement complet.

Une fois les tubes polliniques parvenus dans la cavité ovarienne, le stigmate et le style, qu'ils ont épuisés sur leur parcours pour se nourrir, se flétrissent, se dessèchent et bientôt de la fleur tout entière il ne reste plus que l'ovaire. Quand, plus tard, les œufs se développeront en *embryons* et les ovules en *graines*, l'ovaire deviendra le *fruit*.

CHAPITRE SIXIÈME

DÉVELOPPEMENT DES PHANÉROGAMES

Sachant comment la plante phanérogame forme son œuf, nous devons maintenant parcourir la série des phases par lesquelles elle passe depuis cet œuf jusqu'à l'état adulte, c'est-à-dire jusqu'à la formation des œufs nouveaux, et depuis l'état adulte jusqu'à la mort, en un mot étudier son développement.

Aussitôt formé, l'œuf se développe sur place dans le sac embryonnaire, en puisant sa nourriture dans la plante mère; en d'autres termes, les Phanérogames sont vivipares. En même temps, l'ovule se transforme et devient la *graine*, tandis que le pistil se modifie et devient le *fruit*. Puis, la graine *germe* et produit une *plantule*. Tantôt cette plantule devient directement en grandissant l'individu adulte; tantôt elle produit, par fractionnement de son corps, une série d'individus distincts de plus en plus vigoureux, dont le dernier se montre enfin capable de fleurir.

Étudions successivement les diverses phases que nous venons d'indiquer.

§ 1

Développement de l'œuf en embryon.

Le développement de l'œuf à l'intérieur du sac embryonnaire aboutit à la formation d'un corps pluricellulaire plus ou moins différencié, qu'on appelle l'*embryon*. Mais en raison de la constitution différente du sac embryonnaire chez les Angiospermes et les Gymnospermes (p. 379), il est nécessaire d'étudier la question séparément dans ces deux groupes de plantes.

Développement de l'œuf en embryon chez les Angiospermes. — Soudé par sa membrane au sommet du sac embryonnaire, l'œuf entre d'ordinaire en développement aussitôt après sa formation. Pourtant, chez bon nombre de plantes, il traverse d'abord une phase de repos plus ou moins longue, qui dure souvent plusieurs semaines (Orme, Chêne, Hêtre, Noyer, Citronnier, Érable, Marronnier, Robinier, Cornouiller, etc.) et qui peut s'élever à cinq ou six mois (Colchique) ou même à une année entière, comme dans les Chênes américains qui mettent deux ans à mûrir leurs graines.

Dans tous les cas, il grandit d'abord en s'allongeant plus ou moins suivant l'axe du sac; puis il se divise, par une cloison perpendiculaire à l'axe, en deux cellules superposées. Il arrive quelquefois que ces deux cellules se cloisonnent ensuite de la

même manière et contribuent toutes deux au même titre à former
le corps de l'embryon ; l'œuf devient alors tout entier l'embryon
(Mimosées, quelques Hédysarées, quelques Orchidées, etc.). Mais
le plus souvent elles ont un sort très différent. L'inférieure seule
produit l'embryon ; la supérieure se divise, tantôt seulement par
des cloisons transversales en formant une simple file de cellules
(Crucifères, etc.), tantôt à la fois par des cloisons transversales et
longitudinales en produisant un cordon cellulaire plus on moins
épais (Viciées, Lupin, Haricot, Géraine, Capucine, etc.) ; ce filament ou ce cordon enfonce plus ou moins profondément l'embryon
dans la cavité du sac, à la voûte duquel il le tient suspendu : c'est
le *suspenseur*. Outre sa fonction mécanique, le suspenseur joue
aussi parfois le rôle de réserve nutritive ; ses cellules se remplissent
alors de matières albuminoïdes, d'amidon, de sucre, etc., que plus
tard elles cèdent à l'embryon en s'épuisant.

Portée par le suspenseur, la cellule mère de l'embryon s'arrondit
d'abord en sphère, puis se divise en deux par une cloison longitudinale dirigée tantôt dans le plan de symétrie de l'ovule (Légumineuses, Cucurbitacées, etc.), tantôt perpendiculairement à ce plan
(Ombellifères, Caryophyllées, etc.). Chaque moitié se segmente ensuite par une cloison transversale ; après quoi chaque quart se divise
par une cloison tangentielle, qui isole l'épiderme. Les quatre cellules internes se partagent ensuite par des cloisons répétées, d'a-
bord longitudinales, puis transversales et obliques, et la masse ainsi
formée ne tarde pas à se différencier en écorce et cylindre central.
En même temps, le corps s'allonge et devient la tige de l'embryon,
ce qu'on appelle la *tigelle*. A l'extrémité inférieure de la tige,
l'écorce s'accroissant davantage en deux points opposés, qui
correspondent aux deux cellules issues du premier cloisonnement
longitudinal, forme deux mamelons recouverts par l'épiderme ;
ceux-ci grandissent vers le bas, se pressent l'un contre l'autre et
constituent enfin les deux premières feuilles, les *cotylédons* de
l'embryon ; ceux-ci sont donc tantôt situés de part et d'autre du
plan de symétrie de l'ovule, tantôt coupés en deux par ce plan.
Entre les deux, dans le prolongement de l'axe, apparaît plus tard
un petit mamelon, qui est le cône terminal de la tige. A l'extrémité supérieure, contre le suspenseur, la tige s'amincit en pointe
obtuse ; à une petite distance du sommet, l'épiderme divise ses
cellules par des cloisons tangentielles centripètes ; la partie
conique située au-dessus de la première division constitue la racine

terminale, la *radicule* de l'embryon ; ce premier cloisonnement de l'épiderme fixe, comme on sait (p. 182), la position du collet.

Telle est, chez les Dicotylédones, la marche ordinaire du cloisonnement de l'œuf et de la différenciation de l'embryon. Chez les Monocotylédones, où la première cloison longitudinale de la cellule mère de l'embryon est toujours perpendiculaire au plan de symétrie de l'ovule, l'unique différence est que l'écorce ne forme au sommet de la tige qu'une seule protubérance latérale, laquelle se dilate tout autour du cône terminal pour former l'unique cotylédon engainant ; celui-ci est donc toujours coupé en deux par le plan de symétrie de l'ovule.

État définitif de l'embryon. — Arrivé au terme de son développement, l'embryon des Angiospermes atteint, suivant les plantes, des dimensions très différentes. Sa différenciation externe se réduit souvent, comme il vient d'être dit, à la formation sur sa tige d'une radicule et d'un ou de deux cotylédons, entre lesquels se trouve un cône terminal nu (Courge, Hélianthe, Ail, etc.). Mais il n'est pas rare que ce dernier poursuive tout de suite sa croissance et produise sur ses flancs plusieurs feuilles nouvelles, étroitement appliquées les unes contre les autres ; l'embryon possède alors un véritable bourgeon terminal, qu'on appelle la *gemmule* (Graminées, Haricot, Fève, Chêne, Amandier, etc.). Il n'est pas très rare non plus de voir se développer sur la tigelle, outre la racine terminale, un plus ou moins grand nombre de racines latérales, naissant du péricycle comme sur la tige adulte (Graminées, Pistie, Courge, Balsamine, Mâcre, etc.).

La différenciation interne de l'embryon notamment dans la tigelle, ne s'arrête pas d'ordinaire à la distinction entre l'épiderme, l'écorce et le cylindre central. Dans ce dernier, les cordons qui doivent devenir les faisceaux libéroligneux de la tige sont différenciés au sein du conjonctif, lequel est séparé par eux en trois régions : péricycle, rayons médullaires et moelle. Mais c'est seulement dans quelques gros embryons que l'on trouve des vaisseaux dans la région ligneuse et des tubes criblés dans la région libérienne (Noyer, Chêne, Gui, Pentadesme, etc.) ; le plus souvent les tissus ne passent à l'état définitif que plus tard, à la germination de la graine.

D'autre part, chez diverses plantes parasites ou humicoles dépourvues de chlorophylle (Cuscute, Orobanche, Monotrope, etc.), chez les Orchidées, la Ficaire, etc., l'embryon s'arrête à une phase très précoce de son développement. Il demeure alors formé d'un simple corpuscule arrondi, n'offrant à l'extérieur aucune division en radicule, tigelle et cotylédons, à l'intérieur aucune différenciation entre ses cellules. Celles-ci se réduisent même quelquefois à un petit nombre, à cinq, par exemple, dans le Monotrope, une pour le suspenseur et quatre pour l'embryon.

Orientation de l'embryon. — Normalement développé, l'embryon affecte dans le sac embryonnaire, par rapport au plan de symétrie du tégument et de l'ovule tout entier, une orientation fixe, déterminée par les deux conditions suivantes : 1° La ligne de symétrie de la tige et de la racine coïncide avec l'axe, droit ou courbe, du sac embryonnaire et demeure contenue dans le plan de symétrie de l'ovule, tournant son pôle gemmulaire vers le limbe de la foliole ovulaire et son pôle radiculaire en sens opposé. 2° Si l'on appelle plan médian de l'embryon, le plan médian de sa première feuille ou le plan médian commun de ses deux premières feuilles opposées, ce plan médian tantôt coïncide avec le plan de symétrie de l'ovule (Monocotylédones, Ombellifères, Labiées. Caryophyllées, etc.), tantôt lui est perpendiculaire (Rosacées, Légumineuses, Cucurbitacées, Cupulifères, etc.). Les deux cas peuvent d'ailleurs se rencontrer dans la même famille (Crucifères) ou dans le même genre (Renouée). Il y a donc, comme on voit, des rapports fixes de position entre l'embryon et le tégument de l'ovule, c'est-à-dire entre la plante fille et la plante mère.

Embryons adventifs. — Dans quelques plantes, l'embryon se trouve accompagné, ou même remplacé, par des productions analogues, mais d'une origine et d'une valeur morphologique bien différentes. Ainsi chez divers Citronniers, le Fusain d'Europe, la Clusie rose, la Funkie ovale, le Nothoscorde odorant, etc., on voit, après la formation de l'œuf, certaines cellules épidermiques de la région supérieure persistante du nucelle s'accroître vers l'intérieur, en refoulant devant elles la membrane du sac embryonnaire, se diviser par des cloisons obliques et former de petits mamelons qui se différencient et deviennent finalement autant de corps tout semblables en apparence à l'embryon normal qu'ils entourent. Ce sont de faux embryons, des embryons adventifs, de même valeur que ceux qui procèdent, comme on sait, des cellules épidermiques des feuilles chez les Bégonies et certaines Fougères. De ces nombreux embryons surnuméraires, quelques-uns seulement arrivent à développement complet, les autres avortent à divers états.

Le même phénomène a lieu dans la Célébogyne ilicifoliée, Euphorbiacée dioïque d'Australie, dont on ne possède dans les jardins d'Europe que les individus femelles. Seulement, la fécondation ne pouvant avoir lieu, l'oosphère se résorbe ici avec les synergides, et tous les embryons, dont il ne subsiste en définitive qu'un seul, sont d'origine adventive. Aussi les graines obtenues en Europe reproduisent-elles, non des plantes nouvelles, mais seulement des individus tout pareils à l'individu primitif, c'est-à-dire femelles comme lui.

Formation de l'albumen. — Sitôt l'œuf formé, le noyau et le protoplasme du sac embryonnaire sont le siège de phénomènes particuliers, qui aboutissent à la formation d'un tissu spécial nommé l'*albumen*. Suivant que le sac embryonnaire est large ou étroit, la chose a lieu de deux manières différentes.

Dans le premier cas, qui est le plus fréquent (Monocotylédones, majorité de Dicotylédones), le noyau du sac subit d'abord un plus ou moins grand nombre de bipartitions et les nouveaux noyaux se répartissent à égale distance les uns des autres dans la couche pariétale du protoplasme. Celle-ci se découpe ensuite, par des cloisons simultanées, en autant de cellules polygonales qu'elle contient de noyaux. Puis les cellules de l'assise ainsi formée s'accroissent vers l'intérieur en se cloisonnant à mesure et viennent enfin se rencontrer au centre du sac, qui se trouve complétement rempli par l'albumen dès l'époque où l'œuf subit ses premiers cloisonnements. Si le sac embryonnaire devient très volumineux, comme chez les Papilionacées à grosses graines, le Ricin, etc., il n'arrive qu'assez tard à se remplir d'albumen et l'on voit longtemps sa région centrale occupée par un liquide clair, creusé de vacuoles. Dans l'énorme sac embryonnaire du Cocotier, le remplissage n'a même jamais lieu; l'albumen tapisse seulement la paroi d'une couche d'environ un centimètre d'épaisseur, tandis que la cavité demeure remplie de ce liquide albumineux qu'on appelle *lait de coco*.

Quand le sac embryonnaire est étroit et allongé en tube, comme chez un grand nombre de Gamopétales (Scrofulariacées, Orobanchées, Labiées, Verbénacées, Éricacées, Campanulacées, etc.), la première division du noyau est suivie aussitôt d'un cloisonnement transversal du sac, qui se trouve partagé en deux cellules superposées, et il en est de même après chacune des bipartitions successives des nouveaux noyaux.

Ces deux modes de cloisonnement, l'un tardif et simultané, l'autre précoce et successif, peuvent d'ailleurs se rencontrer dans des familles très voisines. Les Solanacées et les Borraginées, par exemple, offrent le premier, tandis que les Scrofulariacées et les Labiées se rattachent au second. Parmi les plantes qui suivent le premier mode, il en est quelques-unes où, après la bipartition répétée des noyaux, il ne se fait aucun cloisonnement dans le protoplasme; le sac embryonnaire demeure alors, jusqu'au moment où l'embryon le remplit complètement, ce que nous avons appelé un article (p. 25): à vrai dire, il ne s'y constitue pas d'albumen (Viciées, Haricot, Capucine, Mâcre, Alismacées, etc.).Quelquefois même le noyau propre du sac disparaît sans se diviser; toute trace de la formation d'un albumen est par là supprimée (Balisier, Orchidées).

Digestion de l'albumen par l'embryon en voie de formation. — Dès ses premiers développements, l'embryon se trouve donc amené en contact avec l'albumen. Il le traverse, non pas en le refoulant devant lui, mais en le trouant, c'est-à-dire en dissolvant sur son passage les membranes et les contenus des cellules, et en en absorbant les produits solubles pour sa propre nutrition. En un mot, l'embryon, à mesure qu'il se développe dans le sac embryonnaire, digère l'albumen. Suivant la dimension où l'embryon arrête sa croissance, cette digestion est tantôt incomplète, tantôt complète.

Si l'embryon demeure petit et n'occupe qu'une partie du sac embryonnaire, comme il n'a digéré que la portion d'albumen à laquelle il s'est substitué, on retrouve dans la graine mûre une plus ou moins grande partie de l'albumen primitif (la plupart des Monocotylédones et beaucoup de Dicotylédones : Renonculacées, Euphorbiacées, Papavéracées, etc.). Enveloppant l'embryon de toutes parts (Euphorbiacées, etc.) ou appliqué sur lui d'un côté seulement (Graminées, fig. 202, etc.), cet albumen permanent renferme dans ses cellules, toujours fortement unies entre elles sans laisser de méats, des matériaux de réserve de diverses natures. Sous ce rapport, on y distingue trois types principaux.

Si les cellules ont des membranes minces et contiennent dans leur masse albuminoïde une grande quantité de grains d'amidon, l'albumen est dit *amylacé* ou *farineux* (fig. 197) (Graminées, Polygonées, Nyctaginées, etc.); c'est l'albumen amylacé des céréales qui nous donne le pain (fig. 202). Si, avec des membranes minces, les cellules renferment beaucoup de matière grasse, l'albumen est dit *oléagineux* ou *charnu* (fig. 198) (Papavéracées, Ricin, etc.); l'huile de Pavot, dite d'œillette, l'huile de Ricin, etc., provient de pareils albumens. C'est surtout dans l'albumen oléagineux que l'on rencontre en abondance ces grains de substance albuminoïde que l'on nomme des grains d'*aleurone*, grains tantôt homogènes (Pivoine, etc.), tantôt munis d'enclaves qui sont, soit des cristaux de matière albuminoïde (Scorsonère, etc.), soit de petites sphères de glycérophosphate de chaux et de magnésie (Coriandre et au-

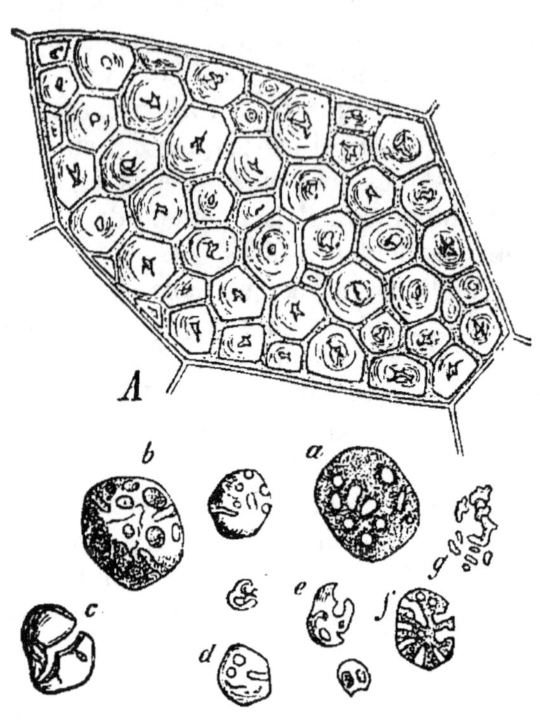

Fig. 197. — Une cellule de l'albumen amylacé du Maïs. La matière albuminoïde forme un réseau dont les mailles sont occupées par des grains d'amidon polyédriques, où la dessiccation a produit des cavités et des fissures : *a-g*, grains d'amidon isolés, en voie de corrosion par l'amylase dans une graine en germination.

tres Ombellifères, etc.), soit à la fois ces cristaux et ces sphérules (Ricin, fig. 198). Enfin si les membranes cellulosiques s'épaississent beaucoup et se creusent de canalicules, l'albumen devient dur, il est dit *corné* (Phénice dattier, Ombellifères, Caféier, etc.). Le plus souvent ses membranes ainsi épaissies demeurent à l'état de cellulose pure ; il arrive alors quelquefois à prendre la consistance et l'aspect de l'ivoire, et à se prêter aux mêmes usages, comme dans le Phytéléphant, de la famille des Palmiers, où il constitue ce qu'on appelle l'*ivoire végétal*. Quelquefois au contraire ses membranes se gélifient, à l'exception de la couche interne, et dans l'eau se ramollissent, se gonflent et forment mucilage (Caroubier, fig. 199, etc.)

Quand l'*albumen corné* est cellulosique, ses cellules contiennent

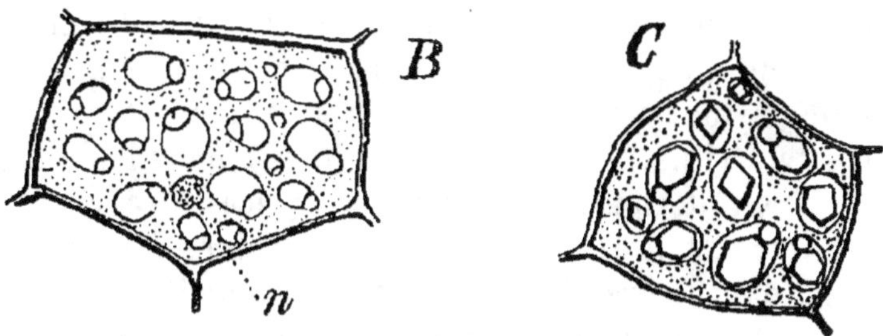

Fig. 198. — Une cellule de l'albumen oléagineux du Ricin : *B*, vue dans l'huile, montrant les grains d'aleurone et le noyau *n*. *C*, vue dans l'eau, après l'action du bichlorure de mercure; le cristal et la sphérule sont visibles dans la vacuole de chaque hydroleucite.

des matières grasses et non de l'amidon; il se rapproche donc plus de l'albumen oléagineux que de l'albumen amylacé (Phénice, Ombellifères, etc.). Il existe d'ailleurs une foule de transitions entre les albumens charnu et corné cellulosique. Quand l'albumen corné est géliflé, au contraire, ses cellules contiennent de l'amidon, non de l'huile; il se rapproche donc de l'albumen amylacé (Caroubier, fig. 199, etc.). Il en résulte que les trois catégories d'albumen se réduisent en réalité à deux, l'albumen amylacé et l'albumen oléagineux, au

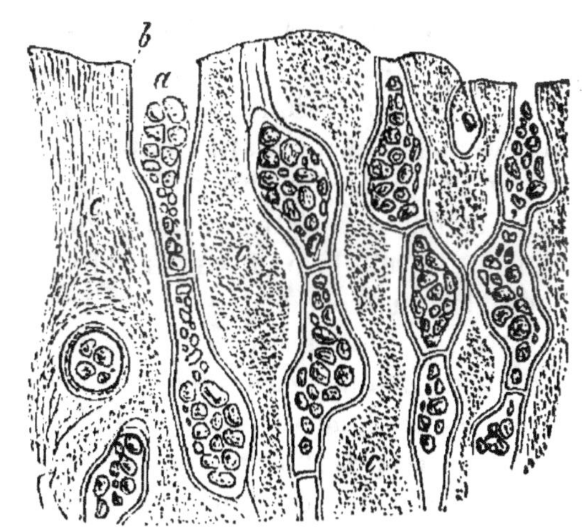

Fig. 199. — Section de l'albumen corné du Caroubier. *a*, protoplasme avec grains d'amidon; *b*, couche cellulosique des membranes; *c*, lame moyenne géliflée.

point de vue des caractères que l'on en peut tirer pour la détermination des affinités des plantes.

Dans un très grand nombre de Dicotylédones (Composées, Cucurbitacées, Rosacées, Crucifères, Cupulifères, etc.), l'embryon devient très volumineux et, digérant et faisant disparaître jusqu'aux dernières traces de l'albumen, il remplit finalement toute la capacité du sac embryonnaire. C'est principalement sur les cotylédons que porte ce grand accroissement ; la tigelle, la radicule et la gemmule demeurent petites ; c'est en eux aussi, dans leur parenchyme, que s'accumulent et se mettent en réserve les matériaux nutritifs, qui demeurent ailleurs dans l'albumen permanent. Aussi deviennent-ils tantôt amylacés (beaucoup de Papilionacées, etc.), tantôt oléagineux et aleuriques (Crucifères, etc.). Extérieure dans le premier cas, la réserve nutritive devient intérieure dans le second : c'est toute la différence. Aussi n'est-il pas surprenant que ces deux manières d'être se rencontrent parfois côte à côte dans la même famille et parfois dans le même genre. Certaines Papilionacées, par exemple, ont un albumen permanent (Trèfle, Lotier, Baguenaudier, Robinier, Astragale, etc.), tandis que d'autres en sont dépourvues (Viciées, Haricot, etc.); parmi les Gesses, les Bugranes, les Lupins, etc., certains ont un albumen permanent qui manque aux autres.

Développement de l'œuf en embryon chez les Gymnospermes. — Dans les Gymnospermes, le noyau de l'œuf descend jusque dans sa région inférieure, et, là, se divise deux fois transversalement, en formant quatre nouveaux noyaux situés dans le même plan. Ceux-ci se divisent ensuite suivant l'axe, ce qui donne deux étages de quatre noyaux. Puis il se fait simultanément une cloison de cellulose entre les deux étages et deux cloisons longitudinales en croix entre les quatre paires de noyaux superposés. Il en résulte que les quatre noyaux d'en bas sont renfermés dans autant de cellules complètes et ceux d'en haut dans de simples alvéoles. Les quatre cellules inférieures se cloisonnent ensuite à deux reprises transversalement, pour donner trois étages superposés. Ce sont ces trois étages de quatre cellules qui vont seuls se développer ; tout le protoplasme supérieur de l'œuf, avec les quatre noyaux des alvéoles, est frappé de résorption.

L'étage supérieur et l'étage moyen produisent ensemble le suspenseur. Dans les Pinées, les cellules du premier restent courtes et en place, tandis que celles du second s'allongent énormément, subissent de nombreuses divisions transversales et forment un filament qui pénètre dans la région supérieure de l'endosperme, où il se tortille en tous sens. Dans les Cupressées, ce sont, au contraire, les cellules de l'étage supérieur qui s'allongent et se tortillent de la sorte, tandis que celles de l'étage moyen demeurent courtes. Enfoncées dans l'endosperme par ce long suspenseur, les quatre cellules de l'étage inférieur produisent l'embryon. Le plus souvent, elles restent unies, se divisent par des cloisons transversales, longitudinales et obliques, et constituent toutes ensemble un seul embryon ; la tigelle de celui-ci s'allonge et se termine en haut par une radicule, en bas par deux cotylédons opposés (Cyprès, etc.), ou par un plus grand nombre de cotylédons verticillés (Épicéa, etc.). Quelquefois les quatre cellules se séparent complètement et isolent de bas en haut leurs suspenseurs ; chacune d'elles se divise ensuite en quatre par deux cloisons en croix et produit en définitive un embryon distinct ; l'œuf donne alors naissance à quatre embryons (Pin, Genévrier).

On voit que normalement l'ovule des Gymnospermes peut produire plusieurs embryons, d'abord parce que dans le même nucelle il y a plusieurs corpuscules fécondés, plusieurs œufs formés, ensuite parce que chaque œuf peut donner naissance à plusieurs embryons. Mais de tous ces embryons nés dans le même nucelle, un seul habituellement l'emporte sur les autres, qui avortent à divers états. Aussi la graine n'a-t-elle d'ordinaire, comme chez les Angiospermes, qu'un seul embryon bien conformé, à l'extrémité radiculaire duquel les divers suspenseurs de plus en plus refoulés finissent par ne plus former qu'un peloton irrégulier et serré.

L'endosperme, à l'intérieur et aux dépens duquel les embryons grandissent en le résorbant, s'accroît à mesure et n'est qu'en partie détruit par eux. Il en reste finalement une couche épaisse, enveloppant l'embryon dans la graine mûre et constituant, comme l'albumen permanent des Angiospermes, une réserve nutritive pour les développements ultérieurs ; cette réserve est principalement albuminoïde et oléagineuse.

§ 2

Développement de l'ovule en graine.

Connaissant ce qui passe dans le sac embryonnaire, voyons ce que deviennent pendant ce temps le nucelle, le tégument et le funicule ; nous saurons alors comment l'ovule s'est changé en graine.

Modification du nucelle. Périsperme. — On sait que, dès avant la fécondation, le nucelle a souvent disparu tout entier, résorbé par la croissance du sac embryonnaire (p. 383). Ailleurs, la résorption est incomplète et laisse subsister, tout autour du sac ou seulement à son sommet, une couche de tissu plus ou moins épaisse. Pendant que s'y développent l'embryon et l'albumen, le sac embryonnaire grandit beaucoup d'ordinaire et détruit cette couche en venant s'appliquer contre le tégument. Quelquefois cependant le nucelle, au lieu de se résorber tout de suite, s'accroît, au contraire, multiplie ses cellules, puis les remplit de matériaux nutritifs ; il produit ce qu'on appelle un *périsperme*.

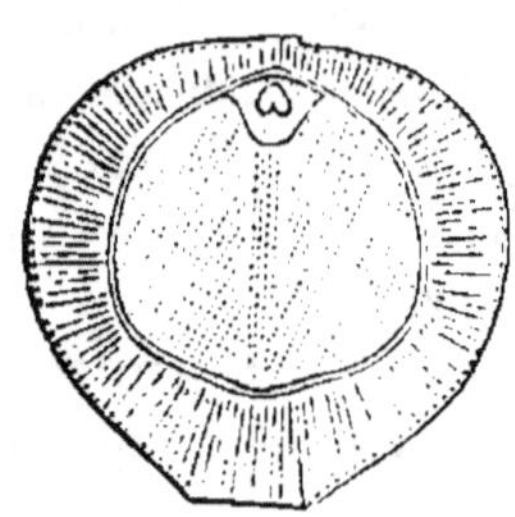

Fig. 200. — Fruit du Poivrier coupé en long, montrant la graine avec son albumen et son périsperme.

Tantôt ce périsperme n'a qu'une existence transitoire et se trouve en définitive résorbé complètement pendant la dernière période de la croissance du sac embryonnaire (Prunées, etc.). Tantôt, au contraire, il est permanent et la graine mûre contient, entre le tégument et le sac embryonnaire, un périsperme plus ou moins volumineux, amylacé ou oléagineux. Quelquefois il y a en même temps un albumen permanent dans le sac (fig. 200) ; la graine renferme alors, autour de son embryon, deux réserves nutritives emboîtées (Pipéracées, fig. 200, Nymphéacées, Zingibérées, etc.) ; ailleurs il ne se fait pas, ou il ne subsiste pas d'albumen, et le périsperme est la seule réserve nutritive de l'embryon (Balisier, etc.).

Il arrive quelquefois que les assises les plus externes du nucelle persistent en se desséchant et s'ajoutent au tégument de l'ovule pour former le tégument de la graine (Œnothéracées, Lythracées, Linées, etc.)

C'est encore d'un développement particulier de certaines cellules du sommet du nucelle que résultent, comme il a été dit plus haut, les embryons adventifs de quelques Angiospermes. Chez les Gymnospermes, le nucelle est toujours entièrement résorbé par la croissance du sac embryonnaire pendant que les œufs se développent en embryons.

Modification du tégument et du funicule de l'ovule. Arille. — Quand l'ovule a deux téguments, l'interne, très mince et tout entier parenchymateux, est quelquefois résorbé en même temps que le nucelle (Légumineuses, Renonculacées, Amaryllidées, diverses Liliacées, etc.). Souvent il subsiste (Euphorbiacées, Malvacées, Rutacées, Crucifères, Rosacées, Cucurbitacées, Iridées, Joncées, etc.), double le tégument externe et s'accroît avec lui de manière à suivre sans se rompre la croissance du sac embryonnaire.

Les faisceaux libéroligneux du tégument externe, ou du tégument unique, s'accusent plus nettement et se multiplient. Le parenchyme des deux téguments, ou du tégument unique, d'abord homogène, se différencie souvent d'une façon très compliquée en couches successives de propriétés différentes, et le tout constitue le tégument de la graine, sur lequel on reviendra tout à l'heure.

Chez les Graminées, les deux téguments de l'ovule sont résorbés en même temps que le nucelle, et la membrane du sac embryonnaire vient s'accoler intimement contre la face interne de l'ovaire (fig. 202). La graine y est donc dépourvue de tégument.

Quant au funicule, il persiste en s'accroissant proportionnellement et devient le funicule de la graine ; le hile de l'ovule devient aussi le hile de la graine. Au voisinage du hile, le funicule est parfois le siège d'un développement particulier. Son parenchyme se relève tout autour en formant une cupule, grandit peu à peu, s'applique sur le tégument, sans contracter adhérence avec lui, et finit souvent par envelopper complètement la graine (fig. 201) ; ce tégument accessoire porte le nom d'*arille*. Si l'ovule est orthotrope,

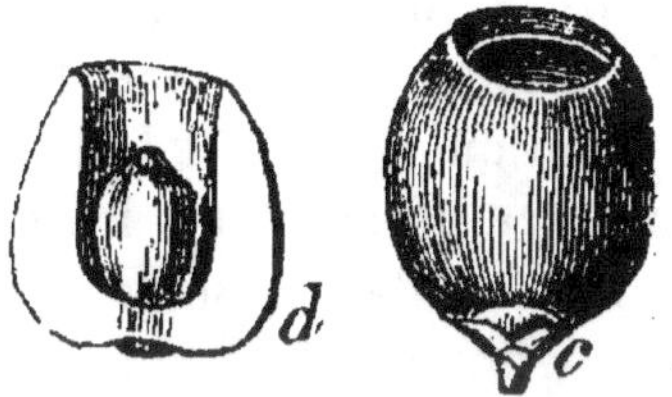

Fig. 201. — Graine d'If entourée d'un arille charnu, entière *c*, et coupée en long *d*.

l'arille monte de la chalaze au micropyle (If) ; s'il est anatrope, l'arille couvre aussitôt le micropyle et descend ensuite vers la chalaze (Nymphée). L'arille est généralement un sac charnu parfois vivement coloré. Dans l'If, dans la Passiflore, ce sac est largement ouvert au sommet (fig. 201) ; dans la Nymphée, il enveloppe complètement la graine. Dans les Dilléniacées, il atteint des proportions très diverses selon les genres, formant une simple cupule à la base de la graine (Pachynème), une coupe plus profonde (Hibbertie), ou un sac complet (Tétracère). Les graines de Rocouyer, de Cytinet, de diverses Sapindacées, etc., offrent aussi des arilles plus ou moins étendus.

Organisation de la graine mûre. — Quand tous les développements que l'on vient d'étudier sont arrivés à leur terme, l'ovule est devenu la graine, et celle-ci n'a plus qu'à mûrir avant de se détacher.

La maturation de la graine s'accuse principalement par une diminution de volume et de poids, due à la perte graduelle de la plus grande partie de l'eau qu'elle renfermait en abondance. Cette dessiccation détermine en elle une foule de changements internes. La surface perd sa transparence et son éclat spécial, elle devient opaque, pendant que le tégument revêt sa couleur définitive. Les substances plastiques de réserve, notamment l'amidon et l'aleurone, se condensent à l'état solide dans les cellules de l'albumen et de l'embryon. Finalement il ne reste plus dans la graine, arrivée à cet état où elle se sépare du fruit et où l'on dit qu'elle est *mûre*, que 4 0/0 d'eau en moyenne, proportion qui peut s'élever à 8 0/0 (Ricin) et descendre à 1 0/0 (Passerage) et même à 0,50 0/0 (Vélar).

Arrivée ainsi à maturité, la graine ne tarde pas ordinairement à se séparer de l'ovaire, devenu le fruit, pour se disséminer dans le milieu extérieur. Cette séparation a lieu au point où le funicule s'attache sur le corps de la graine, c'est-à-dire au hile, le funicule restant tout entier attaché au fruit. S'il y a un arille, c'est au-dessous de lui que la rupture a lieu. Une graine, ainsi mise en liberté, se compose donc, arille à part, de deux choses : le tégument et un ensemble de pièces, dont il peut y avoir jusqu'à trois, incluses dans ce tégument, ensemble qu'on appelle l'*amande*. Étudions de plus près ce tégument et cette amande.

Tégument de la graine. — A la surface du tégument de la graine, on aperçoit la cicatrice laissée par la rupture du funicule ; c'est le hile, à l'intérieur duquel on distingue les orifices béants des vaisseaux du faisceau libéroligneux. Souvent peu étendu, il s'allonge parfois en une bande, comme dans le Fève, ou se dilate en un large cercle, comme dans le Marronnier. Fréquemment on y reconnaît aussi le micropyle qui, dans les graines anatropes ou campylotropes, est situé tout à côté du hile et offre l'aspect d'une petite verrue creusée au centre (Haricot, Fève, etc.).

L'épiderme extérieur du tégument est toujours nettement différencié; ses cellules s'allongent quelquefois beaucoup perpendiculairement à la surface et en même temps s'épaississent fortement (Fève, Pois et autres Légumineuses, etc.). Suivant la conformation des cellules épidermiques, la surface du tégument est tantôt lisse et même luisante (Haricot, Fève, etc.), tantôt relevée de verrues (Corydalle, etc.), de crêtes ondulées (Nicotiane, etc.) ou d'aréoles polygonales (Pavot, Glaucière, Muflier, etc.). Il n'est pas rare de voir ces cellules se prolonger en poils, tantôt répartis uniformément sur toute la surface, comme dans le Cotonnier, où ils fournissent le coton, tantôt localisés en certains points où ils se dressent en forme d'aigrette. L'aigrette peut prendre naissance au sommet de la graine anatrope, près du hile, comme dans les Asclépiadées, ou à sa base, près de la chalaze, comme dans l'Épilobe, le Saule et le Peuplier. Quelquefois, c'est toute une rangée de cellules épidermiques, disposées en forme de méridien, qui se développe de la sorte vers l'extérieur en entourant la graine d'une aile délicate (Bignoniacées, etc.). Poils et ailes sont évidemment des organes de dissémination. Chez quelques plantes (Lin, Crucifères, Coignassier, certains Plantains, etc.), les cellules épidermiques du tégument gélifient leurs membranes snr la face externe ; en se gonflant dans l'eau, ces membranes enveloppent la graine d'une couche gélatineuse, qui la colle au support.

Le parenchyme demeure quelquefois homogène, et alors de deux choses l'une : ou bien il est épais, ses cellules se remplissent de liquide et le tégument est *charnu*, comme dans le Punice grenadier, la Passiflore et l'Oponce, où il est comestible ; ou bien il demeure mince, ses cellules se dessèchent en épaississant et durcissant plus ou moins leurs membranes, et le tégument prend la consistance du papier ou du bois : il est *papyracé* (Chêne, Noyer, Amandier, etc.) ou *ligneux* (Vigne, Pin, etc.). Ailleurs, le parenchyme se différencie en deux couches, faciles à séparer. Quelquefois la couche externe est molle et charnue, l'interne dure et ligneuse (Ginkgo, Cycadées) ; mais le plus souvent c'est au contraire la couche externe qui est dure et ligneuse, tandis que l'interne est plus molle et papyracée (Ricin, etc.). La différenciation du parenchyme en couches de propriétés différentes peut être poussée beaucoup plus loin. Rien n'est plus variable que la structure définitive du parenchyme du tégument, laquelle est d'ailleurs en corrélation étroite avec la structure du fruit qui enveloppe les graines, comme on le verra plus tard.

Le parenchyme du tégument s'accroît quelquefois davantage en certains points où il développe des expansions diverses. Tantôt c'est au pourtour du micropyle que se forme une excroissance en forme de bourrelet, nommée *caroncule* (Euphorbe, etc.); cette expansion descend quelquefois en s'appliquant sur le tégument et forme de haut en bas un sac, qui finit par envelopper toute la graine à la façon d'un arille : c'est ce qu'on appelle un *arillode* (Polygale, Fusain, etc.). C'est un arillode de ce genre qui forme sur la graine du Muscadier l'enveloppe irrégulière et déchirée, charnue, de couleur orangée, très parfumée, qu'on appelle vulgairement le *macis* de la muscade. Tantôt c'est le long du raphé que le tégument se prolonge en forme d'aile, en formant ce qu'en langage descriptif on appelle une *crête* ou une *strophiole* (Chélidoine, etc.).

Nervation du tégument. — Les faisceaux libéroligneux se ramifient de diverses manières dans le tégument de la graine, comme il a déjà été dit pour l'ovule (p. 378). Considérons d'abord et surtout les graines anatropes.

Tantôt le faisceau du funicule se prolonge dans le raphé, passe sous la chalaze et remonte du côté opposé jusque vers le micropyle, sans se ramifier en aucun point, enveloppant la graine d'une boucle plus ou moins complète ; le tégument est uninerve (Acacier, Lilas, Cardère, diverses Cucurbitacées, etc.). Tantôt le faisceau, simple dans le raphé, se divise à la chalaze, suivant le mode palmé, en un plus ou moins grand nombre de branches, qui remontent ensuite jusqu'au pourtour du micropyle, en demeurant simples ou en se divisant et s'anastomosant (Chêne, Hêtre, Châtaignier, Prunier, Théobrome cacaoyer, etc.) : c'est le mode le plus fréquent ; il arrive alors assez souvent que ces branches palmées demeurent courtes et se bornent à former sous la chalaze une griffe ou une cupule vasculaire (Citronnier, Poirier, Pivoine, Géraine, Lin, etc.). Tantôt le faisceau produit, le long du raphé, des branches pennées, et plus tard à la chalaze des rameaux palmés (Laurier, Caféier, Cocotier, etc.), ou bien il se prolonge en boucle du côté opposé en donnant des branches pennées dans toute sa longueur (Momordique, Cyclanthère, etc.). Tantôt enfin le faisceau se ramifie tout de suite, au hile même, en un certain nombre de branches palmées, dont la médiane descend dans la direction du raphé (Cynoglosse, Capucine, Balisier, Phytéléphant, etc.).

Quand la graine est campylotrope, sa nervation est palmée autour du hile (Marronnier, Liseron, Érable, etc.). Il en est de même quand elle est orthotrope, avec moins d'inégalité entre les diverses branches, ce qui rappelle la disposition peltée (Noyer, Caryote, Gnète, Torreyer, Cycadacées, etc.).

En résumé, quel qu'en soit le caractère particulier, la ramification des faisceaux libéroligneux dans le tégument s'opère toujours comme il convient à une foliole, c'est-à-dire symétriquement par rapport à un plan, qui est le plan de symétrie de la graine.

Amande. — L'amande est tantôt simple, formée par l'embryon seul, tantôt double, constituée par l'embryon et l'albumen chez les Angiospermes, par l'embryon et l'endosperme chez les Gymnospermes, tantôt enfin triple, comprenant à la fois un embryon, un albumen et un périsperme. Dans tous les cas, sa partie essentielle est l'embryon, qu'il faut maintenant considérer de plus près.

Embryon. — C'est quand il constitue à lui seul toute l'amande que l'embryon est le plus volumineux. On y distingue un cylindre court terminé, d'un côté par un petit cône, de l'autre par une masse ovoïde ou aplatie, relativement considérable. Le cylindre est la tigelle, le cône la radicule. Quant à la masse ovoïde, chez les Dicotylédones, elle se laisse facilement séparer en deux moitiés appliquées l'une contre l'autre par leur face plane : ce sont les cotylédons. Entre les deux, mais invisible au dehors tant qu'ils sont accolés, se trouve le cône végétatif de la tige, tantôt nu (Courge, etc.), tantôt développé en gemmule (Haricot, Fève, Chêne, etc.). Les cotylédons se prolongent quelquefois au-dessous de leur insertion sur la tigelle, qui se trouve alors enveloppée comme d'un manteau par ces deux prolongements descendants, et ne laisse poindre au dehors que le sommet de la radicule (Chêne, Châtaignier, etc.).

Chez les Monocotylédones, la masse ovoïde est formée d'une seule pièce en forme de capuchon, épaisse d'un côté, où elle est fermée, mince du côté opposé, où elle présente une petite fente : c'est l'unique cotylédon engainant. Dans la cavité, au niveau de la fente et de son côté, se trouve niché le cône végétatif de la tige, nu (Liliacées, etc.), ou développé en gemmule (fig. 202) (Graminées). Ici aussi, le cotylédon se prolonge quelquefois au-dessous de son insertion sur la tige, en forme d'écusson, de manière à envelopper la tigelle et la radicule dans le même manteau qui recouvre déjà la gemmule (fig. 202) (Graminées).

Chez les Gymnospermes, la masse ovoïde comprend un nombre de cotylédons variable d'un genre à l'autre, et qui est loin d'être toujours constant dans la même plante. Il y en a deux dans un grand nombre de Conifères (Cupressées, Taxées); on en trouve de 3 à 14, verticillés autour de la gemmule dans d'autres Conifères (Pinées), et leur nombre varie alors dans la même plante suivant les embryons considérés (fig. 205). Dans certaines Cycadacées, il y en a deux (Cycade); chez d'autres, il y en a un, deux ou trois, suivant les graines (Cératozamier, Zamier); quand il n'y en a qu'un, il est engainant, comme chez les Monocotylédones.

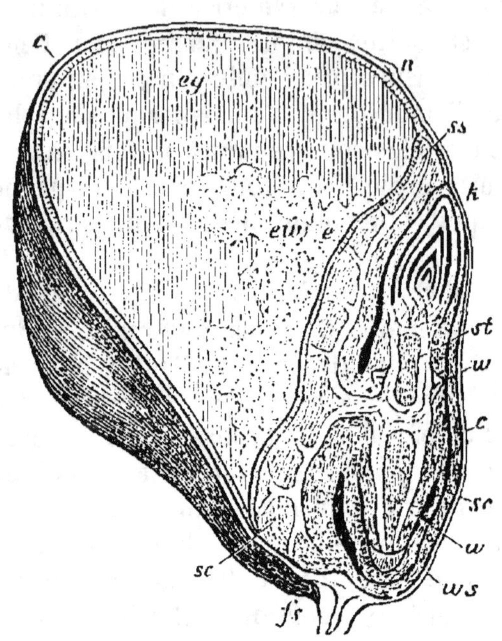

Fig. 202. — Section longitudinale du fruit du Maïs. *c*, péricarpe; *n*, cicatrice du style; *fs*, pédicelle; *eg*, portion externe, jaunâtre et dure de l'albumen, enveloppée d'une assise de cellules spéciales sans amidon; *ew*, portion interne, blanche et molle, du même; *ss, sc*, cotylédon enveloppant tout l'embryon; *e*, son épiderme en contact avec l'albumen; *st*, tige; *w*, radicule endogène; *k*, gemmule; *w'*, premières racines latérales. Les cordons blancs sont les futurs faisceaux libéroligneux. La graine est dépourvue de tégument.

Chez certaines Dicotylédones, les cotylédons contractent sur leur face de contact une soudure partielle (Marronnier, etc.) ou totale (certaines Cactées). Chez d'autres, ils s'échancrent au milieu et se séparent en deux lobes plus ou moins profonds (Tilleul, etc.). Chez d'autres encore, ils s'accroissent très inégalement : l'un d'eux devient très grand, l'autre demeure très petit (Mâcre, etc.).

Par rapport à la tigelle, les cotylédons sont le plus souvent très développés; quelquefois, au contraire, la tigelle est longue et les cotylédons sont courts (Saxifrage, Molène, etc.). Quand la graine est dépourvue d'albumen, les cotylédons sont épais et renflés; quand elle possède un albumen, ils sont minces et foliacés, différence qui s'explique aisément par ce qui a été dit plus haut (p. 425 et p. 428).

Pendant qu'il se développe, l'embryon est souvent vert; plus

tard, il se décolore ordinairement, mais quelquefois la chlorophylle y subsiste à l'état de maturité (Gui, Violette, Érable, Géraine, diverses Crucifères, etc.).

L'embryon est le plus souvent droit ; mais il
n'est pas rare qu'il se courbe en arc (Garance,
Gypsophile, etc.), en cercle (fig. 204, *a*) (Ansérine, Amarante, Phytolaque, etc.), ou même
en spirale (fig. 204, *b* et 205, *i*) (Cuscute,
Soude, etc.) dans le plan de symétrie de l'o-
vule, qui est alors courbé lui-même et campylotrope. Ailleurs une brusque flexion a lieu
au-dessous de l'insertion des cotylédons, et la
tigelle avec la radicule vient s'appliquer le
long de la face dorsale de l'un d'eux, si le plan

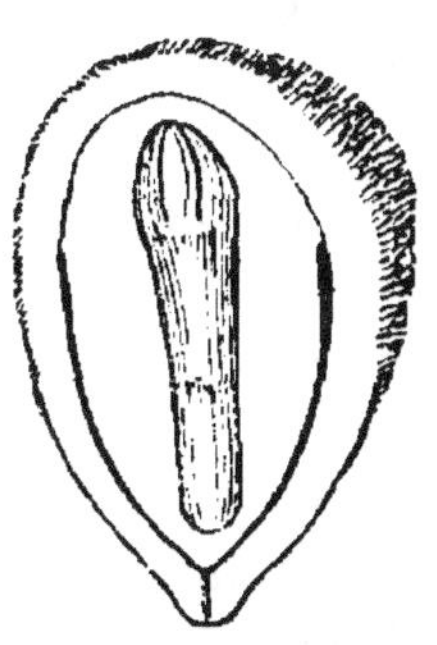

Fig. 203. — Graine
de Mélèze coupée
en long; embryon
a six cotylédons.

médian de l'embryon coïncide avec le plan de symétrie de l'ovule
et de la graine (fig. 205, *g*, *h*, *i*), le
long de leurs bords si ce plan médian est perpendiculaire au plan
de symétrie (fig. 205, *e*). Dans le
premier cas, les cotylédons sont
dits, dans le langage descriptif,
incombants sur la tigelle, dans
le second, *accombants*. Les deux
sortes de flexion se rencontrent

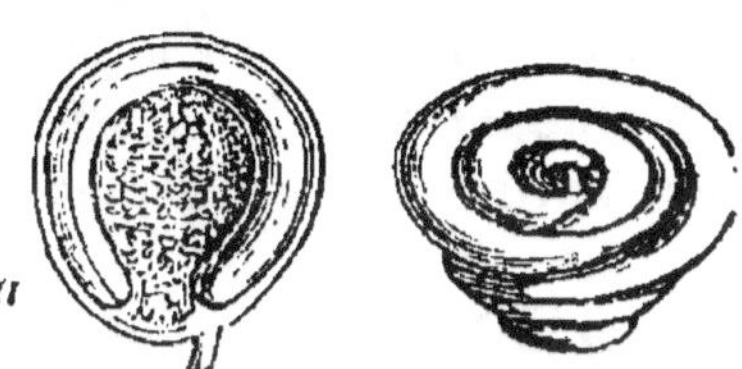

Fig. 204. — Embryon courbé; *a*, de
l'Amarante; *b*, de la Soude.

dans la famille des Crucifères (fig. 205), où ce caractère est uti-
lisé pour la classification.

Que l'embryon soit droit
ou courbe, ses cotylédons
peuvent être plans ou au
contraire se plisser, s'enrouler de diverses maniè-
res pour occuper moins
de place dans la graine
(fig. 205, *h*, *i*) (Nyctage,
Érable, Mauve, Géraine,
Chou, etc.).

**Direction de l'em-
bryon.** — On sait que
l'embryon dirige sa radi-

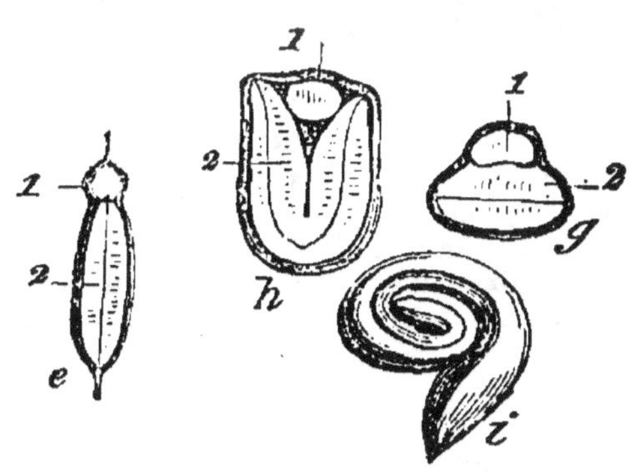

Fig. 205. — Coupe transversale de la graine :
e, de la Giroflée; *g*, du Sisymbre; *h*, du
Chou; *i*, embryon du Buniade.

cule contre le tégument sous le micropyle, c'est-à-dire près du hile quand la graine provient d'un ovule anatrope ou campylotrope, à l'opposite du hile quand elle est issue d'un ovule orthotrope. On sait aussi que son axe, droit ou courbe, est toujours compris dans le plan de symétrie de la graine, c'est-à-dire dans le plan qui passe par le micropyle et le faisceau médian du tégument. Enfin, on a vu que le plan médian de l'embryon, tantôt coïncide avec le plan de symétrie, tant lui est perpendiculaire; ce qu'on peut exprimer en disant, dans le premier cas, que les cotylédons sont *incombants* à la nervure médiane du tégument, ou au raphé si l'ovule est anatrope, dans le second, qu'ils sont *accombants* à cette nervure ou au raphé.

Dans quelques cas, l'embryon subit, pendant la transformation de l'ovule en graine, un déplacement qui éloigne sa radicule du micropyle, quelquefois jusqu'à la placer transversalement (Mouron, etc.).

Albumen, endosperme et périsperme. — On connaît l'origine de l'albumen de la graine des Angiospermes, et celle de l'endosperme de la graine des Gymnospermes. On sait aussi la diversité de nature des principes nutritifs que ces tissus mettent en réserve. Ajoutons seulement que si les parois de la cavité où il se développe offrent des saillies et des enfoncements, la surface de l'albumen présentera des sinuosités correspondantes. Quand il est ainsi entaillé de fissures plus ou moins profondes, occupées par autant de saillies internes du tégument (fig. 206), l'albumen est dit *ruminé* (Anonacées, fig. 206, Muscadier, Arec, etc.).

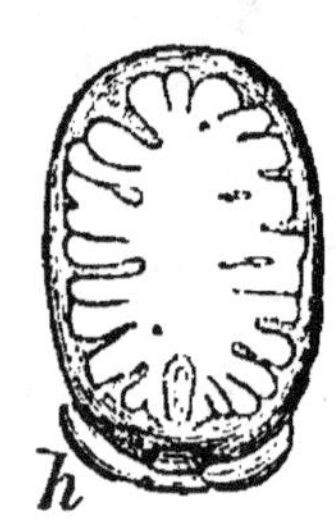

Fig. 206. — Graine de Xylopie, coupée en long, montrant l'arille *h* et l'albumen ruminé.

Quand la graine est albuminée, l'embryon, beaucoup moins volumineux que lorsqu'il est seul, est habituellement plongé dans la masse de l'albumen au voisinage du micropyle. Mais parfois aussi il est situé extérieurement à ce tissu, contre lequel il applique la face externe de son cotylédon, comme dans les Graminées (fig. 202), ou autour duquel il s'enroule (fig. 204), pour l'envelopper complètement dans un de ses cotylédons, comme dans le Nyctage, vulgairement Belle-de-nuit.

On a vu plus haut l'origine du périsperme. Il est habituellement amylacé. Dans les Cannées, où il est seul, il tient lieu à l'embryon d'un albumen farineux : c'est une substitution physiologique. Dans les Zingibérées, Pipéracées, Nymphéacées, il ajoute une réserve amylacée à la réserve oléagineuse déjà fournie par l'albumen.

§ 3

Développement du pistil en fruit.

Pendant que les ovules se développent en graines, le pistil, qui les porte et le plus souvent les enferme, s'accroît, mûrit en même temps que les graines et devient le *fruit*. Le fruit est donc le pistil de la fleur, fécondé, accru et mûri. Aussi y retrouve-t-on la conformation et la structure étudiées plus haut, avec des modifications plus ou moins profondes introduites après la fécondation et dont il s'agit d'abord de signaler les principales.

Différences entre le fruit et le pistil dont il provient.— Ces modifications consistent, soit dans la suppression de certaines parties du pistil, soit au contraire dans la formation de parties nouvelles; dans le premier cas, le fruit est plus simple; dans le second, il est plus compliqué que le pistil dont il provient.

Le stigmate se dessèche toujours, et souvent le style tombe après la fécondation, de sorte que c'est la région ovarienne du pistil qui habituellement forme seule le fruit. Pourtant le style persiste dans certains cas et s'accroît beaucoup en forme de queue plumeuse (Clématite, Anémone, etc.), ou de bec crochu (Benoîte, Géraine, etc.). Quelquefois les carpelles du pistil avortent avec les ovules qu'ils renferment, à l'exception d'un seul qui devient le fruit. Cette simplification a lieu notamment dans les Cupulifères et les Palmiers. Ainsi l'Aulne et le Bouleau, le Charme et le Coudrier ont deux loges à l'ovaire, le Chêne et le Hêtre en ont trois, le Châtaignier en a six, et pourtant le fruit de tous ces arbres est uniloculaire. De même, le pistil du Phénice dattier a trois carpelles libres et ne donne qu'une datte; le fruit du Cocotier à noix, la *noix de coco*, n'a qu'une loge, quoique provenant d'un ovaire triloculaire, etc.

Ailleurs, au contraire, le nombre des loges de l'ovaire se trouve augmenté dans le fruit, parce qu'il s'y développe des cloisons surnuméraires après la fécondation. Ces cloisons sont tantôt longitudinales, tantôt transversales. Ainsi, par exemple, l'ovaire uniloculaire à deux placentes pariétaux de la Glaucière relie ses deux placentes par une épaisse cloison longitudinale et donne un fruit biloculaire. L'ovaire uniloculaire des Hédysarées et des Mimosées parmi les Légumineuses, du Radis parmi les Crucifères, se subdivise par de nombreuses cloisons transversales en autant de petits compartiments que de graines, et donne un fruit multiloculaire.

Quand le pistil est dialycarpelle à plusieurs carpelles, le fruit se compose d'autant de pièces qu'il y avait de carpelles (Renoncule, Pivoine, etc.), abstraction faite des avortements dont il a été question plus haut. Quand le pistil est gamocarpelle, ou dialycarpelle à un seul carpelle (Légumineuses, Prunées, etc.), le fruit est au contraire habituellement d'une seule pièce. Mais dans ce dernier cas, il arrive pourtant quelquefois que le fruit se sépare avant la maturité en plusieurs pièces distinctes. Ainsi, bien que provenant d'un ovaire à deux loges, le fruit des Labiées se compose de quatre parties distinctes, celui des Ombellifères et celui de l'Érable se séparent en deux fragments ; de même, le fruit à trois loges de la Capucine, le fruit à cinq loges du Géraine, se divisent en autant de coques que de loges, etc.

Structure du péricarpe. — La paroi de l'ovaire est devenue la paroi du fruit, qu'on nomme le *péricarpe.* Son épiderme externe est tantôt lisse et parfois recouvert de cet enduit cireux qu'on appelle la *pruine* ou la *fleur* (Prunier, Vigne, etc.), tantôt hérissé de poils (Argémone, etc.) ; quelquefois il prend des émergences épineuses (Marronnier), ou des prolongements aplatis en forme d'ailes (Orme, Frêne, Érable, etc.). Son épiderme interne est souvent garni de poils qui prennent parfois un grand développement et remplissent toute la cavité ovarienne en s'insinuant entre les graines. Tantôt ces poils sont très longs, secs, laineux et enveloppent les graines d'une sorte de bourre de coton (Bombacées, Crassulacées, Rhinanthées, etc.). Tantôt ils sont épais, succulents, et les graines se trouvent plongées dans une pulpe charnue (Citronnier, diverses Aroïdées, etc.) ; c'est cette pulpe, production accessoire du péricarpe, qui est la partie comestible des oranges et des citrons.

Le parenchyme du péricarpe demeure souvent homogène dans toute son épaisseur. Il est alors tout entier sec et résistant, ou tout entier charnu et mou. Dans le premier cas, il peut se réduire à une (Salicorne) ou deux (Ansérine, Ortie) assises cellulaires, mais d'ordinaire il en compte un plus grand nombre. Ses cellules sont quelquefois scléreuses (Pantaginées, Caricées) ; le plus souvent elles gardent leur membrane mince et c'est l'épiderme externe qui se sclérifie pour protéger le fruit (Joncées, Caryophyllées, Polygonées, Borraginées, etc.).

Ailleurs le parenchyme se différencie en deux couches : l'externe garde ses membranes minces et renferme les faiceaux libéroligneux ; l'interne se sclérifie et forme une zone dure (Labiées, Asclépiadées, Papilionacées, Euphorbiacées, Crucifères, Fumariacées, Alismacées, etc.). La distinction de ces deux couches atteint son plus haut degré quand l'externe est charnue et quand l'interne, ligneuse, enveloppe une seule graine dans un noyau dur (Prunier, etc.). Quelquefois on distingue trois couches dans le parenchyme différencié, soit parce que la couche molle externe s'est divisée en deux par la forme des cellules (certaines Crucifères et Papavéracées), soit parce que la couche dure interne se trouve séparée de l'épiderme intérieur par une zone à parois minces (Composées). En comptant les deux épidermes, le péricarpe comprend alors cinq couches différentes.

Maturation du fruit. — Quand il a achevé sa croissance, le péricarpe passe à cet état particulier où l'on dit que le fruit est *mûr*, en un mot, il mûrit.

Si le péricarpe est sec, les cellules achèvent simplement de se vider, meurent, se dessèchent et se remplissent d'air. S'il est charnu, ses cellules renferment un certain nombre de composés ternaires, notamment de l'amidon, du tannin, des acides organiques, etc., qui sont l'objet de transformations remarquables pendant la maturation. L'amidon et le tannin disparaissent ; les acides diminuent en subissant une combustion lente. En même temps, du sucre de Canne apparaît et va croissant ; puis il se fait de l'invertine, qui dédouble ce sucre en un mélange de glucose et de lévulose. Le dédoublement est quelquefois complet et le fruit mûr ne renferme que du sucre inverti (raisin, cerise, groseille, figue) ; le plus souvent il est incomplet et le fruit contient à la fois du sucre de Canne et du sucre inverti (ananas, pêche, abricot, prune, pomme, poire, fraise, orange, citron, banane). La banane non mûre renferme surtout de l'amidon et se prête alors aux mêmes usages alimentaires que la pomme de terre ; pendant la maturation, cet amidon est remplacé par du sucre de Canne, dont il se forme jusqu'à 22 pour 100, et c'est seulement au moment de la maturité que celui-ci est transformé en sucre inverti.

Après la maturation, le péricarpe des fruits charnus s'altère, il devient *blet*, comme on dit, et enfin se détruit complètement pour mettre les graines en liberté.

Déhiscence du péricarpe. — Chez les Gymnospermes, le péricarpe est comme on sait, ouvert à toute époque. Chez les Angiospermes, il arrive quelquefois qu'il ne s'ouvre pas à la maturité, et que les graines y demeurent incluses; mais le plus souvent il s'ouvre pour disséminer les graines. Sa déhiscence a lieu par dissociation du tissu le long de certaines lignes qui deviennent des fentes, soit longitudinales, soit transversales, ou dans certaines places arrondies qui deviennent des pores. Les lignes de déhiscence sont marquées de très bonne heure par des bandes d'un tissu spécial traversant le péricarpe de part en part et dont la formation est contemporaine de la différenciation même du carpelle.

Relativement au nombre et à la position des fentes, la déhiscence longitudinale peut s'opérer de quatre manières différentes :

1° Le long de la ligne de soudure des bords carpellaires. Si les ovaires sont libres et clos, ils s'ouvrent en dedans en forme de nacelle ou même s'étalent en forme de feuille (Pivoine, Spirée, Sterculie, etc.); s'ils sont concrescents et ouverts, ils se séparent simplement (Gentiane, etc.); s'ils sont concrescents et fermés, ils se séparent d'abord par le dédoublement de la cloison en deux feuillets, puis s'ouvrent en dedans, comme dans le premier cas, et l'on dit que la déhiscence est *septicide* (Colchique, Nicotiane, Scrofulaire, etc.).

2° Le long de la nervure médiane du carpelle. Si les ovaires sont libres et clos, ils s'ouvrent en dehors (Magnolier, etc.); s'ils sont concrescents et ouverts, l'ovaire composé se divise en autant de valves en forme de nacelle, portant au milieu un placenta chargé de graines (Violette, etc.); s'ils sont concrescents et clos, l'ovaire composé s'ouvre au dos de chaque loge et l'on dit que la déhiscence est *loculicide* (Liliacées, Amaryllidées, Joncées, Polémoniées, diverses Scrofulariacées et Éricacées, etc.).

3° A la fois des deux manières précédentes. Si les ovaires sont libres et clos, chacun se sépare en deux valves portant des graines sur un seul des deux bords (Légumineuses, etc.); s'ils sont concrescents et ouverts, l'ovaire composé se sépare en deux fois autant de valves qu'il a de carpelles; s'ils sont concrescents et clos, ils se séparent d'abord par le dédoublement des cloisons et s'ouvrent ensuite chacun **en deux valves, comme dans le premier cas** (Hure, etc.).

4° Le long de deux lignes latérales situées non loin des bords, séparant chaque carpelle en deux parties, une valve médiane et deux bords séminifères, unis ou séparés. Si les ovaires sont libres et clos, les deux bords de chaque carpelle, chargés de graines, demeurent unis au centre; s'ils sont concrescents et ouverts, les bords placentaires des carpelles voisins demeurent également unis entre eux (Crucifères, Papavéracées, la plupart des Orchidées, etc.); s'ils sont concrescents et clos, les fentes se font de chaque côté des cloisons, et les valves en se séparant laissent à nu les bords placentaires unis au centre et les cloisons qui les séparent (Géraniées, Hydrolée, etc.), ou ces bords placentaires seuls si les cloisons ont disparu (Caryophyllées); on dit alors que la déhiscence est *septifrage*.

La déhiscence longitudinale peut d'ailleurs être incomplète et ne porter que sur la partie supérieure du fruit (Lychnide, Céraiste, etc.).

La déhiscence transversale a toujours lieu par une seule fente circulaire, intéressant à la fois la paroi externe de tous les carpelles; l'ovaire composé s'ouvre en deux parties, comme une boîte (Mouron, Plantain, Jusquiame, etc.).

Dans la déhiscence poricide, les pores se forment soit sous le sommet (Pavot, Muflier, etc.), soit vers la base (Campanule, etc.).

La déhiscence longitudinale s'opère quelquefois avec élasticité en projetant les graines à une certaine distance (Balsamine, Lathrée Euphorbiacées, Diosmées, etc.); le Hure crépitant, Euphorbiacée d'Amérique, est ainsi nommé parce que son fruit éclate avec fracas. Cette brusque rupture est due, quand le péricarpe est charnu, à la croissance et à la réplétion prédominantes, quand il est sec, à la contraction et à la dessiccation prédominantes de l'une de ses couches. Le péricarpe charnu de l'Ecballe, une Cucurbitacée, est, à vrai dire, indéhiscent, mais à la maturité il se détache brusquement de son pédicelle et, par l'ouverture ainsi formée, il projette ensuite ses graines, mélangées à une pulpe liquide.

Classification et dénomination des principales sortes de fruits. — Suivant que le péricarpe est tout entier sec, tout entier charnu, ou mi-partie sec et charnu, on distingue trois catégories principales de fruits; chacune de ces catégories se subdivise ensuite, selon que le péricarpe s'ouvre ou ne s'ouvre pas. Un fruit sec qui ne s'ouvre pas est un *akène*; s'il s'ouvre, c'est une *capsule*. Un fruit charnu qui ne s'ouvre pas est une *baie*; s'il s'ouvre, c'est une *capsule charnue*. Un fruit mi-partie sec et charnu, en d'autres termes un fruit charnu à noyau, qui ne s'ouvre pas, est une *drupe*; s'il s'ouvre, tout au moins dans la couche charnue qui enveloppe le noyau, c'est une *capsule drupacée*.

L'akène peut affecter plusieurs modifications, la capsule surtout peut s'ouvrir de bien des manières. Il est d'usage, dans le langage descriptif, de désigner les plus fréquentes de ces modifications par des dénominations spéciales. Ainsi, un akène qui soude son péricarpe avec la graine, elle-même dépourvue de tégument, de manière à ne pouvoir s'en séparer, est un *caryopse* (fig. 202) (Graminées); un akène ailé est une *samare* (Frêne, Orme).

L'akène ne renferme qu'une graine. Un fruit sec indéhiscent qui contient plusieurs graines se sépare habituellement en autant de compartiments clos qu'il y a de graines, et chacun de ces compartiments est un akène; le fruit est alors, suivant le nombre de ces compartiments, un *diakène* (Ombellifères, Rubiacées) ou une *disamare* (Érable), un *triakène* (Capucine), un *tétrakène* (Borraginées, Labiées), un *pentakène* (Quassie), un *polyakène* (Mimosées, Hédysarées, Radis, etc.).

Quand la capsule s'ouvre par une déhiscence longitudinale, si elle est formée d'une carpelle unique séparant ses bords soudés pour reprendre la forme foliaire, c'est un *follicule* (Pivoine, Ancolie, etc.); si elle est formée d'une carpelle unique s'ouvrant à la fois le long de la soudure et le long de la nervure dorsale, en deux valves, c'est un *légume* (la plupart des Légumineuses). Si elle comprend deux carpelles ouverts, et s'ouvre par quatre fentes voisines des deux placentes, en détachant deux valves et laissant en place un cadre portant les graines, c'est une *silique* (Crucifères, Papavéracées, etc.). C'est encore une silique s'il y a trois carpelles et six fentes, comme chez la plupart des Orchidées. De toute autre façon, c'est une capsule tout court, dont la déhiscence est dite, suivant les cas, loculicide, septicide ou septifrage, comme il a été expliqué plus haut.

Quand la capsule s'ouvre transversalement, on la nomme *pyxide*. Enfin, quand elle s'ouvre par des pores, c'est une *capsule poricide*.

Le tableau suivant résume cette classification et rapproche ces dénominations :

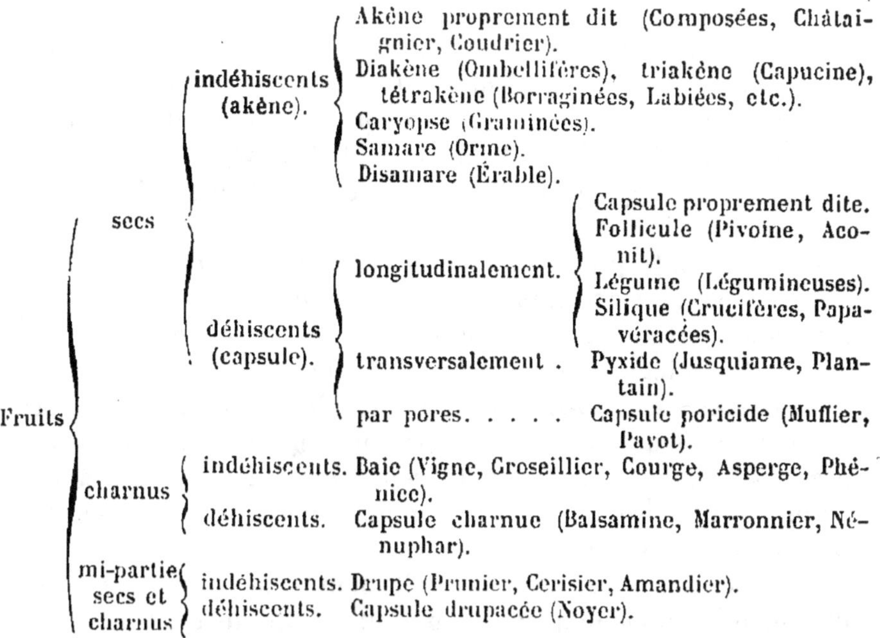

Il va sans dire qu'entre ces diverses formes principales il existe beaucoup d'intermédiaires, et que nombre de fruits ne rentrent exactement dans aucune de ces catégories.

Relation entre la structure du péricarpe et celle du tégument de la graine. — Entre la structure du péricarpe et celle du tégument de la graine qui s'y trouve enfermée, on observe une certaine relation, un certain rapport inverse. En général, plus le tégument est épais, dur et solide, plus le péricarpe est mince, mou et charnu. Ce balancement est particulièrement évident quand le péricarpe est indéhiscent. S'il est tout entier charnu, le tégument de la graine est dur et ligneux (Vigne, etc.) ; si, au contraire, il est ligneux, tout entier ou seulement dans sa couche interne, le tégument de la graine est mou (Punice grenadier), ou du moins très mince (Coudrier, Prunier, etc.). Ces deux enveloppes se suppléent pour ainsi dire l'une l'autre vis-à-vis de l'amande, qu'il s'agit dans tous les cas de protéger. Quand la graine est réduite à l'amande (Graminées), le péricarpe s'y soude intimement, comme pour remplacer le tégument disparu. Les akènes et surtout les caroypses revêtent tout à fait le même aspect extérieur que les graines, quand elles sont mises en liberté ; aussi, dans le langage vulgaire, ces fruits sont-ils appelés des « graines ». Les aigrettes

de poils qui se dressent sur certaines graines se retrouvent sur
certains akènes, comme on le voit chez beaucoup de Composées ;
de même, la saillie du tégument des graines ailées a son analogue
dans l'aile des samares. Il n'est pas jusqu'à la faculté qu'ont certaines graines de gélifier l'épiderme de leur tégument, qui ne se
retrouve dans l'épiderme du péricarpe de certains akènes (Sauge
et d'autres Labiées).

Le même but, qui est ici la dissémination des graines, se trouve
atteint, comme on voit, par des procédés différents suivant les cas ;
c'est une nouvelle preuve, ajoutée à tant d'autres, de cette vérité,
que la Physiologie domine la Morphologie.

Annexes du fruit. — Le pistil n'est pas toujours la seule
partie de la fleur qui se développe après la fécondation. D'autres
organes floraux persistent quelquefois et s'accroissent beaucoup,
de manière à former plus tard autour du fruit des annexes souvent
plus volumineuses que lui.

C'est souvent le calice qui se développe de la sorte. Il persiste
quelquefois simplement au-dessous du fruit (Fraisier, Benoîte, etc.)
ou grandit jusqu'à l'entourer d'un sac clos (Coqueret). Parfois il
s'applique intimement à sa surface, sans toutefois se souder au
péricarpe. Ainsi, dans le Mûrier, le calice des fleurs femelles s'épaissit beaucoup, devient pulpeux, comestible, et forme au fruit une
enveloppe épaisse. De même, le fruit du Blite, qui est un akène,
se trouve enveloppé par le calice devenu charnu. Dans le Nyctage,
la base du calice forme autour de l'akène une tunique sèche et
dure.

Ailleurs, c'est la coupe ou la bouteille formée par la concrescence basilaire de toutes les parties extérieures au pistil : calice,
corolle et androcée, qui se développe autour du fruit. Dans le
Rosier, par exemple, cette bouteille devient épaisse, charnue et
comestible. Il en est de même dans les Pirées (Coignassier,
Poirier, Néflier, etc.), avec cette différence que, l'ovaire étant
infère, la substance charnue de la coupe est intimement unie à la
substance charnue du fruit, qui est une drupe. Dans ces plantes,
la partie comestible du fruit est donc due à la fois à la coupe
externe et au vrai péricarpe ; mais, par la place qu'y occupent les
faisceaux dorsaux des carpelles, on peut juger que c'est la coupe
qui y prend la plus grande part. Dans d'autres ovaires infères,
c'est au contraire le péricarpe qui forme la plus grande partie de
l'épaisseur totale (Groseillier, Cucurbitacées, etc.). Mais il n'est

ni possible, ni utile de faire la part exacte du péricarpe dans la constitution de la paroi des ovaires infères. Il suffit de savoir que, dans tous ces ovaires, cette paroi est composée des bases réunies de toutes les feuilles florales. Aussi les fruits provenant d'ovaires infères se distinguent-ils des fruits analogues issus d'ovaires supères par la présence, à leur sommet, d'une couronne plus ou moins large, marquant le niveau de séparation du calice (Poirier, Néflier, Groseillier, etc.).

Ailleurs, c'est l'extrémité intra-florale du pédicelle, en un mot le réceptacle, qui s'accroît beaucoup, se renfle et porte les fruits à sa surface, comme dans le Fraisier, où ce réceptacle renflé, tout couvert de nombreux petits akènes, constitue la partie comestible de la fraise.

Quelquefois, c'est la partie du pédicelle située au-dessous de la fleur qui se développe en un gros corps charnu, ayant la forme et la grosseur d'une poire, dont il partage aussi la consistance et la saveur (Anacarde, fig. 207, Sémécarpe, Hovénie). Dans le Figuier (fig. 208), c'est le réceptacle commun du capitule, creusé

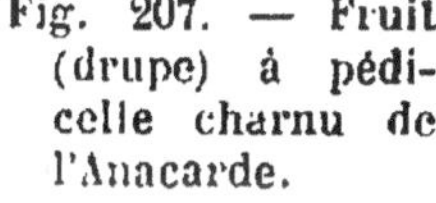

Fig. 207. — Fruit (drupe) à pédicelle charnu de l'Anacarde.

en forme de bouteille et tout couvert d'akènes, qui devient charnu, pulpeux et comestible. De même, dans l'Ananas, l'axe de l'épi devient charnu et comestible, en même temps que les bractées mères des fleurs.

Fruit composé. — Quand les divers fruits qui proviennent des fleurs d'une inflorescence condensée, d'un épi par exemple ou d'un capitule, se soudent pendant leur croissance, ils forment tous ensemble une masse unique, qu'on peut appeler un *fruit composé.* Mais il faut remarquer que tout fruit composé est nécessairement hétérogène. Il entre, en effet, dans sa constitution, non seulement les fruits simples, mais encore les pédicelles

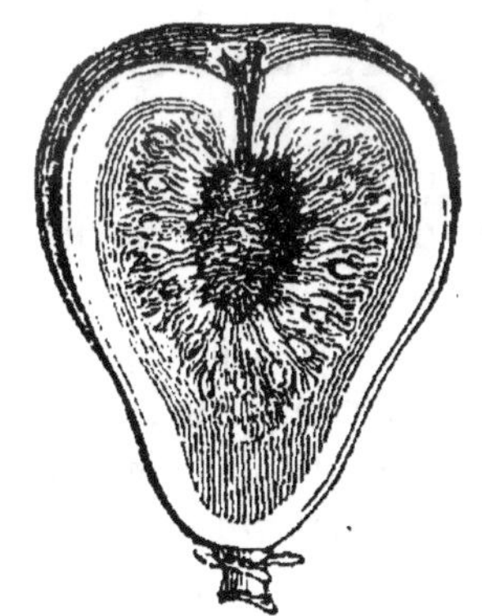

Fig. 208. — Fruit composé du Figuier, coupé en long.

des fleurs, leurs bractées mères et le pédicelle commun de l'inflorescence. Ainsi, par exemple, tous les fruits ouverts provenant de l'épi femelle des Conifères forment ensemble, joints à leurs bractées mères et au pédicelle commun, le fruit composé ou cône (voir p. 255, fig. 96), auquel ces plantes doivent leur nom. La figue (fig. 208) est aussi un fruit composé. L'ananas est dans le même cas, et comprend à la fois les fruits, les calices, les bractées mères et le pédicelle commun, le tout confondu en une masse charnue et comestible.

§ 4

Germination de la graine et développement de l'embryon en plantule.

L'embryon sommeille dans la graine ; il respire pourtant, absorbant à travers le tégument l'oxygène de l'air et dégageant de l'acide carbonique, mais sa respiration est très faible. Pour sortir de cet état de vie très ralentie, qu'on appelle souvent la *vie latente*, pour *germer*, comme on dit, la graine doit remplir certaines conditions et elle doit trouver réunies autour d'elle dans le milieu extérieur certaines autres conditions. Les conditions nécessaires et suffisantes à la germination sont donc de deux sortes : les unes intrinsèques ou de graine, les autres extrinsèques ou de milieu.

Conditions intrinsèques de la germination. — Il faut d'abord que la graine soit bonne, c'est-à-dire bien conformée dans toutes ses parties. Il y a des graines, en effet, de forme et de grandeur normales, dont le tégument régulièrement développé ne renferme qu'une ébauche d'amande ; le reste de l'espace intérieur est occupé par de l'air. Il est nécessaire de savoir séparer ces mauvaises graines d'avec les bonnes. On y réussit d'ordinaire par un procédé très simple. Les graines bien conformées étant en général plus denses que l'eau, il suffit de jeter le lot de graines à trier dans un vase plein d'eau, en ayant soin d'agiter jusqu'à ce que l'air adhérent au tégument ait entièrement disparu : les bonnes graines vont au fond, les mauvaises surnagent et le triage est fait. Cet *essai par l'eau* n'est pas cependant d'une application générale. Certaines graines, en effet, quoique pleines, flottent sur l'eau, soit parce qu'elles renferment dans l'albumen ou dans l'embryon une très grande proportion d'huile (Ricin, etc.), soit parce que le parenchyme des cotylédons est lacuneux, creusé de méats aérifères (Erythrine, Ape, Glycine, etc.), soit parce que le tégument renferme une grande quantité d'air (Iride, Concombre, Pin, etc.). Il ne faut donc employer ce procédé qu'après s'être assuré qu'il est réellement applicable à l'espèce de graines que l'on considère.

La graine étant bonne, il faut encore qu'elle soit intérieurement mûre, c'est-à-dire que ses réserves soient à un état tel qu'elles puissent être assimilées aussitôt que les conditions du milieu extérieur se trouveront remplies. Cette maturité intérieure coïncide quelquefois avec la maturité extérieure et se confond alors avec la maturité du fruit; mais chez beaucoup de plantes, elle la précède, tandis que chez d'autres, au contraire, elle la suit. Le premier cas se présente, par exemple, chez beaucoup de Légumineuses (Haricot, Fève, Pois, Lentille, Cytise, Sophore, etc.) et de Graminées (Blé, Seigle, Orge, etc.), dans le Frêne, etc.; les graines de ces plantes germent déjà lorsqu'elles n'ont encore atteint que la moitié de leur dimension normale, et les plantes qu'elles produisent sont aussi vigoureuses que les autres. Le second cas est offert par les graines de Rosier, d'Aubépine, de Pêcher, etc., qui, placées dans les conditions de milieu les plus favorables, attendent deux années et plus avant d'entrer en germination.

La graine ayant acquis sa maturité interne, il faut encore qu'elle ne l'ait pas perdue. Le même travail intérieur qui donne à la graine sa maturité, en se continuant la lui enlève. La durée de la maturité interne, ou, comme on dit souvent en jugeant de la cause par l'effet, la durée du pouvoir germinatif, varie beaucoup suivant la nature des réserves renfermées dans la graine. Les graines qui ont un albumen corné (Caféier, Ombellifères, etc.) perdent leur maturité par le seul fait de la dessiccation. Pour les conserver quelque temps, il faut les maintenir dans un milieu humide en les *stratifiant*, c'est-à-dire en les disposant dans des pots par couches minces, qu'on fait alterner avec des couches de terre ou de sable légèrement imbibées d'eau. Les graines oléagineuses, soit par leur embryon, soit par leur albumen, conservent plus longtemps leur faculté germinative, mais on sait qu'à la longue l'huile s'oxyde à l'air et rancit. Pour y être retardée par le tégument, cette oxydation lente ne s'en produit pas moins dans ces graines, et, après quelques années d'exposition à l'air, elles cessent de pouvoir germer. L'amidon, le sucre, les substances albuminoïdes, au contraire, sont moins altérables à l'air. Aussi les graines amylacées sont-elles celles qui conservent le plus longtemps leur pouvoir germinatif; les Légumineuses et les Malvacées se montrent sous ce rapport plus résistantes encore que les Graminées.

En leur interdisant l'accès facile de l'air, de manière à empêcher les oxydations, en les enfouissant par exemple à une grande profondeur dans le sol, on prolonge beaucoup la durée de la maturité des graines. C'est ainsi qu'on a pu faire germer des graines extraites des tombeaux gallo-romains et celtiques (Mercuriale, Centaurée, Héliotrope, Romarin, Camomille, Framboisier, etc.).

Quand elles sont bien sèches, le froid le plus intense que l'on sache produire, — 80°, est sans action sur les graines. Mais la chaleur les tue à un certain degré; il faut distinguer pourtant entre la chaleur sèche et la chaleur humide. Ainsi, dans l'air sec, on peut porter des graines de Blé, de Maïs, etc., à 100° pendant un quart d'heure, à 65° pendant une heure, sans leur faire perdre leur faculté germinative, tandis que dans l'eau un séjour d'une heure à 53° ou 54° suffit à les tuer.

Conditions extrinsèques de la germination. — A une graine bien conformée, ayant acquis sa maturité interne et ne l'ayant pas perdue, il faut et il suffit que le milieu extérieur apporte de l'eau, de l'oxygène et de la chaleur pour qu'aussitôt elle germe. A l'exception de l'eau et de l'oxygène, elle renferme en effet, à l'état de réserve directement assimilable, tout l'aliment dont l'embryon a besoin pour reprendre et poursuivre sa croissance; l'apport de ces deux corps complète donc l'aliment. Quant à la chaleur, elle est nécessaire à la germination, qui est une phase particulière de la croissance, comme à la croissance en général (p. 49). C'est-à-dire qu'il y a une limite inférieure de température au-dessous de laquelle la germination n'a pas lieu, une limite supérieure au-dessus de laquelle elle ne se produit plus et, quelque part entre les deux, un optimum où elle s'opère le plus rapidement possible, et dont il faut toujours se rapprocher dans la pratique. A cet effet, voici, pour quelques plantes cultivées, la valeur des trois températures critiques :

	LIMITE INFÉR[re].	OPTIMUM.	LIMITE SUPÉR[re].
Moutarde.	0°	27°,4	37°,2
Passerage et Lin.	1°,8	21°	28°
Orge.	5°	28°,7	37°,7
Blé.	5°	28°,7	42°,5
Trèfle.	5°,7	21°,25	28°
Haricot et Maïs.	9°,5	33°,7	46°,2
Courge.	15°,7	33°,7	46°,2

On voit qu'elles varient beaucoup suivant la nature du végétal et que telles plantes, comme l'Orge, le Blé, et mieux encore le Haricot, le Maïs et la Courge, germent le mieux possible à une température à laquelle telles autres plantes, comme le Passerage, le Lin et le Trèfle, ne germent plus du tout.

Toutes les conditions intrinsèques et extrinsèques étant remplies, la graine germe, et si toutes ces conditions sont remplies le mieux possible, si la température, par exemple, est à son optimum pour la plante considérée, elle germe le plus rapidement possible. Nous avons à étudier maintenant les phénomènes, tant morphologiques que physiologiques, qui caractérisent la germination.

Phénomènes morphologiques de la germination. Développement de l'embryon en plantule. — Considérons donc une graine couchée sur un sol humide et chaud. Gonflée par l'eau, l'amande distend d'abord le tégument et, comme en même temps la radicule cherche à s'allonger, c'est au micropyle que la tension est la plus forte et que se fait la déchirure.

Par la fente, la radicule s'allonge au dehors, en se courbant en bas sous l'influence de son géotropisme positif (p. 113, fig. 44); elle croît désormais suivant la verticale, en devenant la racine terminale de la plante, avec tous les caractères de forme et de structure qu'on lui connaît. Pour faciliter la sortie de la radicule, la tigelle développe quelquefois à sa base une excroissance, soit sur tout son pourtour (Eucalypte), soit d'un côté seulement en forme de talon (Cucurbitacées). Quand la racine a atteint une certaine longueur, la tigelle à son tour s'allonge par croissance intercalaire et, se courbant vers le haut sous l'influence de son géotropisme négatif (p. 219), forme d'abord une sorte d'anse, puis enfin se place tout entière verticalement dans le prolongement de la racine. Elle continue pendant quelque temps de croître dans cette direction, en soulevant de plus en plus la graine à son sommet, et devient enfin le premier entre-nœud de la tige, ou, comme on dit souvent, la tige hypocotylée.

Plus tard, les cotylédons à leur tour se développent, se séparent l'un de l'autre en élargissant la déchirure du tégument et en le rejetant sur le sol, et enfin s'épanouissent horizontalement en autant de feuilles vertes au sommet de la tige hypocotylée. Plus tard encore, le cône terminal de la tige, nu ou déjà développé en une gemmule, s'allonge au-dessus des cotylédons, forme sur ses flancs et épanouit progressivement des feuilles nouvelles, constitue enfin toute la tige épicotylée. Dès lors, la plantule est complète. Son développement comprend, comme on voit, quatre temps : la radicule, la tigelle, les cotylédons et la gemmule entrant successivement en croissance.

Quand la graine est albuminée, c'est pendant les deux premières phases que les cotylédons, enfermés avec l'albumen dans le tégument, en absorbent peu à peu la substance; le peu qui en reste est rejeté sous forme d'une mince pellicule avec le tégument pendant la troisième phase.

Telle est la marche, pour ainsi dire régulière et normale, du développement de l'embryon en plantule. Mais cette marche se raccourcit souvent, par suppression d'une ou de deux des quatre étapes dont elle se compose.

Ainsi la tigelle peut ne pas s'allonger; le cotylédon (Ail, etc.), ou les deux cotylédons (Anémone, Éranthe, Dauphinelle, etc.), ne s'en développent pas moins, sortent du tégument et s'épanouissent dans l'air en feuilles vertes. Il y a simplement alors suppression de la seconde des quatre phases ordinaires. Mais le plus souvent la seconde et la troisième phases se trouvent supprimées à la fois. Après le développement de la radicule, la tigelle ne s'accroit pas, les cotylédons ne s'épanouissent pas non plus et demeurent enfermés dans le tégument; la gemmule seule s'allonge verticalement, après avoir été poussée dehors à travers l'orifice de sortie de la radicule par un allongement plus ou moins considérable des pétioles cotylédonaires, ou de la gaine du cotylédon. Au premier temps succède alors immédiatement le quatrième. Jointe à la racine, la tige épicotylée, dont le développement est beaucoup plus précoce que dans le premier cas, forme alors un cylindre vertical tangent à la graine.

Pour distinguer l'un de l'autre les deux modes extrêmes de germination et les deux formes très différentes qu'ils donnent à des plantules de même âge, on dit que les cotylédons sont *épigés*, portés au-dessus de la terre, dans le premier cas, *hypogés*, demeurant sous la terre, dans le second. La germination est épigée chez un grand nombre de Dicotylédones (Crucifères, Convolvulacées, Euphorbiacées, Cucurbitacées, Érable, Hêtre, Prunier, etc.) et chez la plupart des Conifères (Pin, Thuier, If, etc.). Elle est hypogée chez bon nombre de Dicotylédones (Viciées, Chêne, Noyer, Marronnier, etc.), chez la plupart des Monocotylédones (Graminées, Liliacées, Palmiers, Scitaminées, etc.), dans quelques Conifères (Ginkgo) et dans les Cycadacées. Chez les Monocotylédones et notamment dans les Palmiers, le pétiole et la gaine du cotylédon s'allongent beaucoup vers le bas et enfoncent profondément dans le sol la base commune de la radicule et de la tigelle, c'est-à-dire le collet. La gemmule a donc à remonter une épaisseur considérable de terre avant de pointer au dehors, d'où il résulte que la tige de ces arbres est profondément enterrée. Cet allongement du pétiole cotylédonaire peut se réduire à quelques centimètres (Phénice, Chamérope, Arenge, etc.), mais elle atteint quelquefois soixante-cinq centimètres (Copernicier, Phyléléphant, Hyphène, etc.).

Phénomènes physiologiques de la germination. — Pour étudier la physiologie propre de la période germinative, il est nécessaire de fixer la fin de cette période à la première apparition de la chlorophylle dans les cotylédons ou dans les feuilles de la gemmule, de manière à éviter la complication qui résulte du fait de l'assimilation du carbone. On prolonge d'ailleurs autant qu'on veut la période germinative ainsi définie, en maintenant la plante à l'obscurité. On peut de la sorte faire durer les expériences pendant un laps de temps qui atteint : pour le Haricot 26 jours, pour le Blé 50 jours, pour le Pois 55 jours.

Parmi les phénomènes physiologiques de la germination, les uns s'accomplissent entre la graine et le milieu extérieur, les autres ont leur siège à l'intérieur même de la graine. Étudions-les séparément.

1° **Phénomènes physiologiques externes.** — Dès le début et pendant toute la durée de la période germinative, la plantule absorbe de l'oxygène et dégage de l'acide carbonique, en un mot respire activement; elle émet aussi de la vapeur d'eau, c'est-à-dire transpire ; en même temps, sa substance sèche va diminuant de poids. Il est facile de s'assurer de ce triple phénomène, en faisant germer un poids connu de graines sous cloche sur le mercure ; on analyse le gaz avant et après l'expérience, on recueille l'eau qui s'est condensée sur les parois de la cloche, et l'on pèse les plantules, après les avoir desséchées au même degré que les graines.

Pour obtenir des résultats quantitatifs plus précis, on fait l'analyse élémentaire d'un poids P de graines qui, desséché à 110°, donne un poids p de substance sèche ; ce dernier renferme c de carbone, h d'hydrogène, o d'oxygène, a d'azote, m de matières minérales. Cela connu, on prend un second poids P de ces mêmes graines, que l'on met à germer dans l'obscurité. Quand les plantules ont acquis tout leur développement, on les réunit, on les dessèche à 110°, elles donnent un poids p' de substance sèche. On en fait l'analyse élémentaire ; il renferme c' de carbone, h' d'hydrogène, o' d'oxygène, a' d'azote, m' de matières minérales. On fait les différences : $p-p'$ est la perte de poids subie par les graines en passant à l'état de plantules ; elle se compose : de la perte $c-c'$ de carbone, de la perte $h-h'$ d'hydrogène et de la perte $o-o'$ d'oxygène ; a' et a, m' et m sont égaux, en d'autres termes, il n'y a eu perte ni d'azote, ni de matières minérales. Or, si l'on considère l'oxygène perdu, on voit que son poids est exactement égal à huit fois celui de l'hydrogène perdu ; l'hydrogène et l'oxygène ayant été éliminés dans le rapport qui constitue l'eau, on peut dire qu'il y a eu perte d'eau. En résumé, la perte totale peut s'exprimer par du carbone plus de l'eau : $C + HO$.

Le carbone perdu a été rejeté à l'état d'acide carbonique, et tout l'oxygène absorbé doit se retrouver en définitive dans l'acide carbonique dégagé ; en d'autres termes, le volume d'acide carbonique dégagé doit être égal au volume d'oxygène absorbé. C'est, en effet, ce que montre l'analyse des atmosphères confinées où l'on a fait germer les graines. De là un contrôle réciproque des deux méthodes, celle des poids et celle des volumes.

Telle est la marche générale et résultante du phénomène, envisagé dans sa totalité. Mais, suivant la période considérée pour la même plante, et suivant les plantes pour une même période, il y a aussi des variations secondaires. Ainsi, dans les graines oléagineuses (Lin, Chanvre, Ricin, etc.), pendant les premiers temps de la germination, après la sortie de la radicule, il y a plus d'oxygène absorbé que d'acide carbonique dégagé ; le rapport $\frac{CO_2}{O}$ s'abaisse à 0,6. En d'autres termes, il y a de l'oxygène fixé définitivement dans les tissus de la plante, sans doute combiné à l'huile qui s'oxyde en produisant des hydrates de carbone.

En même temps que perte de matière, il y a perte de chaleur ; toute graine germante, en effet, dégage de la chaleur. Pour s'en convaincre, il suffit de plonger le réservoir d'un thermomètre dans un lot de graines en voie de germination et d'en comparer les indications à celles d'un thermomètre témoin. Avec le Maïs, par exemple, l'élévation de température a atteint 6°-7°, avec le Blé 10°-12°, avec le Trèfle 17°, avec le Chou 20°.

2° Phénomènes physiologiques internes. Digestion des réserves. — Aussitôt que les cellules de l'embryon et de l'albumen sont imprégnées d'eau, chacun des grains d'aleurone qu'elles renferment absorbe de l'eau, se gonfle et dissout dans cette eau toute sa substance interne s'il est homogène, seulement la partie de cette substance qui enveloppe le cristal et la sphérule s'il a des enclaves (p. 426) ; il en résulte, au centre de chaque grain, une vacuole liquide, vide dans le premier cas, occupée par le cristal et la sphérule dans le second (p. 427, fig. 198, *C*). En un mot, chaque grain d'aleurone devient un hydroleucite et ce passage des grains d'aleurone à l'état d'hydroleucites est la première des transformations qui s'opèrent à l'intérieur de la graine en voie de germination. Ce n'est là, d'ailleurs, qu'un retour à l'état antérieur et normal. Avant la dessiccation qui s'opère pendant la maturation de la graine (p. 432), en effet, chaque cellule de l'embryon et de l'albumen contenait un plus ou moins grand nombre d'hydroleucites, tenant en dissolution des matières albuminoïdes dans le liquide de leurs vacuoles. Pendant les desséchement, ces hydroleucites albuminifères ont perdu leur eau et solidifié en se contractant leurs substances albuminoïdes dissoutes, en un mot, sont devenus autant de grains d'aleurone. Les grains d'aleurone ne sont donc qu'un état particulier des hydroleucites, provoqué par l'extrême dessiccation de la graine. Au retour de l'eau, dès le début de la germination, ces hydroleucites desséchés reprennent leur caractère normal et les grains d'aleurone disparaissent comme tels.

On sait peu de chose encore sur les transformations chimiques que les matériaux de réserve, ternaires ou quaternaires, accumulés dans la graine éprouvent pendant la germination et qui les rendent assimilables. Il paraît certain que la plupart de ces transformations sont des dédoublements avec hydratation, accomplis sous l'influence de diastases appropriées, en un mot, des digestions (p. 55 et p. 60).

1° **Digestion interne.** — Considérons d'abord le cas le plus simple, celui où toutes les réserves sont renfermées déjà dans le corps de l'embryon. Si la réserve est amylacée, le suc des cellules devient acide, en même temps qu'une partie des substances albuminoïdes y passe à l'état d'amylase; dans ce milieu acide, l'amylase attaque, comme on sait, les grains d'amidon, les corrode (fig. 197, *a-g*), les dissout et les dédouble en définitive en dextrine et maltose; on ignore le mécanisme par lequel cette dextrine et ce maltose sont à leur tour dédoublés en glucose. Si la réserve est du sucre de Canne (Lupin, etc.) ou du synanthrose (Composées), il s'y fait de l'invertine, qui dédouble ces saccharoses en glucose et lévulose. S'il s'agit de glucosides, comme l'amygdaline (Prunées) ou l'acide myronique (Moutarde), il s'y fait de l'émulsine qui dédouble la première en glucose, essence d'amandes amères et acide cyanhydrique, ou de la myrosine qui dédouble la seconde en glucose, essence de moutarde et acide sulfurique. Le glucose, produit définitif de ces diverses transformations, est ensuite transporté de cellule en cellule jusqu'au lieu d'emploi et enfin directement assimilé au protoplasme.

Quand la réserve est composée de corps gras, ceux-ci sont saponifiés par la saponase, c'est-à-dire hydratés et dédoublés en acide gras et glycérine. La glycérine est assimilée directement et disparaît à mesure; les corps gras subissent des transformations ultérieures. Ils s'oxydent et paraissent se convertir en hydrates de carbone, dont une partie se dépose dans les cellules sous forme de de grains d'amidon. Plus tard, ceux-ci subissent les dédoublements connus et disparaissent à leur tour.

Les corps albuminoïdes mis en réserve à l'état amorphe ou à l'état cristallisé, soit dans le protoplasme, soit dans les hydroleucites ou grains d'aleurone, sont hydratés et dissous par des pepsines qui les dédoublent en peptones correspondantes (Lupin, Vesce, Lin, Chanvre, etc.). Celles-ci s'hydratent et se dédoublent de nouveau, sous l'influence de diastases encore inconnues, et certains de leurs produits définitifs vont s'accumulant dans les cellules sous forme d'amides diverses : asparagine, glutamine, leucine, tyrosine, dont la plus répandue est l'asparagine. L'accumulation d'asparagine est d'autant plus considérable que l'embryon renferme moins d'hydrates de carbone; le Lupin, par

exemple, qui ne contient pas d'amidon, renferme jusqu'à 30 %
d'asparagine après douze jours de germination. Dès que la chlorophylle apparaît, la synthèse des hydrates de carbone a lieu et
l'asparagine disparaît peu à peu en s'y combinant ; mais, suivant la
définition posée au début, on n'est plus alors dans la période
germinative. On peut comparer la formation de l'asparagine dans
ces conditions à la production de l'urée chez les animaux.

En second lieu, considérons le cas où une grande partie de la
réserve est demeurée en dehors de l'embryon, dans l'albumen et
dans le périsperme. Quand l'albumen est oléagineux, la transformation des divers matériaux de réserve s'y opère, comme il vient
d'être dit de l'embryon, par l'activité propre de ses cellules, qui
sont demeurées vivantes ; en un mot, l'albumen digère lui-même
ses réserves (Ricin, etc.). L'embryon n'a qu'à absorber ensuite
les produits solubles ainsi formés. Cette absorption se fait par
l'épiderme de la face inférieure des cotylédons, intimement appliqué contre l'albumen.

2° **Digestion externe.** — Il en est tout autrement quand l'albumen est à un haut degré amylacé ou corné ; ses cellules étant
mortes, il ne peut que demeurer passif pendant la germination.
C'est l'embryon qui l'attaque, le dissout et le digère.

Les agents d'hydratation et de dédoublemennt : amylase, invertine, pepsines, etc., sont formés dans le cotylédon et épanchés à
la surface de son épiderme inférieur, dont les cellules s'allongent
parfois perpendiculairement (fig. 202, *c*). De là, ils pénètrent
l'albumen et le dissolvent de proche en proche, pendant que la
même surface épidermique absorbe à mesure les substances dissoutes. Tantôt l'action n'a lieu qu'au contact immédiat de l'épiderme ; pour qu'elle puisse se continuer jusqu'à la fin, il faut que
le cotylédon s'accroisse à mesure, de manière à se substituer au
tissu qu'il a détruit et à se maintenir appliqué contre celui qui
reste : c'est le cas ordinaire (Palmiers, etc.). Tantôt l'action, com-
mencée au contact, se continue à distance et le cotylédon ne s'accroît pas (Graminées, fig. 202, etc.).

Quand l'action digestive de l'embryon porte sur des substances
aussi dures et aussi résistantes que les membranes cellulosiques de l'albumen corné du Caféier, du Phénice dattier ou du
Phytéléphant, son énergie est telle que les animaux les mieux
doués sous ce rapport, les Rongeurs par exemple, ne sauraient lui
être comparés.

§ 5

Développement de la plantule en plante adulte.

Développement associé. — Arrivée au point où nous l'avons laissée, la plantule n'a très souvent qu'à poursuivre la croissance et la multiplication des diverses parties qui la constituent, pour parvenir avec le temps à l'état adulte, état où elle fleurit en produisant de nouveaux œufs et de nouvelles graines. Pendant leur croissance et leur multiplication, toutes les parties du corps demeurent alors liées, associées en un tout continu, de façon qu'un embryon devient en définitive un individu adulte ; en d'autres termes, la plante ne se compose, à tout âge, que d'un seul et même individu. Ce mode de développement peut être dit *associé*. On le rencontre chez toutes les Gymnospermes, et chez un très grand nombre d'Angiospermes, non seulement parmi les arbres et les arbustes, mais encore dans les plantes annuelles ou bisannuelles et chez bon nombre de végétaux herbacés vivaces (Polygonate, Millepertuis, Potentille, Luzerne, Panicaut, Centaurée, Scorsonère, Sauge, Plantain, etc., etc.).

On y observe plusieurs modifications. La racine terminale et ses ramifications persistent et s'accroissent indéfiniment dans les Gymnospermes et les Dicotylédones ligneuses ; elles cessent de croître, au contraire, disparaissent de bonne heure et sont remplacées par des racines latérales chez les Monocotylédones et beaucoup de Dicotylédones herbacées. Aérienne ou souterraine, la tige et ses branches de divers ordres persistent tout entières dans les végétaux ligneux et certaines herbes vivaces ; les entre-nœuds inférieurs subsistent seuls dans beaucoup d'autres herbes vivaces, pendant que toutes les parties aériennes se détruisent.

Développement dissocié. — Ailleurs, les choses se passent autrement. La plantule devient un individu de petite taille, incapable de fleurir, qui cesse de croître et périt dès la première année, en ne laissant subsister que certaines petites parties de son corps. Celles-ci croissent la seconde année, se complètent s'il y a lieu par des formations adventives, et deviennent autant d'individus nouveaux, plus vigoureux que le premier, mais le plus souvent trop faibles encore pour fleurir, et qui périssent bientôt à leur tour.

Les parties subsistantes se développent la troisième année, et les choses continuent ainsi, jusqu'à ce que, après un certain nombre de ces étapes annuelles, on arrive enfin à des individus assez vigoureux pour fleurir et porter graines. La plante se compose, dans ce cas, d'une succession d'individus distincts de plus en plus nombreux et de plus en plus forts, issus les uns des autres et tous de la plantule primitive par fractionnement du corps végétatif. Un embryon y produit, en définitive, un grand nombre d'individus adultes. Pourtant, ce nombre peut se réduire à l'unité, si chaque individu transitoire ne laisse, après sa mort partielle, qu'un seul fragment pour le continuer (Orchide, etc.). Ce mode de développement peut être nommé *dissocié*. On en trouve des exemples chez un grand nombre d'herbes vivaces, à tige rampante ou souterraine.

La dissociation peut s'y produire de deux manières différentes. Tantôt les rameaux ou bourgeons ont déjà, avant de se séparer, acquis des racines adventives absorbantes; ils ne se renflent pas alors en réservoirs nutritifs. Au moment de leur dissociation, les individus sont complets (Fraisier, Cresson, Épilobe, Samole, etc.). Tantôt, au contraire, les parties séparées sont dépourvues de racines absorbantes et doivent d'abord, à la reprise de végétation, en former pour compléter l'individu; avant de s'isoler, elles se renflent alors, dans l'une ou l'autre de leurs régions, en une réserve alimentaire qu'on nomme un tubercule. Dans le fragment détaché, c'est tantôt la tige qui se tuberculise (p. 147) (Morelle tubéreuse, vulgairement Pomme de terre, etc.), tantôt la racine (p. 78) (Ficaire, etc.), tantôt les feuilles (p. 257) (Lis, etc.).

Durée du développement. — Que le développement soit associé ou dissocié, sa durée varie beaucoup suivant les végétaux. Tantôt la plante fleurit dès la première année, quelques semaines ou quelques mois après la germination. Mais, même alors, il est rare que la tige primaire, issue de la gemmule de l'embryon, se termine par une fleur, de manière que les étamines et les carpelles soient des feuilles de même degré que les cotylédons (Pavot, etc.). Le plus souvent ce sont des branches d'ordre plus ou moins élevé qui forment les fleurs à leur sommet.

Tantôt la plante ne fleurit que la seconde année (Bette vulgaire, Dauce carotte, etc.). Tantôt enfin elle croît pendant plusieurs années avant de fleurir, comme on le voit dans les arbres et en général dans les végétaux ligneux. Le Pin et le Mélèze, par exemple, mettent quinze ans à fleurir, l'Épicéa quarante ans, le Hêtre et le Sapin cinquante ans.

Quand la plante ne développe chaque année qu'une génération de branches et que les fleurs n'apparaissent que sur les branches d'un certain ordre, on peut hâter la floraison en forçant le végétal à produire deux générations de branches. On y arrive en effeuillant les branches, ou mieux en les coupant à une petite distance de leur base; les bourgeons de la portion qui reste, au lieu de ne se développer que l'année suivante, s'épanouissent aussitôt. On parvient de la sorte à faire fleurir un Pommier dès sa seconde année.

Applications : Marcottage, Bouturage, Greffe. — L'étude du développement dissocié nous a montré la plante se multipliant d'ordinaire en même temps qu'elle se développe, et cela de plusieurs manières différentes : soit par affranchissement de portions du corps déjà complètes et se suffisant à elles-mêmes avant leur séparation (Fraisier, etc.), soit par mise en liberté de parties qui ont à se compléter plus tard pour régénérer un individu entier (Ficaire, Morelle tubéreuse, etc.). L'homme applique ces procédés de la nature à la multiplication des végétaux qu'il juge utile et il en généralise même l'emploi en les étendant aux plantes à développement associé.

Une portion du corps végétal, complète en soi, c'est-à-dire ayant tiges, racines et feuilles, séparée artificiellement de l'ensemble et autonomisée, est ce qu'on appelle une marcotte et son affranchissement un *marcottage*, comme il a été dit p. 77. La multiplication du Fraisier pendant son développement n'est en somme qu'un marcottage naturel.

Une portion du corps végétal, incomplète à divers degrés et qui doit, après sa séparation, se compléter par conséquent à divers degrés pour donner un individu nouveau, est une bouture et l'opération qui la transforme en un individu complet un *bouturage*, comme il a été dit page 78. Le développement dissocié de la Morelle tubéreuse, de la Ficaire et de tant d'autres plantes vivaces n'est qu'un bouturage naturel.

Si la branche ou le bourgeon, une fois séparés, refusent de former des racines, on les porte sur une racine toute faite ou sur une tige munie d'une pareille racine, de manière que la soudure ait lieu et que les deux parties ne fassent qu'un individu. La partie détachée et rapprochée est le *greffon*, la partie fixe est le *sujet*.

et l'opération qui les unit est la *greffe*. Pour greffer, la condition générale est d'établir entre le greffon et le sujet le contact le plus intime et le plus étendu, et surtout de disposer les choses de manière que la juxtaposition ait lieu par les tissus les plus vivants, notamment par les méristèmes. Suivant les cas, cette condition pourra être satisfaite de bien des manières différentes. Bornons-nous ici à caractériser les types autour desquels se groupent tous les procédés particuliers. Il y en a trois : la *greffe par approche*, la *greffe de rameaux* et la *greffe de bourgeons*.

La greffe par approche se fait entre tiges de plantes voisines ou entre branches encore attachées à la tige. On les juxtapose, après avoir pratiqué aux points de contact des incisions ou des entailles de diverses formes qui mettent à nu les tissus vivants, et on les maintient accolées par une ligature. Cette greffe est fréquente dans la nature ; on l'observe souvent dans les forêts, entre branches du même arbre ou entre arbres différents de même espèce, plus rarement entre arbres d'espèces ou même de genres différents. Une fois la greffe réalisée, on peut couper l'une des branches au-dessous du point d'union, elle demeurera nourrie par l'autre ; elle sera devenue par là un greffon et l'autre un sujet. La greffe par approche ressemble donc au marcottage.

La greffe de rameaux consiste à détacher d'une plante un rameau encore herbacé ou déjà ligneux et à le porter sur un sujet, avec les précautions nécessaires pour qu'il reste vivant pendant le temps exigé pour la formation du tissu de soudure et l'établissement à travers ce tissu des communications libéroligneuses. La greffe de rameaux ressemble, on le voit, au bouturage de branches. Pour établir les contacts, on taille en biseau la partie inférieure du greffon et on l'introduit dans une fente pratiquée dans l'écorce du sujet et pénétrant jusqu'au bois, ou dans une fente obtenue en écartant du bois toute la couche de tissus extérieure à l'assise génératrice ; dans l'un et l'autre cas, les assises génératrices libéroligneuses du greffon et du sujet sont mises en contact intime : c'est la *greffe en fente*. Si l'on fait une section transversale de la tige du sujet, et si l'on fixe de la sorte tout autour du bois un certain nombre de greffons, la greffe en fente devient une *greffe en couronne*. La greffe de rameaux peut se faire aussi bien sur racine que sur tige. La base du greffon se trouvant alors près de la terre, ou même enterrée, produit quelquefois tardivement des racines adventives qui nourrissent en partie le greffon par lui-même; si la racine du sujet s'atrophie plus tard, le greffon, désormais nourri uniquement par ses propres racines, *affranchi*, comme on dit, devient une marcotte.

La greffe de bourgeons se fait en transportant sur le sujet un simple bourgeon, avec une plaque plus ou moins large comprenant tous les tissus extérieurs à l'assise génératrice de la branche qui le porte. On applique cette plaque contre la surface externe du bois du sujet, préalablement mise à nu. Les deux assises génératrices libéroligneuses, accolées ainsi l'une à l'autre par toute la surface, se soudent facilement, et quand le bourgeon s'épanouit, il tire sa nourriture directement du sujet. Si la plaque est détachée en forme d'anneau sur toute la périphérie de la branche, on dénude également sur toute la périphérie et sur la même longueur le bois du sujet, et l'on applique le cylindre creux du greffon sur le cylindre plein du sujet : c'est la *greffe en flûte*. Si la plaque détachée est rectangulaire ou en forme d'écusson, on pratique sur le sujet deux incisions en T, on décolle les deux lèvres d'avec le bois, on insinue l'écusson dans l'entaille en l'appliquant contre le bois, on referme les lèvres au-dessus de lui et on les maintient par une ligature : c'est la *greffe en écusson*, celle de toutes qui est le plus fréquemment appliquée.

De quelque manière qu'on la réalise, la greffe réussit, non seulement entre parties de la même plante ou entre plantes de la même espèce, mais aussi entre espèces du même genre (Rosiers, etc.) et assez souvent entre genres différents d'une même famille, par exemple entre le Poirier et le Coignassier, le Prunier et l'Amandier, le Poirier et le Néflier, le Poirier et l'Aubépine, etc. Comme on peut appliquer sur le même sujet et nourrir sur la même racine autant de greffons différents qu'on voudra, comme ensuite on peut, sur chaque branche de ces greffons, appliquer de nombreux greffons qui à leur tour peuvent en porter d'autres, on arrive à réaliser de la sorte les associations les plus compliquées et les plus singulières.

Le marcottage, le bouturage et la greffe ne font en somme que séparer une partie du corps vivant d'une plante pour la nourrir soit indépendamment (marcottage et bouturage), soit en parasite sur une autre (greffe). Par là, cette partie n'acquiert, ni ne perd aucun caractère; elle garde toutes les propriétés qu'elle possédait quand elle faisait partie de l'ensemble d'où on l'a séparée, c'est-à-dire tous les caractères de la plante que cet ensemble représente.

En multipliant ainsi la plante, on la conserve donc simplement avec toutes ses propriétés, même les plus délicates, telle en un mot qu'elle a été formée dans l'œuf. On fait des individus nouveaux et on les multiplie à l'infini, mais c'est toujours la même plante. Ce sont des moyens précieux de fixer et de conserver toutes les variations introduites une fois dans l'œuf, précisément parce qu'ils sont hors d'état de produire la moindre variation nouvelle.

Durée de la plante adulte. — Parvenue à l'état adulte, la plante a, suivant les cas, un sort très différent. Tantôt les réserves accumulées dans son corps pendant son développement émigrent en totalité dans ses graines ; en même temps qu'elle mûrit ses fruits, elle meurt d'épuisement. Les plantes qui ne fleurissent et ne fructifient ainsi qu'une seule fois sont dites, comme on sait (p. 148), *monocarpiques*; suivant que leur développement exige une, deux, ou un plus grand nombre d'années, elles sont *annuelles, bisannuelles, pluriannuelles*.

Tantôt une partie seulement des réserves émigrent dans les graines, le reste demeure dans le corps, qui persiste après la dissémination des graines, pour fleurir de nouveau plus tard et se conserver de même après chaque floraison. La plante est alors *polycarpique* ou *vivace* (p. 148). La persistance est totale, si les réserves demeurent distribuées dans toute l'étendue du corps, comme dans les végétaux ligneux ; les pédicelles floraux périssent seuls après la maturation des graines. Elle n'est que partielle, si les réserves s'accumulent dans certaines parties du corps, tout le reste disparaissant alors après chaque floraison.

Suivant la nature et la disposition des parties qui meurent et de celles qui persistent, la plante ne fait que se conserver, sans se multiplier, ou bien au contraire se multiplie en même temps qu'elle se conserve. Dans la Tulipe par exemple, il ne subsiste de la plante, après la première floraison comme après toutes les floraisons suivantes, qu'un bourgeon situé à l'aisselle de l'écaille supérieure du bulbe. L'année suivante, ce bourgeon, qui est une bouture, devenu bulbe à son tour, fleurit au sommet et périt en ne laissant de même qu'un bourgeon. Il n'y a jamais de la plante vivace qu'un individu à la fois. Dans la Morelle tubéreuse, au contraire, il subsiste de la plante, après chaque floraison, un plus ou moins grand nombre de bourgeons terminaux isolés, boutures qui se développent au printemps prochain en autant d'individus nouveaux. La plante vivace est représentée par un nombre d'individus d'autant plus considérable qu'elle est plus âgée. Dans tous les cas, la plante vivace se maintient à l'état adulte exactement par le même procédé qu'elle a employé pour y parvenir.

Si la plante vivace végète horizontalement à la surface ou à l'intérieur du sol, ou si ses parties dressées dans l'air meurent à chaque saison, en un mot si elle conserve à toute époque ses mêmes relations avec le sol où elle puise sa nourriture, elle ne meurt jamais (Fraisier, Morelle tubéreuse, etc.). Si au contraire, comme dans les arbres, elle élève de plus en plus ses branches dans l'air, et plonge de plus en plus ses racines dans le sol, la distance entre les poils radicaux et les feuilles croit indéfiniment, le trajet des sucs nourriciers dans les deux sens devient de plus en plus long et difficile. De là, d'abord un ralentissement progressif de l'énergie végétative et finalement la mort. A moins que, naturellement ou par l'action de l'homme, quelque branche, ramenée à la surface du sol, n'y prenne racine et ne devienne ainsi l'origine d'une nouvelle série de développements ascensionnels.

Cette mort naturelle des arbres est quelquefois devancée dans la nature par une mort accidentelle, due à des causes mécaniques. A partir d'un certain âge, il arrive souvent que le *cœur* du bois se détruit progressivement du centre à la périphérie (p. 209) ; la tige, de plus en plus évidée, devient de moins en moins capable de résister au poids toujours croissant de son branchage. Elle se rompt enfin, et l'édifice tombe en ruines. S'il n'arrive pas alors que quelque branche prenne racine sur le sol, ou que le tronc brisé produise des bourgeons adventifs, la plante meurt. Mais souvent quelqu'un de ces débris se complète, la plante continue de vivre et même se multiplie. On voit, en somme, que la mort d'une plante polycarpique est un accident assez rare dans la nature.

CHAPITRE SEPTIÈME

FORMATION DE L'ŒUF
ET
DÉVELOPPEMENT DES CRYPTOGAMES
VASCULAIRES

Sachant, par le chapitre V, comment l'œuf se forme chez les Phanérogames, et par le chapitre VI comment il s'y développe d'abord en un embryon dans la graine, puis en une plante adulte à la suite de la germination de cette graine, nous devons maintenant refaire cette double étude pour *les Cryptogames vasculaires*. A cet effet, nous prendrons pour type la division la plus nombreuse et la plus répandue de ce groupe, celle des Fougères ; il suffira de quelques mots ensuite pour indiquer comment les choses se passent dans les autres divisions et en même temps pour rattacher les Cryptogames vasculaires aux Phanérogames.

§ I

Formation de l'œuf chez les Fougères.

La formation de l'œuf des Fougères comprend deux phases successives, séparées souvent par un long temps de repos. La plante adulte produit d'abord et met en liberté des cellules spéciales que, pour nous conformer à l'usage, nous nommerons des *spores*. Puis, ces spores germent et donnent naissance chacune à un petit corps lamelliforme ou *prothalle*. C'est sur ce prothalle enfin que l'œuf se forme et qu'il se développe en embryon[1].

---

1. C'est très improprement que les cellules profondément différenciées qui engendrent les prothalles sont désignées sous le nom de *spores*. En germant, elles produisent, en effet, non pas un individu pareil à celui qui les a formées,

Formation des spores. — Les spores des Fougères sont renfermées en grand nombre dans des sacs pédicellés ou *sporanges*,

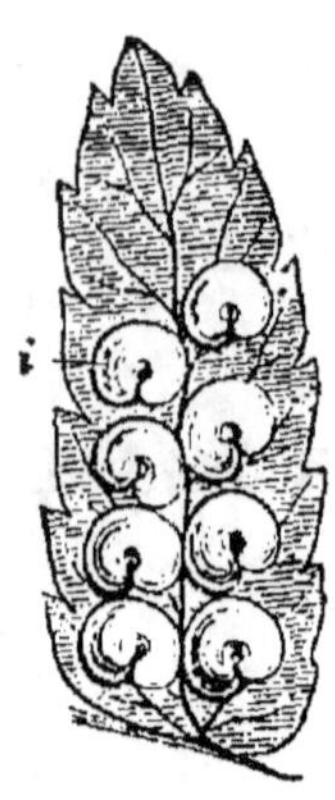

ordinairement groupés à la face inférieure des feuilles et sur les nervures. Chaque groupe de sporanges est un *sore*. Quelquefois nu (Polypode, Osmonde, etc.), le sore est le plus souvent protégé par une excroissance membraneuse de l'épiderme, sorte de poil écailleux, qu'on nomme *indusie* (fig. 209 et 210).

La paroi du sporange mûr ne comprend qu'une seule assise de cellules, dont une rangée, ordinairement située dans le plan méridien où elle s'étend sur la plus grande partie de la circonférence, se développe autrement que les autres (fig. 210). Elles sont plus grandes et proéminent en dehors ; leur membrane s'épaissit, se lignifie et se colore fortement sur la face interne

Fig. 209. — Face inférieure d'un segment du limbe de l'Aspide fougère-mâle, avec huit sores indusiés *i*.

et sur les faces latérales en contact, mais demeure mince sur la

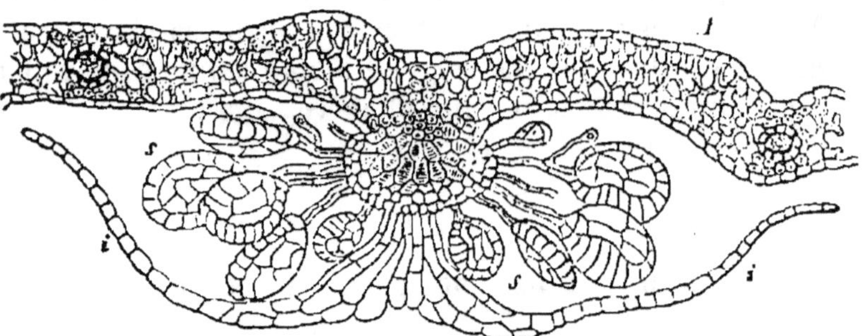

Fig. 210. — Section transversale de la feuille de l'Aspide fougère-mâle, passant par un sore, avec ses sporanges *s* et son indusie *i*.

face extérieure convexe : elles constituent ce qu'on appelle l'*anneau*. En se desséchant, ces cellules se contractent davantage sur

comme les vraies spores (p. 42), mais seulement un corps rudimentaire très différent du premier, dont il est le complément indispensable, puisqu'il est destiné à produire les œufs et à alimenter leurs premiers développements. Dans sa totalité, la plante est donc coupée ici en deux tronçons, un grand tronçon végétatif et un petit tronçon reproducteur; les cellules en question établissent simplement le passage entre les deux tronçons : ce sont, si l'on veut, des spores de passage.

la face externe ; l'anneau cherche par conséquent à se redresser
et par là déchire la paroi du sporange, d'abord entre ses bords,
puis de chaque côté, perpendiculairement à sa propre direction.
Les spores se trouvent de la sorte projetées vers le bas et tombent
sur le sol. Ce sont de simples cellules. Leur membrane cellulosique, tout entière cutinisée, est partagée en deux couches dont
l'externe, diversement colorée, est souvent munie d'épaississements variés ; leur protoplasme contient autour du noyau diverses matières de réserve et quelquefois des chloroleucites (Osmon-
dacées, Hyménophyllées).

Le sporange naît du développement particulier d'une cellule de
l'épiderme ; il a donc la valeur morphologique d'un poil. Des cellules voisines se développent d'ailleurs souvent en poils ordinaires,
qui entrent avec les sporanges dans la composition du sore et qu'on
nomme des *paraphyses*. Pour produire un sporange, la cellule épidermique se prolonge d'abord au dehors en formant une papille,
dont la partie saillante se sépare de la base par une cloison transversale. Puis, elle se divise par une nouvelle cloison transversale
en deux cellules, dont l'inférieure, prenant des cloisons à la fois
transversales et longitudinales, donne naissance au pédicelle, formé
le plus souvent de trois rangées cellulaires, tandis que la supérieure
est la cellule mère du sporange.

Par quatre cloisons obliques successives, celle-ci produit d'abord
quatre cellules externes aplaties et une cellule centrale tétraédrique. Les premières se divisent par des cloisons perpendiculaires à
la surface et forment la paroi du sporange, dans laquelle l'anneau
se différencie plus tard. La cellule tétraédrique se cloisonne de
nouveau une ou deux fois parallèlement à ses quatre faces, pour
donner une ou deux rangées de cellules doublant la paroi externe
et qui se détruisent plus tard dans un liquide granuleux. Après
quoi, elle se divise en deux à plusieurs reprises et produit les cellules mères des spores, ordinairement au nombre de seize. Chacune de celles-ci divise deux fois de suite son noyau, puis se cloisonne simultanément en quatre. Les cloisons s'épaississent, leurs
lames mitoyennes se gélifient, ainsi que la couche externe des cellules mères, et par là les cellules filles se trouvent isolées dans un
liquide mucilagineux, auquel s'ajoute la substance granuleuse provenant de la destruction des assises internes de la paroi. Aux
dépens de ce liquide, les cellules filles grandissent, épaississent
leur membrane, la dédoublent en deux couches différenciées comme

il a été dit plus haut, et constituent enfin les spores mûres, bientôt disséminées par la rupture de la paroi du sac qui les renferme.

Remarquons la profonde analogie qui existe entre la formation des spores des Fougères et celle des grains de pollen des Phanérogames. La seule différence est que le sac pollinique a la valeur d'une émergence, tandis que le sporange des Fougères n'est qu'un poil; mais cette différence est sans importance; elle s'efface d'ailleurs chez d'autres Cryptogames vasculaires (Lycopode, Isoète, Sélaginelle), où le sporange a également la valeur d'une émergence.

Germination des spores et formation du prothalle. — Sur le sol, la spore germe après un temps de repos plus ou moins

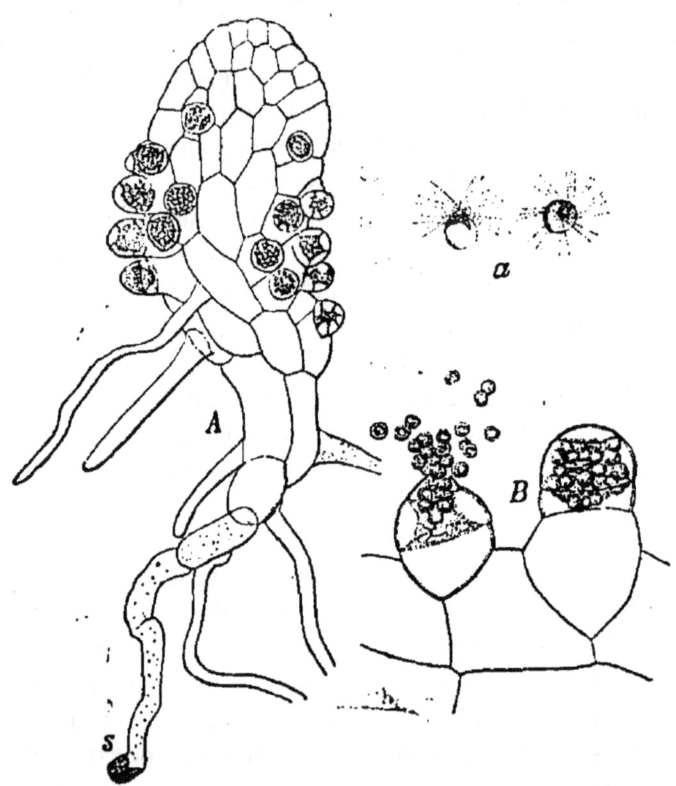

Fig. 211. — *A,* prothalle de la Ptéride aquiline, encore dépourvu de coussinet et ne portant que des anthéridies, vu par sa face inférieure; *s,* spore primitive. *B,* anthéridie, encore fermée à droite, ouverte à gauche; *a,* anthérozoïdes libres.

long. Tout d'abord sa membrane albuminoïde produit une nouvelle couche de cellulose, qui tapisse la couche ancienne complètement

cutinisée. Puis celle-ci se déchire et, à travers la fente, le protoplasme, revêtu par la nouvelle membrane cellulosique, se développe
en un tube court, bientôt pourvu de chloroleucites et cloisonné
transversalement (fig. 211). À mesure qu'elle s'allonge, l'extrémité
de ce tube s'élargit de plus en plus, se divise par des cloisons lon
gitudinales et obliques, et forme enfin une lame verte d'abord
triangulaire, plus tard échancrée en avant en forme de cœur ou
de rein : c'est le *prothalle* (fig. 211, *A*, et fig. 213). Il est étroitement appliqué contre la terre humide, dans laquelle ses cellules
se prolongent en un grand nombre de poils absorbants. En arrière
de l'échancrure, on voit un coussinet formé de plusieurs épaisseurs
de cellules ; partout ailleurs, le prothalle n'a qu'un seul plan de
cellules. Le coussinet se prolonge quelquefois d'un bout à l'autre
du prothalle, en y formant une sorte de nervure médiane (Osmonde).

C'est aussi sur cette face inférieure qu'on voit naître des proéminences de deux sortes, dont le concours est nécessaire à la formation de l'œuf : les unes, plus précoces, situées en grand nombre dans toute la région postérieure et latérale, jouent le rôle mâle
et sont appelées *anthéridies* ; les autres, plus tardives, disposées
en petit nombre sur le coussinet voisin de l'échancrure antérieure, jouent le rôle femelle et sont nommées *archégones*. Quand
le prothalle est insuffisamment nourri, il demeure plus petit, ne
prend ni échancrure ni bourrelet, et ne forme que des anthéridies
(fig. 211, *A*).

Formation et déhiscence de l'anthéridie ; anthérozoïdes.
— L'anthéridie naît, comme un poil, de la proéminence d'une
cellule du prothalle sur sa face inférieure. La partie saillante se
sépare par une cloison transversale et s'arrondit en hémisphère.
Puis il s'y fait une cloison en forme de dome, qui la divise en une
cellule interne hémisphérique et en une cellule externe en forme
de cloche ; cette dernière se partage ensuite, par une cloison transversale annulaire, en une cellule supérieure en forme de couvercle
et une cellule inférieure en forme de tore (Ptéride, Cératoptéride,
Aneimie, etc.). Ce couvercle et ce tore, pourvus tous deux de chloroleucites appliqués contre leur face interne, constituent ensemble
la paroi de l'anthéridie (fig 211, *B*). La cellule centrale se divise,
par des cloisons transversales et longitudinales, en petites cellules
munies d'un gros noyau et dont chacune produit un *anthérozoïde*.
A cet effet, le noyau se courbe d'abord en arc, puis s'allonge en

hélice et en même temps s'amincit en une bandelette spiralée. Le protoplasme central, entouré par cette bandelette, s'épuise et se réduit à quelques granules amylacés; le protoplasme pariétal, qui enveloppe le noyau, se divise en un certain nombre de minces filaments attachés par un bout à cette bandelette.

Arrivée à maturité, l'anthéridie absorbe l'eau, qui la gonfle et soulève le couvercle (fig. 211, *B*). Les cellules mères des anthérozoïdes se dissocient, s'arrondissent et s'échappent par l'ouverture; aussitôt, leur membrane se dissout dans l'eau et chacune d'elles met en liberté son anthérozoïde, qui se déploie dans le liquide ambiant, y prend sa forme définitive et s'y meut rapidement. C'est un ruban spiralé, enroulé deux ou trois fois en tire-bouchon; son extrémité antérieure amincie porte de nombreux cils vibratiles: son extrémité postérieure plus épaisse traîne d'abord après elle une vésicule contenant des granules amylacés (fig. 211, *a*); mais cette vésicule ne tarde pas à se détacher et le filament spiralé continue seul sa course. Sa translation est accompagnée d'une rotation autour de l'axe; il se visse, pour ainsi dire, dans le liquide. La vésicule n'est autre chose que le protoplasme central de la cellule mère, dont le noyau est devenu le ruban spiralé et le protoplasme pariétal les cils vibratiles.

Formation et déhiscence de l'archégone; oosphère. — Comme l'anthéridie, l'archégone procède d'une cellule de la face inférieure du prothalle, mais sa formation est toujours localisée à la surface du coussinet. Cette cellule proémine au dehors et se divise en trois par deux cloisons transversales (fig. 212). La cellule inférieure demeure stérile et correspond à la cellule basilaire de 'anthéridie; la moyenne est la cellule centrale de l'archégone; la supérieure se divise par deux cloisons longitudinales en croix, puis par des cloisons transversales, et produit enfin le *col* de l'archégone, qui consiste en quatre séries de cellules, se touchant suivant l'axe (fig. 212, *B*). La cellule centrale se divise ensuite par une cloison transversale en deux portions inégales : l'inférieure, plus grande, d'abord discoïde, s'arrondit plus tard et constitue l'oosphère; la supérieure, plus petite, s'accroît vers le haut entre les quatre rangées de cellules du col, qu'elle dissocie (fig. 212, *A*), et en même temps son noyau se divise une ou deux fois de manière à produire deux ou quatre noyaux superposés (fig. 212, *B*). Finalement, cette cellule se détruit en gélifiant sa membrane; la substance mucilagineuse ainsi formée se gonfle, écarte les cellules terminales du col, s'échappe brusquement au dehors et s'arrondit en une gouttelette qui demeure en face de l'ouverture, prolongée à travers le col et jusqu'à l'oosphère par un filet gélatineux. Du même coup, l'oosphère se trouve dénudée par en haut, où elle présente une tache claire, et devient en ce point accessible du dehors. La petite cellule qui surmonte l'oosphère, ayant pour rôle de creuser le col d'un canal ouvert au dehors et conduisant en dedans jusqu'à l'oosphère, est appelée *cellule de canal*.

Fécondation et formation de l'œuf. — Dans la couche d'eau qui baigne la surface du sol, sous le prothalle, nagent déjà en tous sens de nombreux anthérozoïdes, au moment où les cols des archégones viennent s'y ouvrir et y suspendre comme des bouées leurs gouttes de mucilage. Retenus par ces gouttelettes, pris au piège en quelque sorte en face du col, quelques-uns d'entre eux suivent le chemin tracé par le filet gélatineux,

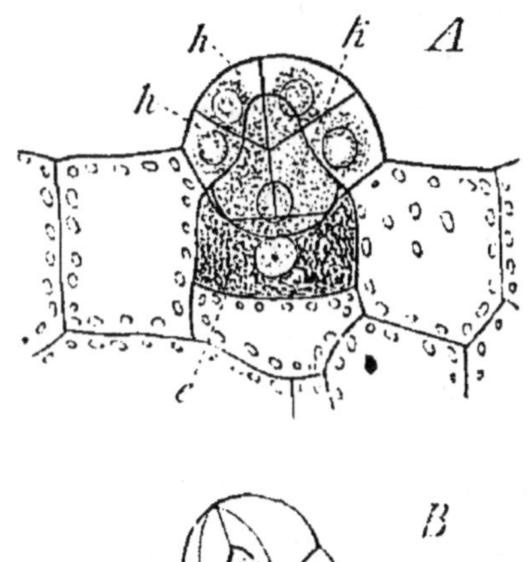
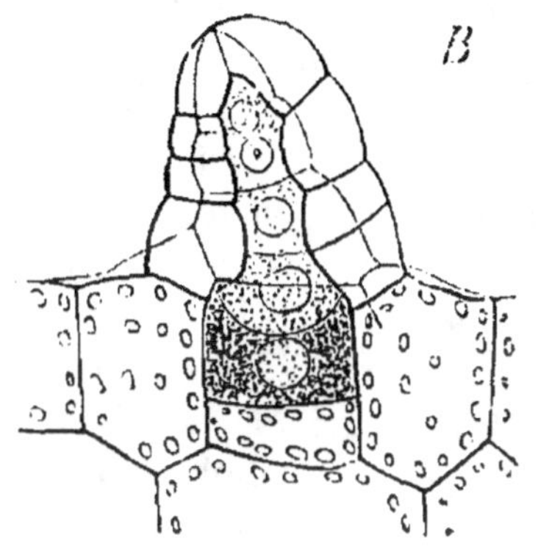

Fig. 212. — Formation de l'archégone sur le prothalle de la Ptéride dentelée : *e*, oosphère ; *hh*, col; *k*, cellule de canal.

traversent le canal et arrivent à l'oosphère ; l'un d'eux au moins y pénètre à l'endroit de la tache claire et s'y perd en confondant, noyau à noyau et protoplasme à protoplasme, sa substance avec celle de l'oosphère. L'œuf ainsi formé s'enveloppe aussitôt d'une membrane propre de cellulose, pendant que s'oblitère le col de l'archégone.

Formation de l'œuf chez les autres Cryptogames vasculaires. — Chez beaucoup d'autres Cryptogames vasculaires, l'œuf se forme, à de très légères différences près, comme chez les Fougères, c'est-à-dire sur un prothalle qui produit à la fois les anthéridies et les archégones, qui est *monoïque* (Marrattie, Ophioglosse,

Prêle, Lycopode, etc.). Cependant, quelques-unes de ces plantes ont deux sortes de prothalles : les uns plus petits ne portent que des anthéridies, sont mâles ; les autres plus grands ne portent que des archégones, sont femelles ; en un mot, il y a *diœcie*, sans que les spores qui produisent les uns et les autres cessent pourtant d'être de tout point semblables (la plupart des Prêles, etc.). Toutes ensemble, ces Cryptogames vasculaires peuvent donc être nommées *isosporées*.

Chez d'autres, non seulement cette différenciation des prothalles s'accuse davantage, mais encore elle retentit jusque sur les spores dont ils dérivent. La plante adulte produit alors deux sortes de spores : les unes plus petites, ou *microspores*, forment les prothalles mâles ; les autres plus grandes, ou *macrospores*, engendrent les prothalles femelles (Pilulaire, Marsilie, Salvinie, Azolle, Sélaginelle, Isoète). Toutes ces Cryptogames vasculaires peuvent être dites *hétérosporées*. En même temps, les prothalles des deux sortes se réduisent beaucoup, demeurent rudimentaires et sortent à peine, ou même ne sortent pas du tout de la spore qui les a formés. Dans les Isoètes, par exemple, la microspore en germant se partage par une cloison en deux cellules très inégales ; la petite reste stérile et représente à elle seule la portion végétative du prothalle mâle ; la grande se cloisonne et produit l'anthéridie, avec sa paroi et ses cellules-mères, dont les anthérozoïdes s'échappent par une déchirure de la membrane. De même la macrospore en germant se cloisonne dans les trois sens, et produit un tissu incolore qui la remplit complètement : c'est le prothalle femelle, qui se gonfle et fait éclater la membrane en un point ; sur cette place, mise à nu, se forme bientôt un archégone aux dépens d'une cellule périphérique, comme il a été expliqué chez les Fougères.

Comparaison de la formation de l'œuf chez les Cryptogames vasculaires et chez les Phanérogames. — Ces Cryptogames vasculaires hétérosporées à prothalles rudimentaires nous mènent directement aux Phanérogames.

Considérons d'abord les Gymnospermes. Leurs grains de pollen sont en réalité des microspores. Ils naissent, en effet, dans le sac pollinique, qui est une émergence foliaire, comme les microspores dans le microsporange d'un Isoète ou d'une Sélaginelle, qui est également une émergence foliaire. En germant, ils se comportent aussi, tout d'abord, comme les microspores d'Isoète, découpant une petite cellule stérile qui représente la portion végétative du prothalle mâle et développant la grande; la seule différence est que cette grande cellule, au lieu de produire des anthérozoïdes et de les mettre en liberté, s'allonge en un tube dont l'extrémité se met directement en rapport avec l'oosphère. Les anthérozoïdes sont donc supprimés : d'où un raccourcissement tardif dans la marche du phénomène. Du même coup, la formation de l'œuf, qui exigeait l'intervention de l'eau, qui était aquatique chez les Cryptogames vasculaires, devient aérienne chez les Phanérogames.

D'autre part, dans le nucelle des Gymnospermes, qui est une émergence foliaire, tout se passe comme dans le macrosporange d'un Isoète ou d'une Sélaginelle, qui est aussi une émergence foliaire. Les cellules mères des sacs embryonnaires y prennent naissance, en effet, comme les cellules mères des macrospores; et, si l'une d'elles étouffe les autres et parvient seule à maturité, c'est là un fait qui se présente aussi dans les macrosporanges (Isoète, Sélaginelle, etc.). Le sac embryonnaire se comporte comme une macrospore d'Isoète, se remplissant d'un prothalle femelle, nommé provisoirement endosperme (p. 379), lequel produit des archégones, nommés provisoirement corpuscules (p. 380). La rosette du corpuscule est le col de l'archégone; la petite cellule, qui se détruit en dissociant la rosette et ouvrant l'accès à l'oosphère, est la cellule de canal : l'analogie est complète. Il y a seulement cette différence que la cellule mère du sac embryonnaire, au lieu de se diviser en quatre cellules filles, dont une seule parfois se développe, il est vrai, en une macrospore (Pilulaire, Salvinie, etc.), ne se cloisonne pas et devient directement le sac embryonnaire. C'est un raccourcissement précoce, qui a pour effet, en supprimant les macrospores, de maintenir le prothalle femelle en place dans le tissu de la plante mère.

Deux raccourcissements dans la formation de l'œuf, le premier dans l'appareil mâle, très tardif, n'intervenant qu'après la germination de la microspore, pour supprimer les anthérozoïdes, le second dans l'appareil femelle, très précoce, frappant la cellule mère des macrospores en supprimant celles-ci et en empêchant du même coup la mise en liberté du prothalle : c'est à quoi se réduit, en définitive, la différence entre les Gymnospermes et les Cryptogames vasculaires. On peut la résumer en disant que les Gymnospermes sont des Cryptogames vasculaires hétérosporées à prothalle femelle inclus dans la plante adulte; c'est cette inclusion

qui exige la suppression des anthérozoïdes et, par suite, l'abou-
chement direct du prothalle mâle avec l'oosphère.

Le passage des Cryptogames vasculaires aux Gymnospermes une
fois bien compris, il suffit de se rappeler que les Angiospermes
dérivent des Gymnospermes par deux nouveaux raccourcissements,
l'un dans le prothalle mâle (p. 358), l'autre dans le prothalle
femelle (p. 387), pour comprendre comment à leur tour elles se
rattachent aux Cryptogames vasculaires. C'est ainsi que, par une
suite ininterrompue de transitions, on passe des Fougères aux
Cryptogames vasculaires hétérosporées, de celles-ci aux Gymnospermes, enfin des Gymnospermes aux Angiospermes.

L'étude des Cryptogames vasculaires jette donc une lumière
nouvelle sur les caractères des Phanérogames ; elle permet, malgré
la différence des termes employés pour les désigner, de restituer
aux diverses parties de la fleur et aux diverses phases de la formation de l'œuf leur véritable signification. Elle fait comprendre
aussi comment les Phanérogames ont pu dériver des Cryptogames
vasculaires. En un mot, la connaissance des Cryptogames vasculaires est nécessaire à la pleine intelligence des Phanérogames.

§ 2

Développement de l'œuf chez les Fougères.

Formé comme il vient d'être dit, l'œuf des Fougères se développe tout de suite sur le prothalle et aux dépens des matériaux
nutritifs qu'il contient. Les Cryptogames vasculaires sont donc vivipares, comme les Phanérogames.

Développement de l'œuf en plantule. — Par deux cloisons
successives, transversales par rapport à la ligne médiane du prothalle et perpendiculaires l'une à l'autre, l'œuf se divise d'abord
en quatre cellules, disposées comme les quartiers d'une pomme.
Ces quatre cellules ont un sort très différent. La supérieure d'arrière forme par ses cloisonnements une masse conique qui s'enfonce dans le tissu du prothalle et qui a pour fonction de servir
de suçoir pour nourrir les trois autres : c'est ce qu'on appelle le
pied (fig. 213). La supérieure d'avant produit la tige, l'inférieure
d'avant la première feuille, l'inférieure d'arrière la première racine
ou radicule.

Développement de la plantule en plante adulte. — A mesure que ces trois dernières cellules continuent de se cloisonner

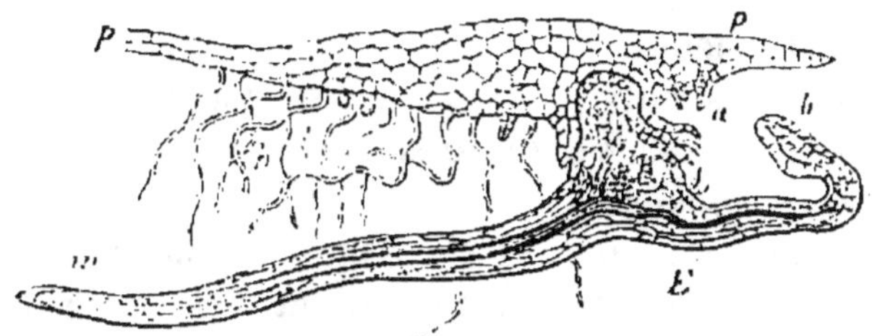

Fig. 213. — Section longitudinale médiane d'un prothalle de Capillaire, avec sa plantule E. *p*, prothalle ; *a*, archégones non fécondés ; *h*, poils absorbants *b*, première feuille ; *w*, première racine.

pour accroître les trois membres correspondants, le corps différencié pousse hors de l'archégone, d'abord sa radicule qui s'enfonce verticalement dans le sol, en devenant la racine terminale de la plante, puis sa première feuille qui s'allonge en se dressant vers le ciel (fig. 213 et 214). Après quoi, la tige, qui demeure courte, donne naissance à une seconde feuille, puis à une troisième, et ainsi de suite. En même temps, elle produit vers le bas de nouvelles racines (fig. 214). Plus tard, le prothalle et le pied se dessèchent et la plantule est affranchie.

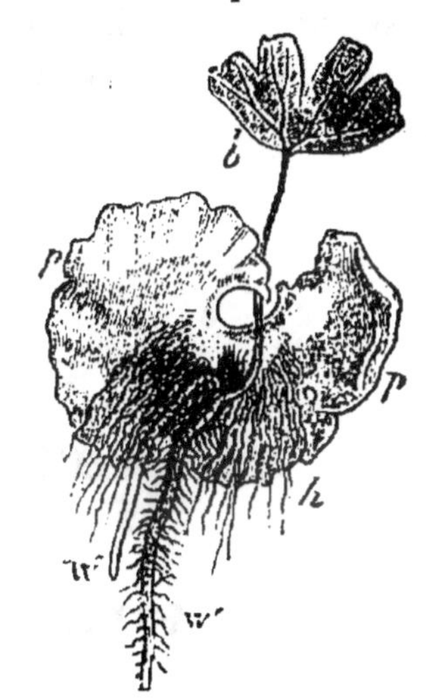

Fig. 214. — État plus avancé de la plantule de Capillaire, avec sa première feuille épanouie *b* et ses deux premières racines *w'*, *w"*. Le prothalle *p* est vu d'en dessous, avec ses poils absorbants *h*.

D'abord très petites et très simples, les feuilles se succèdent de plus en plus grandes et de plus en plus compliquées. Les entre-nœuds qui les séparent se superposent de plus en plus gros et de plus en plus complexes dans leur structure. Les racines latérales que ces entre-nœuds produisent sont aussi de plus en plus vigoureuses. En un mot, la Fougère s'accroît et se fortifie peu à peu, jusqu'à ce que toutes ses parties aient acquis leur dimension, leur forme et leur structure définitives ; après quoi, les nouveaux membres formés sont sensiblement égaux aux précédents et l'état adulte est atteint. A cet état, la plante peut, comme une Phanérogame, se multiplier, soit par marcottage naturel sur les feuilles (Doradille, Cératoptéride, etc.), soit par boutures ou marcottes artificielles.

Chez toutes les autres Cryptogames vasculaires, le développement de l'œuf en plante adulte se retrouve tel qu'on vient de l'exposer chez les Fougères.

On n'observe donc pas, chez les Cryptogames vasculaires, entre le développement de l'œuf en embryon et le développement de l'embryon en plantule, ce passage à l'état de vie latente et cette dissémination qui donnent naissance à la graine chez les Phanérogames. Le développement de l'œuf en plante adulte y est continu; en d'autres termes, il n'y a pas de graine. Cette continuité compense en quelque sorte l'interruption de leur développement par les spores, un peu avant la formation des œufs, interruption qui est supprimée chez les Phanérogames pour l'appareil femelle et ne subsiste que pour l'appareil mâle, comme on l'a vu plus haut.

CHAPITRE HUITIÈME

FORMATION DE L'ŒUF

ET

DÉVELOPPEMENT DES MUSCINÉES

Pour étudier comment l'œuf se forme chez les Muscinées et comment il se développe en plante adulte, il convient de prendre pour type la division la plus nombreuse et la plus répandue de ce groupe, celle des Mousses.

§ 1

Formation de l'œuf chez les Mousses.

Contrairement à ce qui a lieu chez les Cryptogames vasculaires, l'œuf des Mousses se forme directement sur la plante adulte. Les deux organes qui concourent à sa formation sont d'ailleurs encore des anthéridies et des archégones, ayant la valeur morphologique de poils. Ils sont portés au sommet soit de la tige principale, soit d'un rameau de second ou de troisième ordre, entremêlés de poils stériles, nommés aussi *paraphyses* ; le tout est entouré d'un involucre, constitué par plusieurs tours de feuilles spiralées, semblables aux feuilles végétatives et qui diminuent progressivement de grandeur vers l'intérieur. Quelquefois l'involucre renferme à la fois des anthéridies et des archégones : il est *hermaphrodite* (diverses Bryes, etc.) ; le plus souvent il ne contient que l'un ou l'autre de ces organes : il est *mâle* ou *femelle* (Polytric, Funaire, etc.).

Formation et déhiscence de l'anthéridie ; anthérozoïdes. — L'anthéridie est un sac ovoïde pédicellé, dont la paroi est formée d'une seule assise de cellules, renfermant des chloroleucites qui se colorent en jaune ou en rouge à la maturité. L'intérieur est rempli de petites cellules cubiques contenant chacune un anthérozoïde (fig. 215).

L'anthéridie naît, comme un poil, d'une cellule périphérique de la tige. Cette cellule proémine en forme de papille, dont la partie saillante se sépare par une cloison transversale. Elle se divise ensuite par une nouvelle cloison transversale en deux cellules, dont l'inférieure en se cloisonnant donne le pédicelle, la supérieure l'anthéridie. A cet effet, celle-ci se divise d'abord par deux séries de cloisons obliques alternes, puis par des cloisons tangentielles ; l'assise externe ainsi formée se segmente suivant le rayon et se différencie pour former la paroi, pendant que les cellules internes se cloisonnent dans les trois directions pour donner un très grand nombre de petites cellules mères d'anthérozoïdes. A l'intérieur de chacune de celles-ci, l'anthérozoïde naît comme il a été dit plus haut pour les Fougères (p. 470).

A la maturité, sous l'influence de l'eau qui remplit l'involucre, la paroi se fend au sommet et, par l'ouverture, les anthérozoïdes s'échappent, encore renfermés dans leurs cellules mères, comme une épaisse bouillie mucilagineuse (fig. 215, *a*). Les membranes des cellules mères se dissolvent dans l'eau et mettent en liberté les anthérozoïdes, qui se déploient, prennent leur forme et nagent dans le liquide (fig. 215, *b*, *c*). Ce sont de minces filaments enroulés en spirale; leur extrémité postérieure est renflée; leur extrémité antérieure, au contraire, est effilée et porte deux longs cils grêles, dont les battements provoquent la translation de la spirale et en même temps sa rotation autour de l'axe.

Fig. 215. — Anthéridie de Funaire hygrométrique, ouverte au sommet et laissant échapper les anthérozoïdes *a*; *b*, anthérozoïde plus fortement grossi, encore dans sa cellule mère: *c*, le même, libre.

Formation et déhiscence de l'archégone; oosphère.

— L'archégone a la forme d'une bouteille pédicellée, dont le col est mince, allongé et ordinairement tordu autour de son axe (fig. 216). La paroi du ventre comprend deux épaisseurs de cellules; celle du col ne contient qu'une assise, formée de quatre à six rangs. Ventre et col renferment une rangée axile de cellules dont l'inférieure devient l'oosphère arrondie, tandis que toutes les autres se détruisent et se transforment en mucilage. Ce mucilage disjoint les quatre cellules terminales, ouvre le canal du col et se répand en partie au dehors, en une gouttelette qui demeure en face de l'orifice, retenue par un filet gélatineux.

Comme l'anthéridie, l'archégone procède d'une cellule superficielle de la tige et a la valeur d'un poil. Cette cellule proémine au dehors et sa partie saillante se sépare par une cloison transversale. Puis elle se divise, par une nouvelle cloison transversale, en deux cellules dont l'inférieure en se cloisonnant donne le pédicelle, la supérieure l'archégone. A cet effet, celle-ci prend d'abord quatre cloisons tangentielles, trois sur les côtés, une en haut ; il en résulte une cellule centrale, entourée de quatre cellules périphériques. De ces dernières, les trois latérales, en se cloisonnant ultérieurement, donnent la paroi du ventre et du col, tandis que la supérieure, en se partageant par deux cloisons en croix, produit les quatre cellules terminales du col. La cellule centrale se divise par une cloison transversale en deux moitiés inégales : l'inférieure, plus grande, est l'oosphère ; la supérieure, plus petite, est la cellule de canal. Celle-ci s'accroît dans le col et se divise en plusieurs cellules superposées, qui se détruisent plus tard en ouvrant le canal du col et mettant à nu l'oosphère, comme il a été dit plus haut.

Fécondation et formation de l'œuf. — Quand la pluie ou la rosée ont rempli d'eau l'involucre, les anthéridies s'ouvrent et les anthérozoïdes nagent en grand nombre dans le liquide ; ceux qui viennent à rencontrer une boulette gélatineuse retenue en face du col d'un archégone s'y trouvent pris ; suivant alors le filet de mucilage qui les conduit à travers le canal, ils pénètrent dans l'oosphère, où ils disparaissent comme tels. La substance de l'anthérozoïde se combine à celle de l'oosphère, noyau à noyau, protoplasme à protoplasme, et des deux se forme un œuf, qui s'entoure aussitôt d'une membrane de cellulose.

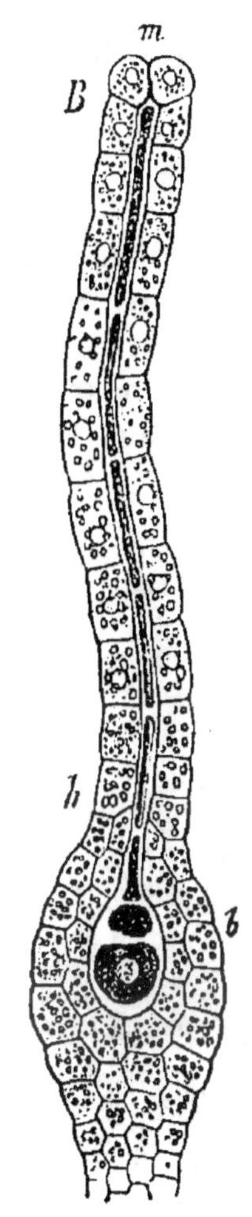

Fig. 216. — Archégone de **Funaire hygrométrique** : *b*, ventre avec l'oosphère et la première cellule de canal ; *h*, col encore fermé au sommet *m*, avec les autres cellules de canal, commençant à se transformer en mucilage

§ 2

Développement de l'œuf chez les Mousses.

L'œuf des Mousses se développe immédiatement sur la plante mère et à ses dépens ; comme les Phanérogames et les Cryptogames vasculaires, les Muscinées sont donc vivipares. Mais ce développement comprend deux phases très inégales, séparées par une formation de cellules spéciales qui se disséminent ; comme chez les Cryptogames vasculaires, et tout aussi improprement, ces cellules spéciales sont nommées des *spores*. L'œuf devient d'abord un corps rudimentaire qui produit les spores dans un sporange et que, dans son ensemble, on nomme *sporogone*. Ces spores germent ensuite et donnent naissance à la plante adulte.

Développement de l'œuf en sporogone. — L'œuf se divise d'abord par une cloison horizontale, puis par des cloisons obliques alternes, enfin par des cloisons radiales et tangentielles, de manière à former un corps fusiforme ; celui-ci continue de croître par son sommet, tandis que son extrémité inférieure s'enfonce, à travers la base de l'archégone, dans le tissu de la tige et s'y greffe en quelque sorte pour y puiser sa nourriture (fig. 217). Le ventre de l'archégone suit d'abord, en se dilatant, la croissance longitudinale du corps fusiforme (fig. 217, *c*) ; mais plus tard il se déchire circulairement à sa base et se trouve soulevé par l'allongement de ce corps, au sommet duquel il forme une sorte de capuchon, qu'on appelle la *coiffe*. En même temps, le tissu de la tige proémine tout autour de la base du corps fusiforme, en formant une petite gaine, qu'on nomme la *vaginule*.

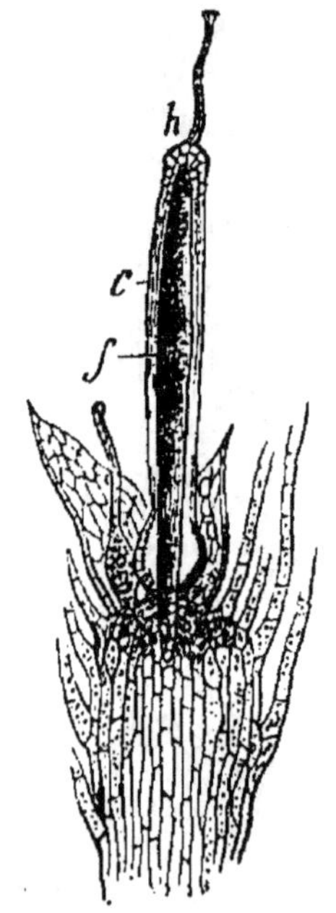

Fig. 217. — Jeune sporogone de Funaire hygrométrique, encore fusiforme *f*, et enfoncé par sa base dans la tige ; *c*, ventre dilaté de l'archégone, dont le col *h* est oblitéré.

Plus tard, le jeune sporogone cesse de croître au sommet ; sa partie supérieure s'élargit en un renflement sphérique ou ovoïde, souvent dissymétrique, qui est le futur sporange, ou, comme on dit communément, la *capsule* (fig. 218, *B*) ; tout le reste forme un long pédicelle cylindrique, ou *soie*, parfois renflé au-dessous du sporange en une sorte de nœud qu'on nomme l'*apophyse* (Polytric, Splachne, etc.). Les deux parties constitutives du sporogone une fois séparées, tout le travail ultérieur porte sur le sporange.

Le sporogone est une tige sans feuilles ; il a aussi la structure de la tige et, comme elle, il possède souvent un épiderme, une écorce et un cylindre central (p. 175). L'épiderme y est même plus différencié que dans la tige feuillée, car on y observe des stomates.

Formation et dissémination des spores. — D'abord homogène, le tissu du sporange ne tarde pas à se différencier. L'assise externe devient un épiderme nettement caractérisé, muni de stomates dans sa région inférieure, notamment sur l'apophyse, et fortement cutinisé en dehors (fig. 218, *C*). Au-dessous de cet épiderme et séparée de lui ordinairement par trois assises de parenchyme, se trouve une lacune annulaire pleine d'air, traversée par des séries de cellules à chlorophylle tendues entre la couche externe et le tissu intérieur (*h*). C'est la troisième ou la quatrième assise à partir de cette lacune qui produit les spores (*s*). A cet effet, ses cellules, qui renferment un protoplasme plus dense et un noyau plus grand que les autres, se divisent d'abord deux ou trois fois ; puis elles ne tardent pas à s'isoler par la

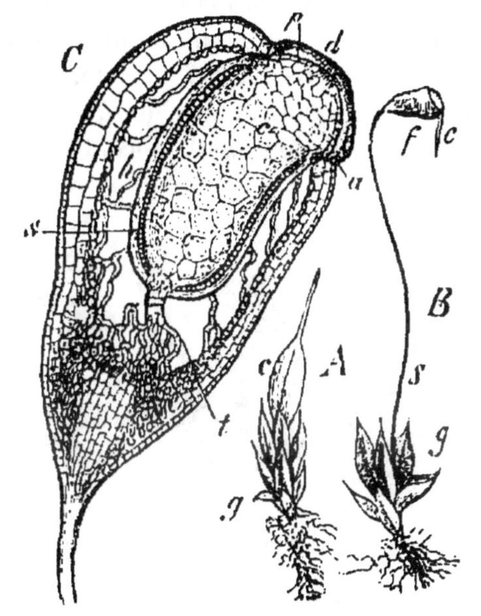

Fig. 218. — Funaire hygrométrique. *A*, tige feuillée *g*, avec un sporogone encore enfermé dans la coiffe *c*. *B*, tige feuillée *g*, portant un sporogone presque mûr, avec son pédicelle *s*, son sporange *f* et sa coiffe *c*. *C*, section longitudinale du sporange : *d*, opercule ; *a*, anneau ; *p*, péristome ; *c c'*, columelle ; *h*, lacune aérifère ; *s*, cellules mères des spores.

gélification des lames moyennes de leurs membranes et à nager librement dans l'espace circulaire qu'elles occupent. Ensuite, comme il a été dit pour les Fougères (p. 467), chacune d'elles se segmente en quatre cellules filles, bientôt séparées, qui sont les spores. L'assise sporigène est la continuation de l'assise la plus externe du cylindre central du pédicelle; en un mot, c'est le péricycle. Tout le tissu interne, dont les larges cellules sont pourvues de chlorophylle, constitue dans l'axe de la capsule une colonne pleine, qu'on nomme la *columelle* (*c*, *c'*). Les assises externes de la columelle. jointes à celles qui séparent les cellules mères des spores de la lacune annulaire, et dont la plus interne est l'endoderme, forment la paroi souvent plissée d'un sac circulaire qui renferme les spores et qu'on nomme *sac sporifère*.

Ni la lacune annulaire, ni le sac sporifère ne se prolongent d'ordinaire jusqu'au sommet du sporange, dont la partie supérieure demeure pleine. A la maturité, la coiffe tombe et la partie pleine se détache circulairement, en formant une sorte de couvercle, nommé *opercule* (*d*). Une fois l'opercule tombé, la partie inférieure du sporange, appelée désormais l'*urne*, n'est pas encore ouverte. On y voit, en effet, fixées au bord en *a* et rabattues vers le centre au-dessus du sac sporifère et de la columelle, un ou deux cercles de dents (*p*) dont le nombre, toujours multiple de 4, est ordinairement de 16 ou de 32 : l'ensemble de ces dents constitue le *péristome*, simple ou double. Par la dessiccation, ces dents se relèvent en se rejetant au dehors, ou même en se tortillant en spirale (fig. 219). C'est seulement alors que le sac sporifère est ouvert et que les spores

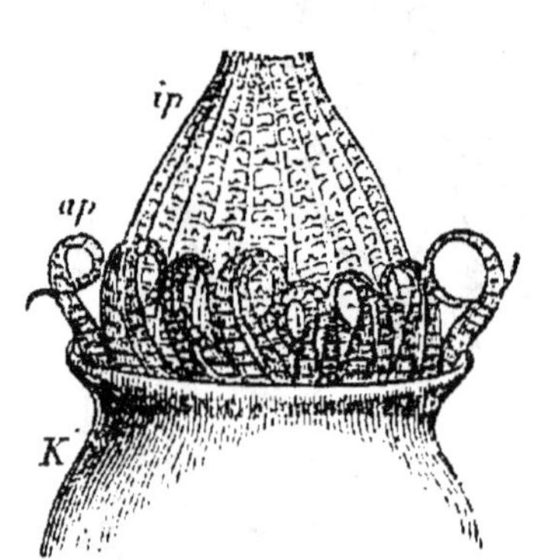

Fig. 219. — Ouverture de l'urne de la Fontinale : *ap*, péristome externe; *ip*, péristome interne.

mûres s'en échappent pour se disséminer. Elles sont arrondies ou tétraédriques, recouvertes d'une mince couche cutinisée, jaune ou brune, et pourvues de chloroleucites.

Germination des spores; protonème. — Après un temps de repos plus ou moins long, la spore germe sur la terre humide (fig. 220, *A*). La couche cutinisée de sa membrane se déchire (*s*) et la couche interne s'allonge au dehors en un tube, qui croît indéliniment à son sommet, en se divisant à mesure par des cloisons transversales. Au-dessous de ces cloisons, les cellules poussent des branches également cloisonnées, qui à leur tour portent des rameaux. Il en résulte bientôt un lacis de filaments verts, qui se nourrissent directement et acquièrent souvent une assez grande dimension, recouvrant plusieurs pouces carrés de leurs rameaux

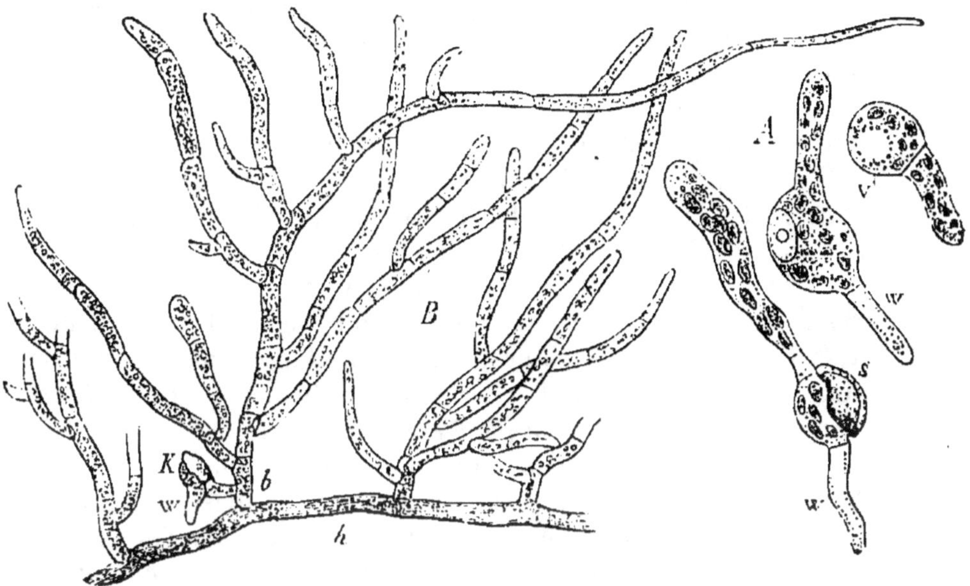

Fig. 220. — Funaire hygrométrique. *A*, spores germant; *s*, couche cutinisée de la membrane; *w*, poil absorbant. *B*, portion du protonème, trois semaines après la germination; *h*, branche rampante, d'où partent les branches dressées *b*; *k*, début d'un bourgeon adventif, avec un poil absorbant *w*.

enchevêtrés et gazonnants; à ce lacis, on donne le nom de *protonème* (fig. 220, *B*).

Une fois le protonème bien développé, on voit se former çà et là, sur la cellule inférieure de ses branches, un tube court, qui se sépare par une cloison basilaire et prend encore une ou deux cloisons transversales. Après quoi, sa cellule terminale se divise rapidement par un grand nombre de cloisons obliques et produit un petit tubercule, qui continue de croître verticalement par son sommet (fig. 220, *k*). Vers sa base, ce tubercule produit des poils qui se dirigent aussitôt vers le bas et s'enfoncent dans le sol pour le nourrir directement (*w*). Vers le sommet, il forme des feuilles, d'abord réunies en bourgeon et qui s'épanouissent à mesure qu'il s'allonge. En un mot, chacun de ces petits tubercules se développe en une tige feuillée d'origine adventive. Toutes les tiges issues du même protonème forment, serrées les unes contre les autres, une petite forêt qui dérive en définitive d'une seule spore. Plus tard, le protonème qui relie leurs bases à la surface du sol disparaît et toutes ces tiges se trouvent affranchies par une sorte de marcottage naturel. En continuant de croître et de se ramifier, chacune d'elles parvient enfin à l'état d'individu adulte, qui nous a servi de point de départ.

On voit que, grâce aux deux modes de multiplication interposés successivement pendant le cours du développement entre l'œuf et la plante adulte, multiplication par les spores, multiplication par le protonème, un seul œuf de Mousse donne naissance en définitive à un très grand nombre d'individus.

Arrivée à l'état adulte, la Mousse peut se multiplier, soit en formant des filaments protonémiques sur ses poils absorbants, sur sa tige ou sur ses feuilles, soit en produisant au sommet de sa tige des corps pluricellulaires pédicellés, fusiformes ou lenticulaires, qu'on nomme des *propagules*; une fois tombés sur le sol, ces propagules émettent des filaments protonémiques.

Chez les Hépatiques, qui, avec les Mousses, composent le groupe des Muscinées, la formation de l'œuf s'opère exactement comme dans les Mousses. Quant au développement de l'œuf en plante adulte, il n'offre avec celui des Mousses que trois différences : 1° le protonème y est rudimentaire ou nul ; 2° le sporogone demeure jusqu'à la maturité inclus dans l'archégone : il n'y a donc pas de coiffe ; 3° le sporange s'ouvre ordinairement par deux fentes longitudinales en quatre valves.

Comparaison du développement des Muscinées avec celui des Cryptogames vasculaires. — Chez les Muscinées et chez les Cryptogames vasculaires, l'œuf se forme par un mécanisme analogue. Dans l'un et l'autre groupe aussi, le développement de la plante, de l'œuf primitif aux œufs nouveaux, est discontinu, coupé en deux tronçons, séparés par des spores de passage, qui se disséminent et passent à l'état de vie latente. Mais la rupture a lieu en des points très différents, et pour ainsi dire complémentaires, de la série totale, dans les Cryptogames vasculaires avant l'œuf, dans les Muscinées après l'œuf.

En d'autres termes, si l'on part de l'œuf, on rencontre : chez les Muscinées, d'abord le petit tronçon, puis les spores de passage, enfin le grand tronçon ou individu adulte; chez les Cryptogames vasculaires, d'abord le grand tronçon ou individu adulte, puis les spores de passage, enfin le petit tronçon. On voit par là que la différence est beaucoup plus profonde entre le développement des Muscinées et celui des Cryptogames vasculaires, qu'entre le développement des Cryptogames vasculaires et celui des Phanérogames.

CHAPITRE NEUVIÈME

FORMATION DE L'ŒUF

ET

DÉVELOPPEMENT DES THALLOPHYTES

La structure du thalle des Thallophytes est quelquefois continue (Algues Siphonées, Champignons Oomycètes, etc.), le plus souvent cloisonnée, rarement en articles (Cladophore, etc.), presque toujours en cellules. Dans ce dernier cas, le cloisonnement peut s'opérer dans une seule direction et le thalle est filamenteux (la plupart des Champignons, Spirogyre, etc.), dans deux directions et le thalle est membraneux (Monostrome, Porphyre, etc.), ou dans trois directions et le thalle est massif (Varec, Laminaire, etc.).

Que l'on ait affaire à l'une ou à l'autre de ces structures, qu'il s'agisse des Algues, qui sont pourvues de chlorophylle, ou des Champignons, qui n'en possèdent pas, la formation et le développement de l'œuf chez les Thallophytes sont loin de présenter l'uniformité qu'on y observe dans chacun des trois autres groupes. Il est donc nécessaire de distinguer ici plusieurs types pour la formation de l'œuf, et plusieurs types aussi pour son développement.

§ 1

Formation de l'œuf chez les Thallophytes.

Pour former leur œuf, les Thallophytes emploient trois procédés différents : 1° il y a combinaison d'un anthérozoïde avec une oosphère, comme chez les Cryptogames vasculaires et les Muscinées ; 2° il y a pénétration dans l'oosphère d'une portion du protoplasme immobile renfermé dans un tube, comme chez les Phanérogames ; 3° il y a combinaison de deux gamètes semblables, sans différenciation sexuelle appréciable au dehors, procédé qui se trouve exclusivement localisé dans ce groupe.

Il faut maintenant, sur quelques exemples particuliers, étudier de plus près chacun de ces trois modes, les deux premiers hétérogames, le troisième isogame, qui se trouvent d'ailleurs reliés par un grand nombre d'intermédiaires.

Formation de l'œuf par anthérozoïde et oosphère — 1° Dans l'Œdogone. — Considérons d'abord un Œdogone, Algue verte vivant dans les eaux douces stagnantes, dont le thalle se compose d'un filament simple, transversalement cloisonné, fixé à la base par un crampon rameux et souvent terminé au sommet par un poil hyalin.

Certaines cellules du filament, plus courtes et moins riches en chlorophylle que les autres, tantôt isolées, tantôt superposées jusqu'à dix et douze, deviennent d'ordinaire autant d'anthéridies (fig. 221, *A*, *a*). A cet effet, chacune d'elles se partage, par une cloison longitudinale, en deux cellules mères, qui produisent chacune un anthérozoïde ; ces deux anthérozoïdes sont ensuite mis en liberté par une fente circulaire pratiquée dans la membrane de la cellule mère, qui s'ouvre à la façon d'une boîte (fig. 221, *A*, *an*). Emportant avec eux tout le protoplasme de la cellule condensé autour de son noyau, ils ont une forme ovoïde et se meuvent dans l'eau à l'aide d'une couronne de cils vibratiles qui borde leur extrémité antérieure. Le noyau y est refoulé en arrière et la région centrale y est occupée par un hydroleucite (fig. 221, *B*). Dans leurs cellules mères, ils sont disposés transversalement, l'extrémité ciliée en dehors, l'extrémité opposée, occupée par le noyau, en dedans contre la cloison (fig. 221, *A*).

Pour former l'oosphère, une des cellules du filament se renfle, devient sphérique ou ovoïde, et se remplit d'un contenu plus abondant que les autres. Puis, le protoplasme se condense dans la partie inférieure autour du noyau, et devient l'oosphère, à l'intérieur de laquelle les chloroleucites sont étroitement serrés. La cellule mère de l'oosphère est un *oogone* (fig. 221, A, *og*). Le plus souvent la membrane de l'oogone se perce latéralement d'un trou ovale; la partie de l'oosphère tournée vers cet orifice est constituée par une substance gélatineuse hyaline, qui fait hernie au dehors dans le liquide extérieur (fig. 221, A, *t*).

A ce moment, quelqu'un des anthérozoïdes verts qui nagent dans le liquide vient à rencontrer cette hernie mucilagineuse, qui le retient et, en se rétractant, l'entraîne dans l'oosphère (fig. 221, A, *an*). Une fois entré dans l'oosphère, l'anthérozoïde s'y combine, protoplasme à protoplasme, noyau à noyau; des deux corps confondus et fortement contractés, résulte l'œuf. Celui-ci s'entoure aussitôt d'une membrane de cellulose, qui plus tard se cutinise et se colore; à cause de la forte contraction qu'il a subie pendant sa formation et qui est le signe extérieur de la combinaison dont il est le résultat, son volume est beaucoup moindre que celui de l'oosphère (fig. 221, C, *o*). Il demeure enfermé dans la membrane perforée de l'oogone, qui se sépare des cellules voisines du filament et

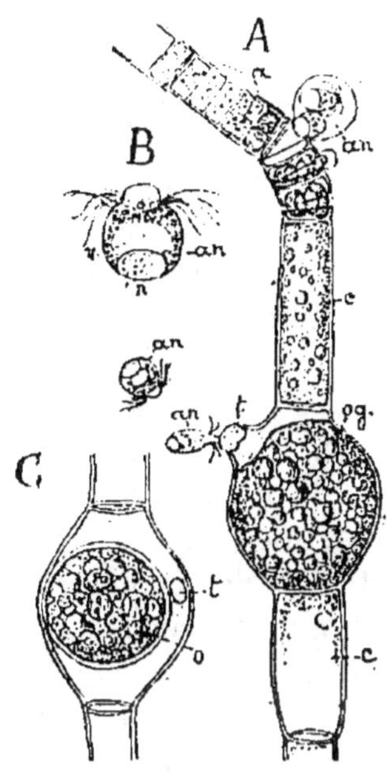

Fig 221. — Formation de l'œuf dans un Œdogone. *A*, formation et sortie deux par deux des anthérozoïdes *an*, des cellules de l'anthéridie *a*; pénétration d'un anthérozoïde *an* dans le bouchon mucilagineux sorti par l'orifice *t* de l'oogone *og*; *c*, cellules végétatives. *B*, un anthérozoïde plus fortement grossi; *n*, noyau; *v*, hydroleucite. *C*, œuf contracté *o*, avec sa membrane de cellulose, à l'intérieur de l'oogone troué en *t*.

tombe au fond de l'eau. où l'œuf traverse une assez longue période de vie latente.

C'est de la même manière que se forme l'œuf dans la Sphéroplée, comme il a été dit p. 43 (fig. 18, *B*), avec cette différence que l'anthérozoïde ne porte que deux cils à son extrémité.

2° Dans le Varec. — Comme second exemple, prenons ces grandes Algues marines de couleur brune, qu'on nomme des Varecs. Attaché aux rochers par un crampon rameux, leur thalle, cloisonné dans les trois directions, massif et de consistance cartilagineuse, se ramifie par dichotomie dans un seul et même plan et atteint plusieurs pieds de longueur. Il est creusé dans toute son étendue de cryptes pilifères (p. 244), par l'ostiole desquelles les poils supérieurs s'échappent quelquefois en forme de pinceau (Varec platycarpe). C'est dans certaines de ces cryptes, rapprochées en grand nombre à l'extrémité renflée des branches, que se forment, par différenciation de certains poils, ici les anthéridies, là les oogones; on appelle *conceptacles* les cryptes ainsi modifiées. Quelquefois le même conceptacle renferme, à côté de poils stériles, nommés ici aussi paraphyses, des anthéridies et des oogones, et la plante est monoïque (Varec platycarpe); mais le plus souvent certains thalles ne portent que des conceptacles à anthéridies, d'autres que des conceptacles à oogones, et la plante est dioïque (Varec vésiculeux, V. denté, etc.).

Les anthéridies naissent sur des poils rameux, dont elles ne sont que des branches transformées (fig. 222, *A*). Chacune d'elles est une cellule à paroi mince, qui produit d'abord, par une bipartition six fois répétée de son noyau, 64 nouveaux noyaux; *ensuite* elle se cloisonne entre tous ces noyaux, puis dédouble les cloisons albuminoïdes et isole les cellules filles, qui s'arrondissent et constituent 64 petits anthérozoïdes. Ceux-ci sont pointus à une extrémité, renflés à l'autre qui renferme le noyau, incolores, mais munis latéralement d'un chromoleucite orangé, au voisinage duquel sont attachés deux cils vibratiles dirigés l'un, plus court, en avant, l'autre, plus long, en arrière; le premier fait fonction de rame, le second de gouvernail (fig. 222, *B*). Les anthéridies *mûres* se détachent et se rassemblent en une masse orangée autour de l'ouverture du conceptacle, pendant que le thalle est exposé à l'air humide à marée basse; dès que l'eau de mer revient les toucher, elles s'ouvrent et laissent échapper les anthérozoïdes, qui se meuvent aussitôt dans le liquide en tournant autour de leur axe.

Pour former un oogone, une cellule de la paroi du conceptacle se développe en forme de papille, qui se sépare par une cloison basilaire et se divise ensuite en deux : la cellule inférieure est le pédicelle; la cellule supérieure se renfle en sphère ou en ellipsoïde, se remplit d'un protoplasme brun sombre et devient finalement l'oogone. Celui-ci divise trois fois de suite son noyau, se cloisonne entre les huit noyaux ainsi formés (fig. 222, *I*), puis dédouble les cloisons albuminoïdes et isole les huit cellules filles, qui s'arrondissent et constituent autant de grosses oosphères ; elles

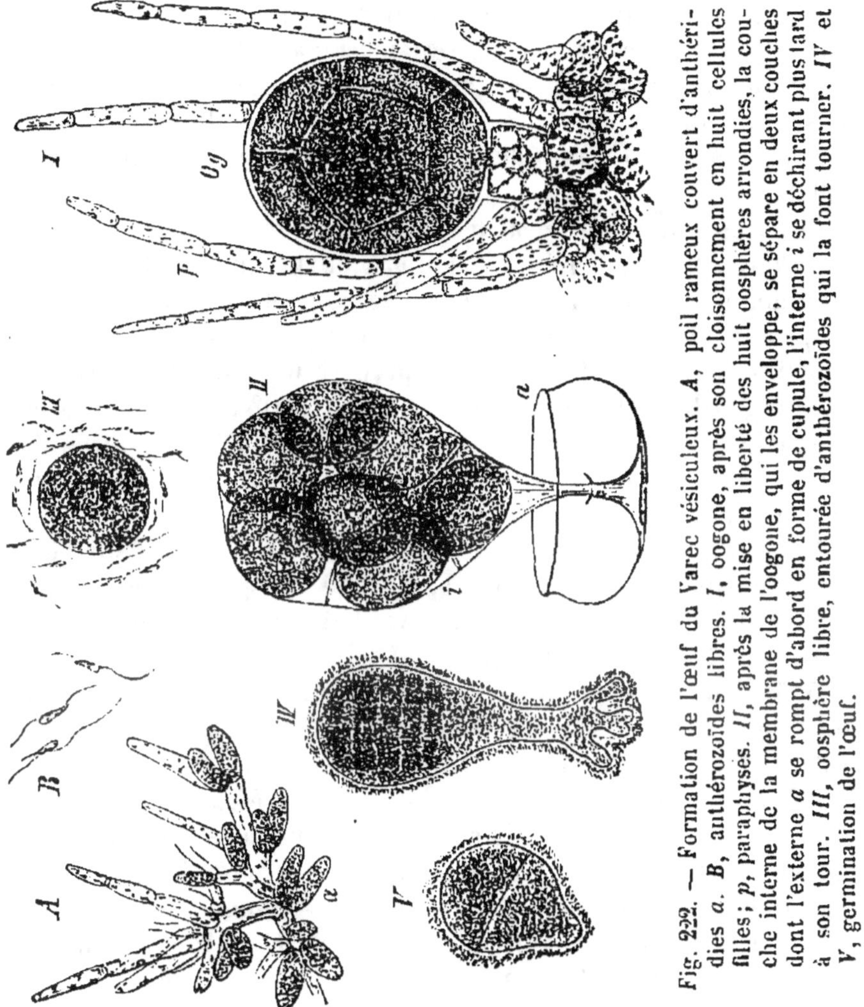

Fig. 222. — Formation de l'œuf du Varec vésiculeux. *A*, poil rameux couvert d'anthéridies *a*. *B*, anthérozoïdes libres. *I*, oogone, après son cloisonnement en huit cellules filles ; *p*, paraphyses. *II*, après la mise en liberté des huit oosphères arrondies, la couche interne de la membrane de l'oogone, qui les enveloppe, se sépare en deux couches dont l'externe *a* se rompt d'abord en forme de cupule, l'interne *i* se déchirant plus tard à son tour. *III*, oosphère libre, entourée d'anthérozoïdes qui la font tourner. *IV* et *V*, germination de l'œuf.

ne tardent pas à s'échapper de l'oogone par une ouverture au sommet, en demeurant toutefois enveloppées par la couche interne de la membrane. Elles viennent ainsi, par groupes de huit, se rassembler à marée basse autour de l'orifice du conceptacle en une masse olivâtre ; au retour de l'eau, elles brisent en deux fois leur mince enveloppe (fig. 222, *II*) et se dispersent dans le liquide où déjà nagent, comme on sait, les anthérozoïdes.

Ceux-ci se rassemblent en grand nombre autour des oosphères (fig. 222, *III*), s'attachent solidement à leur surface et, s'ils sont assez nombreux et assez vifs, leur communiquent un mouvement de rotation qui dure environ une demi-heure. Pendant ce mouvement, un anthérozoïde pénètre dans la masse brune de l'oosphère et s'y combine protoplasme à protoplasme, noyau à noyau. Devenue ainsi un œuf, la sphère s'entoure d'une membrane de cellulose et tombe au fond de l'eau à la surface de quelque corps solide.

En lavant dans un bocal plein d'eau de mer des thalles mâles d'un Varec dioïque, après qu'ils ont séjourné quelque temps à l'air humide, on obtient un liquide orangé dont chaque goutte contient un grand nombre d'anthérozoïdes. En lavant de même des thalles femelles dans un autre bocal, on prépare un liquide olivâtre dont chaque goutte renferme quelques oosphères. On peut alors procéder à des expériences et, mélangeant sur le porte-objet une goutte d'eau mâle avec une goutte d'eau femelle, assister à toutes les phases de la formation des œufs.

On voit que la formation de l'œuf des Varecs diffère surtout de celle de l'œuf des Œdogones parce que l'oosphère y est mise en liberté et parce que sa rencontre avec l'anthérozoïde a lieu quelque part dans le liquide ambiant.

3° **Dans les Floridées.** — Notre troisième exemple sera tiré du vaste groupe des Algues rouges, connues sous le nom de Floridées (fig. 223, *A*). Là les anthéridies, cellules terminales d'un système de ramifications très serrées, sont très petites et rapprochées en grand nombre ; chacune d'elles condense son protoplasme autour de son noyau et forme un anthérozoïde arrondi, qui s'échappe par une ouverture de la membrane au sommet. Mais avant de sortir, l'anthérozoïde consolide sa membrane propre et la revêt d'une couche de cellulose ; aussi manque-t-il de cils vibratiles et est-il immobile (*a*). D'autre part, l'oogone, qui est aussi la cellule terminale d'un filament, développe son sommet en un long appendice grêle, nommé *trichogyne* (*t*), et en même temps condense à sa base son protoplasme autour de son noyau pour former l'oosphère. Ceux des anthérozoïdes qui, portés par les courants de l'eau, viennent à heurter le trichogyne, y adhèrent fortement ; au point de contact, l'un d'eux résorbe sa membrane de cellulose, ainsi que celle du trichogyne, et, par l'ouverture, déverse son protoplasme et son noyau d'abord dans le trichogyne, puis dans l'oosphère; dès lors celle-ci, de-venue un œuf, s'entoure d'une membrane de cel-lulose qui tapisse la paroi interne de l'oogone, ex-cepté en haut où elle isole le tri-chogyne.

La formation de l'œuf des Flo-ridées diffère donc de celle des Fucacées et des Œdogoniées, d'a-bord parce que l'anthérozoïde est muni d'une mem-brane de cellu-lose et immobile. ensuite parce que l'oogone, prolon-gé en trichogyne, ne s'ouvre pas spontanément; l'anthérozoïde est obligé de le per-cer au point de rencontre, pour y pénétrer.

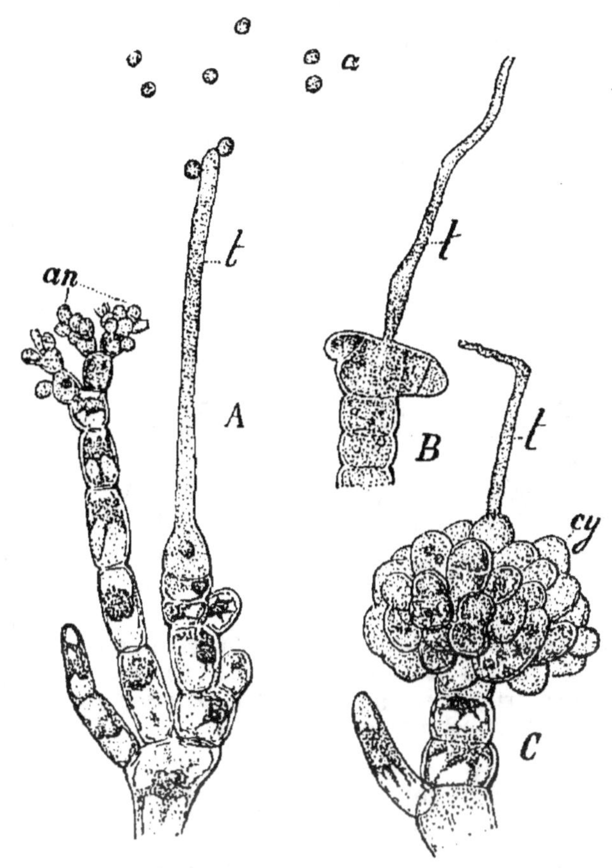

Fig. 223. — Némale multifide. *A*, formation de l'œuf : *an*, anthéridies; *a*, anthérozoïdes immobiles; *t*, oogone allongé en trichogyne, au sommet duquel adhèrent deux anthérozoïdes. *B*, premiers cloisonnements de l'œuf. *C*, sporogone en forme de buisson, issu de l'œuf, et dont chaque cellule externe est une spore de passage.

Formation de l'œuf par oosphère sans anthérozoïde. — La formation de l'œuf par déversement dans une oosphère d'une portion de protoplasme, pourvue d'un noyau, mais sans forme dé-terminée, c'est-à-dire avec les caractères qu'elle présente chez les Phanérogames, est réalisée chez les Thallophytes par les Pérono-sporacées et les Saprolégniacées, deux familles de Champignons Oomycètes, dont le thalle, doué d'une structure continue (p. 10), est formé de filaments rameux enchevêtrés. Considérons en particulier un Péronospore ou un Pythe (fig. 224).

Une branche du thalle se renfle en sphère à son extrémité, qui se sépare par une cloison basilaire du reste du filament et

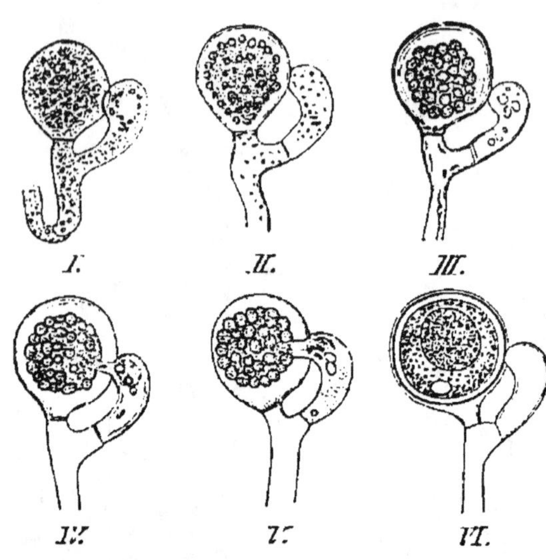

Fig. 224. — Formation de l'œuf du Pythe grêle. *I* à *VI*, états successifs. *V*, l'anthéridie déverse une partie de son protoplasme dans l'oosphère. *VI*, l'œuf est formé.

devient un oogone (*I*). A l'intérieur de celui-ci, la masse centrale du protoplasme se condense en une oosphère, pendant que sa couche périphérique se transforme en une substance nutritive (*II*).

En même temps, un rameau émané soit de la même branche au-dessous de l'oogone (fig. 224), soit d'une branche voisine, se renfle en massue à son extrémité, qui se sépare par une cloison (*II*) et forme l'anthéridie. Ce rameau se recourbe vers l'oogone et vient y appliquer étroitement l'anthéridie. Celle-ci pousse alors vers l'intérieur un fin ramuscule, qui perce la membrane de l'oogone, traverse la couche de substance nutritive, rencontre l'oosphère et s'y soude (*IV*); aussitôt le ramuscule s'ouvre au sommet et, par l'orifice, l'anthéridie déverse dans l'oosphère une partie du protoplasme qu'elle renferme (*V*). Cette partie, sans affecter pourtant de forme déterminée, est quelquefois nettement séparée du reste, qui demeure adhérent à la membrane de l'anthéridie (Pythe); il se fait alors dans l'anthéridie une différenciation de protoplasme, analogue à celle qui s'opère dans l'oogone.

De la fusion de ces deux protoplasmes et de leurs noyaux résulte l'œuf, qui s'entoure aussitôt d'une membrane de cellulose (*VI*). Celle-ci s'épaissit progressivement et se différencie bientôt en plusieurs couches. Les œufs ainsi constitués passent l'hiver sans changement et ne germent qu'au printemps suivant.

On voit qu'ici l'anthéridie ne produit pas d'anthérozoïdes, mais vient elle-même s'établir directement en contact avec l'oosphère. Les choses s'y passent donc à peu près comme chez les Phanérogames, où le tube pollinique doit aussi, comme on l'a vu (p. 475), être regardé comme une anthéridie sans anthérozoïdes.

Formation de l'œuf par isogamie. — La formation de l'œuf par isogamie, c'est-à-dire par combinaison de deux gamètes semblables de forme et de dimension (p. 44), se manifeste chez les Thallophytes de deux manières différentes, suivant que les gamètes sont captifs et immobiles, ou libres et mobiles.

1° **Dans le Zygogone et la Spirogyre.** — Comme exemple du premier mode, prenons un Zygogone, Algue verte vivant sur la terre humide et dont le thalle, constitué par un filament simple et cloisonné transversalement, renferme dans chaque cellule deux grands chorolcucites étoilés. Deux de ces filaments s'approchent et se disposent parallèlement ; les cellules en regard poussent l'une vers l'autre des protubérances latérales, qui s'allongent jusqu'à se rencontrer. Puis, le protoplasme de chacune des deux cellules se contracte, se détache de la membrane de cellulose, s'arrondit en ellipsoïde et se rassemble autour du noyau en une masse de plus en plus compacte, en expulsant progressivement tout le suc cellulaire qu'il renfermait : les deux gamètes sont constitués. La membrane de cellulose se résorbe ensuite et se perce au sommet des deux proéminences en contact ; après quoi, les deux gamètes s'engagent ensemble dans le canal de communication ainsi établi, se rencontrent au milieu du canal, qui se dilate à mesure, s'y pénètrent et s'y combinent protoplasme à protoplasme, noyau à noyau. L'œuf

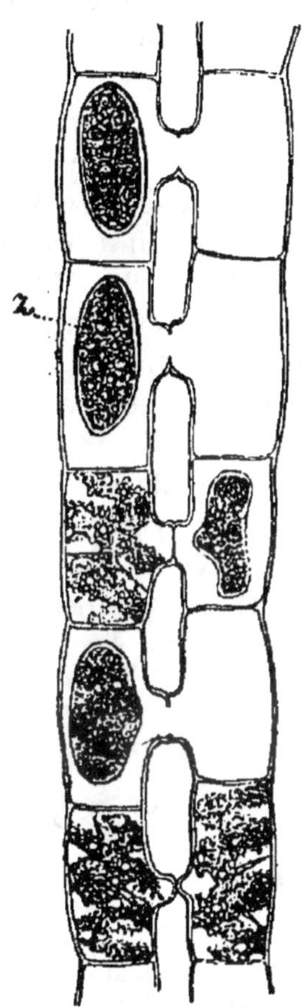

Fig. 225. — Formation de l'œuf par isogamie à gamètes captifs dans une Spirogyre. Pour former l'œuf z, l'un des gamètes fait tout le chemin vers l'autre.

ainsi constitué s'entoure aussitôt d'une membrane de cellulose ; son volume est à peine plus grand que celui de l'un des deux gamètes (fig. 225). Il s'est donc fait, au cours même de la fusion, une nouvelle et forte contraction, preuve évidente qu'il s'agit ici, non d'un simple mélange, mais d'une véritable combinaison.

Les Spirogyres, Algues vertes aquatiques voisines de la précédente, qui doivent leur nom à la forme spiralée de leurs chloroleucites, nous offrent une transition vers l'hétérogamie (fig. 225). L'un des deux gamètes en regard s'y engage, en effet, seul dans le canal, le traverse en entier et se rend dans la cellule opposée, où il se fusionne avec l'autre demeuré en place et où l'œuf se trouve également situé. Celui des deux gamètes qui fait ainsi tout le chemin pour s'unir à l'autre peut déjà être dit mâle, l'autre femelle.

2° **Dans le Monostrome.** — Comme exemple du second mode, prenons un Schizogone, Algue verte dont le thalle est formé par un filament simple cloisonné transversalement, ou un Monostrome, Algue verte dont le thalle est constitué par un plan de cellules.

Une cellule du filament ou de la lame divise plusieurs fois son noyau de manière à en produire 16 ou 32, se cloisonne entre les nouveaux noyaux, dédouble les cloisons albuminoïdes et isole enfin autant de petites cellules filles, dépourvues de membrane de cellulose, qui s'échappent par un orifice latéral pratiqué dans la membrane primitive : ce sont les gamètes. Ils sont piriformes, pourvus en avant d'un point rouge et de deux cils vibratiles (fig. 226, *a*).

Isolés, ces corpuscules périssent sans se développer ; réunis, ils se rapprochent (fig. 226, *b*), se touchent, se pressent (f. 226, *c*)

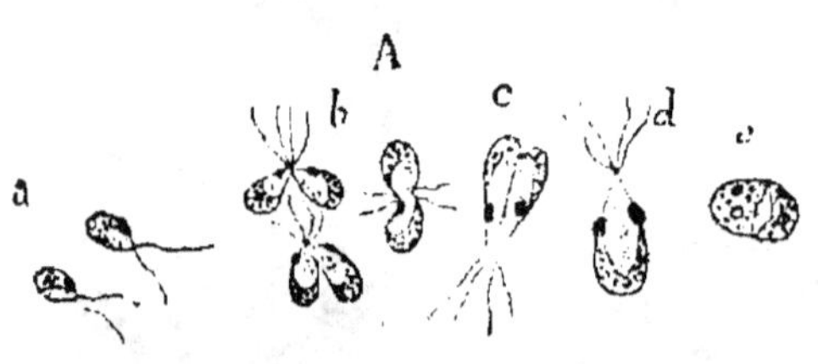

Fig. 226. — Formation de l'œuf par isogamie à gamètes libres dans le Monostrome bulleux.

et enfin se fusionnent deux par deux, se combinent protoplasme à protoplasme et noyau à noyau, et produisent des corps à deux points rouges et à quatre cils (fig. 226, *d*). Ceux-ci se meuvent encore pendant quelque temps, puis perdent leurs cils, s'entourent d'une membrane de cellulose et passent à l'état de vie latente : ce sont les œufs (*e*).

L'isogamie à gamètes mobiles est le mode le plus simple de formation de l'œuf; il n'en est pas moins très fréquent. On l'a rencontré chez les Algues les plus diverses, aussi bien dans la structure continue (Botryde, fig. 18, *A*, Acétabulaire, Bryopse, etc.) que dans la structure articulaire (Cladophore, etc.) et dans la structure cellulaire (Ulve, Laminaire, etc.), aussi bien chez les Algues brunes (Ectocarpe, Laminaire, etc.) que chez les Algues vertes.

§ 2

Développement de l'œuf chez les Thallophytes.

Aussitôt formé suivant l'un des trois modes que l'on vient d'étudier, l'œuf des Thallophytes tantôt se développe immédiatement sur la plante mère et à ses dépens, tantôt est mis en liberté et ne se développe que plus tard dans le milieu extérieur, sans aucun lien avec la plante mère. Les Thallophytes de la première catégorie sont vivipares, comme les Phanérogames, les Cryptogames vasculaires et les Muscinées; celles de la seconde catégorie, qui sont aussi de beaucoup les plus nombreuses, sont au contraire ovipares. L'oviparité est donc un phénomène localisé dans le groupe des Thallophytes, mais qui est loin d'appartenir à tous ses représentants.

Développement de l'œuf sur la plante mère. — Le développement de l'œuf sur la plante mère se rencontre à la fois parmi les Algues, chez les Floridées, et parmi les Champignons, chez les Mucorinées.

Chez les Floridées, l'œuf pousse aussitôt, en divers points de sa surface, des proéminences en forme de papilles, qui se séparent par des cloisons (fig. 225, *B*). Ces papilles poussent latéralement des branches qui se cloisonnent, se ramifient à leur tour, et ainsi de suite; le tout forme bientôt une sorte de buisson plus ou moins serré, qui cesse de croître au bout d'un certain temps. Les cellules terminales des rameaux se renflent alors, se remplissent d'un protoplasme plus dense, se séparent du buisson et les unes des autres, et passent à l'état de vie latente (fig. 225, *C*). Plus tard, chacune de ces cellules se développe et donne soit directement le thalle adulte, soit d'abord un corps rudimentaire, filamenteux ou lamelliforme, sur lequel le thalle adulte prend naissance par voie de bourgeonnement adventif.

Le développement de l'œuf en plante adulte suit donc, chez les Floridées, la même marche que chez les Muscinées. Il se fait d'abord un corps rudimentaire, produisant des cellules spéciales, en un mot, un sporogone avec des spores de passage; puis, ces spores

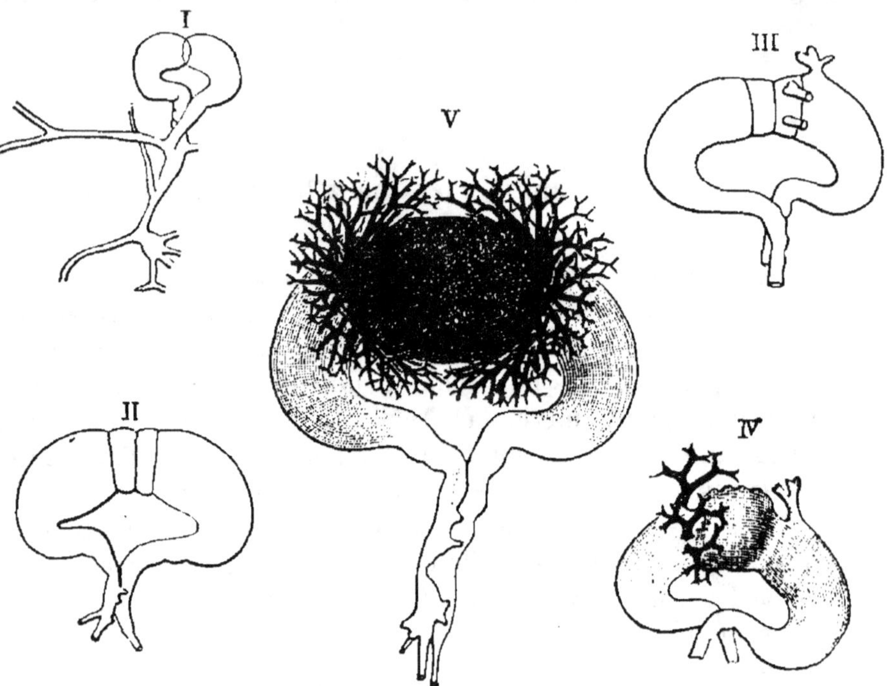

Fig. 227. — Formation et développement de l'œuf du Phycomyce brillant.

I, rapprochement au contact des deux rameaux renflés. *II,* chacun d'eux découpe une cellule discoïde. *III,* ces deux cellules fusionnent leurs protoplasmes, et l'œuf est constitué. *IV,* aussitôt il grossit et parvient enfin à l'état *V.* L'œuf formé, des poils dichotomes naissent d'abord d'un côté *III,* puis de l'autre *IV*; ces poils s'enchevêtrent ensuite autour de l'embryon, plus complètement encore que ne le montre la figure *V.*

germent et développent soit directement le thalle adulte, comme chez les Hépatiques, soit d'abord un protonème sur lequel le thalle adulte bourgeonne plus tard, comme chez les Mousses. La seule différence est que les spores de passage naissent ici à l'extérieur du sporogone, et non à l'intérieur d'un sporange, comme chez les Muscinées. C'est donc par les Floridées que le groupe des Thallophytes se relie à celui des Muscinées.

Chez les Mucorinées, l'œuf naît par isogamie à gamètes captifs (fig. 227). Deux courts rameaux du thalle, doué, comme on sait, d'une structure continue (p. 10), se renflent au sommet, croissent l'un vers l'autre en demeurant droits (Mucor, etc.) ou en se courbant en forme de tenaille (Phycomyce, etc.), jusqu'à venir se toucher et se presser en aplatissant leurs extrémités l'une contre l'autre (I). En même temps, le bout de chaque rameau se sépare du reste par une cloison transversale (II); puis, la double membrane en contact se résorbe et les deux cellules discoïdes se fusionnent en une seule, qui dès ce moment est l'œuf (III).

Mais aussitôt celui-ci s'accroît rapidement, absorbant à cet effet, à travers les cloisons latérales, le contenu des rameaux renflés et des branches du thalle qui les supportent. Il devient ainsi un corps volumineux, mesurant parfois jusqu'à $\frac{1}{4}$ de millimètre de diamètre, qui s'enveloppe d'une épaisse membrane cartilagineuse, souvent hérissée de verrues, et passe à l'état de vie latente (fig. 2 27, V) Il est recouvert par la membrane des deux cellules fusionnées, qui a suivi le développement de l'œuf et forme à sa surface une mince pellicule, ordinairement brun foncé ou noir. Ce corps est un embryon à structure continue, pourvu de nombreux noyaux et de substances de réserve où dominent les matières grasses. Souvent nu (Mucor, Rhizope, etc.), il est quelquefois recouvert par des poils colorés et cutinisés, produits en verticille par les deux rameaux, au-dessous des cloisons qui en ont séparé les gamètes; ces poils sont tantôt simples et arqués (Absidie), tantôt dichotomes et droits (Phycomyce, fig. 227), tantôt ramifiés et enchevêtrés en une épaisse capsule qui enveloppe complètement l'embryon (Mortiérelle). Toujours ils constituent un appareil de protection et de dissémination, rappelant les aigrettes et le duvet des graines des Phanérogames.

Placé dans des conditions favorables, l'embryon des Mucorinées germe et produit directement le thalle rameux et continu qui caractérise ces plantes. Il n'y a donc pas ici de spores de passage.

Développement de l'œuf en dehors de la plante mère. — Quand l'œuf est mis en liberté, son développement s'opère quelquefois tout de suite, sans avoir à traverser une période de repos. C'est ainsi que chez les Varecs, aussitôt formé, comme il a été dit plus haut, il se cloisonne dans les trois directions et peu à peu produit le thalle (fig. 222, *IV* et *V*). Mais le plus souvent l'œuf passe d'abord à l'état de vie latente et ne germe qu'après un temps plus ou moins long. Quand les circonstances sont favorables, il déchire la couche cutinisée de sa membrane et, par l'ouverture, s'accroît au dehors en devenant peu à peu le thalle adulte de la plante (Spirogyre, Vauchérie, etc.).

Multiplication des Thallophytes. Spores et zoospores. — Parvenues à l'état adulte, les Thallophytes se multiplient par

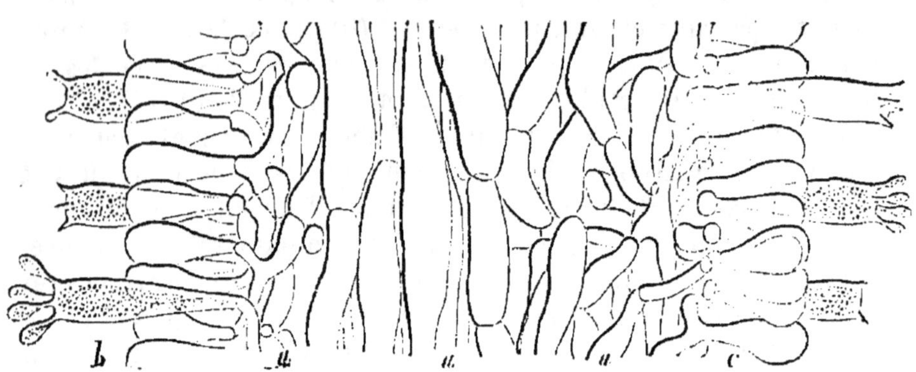

Fig. 228. — Formation des spores exogènes dans un Agaric. Coupe transversale d'une lamelle sporifère; *a*, filaments internes; *b*, basides, portant les quatre spores à divers états de développement; *c*, paraphyses.

fractionnement du thalle, c'est-à-dire par boutures et marcottes, comme les plantes des trois autres groupes. Il en est même qui n'ont pas d'autre mode de multiplication et qui, sous ce rapport, ressemblent aux Phanérogames, aux Cryptogames vasculaires et aux Muscinées, si l'on fait abstraction des propagules de ces dernières plantes : telles sont, par exemple, les Conjuguées et les Characées parmi les Algues vertes, les Diatomacées et les Fucacées parmi les Algues brunes, etc. Mais le plus souvent le thalle produit des cellules spéciales, qui se disséminent et plus tard germent en

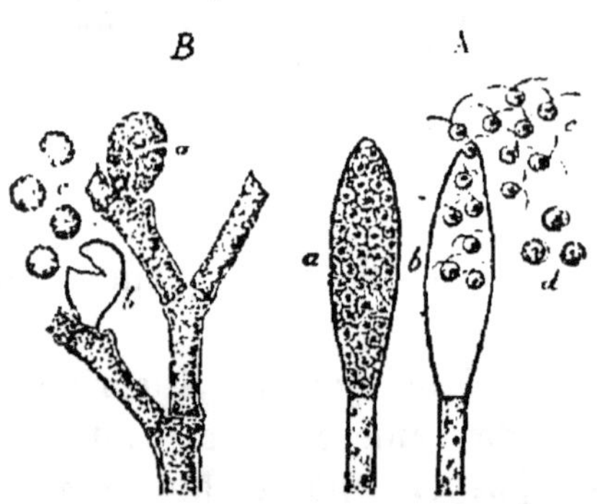

Fig. 229. — Formation endogène des spores dans un sporange. *A*, chez un Saprolègne ; les spores sont mobiles. *B*, chez un Callithamne ; les spores sont immobiles.

produisant autant de thalles nouveaux, pareils de tout point au premier, en un mot des *spores* (p. 42). La multiplication par spores est donc localisée dans le groupe des Thallophytes, mais elle est loin d'appartenir à tous ses représentants.

Les spores se forment, suivant les plantes, par deux procédés différents. Ce sont quelquefois des cellules externes, qui se différencient et se détachent tout entières avec leur membrane de cellulose ; les spores sont alors exogènes et immobiles, comme on le voit, parmi les Champignons, chez les Basidiomycètes (fig. 228), les Urédinées, les Ustilaginées, etc. Bien plus fréquemment, les

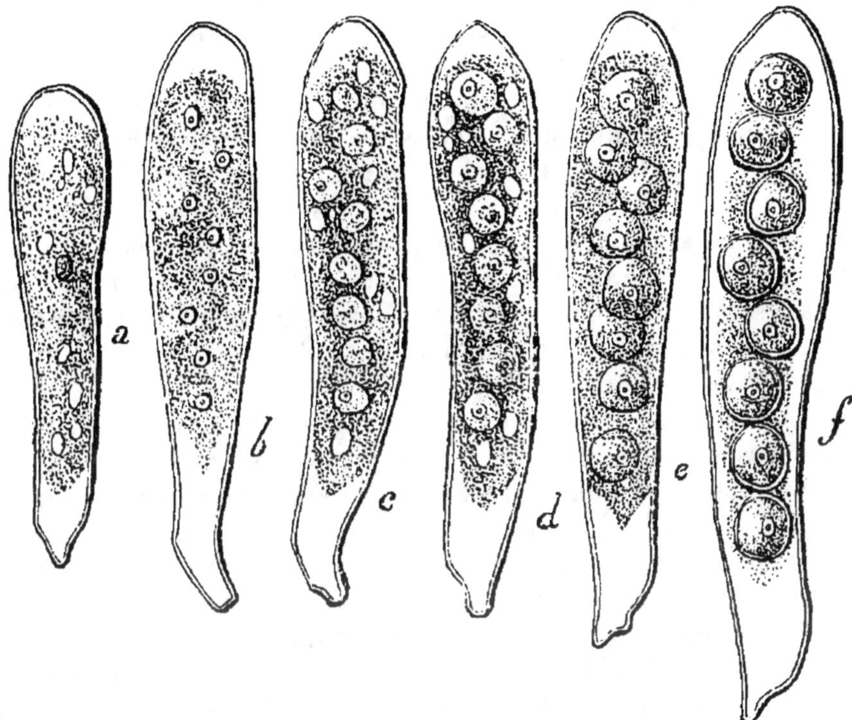

Fig. 230. — Formation endogène des spores dans un asque chez une Pézize.

spores naissent dans une cellule mère, qui multiplie ses noyaux et tantôt se cloisonne, dédouble les cloisons et isole les cellules filles (fig. 229), tantôt condense autour de chaque noyau une portion seulement du protoplasme, qui se revêt d'une membrane propre et se sépare du protoplasme non employé (fig. 230) ; elles sont alors endogènes et la cellule mère porte le nom de *sporange* dans le premier cas (fig. 229), d'*asque* dans le second (fig. 230).

Si les cellules filles, avant de sortir du sporange ou de l'asque, se sont revêtues d'une couche cellulosique, les spores sont immobiles (Mucorinées et Ascomycètes parmi les Champignons, Floridées parmi les Algues) (fig. 228, 229, *B* et 230). Mais si elles ne possèdent que leur mince membrane albuminoïde, prolongée çà et là en cils vibratiles, elles nagent dans l'eau : ce sont des *zoospores* (Saprolégniacées et Chytridiacées parmi les Champignons, Siphonées, Confervacées, Phéosporées parmi les Algues) (fig. 229, *A*). Suivant les plantes, les zoospores ont un seul cil postérieur (Chytridiacées) ou antérieur (Botryde), deux cils, un en avant et l'autre en arrière (Phéosporées) ou tous les deux en avant (fig. 229, *A*) (Protocoque, Coléochète, etc.), ou quatre cils en avant (Cladophore, Ulve, etc.). Quelquefois la cellule mère, sans diviser son noyau, consacre tout son protoplasme à la formation d'une seule grosse zoospore, qui porte alors une couronne de cils en avant (Œdogone, etc.). Ailleurs, c'est un article, pourvu de nombreux noyaux, qui consacre tout son protoplasme et tous ses noyaux à former une seule zoospore, très grande et toute couverte de cils, qui est elle-même un article et non une cellule (Vauchérie). Dans tous les cas, la zoospore, après avoir nagé quelque temps, perd ses cils, s'entoure d'une membrane de cellulose et repasse ainsi à l'état de spore immobile (fig. 229, *d*).

Ces deux modes de formation, exogène et endogène, peuvent d'ailleurs se rencontrer dans des plantes assez voisines : ainsi, par exemple, les Péronosporacées ont leurs spores exogènes, tandis que les Saprolégniacées les ont endogènes (fig. 229, *A*).

Il faut remarquer encore que les spores ne sont pas liées nécessairement à l'état adulte du thalle. Quand les conditions de nutrition sont défavorables, elles peuvent prendre naissance aux divers degrés où s'arrête le développement du thalle, aux dépens des réserves antérieurement constituées. Ainsi l'embryon des Mucorinées (fig. 227, *V*), quand il germe non dans un milieu nutritif, mais simplement dans l'air humide, développe non un thalle, mais seulement un sporange pédicellé. Les spores peuvent même, si elles sont endogènes, se former directement dans l'œuf, quand celui-ci vient à germer dans des conditions de nutrition insuffisantes à la formation d'un thalle. L'œuf d'un Œdogone, par exemple, ou d'un Cystope, germe de la sorte en un zoosporange. La multiplication de la plante s'opère alors au sortir de l'embryon, ou même au sortir de l'œuf. De pareilles spores précoces ressemblent assez aux spores de passage des Muscinées et des Floridées.

Polymorphisme de l'appareil sporifère. Conidies. — Beaucoup de Thallophytes n'ont qu'une seule sorte de spores; il en est ainsi par exemple de toutes les Algues, car il faut bien se garder de confondre les spores de passage des Floridées (fig. 223, *C*) avec leurs vraies spores (fig. 229, *B*); il en est de même, parmi les Champignons, dans la division des Myxomycètes. Mais dans les autres divisions de ce vaste groupe, on voit fréquemment le thalle adulte produire, suivant les conditions de nutrition où il se trouve placé, plusieurs sortes de spores, souvent très différentes les unes des autres, appropriées respectivement à la multiplication de la plante dans ces conditions; il y a alors différenciation ou, comme on dit aussi, *polymorphisme* dans l'apppareil sporifère.

Parmi ces diverses sortes de spores, il en est une qui ne manque jamais et qui conserve ses caractères dans toute l'étendue de chaque division considérée; c'est à elle seule que l'on réserve le nom de spores. Aux autres, qui manquent souvent, et dont les caractères varient beaucoup dans des plantes très voisines, on donne collectivement le nom de *conidies*. C'est ainsi qu'outre les spores endogènes, qui appartiennent à toute la famille, plusieurs Mucorinées ont des conidies exogènes, plus grosses que les premières, portées au sommet de petits rameaux du thalle (Mortiérelle, Syncéphale). C'est ainsi encore qu'à côté des spores nées par huit à l'intérieur d'un asque (fig. 230), qui caractérisent la grande division des Ascomycètes, le Pénicille, l'Aspergille, le Stérigmatocyste, l'Érysiphe forment, bien plus fréquemment que les premières, des conidies exogènes disposées en chapelet (fig. 231). De même, outre les spores nées par quatre au sommet d'une cellule mère nommée *baside*, qui caractérise la grande division des Basidiomycètes (fig. 228), plusieurs Agarics, Coprins,

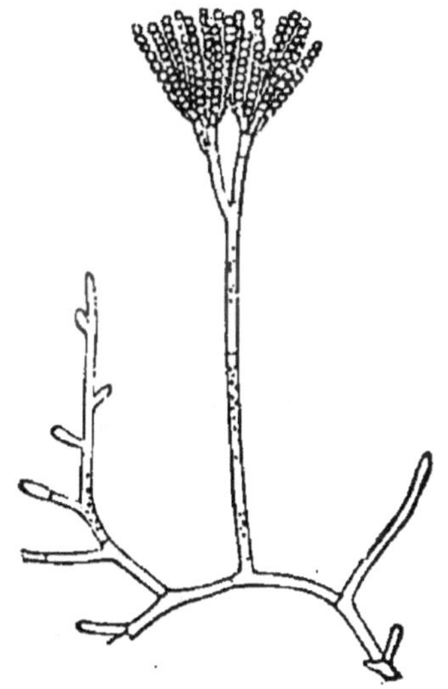

Fig. 231. — Appareil conidien du **Pénicille**; les conidies forment un pinceau de chapelets.

etc., produisent sur leur thalle des conidies en bâtonnets, beaucoup plus petites et plus délicates que les premières.

Souvent même le thalle produit plusieurs sortes de conidies, appropriées à tout autant de conditions différentes. Ainsi la Puccinie du gramen, parasite qui envahit au printemps le Berbéride vulgaire ou Épine-vinette, en été le Blé cultivé, outre ses spores, qui naissent à la fin de l'été sur le Blé, produit quatre sortes de conidies. Les premières en date, issues de la germination des spores sur la terre humide au premier printemps, tombent sur le Berbéride et y établissent la plante. Celle-ci ne tarde pas à produire sur le Berbéride deux sortes de conidies; les unes qui propagent la plante sur le Berbéride, les autres qui tombent sur le Blé et y inoculent le parasite. Sur ce nouvel hôte, celui-ci forme ensuite une quatrième sorte de conidies, qui le multiplie sur le Blé pendant tout l'été, avant de produire enfin les spores, qui le conservent pendant l'hiver.

Pour bien comprendre maintenant le caractère accessoire et tout adaptatif des conidies, il suffit de comparer à la Puccinie du gramen, qui en est si richement dotée parce qu'elle habite deux hôtes différents, la Puccinie des Malvacées, qui passe toute l'année sur la même plante; celle-ci ne possède, outre ses spores, que les conidies nées sur le sol au premier printemps et qui lui sont nécessaires pour monter à la plante hospitalière et s'y établir.

———

CHAPITRE DIXIÈME

DÉVELOPPEMENT DE LA RACE

On a défini la race, et l'on sait que dans la race pure, comme dans la race mélangée, à chaque passage de plante à plante, il y a variation (p. 47). Il faut maintenant rechercher comment, dans la race pure, la variation est influencée par le mode même de formation de l'œuf, par le temps, c'est-à-dire par l'âge de la race ou par le numéro d'ordre de la plante considérée, et par le lieu, c'est-à-dire par l'ensemble des conditions du milieu auquel cette plante est soumise. Il faut ensuite considérer la race mélangée et rechercher comment la variation y est modifiée par la manière dont s'opère la formation croisée de l'œuf et par le degré du croisement. En un mot, il faut étudier le développement de la race, ce qui fera l'objet du dernier chapitre de la Botanique générale.

§ 1

Race pure.

Toutes les fois que l'œuf résulte de la combinaison des gamètes de la même plante, condition que nous avons toujours supposée réalisée dans les cinq chapitres précédents, en un mot toutes les fois que sa formation est autonome, qu'il y a autofécondation, la descendance est directe et la race est pure (p. 47).

La diverse parenté des gamètes est sans influence sur la variation. — Les gamètes peuvent être deux cellules sœurs, qui s'unissent peu de temps après s'être séparées au sein de la cellule mère, ces quelques instants ayant suffi à y établir la différence interne qui les rend stériles séparément et qui rend possible leur combinaison dans l'œuf (Cladophore, Ulotriche, etc.). Ils peuvent provenir de deux cellules sœurs, ce qui les éloigne déjà un peu plus, comme on le voit dans les Conjuguées quand l'isogamie s'exerce entre deux cellules contiguës du même filament. La parenté des gamètes est encore très étroite dans les Vauchéries, dans les Péronosporacées (fig. 224), etc., où ils procèdent de deux rameaux issus du même tube en des points voisins, dans les Œdogoniées (fig. 221), où ils sont produits par des cellules voisines du même filament, etc.

Mais le plus souvent, les cellules mères des gamètes sont séparées par un grand nombre de divisions cellulaires et même appartiennent à des membres différents, quoique rapprochés, comme on le voit pour l'étamine et le carpelle chez les Phanérogames à fleurs hermaphrodites. Chez ces plantes, il arrive même souvent, comme on sait, par suite de diverses dispositions : dichogamie (p. 407), pollinisation par les insectes (p. 409), etc., que les gamètes qui s'unissent pour former l'œuf proviennent non de la même fleur, mais de fleurs différentes, fort espacées sur le corps de la plante ou sur des individus différents de la même plante, ce qui éloigne d'autant plus leur parenté. Cette pollinisation indirecte devient même nécessaire quand les fleurs sont unisexuées avec monœcie.

Ces différences de parenté des gamètes ont-elles de l'influence sur le produit de leur combinaison dans l'œuf, c'est-à-dire sur la variation de la plante nouvelle? Les quelques expériences que l'on possède sur ce sujet portent à répondre négativement à cette question. Dans cinq plantes phanérogames à fleurs hermaphrodites, appartenant à autant de genres pris dans quatre familles différentes, on a comparé, toutes choses égales d'ailleurs, un certain nombre de plantes issues de pollinisation directe au même nombre de plantes produites par pollinisation indirecte entre fleurs distinctes du même individu ou d'individus différents de la même plante. Pour trois de ces plantes (Mimule jaune, Pélargone zoné, Origan vulgaire), les deux lots se sont montrés de tous points équivalents. Dans la quatrième (Ipomée pourpre), le lot direct a été légèrement supérieur au lot indirect; dans la cinquième (Digitale pourpre), c'est au contraire le lot indirect qui a pris une légère avance sur le lot direct. En somme, la pollinisation directe s'est montrée sans avantage, comme sans inconvénient.

Tant qu'on ne sort pas de la plante, la différence de parenté des gamètes paraît donc sans influence sur la variation.

Influence de l'âge de la race sur la variation. — Au moment où la plante nouvelle forme à son tour des œufs, la variation particulière qui la caractérise est soumise, au même titre que toutes ses autres propriétés, d'une part à l'hérédité, d'autre part à la variation. Le plus souvent elle est atteinte par la variation et disparaît sans laisser de traces; quelquefois elle est prise par l'hérédité et se conserve à tous les degrés dans la descendance. Dans le premier cas, la propriété acquise se trouve localisée dans un seul des anneaux de la chaîne; pour la maintenir ou la répandre, on est réduit à user des divers moyens qu'on a de conserver et de multiplier la plante. Il en est ainsi, par exemple, dans les Tulipes, les Calcéolaires, les Pélargones, les Poiriers, les Pommiers, les Pruniers, les Pêchers, etc., dont aucune des nombreuses variations ne se propage par les œufs, c'est-à-dire par le semis des graines. Dans le second cas, la propriété nouvelle est fixée et se retrouve désormais dans tous les anneaux de la chaîne, caractérisant ainsi dans la race générale un rameau différencié, une race particulière, qu'on nomme une *variété*.

Ordinairement le caractère nouveau ne se fixe pas complètement dès le début, mais progressivement. A la première génération, il se perd chez certaines plantes, et il en est de même dans plusieurs générations suivantes; mais comme le nombre des plantes où il se perd va chaque fois diminuant, sa transmissibilité augmente de plus en plus et il finit enfin par avoir la même fixité que les autres caractères de la plante primitive. Cette perte des caractères acquis, que l'on observe chez certains descendants pendant les premières générations, ce retour à la forme ancestrale, est désigné d'une façon générale sous le nom d'*atavisme*.

La même plante peut produire, en même temps ou successivement, un nombre plus ou moins grand, parfois même des centaines de variétés. On en voit de nombreux exemples dans les plantes sauvages (Rosier, Ronce, Épervière, etc.), et surtout dans les végétaux cultivés (Dahlie variable, Violette tricolore, Courge pépon, Concombre melon, Chou potager, etc.). Sous ce rapport, on constate quelquefois de grandes différences entre plantes d'une même famille. Ainsi le Seigle céréale, malgré une longue culture, n'a encore fourni aucune variété, tandis que le Blé cultivé et le Maïs cultivé ont produit un grand nombre de variétés déjà anciennes et ne cessent pas d'en former de nouvelles.

A l'origine, la différence qui existe entre deux variétés issues de la même plante est le plus souvent assez faible et n'intéresse que quelques caractères. Mais ces variétés varient à leur tour et leurs variations, héréditaires comme les premières, donnent lieu à des variétés de second ordre, qui se comportent, par rapport aux variétés de premier ordre, comme celles-ci vis-à-vis de la plante d'origine. Ces variétés de second ordre varient de même, donnent des variétés de troisième ordre, et ainsi de suite. Les effets s'ajoutant chaque fois, la différence va s'accusant de plus en plus et par conséquent les variétés divergent de plus en plus dans le cours des générations. En un mot, la variation croît avec le temps, non pas d'une manière continue, mais par saccades. Aussi, après un certain nombre de ces variations successives, les variétés finales se trouvent-elles si éloignées l'une de l'autre, que leur communauté d'origine ne peut être démontrée qu'en remontant dans l'histoire ou en étudiant les formes de transition qu'elles peuvent présenter. Si les documents historiques font défaut, si en même temps les transitions manquent par suite de causes que nous chercherons tout à l'heure, les variétés paraîtront désormais isolées et sans lien.

Influence des conditions extérieures sur la variation. Lutte pour l'existence. — La cause de la variation en général, de la variation héréditaire en particulier, étant tout entière dans le mode même de formation de l'œuf, les conditions extérieures n'ont aucune influence sur la production des variations. On en trouve une preuve directe dans ce fait, que les graines formées dans le même fruit produisent souvent plusieurs variétés différentes, en même temps que la forme primitive. Le milieu extérieur agit, il est vrai, sur le corps de la plante pour en modifier les diverses parties, comme on l'a constaté bien souvent au cours de cet Ouvrage; mais ces modifications ne sont pas héréditaires; replacés dans les conditions premières, les descendants reprennent bientôt les caractères primitifs.

Une variation étant produite, ce sont au contraire les conditions de milieu qui décident si la plante qui la présente vivra et sera fertile, si elle périra ou demeurera stérile, en d'autres termes, à supposer qu'il s'agisse d'une variation héréditaire, s'il y aura ou non variété. Quand donc une variété ne se rencontre que dans une station déterminée, ce n'est pas parce que sa variation originelle a été provoquée ou favorisée par cette station, mais bien parce que, cette station lui offrant seule les conditions de milieu qui lui sont nécessaires, elle s'y conserve et périt partout ailleurs. Quand une variété vient à varier à son tour, ce sont encore les conditions de milieu qui décident, parmi les nouvelles variations, lesquelles vont se conserver, en s'ajoutant à la variation ancienne pour caractériser une variété de second ordre plus éloignée du type primitif, lesquelles vont au contraire disparaître, en entraînant dans leur chute la variété ancienne.

Dans cette action des conditions de milieu sur la conservation et le développement des variétés, il faut distinguer deux parts : celle du milieu non vivant, c'est-à-dire de l'aliment, de la chaleur, de la lumière, etc., et celle du milieu vivant, c'est-à-dire de la totalité des animaux et de l'ensemble des végétaux autres que la plante considérée. Ces derniers ayant besoin, comme la plante, des diverses conditions du milieu non vivant, entrent en lutte avec elle pour ces conditions et, dans cette lutte, c'est le plus apte qui survit. Or, comme c'est la conformité des besoins qui la provoque, cette *lutte pour l'existence*, comme on l'appelle, sera d'autant plus âpre que la conformité des besoins sera plus complète. C'est donc entre plantes de la même variété que la concurrence est le plus active ; elle l'est déjà un peu moins entre variétés voisines, moins encore entre variétés plus éloignées, etc. Il en résulte que deux plantes pourront prospérer côte à côte, si elles sont de variétés très éloignées, tandis que l'une étouffera l'autre, si elles appartiennent à des variétés très voisines.

De là une conséquence très importante au point de vue de la divergence et de l'isolement progressif des variétés, dont il a été question plus haut. De toutes les variétés produites par une même plante, ce sont celles qui diffèrent le plus qui doivent se conserver le mieux, tandis que les formes intermédiaires, qui se ressemblent davantage, doivent disparaître peu à peu. C'est ce qui explique l'absence si fréquente de transitions entre des variétés éloignées, qui paraissent complètement isolées, bien qu'elles dérivent d'une même origine et ne soient que des rameaux différenciés d'une même race.

§ 2

Race mélangée.

Quand les gamètes qui se combinent pour former l'œuf appartiennent à des plantes différentes, c'est-à-dire proviennent en définitive d'œufs différents, la race est mélangée (p. 47). La parenté diverse des gamètes influe alors beaucoup sur la variation, de sorte que la plante nouvelle diffère beaucoup de la postérité directe de ses générateurs. Quand il a lieu entre plantes différentes de même espèce, ce croisement sexuel est un *métissage* et la plante qui en provient est un *métis*. Quand il s'opère entre plantes d'espèces différentes, c'est une *hybridation* et la plante qui en procède est un *hybride*.

Métissage. — Déjà toutes les plantes dioïques ne produisent que des métis et ne sont elles-mêmes que des métis ; seulement, comme elles n'ont pas de postérité directe qui puisse servir de terme de comparaison, l'influence propre du croisement ne saurait y être appréciée. Mais le métissage se manifeste aussi très fréquemment dans la nature entre plantes monoïques et hermaphrodites, c'est-à-dire dans des conditions où la comparaison avec la postérité directe permet de mettre en évidence les caractères propres des métis.

Chez les Phanérogames, par exemple, diverses dispositions étudiées plus haut : dichogamie (p. 407), pollinisation par les insectes (p. 409), etc., tendent à amener ce résultat ; aussi beaucoup de ces plantes fonctionnent-elles habituellement comme dioïques, en ne produisant que des métis. Il en est même qui se montrent tout à fait incapables de former des œufs à l'aide de leurs propres gamètes, qui sont stériles par elles-mêmes et, hermaphrodites au point de vue physiologique, sont nécessairement dioïques au point de vue morphologique (Corydalle creux, Hypécon grandiflore, Pavot somnifère, Molène noire, Passiflore ailée, etc.).

L'homme s'applique aussi à produire des métis par voie de pollinisation artificielle, en vue de certaines qualités avantageuses qu'ils possèdent, comme on va voir, et dont la postérité directe des générateurs est dépourvue. Quelle que soit l'espèce que l'on considère, les essais dans ce sens sont presque toujours couronnés de succès, même quand les deux plantes croisées présentent le maximum des différences que comporte leur espèce, en d'autres termes, quand elles appartiennent aux variétés les plus éloignées.

Le métissage est aussi toujours réciproque, c'est-à-dire qu'entre deux plantes monoïques ou hermaphrodites A et B, il s'opère tout aussi bien si A donne le gamète mâle et B le gamète femelle pour former le métis AB, que si A fonctionne comme mâle et B comme femelle pour produire le métis BA.

Caractères propres des métis. — La différence entre les métis et la postérité directe des générateurs s'accuse à la fois dans le nombre des plantes, dans la dimension, le poids et la force de résistance du corps végétatif, dans l'époque et l'abondance de la floraison, enfin dans la fécondité, appréciée par le nombre des fruits et des graines. Sous tous ces rapports, les métis ont une supériorité marquée sur les descendants directs des deux générateurs.

Pour fixer les idées, prenons, par exemple, l'Ipomée pourpre, vulgairement Volubilis. Toutes choses égales d'ailleurs, les métis y sont supérieurs aux descendants directs dans les rapports suivants : pour la hauteur des tiges, 100 à 76 ; pour le poids du corps végétatif aérien, 100 à 44 ; pour la fécondité, appréciée par le nombre des capsules produites et le nombre des graines par capsule, 100 à 35 ; enfin pour le poids du même nombre de graines, 100 à 83. Ils fleurissent plus tôt et plus abondamment. Ils sont plus robustes ; par exemple, ils résistent mieux à un hiver long et rigoureux, et vivent plus longtemps. Ils varient aussi beaucoup plus, comme le prouvent notamment les couleurs différentes de la corolle.

Tous ces avantages se conservent ensuite dans la descendance directe des métis. Ils persistent encore sans changement, si l'on croise les métis de la première génération entre eux, ceux de la seconde génération entre eux, et ainsi de suite ; en d'autres termes, les croisements entre métis sont sans effet.

Métis dérivés. Métis combinés. — Il n'en est pas de même si l'on croise un métis avec une autre plante de la même espèce, mais différente des deux générateurs, pour produire ce qu'on appelle un *métis dérivé*. Comme on devait s'y attendre, l'effet de ce nouveau croisement est semblable à celui du premier et s'y ajoute en le doublant ; en d'autres termes, le métis dérivé a, sur les descendants directs de premier ordre du métis primitif, la même supériorité que celui-ci sur les descendants directs de second ordre de ses deux générateurs. Ainsi, l'effet d'un croisement est indépendant des croisements antérieurs.

En croisant un métis provenant de deux plantes A et B avec un autre métis issu de deux plantes C et D de la même espèce, on obtient un métis de métis, ou un *métis combiné*, qui réunit en lui en les mélangeant, en les fusionnant plus ou moins, les caractères propres de ses quatre générateurs.

Hybridation. — L'hybridation est beaucoup moins facile que le métissage. On n'en connaît que quelques exemples chez les Cryptogames ; ainsi, on a obtenu un hybride eu mêlant dans le même liquide les oosphères du Varec vésiculeux aux anthérozoïdes du Varec denté. Chez les Phanérogames, au contraire, on a produit un grand nombre d'hybrides par voie de pollinisation artificielle ; ainsi, par exemple, les Œillets, les Nicotianes, les Pétunies, les Molènes, les Digitales, etc., s'hybrident facilement.

L'hybridation est ordinairement réciproque, c'est-à-dire qu'entre deux espèces A et B, si B fécondé par A donne des hybrides AB, A fécondé par B donne également bien des hybrides BA. Pourtant, il y a des exceptions. Ainsi, par exemple, les oosphères du Varec denté ne sont pas fécondées par les anthérozoïdes du Varec vésiculeux.

Caractères propres des hybrides. — Par l'ensemble de ses caractères, l'hybride se montre intermédiaire aux deux formes spécifiques qui l'ont produit ; le plus souvent il réalise même assez bien une sorte de moyenne entre les deux, de manière que les hybrides réciproques AB et BA des espèces A et B se montrent identiques.

Outre les propriétés qu'ils héritent ainsi de leurs générateurs, les hybrides possèdent aussi des caractères nouveaux, par où ils se distinguent à la fois des deux formes originelles. Ceux qui proviennent d'espèces voisines ont souvent une croissance plus vigoureuse que leurs parents; ils participent en cela des caractères des métis. Ce surcroît de vigueur se traduit en général par la formation de feuilles plus nombreuses et plus grandes, de tiges plus grosses et plus hautes, de branches plus touffues et de racines plus abondamment ramifiées. Ils ont une tendance à vivre plus longtemps : de plantes annuelles, par exemple, naissent des hybrides bisannuels, de plantes bisannuelles des hybrides vivaces. Leur floraison est plus précoce, plus longue et plus abondante; parfois même ils fournissent une quantité extraordinaire de fleurs et ces fleurs sont, en outre, plus grandes, plus vivement colorées, plus odorantes et de plus longue durée; elles ont aussi une tendance marquée à doubler, c'est-à-dire à multiplier leurs étamines en les pétalisant (p. 399). On comprend par là tout l'intérêt que l'horticulteur attache à la production de nouveaux hybrides, qu'il sait ensuite conserver indéfiniment par bouture, marcotte ou greffe.

Contrastant avec cette croissance luxuriante, la sexualité et par suite la fécondité des hybrides est en général affaiblie, mais à des degrés très différents. Il en est qui se montrent presque aussi féconds que leurs générateurs (hybrides de Datures, de Pétunies, etc.); d'autres sont, au contraire, entièrement stériles (hybrides de Molènes, de Digitales, etc.); entre ces deux extrêmes, on trouve tous les intermédiaires. Dans la proportion où elle a lieu, la stérilité paraît due beaucoup plus à l'affaiblissement des étamines qu'à celui des carpelles.

Les hybrides d'espèces très éloignées, et qui se croisent très difficilement, non seulement sont complètement stériles, mais encore se montrent affaiblis dans leur croissance et plus ou moins rabougris.

Cette diminution de fécondité, allant jusqu'à la stérilité absolue, établit une différence très nette entre les hybrides et les métis qui sont, au contraire, comme on sait, plus féconds que leurs générateurs.

Postérité directe des hybrides. — Les hybrides de même origine se ressemblent tous, naturellement, à de très légères différences près, et forment, quel qu'en soit le nombre, une collection tout aussi homogène que peut l'être la descendance directe de leurs générateurs. Quand ils sont féconds, cette uniformité de caractères se maintient-elle, comme chez les métis, dans leurs générations directes successives? L'expérience a montré qu'il n'en est rien.

La première génération issue d'un hybride se partage ordinairement en trois lots : le premier, homogène, est composé de plantes que rien ne distingue de l'un des générateurs; le second, non moins uniforme, est constitué par des plantes qui ressemblent en tout point à l'autre générateur; le troisième, plus large que les deux autres, offre au contraire une excessive variabilité en tous sens, tellement irrégulière qu'on l'a qualifiée de *désordonnée*; on n'y rencontre pas deux plantes qui se ressemblent exactement. En semant les graines obtenues de l'un des hybrides du lot variable, on obtient une seconde génération d'hybrides, qui se comporte comme la précédente, se décomposant en trois lots, deux qui font retour aux parents, le troisième livré à la variation désordonnée Il en est de même dans les générations suivantes.

Il résulte de là que la race des hybrides semble impuissante à fixer ses caractères, à moins de faire retour aux générateurs. Par contre, on trouve en elle une source inépuisable de variations.

Hybrides dérivés. Hybrides combinés. — Si l'on croise un hybride, ou l'un quelconque de ses descendants directs, avec l'un de ses générateurs, on obtient un *hybride dérivé*, que l'on peut unir à son tour avec le même générateur, et ainsi de suite. On voit alors les hybrides successifs devenir de plus en plus féconds et reprendre de plus en plus les caractères de la forme qui a servi à la dérivation; finalement, l'hybride dérivé revient complètement à ce type primitif et à la fécondité normale.

Si l'on croise un hybride fécond AB avec un autre hybride fécond CD, on obtient un hybride d'hybrides ou un *hybride combiné*, qui réunit, combine en lui les caractères de ses quatre générateurs. En croisant un pareil hybride avec un hybride simple, issu de deux espèces différentes des quatre premières, ou avec un autre hybride combiné, on réunira dans un hybride combiné de second ordre les caractères de six ou de huit espèces distinctes, ce qui a été fait avec succès notamment pour les Saules. Ces hybrides combinés suivent, en général, dans leur forme et leur manière d'être, les règles données plus haut pour les hybrides simples. Ils sont d'autant plus stériles qu'il entre en eux un plus grand nombre de formes spécifiques différentes.

Hybrides de genres. — En croisant deux espèces appartenant à des genres différents, on obtient un hybride de genres.

Ces hybrides sont beaucoup plus rares que les hybrides d'espèces. On en connaît chez les Mousses entre Funaire et Physcomitre, chez les Phanérogames entre Lychnide et Silène, entre Rosage et Kalmie, entre Échinocacte et Phyllanthe, entre Blé et Égylope. Ils sont plus souvent et plus complètement stériles que les hybrides d'espèces. Mais on peut en extraire des hybrides dérivés, parfaitement et indéfiniment féconds. L'hybride du Blé et de l'Égylope, par exemple, est stérile; mais, fécondé par le pollen du Blé, il donne un hybride dérivé parfaitement fécond et dont les générations successives offrent, chose remarquable, un degré de constance et de fixité comparable à celui d'une espèce ordinaire.

Conclusion. — Par tout ce qui précède, on voit qu'il n'y a aucune différence essentielle entre la formation de l'œuf par les gamètes d'une même plante et sa production par des gamètes de deux plantes différentes de même espèce, d'espèces différentes et de genres différents. Mais on voit aussi qu'en général, une fois qu'on est sorti de la plante, plus la parenté des gamètes s'éloigne, plus leur union est avantageuse, jusqu'à une certaine limite, où l'avantage obtenu est maximum. Au delà de cette limite, la parenté des gamètes continuant à s'éloigner, le produit de leur union s'affaiblit de plus en plus, jusqu'à devenir nul.

Cette valeur moyenne de la différence d'origine des gamètes, qui correspond à la meilleure qualité de leur produit, est atteinte dans le métissage, c'est-à-dire quand les gamètes proviennent de plantes différentes dans la même espèce. En deçà, dans la race pure, au delà, dans l'hybridation, le produit s'affaiblit également et des deux parts il arrive à s'annuler, comme on le voit d'un côté par les plantes qui sont impuissantes à se féconder elles-mêmes, de l'autre par celles qui refusent de s'hybrider.

FIN DE LA BOTANIQUE GÉNÉRALE

TABLE ALPHABÉTIQUE
DES MATIÈRES

FIN DE LA TABLE ALPHABÉTIQUE DES MATIÈRES

21129. — Imprimerie LAHURE, rue de Fleurus, 9, à Paris.

LIBRAIRIE F. SAVY
77, BOULEVARD SAINT-GERMAIN, PARIS

MANUEL TECHNIQUE
D'ANATOMIE VÉGÉTALE

GUIDE POUR L'ÉTUDE DE LA
BOTANIQUE MICROSCOPIQUE

PAR

E. STRASBURGER
PROFESSEUR DE BOTANIQUE A L'UNIVERSITÉ DE BONN

TRADUIT DE L'ALLEMAND

Par J. GODFRIN
PROFESSEUR A L'ÉCOLE SUPÉRIEURE DE PHARMACIE DE NANCY

ET REVU PAR L'AUTEUR

Un volume in-8 de XVII-408 pages, avec 118 gravures dans le texte.

Prix : 10 francs.

Envol franco contre un mandat de poste.

Ce Manuel est destiné principalement à ceux qui désirent connaître les éléments de la botanique scientifique ou la technique microscopique.

L'histologie végétale est considérée comme fort utile pour initier à la technique microscopique, et les débutants, médecins ou naturalistes, se trouvent bien de prendre pour base de leurs études l'anatomie des plantes.

Ce Manuel est divisé en trente-deux chapitres, nombre qui
correspond à peu près à celui des séances de travaux pratiques
d'une année scolaire. Il suppose chez le lecteur une certaine
connaissance des notions de botanique générale. Aucun soin n'a
été négligé pour faire de ce Manuel technique un excellent
instrument de travail. L'auteur indique avec de minutieux détails
le maniement des instruments.

Toutes les figures ont été dessinées par M. Strasburger, d'après

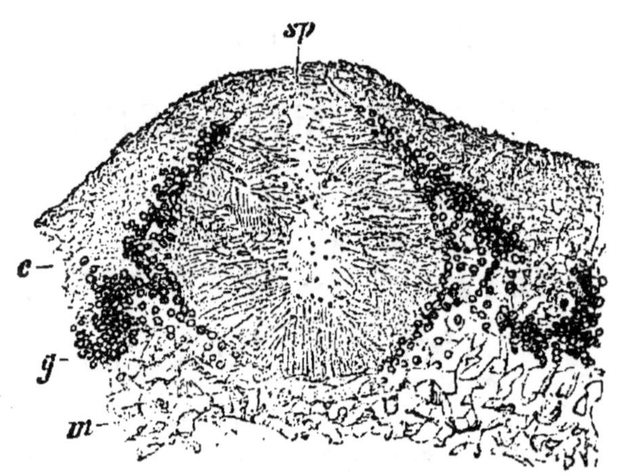

Coupe transversale dans le thalle de l'*Anaptychia ciliaris* contenant une
spermogonie *sp* ouverte suivant son axe; *c*, couche corticale; *m*, couche médullaire; *g*, couche d'algues.

nature; les sujets d'étude ont été choisis de manière que chacun
puisse se les procurer facilement.

L'auteur ne cite aucun fait, même parmi les plus connus, qu'il
n'ait soumis à son contrôle.

M. Strasburger a donné un soin tout particulier aux méthodes
concernant l'étude des bactéries : avec la préparation que donne
ce livre, l'étudiant pourra aborder toutes les applications pratiques
relatives à ces organismes.

Une table indique les plantes qui doivent servir d'exemple et
l'état auquel il faut les récolter, les réactifs à employer avec
l'adresse des meilleurs fournisseurs, etc. Une table alphabétique

générale très bien conçue permet à l'étudiant de retrouver rapidement les explications qui lui sont nécessaires.

Enfin, des notes bibliographiques permettent de recourir aux sources originales pour de plus amples renseignements.

TABLE DES MATIÈRES

LIBRAIRIE F. SAVY, 77, BOULEVARD St-GERMAIN, PARIS

ÉLÉMENTS

DE

ZOOLOGIE

PAR

C. CLAUS

PROFESSEUR DE ZOOLOGIE ET D'ANATOMIE COMPARÉE
A L'UNIVERSITÉ DE VIENNE.

TRADUIT SUR LA QUATRIÈME ÉDITION ALLEMANDE

PAR

G. MOQUIN-TANDON

PROFESSEUR DE ZOOLOGIE A LA FACULTÉ DES SCIENCES DE TOULOUSE

Un volume in-18 de 1300 pages avec 867 gravures dans le texte.

PRIX : 12 FRANCS

ENVOI FRANCO DANS L'UNION POSTALE CONTRE MANDAT-POSTE.

La Zoologie a subi dans ces dernières années des transformations profondes.

Les voyageurs et les naturalistes multiplient leurs découvertes, accumulant des matériaux, véritable entassement de richesses au milieu desquelles l'esprit courrait risque de s'égarer. Il faut pour se guider dans cette étude un ouvrage méthodique qui permette d'embrasser l'ensemble du règne animal, tout en faisant connaître, avec les détails nécessaires, les types principaux autour desquels se groupent les diverses formes et leurs rapports de parenté.

Les ouvrages de Zoologie destinés à l'enseignement secondaire et spécial qui sont encore aux mains des élèves n'ont point suivi les progrès de la science zoologique et on est frappé, en ouvrant ces livres, de l'insignifiance des gravures qui ornent un texte tout à fait suranné.

Les *Éléments de Zoologie* de Claus sont destinés à combler une lacune vivement ressentie par les professeurs de sciences naturelles ; ceux-ci, en effet, sont bien en situation d'apprécier l'utilité d'un tel ouvrage qui est, pour l'enseignement de la Zoologie, ce que les *Éléments* de M. Ph. Van Tieghem sont pour l'enseignement de la Botanique.

Nous n'avions point de livre élémentaire de zoologie moderne, conçu sur le plan des *Éléments de Zoologie* de Claus. Aucun ne renferme un aussi grand nombre de gravures originales où se rencontrent tous les détails d'anatomie et de structure d'animaux déjà connus ou récemment découverts.

EXTRAIT DE LA TABLE DES MATIÈRES

—

PREMIÈRE PARTIE

ZOOLOGIE GÉNÉRALE

DEUXIÈME PARTIE

ZOOLOGIE SPÉCIALE

I. PROTOZOAIRES

1. Classe. — **Rhizopodes.**
1. Ordre. — Foraminifères.
2. Ordre. — Heliozoaires.
3. Ordre. — Radiolaires.

2. Classe. — **Infusoires.**
1. Ordre. — Flagellés.
2. Ordre. — Ciliés.
1. Schizomycètes.
2. Sporozoaires.

II. COELENTÉRÉS

1. Classe. — **Spongiaires.**
1. Ordre. — Fibrosponges.
2. Ordre. — Calcisponges.
2. Classe. — **Anthozoaires.**
1. Ordre. — Rugueux.
2. Ordre. — Alcyonaires.

3. Ordre. — Zoanthaires.
3. Classe. — **Polypoméduses.**
1. Ordre. — Hydroméduses.
2. Ordre. — Siphonophores.
3. Ordre. — Sciphoméduses.

III. ÉCHINODERMES

1. Classe. — **Crinoïdes.**
2. Classe. — **Astéroïdes.**
3. Classe. — **Échinides.**
1. Ordre. — Cidarides.
2. Ordre. — Clypéastrides.

3. Ordre. — Spatangides.
4. Classe. — **Holothurides.**
1. Ordre. — Pédicellés.
2. Ordre. — Apodes.

IV. VERS

1. Classe. — **Plathelminthes.**
1. Ordre. — Turbellariés.
2. Ordre. — Trématodes.
3. Ordre. — Cestodes.
4. Ordre. — Némertines.
2. Classe. — **Némathelminthes.**
1. Ordre. — Nématodes.

2. Ordre. — Acanthocéphales.
3. Classe. — **Annélides.**
1. Ordre. — Polychètes.
2. Ordre. — Oligochètes.
3. Ordre. — Géphyriens.
4. Ordre. — Hirudinées.
4. Classe. — **Rotateurs.**

V. ARTHROPODES

1. Classe. — **Crustacés.**
1. Ordre. — Entomostracés.
2. Ordre. — Ostracodes.
3. Ordre. — Copépodes.
4. Ordre. — Cirripèdes.
5. Ordre. — Malacostracés.
6. Ordre. — Arthrostracés.
7. Ordre. — Trilobites.
2. Classe. — **Arachnides.**
1. Ordre. — Scorpionides.
2. Ordre. — Pseudoscorpionides.
3. Ordre. — Solifuges.
4. Ordre. — Pédipalpes.

5. Ordre. — Aranéides.
6. Ordre. — Phalangides.
7. Ordre. — Acariens.
8. Ordre. — Lingatulides.
3. Classe. — **Onychophores.**
4. Classe. — **Myriapodes.**
1. Ordre. — Chilopodes.
2. Ordre. — Chilognates.
5. Classe. — **Hexapodses**
1. Ordre. — Thysanoures.
2. Ordre. — Orthoptères.
3. Ordre. — Pseudonévroptères.
4. Ordre. — Névroptères.

5. Ordre. — Trichoptères.
6. Ordre. — Strepsiptères.
7. Ordre. — Aptères.
8. Ordre. — Rhynchotes.
9. Ordre. — Diptères.

10. Ordre. — Aphaniptères.
11. Ordre. — Lépidoptères.
12. Ordre. — Coléoptères.
13. Ordre. — Hyménoptères.

VI. MOLLUSQUES

1. Classe. — **Solénogastres**.
2. Classe. — **Lamellibranches**.
3. Classe. — **Scaphopodes**.
4. Classe. — **Gastéropodes**.
   1. Ordre. — Placophores.
   2. Ordre. — Prosobranches.
   3. Ordre. — Hétéropodes.
   4. Ordre. — Pulmonés.
   5. Ordre. — Opistobranches.
   6. Ordre. — Ptéropodes.
5. Classe. — **Céphalopodes**.
   1. Ordre. — Tétrabranchiaux.
   2. Ordre. — Dibranchiaux.

VII. MOLLUSCOIDES

1. Classe. — **Bryozoaires**.
   1. Ordre. — Endoproctes.
   2. Ordre. — Ectoproctes.
2. Classe. — **Brachiopodes**.
   1. Ordre. — Ecardines.
   2. Ordre. — Testicardines.

VIII. TUNICIERS

1. Classe. — **Ascidies**.
   1. Ordre. — Appendiculaires.
   2. Ordre. — Ascidies simples.
   3. Ordre. — Ascidies compo-
      sées.
   4. Ordre. — Ascidies salpifor-
      mes.
2. Classe. — **Salpes**.
   1. Ordre. — Desmomyaires.
   2. Ordre. — Cyclomyaires.

IX. VERTÉBRÉS

1. Classe. — **Poissons**.
   1. Ordre. — Leptocardiens
   2. Ordre. — Cyclostomes.
   3. Ordre. — Sélaciens.
   4. Ordre. — Ganoïdes.
   5. Ordre. — Téléostéens.
   6. Ordre. — Dipnoïques.
2. Classe. — **Amphibiens**.
   1. Ordre. — Apodes.
   2. Ordre. — Urodèles.
   3. Ordre. — Anoures.
3. Classe. — **Reptiles**.
   1. Ordre. — Ophidiens.
   2. Ordre. — Sauriens.
   3. Ordre. — Hydrosauriens.
   4. Ordre. — Chéloniens.
4. Classe. — **Oiseaux**.
   1. Ordre. — Palmipèdes.
   2. Ordre. — Échassiers.
   3. Ordre. — Gallinacés.
   4. Ordre. — Pigeons.
   5. Ordre. — Grimpeurs.
   6. Ordre. — Passereaux.
   7. Ordre. — Rapaces.
5. Classe. — **Mammifères**.
   1. Ordre. — Cétacés.
   2. Ordre. — Édentés.
   3. Ordre. — Condylarthres.
   4. Ordre. — Périssodactyles.
   5. Ordre. — Artiodactyles.
   6. Ordre. — Sirénides.
   7. Ordre. — Proboscidiens.
   8. Ordre. — Hyraciens.
   9. Ordre. — Rongeurs.
   10. Ordre. — Insectivores.
   11. Ordre. — Carnivores.
   12. Ordre. — Pinnipèdes
   13. Ordre. — Chiroptères.
   14. Ordre. — Prosimiens.
   15. Ordre. — Primates.
   Homme
   Index alphabétique.

Coulommiers. — Imp. P. Brodard

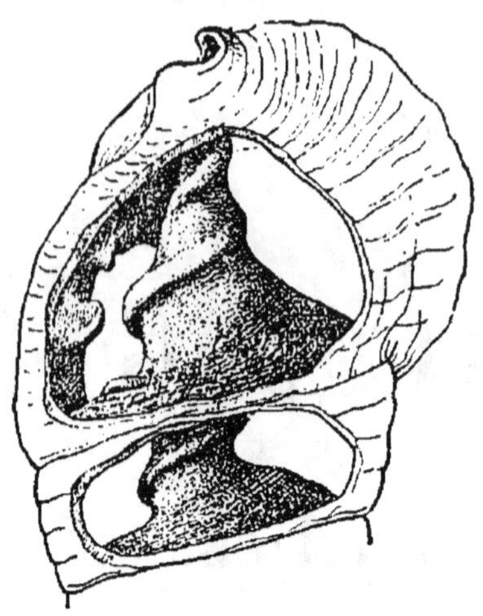

Fig. 47. — *Terebralia palustris*. Bruguières. Individu coupé pour montrer les plis de l'axe collumellaire et les dents intérieures de la varice (F).

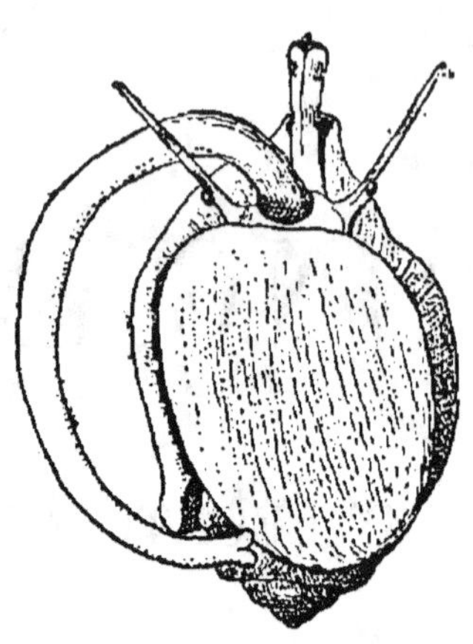

Fig. 408. — Animal de *Ranella marginata*, Gmelin, vu par sa face ventrale. La trompe est développée (F).

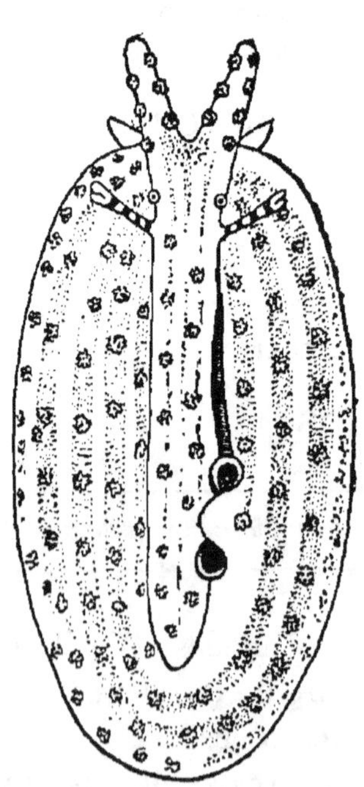

Fig. 330. — Animal de *Phyllaphisiu Lafonti*. Face supérieure (F).

Fig. 117. — Individu femelle d'*Argonaute argo*, L, retiré de sa coquille et montrant ses bras véliformes étalés (Vérany).

La science malacologique a fait depuis trente ans d'immenses progrès non seulement dans la connaissance de l'organisation intime des espèces, mais encore dans celle de leur distribution géographique et bathymétrique dans le temps et dans l'espace. L'auteur s'est livré à un travail considérable; il a examiné un très grand nombre de genres et opéré le contrôle de plusieurs milliers de noms génériques ou sous-génériqnes ; aussi le livre du Dr Fischer est infiniment plus complet que tous ceux qui l'ont précédé.

Ce livre devient à présent un guide indispensable pour les conchyliologistes, les paléontologistes et les géologues de tous pays. Ils trouveront dans ce manuel une étude aussi approfondie des mollusques fossiles que des mollusques vivants.

Les gravures sont nombreuses, et aux planches dessinées par Woodward, qui contenaient 600 figures, sont venues s'ajouter plus de 1100 gravures originales intercalées dans le texte.

Dans un appendice fort étendu, M. ŒHLERT a rédigé une remarquable description des **Brachiopodes**.

EXTRAIT DE LA TABLE DES MATIÈRES
Première Partie.
Généralités.
CHAPITRE PREMIER

CHAPITRE II

CHAPITRE III

CHAPITRE IV

CHAPITRE V

CHAPITRE VI

CHAPITRE VII

CHAPITRE VIII

CHAPITRE IX

DEUXIÈME PARTIE.

Synopsis des genres.

CHAPITRE PREMIER

CHAPITRE II

CHAPITRE III

CHAPITRE IV

CHAPITRE V

APPENDICE.

Brachiopodes.

Par OEHLERT.

Synopsis des genres.

LIBRAIRIE F. SAVY

BOULEVARD SAINT-GERMAIN, N° 77, A PARIS

— 1ᵉʳ JUIN 1891. —

ALTHAUS. Maladies de la moelle épinière, traduit de l'anglais, précédé d'une préface par M. le professeur Charcot. Paris, 1885. 1 vol. grand in-8 avec gravures . . . . 10 fr.

ARCHIAC (d'). Introduction à l'étude de la paléontologie stratigraphique. Paris, 1862-64. 2 vol. in-8 de 1100 pages . . . . 10 fr.

ARCHIAC (d') et Jules HAIME. Description des animaux fossiles du groupe nummulitique de l'Inde, 1853. 2 vol. in-4 avec 36 pl. (60). 20 fr.

T. I : Nummulites, Polypiers et Échinodermes.
T. II : Mollusques Bryozoaires, Acéphales, Gastropodes, Céphalopodes, Annélides et Crustacés.

BALLING. Manuel pratique de l'art de l'Essayeur. Guide pour l'essai des minerais, des produits métallurgiques et des combustibles, traduit de l'allemand par L. Gautier. Paris, 1881. 1 vol. grand in-8 de 600 pages avec 172 gravures dans le texte . . . . 14 fr.

BAYLE (A.). Cours de minéralogie. Paris, 1869. In-4. Cours autographié, de 248 pages, avec 400 gravures dans le texte. . . . . 5 fr.

BOLLEY et KOPP. Manuel pratique d'essais et de recherches chimiques appliqués aux arts et à l'industrie. Guide pour l'essai et la détermination de la valeur des substances naturelles ou artificielles employées dans les arts, l'industrie, etc. 2ᵉ édition française, traduite de l'allemand sur la 4ᵉ édition, par le Dʳ L. Gautier. Paris, 1877. 1 vol. in-8 de 1100 pages avec 110 gravures dans le texte. . . 12 fr.

— Traité des matières colorantes artificielles dérivées du goudron de houille, traduit de l'allemand par le Dʳ L. Gautier. 1874. 1 vol. gr. in-8 avec 26 gravures dans le texte. . . . . 10 fr.

BONNET (Dʳ Ed.). Petite Flore parisienne, disposée d'après la méthode de de Candolle, contenant la description des familles, genres, espèces et variétés de toutes les plantes spontanées ou cultivées en grand dans la région parisienne; avec des clefs dichotomiques conduisant rapidement aux noms des plantes, augmentée d'un vocabulaire des termes de botanique et d'un mémento des herborisations parisiennes. 1 vol. in-18 de 540 pages cartonné en toile anglaise. . . . . . 5 fr.

BOUCHARD (Ch.), membre de l'Institut. Leçons sur les maladies par ralentissement de la nutrition, professées à la Faculté de médecine de Paris. 3ᵉ édition. Paris, 1890. 1 vol. grand in-8. . . . . . 10 fr.

— Leçons sur les auto-intoxications dans les maladies, professées à la Faculté de médecine de Paris. 1887, 1 vol. grand in-8. . 8 fr.

— Leçons sur la thérapeutique des maladies infectieuses. Antisepsie, professées à la Faculté de médecine de Paris. 1889, 1 vol. gr. in-8. 9 fr.

CLASSEN (A.). **Précis d'analyse chimique quantitative,** traduit de l'allemand sur la 3e édition, par L. GAUTIER. Paris, 1888. 1 vol. in-18 avec 73 gravures dans le texte. . . . . 6 fr.
— **Précis d'analyse chimique qualitative,** suivi de tableaux d'analyse, traduit de l'allemand sur la 3e édition, par L. GAUTIER. Paris, 1888. 1 vol. in-18 avec gravures dans le texte . . . . 3 fr. 50

CLAUDON (E.). **Fabrication du vinaigre** fondée sur les études de Pasteur, contenant les procédés de fabrication. 1875. Gr. in-8 av. pl. 3 fr.

CLAUS. Éléments de zoologie, traduits sur la 4e édition allemande par G. Moquin-Tandon. Paris, 1889. 1 vol. in-18 de 1300 pages avec 867 gravures dans le texte . . . . 12 fr.

COULON (A.). **Traité clinique et pratique des fractures chez les enfants.** Paris, 1861. 1 vol. in-8. . . . . 4 fr.

COURTOIS-GÉRARD. De la culture des fleurs dans les petits jardins, sur les fenêtres et dans les appartements. Nouvelle édition. 1 vol. in-32 de 192 pages, avec 15 gravures dans le texte. . . . . . 1 fr.

DELESSE. Recherches sur l'origine des roches. 1865. In-8. . . 2 fr. 50
— **Etude sur le métamorphisme des roches.** 1869. In-8. . . 2 fr. 50

— **et DE LAPPARENT. Revue de géologie,** publiée de 1865 à 1878. 16 vol. in-8. Tomes 1 à VIII, 40 fr. — Tomes IX à XVI. . . . 28 fr.

DELORE et **LUTAUD,** médecin adjoint de Saint-Lazare. **Traité pratique de l'art des accouchements.** Paris, 1883. 1 vol. in-8 avec 135 gr. 9 fr.

DEVAY (F.). **De la médecine morale.** 1861. In-8 de 55 pages . . 1 fr.

DOLLFUS (Auguste). **Faune kimméridienne du cap de la Hève.** Essai d'une revision paléontologique. 1863. In-4 de 102 p. avec 18 pl. 20 fr.

D'ORBIGNY (Ch.). **Tableau chronologique des divers terrains,** ou Système de couches connues de l'écorce terrestre, présentant d'une manière synoptique les principaux êtres organisés qui ont vécu aux diverses époques géologiques, et indiquant l'âge relatif des différents systèmes de montagnes établis par ÉLIE DE BEAUMONT. 1 feuille jésus, gravée sur acier, coloriée, représentant 123 figures. . . . . . . 2 fr.
— LE MÊME, collé sur toile, vernissé et monté sur gorge et rouleau. 5 fr.

D'ORBIGNY (Ch.). **Coupe figurative de la structure de l'écorce terrestre,** et classification des terrains suivant l'ordre des superpositions, avec indication et figures des principaux fossiles caractéristiques des divers étages géologiques. Une feuille de 1 mètre 25 de long sur 75 c. de haut, coloriée, avec 192 figures de fossiles. . . . . . 6 fr.
— LA MÊME, collée sur toile et montée sur gorge et rouleau. . . 12 fr.

DRAGENDORFF, professeur à l'université de Dorpat. **Manuel de Toxicologie.** Deuxième édition française, revue par l'auteur, traduite de l'allemand d'après la 3e édition par le Dr L. GAUTIER. Paris, 1886. 1 vol. in-18 de xx-743 pages avec gravures dans le texte. . 7 fr. 50

DUBRUEIL (A.), professeur de clinique chirurgicale à la Faculté de médecine de Montpellier. **Éléments de médecine opératoire.** Paris, 1875. 1 vol. in-8 de 900 pages, avec 535 gravures dans le texte. 11 fr.
— **Manuel opératoire des résections.** Paris, 1871. In-8 de 64 pages avec 17 gravures dans le texte . . . . 1 fr. 25

DUMORTIER (E.). Études paléontologiques sur les dépôts jurassiques du bassin du Rhône. Les 4 vol. ensemble . . . . 116 fr.
  1re partie. Infra-lias. Paris, 1864. 1 vol. gr. in-8, avec 30 pl.   » »
  2e partie. Lias inférieur. Paris, 1867. 1 vol. gr. in-8 avec 50 pl.   30 fr.
  3e partie. Lias moyen. Paris, 1869. 1 vol. gr. in-8 avec 45 pl.   30 fr.
  4e partie. Lias supérieur. Paris, 1874. 1 vol. gr. in-8 avec 62 pl.   36 fr.
— **Sur quelques gisements de l'oxfordien inférieur de l'Ardèche.** Paris, 1871, grand in-8 de 84 pages avec 6 planches. . . . . 4 fr. 50

EBSTEIN (W.). L'Obésité et son traitement, traduit sur la 4e édit. Paris, 1883. Gr. in-8 de 60 pages. . . . . 1 fr.

FISCHER (Dr Paul), aide-naturaliste au Muséum d'histoire naturelle. **Manuel de Conchyliologie et de Paléontologie conchyliologique ou Histoire naturelle des mollusques vivants et fossiles.** Paris, 1887. 1 vol. gr. in-8 de 1400 pages, cartonné en toile anglaise, avec 1138 gravures dans le texte et 23 planches contenant 600 figures dessinées par Woodward et une carte coloriée des régions malacologiques. 35 fr.

FLEISCHER. Traité pratique d'analyse chimique par la méthode volumétrique, traduit de l'allemand sur la 2e édition par L. GAUTIER. Paris, 1880. 1 vol. in-8 avec gravures dans le texte. . . . . 8 fr.

FORTHOMME. Notions élémentaires de physique et de chimie. Paris, 1881. 1 vol. in-18 avec 170 gravures dans le texte. . . . . . . 3 fr

FRESENIUS (R.). Traité d'analyse chimique qualitative, des opérations chimiques, des réactifs et de leur action sur les corps les plus répandus, essais au chalumeau, analyse des eaux potables, des eaux minérales, du sol, des engrais, etc. Recherches chimico-légales, analyse spectrale. 8e édition française, traduite de l'allemand sur la 15e édition par le Dr L. GAUTIER. Paris, 1894. 1 vol. in-8 de 596 pages avec gravures dans le texte, et un tableau chromolithographié. 7 fr.
— **Traité d'analyse chimique quantitative.** Traité du dosage et de la séparation des corps simples et composés les plus usités en pharmacie, dans les arts et en agriculture, analyse par les liqueurs titrées, analyse des eaux minérales, des cendres végétales, des sols, des engrais, des minerais métalliques, de fontes, dosage de sucres, alcalimétrie, chlorométrie, etc. 6e édition française, traduite sur la 6e édition allemande. Paris, 1891. 1 vol. in-8 de 1343 pages avec 251 gravures dans le texte. . . . . 16 fr.

FREY (H.). Précis d'histologie. Deuxième édition française traduite sur la 3e édition allemande par le Dr L. GAUTIER. Paris, 1886. 1 vol. in-18 de viii-403 pages avec 227 gravures dans le texte. . . . . . . 6 fr.

GARIEL, professeur de physique à la Faculté de médecine de Paris. **Éléments de physique médicale.** Deuxième édition, entièrement refondue. Paris, 1884. 1 vol. in-8 de xvi-920 pages avec 535 gravures dans le texte. . . . . 12 fr.

GAUDRY (Albert), membre de l'Institut, professeur au Muséum. **Les Enchaînements du monde animal dans les temps géologiques.**
  Fossiles primaires. Paris, 1883. 1 vol. grand in-8 de 320 pages avec 285 gravures dans le texte, dessinées par Formant. . . . . . . 10 fr.
  Fossiles secondaires. Paris, 1890. 1 vol. gr. in-8 de 320 pages avec 403 gravures dans le texte dessinées par Formant. . . . . . 15 fr.

GAUTIER (L.). Guide pratique pour l'analyse chimique et microscopique de l'urine, des sédiments et des calculs urinaires. Paris, 1887. 1 vol. in-18 avec 90 gravures dans le texte. . . . . 3 fr. 50
— **Manuel pratique de la fabrication et du raffinage du sucre de betterave.** Paris, 1880. Gr. in-8 avec 66 gravures dans le texte. 6 fr.

GAUTIER (A.), membre de l'Institut, professeur à la Faculté de médecine. **Cours de Chimie** : T. I, chimie minérale; T. II, chimie organique. Paris, 1887. 2 volumes gr. in-8 de 1300 pages avec 387 gravures dans le texte. . . . . 32 fr.

— **Chimie appliquée à la physiologie, à la pathologie, à l'hygiène**, avec **les analyses et les méthodes de recherches les plus nouvelles.** Paris, 1874. 2 vol. in-8 de 1200 pages avec gravures dans le texte. 18 fr.

HÉBERT. Théorie chimique de la formation des silex et des meulières. Paris, 1864. Gr. in-8 de 16 pages. . . . . 1 fr.

HÉNOCH. Leçons cliniques sur les maladies des enfants, traduites de l'allemand par le Dr HENDRIX. Paris, 1885. 1 vol. gr. in-8 de 700 pages . . . . 13 fr.

HOERNES. Manuel de Paléontologie, ou **Histoire naturelle des animaux fossiles**, traduit de l'allemand par Dollo, aide-naturaliste au Musée de Bruxelles. Paris, 1886. 1 vol. grand in-8 de 750 pages avec 672 figures de fossiles. . . . . 20 fr.

HOPPE SEYLER. Traité d'analyse chimique appliquée à la physiologie et à la pathologie. Guide pratique pour les recherches cliniques, traduit de l'allemand sur la 4e édition par le Dr SCHLAGDENHAUFFEN. Paris, 1877. 1 vol. grand in-8, avec gravures dans le texte. . 10 fr.

JANDEL (Aug.). La Botanique sans maître, ou Étude de 1000 fleurs ou plantes champêtres de l'intérieur de la France, de leurs propriétés et de leurs usages en médecine, dans les arts et dans l'économie domestique. Ouvrage rédigé d'après la méthode Dubois. Nouvelle édition refondue. 1 vol. in-18 de 420 pages . . . . 3 fr.

LAMARCK. Philosophie zoologique, ou Exposition de considérations relatives à l'histoire naturelle des animaux, à la diversité de leur organisation et des facultés qu'ils en obtiennent, aux causes physiques qui maintiennent en eux la vie et donnent lieu aux mouvements qu'ils exécutent; enfin, à celles qui produisent les unes le sentiment, les autres l'intelligence de ceux qui en sont doués. Nouvelle édition, revue et précédée d'une introduction biographique par Charles MARTINS. Paris, 1873. 2 vol. in-8 de 900 pages. . . . . 12 fr.

LAMBERT (E.). Cours élémentaire de Zoologie, 3e édition. Paris, 1878. 1 vol. in-18 avec 103 gravures dans le texte. . . . . 3 fr.

— **Nouveau Guide du géologue.** Géologie générale de la France, suivie d'un appendice sur la géologie des principales contrées de l'Europe. Paris, 1873. 1 vol. in-18 de 500 pages, avec 76 gravures. . . . 5 fr.

LANGLEBERT. Traité théorique et pratique des maladies vénériennes. Leçons cliniques sur les affections blennorrhagiques, le chancre et la syphilis. Paris, 1864. 1 vol. in-8 de 700 pages. . . . . 8 fr.

LAPPARENT (A. de). Fossiles caractéristiques des terrains sédimentaires, dessinés d'après la collection de l'Institut catholique de Paris, par Paul Fritel. 3 vol. gr. in-4°, avec 1185 figures de fossiles. 21 fr.
On vend séparément :
Fossiles tertiaires. 1886, gr. in-4 de 12 pl. avec 423 fossiles. 6 fr.

— **La Géologie en chemin de fer.** — France septentrionale. — (Océan au Rhin — Belgique aux Monts d'Auvergne.) Paris, 1888. 1 vol. in-18 de 600 pages, cartonné en toile anglaise avec carte géologique coloriée, carte hypsométrique coloriée et coupes. . . . . . 10 fr.

LAPPARENT (A. de). **Traité de Géologie.** Deuxième édition, revue et très augmentée. Paris, 1885. 1 vol. gr. in-8 de XXI-1504 pages avec 666 gravures dans le texte. 24 fr.

— **Abrégé de Géologie.** 2ᵉ édition revue et augmentée, Paris, 1892. 1 vol. in-18 de VIII-280 pages avec 134 gravures dans le texte et une carte géologique de la France, imprimée en couleur . . . . . . 3 fr. 75

— **Cours de Minéralogie.** Deuxième édition. Paris, 1890. 1 vol. gr. in-8 de 650 pages avec 598 gravures dans le texte et une planche chromolithographiée. . . . . 15 fr.

— **Précis de Minéralogie.** Paris, 1889. 1 vol. in-18 de 396 pages avec 335 gravures dans le texte et 1 planche chromolithographiée. 5 fr.

— **Le Siècle du Fer.** Paris, 1890. 1 vol. in-18 jésus de 360 pages. 3 fr. 50
Chap. I. Les débuts de l'emploi du fer dans les constructions. — Chap. II. Les premiers ponts en tôle. — Chap. III. Le fer dans les édifices. — Chap. IV. Viaducs métalliques. — Chap. V. Les débuts de l'industrie des chemins de fer. — Chap. VI. La voix ferrée. — Chap. VII. Les voitures des voyageurs. — Chap. VIII. La locomotive. — Chap. IX. Les signaux et les freins. — Chap. X. Les chemins de fer économiques.

— **La question du charbon de terre.** Paris, 1890. 1 vol. in-18 jésus de 120 pages. . . . . 1 fr. 50

LEROUX. **Cours de géométrie élémentaire** (géométrie plane et géométrie dans l'espace), à l'usage des classes de lettres. 1 vol. in-18 de 500 pages avec 500 gravures dans le texte . . . . 3 fr.

LISLE (E.). **Du traitement de la congestion cérébrale et de la folie avec congestion et hallucinations.** Paris, 1871. 1 vol. in-8 de 400 pages. 7 fr.

LUCAS. **Histoire naturelle des Lépidoptères d'Europe.** 2ᵉ édition. 1 vol. gr. in-8, cartonné en toile anglaise, non rogné, avec 80 planches gravées, représentant 400 papillons, coloriés d'après nature . . . 25 fr.

— LE MÊME OUVRAGE, demi-reliure chagrin, doré en tête, non rogné. 30 fr.

— **Histoire naturelle des Lépidoptères exotiques.** 1 vol. grand in-8, cartonné en toile anglaise, non rogné, avec 80 planches gravées sur acier, représentant 400 papillons, coloriés d'après nature. . . 25 fr.

— LE MÊME OUVRAGE, demi-reliure chagrin, doré en tête, non rogné. 30 fr.

LUNGE (G.). **Traité de la distillation du goudron de houille et du traitement de l'eau ammoniacale,** traduit de l'allemand par le Dʳ L. GAUTIER. Paris, 1885. 1 vol. gr. in-8 avec 89 gravures dans le texte . . 12 fr.

MALOSSE (Th.). **Manipulations de Physique.** Paris, 1886. In-8 de 172 pages avec 107 gravures dans le texte. . . . . 4 fr. 50

— **Calorimétrie et Thermométrie.** Paris, 1886. In-8 de 110 pages avec 27 gravures dans le texte. . . . . 2 fr. 50

MASSE (J.-N.). **Petit Atlas complet d'anatomie descriptive du corps humain.** Nouvelle édition, augmentée des tableaux synoptiques d'anatomie descriptive. Paris, 1888. 1 vol. in-18, demi-reliure chagrin, non rogné, tranches dorées en tête, composé de 113 planches, comprenant 500 à 600 figures dessinées d'après nature et gravées sur acier, avec texte explicatif. . . . . 20 fr.

— LE MÊME OUVRAGE, demi-reliure chagrin, non rogné, tranches dorées en tête, avec les planches coloriées . . . . 36 fr.

MOHR et CLASSEN. **Traité d'analyse chimique par la méthode des liqueurs titrées.** Troisième édition française, traduite par le Dʳ L. GAUTIER, sur la sixième édition allemande entièrement refondue par A. CLASSEN, directeur du laboratoire de chimie de l'École polytechnique d'Aix-la-Chapelle. Paris, 1888. 1 vol. gr. in-8 de XVI-808 pages avec 201 gravures dans le texte. . . . . 22 fr. 50

NAQUET et **HANRIOT**, professeurs agrégés à la Faculté de médecine de Paris. **Principes de chimie** fondée sur les théories modernes; 5e édition, revue et considérablement augmentée. Paris, 1890, 2 vol. in-18 de 1200 pages avec gravures dans le texte. . . . . 11 fr.

NIEMEYER (P.). **Précis de percussion et d'auscultation**, traduit de l'allemand. Paris, 1874. In-18 de 150 p. avec 21 gr. . . . . 2 fr. 50

OLIVIER (Louis). **Les procédés opératoires en histologie végétale.** Guide pour les études de microchimie. Paris, 1885. In-8 de 45 p. 1 fr. 75

PERRIER (Edmond), professeur au Muséum d'histoire naturelle. **Traité de Zoologie** publié en fascicules.

En vente : Fascicule 1, Zoologie générale. 1 vol. grand in-8 de 400 pages avec 458 gravures dans le texte. . . . . 12 fr.

Pour paraître successivement :

Fascicule II. Protozoaires et Phytozoaires.
Fascicule III. Arthropodes et Vers.
Fascicule IV. Mollusques, Tuniciers.
Fascicule V. Vertébrés.

PETIT DE LA SAUSSAYE. Catalogue des mollusques testacés des mers d'Europe. Paris, 1869. 1 vol. gr. in-8 de 312 pages. . . . . 3 fr. 50

PHILIPPEAUX. Traité de thérapeutique de la coxalgie. Paris, 1867. 1 vol. in-8 avec gravures dans le texte. . . . . 8 fr.

PLANCHON (G.). **Traité pratique de la détermination des drogues simples d'origine végétale,** ou **Nouveau Cours d'Histoire naturelle professé à l'École de pharmacie de Paris.** 1875. 2 forts vol. in-8 de 1200 pages, avec 305 grav. dans le texte. . . . . 20 fr.

POST. Traité complet d'analyse chimique appliquée aux essais industriels, publié avec la collaboration de 22 chimistes. Traduit de l'allemand par le Dr L. GAUTIER. Paris, 1884. 1 vol. gr. in-8 de VIII-1143 pages, avec 274 gravures dans le texte. . . . . 28 fr.

PRÉVOST (Florent) et **LEMAIRE. Histoire naturelle des Oiseaux d'Europe** (Passereaux). 2e édition, revue et corrigée. 1 beau vol. gr. in-8, cartonné en toile anglaise, non rogné, avec 80 planches gravées en taille-douce et coloriées avec soin, représentant 200 sujets. . 25 fr.
— LE MÊME OUVRAGE, demi-reliure chagrin, non rogné . . . . 30 fr.
— **Histoire naturelle des Oiseaux exotiques.** 1 beau vol. gr. in-8, cartonné en toile anglaise, avec 80 planches gravées en taille-douce et color. avec soin, représentant 200 sujets . . . . . . 25 fr.

PUECH (A.). **Des anomalies de l'homme, de leur fréquence relative.** Paris, 1871. In-8 de 104 pages. . . . . 2 fr.
— **De l'hématocèle péri-utérine.** Paris, 1861. In-8 . . . . . . 1 fr. 50
— **Des ovaires et de leurs anomalies.** Paris, 1873. In-4 . . . . . 3 fr.
— **Les mamelles et leurs anomalies,** étudiées au point de vue de l'anatomie, de la physiologie et de l'embryogénie. 1876, gr. in-8. 2 fr.

RANVIER (L.), membre de l'Institut. **Traité technique d'histologie.** 2e édition entièrement refondue et corrigée. Paris, 1889. 1 vol. grand in-8 de 880 pages, avec 414 gravures dans le texte et 1 pl. chromo. 18 fr.
— **Leçons sur l'histologie du système nerveux,** professées au Collège de France en 1876-1877. Paris, 1878. 2 vol. gr. in-8 de 700 pages, avec grav. dans le texte et 12 pl. chromolith. . . . . 10 fr.
Cours d'anatomie générale du Collège de France.

REULEAUX, professeur à l'École polytechnique de Berlin. **Le Constructeur**. Principes, Formules, Tracés, Tables et Renseignements pour l'établissement des projets de machines, à l'usage des ingénieurs, constructeurs, architectes, mécaniciens, etc. Troisième édition française traduite de l'allemand sur la quatrième édition refondue et considérablement augmentée, par A. Debize, ingénieur en chef des manufactures de l'État. Paris, 1890. 1 vol. gr. in-8 de 1200 pages, avec 1184 gravures dans le texte, tableaux, etc. 30 fr.

— **Traité de Cinématique. Principes fondamentaux d'une théorie générale des machines**, traduit de l'allemand par A. Debize. Paris, 1877. 1 vol. gr. in-8 de 700 pages avec 452 gravures dans le texte et 1 atlas de 8 planches représentant 96 figures . . . . 20 fr.

REY (**A.**). **Traité de jurisprudence vétérinaire**, contenant la législation sur les vices rédhibitoires et la garantie dans les ventes d'animaux domestiques, suivi d'un **Traité de médecine légale** sur les blessures et les accidents qui peuvent survenir en chemin de fer. 2e édition. Paris, 1875. 1 vol. in-8 de 776 pages. . . . . 10 fr.

RICHARD, MARTINS et DE SEYNES. Nouveaux Éléments de botanique, contenant l'organographie, l'anatomie et la physiologie végétales, les caractères de toutes les familles naturelles, par Achille Richard. 11e édition, augmentée par Charles Martins et J. de Seynes, professeur agrégé à la Faculté de médecine de Paris. Paris, 1876. 1 vol. in-8 de 700 pages avec 380 gravures dans le texte. . . 7 fr.

RICHARD DE NANCY. Commentaire physiologique sur la personne d'Horace. Paris, 1863. 1 vol. in-18. . . . . 1 fr. 50

SERAINE (**D^r**). **De la santé des gens mariés**, ou Physiologie de la génération de l'homme et hygiène philosophique du mariage. 37e édition. Paris, 1889. 1 beau vol. in-18 de 400 pages. . . . . 3 fr.

— **De la santé des petits enfants**, ou Conseils aux mères sur la conservation des enfants pendant la grossesse, sur leur éducation physique depuis la naissance jusqu'à l'âge de sept ans, et sur leurs principales maladies. Nouvelle édition. 1 vol. in-32 de 192 pages . . . . . 1 fr.

— **Les préceptes du mariage**, traduits du grec de Plutarque, suivis d'un Essai sur l'idéal de l'amour, du mariage et de la famille. Nouvelle édition. 1 vol. in-18 de 192 pages. . . . . 1 fr.

SOULIER (**Henri**), professeur à la Faculté de médecine de Lyon. **Traité de Thérapeutique et de pharmacologie.** Paris, 1891. 2 vol. gr. in-8 de 1900 pages. . . . . 25 fr.

SPILLMANN (**P.**). **De la tuberculisation du tube digestif.** Paris, 1878. 1 vol. gr. in-8 avec 2 pl. chromolithographiées. . . . . 5 fr.

STENFORT. Des conditions des baux ruraux. Entretiens entre un propriétaire et son fermier sur la pratique de l'agriculture. Lectures à l'usage des écoles primaires rurales. 1 vol. in-18 avec 24 gr. 1 fr. 25

STRASBURGER (**Ed.**). **Manuel technique d'anatomie végétale.** Guide pour l'étude de la botanique microscopique, traduit de l'allemand par Godfrin, professeur à l'École de pharmacie de Nancy. Paris, 1886. 1 vol. in-8 de 400 pages avec 118 gravures dans le texte. . . 10 fr.

— **Études sur la formation et la division des cellules**, traduites de l'allemand par Kickx. Paris, 1876. 1 vol. gr. in-8 de 307 pages avec 8 planches représentant 198 figures. . . . . 15 fr.

TERREIL (A.). Traité pratique des essais au chalumeau, dans les analyses chimiques et les déterminations minéralogiques; mode d'emploi et description des propriétés physiques des minéraux et des caractères chimiques qui peuvent les faire reconnaître dans les essais au chalumeau. Paris, 1876. 1 vol. in-8 avec tableaux. . 10 fr.

TOMES. Traité de chirurgie dentaire, ou Traité pratique de l'art du dentiste, traduit de l'anglais sur la 2e édition. Paris, 1873. 1 vol. in-8 de 630 pages avec 250 gravures dans le texte. . . . . 10 fr.

TRIANA (J.). Nouvelles études sur les quinquinas, accompagnées de fac-similés des dessins de la *Quinologie* de Mutis, suivies de remarques sur la valeur des quinquinas. Paris, 1870, 1 vol. gr. in-folio, cartonné, de 80 pages avec 31 planches coloriées. . . . . 100 fr.

TYNDALL (John). Les Microbes, traduit de l'anglais par Dollo. Paris, 1882. 1 vol. in-8 avec gravures dans le texte . . . . 8 fr.

VAN HEURCK et GUIBERT. Flore médicale belge. 1864. In-8 de 460 pages. . . . . 4 fr.

VAN TIEGHEM (Ph.), membre de l'Institut, professeur au Muséum. Traité de Botanique. Deuxième édition entièrement refondue et corrigée. Paris, 1891. 2 volumes gr. in-8 de XXXII-1856 pages avec 1213 gravures dans le texte.. . . . . 30 fr.

VAN TIEGHEM (Ph.), professeur à l'Ecole normale supérieure de Sèvres. Éléments de botanique générale. 2e édition revue et augmentée, 1891. 1 vol. in-18 de XVI-529 pages avec 231 gravures dans le texte. 5 fr. Éléments de botanique spéciale. 1888. 1 vol. in-18 de 500 pages avec 312 gravures dans le texte. . . . . 5 fr.

VÉLAIN (Ch.). Cours élémentaire de Géologie stratigraphique. 4e édition, revue et corrigée. Paris, 1892. 1 vol. in-18 de 450 pages avec 411 gravures dans le texte et une carte géologique de la France, imprimée en couleur . . . . 4 fr.

VERRIER (E.). Manuel pratique de l'art des accouchements. 5e édition, corrigée et augmentée, renfermant les quatre tableaux d'accouchements, rédigés et revus par le professeur Pajot. Paris, 1887. 1 vol. in-18 de 650 pages avec 105 gravures dans le texte. . . . . 6 fr. 50

WAGNER et GAUTIER. Nouveau Traité de Chimie industrielle à l'usage des ingénieurs, chimistes, industriels, contremaîtres, ouvriers, agriculteurs, etc. Troisième édition française considérablement augmentée, publiée d'après la 13e édition allemande. Paris, 1892, 2 vol. gr. in-8 de 1800 pages avec 600 gravures dans le texte . . . . 30 fr.

WALKHOFF (L.). Traité complet de fabrication et raffinage du sucre de betterave. Deuxième édition française, traduite par Mérijot. Paris, 1874. 2 vol. gr. in-8 de 1150 pages, avec 189 gravures dans le texte. 20 fr.

WEST. Leçons sur les maladies des femmes, traduites de l'anglais sur la 3e édition par Mauriac. Paris, 1870. 1 vol. in-8 de 860 pages. 13 fr.

WINCKLER. Manuel d'analyse industrielle des gaz, traduit de l'allemand par Blas, professeur à l'université de Louvain. Paris, 1886. 1 vol. gr. in-8, avec 50 grav. dans le texte. . . . . 4 fr. 50

WOUSSEN. De l'analyse des sucres. 2e éd. Paris, 1878. In-18. . 2 fr.

WUNDT. Nouveaux Éléments de physiologie humaine, traduits de l'allemand sur la 2e édition et augmentés de notes par A. Bouchard. Paris, 1871. 1 vol. grand in-8 avec 150 grav. dans le texte. . 14 fr.

ENVOI FRANCO DANS L'*UNION POSTALE* CONTRE UN MANDAT DE POSTE